FAUNE

DES

COLONIES FRANÇAISES

Publiée sous la direction de

A. GRUVEL

Professeur au Muséum national d'Histoire naturelle
Conseiller technique du Ministère des Colonies

TOME QUATRIÈME
1930

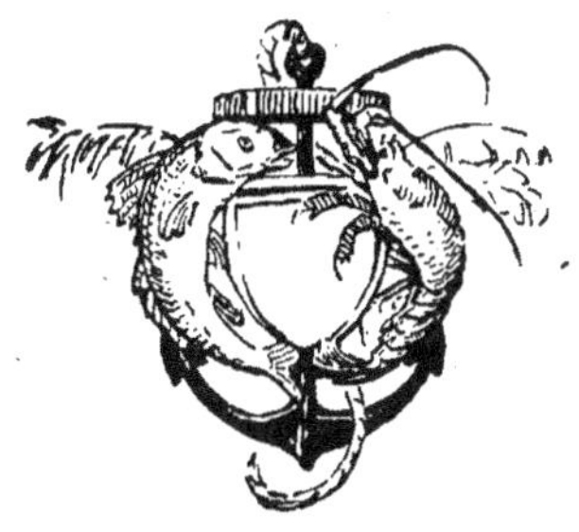

DIRECTION ET SECRÉTARIAT
57, rue Cuvier, PARIS (Vᵉ)

ADMINISTRATION
Société d'Éditions Géographiques, Maritimes et Coloniales
184, Boulevard Saint-Germain, PARIS (VIᵉ)

1930

Faune des Colonies Françaises

Publication placée sous le Haut Patronage

FAUNE

DES

COLONIES FRANÇAISES

TOME QUATRIÈME

FAUNE

DES

COLONIES FRANÇAISES

publiée sous la direction de

A. GRUVEL

Professeur au Muséum national d'Histoire naturelle
Conseiller technique du Ministère des Colonies

TOME QUATRIÈME

DIRECTION ET SECRÉTARIAT
57, rue Cuvier, PARIS (Vᵉ)

ADMINISTRATION
Société d'Éditions Géographiques, Maritimes et Coloniales
184, Boulevard Saint-Germain, PARIS (VIᵉ)

1930

CURCULIONIDES DE LA GUADELOUPE

par A. HUSTACHE

(SUITE)

RHYNCHŒNIDES

Genre **Laemorchestes** Champ. Biol. Cent. Am. IV, p. 1, 1903, p. 201.

Rostre robuste, arqué, sans scrobes. Antennes insérées à la base du rostre, droites, dirigées en dehors ; scape très court, ovale, le funicule de 7 articles, le 1er plus épais que le scape, les articles 2-7 très élancés, s'épaississant à peine graduellement, les articles 3-7 beaucoup plus courts que le 1er, la massue ovale. Yeux excessivement grands, ovales, subcontigus en dessus. Prothorax petit, fortement transversal. Écusson petit, triangulaire. Élytres largement rectangulaires, aplatis, laissant le pygidium découvert, visible de dessus. Prosternum très étroit devant les hanches antérieures, celles-ci très étroitement séparées. Pattes assez longues et élancées ; fémurs également et très faiblement claviformes, inermes ; tibias droits, tous onguiculés au sommet ; tarses à 1er article allongé, presque aussi long que les autres ensemble, le 3e fortement bilobé, les ongles avec une forte dent arquée atteignant en dehors presque le sommet de l'ongle lui-même.

Genre ne comprenant jusqu'ici que l'unique exemplaire de *L. fasciatus* Champ. (1) du Guatemala.

(1) La figure de cette espéce ne montre pas que le pygidium est découvert ainsi que l'indique la description.

L'espèce suivante appartient très certainement au même genre ; on verra dans la description les différences de la longueur du rostre, des antennes, etc., caractères spécifiques mais non génériques.

L. Dufaui n. sp. [G. 35].

Brun, les antennes, les pattes, le rostre, une fascie antérieure (interrompue à la suture) et le sommet des élytres testacés ; revêtu de longs poils roux, nombreux et alignés sur les élytres, ceux des deux premières stries sur leur moitié antérieure, bi ou trifides.

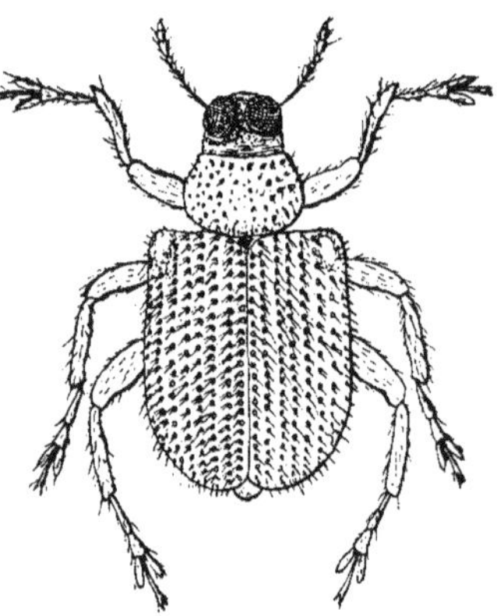

Fig. 9. — *Laemorchestes Dufaui* n. sp.

Rostre faiblement arqué, aussi long que le prothorax, brillant, à pointillé fin vers la base.

Antennes à 1er article du funicule oblong, gros, le 2e allongé, aussi long que le scape et le 1er article ensemble.

Prothorax presque deux fois aussi large que long, brusquement resserré derrière le bord antérieur, les côtés modérément arqués, la base légèrement bisinuée de chaque côté du milieu : peu convexe, à ponctuation peu profonde et peu serrée.

Élytres séparément et largement arrondis au sommet, transversalement impressionnés vers le quart antérieur, le calus huméral élevé et lisse ; fortement striés ponctués, les interstries plus larges que les stries, le calus antéapical sensible ; la fascie jaune placée dans l'impression antérieure, largement interrompue à la suture et ne dépassant pas en dehors le 7e interstrie.

Pattes (fémurs, tibias, tarses) hérissés de quelques longs poils jaunes ; tibias bisinués en dedans. Dessous à poils assez longs, simples mais peu serrés dans le milieu du ventre, le prosternum et les côtés du métasternum à pubescence trifide, tomenteuse. Pygidium ponctué et pubescent (fig. 9).

Long. 2, 5 mm.

Gourbeyre (Dufau), un spécimen (ma coll.).

La fascie antérieure des élytres varie probab'ement de longueur comme chez les espèces du même groupe.

TYCHIINA

Genre **Thyasocnemis** Leconte, *Proc. Am. Phil. Soc.* XV, 1876, p. 214.

Genre américain composé de petites espèces dont deux de la Guadeloupe.

T. **Dufaui** n. sp. [G. 13].

Rouge, tirant sur le rose, les pattes et les antennes testacées, les élytres ornés d'une large bande médiane, transversale et irrégulière et de quelques taches brunes ; revêtu d'une fine pubescence cendrée soulevée, plus blanche et plus serrée sur les bords de la poitrine.

Rostre : ♂, noir ou roux, aussi long que le prothorax, peu arqué, assez épais, strié-carinulé à la base ; ♀ testacé, fortement arqué, aussi long que la tête et le prothorax, mince et entièrement lisse. Tête convexe, ponctuée, les yeux grands, peu convexes, séparés par une simple ligne de pubescence. Antennes courtes, le 2e article du funicule plus long que large.

Prothorax plus large que long, rétréci en avant, les côtés régulièrement arqués ; modérément convexe, à ponctuation peu profonde, fine et très serrée, régulière, la pubescence un peu plus serrée sur les côtés, la ligne médiane parfois élevée. Écusson tomenteux, blanc.

Élytres à calus huméral marqué, les côtés parallèles jusqu'au milieu ; convexes, les points des stries arrondis et serrés, les interstries subplans, la pubescence formant quelques traits clairs.

Fémurs inermes. Tibias droits, les antérieurs pourvus chez le ♂ d'un très petit onglet apical externe.

Long. 1,5 mm.

Cette espèce par sa forme et son dessin élytral, rappelle *T. bicinctus* Champ. du Panama. Le rostre est remarquablement différent suivant les sexes.

Trois-Rivières (Dufau).

66 spécimens (Fl. 3 ; Mus. 3 ; m. 60).

T. acalyptoides n. sp. [G. 43].

Brun rougeâtre, les pattes, les antennes et le rostre testacés, revêtu d'une fine pubescence jaunâtre et soulevée, les élytres avec une vague fascie dénudée, transversale, large, vers le milieu, et quelques petites taches en arrière dénudées.

Rostre : ♂ aussi long que le prothorax, peu arqué, ponctué-strié à la base ; ♀ plus mince, fortement arqué, aussi long que la tête et le prothorax. Tête à peu près glabre, pointillée, le front, entre les yeux très étroit, avec deux lignes de poils séparées par un étroit sillon ; yeux grands et peu convexes.

Prothorax presque du double aussi large que long, modérément rétréci en avant, les côtés peu arqués dans le milieu et subrectilignes en arrière ; peu convexe, la ponctuation superficielle et médiocrement serrée. Écusson tomenteux, cendré.

Élytres oblongs, les côtés légèrement arqués dès les épaules, le calus huméral peu élevé, les points des séries arrondis, assez forts, assez serrés, les interstries plans, très finement pointillés.

Fémurs inermes, tibias droits, les antérieurs et intermédiaires (♂ et ♀) avec un très petit onglet apical externe, les postérieurs un peu dilatés vers le sommet, leur corbeille tarsale oblique et ciliée.

Long. 1,7-2 mm.

Gourbeyre (Dufau).

3 spécimens (Fl. 1 ; m. 2).

PRIONOMERINA

Genre **Themeropis** Pascoe, *Journ. Soc. zool. Lond.* XII (1874), p. 30, 31.

Genre renfermant d'assez nombreuses espèces américaines et la suivante de la Guadeloupe :

T. triangulifer *(Prionomerus)* Chevr., *Le Naturaliste*, 1880, p. 229 [M. 17].

Brun noir, les tarses et les antennes (la massue rembrunie exceptée), testacés, les fémurs d'un brun de poix foncé, les tibias d'un ferrugineux foncé ; orné sur les élytres d'une macule de pubescence rousse sur le tiers antérieur de la suture et d'un trait de pubescence blanche reliant en arrière deux gros tubercules et se prolongeant en arc de chaque côté jusque sur les bords.

Rostre aussi long que le prothorax, modérément arqué, brillant et éparsément ponctué en avant, à ponctuation plus serrée et caréné au milieu en arrière, marqué en dessus d'un trait enfoncé au niveau de l'insertion antennaire, ferrugineux. Tête ponctuée, éparsément pubescente, les yeux séparés seulement par une ligne élevée.

Deuxième article du funicule allongé, aussi long que les trois suivants réunis, la massue allongée, ses articles presque disjoints.

Prothorax aussi long que large, rétréci et resserré en avant, les côtés peu arqués dans le milieu, subrectilignes en arrière, la base bisinuée ; convexe, à points serrés, formant des rides transversales, revêtu d'une fine pubescence rousse, cendrée et formant une étroite ligne sur les bords. Écusson ovale, pointillé.

Élytres à épaules caréniformes, très obliques, saillantes en arrière, les côtés sinués en arrière des épaules, s'élargissant en arrière, le 9e interstrie (bord latéral vu de haut) épaissi, un peu explané, très finement râpeux denticulé vers son tiers postérieur ; très convexes, surmontés chacun d'un très gros tubercule triangulaire, obtus au sommet, vers le milieu du 3e interstrie ; stries fortes, leurs points profonds, allongés, brillants ; interstries larges, convexes en avant, couverts de très fines rugosités râpeuses et d'un courte pubescence fauve, très éparse en avant, plus serrée en arrière de la ligne transversale.

Fémurs antérieurs avec une forte dent pectinée, les intermédiaires avec une dent petite et simple ; tibias antérieurs fortement arqués, les autres droits, tous pourvus d'un fort onglet apical externe ; 1er article des tarses allongé.

Long. 4,5-5 mm.

Type : Guadeloupe.

Camp Jacob (Delauney) ; Trois Rivières, Gourbeyre, très rare vers 700 m. d'alt. (Dufau).

7 spécimens (Fl. 3 ; Mus. 3 ; m. 1).

ERODISCINA

Genre **Erodiscus** Schönh. Disp. Meth. 1826, p. 237 ; Lacord., Gen. Col. VI, p. 567 ; Chevr. *Ann. Soc. ent. Fr.*, 1879, p. 9.

Tête petite, globuleuse. Rostre très long, ses scrobes commençant près du milieu, linéaires atteignant sa base. Yeux transversaux. Prothorax imparfaitement contigu aux élytres, sans lobes oculaires, le prosternum long devant les hanches. Élytres étroits, leur base pas plus large que celle du prothorax, recouvrant le pygidium. Deux premiers segments ventraux soudés, séparés par une très fine suture rectiligne. Épisternes métathoraciques étroits.

Genre comprenant d'assez nombreuses espèces de l'Amérique tropicale, faciles à reconnaître à un fasciès tout particulier.

E. Delauneyi Chevr., *Ann. soc. ent. Fr.*, 1880, *Bull.* p. xxvi [324].
Allongé, noir, brillant, glabre, les antennes, les tibias et les tarses d'un rouge ferrugineux plus ou moins clair.

Rostre plus long que les élytres, légèrement arqué, sa courbure dorsale continuant celle du prothorax, à sa base latéralement pointillé et substriolé, en avant de l'insertion antennaire légèrement rétréci, lisse. Tête très courte, le front entre les yeux très étroit et avec un court sillon ; yeux grands. Antennes insérées en avant du milieu du rostre, élancées, tous les articles du funicule très allongés, le 2e aussi long ou presque que les 3e et 4e ensemble, le 7e du triple aussi long qu'épais à son sommet, la massue fusiforme.

Prothorax ovoïde, lisse sur le disque, le bord antérieur, la partie resserrée de la base et les flancs avec quelques points. Écusson étroit.

Élytres allongés, leur plus grande largeur vers le milieu et en ce point pas plus larges que le prothorax, convexes, pourvus de séries de points légers, un peu plus profonds vers la base, effacés au-delà du milieu, les deux latérales plus nettes.

Pattes très élancées ; fémurs claviformes, pourvus d'une petite dent, plus forte aux antérieurs ; tibias bisinués, les antérieurs fortement, armés d'un fort onglet apical externe ; tarses allongés, leur pubescence inférieure jaune, le 1er article très long, presque aussi long que les trois suivante ensemble ; ongles simples. Prosternum densément ponctué, l'abdomen avec quelques points sur les côtés.

♂. Base du 1er segment ventral relevée en bosse terminée par un petit tubercule ; segment anal avec une large et assez profonde impression arrondie et finement pointillée.

Long. 4-7 mm.

Varie beaucoup de taille ; on rencontre des spécimens plus ou moins immatures ayant les pattes et parfois tout le corps d'un rouge brun.

Type : Guadeloupe.

D'avril en juillet ; Bains Jaunes, Camp Jacob sur les Balisiers pourris, cascade Vauchelet, le soir (Delauney) ; assez commun vers 5-600 m. d'alt. (Vitrac).

Gourbeyre (Dufau).

85 spécimens (Fl. 11 ; Mus. 12 ; m. 62).

CAMAROTINA

Genre **Camarotus** Schönh. Gen. Curc., I, p. 185.

Genre composé d'un petit nombre d'espèces (sept de décrites) propres à l'Amérique centrale et méridionale.

« Ces insectes singuliers sont de taille au plus moyenne et recouverts d'une efflorescence abondante, diversement colorée qui manque souvent chez les exemplaires conservés dans les collections. Les espèces que j'ai observées, tant à Cayenne qu'au Brésil, se tiennent immobiles sur les feuilles dont celles qui sont très convexes paraissent n'être que des excroissances. » (Lacordaire).

D'après ce même auteur les espèces se répartissent en deux groupes, l'un comprenant des formes très convexes, demi-circulaires tout à fait semblables à certaines Cassides exotiques, les seules décrites jusqu'ici, l'autre de forme brièvement ovale, moins convexes, arrondies aux épaules, groupe dont fait partie l'espèce suivante.

C. rufus n. sp.

Rouge, brillant, glabre peut-être par suite de la disparition de l'efflorescence. Rostre à peine plus long que la tête, éparsément ponctué. Tête finement pointillée, le front fovéolé.

Prothorax fortement transversal, brusquement étranglé en avant, la base bisinuée, à ponctuation serrée, devenant sur les côtés rugueuse et subtuberculée. Écusson assez petit et enfoncé.

Élytres convexes, striés ponctués, les interstries larges convexes, faiblement rugueux en avant.

Fémurs antérieurs fortement renflés, leur dent forte et pectinée, les autres fémurs avec un petite dent simple. Tibias antérieurs fortement arqués, ciliés en dedans, terminés au sommet par deux denticules et pourvus en dehors avant le sommet d'une assez longue dent ; tibias intermédiaires et postérieurs droits, bidentés et onguiculés au sommet comme les antérieurs. Dessous lisse et brillant, le prosternum ponctué.

Long. 6 mm.

Trois Rivières, très rare (Dufau).

Un spécimen (Fl.).

CHOLINA

Genre **Polyderces** Schönh. Gen. Curc., VIII, I, p. 15. Lacord. Gen. Col. VII, p. 39.

Genre ne comptant que deux espèces spéciales aux Antilles. Une espèce de la Guadeloupe.

P. zonatus Swed., Act. Holm., 1787, III, p. 194 ; Oliv. Ent. V, 83, p. 173 ; pl. 6, fig. 61 a-b ; Bohem. ap. Schönh. l. c. p. 16. — *tricinctus* F. Ent. Syst. I, 2, p. 430 ; Herbst., Käfer. VI, p· 112, pl. 67, fig. 5.

Oblong, noir, à reflet ardoisé, orné d'un dessin squamuleux d'un jaune de sable composé : de trois larges bandes transversales sur les élytres, d'une large bordure latérale sur le porthorax et se continuant en dessous sur le prosternum, d'une bande transversale recouvrant en entier le 2e segment ventral, d'une large tache sur les côtés de la poitrine.

Rostre aussi long que la tête et le prothorax, arqué, cylindrique, un peu élargi à l'extrémité, à pointillé très fin et très épars. Tête glabre, lisse, le front légèrement impressionné ou fovéolé. Antennes médianes, d'un brun de poix, élancées ; scape atteignant l'œil ; funicule de 7 articles le 1er allongé, aussi long que les deux suivants ensemble, le 2e plus long que le 3e ,les 5e, 6e, 7e courts et grossissant peu à peu, la massue oblongue acuminée.

Prothorax fortement transversal, fortement rétréci en avant, brièvement resserré derrière le bord antérieur, la base bisinuée, couvert de fortes rugosités sur les côtés plus faibles sur la bande médiane noire. Écusson glabre.

Élytres en demi-ellipse allongée, aux épaules à peine plus larges que le prothorax, brièvement resserrés et latéralement impressionnés un peu avant le sommet ; modérément convexes, marqués de séries de points forts, peu serrés, les intervalles transversalement rugueux.

Pattes élancées ; fémurs armés d'une forte dent aigue, tibias bisinués en dedans, leurs corbeilles tarsales ascendantes et pectinées de cils noirs, leur sommet pourvu d'un fort onglet interne, d'un autre externe, et au milieu d'une petite dent, et en outre de 2 ou 3 touffes de cils roux. Tarses larges et courts, spongieux en dessus, le 2e article au moins du double aussi large que long, le 3e très grand, le 4e médiocre.

Long. 12—16 mm.

Grande et belle espèce facile à reconnaître à son dessin.

Type : Guadeloupe.

Camp Jacob, sur les fleurs de Manguier, dans la prairie du Camp, Bains-Jaunes, cascade Vauchelet, d'avril à juillet (Delauney). Trois Rivières sur le Mais (Vitrac). Du littoral jusqu'au sommet de la Soufrière (Dufau).

30 spécimens (Fl. 11 ; Mus. 2 ; m. 17).

Genre **Homalonotus** Schönh. Gen. Curc., III, 1836, p. 584. *Anosticus* Desbr. *Ann. Soc. ent. Belg.*, 50, p. 369.

Hanches antérieures largement écartées, le bord postérieur du prosternum pourvu d'un petit tubercule, suivi d'une dépression longitudinale à bords latéraux arrondis. Deux premiers segments ventraux à suture fine et arquée, les autres sutures profondes, le 2e segment aussi long que les 3e et 4e réunis. Pattes très élancées, les tibias inermes sur leur bord interne, pourvus au sommet d'un onglet, d'une dent au milieu et de plusieurs pinceaux de soies. Antennes grêles, le scape n'atteignant pas tout à fait l'œil, les 3 premiers articles du funicule allongés, diminuant graduellement de longueur, le 1er notablement plus long que le 2e, les 3 derniers à peine plus longs que larges, la massue ovale. Élytres échancrés à la base.

H. Lherminieri** Chevr. *Ann. soc. ent. Fr.* 1878, p. CXLI. — *umbilicatus*** Desbr. *l. c.*, p. 370.

Allongé, déprimé en dessus, noir, peu brillant.

Rostre plus long que le prothorax, peu arqué, ponctué, strié à la base. Tête convexe, brillante, à ponctuation fine, plus forte et plus serrée sur le front, ce dernier fovéolé. Antennes allongées, brunâtres, minces, insérées vers le tiers apical du rostre, le 1er article du funicule plus long que le 2e.

Prothorax du double aussi large que long, brusquement rétréci et brièvement tubuleux en avant, les côtés arrondis ; déprimé, couvert de tubercules applatis très serrés, ponctués à leur centre. Écusson en demi-ovale, plan, ponctué.

Élytres allongés, se rétrécissant graduellement en arrière dès les épaules, les épaules arrondies ; déprimés, couverts de tubercules un peu aplatis, serrés, ceux des sillons plus petits, les sillons peu nets sur le disque, plus distincts sur les côtés, formés de fovéoles subrectangulaires ; bord latéral, vu de haut paraissant finement denticulé. Poitrine et 1er segment ventral tuberculés.

Pattes noires : fémurs élancés, armés d'une dent aiguë ; tibias intermédiaires et postérieurs à corbeille tarsale oblique, très longue, frangée de soies brunes ; tarses antérieures hérissés en dessous de très longs poils jaunes.

Long. 16-18 mm.

Par sa forme cette espèce se rapproche de *H. humeralis* Gyll.

Guadeloupe (Lherminier), ♂ et ♀ (Chevrolat) ; coll. Desbrochers.

L'unique spécimen vu type de *Lherminieri*, a en outre les deux premiers segments ventraux profondément impressionnés à la base, le métasternum creusé en avant d'une grande fovéole, les tarses antérieurs hérissés de longs poils, caractères semblant indiquer le sexe ♂ ; Chevrolat qui dit avoir vu les deux sexes se borne à indiquer pour la ♀ le rostre un peu plus long et ne mentionne aucun des caractères précédents, cependant si remarquables.

Desbrochers a créé pour trois espèces, dont *Lherminieri*, le genre *Anoslicus*.

CRYPTORHYNCHINA

Cryptorhynchides Lacord., Gen. Col. VII, 1866, p. 18. G. C. Champ. Biol. Cent. Am. IV, p. 1.

Groupe essentiellement caractérisé par le prosternum tout au moins impressionné devant les hanches, le plus souvent canaliculé, le canal, atteignant ou non, rarement dépassant le bord antérieur du métasternum. Ce canal affecte d'ailleurs de multiples modifications et lorsque l'insecte est au repos le rostre est couché au fond de ce canal.

L'un des groupes des plus importants parmi les Curculionides il a des représentants dans toutes les parties du globe mais tout spécialement dans les contrées tropicales. La Guadeloupe ne fait pas exception à cet égard, puisque 5.500 individus environ ont été examinés. Ils sont répartis dans 39 genres, dont 1 nouveaux créés pour quelques espèces qu'il a été impossible de rattacher aux quelques centaines de genres connus ; ils sont d'ailleurs relativement faciles à reconnaître.

Très nombreuses sont les espèces de petite taille dont l'étude est particulièrement délicate par suite de la contraction du rostre cachant les antennes ; l'examen de ces dernières ainsi que des caractères du dessous du corps , largeur des épiternes, proportion des segments ventraux etc., sont cependant indispensables.

L'ordre suivi est celui de la Biologie Centrale Américaine IV, partie 4.

Tableau des genres

1. — Canal rostral ne dépassant pas les hanches antérieures,
réduit parfois à une simple excavation sur la partie antérieure du prosternum. *Ithyporides*.................... 2.
— Canal rostral dépassant les hanches antérieures, ces
dernières toujours distantes l'une de l'autre, *Cryptorhynchides* vrais .... 4.

2. — Ongles simples. — Fémurs dentés.................. 3.
— Ongles bifides ou appendiculés, parfois connés à la
base, divergents. Lobes oculaires forts. Canal rostral
ouvert en arrière....... **Conotrachelus** Schönh. **p. 124.**

3. — Insecte à coloration métallique, glabre et brillant en dessus. Prothorax à lobes oculaires faibles. Yeux très rapprochés en dessus...... **Chalcodermus** Schönh. **p. 123.**
— Insecte mat, pubescent et sétosulé en dessous. Lobes
oculaires forts.............. **Microhyus** Lec. **p. 140.**

4. — Écusson nul ou très petit. Épisternes méthathoraciques
indistincts ou réduits à une simple ligne.............. 5.
— Écusson et épisternes toujours très distincts, ces derniers parfois étroits, mais même dans ce dernier cas,
pourvus dans leur milieu au moins d'une ligne de points. 17.

5. — Funicule antennaire de 7 articles.................. 6.
— Funicule de 6 articles. Yeux largement séparés. Petites
espèces squamuleuses et hérissés de soies.
                          Ulosominus Champ. **p. 150.**

6. — Insecte squamulé ou hérissé de soies................ 7.
— Insecte d'un noir brillant, glabre. Front très étroit, les
yeux subcontigus. Fémurs dentés, les postérieurs atteignent l'apex.............. **Pseudomus** Schönh. **p. 167**

7. — Antennes médianes ou submédianes................ 8.
Antennes insérées plus près de la base que du milieu du
rostre. Bord antérieur du prothorax prolongé au milieu
par deux lobes fasciculés recouvrant complètement la
tête qui est invisible de dessus. Chaque élytre prolongé

au sommet par une sorte de queue obtuse. Revêtement
dorsal formant une croûte qui voile complétement les téguments................ **Lembodes** Schönh. **p. 149.**

8. — Petites espèces, au plus de 3 mm., squamulées et hérissées de soies sur les élytres. Prothorax brusquement
rétréci en avant, les élytres ovales et à la base pas plus
larges que le prothorax, les épaules nulles, la convexité
régulière. Front au moins aussi large que le rostre au
milieu. Ongles de grandeur normale et libres. Deuxième
segment ventral plus long, souvent beaucoup plus long
que le 3e............... **Paraulosomus** n. gen. **p. 161.**

— Ne présentant pas l'ensemble de ces caractères .... 9.

9. — Yeux complétement ou presque complétement recouverts par les lobes oculaires lors de la contraction du rostre (1). Base du prothorax rectiligne ou très peu bisinuée. Antennes courtes. Mésosternum saillant, échancré au sommet. Métasternum très court .... 10.

— Yeux largement découverts .... 12.

10. — Deuxième segment ventral moins long que les 3e et 4e
réunis................................... 11.

— Deuxième segment ventral, aussi long que les 3e et 4e
réunis parfois soudé avec le 1er. Épisternes indistincts .... **Acalles** Schönh. **p. 146.**

11. — Forme ovale, courte, le revêtement terreux, les élytres à
la base de la largeur du prothorax, sans épaules. Fémurs
inermes............... **Gerstaeckeria** Champ. **p. 142.**

— Élytres plus larges que le prothorax, les épaules ordinairement accusées, le revêtement léger. Fémurs ordinairement dentés, inermes chez une espèce

Euscepes Schönh. **p. 177.**

12. — Prothorax subconique ou trapézoïdal, les élytres courts,
subtriangulaires, à convexité régulière. Front plus étroit
que le rostre. Ongles petits, rapprochés ou subconnés à

(1) C'est-à-dire lorsque l'insecte est au repos ou fait le mort. Cette expres-
sion par abréviation, sera toujours sous-entendue, lorsqu'on parlera des yeux
découverts ou recouverts.

<hr>

(1) Chez quelques espèces de *Microxypterus*, ils sont si petits et si rapprochés qu'ils paraissent n'en former qu'un seul, vus sous un grossissement faible ou moyen.

cées. Yeux distants. Rostre arqué. Antennes antémédia-
nes. Deuxième segment ventral un peu plus long que le
3e, sa suture avec le 1er rectiligne, le mésosternum très
élevé.................... **Perisacalles** Faust. **p. 192.**
20. — Insecte plus ou moins squamulé.................... 21.
      Insecte d'un noir brillant, glabre. Pattes allongées, les
      fémurs postérieurs atteignant l'apex des élytres ; ♂ :
      tarses antérieurs hérissés de longs poils

$$\text{Paranalcis n. gen. p. 190.}$$

21. — Yeux très grands, subcontigus sur le front, leurs facettes
      très petites. Écusson indistinct. Fémurs finement
      dentés, les postérieurs atteignant l'apex, les ongles
      petits et libres. Canal rostral atteignant le bord antérieur
      des hanches intermédiaires ; 2e segment ventral plus
      long que le 3e. Oblong...... **Metaptous** n. gen. **p. 267.**
   — Ne présentant pas l'ensemble de ces caractères ...... 22.
22. — Canal rostral n'atteignant pas le bord antérieur des han-
      ches intermédiaires et terminé dans une voûte élevée
      formée par le mésosternum..................... 23.
   — Canal rostral atteignant, dépassant souvent le bord an-
      térieur des hanches intermédiaires et terminé dans
      une excavation du mésosternum, dont le plus souvent les
      bords ne sont que très peu plus élevés que le plan du
      métasternum..................... 28.
23. — Rostre droit ou presque, fortement élargi à ses deux
      extrémités. Bord antérieur du prothorax fortement
      avancé sur le vertex, la tête invisible vue de haut. Yeux
      largement séparés, découverts, les lobes oculaires faibles.
      Écusson distinct. Élytres plus larges que le prothorax, les
      épaules obtusément arrondies. Fémurs, antérieurs tout
      au moins, finement dentés. Deuxième segment ventral
      plus long que le 3e, le mésosternum élevé et échancré à
      son sommet. – Long. 2 3 mm.

$$\text{Semnorhynchus Faust p. 220.}$$

   — Ne présentant pas l'ensemble de ces caractères .... 24.
24. — Tarses semblables chez les deux sexes................ 25.

— Pattes longues, les antérieures plus longues, les tarses
antérieurs 1 et 2 chez le ♂ dilatés et couverts de longs
poils laineux. Antennes robustes. Yeux grands, distants,
leurs facettes petites. Prothorax bisinué à la base. Écusson grand, remplissant la fossette scutellaire. Élytres à
interstries granulés ou tuberculés, les séries de points
irréguliers et interrompus, le bord marginal sinué. Fémurs unidentés. Mésosternum grand, élevé, échancré au
sommet. Épisternes larges, le 2e segment ventral peu
plus long que le 3e, sa suture avec le 1er rectiligne (1).
— Long. 5—9 mm.............. **Isus** Champ. **p. 230**

25. — Episternes métathoraciques étroits, le 2e segment ventral notablement plus long que le 3e................ 26.

— Épisternes larges, le 2e segment ventral peu plus long que
le 3e. Rostre au plus aussi long que le prothorax, robuste,
faiblement arqué. Tête visible de haut. Yeux grands, en
grande partie découverts. Prothorax transversal, sa
base fortement bisinuée, ses angles postérieurs enfoncés dans les échancrures basales des élytres, les lobes
oculaires très faibles. Écusson petit. Élytres fortement
trisinués à la base, à 10 rangs de points. Mésosternum
élevé, faiblement échancré au sommet. Métasternum
assez long, la suture des deux premiers segments ventraux rectiligne. Fémurs dentés, ongles petits et rapprochés. Long. 4—6,5 mm.. **Trachalus** Champ. **p. 227.**

26. — Forme allongée. Prothorax subconique ou trapézoïdal.
Écusson grand. Élytres à la base non ou à peine plus
larges que le prothorax. Long. 6—7,5 mm.

Diaporesis Pasc. **p. 240.**

— Forme courte. Métasternum court. Prothorax non conique. Taille ordinairement moindre.................... 27.

27. — Base du prothorax rectiligne ou à peu près rectiligne.
Pattes allongées, les fémurs postérieurs atteignant ordinairement l'apex, les ongles petits. Front à peu près
aussi large que le rostre.... **Nectylodes** Chevr. **p. 193.**

(1) Ici se place *Gasterocerus* Lap.. p. 231. Ecusson arrondi.

— Base du prothorax bisinuée. Yeux un peu rapprochés. Fémurs postérieurs n'atteignant pas l'apex.

Homoeostetus Faust **p. 206.**

28. — Deuxième et 3e segments ventraux de longueur peu différente... 29

— Deuxième segment ventral notablement plus long que le 3e... 35

29. — Deuxième segment ventral un peu plus court que le 3e. Yeux subcontigus. Élytres allongés, cunéiformes, les interstries carénés et fasciculés. Fémurs fortement dentés, les postérieurs n'atteignant pas l'apex. — Long. 4,5—6,5 mm.......... **Siron** Champ. **p. 259.**

— Deuxième segment ventral au moins aussi long que le 3e.

30. — Insecte d'aspect foncé et hérissé de longues soies. Yeux presque entièrement recouverts. Fémurs postérieurs n'atteignant pas l'apex. — Long. 2 3 mm.

Pisoeus Champ. **p. 234.**

— Insecte pourvu en dessus de soies courtes ou nulles..... 31.

31. — Deuxième segment ventral seulement aussi long que le 3e. Pattes semblables dans les deux sexes, assez courtes, les fémurs postérieurs n'atteignant pas l'apex. Front presque aussi large que le rostre. Élytres ovales, tous les interstries convexes et subcarénés. Long. 8-9 mm.

Cryptorrhynchus Ill. **p. 266.**

— Interstries impairs des élytres nettement carénés. Fémurs postérieurs atteignant ordinairement l'apex..... 32.

32. — Tarses antérieurs chez le ♂ dilatés et villeux. Élytres rétrécis en arrière dès les épaules. **Cœlosternus** Schönh. **p. 253.**

— Tarses antérieurs semblables chez les deux sexes ...... 33.

33. — Forme allongée, les côtés des élytres peu arqués, le prothorax ovale. Long. 10-11 mm

Cylindrocorynus Schönh. **p. 249.**

— Élytres ovales-triangulaires ou en ovale court. Long. 3 4,5 mm .... 34.

34. — Fémurs inermes. Prothorax trapézoïdal ou conique

Eubulopsis Champ. **p. 263.**

— Prothorax à côtés arqués, ou trapézoïdal mais alors les
fémurs dentés.............. **Eubulus** Kirsch. **p. 261.**

35. — Yeux en majeure partie recouverts par les lobes oculaires, le front entre eux au moins aussi large que le rostre à sa base. Fémurs dentés, les postérieurs n'atteignant pas l'apex. Les deux premiers segments ventraux
à suture arquée................................. 36.

— Yeux en grande partie découverts................. 38.

36. — Élytres cylindriques. Base des tibias arquée en dedans
et dilatée en dehors. Prothorax à bord antérieur avancé
sur le vertex, la tête non visible de dessus. Long. 6 mm.
						Troezon Champ. **p. 238.**

— Élytres non cylindriques...................... 37.

37. — Deuxième segment ventral aussi long que les 3e et 4e
réunis, sa suture avec le 1er arquée. Front au plus
aussi large que le rostre.. **Metriophilus** Faust. **p. 235.**

— Deuxième segment ventral seulement un peu plus long
que le 3e et sa suture avec le 1er arquée. Front plus
large que le rostre........ **Metoposoma** Faust **p. 237.**

38. — Tarses antérieurs semblables chez les deux sexes, les
fémurs postérieurs atteignant au plus l'apex. Facettes
des yeux grossières......................... 39.

— Pattes longues, plus longues chez le ♂, les fémurs postérieurs dépassant l'apex, les tarses antérieurs chez le ♂
couverts de longs poils hérissés. Yeux très grands et
leurs facettes fines. Deuxième segment ventral presque
aussi long que les 3e et 4e réunis. Long. 8-11 mm.
						Macromerus Schönh. **p. 248.**

39. — Rostre fortement arqué. Élytres ovales, courts, beaucoup plus larges que le prothorax, les interstries non
carénés. Prothorax transversal, bisinué à la base, les
lobes oculaires faibles. Mesosternum oblong. — Dessus faiblement squamulé, d'aspect sombre, les élytres
avec des séries de gros points. **Tyranion** Champ. **p. 272.**

— Forme plus allongée, densément squamulé en dessus.
						Graphonotus Chevr. **p. 242.**

ITHYPORIDES

Genre **Chalcodermus** Schönh. Gen. Curc., IV, p. 377.

Genre américain représenté par les deux espèces suivantes :

C. Vitraci n. sp. [344 bis].

Noir cuivreux, brillant, muni sur les pattes et le dessous de très courts poils blancs peu visibles.

Rostre aussi long que la tête et le prothorax, modérément arqué, plurisillonné à sa base, les sillons ponctués en lignes, le latéral plus large et plus profond, caréné entre les sillons, la carène médiane lisse ; brillant et à ponctuation espacée en avant de l'insertion antennaire. Tête convexe, à points peu serrés en arrière, davantage en avant, chagrinée entre les points, le front relevé en crête en avant entre les yeux ces derniers subcontigus en arrière. Deuxième article du funicule plus court que le 1er.

Prothorax fortement transversal, pourvu sur ses bords de deux dents obtuses, l'une au commencement de l'étranglement antérieur, l'autre à égale distance de cette 1re dent et de la base : convexe, impressionné transversalement en avant, les côtés légèrement bosselés, marqué de points très fins et très espacés sur le milieu du disque, devenant plus gros et plus serrés sur les côtés. Écusson ovale, convexe, ponctué, placé sur un plan inférieur à celui des interstries voisins.

Élytres ovales, l'interstrie marginal calleux derrière la base, les côtés, vus de haut, paraissant légèrement ondulés, isolément arrondis au sommet ; convexes, le calus antéapical marqué, avec des séries de gros points espacés, plus gros entre la suture et le calus antéapical ; interstries dorsaux peu convexes, pointillés, les latéraux irrégulièrement convexes, le 7e caréniforme à son sommet.

Pattes rugueuses, fémurs fortement dentés ; tibias bisinués en dedans, les antérieurs subdentés au milieu. Métasternum avec une profonde fovéole ronde. Abdomen assez brillant à ponctuation peu serrée.

Long. 5 mm.

Trois Rivières, littoral (Vitrac, Dufau).

Espèce voisine de *C. metallinus* F.

Six spécimens (Fl. 3 ; Mus. 1 ; m. 2).

C. insularis* Chevr. 1880, *le Naturaliste*, p. 198.

D'un cuivreux brillant, revêtu de très petits poils squamuleux blancs, trés épars.

Rostre à peine aussi long que la tête et le prothorax, arqué, ponctué strié à la base, pointillé en avant, d'un noir cuivruex. Tête à ponctuation espacée en arrière, serrée en avant, les yeux séparés par une profonde fovéole. Deuxième article du funicule beaucoup plus court que le 1er.

Prothorax un peu plus large que long, brusquement et fortement rétréci en avant ; ses côtés subparallèles en arrière, la base fortement bisinuée ; convexe, couvert dans le milieu et en avant de sillons arqués convergents vers la ligne médiane, vers la base et les côtés de gros points isolés. Écusson arrondi, ponctué, sur le même plan que les interstries adjacents.

Élytres subtriangulaires, les épaules dilatées en forme de grande dent triangulaire et projetée en dehors ; convexes, le calus antéapical peu marqué, les séries de points régulières, les interstries plans et irrégulièrement pointillés.

Fémurs dentés ; tibias dentés au milieu et crénelés de la dent au sommet.

Long. 5 mm.

Commun dans la région basse en bordure des forêts (Dufau). Sur *Cassia glandulosa* (Vitrac).

Trois Rivières (Vitrac, Dufau).

37 spécimens (Fl. 22 ; Mus. 8 ; m. 2).

On rencontre des spécimens à élytres rouges et prothorax noirs mais ne différant pas autrement de la forme typique cuivreuse ; ce sont des individus incomplétement développés.

Genre **Conotrachelus** Schönh. Gen. Curc., IV, p. 392.

Canal rostral ouvert en arrière. Lobes oculaires du prothorax très développés. Ongles dentés ou appendiculés et divergents.

Insectes de taille médiocre, squamulés, pubescents ou hérissés de crins.

Ce genre renfermant plusieurs centaines d'espèces, les autres caractères sont variables. Spécial aux deux Amériques et à leurs îles.

Notre faune en compte 13 espèces qui pourront être séparées ainsi :

TABLEAU DES ESPÈCES

1. — Élytres avec les 3e 5e et 7e interstries relevés en côtes entières ou découpées (1)........................ 2.

— Tous les interstries des élytres à peu près de même convexité, les élytres par suite sans côte............. 13.

2. — Fémurs armés en dessous de deux dents, dont la plus extérieure parfois très petite : 2e côte élytrale interrompue au moins en avant........................ 3.

— Fémurs au plus unidentés......................... 4.

3. — Prothorax avec 4 tubercules écrasés, peu élevés, disposés en carré vers le milieu du disque. Élytres à côtes fortes, leur bord latéral (3e côte, vue de haut) en forme de carène vive et lisse. Mésosternum convexe. Long. 6 6,5 mm................. 1. **serripennis** Chevr.

— Prothorax sans tubercule mais couvert de fortes rugosités allongées, luisantes, dirigées vers la ligne médiane, la carène médiane lisse, fine ; orné de deux lignes de pubescence jaune, rectilignes et convergentes en avant. Élytres à côtes fines mais vives ; ornés chacun sur le sommet d'une tache d'un brun marron bordée en avant de pubescence cendrée... Long. 5 mm. 8 **cristatus** Fahrs.

4. — Deuxième côte des élytres non interrompue.......... 5.

— Cette même côte interrompue au moins en avant..... 9.

5. — Élytres à côtes peu élevées et toutes entières ; forme courte les élytres peu rétrécis au sommet............ 6.

---

(1) Les côtes atteignent ou dépassent peu le plus souvent le commencement de la déclivité postérieure des élytres.

— Élytres, avec la 1ere côte interrompue en avant. Revêtement dorsal dense, jaune........................ 7.

6. — Pubescence dorsale très courte, très éparse, peu visible, mais tous les interstries des élytres hérissés de longues soies brunes et alignées. Prothorax grossièrement fovéolé réticulé, sa carène médiane n'atteignant pas la base. Points des séries élytrales très grands, fovéolés, et serrés. Mésosternum terminé en avant de chaque côté par un tubercule arrondi

Long. 5 mm. 11. **hirsutipennis** n. sp.

— Pubescence dorsale d'un gris jaunâtre, entremêlée de très courtes soies relevées. Prothorax à ponctuation forte, très serrée, confluente, sa carène médiane complète. Points des séries élytrales médiocres.

— Mésosternum plan, échancré en avant, pubescent. Long. 4,5 mm.............. 12 **brevicrinitus** n. sp.

7. — Prothorax pourvu d'une carène complète se relevant et s'élargissant fortement de ses extrémités au milieu, par suite le disque gibbeux en son milieu, sa base plus ou moins brune ; côtés internes des élytres en avant avec des taches brunes. Mésosternum légèrement incliné en avant et déprimé au milieu longitudinalement. Segment anal fovéolé. Long. 6-7 mm. 7. **Guadelupensis** n. sp.

— Prothorax à carène médiane peu élevée, effacée en arrière, le disque convexe .... 8.

8. — Dents des fémurs triangulaire et forte. Élytres en demi-ovale, les épaules subrectangulaires et brièvement arrondies, la 1re carène fine et brièvement interrompue en avant. Mésosternum plan en arrière, denté de chaque côté en avant. Long. 6 mm...... 6. **Dufaui** n. sp.

— Dent des fémurs petite et obtuse. Élytres subtriangulaires, les épaules arrondies mais élevées, saillantes, la 1er côte forte, biinterrompue, le segment moyen très élevé et brusquement tronqué en arrière. Mésosternum plan. Long. 5 mm........ 5. **obtusedentatus** n. sp.

9. — Première côte des élytres soit forte et découpée, soit

faible et interrompue ou seulement moins élevée en
avant .... 10.

— Première côte, vive, élevée, ininterrompue en avant,
la 2e brièvement interrompue. Carène médiane du
prothorax fine et complète. Mésosternum subtrapézoïdal, plan. Long. 3 –1,5 mm....   9. **maceritiae** Fahrs.

10. - Prothorax non tuberculé, les côtes des élytres fines
ou assez fortes.................................. 11.

    Prothorax pourvu de 6 tubercules, dont deux fasciculés
et placés sur le milieu du bord antérieur, et 1 transversalement disposés en arc vers le milieu, les deux du
milieu très gros et squamulés. Élytres à côtes fortes,
leur bord latéral (3e côte), vu de haut, crénelé. Long.
3,7-4 mm................... 2. **marginiceps** Chevr.

11. — Épaules en forme de dilatation anguleuse, arquée en
avant, dentiforme et un peu prolongée en arrière à son
sommet. Côte élytrales fines........................ 12.

— Épaules obtuses et plus ou moins arrondies à leur sommet. Prothorax couvert de rugosités mates, médiocres,
la carène médiane peu distincte, la pubescence éparse.
Côtes des élytres assez fortes. Fémurs à dent obtuse.
Long. 3,5 mm................... 10. **obscurus** n. sp.

12. — Prothorax caréné au milieu, sa ponctuation serrée. Dilatation des épaules forte. Dent des fémurs forte. Mésosternum subtrapézoïdal, concave dans le milieu, légè-
ment denté sur les côtés en avant. Long. 3,2-5 mm.
3. **ocularis** Chevr.

   - Prothorax non caréné, à ponctuation fine et espacée.
Dent des fémurs obtuse. Long. 4 mm. 1. **scapularis** Chevr.

13.   Fémurs obsolètement dentés. Prothorax fovéolé réticulé
sa carène médiane forte mais n'atteignant pas la base.
Interstries convexes, les impairs un peu plus relevés.
Côtés du canal rostral terminés devant la hanche par
une dent aiguë. Mésosternum gibbeux en avant. Long.
4,5-5 mm.................... 11. **cœlosternoides** n. sp.

 — Fémurs bidentés. Prothorax à ponctuation forte, serrée,

sans carène médiane, angles postérieurs avec une tache squamuleuse claire, jaune ou blanche, prolongée sur l'épaule. Élytres transversalement ridés, tous les interstries de convexité faible et sensiblement égale. Mésosternum relevé en avant et terminé par deux tubercules arrondis. Long. 5-5,5 mm..... 13. **cinnamomeus** n. sp.

Description des espèces

C. serripennis* Chevr., *Le Naturaliste*, 1880, p. 285 [337°].

Ovale, peu convexe, noir, le prothorax varié de rouge et de noir. les élytres en majeure partie, parfois entièrement, rouges, mais ordinairement le sommet de la partie centrale comprise entre les crêtes des 5e interstries d'un noir brillant, les pattes et les antennes en entier, le rostre en partie rouges, la pubescence dorsale fine, variée, jaunâtre et cendrée, cette dernière formant sur le prothorax trois lignes, les latérales arquées et se rapprochant en avant, la médiane courte.

Rostre à peine plus long que la tête et le prothorax, fortement arqué, sa courbure dorsale formant un angle avec le front à la base, épais et gibbeux en dessus à la base, aminci en avant (vu de côté), ponctué-strié sur les côtes à la base, finement ponctué et faiblement caréné en dessus. Antennes allongées, insérées vers le tiers apical du rostre, le 2e article du funicule aussi long et beaucoup moins épais que le 1er. Front fovéolé.

Prothorax aussi long que large, brusquement et fortement resserré dans son tiers antérieur, les côtés subrectilignes et divergents en avant de la base au tiers antérieur où il est le plus large ; couvert de fortes rugosités, entremêlées de grands points irréguliers, le milieu du disque avec quatre rugosités tuberculeuses plus fortes, arrondies à leur sommet, la ligne médiane un peu plus élevée mais non carénée. Écusson arrondi, élevé, lisse sur ses bords, sillonné et squamulé sur sa ligne médiane, entouré d'un profond sillon.

Élytres en demi-ovale, les épaules élevées, obliquement arquées en avant, un peu anguleuses à leur sommet ; 1ere côte découpée en trois crêtes, la 1re basale obtuse, peu élevée, la 2e très élevée, large, son arête inclinée en avant, assez aiguë au sommet, lisse et brillante, noire, la 3e semblable á la 2e mais moins longue, moins élevée et plus aiguë ; 2e biinterrompue, sa partie médiane en forme de crête ; 3e et 5e côtes un peu irrégulières, lisses à leur sommet ; disque transversalement impressionné vers le quart antérieur, entre cette impression et la base, grossièrement ponctué.

Pattes élancées ; fémurs bidentés, les dents couvertes de squamules fasciculées ; tibias arqués à leur base, bisinués en dedans.

Long. 5—6 mm.

Type : Guadeloupe.

Camp Jacob (Delauney) ; Trois-Rivières, Gourbeyre (Dufau). 67 spécimens (Fl. 4 ; Mus. 28 ; m. 35).

2. C. marginiceps* Chevr., *le Naturaliste*, 1880, p. 230 — *frontalis** Chevr., l. c. [327³].

Sub-ovale, noir brun, les antennes, le sommet des tibias et les tarses testacés, revêtu de très petits poils squamuleux jaunâtres et épars, plus serrés et formant une vague fascie ou plusieurs lignes ondulées sur la partie postérieure rougeâtre des élytres, très serrés sur la base de la tête et sur le rostre, le prothorax orné de chaque côté d'une courte ligne squamuleuse prolongée sur l'épaule.

Rostre aussi long que le prothorax, très épais, fortement arqué, ponctué-substrié, faiblement caréné au milieu et très densément squamulé jusqu'à l'insertion antennaire, cette dernière vers le tiers apical. Antennes courtes, le 2e article du funicule plus court que le 1er. Tête densément squamulée, le front profondément fovéolé, pourvu en arrière de deux petits calus obtus et d'une courte carène médiane obtuse et glabre.

Prothorax un peu moins long que large, un peu moins large en avant qu'à la base, les côtés arqués et bisinués (vus de haut), les angles postérieurs obtus ; largement et profondément impressionné transversalement vers le tiers antérieur ; pourvu sur le bord antérieur de deux gros tubercules coniques, flanqués en dehors d'un autre très petit, vers le milieu de deux très gros tubercules coniques et obtus et derrière ces derniers de deux très petits tubercules glabres ;

carène médiane assez forte et séparant les tubercules. Écusson convexe, glabre à peu près lisse.

Élytres en demi ovale ; 3e interstrie surmonté d'un fort tubercule obtus vers sa base, d'une crête très élevée (la plus élevée de toutes) et assez longue vers son milieu ; 5e interstrie costiforme en arrière, tuberculé en son milieu, avec une crête basale (plus longue que le tubercule du 3e) ; 7e interstrie en forme de carène très régulièrement crénelée à son sommet sur les trois quarts de sa longueur. Pattes assez élancées ; fémurs finement dentés ; tibias arqués et bisinués en dedans.

Long. 3,5—4,5 mm.

Type : Guadeloupe.

Trois Rivières, Gourbeyre (Dufau).

30 spécimens (Fl. 3 ; Mus. 17 ; m. 10).

3. **C. ocularis*** Chevr., *le Naturaliste*, 1880, p. 230. — *ocellatus* Chevr., *l. c.* [340].

Sub-ovale, d'un roux clair, parfois brun, les antennes, les tibias et les tarses toujours testacés, revêtu sur le disque du prothorax de squamules oblongues acuminées, serrées, blanches ou jaunâtres, sur les épaules de squamules semblables, sur le reste des élytres, les côtés, et le plus souvent le milieu de la base du prothorax, les pattes de squamules grises ou blanches, formant parfois des petites taches sur les élytres, souvent placées contre les côtes ; fémurs annelés ; dessous à pubescence éparse.

Rostre mince, presque aussi long que les élytres ( ) ou beaucoup plus court (♂), fortement arqué, ponctué-strié et finement caréné à la base, ponctué au sommet. Tête à squamules serrées, soit uniformément jaunes, soit blanches sur la ligne médiane. Antennes insérées vers le milieu du rostre, allongées, le 2e article beaucoup moins long que le 1er, le 3e trois fois aussi long que large, les suivants au moins aussi longs que larges, la massue oblongue.

Prothorax beaucoup plus large que long, fortement rétréci et assez fortement resserré dans sa moitié antérieure, les côtés peu arqués dans le milieu, subrectilignes en arrière, les angles postérieurs droits ; convexe, largement et profondément impressionné transversalement en avant, à ponctuation fine et serrée, avec une carène médiane assez forte. Écusson oblong, ponlué, glabre.

Élytres triangulaires, une fois et demie aussi longs que larges, les épaules élevées, carénées, leurs sommet formant en avant un arc oblique, en arrière un angle aigu relié à la 3e carène ; convexes, le carènes médiocres, la 1re et la 2e vers le quart antérieur, interrompues largement, ou tout au moins beaucoup moins élevées ; points des stries assez distants, devenant petits en arrière, émettant chacun une courte soie squamuleuse claire ; interstries pairs et la suture, plans.

Pattes élancées ; fémurs armés d'une forte dent ; tibias arqués. Long. 3,2—5 mm.

Très variable de taille et de coloration, mais facile à reconnaître à la conformation des épaules.

Sur *Eugenia axillaris* Poit. ; Trois Rivières ; Petite Montagne, bords du Carlet, à Lolo (Vitrac) ; Gourbeyre (Dufau).

106 spécimens (Fl. 6 ; m. 100).

4. **C. scapularis**** Chevr. *Le Naturaliste*, 1880, p. 229.

Espèce très voisine de *C. ocularis* Chevr. Elle en diffère par le prothorax dépourvu de carène médiane et à ponctuation plus fine et plus espacée, les élytres à dilatation humérale moins accusée, et en outre plus étroits, se rétrécissant en arrière dès les épaules, la dent des fémurs plus obtuse. Le revêtement est semblable.

Type : Guadeloupe.

Obs. Je n'ai vu que le type, un spécimen collé et légèrement écrasé.

5. **C. obtusedentatus** n. sp.

Oblong triangulaire, brun rouge en dessus, brun noir en dessous, les pattes et les antennes d'un rouge jaune, revêtu de petites squamules linéaires jaunes, très serrées sur le prothorax et la moitié postérieure des élytres, éparses, peu serrées sur les pattes.

Rostre beaucoup plus long que la tête et le prothorax, modérément arqué, pourvu de cinq carènes, ferrugineux, éparsément squamulé. Tête convexe, le front avec un point enfoncé. Antennes insérées vers le tiers apical du rostre, allongées.

Prothorax subtrapézoïdal, aussi long que large, fortement rétréci en avant, les côtés subparallèles en arrière, la base fortement bisinuée ; convexe, plus élevé dans le milieu, largement déprimé de chaque côté en avant ; pourvu d'une carène médiane fine, effacée en arrière dans les rugosités transversales de la base, les points peu serrés émettant chacun une squamule sétiforme distincte à travers la pubescence, celle-ci dense excepté sur une grande aire basale, triangulaire, qui forme ainsi une légère tache. Écusson grand, ovale, convexe, pointillé, éparsément squamulé.

Élytres subtriangulaires, entre les épaules presque une fois et demie aussi larges que le prothorax, les épaules très saillantes latéralement mais arrondis à leur sommet ; le disque pourvu de trois côtes, la 1re (3e interstrie) interrompue non loin de la base et en arrière du milieu, son 2e segment très élevé, la 2e côte (5e interstrie), fine, non interrompue, le 3e (7e interstrie) vive et entière ; stries formées de points profonds, pourvus d'une courte soie squamuleuse blanche, ces points gros sur la 1re et 2e stries jusqu'au milieu, puis beaucoup plus petits en arrière du milieu, gros en avant et devenant graduellement plus petits en arrière sur les autres stries.

Tous les fémurs armés d'une dent obtuse.

Long. 5 mm.

Gourbeyre (Dufau).

2 spécimens (Fl. 1 ; Mus. 1).

6. C. Dufaui n. sp.

Subovale, d'un roux jaune, orné sur le prothorax d'une large bande latérale irrégulière formée de grandes squamules acuminées, serrées, d'un beau jaune, blanches sur les angles postérieurs, sur les élytres d'une tache sur l'épaule et d'une autre petite sur la base du 3e interstrie blanches, le reste de la pubescence formé de courts poils squamuleux raides, couchés, épars, jaunâtres, les fémurs avec une anneau plus ou moins net.

Rostre plus long que la tête et le prothorax, peu arqué, subcylindrique, fortement ponctué-strié, finement caréné et pubescent à la base, lisse et pointillé en avant. Tête rugueuse, le front avec une grande fovéole. Antennes insérées un peu en avant du milieu du rostre, le 2e article du funicule un peu plus court que le 1er.

Prothorax presque aussi long que large, brusquement et fortement rétréci et resserré en avant, les côtés peu arqués de la base au tiers antérieur, les angles postérieurs droits ; convexe, transversalement impressionné en avant, couvert de fortes rugosités aplaties et lisses, entremêlées de points irréguliers, la carène médiane irrégulière, mal définie, le milieu brillant et pourvu seulement de quelques poils squamuleux. Écusson convexe, à peu près lisse.

Élytres presque du double aussi long que larges ensemble, les épaules brièvement arrondies, les côtés faiblement arqués jusqu'au milieu, modérément rétrécis en arrière ; convexes, impressionnés fortement derrière le calus antéapical, très légèrement entre les 5e interstries derrière la base ; points des stries bien distincts et squamulés ; suture et interstries pairs légèrement convexes, éparsément pointillés-subgranulés ; interstries impairs relevés en fortes côtes, la 1re brièvement interrompue non loin de la base.

Fémurs armés d'une forte dent triangulaire ; tibias bisinués en dedans.

Long. 6 mm.

Gourbeyre (Dufau), un exemplaire (ma coll.).

7. C. Guadelupensis n. sp. [M. 12].

Sub-ovale, densément revêtu de petites squamules d'une jaune d'ocre ou grisâtre, la carène du prothorax en arrière, les côtes internes des élytres en avant teintées de brun, les fémurs annelés, les points des stries émettant chacun une squamule plus claire, blanche, pourvu enfin le long des côtes, sur le prothorax et les pattes de quelques soies squamuleuses blanches et relevées. Abdomen lisse et à squamules éparses.

Rostre mince, subcylindrique, beaucoup plus long que la tête et le prothorax, ferrugineux, finement ponctué-substrié et sa carène médiane obsolète à la base, dénudé, lisse, brillant en avant. Antennes ferrugineuses, insérées presque au sommet du rostre, fines et longues, tous les articles du funicule beaucoup plus longs que larges. Front marqué d'un petit point enfoncé.

Prothorax presque aussi long que large, rétréci mais non étranglé en avant, son bord antérieur avancé sur le vertex, les côtés subparallèles de la base au milieu, les angles postérieurs droits ; convexe, largement déprimé antérieurement, mais l'impression interrompue par la carène médiane ; carène médiane vive, tectiforme, épaissie et très élevée dans le milieu, déclive de chaque côté du milieu ; ponctuation fine et éparse ; bord antérieur pourvu en son milieu de soies relevées, serrées. Écusson squamulé.

Élytres en triangle allongé, les épaules très élevées, carénées, formées par la jonction des 2e et 3e côtes, les côtés convergents en arrière dès les épaules mais peu arqués ; fortement convexes, les côtes fortes, élevées, tectiformes, lisses à leur sommet, la 1re interrompue vers le quart antérieur, la suture et les interstries pairs, plans.

Fémurs pourvus d'une dent petite et très obtuse.

♂. Rostre plus court, plus fortement strié-ponctué, les antennes plus courtes, le segment anal profondément fovéolé.

Long. 6—7 mm.

Gourbeyre, sur tronc et rejets d'arbres abattus, de 3 à 700 m. d'alt. (Dufau).

155 spécimens (Fl. 2 ; Mus. 2 ; m. 151).

8. **C. cristatus*** Fährs. ap. Schönh. Gen. Curc. IV, 1837, p. 438. [337].

Ovale, brun de poix, revêtu d'une fine pubescence cendrée éparse, les antennes, les tibias et les tarses testacés, le prothorax orné de deux lignes de pubescence jaune, droites, convergentes en avant, chaque élytre orné au sommet d'une grande tache ovale, brillante, d'un brun-marron, bordée en avant de pubescence cendrée.

Rostre un peu plus long que le prothorax, épais, arqué, fortement ponctué-strié et finement caréné à la base, la carène médiane vive, ponctué au sommet ; convexe en dessus, sa base formant avec le front un angle marqué. Front fovéolé.

Prothorax un peu plus large que long, rétréci en avant, les côtés subparallèles en arrière ; couvert de fortes rugosités entremêlées de points, avec une carène médiane effacée en arrière dès le milieu. Écusson ponctué.

Élytres ovales, à épaules élevées, arrondies obtusément ; peu convexes, les points des stries peu serrés et pourvus d'une soie squamuleuse blanche, la suture et les interstries pairs légèrement convexes, les interstries impairs relevés en fortes côtes, les deux premières interrompues deux fois, la 3ᵉ une seule fois.

Fémurs armés de deux dents, l'interne forte, l'externe petite, la moitié apicale des fémurs postérieurs ferrugineuse. Tibias arqués et bisinués en dedans.

Long. 5 mm. environ.

Type : Amérique du Nord et Guadeloupe (Fahreus). Amérique Centrale et méridionale. Cascade Vauchelet, juillet (Delauney) ; gousses de cacao fraîchement vidées, Trois Rivières (Vitrac).

Gourbeyre (Dufau).

10 spécimens (coll. Fl.).

9. C. maceritiae Fährs. ap. Schönh. Gen. Curc., IV, 1837, p. 112. — *rectecostatus** Chevr., *le Naturaliste*, 1880, p. 229. 310°².

Sub-ovale, ferrugineux ou brun de poix, les antennes et les pattes claires, les élytres parfois noirâtres et avec une large bande basale, ferrugineuse, revêtu d'une fine pubescence d'une jaune sable, éparse mais plus serrée sur la base des élytres, le dessous faiblement pubescent et brillant, les fémurs annelés.

Rostre aussi long que la tête et le prothorax, arqué en avant, à la base finement strié-carinulé, la carène médiane plus vive et sétosulée, en avant éparsément ponctué et glabre. Tête ponctuée, pubescente, le front fovéolé. Antennes insérées vers le tiers apical du rostre ; rousses, le 2ᵉ article du funicule plus court que le 1ᵉʳ.

Prothorax peu plus large que long, rétréci et modérément resserré en avant, les côtés peu arqués ; convexe, largement et peu profondément impressionné transversalement en avant, à ponctuation serrée, peu visible, avec une fine carène médiane effacée à ses extrémités, la pubescence assez serrée sur le disque, presque nulle sur les flancs. Écusson pointillé, à peu près glabre, foncé.

Élytres triangulaires, du double aussi larges que le prothorax, les épaules élevées et obtusément anguleuses ; convexes, les inters tries impairs relevés en côtes vives, étroites, mais assez élevées, la 1re toujours ininterrompue, la 2e brièvement interrompue ou tout au moins beaucoup moins élevée derrière la base, les suivantes entières, les interstries pairs plans.

Tous les fémurs munis d'une assez forte dent ; tibias légèrement arqués.

Long. 3—4 mm.

Varie de taille et de coloration.

Type : Guadeloupe (Chevrolat).

Camp Jacob ; sentier de la Cascade (Delaunay) ; Trois Rivières (Vitrac) ; Gourbeyre (Dufau).

152 spécimens (Fl. 9 ; Mus. 23 ; m. 120).

10. **C. obscurus** n. sp.

Sub-ovale, brun noir, les tibias ferrugineux, les antennes et les tarses testacés ; revêtu d'une fine pubescence jaunâtre et éparse.

Rostre à peine aussi long que la tête et le prothorax ensemble, robuste, arqué, fortement strié-caréné à la base, la carène médiane forte jusqu'à l'insertion antennaire, ponctué-ruguleux au sommet Front fovéolé. Antennes insérées vers le quart apical du rostre, courtes, le 2e article du funicule plus court que le 1er, les 6e et 7e plus gros et arrondis, la massue oblongue. Yeux grands, légèrement convexes.

Prothorax un peu plus large que long, peu rétréci et légèrement resserré en avant, les côtés peu arqués en arrière, les angles postérieurs presque droits ; convexe, un peu inégal, transversalement déprimé en avant, la ponctuation peu visible, avec des traces d'une carène médiane, pubescent. Écusson lisse, glabre.

Élytres courts, en demi-ovale, larges, un peu plus longs que larges, les épaules élevées et brièvement arrondies ; très convexes, les points des stries forts, les interstries pairs légèrement convexes et un peu rugueux transversalement, et en avant les impairs relevés en fortes côtes, la 1re interrompue deux fois, la 2e interrompue en avant et diminuée derrière le milieu.

Fémurs obtusément dentés ; tibias légèrement arqués, les antérieurs bisinués en dedans. Long. 3,5 mm.

Gourbeyre (Dufau), un spécimen (ma coll.).

11. C. hirsutipennis n. sp.

Sub-ovale, noir, assez brillant, les antennes, les tibias et les tarses d'un ferrugineux foncé, revêtu d'une pubescence foncière très courte, très éparse, mais tous les interstries des élytres hérissés de longues soies brunes et alignées, les points du prothorax émettant des soies semblables et penchées.

Rostre aussi long que le prothorax, robuste, arqué, pourvu de cinq fortes carènes, séparées par des sillons ponctués, sétosulés. Antennes insérées vers le tiers apical du rostre, le 2e article du funicule aussi long que le 1er, les suivants courts et arrondis. Tête rugueuse, le front fovéolé.

Prothorax aussi long que large à la base, les côtés subrectilignes et légèrement divergents de la base au tiers antérieur, puis faiblement arqués et enfin brusquement et fortement rétrécis sinués en dedans, les angles postérieurs presque droits ; peu convexe, couvert de grandes fovéoles irrégulières et anamastosées, la carène médiane lisse, irrégulière, n'atteignant pas la base. Écusson ponctué et pubescent.

Élytres en demi-ovale, les épaules médiocrement élevées et arrondies ; convexes, les points des stries en avant très grands, subrectangulaires, irréguliers et très serrés, devenant très petits en arrière, les interstries pairs pointillés et transversalement rugueux au moins en avant, les interstries impairs relevés en côtes fines et toutes ininterrompues ; noir, brillant, à pubescence éparse, mais plus serrée et formant une vague fascie vers le milieu.

Fémurs vaguement annelés, armés d'une dent médiocre ; tibias légèrement arqués à la base, les antérieurs fortement bisinués en dedans.

Long. 5 mm.

Gourbeyre (Dufau), deux spécimens (ma coll.).

12. **C. brevicrinitus** n. sp.

Sub-ovale, brun-rougeâtre, mat, les antennes et les pattes ferrugineuses, la pubescence dorsale d'un gris jaunâtre, éparse, plus serrée et formant une petite tache sur la base du 3e interstrie et une fascie postmédiane transversale, mal délimitée, grisâtre ; muni en dessus de très courtes soies relevées.

Rostre analogue à celui de l'espèce précédente. Tête à pubescence serrée, le front avec un point enfoncé. Antennes insérées vers le cinquième apical du rostre, le 2e article du funicule aussi long que le 1er, les trois derniers courts et arrondis, la massue ovale.

Prothorax aussi long que large, fortement rétréci et resserré en avant, les côtés modérément arqués, les angles postérieurs obtus ; modérément convexe, criblé de gros points serrés et confluents, la carène médiane régulière, élevée et entière. Écusson oblong, ponctué.

Élytres en demi-ovale, peu rétrécis en arrière, leur sommet paraissant tronqué (vu de haut) ; convexes, légèrement impressionnés transversalement vers le quart antérieur, les points des séries médiocres, assez serrés mais non contigus, bien distincts, les interstries impairs en forme de carènes fines, régulières, peu élevées et ininterrompues, la suture et le 2e interstrie semblablement conformés en avant mais moins élevés, les autres interstries pairs plans.

Fémurs armés d'une dent médiocre ; tibias arqués à la base, bisinués en dedans.

Long. 4,7 mm.

Guadeloupe (Delauney).

Un spécimen (coll. Fl.). .

13. **C. cinnamomus** n. sp. [335³].

Oblong, brun-rouge, les antennes et les pattes ferrugineuses, revêtu d'une pubescence squamuleuse d'un brun ferrugineux, les élytres ornés d'une tache sur l'épaule et de quelques autres éparses, plus petites, blanchâtres, les angles postérieurs du prothorax avec une tache blanchâtre.

Rostre un peu plus long que la tête et le prothorax, ferrugineux, peu arqué, assez fortement strié-caréné et pubescent à la base, lisse, dénudé et brillant en avant. Tête densément squamulée, le front avec une petite fovéole. Antennes insérées près du milieu du rostre, courtes, les articles du funicule graduellement épaissis à partir du 3e, le 2e plus court que le 1er.

Prothorax moins long que large, brusquement rétréci en avant, les côtés arqués dans le milieu, subrectilignes et convergents en arrière ; modérément convexe, à ponctuation forte, serrée, les intervalles des points formant des rugosités lisses et à peu près aussi grandes que les points, sans carène médiane. Écusson convexe, à points et poils épars.

Élytres en demi-ovale, du double aussi longs que larges ensemble, peu rétrécis et les côtés peu arqués jusqu'au milieu assez fortement en arrière, les épaules obtusément arrondies, peu élevées ; modérément convexes, transversalement rugueux en avant, les points des stries assez forts et squamulés, les interstries pairs plans, les impairs convexes.

Fémurs annelés, bidentés, les postérieurs plus visiblement, les dents squamulés.

Long. 5—5,5 mm.

Trois Rivières, sous les feuilles d'arbres, vers 500 m. (Vitrac) ; Gourbeyre (Dufau).

112 spécimens (Fl. 13 ; Mus. 9 ; m. 90).

14. C. coelosternoïdes n. sp. [M. 21].

Ovale, noir, les antennes, les tibias et les tarses roux, hérissé de petites soies foncées, la pubescence dorsale assez serrée, fine, jaunâtre, plus claire, jaune et plus serrée sur l'épaule et sur la base du 3e interstrie.

Rostre ferrugineux, un peu plus long que la tête et le prothorax, fortement strié-caréné à la base. Front foévolé. Antennes subapicales, robustes, le 2e article plus court que le 1er, les suivants épaissis.

Prothorax faiblement transversal, brusquement et fortement resserré en avant, les côtés subparallèles en arrière ; convexe, couvert de grands points, profonds, très serrés, avec une carène médiane assez forte mais n'atteignant pas tout à fait la base ; pubescent et hérissé. Écusson plan, rugueux.

Élytres ovales, courts, les épaules brièvement arrondies ; peu convexes, transversalement impressionnés et rugueux en avant ; points des séries en avant grands, serrés, peu profonds ; interstries légèrement convexes, les impairs un peu plus élevés, particulièrement vers la base, tous densément pointillés et rugueux.

Pattes sétosulées, les fémurs à dent obsolète.

Long. 4,5—5 mm.

Trois Rivières, en forêt sous un tronc d'arbre abattu (Dufau).

18 spécimens (Fl. 2 ; Mus. 1 ; m. 15).

Genre **Microhyus** Lec., *Proc. Am. Phil. Soc.*, XV, 1876, p. 237, Champ. Biol. Cent. Am. IV, p. 4, p. 418.

Je rattache à ce genre l'espèce suivante parce qu'elle a les ongles simples, bien que son écusson soit de grandeur normale et les fémurs dentés.

M. ruber* *(sub Conotrachelus)* Chevr., *Le Naturaliste*, 1880, p. 229 (c).

Oblong, d'un brun ferrugineux, rarement noirâtre, les antennes, les pattes et le rostre plus clairs, roux, revêtu d'une fine pubescence couchée, assez serrée, couleur de rouille, entremêlée de courtes soies dressés, la base du 3e interstrie avec une petite tache de pubescence plus serrée et plus claire, jaunâtre.

Rostre seulement aussi long que la tête et le prothorax, arqué, pointillé substrié et fortement caréné au milieu à la base, plus fortement chez le ♂, lisse, éparsément pointillé en avant. Tête rugueuse, le front fovéolé et à pubescence serrée. Antennes insérées vers le tiers apical du rostre, courtes, le 2e article du funicule plus court que le 1er, les suivants courts, transversaux, graduellement épaissis.

Prothorax fortement transversal, brusquement rétréci et resserré en avant, les côtés subparallèles de la base au milieu ; modérément convexe, à ponctuation très serrée, les points sétigères. Écusson assez grand, oblong, plan, rugueux.

Élytres oblongs, du double aussi longs que larges, les épaules brièvement arrondies, les côtés subparallèles jusqu'au milieu, assez fortement rétrécis en arrière ; convexes, impressionnés derrière le calus apical, les stries fortes, leurs points serrés, les interstries pairs, plans, les impairs légèrement convexes, tous couverts de fines rugosités serrées.

Fémurs armés d'une petite dent. Tibias droits, pourvus d'un onglet apical interne. Ongles simples et libres.

Long. 3,5—4 mm.

Type : Guadeloupe.

Les spécimens noirâtres ont la pubescence d'un fauve-grisâtre : Gourbeyre (Dufau).

Trois Rivières, sommet de la Magdeleine, vers 1000 m. d'alt. (Vitrac) ; Gourbeyre (Dufau).

29 spécimens (Fl. 3 ; Mus. 1 ; m. 25).

TYLODIDES

Genre **Xenosomus** Faust., *Stett. ent. Zeit.*, 1896 pp. 11 et 50.

L'espèce suivante est le génotype.

X. gonoderus* (Acalles) Chevr., *le Naturaliste*, 1879, p. 108 et id. 1880, p. 236.

Oblong, noir, revêtu de squamules jaunes et recouvrant le prothorax à l'exception d'une tache de chaque côté, rectangulaire noire, brillante, éparses et jaunes sur les élytres, mais serrées et fasciculées sur les tubercules des interstries impairs, d'un brun-noir velouté sur le 1er tubercule des 2e et 4e interstries, plus grosses, jaunes, très serrées sur le ventre, fines, jaunes et serrées sur les pattes.

Rostre au moins aussi long que le prothorax, arqué, ferrugineux, brillant, densément ponctué seulement à la base, sa carène basale et médiane courte, terminée dans une profonde fossette frontale. Tête densément squamulée, les yeux réniformes, étroitement séparés en dessus, leur intervalle moindre que la largeur du rostre. Antennes testacées, médianes, le scape gros, claviforme, le 2e article du funicule plus mince et un peu plus long que le 1er, les suivants courts, la massue oblongue.

Prothorax moins long que large au milieu, rétréci en avant, les côtés modérément arqués dans le milieu, la base légèrement bisinuée ; très convexe, largement impressionné transversalement en avant, pourvu de quatre élévations tuberculeuses, arrondies et fasciculées, placées en ligne transversale au commencement de l'impression apicale.

Élytres ovales, plus longs que larges, assez fortement rétrécis en arrière ; très convexes, pourvus chacun de 10 lignes de points gros et profonds en avant, plus petits en arrière, les interstries lisses, éparsément squamulés, les pairs pourvus d'élévations tuberculeuses arrondies et fasciculées, dont trois sur les 2e et 4e, deux sur le 6e, le 1er et parfois le 2e de chaque série d'un brun noir velouté, les autres jaunes.

Pattes élancées, les fémurs armés d'une très petite épine, les postérieurs atteignant l'apex des élytres ; tarses roux, le 1er article allongé, aussi long que les deux suivants réunis.

Long. 5—6 mm.

C'est l'espèce typique du genre dont l'un des caractères indiqués par J. Faust « fémurs dentés » prête au doute, la dent se réduisant à une épine difficile à apercevoir.

Type : Guadeloupe (coll. Chevrolat).

Camp Jacob, Cascade Vauchelet, juin-juillet (Delauney) ; Guadeloupe, (Vitrac, C. Roussel, Nodier !) — Cette espèce n'a pas été envoyée par Dufau qui ne l'a probablement pas reprise.

12 spécimens (Fl. 11 ; m. 1).

Genre **Gerstaeckeria** Champ. Biol. Cent. Amer., IV, p. 4, pp. 470.

Genre démembré des Acalles comprenant des espèces américaines ; celles de la Guadeloupe sont de petite taille.

1. **G. minuta** n. sp. [M. 49].

Brièvement ovale, brun marron, les antennes, les tarses et parfois les tibias ferrugineux ou testacés, hérissé de soies fines, dressées, sur les élytres au moins aussi longues que la largeur d'un interstrie, couvert en outre de petites squamules grisâtres, serrées souvent cachées par une croûte terreuse.

Rostre très finement pointillé en avant, un peu plus fortement à la base. Tête ponctuée, le front plan, entre les yeux aussi large que le rostre. Deuxième article du funicule plus court que le 1er, les suivants très courts, serrés, ne croissant pas en épaisseur, la massue grosse, ovale.

Prothorax à peu près aussi long que large, sa plus grande largeur, presque au milieu, assez fortement rétréci en avant, les côtés arqués dans le milieu, sinués en dedans en avant ; convexe, la ponctuation fine serrée, mais souvent peu visible.

Élytres ovales, un peu plus longs que larges ; fortement convexes, les stries fortes, ponctuées, les interstries convexes, le bord latéral dans le milieu, sur deux ou trois interstries, sans squamules, lisse et brillant, parfois ornés d'une étroite fascie postmédiane cendrée.

Pattes courtes, sétosulées. Segment ventraux 2, 3, 4 avec une seule ligne de points, le 2e plus long que le 3e, subconné et sa suture droite avec le 1er, les autres sutures profondes. Épisternes métathoraciques indistincts.

Long. 1,8—2 mm.

Trois Rivières, commune dans *Sphagnum*, de 1000 à 1300 m. d'alt. (Dufau).

Lorsque l'insecte est dépouillé les téguments sont brillants, la ponctuation des stries et du prothorax est distincte, forte dans les stries, fine et serrée sur le prothorax.

65 spécimens (Fl. 6 ; Mus. 29 ; m. 30).

2. **G . crassirostris**** Chevr. *Le Naturaliste*, 1879, p. 109 ; *id.* 1880 p. 236. [*sub Ulosomus*]. (G. 12).

Brièvement ovale, noir de poix, les antennes et les tarses testacés, les tibias et parfois les fémurs ferrugineux, hérissé de soies légèrement claviformes et un peu moins longues, sur les élytres, que la largeur d'un interstrie, couvert d'une couche de squamules terreuses.

Rostre court, moins long que le prothorax, large, densément ponctué au sommet, rugueux à la base. Deuxième article du funicule aussi long que le 1er, les suivants graduellement épaissis, la massue oblongue. Tête convexe, squamulée, le front plus large que le rostre, les yeux complétement recouverts au repos.

Prothorax plus large que long, fortement rétréci en avant, sa plus grande largeur et les côtés arqués un peu en arrière du milieu, la base légèrement bisinuée ; peu convexe, transversalement impressionné en avant.

Élytres ovales, courts, peu plus longs que larges, fortement rétrécis en arrière ; convexes, les points des stries gros mais peu visibles, cachés par les squamules, les interstries légèrement convexes ; squamulés jusque sur la marge latérale.

Pattes courtes, les fémurs inermes. Deuxième segment ventral conné avec le 1er, oblique, de la longueur du 3e, toutes les sutures fines, les épisternes métathoraciques indistincts.

Long. 1,5—2,5 mm.

Type : Guadeloupe.

Trois Rivières, dans les *Sphagnum* (Dufau).

De forme plus large, plus trapue, les soies moins longues que l'espèce précédente, varie considérablement de taille.

17 spécimens (Fl. 3 ; Mus. 3 ; m. 11).

3. **G. inflata** n. sp. (M. 65).

Brièvement ovale, roux, ferrugineux, les pattes et les antennes plus claires, assez brillant, hérissé de poils jaunes, sur les élytres alignés et tout au moins aussi longs que la largeur d'un interstrie.

Rostre grossièrement ponctué et carinulé à la base, ponctué en avant. Tête à points peu serrés, le front plus large que le rostre, les yeux complétement recouverts. Antennes courtes.

Prothorax beaucoup plus large que long, arrondi sur les côtés, brusquement et fortement rétréci en avant, la base subtronquée ; convexe, largement impressionné transversalement en avant et le bord antérieur relevé, couvert de grands points fovéiformes, très serrés.

Élytres brièvement ovales, pas plus longs que larges, et brièvement arrondis en arrière (♂), ou un peu plus longs et assez longuement rétrécis et subacuminés en arrière (♀), la base étroitement rebordée et noire ; fort convexes, les points des stries serrés, les interstries élevés, costiformes, particulièrement les impairs, les côtes irrégulières et interrompues.

Fémurs inermes ; tibias droits. Dessous comme chez les espèces précédentes.

Long. 2—2,2 mm.

La forme des élytres est nettement différente suivant le sexe.

Trois-Rivières dans les *Sphagnum* entre 1000 et 1300 m. d'alt. (Dufau).

15 spécimens (Fl. 3 ; Mus. 11 ; m. 1).

4. **G. parvula** n. sp. [M. 50].

Ovale, noir de poix, les pattes ferrugineuses, les antennes testacées, pourvu de courtes soies dressées et jaunâtres.

Rostre obsolètement ponctué et mat ainsi que la tête, le front plus large que le rostre, le 1er article du funicule gros, obconique le 2e beaucoup plus mince et aussi long, les suivants graduellement épaissis, les 6e et 7e plus gros, la masse ovale, grosse, son 1er article presque détaché du reste.

Prothorax aussi long que large, largement rétréci et les côtés sinués en dedans dans son tiers antérieur, les côtés arqués dans le milieu, rétrécis en arrière, la base tronquée, peu plus large que le bord antérieur ; convexe, marqué de quatre petites impressions sur le disque qui le rendent inégal, et en avant d'une large et profonde impression transversale ; mat à points très fins et très épars.

Élytres ovales, plus longs que larges, assez fortement rétrécis en arrière, la base étroitement rebordée et noirâtre ; convexes, les stries fines, les interstries convexes, les impairs relevés en côtes arrondies.

Pattes assez élancées ; fémurs inermes ; tibias droits. Deuxième segment ventral seulement aussi long que le 3e, les sutures droites. Épisternes métathoraciques indistincts.

Long. 1,2—1,5 mm.

Gourbeyre (Dufau).

6 spécimens (Fl. 1 ; Mus. 3 ; m. 2).

5. **G. rotundata** n. sp.

Brièvement ovale, noir, brillant, les antennes et les tarses roux, muni de soies blanches, fines, un peu inclinées, sur les élytres plus longues que la largeur d'un interstrie.

Prothorax du double aussi large que long, brusquement rétréci en avant et le bord antérieur relevé, les côtés modérément arrondis, la base tronquée ; convexe, largement impressionné transversalement en avant, couvert de grands points peu profonds et peu serrés.

Élytres globuleux, pas plus longs que larges, la base étroitement rebordée, les stries à points peu profonds, les interstries convexes, lisses, pourvus chacun d'une série de soies alignées.

Fémurs inermes. Tibias droits.

Long. 1,5 mm.

Trois Rivières, la Madeleine dans les *Sphagnum* (Dufau).

2 spécimens (Fl. 1 ; m. 1).

Genre **Acalles** Schönh. Curc. Disp. Meth. p. 295.

Épisternes méthathoraciques indistincts. Yeux presque entièrement couverts par les lobes oculaires, ces derniers forts. Deuxième segment ventral aussi long que les 3e et 4e réunis, plus ou moins conné avec le 1er. Fémurs inermes. Aptère.

Genre renfermant de nombreuses espèces dont trois à la Guadeloupe.

1. **A. Dufaui** n. sp.

Oblong, noir de poix, les pattes et les antennes d'un ferrugineux foncé, le revêtement composé de squamules épaisses d'un brun noir et d'autres jaunes, ces dernières formant quelques petites taches sur les élytres, spécialement en arrière, trois bandes sur le prothorax, la médiane étroite et flanquée d'une petite tache de chaque côté ver le milieu, les latérales arquées et émettant extérieurement, vers leur milieu, un petit rameau.

Rostre aussi long que le prothorax, arqué, pointillé, lisse et un peu élargi en avant, rugueux à la base. Antennes insérées un peu en arrière du milieu du rostre, le 2e article du funicule à peine plus court que le 1er, la massue ovale. Tête rugueuse, densément squamulée, le front beaucoup plus large que le rostre. Lobes oculaires forts, aigus.

Prothorax beaucoup plus large que long, sa plus grande largeur vers le milieu, brusquement et fortement rétréci en avant, les côtés subrectilignes et peu divergents de la base au milieu ; médiocrement convexe, largement et profondément impressionné en avant la ponctuation forte, serrée, les points émettant de grosses squamules ovales, le bord antérieur avancé sur le vertex et avec de grosses soies squamuleuses dressées, le milieu avec des traces d'une carène.

Élytres ovales, allongés, leur plus grande largeur en arrière du milieu, fortement rétrécis en arrière, brièvement arrondis ensemble au sommet ; fortement convexes ; avec des séries de fovéoles profondes et allongées, les interstries convexes et rugueux, le bord externe squamulé.

Pattes squamulées et sétosulées ; fémurs inermes ; tibias pourvus d'un fort onglet apical externe et d'un petit denticule apical interne. Dessous à ponctuation serrée ; 2ᵉ segment ventral oblique et aussi long que les 3ᵉ et 4ᵉ ensemble, les épisternes métathoraciques indistincts.

Long. 5,5—6,5 mm.

Trois Rivières, rare (Dufau).

5 spécimens (Fl. 2 ; Mus. 1 ; m. 2).

2. **A. squamosus** n. sp. B.

Oblong, noir-brun, densément revêtu de squamules ovales, brunes, serrées, recouvrant tous les points en dessus et en dessous et sur les pattes, mais un peu plus claires en dessous.

Rostre aussi long que le prothorax, densément ponctué jusqu'au sommet, rugueusement et squamulé à la base, dénudé et brillant en avant, un peu élargi en arrière et brusquement rétréci devant les yeux. Lobes oculaires anguleux et recouvrant presque entièrement les yeux au repos.

Prothorax aussi long que large, sa plus grande largeur vers le quart apical, en avant de ce point brusquement et fortement resserré et rétréci, en arrière modérément rétréci et les côtés faiblement arqués ; peu convexe, couvert de gros points très serrés et squamulés, leurs intervalles très étroits et lisses ; orné de deux taches noires sur la base, près du milieu.

Élytres elliptiques, mais assez fortement rétrécis et le bord latéral sinué dans leur quart apical, modérément convexes et le milieu du disque légèrement déprimé, entièrement couverts de points serrés, un peu plus petits en avant que ceux du prothorax, tous les points remplis de grosses squamules soulevées ; squamulés jusque sur le bord latéral.

Pattes courtes et robustes, densément squamulées, les fémurs vaguement tachés ; tibias droits, les tarses très courts et étroits, les ongles ferrugineux. petits et libres.

Long. 5,5—7 mm.

Trois-Rivières (Dufau)).

3 spécimens (Fl. 2 ; Mus. 1).

3. A. planipennis n. sp.

Oblong, le prothorax et les élytres plans en dessus, criblés de gros points très serrés et pourvus chacun d'une grosse squamule brune.

Rostre plus court que le prothorax, densément squamulé à la base, à ponctuation grossière jusqu'au sommet, sa base convexe et séparée du front par une dépression marquée. Front profondément fovéolé, la fovéole petite.

Prothorax aussi long que large, plus étroit en avant qu'à la base, les côtés fortement et presque régulièrement arqués de la base au sommet, sa plus grande largeur un peu en avant du milieu, plan.

Élytres elliptiques, peu plus larges que le prothorax, modérément rétrécis en arrière, les épaules en angle aigu et légèrement saillantes en avant ; le disque plan sur la majeure partie de son étendue, les côtés faiblement déclives.

Pattes courtes, robustes, densément squamulées ; fémurs fortement échancrés et anguleux avant le genou ; tarses courts, ferrugineux.

Long. 3,7 mm.

Trois Rivières (Dufau), un spécimen (coll. Fl).

Se distingue facilement de l'espèce précédente dont la ponctuation et le revêtement dorsal sont semblables, par sa taille moindre ses élytres plus plans, moins rétrécis en arrière, les épaules plus aiguës, et surtout par le prothorax tout à fait plan et graduellement rétréci en avant.

Genre **Lembodes** Schönherr, Gen. Curc. VIII, I, 1844 p. 436 Lacordaire, Gen. Col. Curc. VII, p. 99.

Ecusson et épisternes métathoraciques indistincts. Antennes subbasales. Bord antérieur du prothorax fortement prolongé sur la tête, cette dernière verticale et entièrement invisible de dessus ; lobes oculaires faibles ; yeux finement granulés, situés très bas, médiocres, déprimés, brièvement ovales, transversaux. Elytres à épaules rectangulaires. Tibias comprimés, leur onglet apical externe très petit (1), tarses courts, étroits ; ongles courts et épais. Deux premiers segments ventraux soudés ensemble, très grands, le 3e et le 4e très courts ; mésosternum en fer à cheval, saillant.

Corps couvert d'une épaisse couche de squamules qui cache les téguments.

Le génotype est l'espèce suivante :

L. solitarius* Bohem. ap. Schönh., Gen. Curc., VIII, I, 1844, p. 436. (M. 38).

Allongé, noir, densément revêtu de squamules grises, ou cendrées, ou jaunâtres, pourvu de grosses et courtes soies squamuleuses dressées sur les 3e et 5e interstries, sur les tubercules et le bord antérieur du prothorax, plus courtes sur les pattes, les élytres avec une bande transversale postmédiane plus claire et peu tranchée.

Tête squamulée, le front aussi large que le rostre. Rostre beaucoup plus court que le prothorax, presque droit, un peu applati, squamulé à la base, glabre et ponctué en avant. Antennes ferrugineuses, subbasales, courtes, le scape n'atteignant pas l'œil, le 1er article du funicule obconique et plus long que le 2e, les suivants très courts, serrés, la massue ovale.

Prothorax beaucoup plus long que large, sinué de chaque côté en avant, le bord antérieur fortement avancé sur le vertex de

____

(1) Schönherr les dit « tronqués et inermes au sommet » ; Lacordaire a rectifié cette erreur, car l'onglet est petit, souvent difficile à observer à cause du revêtement, mais il existe.

chaque côté du milieu, les côtés subrectilignes et presque parallèles, la base légèrement arquée ; fortement et largement impressionné transversalement en avant, le bord antérieur grossièrement fasciculé ; pourvu sur le disque de six tubercules fasciculés, dont quatre transversalement disposés dans le milieu et deux en arrière. Ecusson indistinct.

Elytres de la largeur du prothorax, les côtés parallèles jusqu'au milieu, puis sinués en dedans, et séparément terminés par un tubercule obtus ; modérément convexes, les stries fines et cachées par le revêtement, les interstries impairs convexes, le 3e pourvu de deux fascicules de soies noires, l'un derrière la base, l'autre sur la déclivité postérieure, le 5e avec des soies alignées, le bord et les tubercules apicaux avec des soies.

Pattes allongées, assez épaisses, densément squamulées ; fémurs sublinéaires et inermes ; tibias robustes ; tarses courts.

Long. 2,5–4 mm.

Littoral, route du Vieux-Fort (Dufau).

Type : Guadeloupe (Chevrolat).

Trois-Rivières (Vitrac, Dufau).

16 spécimens (Fl. 7 ; Mus. 7 ; m. 2).

Genre **Ulosominus** Champ. Biol. Cent. Amer. IV, p. 4, 1905, p. 483.

Funicule de 6 articles, la massue ovale. Yeux petits, très largement séparés. Ecusson très petit ou invisible. Episternes métathoraciques cachés ou tout au plus très peu visibles. Deuxième segment ventral presque aussi long que les 3e et 4e réunis, sa suture avec le 1er légèrement arquée. Fémurs inermes. Insectes squamulés et hérissés de soies (Champion).

Sous ce nom générique sont groupées une série de petites espèces concordant avec la définition ci-dessus quant aux caractères essentiels ; une espèce cependant a les fémurs finement dentés et en outre la longueur relative des segments ventraux varie quelque peu suivant les espèces.

Petits insectes, dont la taille oscille entre 1,5 et 2,5 mm. n'atteignant que rarement 3 mm. et qui sont très répandus à la Guadeloupe.

Le nouveau genre *Paralausomus* ne peut guère en être séparé que par le funicule antennaire composé de 7 et non 6 articles.

Les *Euscepes* de Chevrolat se répartissent en plusieurs genres.

TABLEAU DES ESPÈCES

1. — Fémurs inermes.. 2.

— Fémurs finement dentés. Dessus en partie rouge, brillant, les élytres à la base de même largeur que le prothorax. Trois derniers segments ventraux très relevés, ascendants, enveloppés par les élytres, le 2e plus long que le 3e. Long, 1,3-1,7 mm. 12. **setosus** Bohem. Élytres ovales, à la base de même largeur que le prothorax.. 3.

2. — Elytres à épaules distinctes, à la base au moins un peu plus larges que le prothorax, les côtés subparallèles en avant. Ecusson très petit mais visible.............. 8.

3. — Prothorax sans tubercules dans le milieu............. 1.

— Prothorax pourvu en son milieu de deux petits tubercules. Ecusson et épisternes indistincts. Long. 1 mm.

inaequalis n. sp.

4. — Ecusson et épisternes indistincts, Long. 2,7-3 mm.... 5.

— Ecusson petit mais visible........................ 6.

5. — Base du prothorax oblique de chaque côté du milieu, celle des élytres non rebordée. Stries fines, les interstries plans.................... 2. **squamulosus** n. sp.

— Base du prothorax assez fortement bisinuée, celle des élytres nettement rebordée et épaissie. Stries fortement ponctuées, les intestries convexes.. 3. **marginatus** n. sp.

6. — Prothorax au plus aussi long que large, ses côtés arqués... 7.

— Prothorax plus long que large, les côtés peu arqués. Ferrugineux les soies dorsales très courtes. Long. 1,8– 2 mm.................... 5. **longicollis** n. sp.

7. — Prothorax à peu près aussi long que large, fortement impressionné transversalement en avant. Soies dorsales

nombreuses, rudes, grossières. Long. 2,3–2,5 mm.

4. **posticus** n. sp.

— Prothorax médiocrement impressionné en avant, les soies dorsales fines. Long. 1,2–1,5 mm.   6. **littoralis** n. sp.

8. — Taille supérieure à 1 mm.................... 9.

— Très petit, tout au plus de 1 mm, les soies dressées très courtes.................. 11. **minutissimus** n. sp.

9. — Au moins les interstries impairs convexes.......... 10.

— Tous les interstries presque plans ; élytres avec une fascie médiane dénudée ; prothorax aussi long que large. Long. 2,2 mm............... 9. **elegans** n. sp.

10. — Elytres sans tache latérale dénudée mais parfois avec des fascies transversales foncées................. 11.

— Elytres ornés chacun d'une grande tache latérale foncée. Prothorax moins long que large, ses côtés arqués. Long. 1,8–2 mm..................... 7. **versicolor** n. sp.

11. — Prothorax à peine aussi long que large. Elytres ornés de deux fascies claires (manquant parfois), brièvement rétrécis et assez largement arrondis ensemble au sommet. Long. 1,5–1,7 mm............. 8. **differens** n. sp.

— Prothorax un peu plus long que large. Elytres assez fortement rétrécis en arrière dés le milieu, fortement ponctués-striés. Long. 1,5–1,9 mm..... 10. **rufus** n. sp.

Description des espèces

1. **U. inaequalis** n. sp. (G. 36).

Noir, les antennes et les tarses testacés, le revêtement squamuleux d'un jaune grisâtre semblable sur le prothorax et les élytres, les soies dorsales raides, droites, acuminées, plus longues que la largeur d'un interstrie.

Rostre plus court que le prothorax, droit, élargi en avant, squamulé, rugueux et caréné à la base.

Prothorax aussi long que large, peu arqué sur les côtés, largement et très profondément impressionné transversalement en avant, le bord antérieur fortement relevé et sinué au milieu, le disque convexe en arrière de l'impression, surmonté dans le milieu de deux petites élévations tuberculeuses, la ponctuation forte et très serrée. Ecusson invisible.

Elytres très convexes, fortement rétrécis en arrière du tiers antérieur au sommet, les stries fortes, ponctuées, les interstries légèrement convexes, squamulés jusqu'au bord latéral.

Fémurs inermes. Deuxième segment ventral presque aussi long que les 3e et 4e réunis, sa suture avec le 1er légèrement arquée, les épisternes métathoraciques indistincts.

Long. 4 mm.

Cette espèce se distingue par la forme du prothorax et sa grande taille

Gourbeyre (Dufau).

5 spécimens (Fl. 2 : m. 3).

2. **U. squamulosus** n. sp. (67).

Ovale, noir de poix, les antennes et les tarses testacées, les pattes plus ou moins ferrugineuses, le revêtement squamuleux dense varié, jaunâtre et cendré, les squamules du prothorax plus grandes que celles des élytres, les élytres ornés d'une ligne cendrée sur la base du 3e interstrie et d'un fascie oblique partant de l'épaule, atteignant le 1e interstrie et parfois réunie à la ligne du 3e, marqués de quelques petites taches noires sur les élytres, hérissé de soies raides, plus longues que la largeur d'un interstrie, noires et cendrées, sur le prothorax plus courtes et noires.

Rostre à la base densément squamulé et sétosulé ainsi que la tête.

Prothorax aussi long que large, largement resserré derrière le bord antérieur, ce dernier relevé, les côtés arrondis, convexe, à ponctuation serrée mais cachée par les squamules. Ecusson invisible.

Elytres ovales, moins du double aussi longs que larges, leur plus grande largeur vers le tiers antérieur, fortement convexes, le point le plus élevé de la courbe dorsale non loin de la base, les stries ponctuées fines, les interstries plans, densément squamulés jusque sur le bord latéral.

Pattes hérissées, les fémurs inermes. Ventre à 2e segment un peu plus long que le 3e, sa suture avec le 1er arquée, les épisternes métathoraciques indistincts.

Long. 2,7–3 mm.

Gourbeyre (Dufau).

188 spécimens (Fl. 2 ; Mus 116 ; m. 70).

Les élytres sont parfois rongeâtres particulièrement vers la base et le sommet, et lorsqu'ils sont dépouillés les interstries sont lisses et brillants.

3. **U. marginatus** n. sp.

Téguments rougeâtres, les élytres avec une tache latérale noire, grande, vers le milieu, le revêtement squamuleux peu serré, jaune, les squamules allongées, celles du prothorax peu différentes de celles des élytres ; hérissé de soies fines, noires et jaunes, plus longues que la largeur d'un interstrie.

Prothorax à peine aussi long que large, modérément rétréci resserré en avant, peu convexe, à ponctuation forte et confluente, le milieu avec des traces d'un sillon longitudinal. Ecusson invisible. Elytres subtriangulaires, élargis faiblement sur leur quart antérieur, puis fortement rétrécis en arrière, la base nettement rebordée et relevée ; convexes, les stries fortement ponctuées, les points entamant le bord des interstries, les interstries plus larges que les stries, élevés, lisses et brillants.

Fémurs inermes. Deuxième segment ventral aussi long que les 3e et 4e réunis mais sa suture avec le 1er droite.

Long. 2,7 mm.

Gourbeyre (Dufau).

9 spécimens (Fl. 3 ; Mus. 1 ; m. 5).

4. **U. posticus** n. sp. (M. 66).

Noir, les antennes testacées, les tarses roux, très densément couvert de squamules variées, noirâtres, d'un brun jaune, cendrées, celles du prothorax plus grandes que celles des élytres, le prothorax orné de deux bandes cendrées, l'une médiane et longitudinale, l'autre transversale dans l'impression antérieure, les élytres ornés d'une fascie cendrée, médiane, arquée, n'atteignant pas les bords, prolongée en arrière sur le 4e interstrie, d'une grande tache postétérieure noire sur la suture et les 2 ou 3 premiers interstries, d'une petite tache rectangulaire noire en avant sur le 2e interstrie et d'une autre semblable, un peu plus longue vers le milieu du 4e. Pattes annelées de brun et de cendré. Soies dorsales légèrement claviformes, raides, nombreuses, dressées, assez longues, jaunes ou noires suivant le fond. Écusson tomenteux, jaune, bien distinct.

Rostre droit, densément pointillé, squamulé à la base, dénudé, élargi, brillant en avant.

Prothorax aussi long que large, les côtés arrondis, largement impressionné transversalement en avant et le bord antérieur obliquement relevé, convexe en arrière de l'impression, densément squamulé, les soies nombreuses et dressées. Écusson petit mais saillant.

Elytres en ovale allongé, du double aussi longs que larges ensemble, modérément et assez régulièrement rétrécis en arrière ; convexes, les stries squamulées, les interstries beaucoup plus larges que les stries, peu convexes, les pairs un peu plus élevés.

Pattes squamulées et sétosulées, les fémurs inermes, les tarses courts. Deuxième segment ventral un peu moins long que les deux suivants ensemble, la saillie mésosternale densément squamulée.

♂ Base du métasternum et du 1er segment ventral profondément impressionnés.

Long. 2,3-2,5 mm.

La ponctuation du prothorax et des stries est forte et serrée mais elle n'est visible que chez les exemplaires désquamulés ; les taches noires des élytres sont variables.

Trois-Rivières, rivage. (Dufau).

43 spécimens (Fl. 7 ; Mus. 16 ; m. 20).

5. **U. longicollis** n. s. p.

Allongé, d'un brun ferrugineux, les pattes, les antennes et le rostre roux, densément revêtu de squamules terreuses ou jaunâtres voilant les téguments, hérissé de courtes soies squamuleuses, foncées, claviformes, parfois entièrement ferrugineux même le dessous.

Rostre densément ponctué, densément squamulé à la base, peu en avant.

Prothorax nettement plus long que large, peu arqué sur les côtés, d'égale largeur à ses extrémités, tronqué à sa base ; convexe en arrière, graduellement déprimé en avant, le bord antérieur relevé, d'aspect granulé. Écusson très petit et concolore.

Élytres oblongs, étroits, peu plus larges et une fois et demie environ aussi longs que le prothorax, les épaules à peine indiquées ; convexes, les stries ponctuées, les interstries pas plus larges que les stries, convexes, leurs soies courtes, la suture souvent foncée.

Fémurs inermes. Deuxième segment ventral plus long que le 3e, sa suture avec le 1er fine et arquée. Dessous à ponctuation fine, serrée, à squamules éparses, sans soies.

Long. 1,8–2 mm.

Espèce remarquable par sa forme allongée.

Trois-Rivières, route du Fort, Gourbeyre (Dufau)..

17 spécimens (Fl. 3 ; m. 14).

6. **U. littoralis** n, sp. (M. 45).

Ovale, d'un rouge de brique, varié de noir, parfois presque entièrement noir, les antennes, les tibias et les tarses (parfois aussi les fémurs) roux ; presque mat, le revêtement squamuleux d'un gris cendré ou jaunâtre, peu serré, l'écusson tomenteux blanc, les soies verticales et longues.

Rostre aussi long que le prothorax, à la base densément squamulé, pointillé et substrié, en avant dénudé, lisse et brillant. Tête à ponctuation peu serrée, couverte de squamules fines, beaucoup plus petites que celles du prothorax.

Prothorax oblong, aussi long que large, presque d'égale largeur à ses extrémités, les côtés arqués ; modérément convexe, transversalement impressionné en avant, à ponctuation fine, très serrée, rugueuse, les soies verticales et un peu plus courtes que celles des élytres, la ligne médiane souvent à squamules plus claires. Écusson petit mais bien distinct.

Élytres en ovale régulier un peu allongé, une fois et demie environ aussi longs que larges au milieu ; convexes, les stries profondes

et ponctuées, les interstries moins larges que les stries, élevés, lisses
et brillants lorsqu'ils sont dénudés.

Pattes squamulées et sétosulées ; fémurs inermes. Deuxième
segment ventral aussi long que les 3e et 4e réunis. Episternes métathoraciques distincts, lisses, imponctués

Long. 1,2-1,5 mm.

Les téguments sont très variables de coloration en partie ou
presque en totalité noirs ou rouges, mais cette espèce se distingue
néanmoins facilement par sa très petite taille et la forme ovale
des élytres.

Trois Rivières, halliers du rivage. (Dufau).

102 spécimens (Fl. 18 ; Mus 31 ; m. 50).

7. **U. versicolor** n. sp.

Oblong, brun-noir, les élytres avec les épaules et le sommet rougeâtres, les antennes testacées, hérissé de soies raides, nombreuses,
à peine plus longues que la largeur d'un interstrie, le revêtement
formé de petites squamules grisâtres et jaunâtres, ménageant sur
chaque élytre une grande tache latérale noire, vaguement triangulaire et n'atteignant pas la suture.

Rostre densément ponctué et squamulé à la base.

Prothorax moins long que large, les côtés arqués dans le milieu,
la base un peu plus large que le bord antérieur ; assez profondément et largement impressionné transversalement en avant, à
ponctuation fine, très serrée, mais peu visible, cachée par les squamules. Ecusson bien visible, plan, à pubescence cendrée.

Elytres à la base plus larges que le prothorax, les épaules marquées, brièvement arrondies, plus du double aussi longs que larges
ensemble, les côtés parallèles jusqu'au milieu, les stries fines, les
interstries convexes, larges, munis chacun d'un rang de soies dressées, moins longues que l'intervalle séparant deux soies ; ornés d'une
fascie cendrée, arquée, allant d'une épaule à l'autre.

Pattes squamulées et sétosulées, les fémurs tachés et inermes, les
tibias d'un ferrugineux foncé, les tarses plus clairs. Deuxième segment ventral un peu plus long que le 3e, la 1re suture arquée au
milieu, les épisternes métathoraciques étroits mais distincts.

Long. 1,8-2 mm.

Trois Rivières (Dufau).

19 spécimens (Fl. 2 ; Mus. 2 ; m. 15).

8. **U. differens** n. sp.

Marron ou brun, les antennes et les pattes plus claires, les squamules dorsales serrées, cendrées ou terreuses, les élytres (à l'état très frais) ornés de deux fascies squamuleuses claires parallèles, obliquement dirigées en avant sur les côtés, séparées par une bande dénudée sombre, les soies raides, bien alignées sur les interstries impairs.

Prothorax à peine aussi long que large, peu fortement impressionné en avant.

Elytres à stries fortement ponctuées, les interstries étroits, les impairs convexes et seuls sétosulées. Deuxième segment ventral presque aussi long que les 3e et 4e réunis.

Long. 1,5 mm. - 1,7 mm.

Espèce très voisine de U. *versicolor* ; elle en diffère par la taille moindre, le dessin différent des élytres, le prothorax moins convexe et moins fortement impressionné en avant, les élytres un peu plus étroits, leurs stries plus fortes, les interstries pas plus larges que les stries, les impairs convexes, leurs soies plus raides, plus courtes, plus nombreuses et mieux alignées.

Le dessin élytral est souvent voilé par une croute terreuse qui recouvre les élytres.

Gourbeyre, Trois Rivières (Dufau).

71 spécimens (Fl, 11 ; Mus. 20 ; m. 40).

Var. **micans** n. var.

Diffère de la forme type par les soies beaucoup plus fines, excessivement courtes et très espacées, les squamules dorsales très petites, le prothorax un peu plus court, les interstries plans.

Trois Rivières (Dufau).

26 spécimens (Fl. 6 ; Mus. 18 ; m. 2).

9. **U. elegans** n. sp.

Oblong, d'un brun rouge, convexe, revêtu de squamules rondes d'un cendré jaune, sur les élytres très petites, sur le prothorax beaucoup plus grandes mais peu serrées et dispersées seulement sur les côtés, la ligne médiane et l'impression antérieure, les élytres avec une fascie médiane dénudée, interrompue à la suture, s'élargissant sur les côtés ; hérissé de soies raides, assez nombreuses, plus courtes sur le prothorax.

Tête couverte de fines squamules serrées mais sans soies.

Prothorax aussi long que large, peu arqué, sur les côtés ; convexe, transversalement impressionné en avant, à ponctuation serrée mais peu visible. Ecusson très petit.

Elytres ovales. leur base très légèrement échancrée en arc et très peu plus large que celle du prothorax, les épaules obliques mais cependant visibles et couvertes de squamules serrées, les côtés assez régulièrement et modérément arqués, la plus grande largeur au milieu ; convexes, les stries fines et ponctuées, les interstrise à peu près plans.

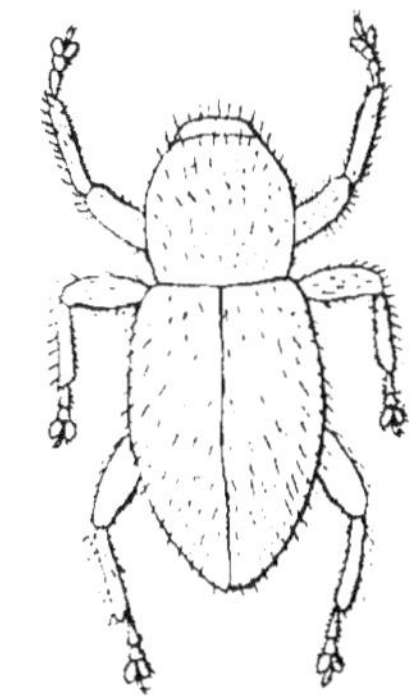

Fig. 10. — *Ulosominus elegans* n. sp.

Pattes squamulées et sétosulées, les fémurs inermes (fig. 10)

Long. 2,2 mm.

Gourbeyre (Dufau).

3 spécimens (ma coll.).

10. **U. rufus** .n sp.

Rouge ferrugineux, hérissé de soies raides sur les interstries impairs, les élytres ornés de deux taches squamuleuses blanches, le reste du revêtement formé de squamules grisâtres et assez serrées.

Tête à squamules éparses, mate.

Prothorax un peu plus long que large, d'égale largeur à ses extrémités, les côtés faiblement arqués dans le milieu, largement et profondément impressionné transversalement en avant, le bord antérieur un peu relevé, modérément convexe en arrière, ponctué subgranulé. Ecusson petit cendré.

Elytres à épaules obliques et marquées, les côtés parallèles jusqu'au milieu, un peu plus du double aussi longs que larges ensemble, les stries à points profonds et serrés, les interstries de la largeur des stries et convexes.

Fémurs inermes.

Long. 1,5-1,9 mm.

Cette espèce se rapproche par sa forme de U. *versicolor* et *affinis* mais se distingue des deux par son prothorax plus long, d'égale largeur à ses extrémités.

Trois Rivières, Gourbeyre (Dufau).

5 spécimens (ma coll.).

11. **U. minutissimus** n. sp.

Très petit, roux, revêtu de squamules piliformes espacées, soulevées, entremêlées de soies très courtes et dressées.

Prothorax moins long que large, moins large en avant qu'à la base, les côtés peu arqués, faiblement impressionné en avant, peu convexe, à ponctuation fine et serrée.

Elytres à la base un peu plus larges que le prothorax, les épaules distinctes ; ovales, une fois et demi aussi longs que larges ensemble ; convexes, les stries à points profonds et serrés, les interstries plus étroits que les stries, convexes, tous sétulosés.

Fémurs inermes. Ventre éparsément ponctué, les deux premiers segments ventraux lisses entre les points, le 2e plus long que le 3e, sa suture avec le 1er indistincte dans le milieu.

Long. 1 mm. environ.

Gourbeyre (Dufau).

2 spécimens (ma coll.).

12. **U. setosus**** Bohem. p. ap. Schönh. Gen., IV, p. 139. (Ulosomus).

Ovale, brillant, le dessous noir, le prothorax rouge (noir sur les flancs), les élytres rouges, traversés par trois bandes irrégulières noires, les pattes et les antennes (la massue foncée exceptée) rouges, la pubescence dorsale fine, jaune, très éparse, les soies fines, longues et presque verticales.

Rostre brillant, éparsément pointillé, sillonné de chaque côté devant l'œil. Tête à ponctuation éparse, le front plan et rugueux.

Prothorax aussi long que large, fortement et brusquement rétréci en avant, les côtés fortement arqués ; subglobuleux, à ponctuation forte, serrée, les intervalles des points lisses et brillants, les soies aussi longues que celles des élytres. Écusson très petit, mais cependant visible, glabre.

Élytres ovales, leur base étroitement rebordée, relevée ; très convexes, les stries profondes et ponctuées, les interstries dorsaux plus larges que les stries, convexes, lisses, pourvu d'une série de soies, les latéraux plus étroits.

Pattes sétosulées, les fémurs finement dentés.

Long. 1,3-1,7 mm.

La coloration noire envahit parfois presque tout le corps, comme chez le type, mais le plus souvent la coloration est en majeure partie rouge.

Type : île St-Vincent.

Gourbeyre (Dufau).

21 spécimens (Fl. 1 ; m. 20).

Cette espèce est le génotype.

Genre **Paraulosomus** n. gen. *Cryptorrhynchini*

Genre ne différant essentiellement de *Ulosomus* Schönh. que par le funicule des antennes composé de 7 articles au lieu de 6.

Les cinq espèces suivantes sont ovales, ont les élytres à la base de même largeur que le prothorax. Ce sont de petits insectes squamulés et hérissés de soies.

Chez plusieurs genres de Curculionides, les *Ceuthorrhynchus* par exemple, le funicule des antennes peut-être composé soit de 7 soit de 6 articles ; on pourrait donc à la rigueur considérer *Paraulosomus* comme une simple subdivision des *Ulosomus* ; toutefois leur séparation simplifie la définition de ce dernier genre.

Tableau des espèces

1. — Insecte rouge ou roux, brillant, le revêtement dorsal

fin, épars, ne voilant pas les téguments, composé de très
petites squamules... 2.

  — Insecte brun-noir (parfois roux mais alors incomplètement développé) à revêtement dorsal grisâtre, très dense,
cachant les téguments, formé de grosses squamules, le
prothorax orné d'une tache blanche ou cendrée antéscutellaire, les élytres avec un trait arqué sombre, court
vers le milieu, les soies rudes, nombreuses. Base des élytres nettement bisinuée mais non rebordée. Long. 1,5-
3 mm................................. 1. **ursus** Chevr.

2. — Prothorax à convexité régulière au milieu de sa base.. 3.
  — Prothorax subsillonné au milieu à sa base, relevé de
chaque côté du sillon. Ecusson visible. Long. 2,6 mm.
2. **impressus** n. sp.

3. — Base des élytres subrectiligne, rebordée, impressionnée
transversalement derrière le rebord ; soies dorsales
fines et pâles... 4.
  — Base des élytres ni rebordée ni impressionnée. Prothorax à ponctuation fine mais très serrée. Fémurs inermes.
Long. 1,9 mm.................... 3. **puncticollis** n. sp.

4. — Ponctuation du prothorax très fine et très éparse. Ecusson distinct. Stries finement ponctuées. Fémurs antérieurs pourvus d'une très petite dent. Long. 2,5 mm..
5. **maculatus** n. sp.

  — Ponctuation du prothorax et des stries forte et serrée.
Ecusson à peine visible. Fémurs inermes. Long. 2 mm.
4. **difficilis** n. sp.

DESCRIPTION DES ESPÈCES

1. **P. ursus**** Chevr. (*Euscepes*), *le Naturaliste*, 1880, p. 235.

Ovale, noir, les antennes et les tarses roux, hérissé de nombreuses
soies raides, noirâtres, le revêtement squamuleux dense, grisâtre,
varié de noir, le prothorax orné d'une tache cendrée devant l'écusson, les élytres d'une fascie postmédiane transversale, anguleuse,

précédée d'une bande noire, peu tranchées, l'une et l'autre parfois effacées ou réduites à des taches, rarement les élytres d'un gris clair à peu près uniforme.

Rostre brun, densément squamulé à la base, dénudé, lisse, très finement pointillé en avant. Front un peu plus étroit que la base du rostre. Yeux largement découverts, les lobes oculaires médiocrement développés. Antennes médianes, assez allongées, la massue ovale.

Prothorax allongé, oblong, fortement rétréci dans sa moitié antérieure, légèrement et les côtés arqués en arrière, la base bisinuée ; largement impressionné transversalement en avant et le bord antérieur un peu relevé, graduellement convexe de l'impression à la base où il l'est fortement, la ligne médiane subsillonnée et couverte de squamules un peu plus claires ; hérissé partout de soies raides et à peine plus courtes que celles des élytres. Ecusson nul.

Elytres ovales, un peu plus d'une fois et demie aussi longs que le prothorax, à la base de même largeur que le prothorax, les épaules presque nulles,

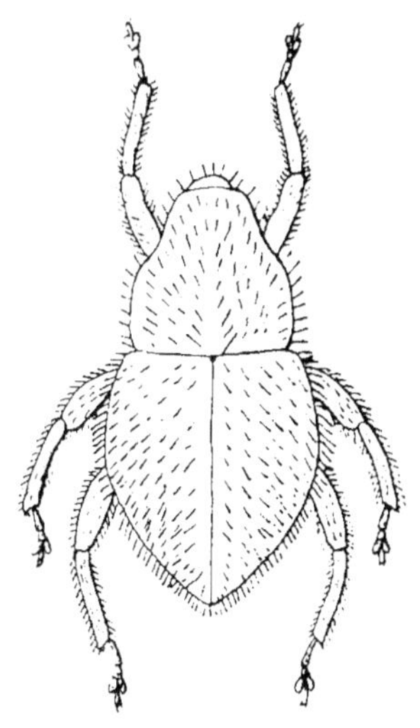

Fig. 11. — *Paraulosomus ursus* Chevr.

les côtés arqués, divergents et les élytres élargis dans leur quart antérieur, puis fortement rétrécis en arrière ; convexes, striésponctués, les interstries légèrement convexes, tous pourvus de soies raides et alignées, le revêtement squamuleux très dense cachant la sculpture des téguments.

Pattes squamulées et sétosulées ; fémurs linéaires et inermes ; tibias droits leur onglet apical petit ; 1er article des tarses à peine aussi long que les 2e et 3e ensemble.

Episternes métathoraciques très étroits mais cependant distincts. Deuxième segment ventral un peu plus long que le 3e, sa suture avec le 1er très légèrement arquée dans le milieu. Aptère (fig. 11).

Long. 1,5-3mm.

Espèce variable de taille et de revêtement. Les spécimens roux, comme le type, ne sont pas rares ; ce sont des spécimens un peu immatures. Parfois les élytres ont la bande noire apicale réduite à un triangle allongé suivi d'une bande claire très nets, parfois ces bandes sont effacées. A cause de ses soies, de sa taille cette espèce ressemble à *Ulosominus posticus* m., *Ulosominus setosus* mais elle est de forme plus ovale, et le funicule des antennes a 7 articles.

Le type est un spécimen de petite taille.

Type : Guadeloupe (Delauney).

Camp-Jacob (Delauney), Trois Rivières (Vitrac). Gourbeyre (Dufau).

260 spécimens (Fl. 1 ; Mus. 109 ; m. 150).

2. P. impressus n. sp.

Ovale, roux ou brun-roux, assez brillant, revêtu de petites squamules jaunes ou cendrées-jaunâtres, éparses, ne voilant pas les téguments, plus serrées sur les côtés du prothorax, hérissé de soies fines, peu nombreuses.

Rostre à la base ponctué et finement caréné au milieu. Front à peine plus étroit que la base du rostre.

Prothorax à peine aussi long que large, modérément rétréci en avant, moins fortement en arrière, les côtés arqués dans le milieu, subrectilignes en arrière, les angles postérieurs accusés, obtus, la base rectiligne ; convexe, légèrement impressionné transversalement en avant, fortement impressionné au milieu de la base, devant l'écusson ; marqué de points peu serrés sur le milieu du disque, plus serrés sur les côtés, les intervalles des points lisses. Ecusson très petit.

Elytres ovales, leur base de la largeur du prothorax et légèrement rebordée, subrectiligne, plus du double aussi longs que le prothorax ; convexes, les stries larges, leurs points grands mais peu serrés, les interstries pairs peu convexes, les impairs et la suture plus élevés, tous munis de soies claires et espacées.

Pattes pourvues d'une fine pubescence entremêlée de courtes

soies ; fémurs inermes ; tibias droits, leur onglet apical assez fort
Episternes méthatoraciques très étroits.

Long. 2,6 mm.

Gourbeyre (Dufau).

2 spécimens (ma coll.).

3. **P. puncticollis** n. sp.

Forme de *P. difficilis* mais avec le prothorax moins brusquement rétréci en avant.

Rouge, brillant, les squamules dorsales très petites, rondes et peu
serrées, les soies plus épaisses que chez le *difficilis*. Prothorax à
ponctuation médiocre, intermédiaire pour la grosseur entre celle de
difficilis et *maculatus* mais extrêmement serrée, les intervalles entre
les points moindre que ces derniers ; sa base à convexité régulière.
Elytres à stries fortement ponctuées, les interstries subconvexes.

Fémurs non sillonnés en dessous. Deuxième segment ventral
presque aussi long que les 3e et 4e réunis, les épisternes métathoraciques indistincts.

Long. 1,9 mm.

Gourbeyre (Dufau), un spécimen (ma coll.).

4. **P. difficilis** n. sp.

Ovale, court, d'un rouge ferrugineux, les antennes et les pattes
plus claires, les élytres avec trois larges bandes noires, très irrégulières, parfois décomposées en taches, la 1re sur la base, la 2e
vers le milieu, interrompue à la suture ainsi que la postérieure ;
hérissé de nombreuses soies jaunes, fines, longues ; revêtu de fines
squamules linéaires, piliformes, jaunâtres, soulevées et très éparses.

Rostre triangulairement élargi en arrière, squamulé, sétosulé et
caréné à la base, dénudé brillant et éparsément pointillé en avant.
Front à peine rétréci, plus large que le rostre au milieu. Yeux
largements découverts, les lobes oculaires faibles et arrondis. Antennes insérées un peu en avant du milieu du rostre, le funicule
de 7 articles, le 2e peu plus court que le 1er, les suivants non épaissis,
le 3e beaucoup plus long que large, les suivants arrondis, courts,
la massue ovoïde, à pubescence grise, serrée.

Prothorax plus large que long, fortement rétréci et subtubuleux en avant, la base subrectiligne et du double aussi large que le bord antérieur, les côtés arqués dans le milieu ; très convexe, à ponctuation forte et serrée, pubescent et sétulosé. Écusson très petit.

Élytres brièvement ovales, leur base de même largeur que celle du prothorax, subrectiligne et visiblement rebordée, les côtés arqués, sans épaules ; très convexes, les stries formées de points rectangulaires assez serrés, les interstries légèrement convexes, avec quelques petits points épars, tous munis d'un rang de soies.

Pattes élancées, finement sétosulées ; fémurs inermes, non creusés en dessous ; tibias droits ; 1er article des tarses aussi long que les deux suivants réunis ; ongles normaux, libres. Deuxième segment ventral beaucoup plus long que le 3e, presque égal au 3e et 4e réunis, sa suture avec le 1er arquée. Episternes métathoraciques très étroits, avec un rang de points serrés.

Long. 2 mm.

Gourbeyre (Dufau).

Cette espèce mime singulièrement *Ulosomus rubricatus*, mais elle a le funicule de 7 articles, sa taille est plus forte, ses soies dorsales plus courtes, etc.

15 spécimens (Mus. 3 ; m. 12).

5. **P. maculatus** n. sp.

Espèce voisine de la précédente dont elle diffère par la forme plus allongée, la coloration plus vive des élytres, d'un rouge jaune, les soies dorsales plus longues, le prothorax graduellement rétréci en avant, modérément convexe, à ponctuatin légère et très espacée, les élytres notablement plus longs, moins convexes, les interstries plus larges, à peine convexes et brillants, les pattes plus longues, les fémurs antérieurs très finement dentés.

Long. 2,5 mm.

Gourbeyre, Trois-Rivières (Dufau).

7 spécimens (Mus. 4 ; m. 3.).

Genre **Pseudomus** Schönh. Gen. Curc., IV, 1837, p. 263.
Lacordaire, Gen. Col. VI, p.

P. semicribratus* Bohem. ap. Gen. Curc., VIII, 1844, p. 391 (360).

Ovale, convexe, noir, brillant, glabre, les antennes et les tarses ferrugineux.

Rostre presque aussi long que la tête et le prothorax, assez robuste, arqué, à ponctuation fine et serrée, substrié à la base. Yeux grands, plats, subcontigus en dessus. Antennes médianes, le 2e article du funicule un peu plus court que le 1er.

Prothorax court, subconique, brillant, convexe et à ponctuation presque indistincte. Ecusson arrondi, petit, convexe, lisse.

Elytres subtriangulaires, fortement rétrécis en arrière dans les deux tiers postérieurs, à la base de même largeur que le prothorax, les épaules complètement effacées, ensemble étroitement arrondis au sommet ; convexes, les points des séries très espacés, gros vers la base, particulièrement sur les côtés, petits en arrière, les interstries larges, plans, lisses.

Pattes longues ; fémurs linéaires, finement dentés en dessous ; tibias droits. Dessous finement ponctué.

Long. 3-4 mm.

Type : Guadeloupe (Coll. Chevrolat).

Cascade Vauchelet (Delauney) ; Trois Rivières, Gourbeyre (Dufau), 183 spécimens (Fl. 8 ; Mus. 25 ; m. 150).

P. parallelus n. sp. (G. 51).

Oblong, noir, brillant, glabre, les antennes et les tarses ferrugineux.

Rostre densément ponctué latéralement à la base, lisse sur le milieu et en avant. Yeux étroitement séparés entre les yeux. Deuxième article du funicule plus court que le 1er.

Prothorax presque aussi long que large, assez fortement rétréci en avant, les côtés modérément arqués dans le milieu, subparallèles en arrière, convexe, à points petits mais bien visibles sur le disque, gros sur les flancs et en dessous.

Élytres à leur base très légèrement plus larges que le prothorax, les côtés parallèles jusqu'au milieu, faiblement rétrécis en arrière, largement arrondis au sommet ; convexes, à peine comprimés sur les côtés, le calus antéapical saillant, la base légèrement relevée, les points des stries allongés, un peu plus gros vers la base, beaucoup plus gros et très serrés vers le sommet, les interstries très éparsément et très finement pointillés.

Fémurs finement dentés.

Long. 3—3,5 mm.

Gourbeyre (Dufau).

Se distingue aisément de l'espèce précédente par sa forme plus allongée, les élytres subparallèles, moins comprimés et moins rétrécis en arrière, leur ponctuation forte et serrée au sommet, le prothorax plus long.

3 spécimens (ma coll.).

Genre **Pseudomopsis** Champ., Biol. Cent. Am. IV, 4, p.

Yeux grands et plus ou moins rapprochés. Rostre légèrement dilaté à la base. Antennes médianes ou postmédianes, le funicule de 7 articles. Prothorax transversal, conique ou peu dilaté sur les côtés, bisinué à la base. Élytres convexes, subtriangulaires, plus longs que le prothorax, souvent comprimés latéralement, les épaules arrondies, avec 10 séries de points. Écusson petit ou manquant. Mésosternum convexe, échancré en arc en avant. Métasternum court ses épisternes invisibles. Segments ventraux 2-1 subégaux. Fémurs dentés ou non, sillonnés en dessous ; ongles petits subconnés ou étroitement séparés à la base. Insecte rhomboïdal ou subovale, squamulé et souvent sétosulé.

Diffère de *Pseudomus* par les élytres relativement plus larges à la base, le rostre moins cylindrique, le corps squamulé, etc. ; d'*Oxypterus* par les épaules plus éffacées et le prothorax sans élévations fasciculées.

Genre de l'Amérique Centrale.

Les espèces suivantes doivent lui être rattachées.

1. **P. amoneus*** (*Conotrachelus*) Chevr., *Le Naturaliste*, 1880,
p. 230. (M. 27).

Rhomboïdal, noir, les antennes et les tarses testacés, densément
couvert de petites squamules jaunâtres et cendrées, entremêlées de
très courtes soies dressées, orné sur les élytres d'un dessin linéaire
blanc, composé d'un arc vers le milieu et d'une ligne sur le 3e
interstrie allant de l'arc au sommet, parfois les élytres ont deux
arcs convergents en avant sur les côtés, le 2e avant le milieu et
le 3e interstrie peut être plus clair sur toute sa longueur, une tache
noire sur la base du 2e interstrie.

Rostre moins long que le prothorax,
ponctué-strié à la base, ferrugineux et
lisse en avant. Tête densément ponctuée,
le front plan et moitié aussi large que le
rostre. Antennes postmédianes, courtes, le
2e article du funicule plus court que le 1er.
Tête couverte de squamules d'un jaune
pâle formant une grande tache.

Prothorax subconique, plus large que
long, légèrement impressionné transversalement en avant, vers le milieu, à ponctuation serrée, ses squamules variées et
ses soies plus grosses que celle des élytres.
Écusson très petit, indistinct.

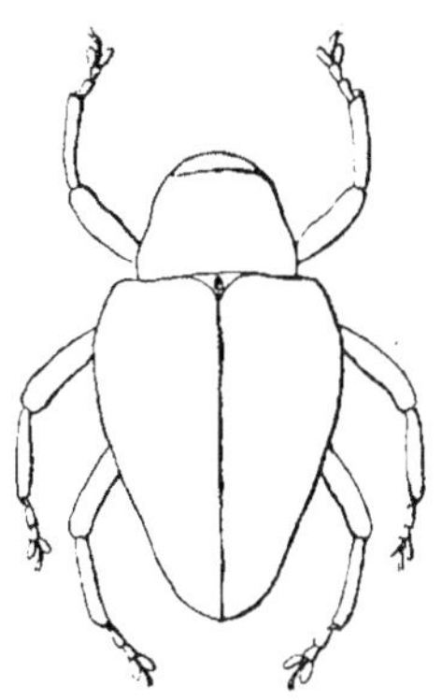

Fig. 12.   *Pseudomopsis
amonus* Chevr.

Élytres plus longs que larges, comprimés sur les côtés, surtout
en arrière, les épaules débordant légèrement la base du prothorax.
les stries fines, peu visibles.

Fémurs inermes, profondément creusés en dessous sur presque
toute leur longueur, (vers la base excepté) ; d'un brun de poix,
squamulés ; tibias ferrugineux, sétosulés (fig. 12).

Long. 2-2,2 mm.

Type : Guadeloupe.

Trois Rivières (Vitrac, Dufau).

Le dessin et la coloration sont variables.

57 spécimens (Fl. 1 ; Mus. 19 ; m. 1).

2. **P. Dufaui** n. sp. (G. 1).

Brièvement ovale, très convexe, brun, mat, revêtu de squamules, petites, oblongues, serrées, brunes et cendrées, ces dernières formant une grande tache semi-circulaire sur la base, allant d'une épaule à l'autre et atteignant le milieu de la suture en arrière, et en arrière de cette grande tache, une bande arquée centrale, atteignant de chaque côté le 4e interstrie, prolongée à ses extrémités par un rameau en avant sur le 3e, en arrière sur le 4e interstrie, l'écusson squamulé, cendré, le reste brun : le prothorax avec quelques points plus clairs et des traces de bandes médiane et latérales.

Rostre ferrugineux, densément ponctué et squamulé à la base, lisse, glabre en avant. Front très étroit, les yeux subcontigus. Tête squamulée. Antennes médianes, ferrugineuses. Les deux premiers articles du funicule allongés et égaux, la massue oblongue.

Prothorax plus large que long, subconique, légèrement resserré latéralement derrière le bord antérieur ; convexe, couvert de points très petits, espacés, leurs intervalles lisses et brillants, les squamules plus grosses que celles des élytres et serrées. Écusson arrondi, petit.

Elytres subglobuleux, à peine plus longs que larges ensemble, légèrement comprimés sur les côtés, le calus huméral assez élevé mais obtus, les stries ponctuées très fines, les interstries très plans.

Pattes courtes, rousses, squamulées ; fémurs dentés : tibias sillonnés en dessous, légèrement dilatés vers leur sommet, les antérieurs plus fortement et en outre arqués en dedans à la base. Dessous densément squamulé de cendré, les épisternes métathoraciques réduits à une ligne imponctuée.

Long. 3,5-5 mm.

Facile à reconnaître à sa forme et à son dessin élytral.

Gourbeyre (Dufau).

7 spécimens (ma coll.).

3. **P. cribricollis** n. sp.

Forme et dessin de l'espèce précédente ; elle en diffère par le prothorax à ponctuation beaucoup plus forte, plus profonde, les points serrés, les intervalles moindres que les points, par l'écusson plus petit, les élytres à base presque rectiligne dans le milieu de chaque côté, par suite moins fortement bisinuée, les pattes plus fortes et d'un brun de poix.

Long. 4,5 mm.

Gourbeyre (Dufau)., un spécimen (ma coll.).

Genre **Oxypterus** Faust. *Stett. ent. Zeit.*, 1896, p. 50.

Prothorax bisinué à la base, le lobe médian plus ou moins avancé. Élytres convexes, subtriangulaires. Prothorax et élytres fasciculés ou turberculés.

A ce genre appartiennent les trois espèces suivantes de la Guadeloupe, la 1ʳᵉ avec un petit écusson.

1. **O. dentatus*** Chevr., *le Naturaliste*, 1880, p. 252. (*Cryptor-rhynchus*) (7).

Noir, les élytres triangulaires, le revêtement dorsal d'un brun foncé mais plus clair, brun grisâtre, sur les flancs des élytres, les pattes et le dessous, les élytres ornés en avant près de l'écusson, de chaque côté, d'un trait oblique, blanc (souvent peu apparent), de deux crêtes fasciculées brunes sur le 3ᵉ interstrie, la postérieure forte, épaissie, le prothorax surmonté en son milieu de cinq tubercules fasciculés, celui du milieu très gros, formé de deux tubercules contigus à leur base, étroitement séparés à leur sommet.

Rostre atteignant à peine le milieu de l'intervalle des hanches antérieures et intermédiaires, lisse, brillant au milieu, pointillé sur les côtés et élargi en avant, élargi, rugueux et squamulé à la base. Tête densément squamulée de brun tomenteux, le front étroit, moindre que la moitié du rostre au milieu, avec des squamules dressées. Antennes postmédianes, courtes, ferrugineuses, le scape n'atteignant pas l'œil, le 2ᵉ article du funicule à peine plus court que le 1ᵉʳ, la massue oblongue et brune.

Prothorax presque du double aussi large que long, fortement rétréci et tubuleux dans son quart antérieur, les côtés subparallèles en arrière, la base fortement bisinuée ; fort convexe, largement et profondément impressionné transversalement en avant, le milieu du bord antérieur avec deux petits tubercules fasciculés ; couvert de grosses squamules, pourvu au milieu de sa base d'une plaque allongée, noire, lisse, effilée en avant et se perdant dans le tubercule central. Écusson plan, très petit, lisse, la base de la suture et du 1er interstrie, autour de l'écusson, dénudées et lisses.

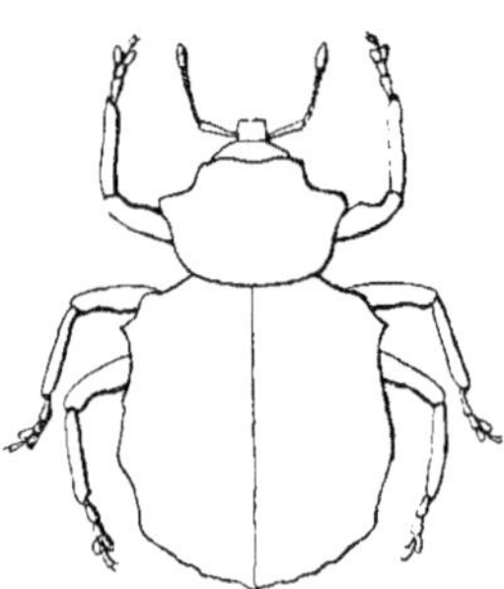

Fig. 13. – – *Oxypterus dentatus* Chevr.

Élytres un peu plus longs que larges, arrondis ensemble au sommet, comprimés latéralement en arrière ; les épaules saillantes, élevées, obtusément arrondies ; convexes, brusquement déclives en arrière, les flancs unis à l'exception du calus antéapical marqué, le disque en avant convexe, irrégulier, les points des stries forts et squamulés, les interstries convexes, avec quelques petites crêtes fasciculées, noires, dont deux plus élevées sur le 5e interstrie.

Pattes courtes, densément squamulées, les fémurs armés d'une forte dent triangulaire, les postérieurs n'atteignant pas l'apex, les tibias hérissés de squamules sur leur tranche externe, les antérieurs fortement arqués. Dessous couvert de squamules serrées et relevées ; 2e segment ventral plus long que le 3e ; épisternes métathoraciques indistincts. Fig. 13.

Long. 4,5—5 mm.

Dans les défrichements sur les rejets des troncs abattus de 6 à 700 m. d'alt. (Dufau).

Type : Guadeloupe.

Trois-Rivières (Delauney, Dufau).

Cette espèce a quelque ressemblance avec *Siron claviger* Chevr. mais elle est de forme plus courte, sans tache latérale blanche sur les élytres ; elle appartient d'ailleurs à un tout autre genre.

12 spécimens (Fl. 4 ; Mus. 8).

2. **O. obliquevittis** n. sp. — (*obliquevittis* Chevr., in. litt., J. Faust, *Stett. ent. Zeit.*, 1896, p. 43, note). (M. 13).

Allongé, roux, assez brillant, orné d'un dessin squamuleux jaune comprenant une ligne médiane sur le prothorax, deux étroites fascies obliques et parallèles sur les élytres, la 1re partant de l'épaule, l'autre vers le milieu et n'atteignant pas le bord latéral, l'une et l'autre interrompues à la suture, le reste des téguments revêtu de petites squamules jaunes, éparses sur les élytres, plus serrées sur les côtés et le bord antérieur du prothorax, très serrées sur la tête et le dessous.

Rostre aussi long que le prothorax, arqué, élargi vers la base, brillant, éparsément pointillé, d'un rouge brun. Front fovéolé et presque aussi large que le rostre au milieu. Antennes testacées, assez allongées, le 2e article du funicule aussi long que le 1er, la massue oblongue.

Prothorax presque aussi long que large, brusquement et assez fortement rétréci en avant, les côtés arrondis dans le milieu, sub-parallèles en arrière ; convexe, impressionné transversalement en avant, la ligne médiane un peu plus élevée, les points squami-gères et assez serrés. Écusson nul.

Elytres allongés, comprimés latéralement, se rétrécissant un peu en arrière dès les épaules, arrondis ensemble au sommet, les épaules obliques et un peu saillantes en arrière, le calus antéapical indistinct ; stries à points forts, finement squamulés au fond ; suture plane ; interstries larges et très convexes, éparsément ponc-tués-squamulés, les 2e et 4e relevés avant et après le milieu en crête squamuleuse peu élevée, tous moins convexes en arrière et plans au sommet.

Pattes grêles, les fémurs finement dentés, les tibias droits. Deu-xième segment ventral à peine plus long que le 3e, les épisternes métathoraciques à peine visibles et squamulés.

Long. 4,5-6 mm.

Assez commun dans les pétioles des feuilles de fougères arbo-rescentes entre 300 et 1.000 m. (Dufau).

Trois-Rivières (Delauney, Dufau), cascade Vauchelet, Camp Jacob (Delauney).

10 spécimens (Fl. 6 ; Mus. 4).

3. **O. ornatus** n. sp. (A).

Brun rouge, le revêtement squamuleux d'un brun d'ocre, pourvu de soies courtes claires et dressées, les élytres ornés d'une fascie claire, bordée de brun noir en avant, commençant à l'épaule, arquée, rectiligne sur le milieu du 3e interstrie, puis arquée et atteignant la suture au milieu, la bordure noire rectiligne, épaissie en forme de brosse noire sur le 2e et 3e interstrie, arquée, puis rectiligne sur le 4e interstrie jusqu'à sa base, le prothorax avec la ligne médiane plus claire.

Tête et front densément squamulés, ce dernier fovéolé, plus étroit que le rostre.

Prothorax aussi long que large, modérément resserré en avant, les côtés arqués dans le milieu, la ponctuation serrée ; très convexe, squamulé et hérissé de soies. Ecusson nul.

Elytres allongés, légèrement arqués derrière les épaules, plus fortement rétrécis et comprimés latéralement en arrière, les épaules obliques et arrondies à leur sommet ; stries fines ; interstries un peu convexes en avant, plans en arrière, le 2e élargi et élevé velouté en son milieu. Fémurs claviformes mais inermes. Autres caractères analogues à ceux de l'espèce précédente.

Long. 4 mm.

Clairières des forêts (Dufau).

Trois-Rivières (Dufau).

3 spécimens (Fl. 2 ; Mus. 1.).

Genre **Euxenus** Faust, *l. c.* p.p. 47, 50.

Les trois espèces suivantes de la Guadeloupe appartiennent à ce genre.

1. **E. orchestoides** n, sp. (M. 22, 23).

Oblong, noir ou brun, les antennes et les tarses testacés, revêtu de squamules variées, jaunes et brunes, les élévations des élytres surmontées de squamules fasciculées d'un noir velouté, les élytres ornés de trois macules claires, l'une sur le milieu du 2e interstrie, les deux autres sur le 4e, l'une vers le tiers antérieur, l'autre en arrière.

Rostre pointillé en avant, densément squamulé strié-caréné à la base. Tête squamulée, le front entre les yeux profondément fovéolé et plus étroit que le rostre. Antennes insérées vers le tiers basal du rostre, le 2e article du funicule plus court que le 1er, les suivants courts et serrés, la massue ovale.

Prothorax un peu moins long que large, fortement rétréci dans son tiers antérieur, les côtés subrectilignes et divergents de la base au tiers antérieur, les angles postérieurs presque droits, le milieu de la base avancé devant l'écusson ; convexe, largement impressionné transversalement en avant, fortement sur les côtés, faiblement dans le milieu, couvert de points petits, assez serrés, les intervalles des points aussi grands que les points.

Élytres oblongs, séparément arqués à leur base, les épaules un peu obliques, élargis de là au milieu,

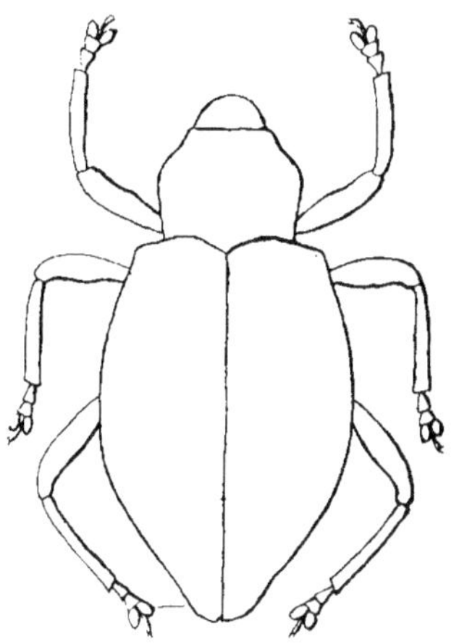

Fig. 14. — *Euxenus orchestoides* n. sp.

fortement rétrécis en arrière, arrondis ensemble au sommet ; convexes, les stries fines, ponctuées, les interstries ponctués, plans, les 2e, 4e, 5e, surmontés de 2 à 4 élévations fasciculées et noires.

Pattes squamulées, parfois ferrugineuses ; fémurs inermes. Dessous densément ponctué ; 2e segment ventral plus long que le 3e, les sutures droites. Fig. 14.

Long. 3,2 3,5 mm.

Trois Rivières, bord des sources et des rivières, chemin des Bains-Jaunes entre 1.000 et 1.200 m. d'alt. (Dufau).

32 spécimens (Fl. 6 ; Mus. 25 ; m. 1).

Les squamules sont rondes, assez épaissies, un peu granuleuses. Un exemplaire roux est orné d'une tache d'un blanc pur vers le sommet du 5e interstrie (coll. Fleutiaux) ; très souvent la macule claire du 2e interstrie est seule distincte et le lobe antéscutellaire du prothorax est couvert par une petite tache squamuleuse claire.

2. **O. gracillimus** n. sp. (374 bis).

Noir brillant, les élytres ornés de deux fascies squamuleuses blanches, l'une arquée allant d'une épaule à l'autre mais interrompue entre les troisièmes interstries, l'autre postmédiane limitée entre les troisièmes interstries mais prolongée en arrière par une petite tache sur le 3e ; ces fascies d'ailleurs caduques ; le reste des téguments à pubescence fine, foncée et peu visible, le dessous et les pattes avec des squamules pruineuses, foncées, peu visibles.

Rostre élargi à ses extrémités, pointillé en avant, à sa base densément ponctué sur les côtés, avec une courte carène médiane lisse. Front profondément fovéolé, les yeux grands, très étroitement séparés, subcontigus. Antennes rousses, insérées vers le tiers basal du rostre, le 2e article du funicule aussi long que le 1er, les deux suivants au moins aussi longs que larges, la massue oblongue.

Prothorax plus large que long, rétréci en avant, ses côtés arqués vers le mileu où est sa plus grande largeur ; convexe, impressionné transversalement en avant, légèrement tectiforme devant l'écusson, le milieu du disque lisse, imponctué, brillant, les côtés avec des petits points squamulés et quelques soies squamuleuses sur le bord antérieur,

Elytres en triangle allongé, fortement convexes, presque tectiformes dans le milieu, les stries fines, leurs points allongés, profonds, espacés, devenant petits en arrière, les interstries très plans en avant, moins en arrière, lisses.

Fémurs inermes. Dessous densément ponctué, le 2e segment ventral indistinctement plus long que le 3e. — ♂. Premier segment ventral avec une grande impression à côtés relevés et densément squamulés, le 5e segment profondément impressionné.

Long. 4—4,5 mm.

Deux ♀, sans dessin sur les élytres mais simplement avec quelques rares squamules à la place des bandes.

Trois Rivières, rejets d'arbres abattus (Dufau).

7 spécimens (Fl. 2 ; Mus. 4 ; m. 1).

3. **O. obscurus** n. sp.

Noir, les antennes, les tibias et les tarses ferrugineux, revêtu de courtes soies squamuleuses noires formant quelques petites touffes.

Rostre à carène médiane vive, prolongée en arrière jusqu'entre les yeux, en avant jusqu'au milieu. Front étroit, sa fossette petite. Antennes allongées, le 2ᵉ article du funicule plus long que le 1ᵉʳ, la massue à 1ᵉʳ article conique.

Prothorax ayant sa plus grande largeur en avant du milieu, très convexe, faiblement impressionné transversalement dans le milieu. le disque entièrement pointillé, plus fortement sur les côtés.

Elytres à base étroitement rebordée de chaque côté de l'écusson. les côtés, derrière les épaules, légèrement sinués puis arqués, leur plus grande largeur vers le tiers antérieur, modérément rétrécis arqués en arrière ; fortement convexes, les stries ponctuées, les interstries légèrement convexes.

Long. 4—1,5 mm.

Diffère de *gracillimus* par la carène du rostre plus forte, le front beaucoup plus large, le prothorax pointillé sur tout son disque, les élytres non triangulaires, plus larges en avant jusqu'au premier tiers.

Trois Rivières (Dufau).

2 spécimens (Fl. 1 ; m. 1).

Genre **Euscepes** Schönh. Gen. Curc. VIII, I, 1844, p. 429
    (nec Faust) ; Champ. Biol. Cent. Amer. IV, p. 4, p. 496

Funicule antennaire composé de 7 articles, les articles 2-7 serrés, le 2ᵉ plus court et plus étroit que le 1ᵉʳ. Yeux non rapprochés en dessus.

Quelques-unes de nos espèces ont les fémurs inermes.

Tableau des espèces

1. — Base du prothorax tronquée, les angles postérieurs droits
ou obtus .... 2.
— Prothorax à base bisinuée. Revêtement dorsal formé
de petites squamules rondes, d'un gris jaunâtre, à
peine contigues, chaque élytre orné d'une tache triangulaire, latérale, d'un brun foncé. Fémurs très finement dentés. Long. 2.5 mm....... 6. **hirsutus** Chevr.

2. — Prothorax moins long que large. Ecusson nul ou très
petit. Fémurs dentés .... 3.
— Prothorax au moins aussi long que large. Ecusson.
distinct les élytres rebordés autour de l'écusson. Fémurs
inermes. Prothorax couvert de grands points. Long.
3,2—4 mm.

4. **pilosellus** Chevr.

3. — Elytres subcylindriques et à peine plus larges que le
prothorax .... 4.
— Elytres notablement, de 1/3 environ, plus larges que
le prothorax. Soies élytrales fines Long. 3-3.5 mm.

5. **obscurus** n. sp

4. — Elytres à convexité régulière. Pattes ferrugineuses.... 5.
— Elytres légèrement comprimées latéralement par suite
fortement convexes le long de la suture. Soies élytrales
assez grossières, blanches, amincies à leurs extrémités.
Fémurs foncés. Long. 2,7 mm.. 3. **convexipennis** n. sp.

5. — Soies des élytres grossières. Long. 2,6 mm.

1. **porcellus** Bohem.

— Soies élytrales fines, blanches. Long. 2,6 mm.

2. **carinirostris** n. sp.

Description des espèces.

1. **E. porcellus**** Bohem. ap. Schönh. Gen. Curc., VIII, I, 1844,
p. 430.

C'est le génotype.

Type : Cuba.

Guadeloupe (Vitrac), un spécimen (coll. Fleut.).

Cet unique spécimen est un peu frotté, de petite taille, et de forme un peu plus rétrécie en arrière que chez le type.

2. **E. carinirostris** n. sp.

Subcylindrique, d'un brun ferrugineux, revêtu sur les élytres de petites squamules rondes, d'un cendré teinté de jaune, peu serrées, formant ça et là quelques petites taches et une fascie post-médiane irrégulière, entremêlées de soies verticales, longues, fines et blanches ; prothorax hérissé de soies squamuleuses, grossières, brunes et blanches, nombreuses. Écusson nul. Pattes hérissées de fines et courtes soies.

Rostre plus court que le prothorax, presque droit, élargi vers la base, éparsément squamulé, pourvu d'une fine carène médiane atteignant presque son sommet. Antennes médianes, courtes, le 2e article du funicule plus court que le 1er, la massue ovale. Front, entre les yeux, à peu près aussi large que la base du rostre. Lobes oculaires anguleux, recouvrant presque entièrement les yeux.

Prothorax un peu plus large que long, faiblement resserré derrière le bord antérieur, les côtés parallèles dans leur moitié postérieure, la base subtronquée et avec une étroite bande de très fines squamules rondes ; convexe, à ponctuation serrée.

Élytres cylindriques, plus du double aussi longs que larges ensemble, la base légèrement bisinuée et étroitement rebordée, les côtés modérément rétrécis en arrière du milieu ; convexes, légèrement impressionnés derrière le calus apical, ce dernier large mais peu saillant ; stries formées en avant de points oblongs assez serrés ; stries devenant en arrière plus étroites et plus profondes ; interstries larges et plans ; squamulés jusque sur le bord latéral.

Fémurs dentés. Deuxième segment ventral plus long que le 3e, sa suture avec le 1er rectiligne.

Long. 2,6 mm.

Semblable à *E. porcellus* Bohem. dont il diffère par les soies des élytres beaucoup plus fines, les stries moins profondes, les interstries plans.

Trois-Rivières (Dufau).

Deux spécimens (Fl. 1 ; m. 1).

3. **E. convexipennis** n. sp.

Revêtement dorsal composé en majeure partie de squamules
cendrées, entremêlées de quelques unes brunes. Prothorax orné
d'une ligne médiane cendrée. Elytres remarquablement convexes
dans le milieu, la suture légèrement tectiforme vers son tiers antérieur, les stries fines, les interstries peu convexes. Fémurs foncés
très finement dentés.

Les autres caractères analogues à ceux des deux espèces précédentes dont elle se distingue encore par les squamules élytrales
visiblement plus grandes.

Long. 2,7 mm.

Gourbeyre (Dufau), un spécimen (ma coll.).

4. **E. pilosellus*** Chevr., *Le Naturaliste*, 1879, p. 126.

Allongé, noir-brun, mat, les antennes et les tarses ferrugineux,
revêtu de squamules allongées, grisâtres, peu serrées, entremêlées
de courtes soies presque hérissées, claires, le prothorax orné de
deux petites taches squamuleuses rondes, les squamules plus serrées
sur les côtés, éparses dans le milieu, les élytres avec les squamules
plus serrées sur la déclivité postérieure, un point squamuleux vers
le tiers antérieur du 4ᵉ interstrie et une linéole sur la base du 3ᵉ,
parfois peu distincts.

Rostre très gros, plus court que le prothorax, fortement rugueux
et sétosulé, caréné à la base, un peu bombé en dessus en avant.
Tête convexe, rugueuse, le front plus large que le rostre, les yeux
presque entièrement recouverts par les forts lobes oculaires.

Prothorax à peu près aussi long que large, modérément et graduellement rétréci en avant, les côtés peu arqués, peu convexe,
couvert de gros points profonds et confluents en sillons longitudinaux, la ligne médiane étroitement imponctuée. Ecusson relativement grand, lisse, plan.

Elytres tronqués et peu plus larges que le prothorax à la base,
plus du double aussi longs que larges ensemble, les côtés parallèles

jusqu'au delà du milieu ; convexes, en avant faiblement rugueux en travers et les points des stries grands, plus ou moins confluents, les interstries subconvexes, mats, la suture relevée et rebordée, lisse, autour de l'écusson.

Pattes rugueuses et sétosulées ; fémurs sublinéaires, inermes, les tibias droits et plus ou moins ferrugineux au sommet. Dessous ponctué et sétosulé ; 2e segment ventral aussi long au milieu que les 3e et 4e réunis, sa suture avec le 1er arquée ; épisternes métathoraciques réduits à une simple ligne.

Long 4 mm.

Type : Guadeloupe.

Camp Jacob, route Collardeau, cascade Vauchelet (Delauney). Trois Rivières (Dufau).

4 spécimens (Fl. 3 ; Mus. 1).

Var. **parvulus** n. var.

Plus petit, les angles postérieurs du prothorax, les élytres avec une ligne partant de l'épaule, l'écusson, et une grande tache commune, irrégulière, d'un rouge foncé, le revêtement dorsal très épars en avant, un peu plus dense sur la déclivité postérieure des élytres.

Long. 3,2 mm.

Gourbeyre (Dufau), un spécimen (ma coll.).

Peut être une espèce distincte mais il est difficile de se prononcer d'après l'étude d'un seul individu.

5. **E. obscurus** n. sp.

Allongé, brun noir, mat, les tarses bruns, les antennes testacées ; hérissé de soies, sur les élytres fines, sur le prothorax plus courtes, plus grossières, penchées en avant ; le revêtement dorsal formé de squamules granuleuses foncées, les élytres ornés de quelques points cendrés particulièrement sur les côtés, et au sommet de la déclivité postérieure d'une vague fascie transversale, irrégulière, composée de taches rectangulaires plus grandes.

Rostre peu plus court que le prothorax, épais, arqué, rugueux et sétulosé jusqu'au sommet, caréné à sa base. Front plus large que la base du rostre. Lobes oculaires grands et arrondis recouvrant presque entièrement les yeux. Antennes médianes, les deux premiers articles du funicule allongés et presque égaux, la massue ovale.

Prothorax un peu plus large que long, rétréci et faiblement resserré en avant, les côtés peu arqués, les angles postérieurs obtus la base subtronquée ; peu convexe, hérissé de nombreuses soies, la base avec une ligne de squamules plus claires, la ponctuation médiocre et serrée. Ecusson invisible.

Elytres de un tiers environ plus larges que le prothorax, du double aussi longs que larges ensemble, la base légèrement sinuée de chaque côté et étroitement rebordée, les épaules accusées, les côtés parallèles jusqu'au delà du milieu, largement arrondis ensemble au sommet ; convexes, les stries fortes, leurs points gros et peu serrés, les interstries subplans, tous hérissés de longues soies alignées et claires.

Pattes sétulosées. Deuxième segment ventral plus long que le 3e, sa suture avec le 1er droite. Episternes métathoraciques indistincts.

Long. 3—3,5 mm.

Trois Rivières (Dufau).

11 spécimens (Fl. 2 ; Mus. 9).

6. **E. hirsutus*** Chevr., *Le Naturaliste*, 1880, p. 252. (M. 42).

Oblong, brun, les antennes et les tarses testacés, chaque élytre orné d'une grande tache triangulaire d'un brun foncé, se rétrécissant du bord latéral au milieu, parfois atteignant la suture, le plus souvent ne l'atteignant pas ; hérissé de nombreuses et assez courtes soies, noires sur le prothorax, blanches et noires sur les élytres, blanches sur les pattes, les téguments couverts en dessus de petites squamules rondes d'un gris jaunâtre, à peine contigues, ordinairement plus claires, cendrées et formant une bande transversale en arrière des taches noires sur les élytres et une étroite ligne sur le milieu du prothorax. Dessous du corps à squamules serrées en avant, peu serrées sur le métathorax, éparses sur le ventre.

Tête et base du rostre densément squamulées, avec quelques soies. Rostre lisse, brillant, éparsément pointillé en avant. Deuxième article du funicule plus court que le 1er, la massue ovale, testacée, densément pubescente de cendré. Front au moins aussi large que le rostre.

Prothorax un peu plus large que long, fortement rétréci en avant, les côtés peu arqués de la base au milieu, assez fortement sinués en dedans en avant, les angles postérieurs presque droits, la base légèrement bisinuée et presque du double aussi large que le bord antérieur ; modérément convexe en arrière, largement mais peu profondément impressionné transversalement en avant, la ponctuation fine et serrée mais voilée par les squamules, les soies nombreuses. Écusson petit, plan, cendré.

Élytres peu plus larges que le prothorax, du double environ aussi longs que larges ensemble, les épaules accusées, rectangulaires, les côtés subparallèles jusqu'au milieu ; convexes, les stries fines, leurs points voilés par les squamules, les interstries larges, plans, leurs soies alignées, verticales et à peu près aussi longues que les intervalles qui les séparent ; squamulés jusque sur le bord latéral.

Pattes squamulées, les fémurs très finement dentés, les tibias roux, au moins au sommet.

Deuxième segment ventral plus long que le 3e, sa suture avec le 1er rectiligne.

Long. 2,5 mm.

La base du prothorax a souvent deux petites taches noires et les taches latérales des élytres se réunissent parfois au milieu et forment une bande transversale, parfois elles se dilatent et forment une grande tache apicale commune.

Type : Guadeloupe.

Trois Rivières, Gourbeyre (Dufau).

33 spécimens (Fl. 7 ; Mus. 9 ; m. 17).

Genre Oxypteropsis Champ., Biol. Cent. Amer.
IV, p. 4, p. 498.

Rostre robuste, arqué, triangulairement dilaté à la base. Antennes postmédianes, la massue ovale, ses sutures distinctes. Yeux grands, étroitement séparés. Prothorax transversal, bisinué à la base, ses lobes oculaires faibles. Ecusson petit. Elytres beaucoup plus larges que le prothorax, subtriangulaires, avec 10 rangs de points. Mésosternum très saillant, sinué-échancré en avant. Métasternum modérément long, ses épisternes extrêmement étroits ou invisibles. Segments ventraux 2-4 subégaux en longueur. Fémurs claviformes, ou sublinéaires ; tibias comprimés, fortement onguiculés à l'angle apical externe, le 3e article tarsal fortement bilobé, les ongles petits et rapprochés.

Espèces reconnaissables à leur forme et à l'exiguité de leurs ongles ; la nôtre a les fémurs dentés.

O. decemguttatus* Chevr. (Cryptorhynchus) *Le Naturaliste* 1880, p. 294. (377).

Oblong, brun noir, assez brillant, revêtu de squamules jaunâtres, serrées sur les élytres, éparses sur le prothorax, les élytres ornés sur la déclivité postérieure d'une grande tache commune, subarrondie et d'un brun noir, leurs flancs plus ou moins dénudés, le prothorax orné de points squamuleux d'un cendré jaunâtre dont quatre principaux disposés transversalement vers le milieu.

Rostre aussi long que le prothorax, triangulairement élargi et densément ponctué à la base, lisse et brillant en avant. Tête convexe, à ponctuation fine et espacée en arrière, plus forte et serrée en avant, le front squamulé, fovéolé, très étroit, les yeux grands, subcontigus, largement découverts. Antennes ferrugineuses, postmédianes, le scape n'atteignant pas l'œil, le 2e article du funicule aussi long que le 1er, les suivants courts, la massue ovale, son 1er article aussi long que le reste de la massue.

Prothorax un peu plus large que long, brusquement et brièvement rétréci, subtubuleux en avant, sa plus grande largeur et les côtés arrondis vers le tiers antérieur, la base faiblement bisinuée mais son lobe médian grand ; fortement convexe, déprimé en avant ; couvert de points serrés, profonds, légèrement confluents en rides concentriques, la ligne médiane étroitement lisse et imponctuée en son milieu. Ecusson nul.

Elytres oblongs, allongés, un peu plus larges que le prothorax, les épaules obtuses un peu élevées ; très convexes, finement ponctués-striés, les interstries plans, la base finement rebordée dans la région scutellaire, la tache apicale un peu rétrécie acuminée en arrière et ordinairement entourée d'une zône d'un jaune plus clair.

Pattes densément ponctuées et faiblement squamulées ; fémurs claviformes, dentés, les antérieurs plus fortement ; tibias carénés sur leur tranche externe, légèrement arqués, les antérieurs assez fortement ; tarses ferrugineux. Dessous densément revêtu de squamules grises, les épisternes métathoraciques excessivement étroits, squamulés, sans points distincts.

Long. 5-5,5 mm.

Assez commun sur le littoral jusqu'à 300 m. d'alt. (Dufau).

Sur les branches récemment coupées du bois lait, *Tabernaemontana citrifolia* (Vitrac).

Trois Rivières (Vitrac), Gourbeyre (Dufau).

36 spécimens (Fl. 12 ; Mus. 4 ; m. 20).

Espèce dont le nom est peu heureux car il m'a été impossible de compter 10 points sur aucun des 36 spécimens examinés.

Genre **Microxypterus** Champ., l. c. p. 500.

Rostre épais, courbé, dilaté à la base, les antennes submédianes. Prothorax bisinué à la base, ses lobes oculaires presque obsolètes. Ecusson invisible. Elytres comprimés et atténués au sommet, les épaules arrondies, pourvue de 10 stries. Mesosternum très saillant, sinué-échancré en avant, le métasternum modérément long, ses épisternes invisibles, les segments ventraux 2-4 subégaux. Tibias onguiculés à l'angle apical externe, les tarses élancés, le 3e bilobé, les ongles très petits, rapprochés (1).

Petites espèces relativement faciles à reconnaître. Aux deux espèces connues, ajouter les trois suivantes :

---

(1) Chez deux de nos espèces on ne peut distinguer, même à un fort grossissement, qu'un seul ongle, tellement ils sont petits et rapprochés.

1. **M. macula-alba** n. sp. (M. 361).

Ovale triangulaire, noir, presque mat, les antennes et les tarses ferrugineux, orné sur le milieu de la base du prothorax d'une tache squamuleuse ovale, blanche ou légèrement teintée de jaune, le reste du revêtement formé de très petites squamules pruineuses, grises ou noires, entremêlées de poils très courts, les élytres pourvus sur le 2e interstrie, un peu avant son milieu, d'une forte élévation tuberculeuse, allongée, surmontée de soies squamuleuses serrées.

Rostre aussi long que le prothorax, densément ponctué-strié sur la base et les côtés, le milieu avec une carène lisse, plus élevée en avant. Yeux séparés par une simple ligne squamuleuse, grands, presque entièrement découverts. Deuxième article du funicule plus court que le 1er, la massue ovale.

Prothorax plus large que long, rétréci et presque d'égale largeur à ses extrémités, brièvement étranglé derrière le bord antérieur, les angles postérieurs obtus, les côtés arqués ; convexe, la ponctuation fine, très serrée, confluente, mais ménageant sur le milieu en avant une étroite bande presque imponctuée et lisse.

Élytres triangulaires, une fois et demie aussi longs que larges entre les épaules, ces dernières brièvement arrondies ; fortement convexes, les stries très fines, les interstries plans, densément ponctués, rugueux, pourvus çà et là, de quelques petites touffes de squamules noires.

Fémurs linéaires, inermes, mais canaliculés en dessous sur toute leur longueur ; tibias droits, striés et carénés ; ongles remarquablement petits et rapprochés. Dessous à squamules et ponctuation espacées.

Long. 3 mm.

Trois-Rivières, Gourbeyre (Dufau),

27 spécimens (Fl. 2 ; Mus. 10 ; m. 15).

2. M. **niveiceps**** Chevr., *Le Naturaliste*, 1880 p. 229 (*sub Conotrachelus*). — (G. 6, M. 69).

Ovale triangulaire, les antennes et les pattes rousses, densément revêtu de squamules variées, cendrées et jaunâtres, la ligne médiane du prothorax claire, terminée sur la base par une touffe de squamules plus grosses et plus claires formant une petite tache ronde, les élytres, ornés derrière le milieu d'une étroite fascie transversale cendrée, courte, arquée ; les squamules dorsales entremêlées de courtes soies relevées, nombreuses, jaunes et noires.

Rostre brun, arqué, squamulé à la base, dénudé et éparsément pointillé en avant, caréné sur sa ligne médiane. Front excessivement étroit, pourvu de deux lignes de soies squamuleuses séparées par une étroite fossette, les yeux presque complètement découverts. Tête couverte d'une couche de fines squamules d'un jaune clair.

Prothorax moins long que large, notablement plus étroit en avant qu'à la base, largement resserré et profondément impressionné transversalement en avant, les côtés arrondis, la base fortement bisinuée ; convexe, la ponctuation rugueuse, particulièrement en arrière, la ligne médiane subsillonnée et à revêtement plus clair.

Elytres presque du double aussi longs que larges entre les épaules, triangulaires, les côtés, en avant, légèrement arqués ; très convexes, tectiformes dans le milieu, les stries ponctuées et fines, les interstries plans, tous pourvus de soies squamuleuses.

Pattes squamulées et sétosulées. Fémurs linéaires, creusés en dessous sur une partie de leur longueur, inermes ; tibias droits. Onychium pourvu d'un seul ongle. Dessous rugueux et squamulé ; le 2e segment ventral tout au plus aussi long que le 3e, la 1re suture rectiligne. Episternes métathoraciques indistincts.

Long. 2-2,5 mm.

Type : Guadeloupe.

Trois Rivières, Gourbeyre (Dufau).

34 spécimens (Fi. 7 ; Mus. 5 ; m. 22).

3. **M. minutus** n. sp. (3)

Brun rouge foncé, les pattes et les antennes ferrugineuses, revêtu de squamules d'un gris jaunâtre et brunes, entremêlées de poils fins, excessivement courts, peu visibles, les élytres ornés d'une courte fascie médiane blanche, leur 3e interstrie, vers son milieu surmonté d'une élévation allongée, couverte de soies squamuleuses noires et serrées. Ecusson distinct, rond, petit, densément squamulé, cendré.

Front réduit à une ligne de squamules. Tête éparsément pointillée.

Prothorax un peu plus large que long, faiblement rétréci et à peine impressionné en avant, les côtés modérément arqués, la base peu fortement bisinuée ; très convexe, à ponctuation très fine, serrée, densément squamulé, la ligne médiane blanche sur la moitié postérieure.

Elytres triangulaires, au moins du double aussi longs que larges, les côtés, en avant légèrement arqués ; très convexes, tectiformes dans le milieu, les stries ponctuées fines et avec quelques soies blanches, les interstries légèrement convexes.

Fémurs inermes et canaliculés en dessous ; tibias courts et droits ; tarses courts, le 3e article grand, l'onychium petit, étroit, ses ongles excessivement petits, complètement soudés (un seul ongle), à peine visibles sous un grossissement de 80 diamètres.

Long. 1,8 mm.

Gourbeyre, entre 6 et 700 m. (Dufau).

5 spécimens (Fl. 3 ; Mus. 1 ; m. 1).

GRYPTORRHINCHIDES VRAIS Lac.

Genre **Ulosomus** Schönh., Curc. Disp. Meth. 1826, p. 293.
Lacord., Gen. Col. VII, p. 100 ; Champ. l. c. p. 710.

Funicule des antennes composé de 6 articles. Rostre court, épais, presque droit. Antennes médianes. Ecusson et épisternes métathoraciques très distincts. Deuxième segment ventral peu plus long que le 3e. Mésosternum plus ou moins saillant, sinué ou échancré en arc au sommet.

Génotype : *U. erinaceus* Bohem. de l'île St-Vincent.

Deux espèces seulement peuvent être rattachées à ce genre ; elles ont les élytres notablement plus larges que le prothorax et pourvus de tubercules fasciculés.

Fémurs dentés. Long. 3,8-4,2 mm....... **fasciculatus** n. sp.

Fémurs inermes. Long. 3,3-3,5 mm.......... **Dufau** n. sp.

DESCRIPTION DES ESPÈCES.

1. **U. fasciculatus** n. sp. (G. 23).

Oblong, noir, les antennes et les tarses roux, le revêtement dorsal squamuleux dense, jaunâtre, varié de cendré et de noir, le prothorax et les élytres avec des tubercules fasciculés, les soies raides, épaisses, noires, d'inégale longueur, irrégulièrement dispersées.

Rostre large, densément squamulé à la base, dénudé, lisse, brillant et pointillé en avant. Antennes médianes, le 2e article du funicule aussi long que le 1er.

Prothorax moins long que large, largement et profondément impressionné transversalement en avant, le bord antérieur relevé, arqué, avec des soies dressées, les côtés subparallèles de la base au milieu, la base bisinuée et beaucoup plus large que le bord antérieur ; surmonté en son milieu de quatre élévations tuberculeuses, transversalement disposées, les latérales faibles, les deux médianes plus fortes et séparées par une ligne longitudinale claire, la base marquée de chaque côté vers le milieu d'une grande tache noire, les soies très courtes et rares en dehors des tubercules et du bord antérieur. Écusson grand, élevé, tomenteux blanc.

Élytres d'un tiers plus larges que le prothorax, du double aussi longs que larges ensemble, la base bisinuée, les épaules accusées, rectangulaires, les côtés parallèles presque jusqu'au tiers postérieur ; très convexes, les stries fines, les interstries larges et plans en arrière, surmontés en avant d'élévations tuberculeuses et fasciculées, dont les deux plus fortes sur le 2e interstrie et une sur le 1e ; ornés d'une fascie transversale blanche, étroite placée vers le milieu de la déclivité postérieure.

Pattes densément squamulées et sétosulées, les fémurs annelés de cendré et dentés. Dessous couvert d'une couche de grosses squamules serrées et grisâtres. Deuxième segment ventral plus long que le 3e, les épisternes métathoraciques distincts.

Long. 3,8-4,2 mm.

Gourbeyre (Dufau).

L'élévation du 1e interstrie est placée en face de l'intervalle qui sépare les deux fortes élévations du 2e.

4 spécimens (ma coll.).

2. **U. Dufaui** n. sp. (G. 37).

Revêtement dorsal grisâtre presque uniforme, les élytres sans fascie postérieure, mais le prothorax avec une large tache allongée devant le milieu de la base, les soies nombreuses noires et blanches.

Prothorax arrondi sur les côtés. Écusson petit, plan, dénudé. Élytres à épaules un peu obliques, les interstries latéraux sans élévations tuberculeuses, en avant, le 1e avec une élévation peu forte et placée plus en arrière que celle du 2e. Fémurs tachés ou incomplètement annelés et inermes. Dessous recouvert des quamules assez serrées, le 2e segment ventral seulement aussi long que le 3e et sa suture avec le 1er arquée au milieu.

La forme et les autres caractères sont analogues à ceux de *fasciculatus*.

Long. 3,3-3,5 mm.

Gourbeyre (Dufau).

4 spécimens (ma coll.).

Genre **Paranalcis** n. gen.

Rostre au plus aussi long que le prothorax, un peu élargi à la base. Antennes médianes, le funicule de 7 articles, le 2e un peu plus long que le 1er. Yeux largement distants en dessous, médiocrement en dessus, les lobes du prothorax n'en recouvrant qu'une petite partie au repos. Bases du prothorax et des épaules très légèrement bisinuées et à peu près de même largeur. Élytres à épaules effacées et à 10 séries de points, la 10e fortement abrégée. Canal rostral profond, ses bords à pic, fermé en arrière par une échancrure arrondie et élevée du mésosternum. Métathorax court, entre les hanches intermédiaires et postérieures à peine aussi long que le diamètre longitudinal de l'une de ces hanches, ses épisternes

bien visibles, assez larges, unisérialement ponctués ; saillie inter-
coxale postérieure moins large que la hanche : 2e segment ventral
moins long que le 1er et notablement plus long que le 3e, les sutures
droites. Pattes allongées, les fémurs non sillonnés en dessous, les
postérieurs atteignant l'apex ; tibias pourvus d'un onglet apical
externe : tarses allongés, spongieux en dessous : ongles grands,
libres et simples. — ♂. Tarses antérieurs hérissés de longs poils,
laineux et jaunes.

Insectes allongés d'un noir brillant et glabres.

Diffèrent des *Pseudomus*, avec lesquels ils ont la plus grande
ressemblance par leur forme allongée, les épisternes métathoraciques bien distincts et par les caractères du mâle. Le génotype
est l'espèce suivante.

P. Dufaui n. sp. (XVI, M. 11).

Allongé, noir brillant, glabre, les tibias et
les tarses d'un brun de poix.

Rostre aussi long (♀) ou un peu plus court
♂ que le prothorax, peu arqué, à la base densément et finement ponctué-substrié et la
ligne médiane lisse, élevée, en avant non
élargi, moins densément ponctué et plus brillant. Tête convexe, le vertex finement strié,
le front fovéolé et du tiers à peine de la
largeur du rostre. Antennes ferrugineuses, le
3e article du funicule subcylindrique et beaucoup plus long que large, les suivants graduellement plus courts et plus épais, la massue oblongue, cendrée.

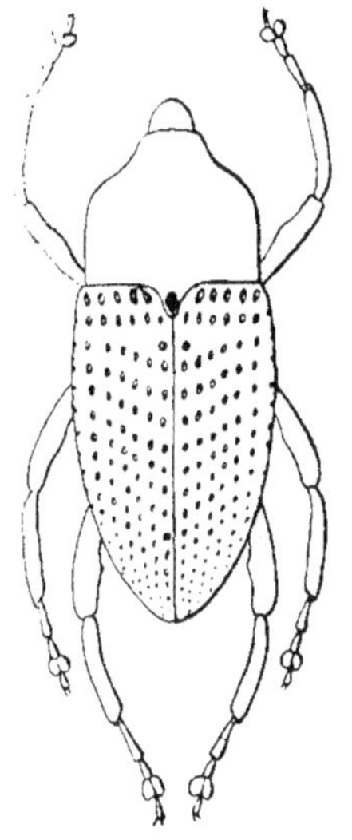

Fig. 15. — *Paranaleis
Dufaui* n. sp.

Prothorax aussi long que large, peu rétréci
et les côtés peu arqués de la base au tiers
antérieur, puis assez fortement resserré, le bord antérieur arqué
et avancé sur le vertex ; convexe, légèrement impressionné transversalement en avant, lisse, imponctué en dessus, finement ponctué
sur les bords, grossièrement en dessous. Ecusson arrondi et lisse.

Elytres du double aussi long que larges, très peu élargis de la base au cinquième antérieur, puis graduellement rétrécis en arrière, brièvement arrondis séparément au sommet ; convexes, non comprimés latéralement, légèrement impressionnés-ondulés transversalement en avant, les points des séries gros, peu serrés, plus fins vers le tiers postérieur, serrés et gros vers le sommet, les interstries lisses.

Fémurs claviformes, à dent triangulaire très obtuse. Tarses à 1er article presque aussi long (antérieurs) ou aussi longs (tarses postérieurs) que les deux suivants ensemble (fig. 15). Dessous grossièrement ponctué, les points serrés en avant, épars sur les 3e et 4e segments ventraux.

♂. Tibias antérieurs plus fortement arqués, leurs tarses velus. Long. 5-7 mm.

Trois Rivières, Gourbeyre, sur les troncs et rejets d'arbre abattus entre 3 et 700 m. d'alt. (Dufau).

35 spécimens (Fl. 1 ; Mus. 11 ; m. 20).

Genre **Perisacalles** Faust, 1896, *Stett. ent. Zeit.* p. 50 et 55

Genre qui se distingue facilement par sa tête lisse rappellant tout à fait celle des *Anchonus*. On ne connaît que deux espèces du Vénézuela et la suivante :

P. Guadelupensis n. sp.

Ovale, noir, muni de courtes soies squamuleuses épaisses, jaunâtres, hérissées sur le prothorax, penchées sur les élytres.

Rostre plus court que le prothorax, rugueux, plus fortement et subcaréné à la base. Tête à partie lisse convexe, délimitée en avant par un arc, plus élevée que le front, ce dernier rugueux et aussi large que le rostre. Lobes oculaires très développés et recouvrant complètement les yeux au repos.

Prothorax large, beaucoup plus large que long, les côtés arqués, sa plus grande largeur au milieu, graduellement et fortement rétréci en avant ; peu convexe, couvert de grands points serrés et confluents, le milieu de la base marqué d'une fovéole profonde, grande et densément squamulée de jaune.

Elytres brièvements ovales, de un tiers plus larges que le prothorax, modérément rétrécis en arrière et largement arrondis ensemble au sommet ; modérément convexes, les points des séries en avant, grands, peu profonds, très irréguliers, les interstries plans, très irréguliers, ponctués, formant des rides transversales irrégulières, la sculpture moins forte en arrière.

Pattes courtes, robustes, squamulées et sétosulées : fémurs épais et finement dentés. Dessous densément ponctué et squamulé.

Long. 4 mm.

Gourbeyre (Dufau), un spécimen (ma coll.).

Genre **Neotylodes** Chevr., *le Naturaliste* II, 1880, n° 19, p. 150

Canal rostral terminé au bord antérieur des hanches intermédiaires, le mésosternum élevé, échancré en arc à son sommet. Métasternum court, ses épisternes distincts et unisérialement ponctués dans le milieu. Deuxième segment ventral, dans le milieu, aussi long ou presque que les 3e et 4e réunis, sa suture arquée, le 1er segment convexe et horizontal, les suivants obliques, ascendants, les 3e, 4e et 5e fortement enveloppés par les élytres. Rostre médiocrement élargi vers sa base. Yeux largements découverts, les lobes oculaires médiocrement développés, le front entre les yeux peu rétréci et aussi large que le rostre au milieu. Antennes insérées vers le milieu ou un peu en avant du milieu du rostre, le scape n'atteignant pas tout à fait l'œil, le funicule de 7 articles, les deux premiers allongés, la massue oblongue, ses sutures distinctes. Prothorax brusquement rétréci en avant, la base presque rectiligne. Ecusson petit. Elytres à 10 rangs de points, la 10e fortement raccourcie et atteignant seulement les hanches postérieures. Pattes allongées, les fémurs ordinairement dentés, les postérieurs atteignant ordinairement l'apex ; tibias grêles, légèrement comprimés, onguiculés à l'angle apical externe, avec un pinceau de soies à l'angle interne ; 1er article des tarses allongé, le 3e large et bilobé, le 4e médiocre, ses ongles petits et libres.

Caractères relevés sur *N. dentipes* Chevr., *(subfasciatus* Ros. ?), génotype

Ce genre est évidemment très voisin de *Phace* Champ. ; il s'en distingue par les pattes plus longues ; la plupart des espèces ont une forme analogue à celle de *P. carinirostris* Champ. du Nicaragua. Très voisin également de *Heterobrolhus** Faust dont il ne diffère que par la longueur plus considérable du 2e segment ventral.

TABLEAU DES ESPÈCES

Le revêtement squamuleux est grisâtre ou jaunâtre.

1. — Fémurs inermes.................................... 2.

   — Fémurs dentés..................................... 3.

2. — Elytres brièvement rétrécis et arrondis ensemble au sommet, leur revêtement sans dessin tranché. Prothorax non caréné. Long. 3,5-4 mm... 6. **errans** Bohem.

   — Elytres fortement rétrécis et peu prolongés au sommet, les interstries impairs costiformes. Prothorax avec une carène vive. Long. 5-5,2 mm........ 3. **caudatus** n. sp.

3. — Base du prothorax non avancée devant l'écusson..... 4.

   — Base prothorax avancée devant l'écusson, ce dernier grand. Elytres ornés en arrière d'une grande tache commune plus claire, bidentée en avant, leurs stries fines, les interstries plans. Long. 6,5-8,5 mm.

                                 5. **guadelupensis** Rosensch.

4. — Elytres plus ou moins arqués sur les côtés en avant... 5.

   — Elytres parallèles jusqu'au milieu. Long. 2,8 mm.

                              8. **parallelipipennis** n. sp.

5. — 4e article tarsal de longueur normale. Elytres ornés d'une bande transversale ou d'une tache apicale marquées, leurs interstries impairs relevés.............. 6.

   — 4e article tarsal débordant à peine les lobes du 3e. Forme très convexe, ovale, le prothorax et les élytres à revêtement dense, jaunâtre, sans dessin net. Long. 3,6-3,8 mm.

                           7. **ovalipennis** n. sp.

6. — Dessus hérissé de longues soies. Long. 2,5-4 mm.

                               9. **hirtus** n. sp.

   — Soies dorsales nulles ou très courtes................ 7.

7. — Prothorax transversal, resserré en avant, les côtés arqués.................................... 8.
  — Prothorax subtrapézoïdal, graduellement rétréci en
  avant, à peine et très brièvement resserré derrière le
  bord antérieur. Revêtement dorsal léger, la fascie postérieure des élytres tranchée. Long. 3-1,2 mm........
                               4. **sexcostatus** Chevr.
8. — Elytres ornés d'une tache humérale et d'une grande
  tache apicale couvrant toute leur déclivité postérieure.
  Long. 4,5-6 mm .... 2. **scapularis** Chevr.
  — Elytres ornés d'une fascie postmédiane dentelée. Long.
  4,5-6 mm.................... 1. **subfasciatus** Rosensch.

DESCRIPTION DES ESPÈCES.

1. **N. subfasciatus*** (Acalles) Rosensch. ap. Schönh., Gen. Curc.,
IV, s, 1837, p. 338. — *? dentipes** Chevr., *le Naturaliste*, 1880,
p. 150. (330).

Oblong ovale, noir de poix, revêtu de squamules brunes et jaunes,
celles du prothorax ovales et plus grandes que celles des élytres,
orné sur le commencement de la déclivité postérieure d'une bande
squamuleuse jaune, étroite, arquée en avant, échancrée de chaque
côté sur le 3e interstrie, se réduisant à un simple point, parfois
effacé sur le 5e. Fémurs tachés en-dessus.

Rostre à la base strié-caréné et squamulé, en avant lisse, brillant,
finement pointillé, ferrugineux. Tête rugueuse, squamulée, le front
entre les yeux aussi large que le rostre au milieu. Antennes ferrugineuses, médianes, le 2e article du funicule allongé et aussi long
que le 1er, le 4e aussi long que large, la massue oblongue.

Prothorax au milieu du double aussi large que long, brusquement et fortement rétréci, subtubulé en avant, les côtés peu arqués,
subrectilignes de la base au milieu, les angles postérieurs faiblement obtus, la base subtronquée et du double aussi large que le
bord antérieur ; convexe, légèrement impressionné transversalement en avant, la ponctuation forte et serrée, le milieu de la

base souvent avec une tache plus claire. Écusson petit, lisse, un peu enfoncé.

Élytres subtronqués à la base, l'angle huméral émoussé et un peu saillant en avant, les côtés subrectilignes et divergents jusqu'au delà du milieu, puis fortement rétrécis et subacuminés ensemble au sommet ; convexes, les points des stries grands et profonds en avant, les interstries finement granulés, squamulés, munis sur la déclivité postérieure de courtes soies squamuleuses à peine soulevées, les interstries impairs fortement convexes jusqu'à la déclivité ; bord marginal, en son milieu, lisse, dénudé, brillant jusqu'à la 8e strie, squamulé à ses extrémités.

Pattes allongées, ferrugineuses, squamulées et sétosulées ; fémurs armés d'une assez forte dent aiguë. 1er article des tarses aussi long que les deux suivants ensemble. Épisternes métathoraciques unisérialement ponctués. Dessous à ponctuation forte et serrée.

Long. 4,5—6 mm.

Les spécimens très frais ont quatre points blancs transversalement disposés sur le milieu du prothorax et deux lignes jaunes arquées et obsolètes. Le mâle a le front un peu plus étroit et le rostre plus fortement caréné à la base.

On rencontre des petits spécimens dont la majeure partie des élytres et le prothorax sont dénudés ce qui leur donne un fascies différent rappelant celui de *Guadelupensis*.

Type : Guadeloupe (coll. Chevrolat).

Camp Jacob (Delauney) ; Trois-Rivières (Vitrac) ; Trois-Rivières, Gourbeyre (Dufau).

93 spécimens (Fl. 6 ; Mus. 27 ; m. 60).

2. **N. scapularis*** (*Acalles*) Chevr., *le Naturaliste*, 1880, p. 150. — *seiulosus** (*Tylodes*) Chevr., l. c. p. 235. — *solidus*** Chevr., *l. c.* p. 235. (1).

Ovale, noir, revêtu de squamules jaunes, brunes, noirâtres, celles du prothorax ovales et plus grandes que celles des élytres,

(1) *N. solidus* Chevr. est un spécimen de grande taille de cette espèce, spécimen légèrement frotté au commencement de la déclivité postérieure des élytres, ce qui fait paraître la tache apicale échancrée en avant.

les squamules d'un jaune plus clair formant une grande tache recouvrant toute la déclivité postérieure des élytres, une linéole (parfois une bande) vers l'épaule, trois lignes sur le prothorax, la médiane droite, les latérales arquées et convergentes en avant, et deux points (blanchâtres) vers le milieu ; sur les élytres la base des 3e et 5e interstries est couverte de squamules d'un noir (ou brun foncé) velouté, les interstries impairs en avant et tous les interstries dans la tache apicale sont surmontés de grosses et courtes soies squamuleuses brunes ou jaunes suivant le fond. Fémurs vaguement tachés.

Rostre à la base densément ponctué, substrié latéralement, la ligne médiane lisse, en avant à points plus fins mais assez serrés, brillant. Tête rugueuse, le front entre les yeux aussi large que le rostre au milieu. Antennes ferrugineuses, médianes, le 2e article du funicule allongé, au moins aussi long que le 1er, le 1e encore aussi long que large, la massue ovale.

Prothorax, au milieu du double aussi large que long, brusquement, fortement rétréci et presque tubuleux en avant, les côtés fortement arqués, les angles postérieurs largement obtus, la base à peine bisinuée et du double aussi large que le bord antérieur ; convexe, transversalement impressionné en avant, à ponctuation serrée, cachée par le revêtement. Écusson petit, plan, un peu enfoncé, squamulé.

Élytres à base légèrement bisinuée, l'angle huméral émoussé mais un peu avancé contre le prothorax ; élargis et les côtés subrectilignes jusqu'au delà du milieu, puis fortement rétrécis et sub-acuminés ensemble au sommet ; convexes, les points des stries forts mais peu serrés, la suture et les interstries pairs à peu près plans, les interstries impairs fortement convexes jusqu'à la tache postérieure, dans cette dernière toutes les stries fines.

Pattes élancées, squamulées et sétosulées ; fémurs armés d'une petite dent aiguë voilée par les squamules. Épisternes métathoraciques avec une seule ligne de points. Deuxième segment ventral arqué en avant, aussi long que les 3e et 4e ensemble.

Long. 4,—5,6 mm.

Type : Guadeloupe.

Camp Jacob, cascade Vauchelet, route Collardeau (Delauney) ; Trois-Rivières (Vitrac) ; Trois-Rivières, Gourbeyre (Dufau).

Le dessin est variable, mais la tache postérieure et la ligne humérale des élytres subsistent toujours.

190 spécimens (Fl. 8 ; Mus. 32 ; m. 150).

3. **N. caudatus** n. sp. (M. 3)

Oblong, noir, les antennes ferrugineuses, revêtu de squamules serrées, en partie imbriquées, iaunâtres, rondes, celles du prothorax plus grandes et en parties brunes, entremêlées de courtes et grosses soies squamuleuses à peine soulevées, les élytres ornés d'une petite tache enfoncée brune ou noire vers le sommet des 5e et 6e stries, et souvent d'une tache basale vaguement triangulaire, brunâtre ou noirâtre.

Rostre, à la base, densément ponctué-rugueux, la carène médiane peu visible, en avant pointillé et brillant. Front plus large que le rostre au milieu. Antennes médianes, le 2e article du funicule aussi long que le 1er, le 4e moins long que large, les 6e et 7e plus épais, courts, arrondis, la massue ovale.

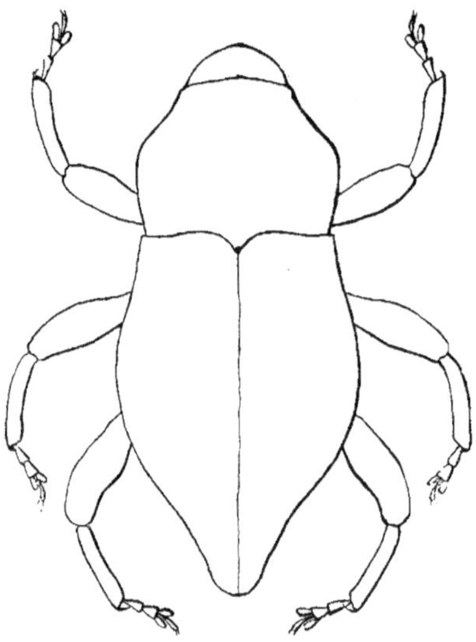

Fig. 16. — *Neotylodes caudatus* n. sp.

Prothorax peu plus large que long, brusquement et fortement rétréci, subtubuleux dans son cinquième antérieur, les côtés arqués, les angles postérieurs obtus, la base légèrement bisinuée ; convexe, largement impressionné en avant, surmonté d'une carène médiane, effacée dans l'impression antérieure, devenant graduellement plus élevée en arrière, abrupte devant l'écusson. Ecusson arrondi, bien distinct, lisse, non squamulé.

Elytres du double environ aussi longs que larges, très peu élargis et les côtés subrectilignes jusqu'au milieu, puis se rétrécissant fortement et le bord latéral sinué, et enfin largement arrondis ensemble au sommet ; convexes, fortement impressionnés latéralement un peu avant le sommet : points des stries peu serrés et squamulés ; suture et interstries pairs peu convexes ; interstries impairs relevés en forme de côtes tectiformes : bord latéral lisse, désquamulé.

Pattes élancées, squamulées et sétosulées ; fémurs inermes ; tibias droits ; tarses bruns ou ferrugineux, le 1er article à peu près aussi long que les deux suivants ensemble. Dessous à points squamulés, les épisternes métathoraciques avec une seule ligne de points squamulés (fig. 16).

Long. 5—5,2 mm.

Quoique à dessin peu tranché cette espèce se distingue aisément par la forme des élytres terminés en arrière en forme de bec, par la carène du prothorax.

Trois-Rivières, Gourbeyre (Dufau).

100 spécimens (Fl. 5 ; Mus. 23 ; m. 72).

4. **N. sexcostatus**** Chevr., *Le Naturaliste*, 1880, p. 252 (*Rhyssomatus*). — *fasciatus* Chevr. l. c.

Ovale, noir, peu brilant, les antennes et les tarses roux, orné sur les élytres au sommet de la déclivité postérieure, d'une large fascie transversale squamuleuse jaunâtre, échancrée en avant dans le milieu et n'atteignant pas les bords, le reste du revêtement formé de petites squamules éparses ne voilant pas la coloration des téguments, très fines et très éparses sur le prothorax, assez serrées en arrière de la bande élytrale mais d'une teinte moins jaune, le sommet de la tête avec une bande transversale de squamules jaunes, serrées, formant une tache transversale.

Rostre strié-caréné à la base, sa carène médiane se terminant en arrière dans une petite fovéole frontale. Tête densément ponctuée, le front étroit, de un tiers seulement aussi large que le rostre au milieu. Antennes médianes, courtes, le 2e article du funicule aussi long que le 1er, le 4e moins long que large.

Prothorax beaucoup plus large que long, trapézoïdal, faiblement rétréci et resserré tout à fait en avant, sa plus grande largeur vers la base, les côtés faiblement arqués et convergents en avant les angles postérieurs obtus ; convexe, à ponctuation variable, ordinairement assez forte et serrée, revêtu de courts poils squamuleux très épars. Ecusson petit, enfoncé, glabre.

Elytres ovales, allongés, plus du double aussi longs que larges, très peu élargis et les côtés faiblement arqués dans leur tiers antérieur, fortement rétrécis en arrière et subacuminés ensemble au sommet ; convexes, les stries en avant, à partir de la 3e, fovéolées, les internes et toutes en arrière, ponctuées ; interstries pairs faiblement convexes, les impairs fortement relevés, subcarénés.

Pattes assez élancées, parfois ferrugineuses en entier, éparsément squamulées ; fémurs fortement dentés ; tibias droits ; 1er article des tarses presque aussi long que les deux suivants réunis. Episternes métathoraciques avec une série de points squamulés.

Long. 3-4,2 mm.

Le type provient de la Guadeloupe ; c'est un spécimen très frotté, presque méconnaissable.

Trois Rivières, Gourbeyre (Dufau).

La bande des élytres est moins tranchée que chez le *subfasciatus* Rosensch., le prothorax a une toute autre forme, le front est plus étroit, etc.

19 spécimens (Mus. 9 ; m. 10).

5. **N. Guadelupensis*** Rosensch. ap. Schönh. Gen. Curc., IV, 1837, p. 155. (M. 6).

Ovale, brun de poix, revêtu de squamules serrées d'un brun jaunâtre, orné sur le prothorax de quatre points clairs, transversalement disposés vers le milieu, sur les élytres d'une grande tache tache postérieure, en avant tronquée obliquement de chaque coté dans le milieu et moins obliquement de chaque côté à partir du 5e interstrie, en arrière, soit prolongée jusqu'au sommet et alors variée de taches foncées, soit subtronquée et échancrée latéralement. Fémurs annelés de clair près du sommet.

Rostre aussi long que le prothorax, arqué, cylindrique, à la base tricaréné, sillonné ponctué, éparsément squamulé, le sillon latéral prolongé jusqu'à l'insertion des antennes, en avant brillant, éparsément ponctué. Tête squamulée, le front rétréci, moins large que le rostre au milieu, les yeux grands et presque entièrement découverts, le vertex couvert de fines stries transversales et serrées. Antennes ferrugineuses, insérées vers le quart apical du rostre, élancées, les deux premiers articles allongés, le 2e aussi long que le 1er, les 3e et 4e beaucoup plus longs que larges, la massue oblongue et densément pubescente.

Prothorax presque du double aussi large que long, brusquement et fortement rétréci en avant, subtubuleux dans son cinquième antérieur, les côtés arqués dans le milieu, subrectilignes et légèrement convergents en arrière, les angles postérieurs obtus, la base bisinuée et presque du double aussi large que le bord antérieur ; peu convexe, à ponctuation assez forte et serrée, densément squamulé, souvent avec la ligne médiane et les côtés plus clairs. Écusson ovale, convexe, densément squamulé de pâle.

Elytres avec leur base de même largeur que celle du prothorax, s'élargissant un peu jusqu'au milieu, fortement rétrécis en arrière, brièvement arrondis ensemble au sommet ; convexes, déclives en arrière et impressionnés derrière le calus antéapical ; stries ponctuées assez fines ; interstries en arrière plans, en avant convexes, subcarénés, les impairs plus relevés, tous granulés, finement crénelés, la sculpture voilée par le revêtement.

Pattes élancées, squamulées ; fémurs claviformes et assez fortement dentés ; 1er article des tarses aussi long que les deux suivants réunis. Dessous brillant, à points forts et squamules peu serrées. Deuxième segment ventral plus long que le 3e, subégal aux 3e et 4e réunis, sa suture avec le 1er arquée. Episternes métathoraciques, avec une série de points squamulés. Canal rostral n'atteignant pas le bord antérieur des hanches intermédiaires, la saillie mésosternale, élevée, voûtée, échancrée au sommet.

Long. 6,5 --8,5 mm.

Cette espèce rattachée par Chevrolat à son genre *Graphonotus* diffère essentiellement de ces derniers par la forme du mésosternum, la brièveté du canal rostral, la petitesse de l'écusson.

Sur les troncs des arbres entre 5 et 700 m. d'alt. (Dufau).
Type : Guadeloupe.
Trois-Rivières (Vitrac). Gourbeyre (Dufau).
106 spécimens (Fl. 4 ; Mus. 42 ; m. 60).

6. **N. errans*** Bohem. ap. Schönh. Gen. Curc., VIII, 1, 1844, p. 418. — *Acalles laevirostris** Chevr., *le Naturaliste*, 1879, p. 108. — *costulatus** Chevr., *l. c.* p. 109. — *albivertex** Chevr., *l. c.* 1880, p. 151. — (345).

Subovale, noir de poix, revêtu de squamules jaunâtres et cendrées, ces dernières formant quelques petites taches ponctiformes, trois ou cinq sur le prothorax, de six à huit transversalement disposées et formant une ligne ondulée sur le commencement de la déclivité des élytres, parfois une ou deux latérales en avant, une vague tache sur les fémurs, et ordinairement une tache sur la tête, jaune ou blanche. Antennes, pattes et rostre ferrugineux.

Rostre aussi long que le prothorax, à la base caréné au milieu, sillonné devant les yeux, squamulé, en avant glabre, lisse, pointillé. Tête convexe, densément squamulée. Antennes médianes, le 2e article du funicule aussi long que le 1er, la massue oblongue.

Prothorax moins long que large, fortement et brusquement rétréci en avant, sa plus grande largeur et ses côtés arqués dans le milieu, la base très légèrement bisinuée et du double aussi large que le bord antérieur, les côtés divergents et subrectilignes en arrière, les angles postérieurs obtus ; convexe, légèrement impressionné transversalement en avant et brièvement devant l'écusson, la ponctuation serrée mais voilée par les squamules, la base souvent avec deux petites taches foncées. Ecusson très petit, presque invisible.

Elytres ovales, subtronqués à la base, l'angle huméral marqué, faiblement obtus, un peu élargis jusqu'au tiers postérieur, puis fortement rétrécis et subacuminés ensemble au sommet : convexes, sillonnés-ponctués, les points peu profonds, les interstries convexes, les impairs plus fortement, subcarénés, le bord latéral étroitement, lisse et glabre.

Pattes élancées ; fémurs inermes ; tibias droits. Dessous ponctué

et squamulé, le 2ᵉ segment ventral oblique et seulement aussi
long que les 3ᵉ et 4ᵉ ensemble.

Long. 3,5—4 mm.

Le revêtement dorsal est en majeure partie jaunâtre et les petites
taches cendrées sont variables en nombre et en dimension, celles
postérieures des élytres les plus visibles.

On rencontre des spécimens plus ou moins frottés, d'autres
immatures, presque glabres et complètement rouges, ce qui donne
à ces individus un fasciès différent.

Type : Guadeloupe (coll. Chevrolat).

Camp Jacob, route Collardeau, cascade Vauchelet ; Bains-
Jaunes, Souffrières, juin-juillet (Delauney) : Trois-Rivières (Vitrac) Gourbeyre, Trois-Rivières (Dufau).

114 spécimens (Fl. 13 ; Mus. 32 ; m. 70).

7. **N. ovalipennis** n. sp. (G. 5).

Brièvement ovale, très convexe, revêtu de squamules serrées,
jaunâtres et brunes, celles du prothorax ovales et un peu plus
grandes que celles des élytres, le dessin dorsal peu tranché comprenant une bande transversale sur le vertex, deux vagues fascies
sur les élytres, séparées par une étroite bande brune en zigzag et
placée au sommet de la déclivité postérieure, les 3ᵉ et 5ᵉ interstries
bruns sur leur base.

Rostre ferrugineux, pointillé lisse et brillant en avant, à sa base
pourvu de trois carènes, séparées par des sillons ponctués, la carène
médiane vive. Tête rugueuse, squamulée, le front beaucoup plus
large que le rostre au milieu. Antennes ferrugineuses, médianes, le
2ᵉ article du funicule aussi long que le 1ᵉʳ, le 4ᵉ plus long que large.

Prothorax beaucoup plus large que long, brusquement et fortement rétréci et les côtés obliques dans sa moitié antérieure, les
côtés un peu arqués et divergents de la base au milieu, les angles
postérieurs faiblement obtus ; convexe, largement impressionné
transversalement en avant ; à ponctuation serrée, les intervalles
des points formant des petits granules irréguliers, lisses ; les bandes
squamuleuses jaunes séparées par des intervalles plus larges et
foncés. Écusson très petit, squamulé.

Elytres ovales, un peu plus longs que larges, fortement rétrécis dans leur moitié postérieure, légèrement resserrés derrière leur base ; très convexes, les stries fines, leurs points squamulés et peu visibles ; les interstries pourvus en avant d'une série de petits granules brillants, tous, en arrière, très plans, en avant convexes, les 3e et 5e un peu plus élevés.

Pattes ferrugineuses, assez élancées, squamulées ; fémurs obsolètement dentés ; tibias droits, sétosulés, les antérieurs faiblement bisinués en dedans ; tarses larges, le 4e article tarsal court, ne dépassant que de peu les lobes du 3e, les ongles petits et libres. Dessous grossièrement ponctué, les épisternes métathoraciques visibles mais densément squamulés, unisérialement ponctués.

Long. 3,6—3,8 mm.

Espèce remarquable par la brièveté du 4e article tarsal, caractère qui pourrait peut-être autoriser la création d'un nouveau genre voisin des *Phace.*

Gourbeyre (Dufau).

6 spécimens (Fl. 1 ; m. 5).

8. N. parallelipipennis n. sp.

Brun marron, les membres plus clairs, les antennes et les tarses testacés, revêtu de squamules grisâtres entremêlées de fines et courtes soies.

Tête convexe, le front aussi large que le rostre au milieu. Deux premiers articles du funicule allongés, le 2e un peu plus court que le 1er.

Prothorax fortement transversal, brusquement et fortement rétréci en avant, les côtés arqués, la base subrectiligne ; peu convexe dans le milieu, la ponctuation très fine et très serrée. Ecusson convexe.

Elytres à peine plus larges que le prothorax, les côtés parallèles jusqu'au milieu, modérément rétrécis et arrondis ensemble au sommet ; modérément convexes, légèrement impressionnés transversalement en arrière de l'écusson, le calus huméral allongé et assez élevé ; stries ponctuées fines, interstries subconvexes, coriacés.

Pattes courtes ; fémurs finement dentés, les postérieurs n'atteignant pas l'apex et de beaucoup.

Long. 2,8 mm.

L'unique spécimen est frotté mais la forme particulière des élytres, la ponctuation fine et très serrée du prothorax permettront aisément de la reconnaître.

Gourbeyre (Dufau), un exemplaire (ma coll.).

9. **N. hirtus** n. sp. (G. 20).

Ovale, brun-clair, parfois roux, les tibias et les tarses testacés, hérissé de longues soies fines, jaunes, nombreuses, revêtu de fines squamules jaunes, peu serrées sur la moitié antérieure des élytres, serrées sur leur moitié postérieure, très éparses et un peu plus grandes sur le prothorax, les élytres avec une fascie médiane arquée et dénudée, mal délimitée en avant.

Rostre moins long que le prothorax, arqué, subcylindrique ; à la base un peu élargi, hérissé, rugueux

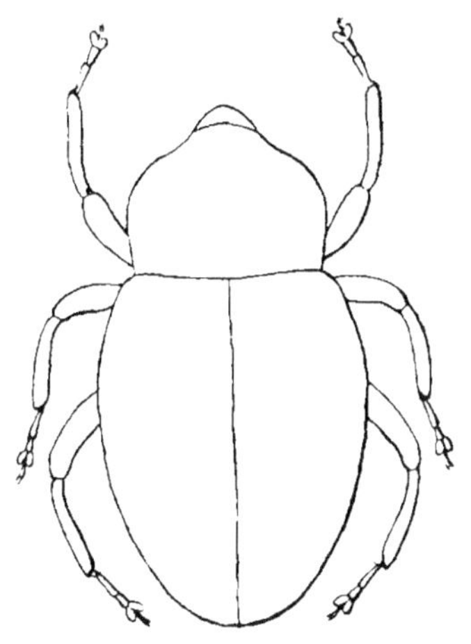

Fig. 17. — *Neotylodes hirtus* n. sp.

et pourvu de cinq carènes ; en avant ponctué et dénudé. Front sensiblement plus étroit que la base du rostre. Antennes médianes, allongées, les articles du funicule ne s'épaississant pas graduellement, le 2e allongé et presque aussi long que le 1er, la massue ovale.

Prothorax fortement transversal, fortement mais peu brusquement rétréci en avant, les côtés arrondis dans le milieu, subparallèles en arrière, les angles postérieurs presque droits, la base subtronquée ; fortement convexe, impressionné transversalement en avant, légèrement déprimé le long de sa ligne médiane, sa ponctuation irrégulière, très grossière dans le milieu, moins forte mais beaucoup plus serrée et confluente sur les côtés. Ecusson excessivement petit et lisse.

Elytres ovales, en avant de la largeur du prothorax, leur base

tronquée, finement rebordée et relevée, lisse ; assez fortement
rétrécis en arrière ; fortement convexes, avec des séries de points
assez forts en avant, fins en arrière, les interstries larges, à peine
convexes, tous hérissés de soies alignées plus longues que la largeur
d'un interstrie.

Pattes élancées, fémurs finement dentés, les postérieurs n'atteignant pas l'apex, relativement courts. Dessous grossièrement
ponctué mais presque glabre ; deuxième segment ventral subégal
aux 3e et 4e réunis, sa suture avec le 1er insensiblement arquée ;
épisternes métathoraciques avec un rang de points (fig. 17).

Long. 2.5 — 4 mm.

Gourbeyre (Dufau).

21 spécimens (ma coll.).

Genre Homoeostethus Faust, 1896,
Deutsch. ent. Zeit. p. 52 et 68.

Yeux un peu rapprochés, largement découverts, les lobes oculaires faibles. Antennes médianes ou submédianes. Rostre peu
ou moyennement arqué, un peu élargi seulement vers la base.
Tête en partie visible de haut. Canal rostral atteignant tout au
plus le bord antérieur des hanches intermédiaires, le mésosternum
élevé, en forme de voûte peu ou pas échancré à son sommet. Prothorax bisinué à la base. Ecusson indistinct. Elytres en avant plus
larges que le prothorax. Fémurs épaissis, sillonnés et dentés en
dessous. Deuxième segment ventral plus long que le 3e, sa suture
avec le 1er rectiligne. (Faust).

Genotype : *H. triangularis** Faust du Vénézuela, seule espèce
décrite et dont le type est au Museum de Paris.

À ce genre sont rattachés une douzaine d'espèces, quelques-
unes possédant exactement les caractères génériques, d'autres
ayant ces mêmes caractères légèrement modifiés, modifications
qui seront indiquées et qui sont relatives soit à la proportion des
segments ventraux, soit à la forme du mésosternum ; peu d'espèces
ont les tibias sillonnés en dessous sur toute leur longueur mais

seulement sur une partie. Toutes sont squamulées et la plupart hérissées de soies.

Le genre *Phace* Champ. est certainement très voisin de celui-ci.

TABLEAU DES ESPÈCES

1. — Tous les fémurs dentés...........................   1.

— Au moins les fémurs antérieurs inermes............   2.

2. — Taille de 1,1 mm. Écusson densément squamulé, blanc.
Élytres squamulés de cendré mais sans soies.

12. **unicus** n. sp.

— Taille plus forte de 3,8 à 1,5 mm. Squamules des élytres
entremêlées de soies ou de poils...................   3.

3. — Élytres à côtés parallèles jusqu'au milieu, brièvement
rétrécis en arrière ; prothorax fortement transversal.
Premier article des tarses plus long que les 2e et 3e
réunis. Revêtement dorsal jaunâtre. Long. 4,5 mm..

5. **scutellatus**. n. sp.

— Élytres en demie ellipse allongée, assez longuement
rétrécis en arrière, l'intervalle entre les 3e interstrie
plus foncé et traversé par une fascie postmédiane
jaune. Prothorax seulement un peu plus large que
long. Premier article des tarses moins long que les 2e
et 3e réunis. Long. 3,8-4 mm..... 11. **oblongus** n. sp.

4. — Élytres de forme large et courte, en avant d'un quart
au moins plus larges que le prothorax, soit à dessin
accusé et formé de taches ou de bandes, soit avec des
brosses de soies noires...........................   5.

— Élytres peu plus larges que le prothorax, sans dessin
net .... 10.

5. — Une tache postscutellaire noire, nette. Long. 3,7—4 mm.

10. **nigro-maculatus** n. sp.

— Pas de tache postscutellaire noire et tranchée.......   6.

6. — Une grande tache apicale blanche recouvrant toute
la déclivité postérieure des élytres mais sans atteindre
les bords. Long. 3,2-3,5 mm......... 8. **Dufaui** n. sp.

— Déclivité postérieure des élytres non entièrement blanche .... 7.

7. — Elytres avec une tache ou une fascie blanches sur la déclivité postérieure............................ 8.

— Elytres sans tache blanche mais avec une ou deux brosses de soies noires sur le 3e interstrie......... 9.

8. — Déclivité postérieure des élytres ornée d'une courte fascie blanche transversale, brièvement interrompue par la suture. Long. 2,2-2,5 mm.. 7. **subfasciatus** n. sp.

— Elytres ornés en arrière d'une tache blanche en forme de X, leur bord latéral glabre et brillant. Long. 4 mm.

6. **x-alba** n. sp.

9. — Elytres avec le 3e interstrie relevé en deux bosses couvertes de soies noires l'une vers la base, l'autre au-delà du milieu. Tète couverte de squamules serrées d'un beau jaune, ornée de deux points blancs. Prothorax pourvu de deux tubercules fasciculés de soies noires. Long. 2,5-3 mm.................... 9. **basalis** n. sp.

— Elytres avec une seule petite bosse fasciculée de noir sur le 3e interstrie, mais leur dos piqueté de points cendrés et orné d'une petite tache blanche vers le quart antérieur du 5e interstrie. Prothorax sans tubercules fasciculés. Tête ornée de deux grandes taches brunes parfois subcontigues. Long. 2-2,5 mm.

7. **subfasciatus** var. **obliteratus** n. var.

10. — Forme subcylindrique. Prothorax à côtés parallèles en arrière, les angles postérieurs droits. Front entre les yeux moins large que la moitié du rostre à la base. Revêtement dorsal très dense.................... 11.

— Forme oblongue, les côtés des élytres légèrement arqués dès la base, le front plus large. Elytres non granulés...................................... 12.

11. — Ecusson grand. Elytres distinctement quoique finement granulés en avant, leur base assez fortement bisinuée. Long. 4,5-6 mm........ 4. **neglectus** Chevr.

— Ecusson petit. Elytres à leur base moins fortement

bisinuée. Prothorax un peu plus long. Long. 3,2-3,5 mm.

3. variegatus n. sp.

12. — Dessus hérissé de longues et fines soies. Long. 2,8-
3,1 mm. . . . . 1. **vulgaris** n. sp.

— Dessus à soies très courtes ou même nulles (var.) Long.
1,5-3 mm. . . . . 2. **obscurus** n. sp.

Description des espèces

1. H. vulgaris n. sp. (M. 7).

Oblong, brun de poix, les antennes et les tarses testacés, revêtu de squamules d'un gris jaunâtre, plus claires et formant çà et là quelques petites taches et une ligne médiane sur le prothorax, l'écusson densément squamulé, jaune ; hérissé de nombreuses et fines soies foncées.

Rostre moins long que le prothorax, arqué et élargi vers la base, lisse, éparsément pointillé et brillant en avant, ponctué et densément squamulé à la base. Front entre les yeux, un peu plus de moitié aussi large que le rostre à sa base. Deuxième article du funicule plus court que le 1er.

Prothorax beaucoup plus large que long, fortement rétréci en avant, la base bisinuée et plus du double aussi large que le bord antérieur, les côtés arqués de la base au-delà du milieu, légèrement sinués en dedans en avant, les angles postérieurs obtusément arrondis, sa plus grande largeur près de la base ; convexe, transversalement impressionné en avant, la ponctuation fine, serrée, mais cachée par le revêtement.

Ecusson grand, arrondi, convexe, tomenteux.

Elytres peu plus larges que le prothorax, du double environ aussi longs que larges ensemble, la base bisinuée de chaque côté, les épaules un peu obliques, les côtés peu arqués jusqu'au milieu ; convexes, les stries ponctuées, fines, les interstries plus larges, plans, tous munis d'un rang de soies, calus huméral peu élevé.

Pattes squamulées et sétulosées ; fémurs finement dentés et creusés en dessous seulement vers le sommet ; tibias ferrugineux, droits, sétulosés. Dessous à ponctuation peu serrée, les points squamulés. Episternes métathoraciques avec deux lignes de points squamulés.

Long. 2,8 —3,1 mm.

Trois-Rivières, Gourbeyre (Dufau).

La tête a le plus souvent une petite tache squamuleuse claire sur le vertex.

Cette espèce ressemble à *E. hirsutus* Chevr. ; elle en diffère par l'écusson beaucoup plus grand et convexe, le front plus étroit, la suture des deux premiers segments ventraux arquée, etc.

58 spécimens (Fl. 8 ; Mus. 10 ; m. 40).

2. **H. obscurus** n. sp. (M. 70).

Noir brun, les antennes, les tibias et les tarses ferrugineux, le revêtement squamuleux dense, d'un gris jaunâtre, varié de quelques taches plus claires, l'écusson densément squamulé, pourvu de soies foncées, squamuleuses, épaisses, mais excessivement courtes, soulevées sur les élytres et les pattes, dressées sur le prothorax.

Prothorax brusquement et fortement rétréci, parfois tubuleux, en avant, les côtés régulièrement mais modérément arqués de la base au tiers antérieur, largement et profondément impressionné transversalement en avant, les angles postérieurs obtus.

Elytres à peine du double aussi longs que larges ensemble, le calus huméral élevé, les interstries convexes. Episternes métathoraciques, dans le milieu, avec une seule ligne de points squamulés.

Long. 1,5—3 mm.

De forme plus courte, plus large, plus convexe que *H. vulgaris*, elle s'en distingue surtout par la forme tout autre du prothorax, la brièveté de ses soies et le front un peu plus large. Varie beaucoup de taille.

Gourbeyre (Dufau) ; Trois Rivières (id.).

91 spécimens (Fl. 10 ; Mus. 11 ; m. 70).

var. *vicinus* n. var.

Plus court et plus convexe que *obscurus*, il en diffère encore par les élytres rougeâtres à l'exception d'une large bande suturale noire, les soies indistinctes, les interstries plans, leurs squamules moins serrées, les épaules plus accusées, le prothorax plus court, tubuleux en avant, ses angles postérieurs droits.

Long. 3 mm.

Gourbeyre (Dufau).

15 spécimens (Mus. 8 ; m. 7).

3. **H. variegatus** n. sp.

Oblong, brun-noir, les antennes et les tarses testacés, densément revêtu de squamules de coloration variée, brunes, cendrées, ces dernières formant sur les élytres en avant quelques taches irrégulières, plus nombreuses et formant en arrière une vague fascie transversale, précédée d'une bande dénudée irrégulière et élargie sur les côtés ; les squamules entremêlées sur le prothorax de grosses soies squamuleuses très courtes et foncées, sur les élytres de soies très fines et très courtes, soulevées. Ecusson densément squamulé de jaune.

Rostre aussi long que le prothorax, peu arqué, densément squamulé à la base, dénudé et pointillé en avant. Intervalles des yeux, sur le front, moindre que la moitié de la largeur du rostre à la base.

Prothorax presque du double aussi large que long, brusquement rétréci et les côtés sinués en dedans dans sa moitié antérieure, les côtés parallèles du milieu à la base, les angles postérieurs droits ; convexe, la ponctuation forte et serrée, le revêtement dense, ménageant deux bandes dénudées, incomplètes. Ecusson ovale et assez petit.

Elytres ovales, peu élargis jusqu'au milieu, fortement rétrécis en arrière, du double aussi longs que larges, peu plus larges que le prothorax, très convexes, les stries ponctuées peu visibles, les interstries légèrement convexes.

Pattes densément squamulées, leurs soies fines et très courtes ; fémurs assez fortement dentés. Dessous recouvert de grandes squamules cendrées, ovales, médiocrement serrées.

Episternes métathoraciques avec un rang de points squamulés.

Long. 3,2 -3,5 mm.

Gourbeyre (Dufau).

8 spécimens (Mus. 2 ; m. 6).

4. **H. neglectus*** Chevr. (*Neotylodes*), *Le Naturaliste*, 1880, p. 235 (M. 16).

Allongé, épais, brun noir, le revêtement squamuleux dense, varié, gris et cendré, les élytres avec une fascie médiane brune, dentelée en arrière, très irrégulière en avant, parfois s'étendant jusque vers la base, le prothorax avec deux taches discales foncées, tout ce dessin peu tranché et variable, les squamules du prothorax plus grandes que celles des élytres, les soies dorsales courtes, épaisses à peine soulevées, claires ou noires suivant le fond.

Rostre aussi long que le prothorax, vers la base élargi, ponctué et densément squamulé, en avant, dénudé, brillant, éparsément pointillé. Front étroit, moins large que le rostre au milieu et du tiers seulement aussi large que la base du rostre. Yeux grands, largement découverts, les lobes oculaires faibles. Antennes ferrugineuses, insérées vers le milieu ($\female$), ou un peu en arrière ($\male$) du rostre ; scape atteignant juste l'œil ; funicule de 7 articles, le 2e notablement plus court que le 1er, les suivants serrés, faiblement transversaux, graduellement un peu plus larges, la massue ovale.

Prothorax un peu plus du double aussi large que long, les côtés parallèles de la base au milieu, puis fortement rétrécis en avant, la base fortement bisinuée et plus du double aussi large que le bord antérieur, les angles postérieurs droits ; convexe, obliquement déprimé en avant. Ecusson ovale ou arrondi, plan, pointillé et finement squamulé.

Elytres peu plus larges et leur base exactement de même largeur que celle du prothorax, les épaules obliquement arrondies en arrière, peu visibles, les côtés subparallèles, jusqu'au milieu, puis rétrécis assez fortement jusqu'au sommet ; du double au moins aussi longs que larges ; fortement convexes, les stries assez fines ; les interstries convexes, leur sommet granulé-rapeux, sétosulé et squamulé.

Pattes assez robustes ; fémurs linéaires et finement dentés ; 1er article des tarses aussi long que les deux suivants réunis. Dessous densément squamulé de cendré. Canal rostral atteignant seulement le milieu entre les hanches antérieures et intermédiaires, la saillie mésosternale élevée et échancrée au sommet. Deuxième segment ventral plus long que le 3e, sa suture avec le 1er arquée. Episternes métathoraciques distincts, avec une série de points squamulés.

Long. 4,5-6 mm.

La partie déclive postérieure est en général plus claire que la partie antérieure.

L'espèce a été décrite d'après un seul spécimen et de telle façon qu'il serait impossible de la reconnaître.

Trois Rivières (Vitrac) ; Gourbeyre (Dufau).

132 spécimens (Fl. 4 ; Mus. 28 ; m. 100).

5. **H. scutellatus** n. sp.

Allongé, noir, les antennes et les tarses roux, revêtu en dessus de squamules rondes, un peu granuleuses, jaunâtres, entremêlées sur le prothorax de soies squamuleuses très courtes, sur les élytres de fines soies pas plus longues que les squamules. Écusson grand, trapézoïdal, densément squamulé.

Prothorax beaucoup plus large que long, brusquement et assez fortement rétréci et les côtés sinués en dedans dans sa moitié antérieure, les côtés légèrement arqués sur leur moitié postérieure, les angles postérieurs obtus et légèrement arrondis ; modérément convexe, largement impressionné transversalement en avant, la ponctuation très serrée, la base avec deux vagues taches noires.

Elytres peu plus larges que le prothorax, deux fois et demie environ aussi longs que larges ensemble, les côtés parallèles jusqu'au milieu ; fortement convexes, les stries ponctuées, étroites, profondes et squamulées, les interstries larges, convexes et rugueux.

Fémurs postérieurs obsolètement dentés, les antérieurs inermes ; fémurs et tibias annelés. Dessous à squamules moins serrées, les épisternes métathoraciques avec un rang de points squamulés.

Long. 4,5 mm.

Gourbeyre (Dufau).

6 spécimens (ma coll.).

6. **H. x-alba** n. sp. (G. 38).

Oblong, noir, les antennes et les tarses ferrugineux, orné d'un dessin squamuleux composé sur les élytres d'une tache en forme de X, blanche, sur la base des 2e, 3e interstries et sur les épaules d'une linéole jaune, sur le prothorax de 8 taches petites, blanches, une sur le milieu du bord antérieur, quatre disposées transversalement vers le milieu (les latérales réduites à 2-3 squamules), trois sur la base ; le reste du revêtement composé de squamules brunes, noires, fauves, entremêlées de soies rigides et épaisses, courtes sur le prothorax, assez longues sur les élytres. Fémurs et tibias annelés, leurs soies courtes. Ecusson très petit, enfoncé, presque glabre.

Rostre densément ponctué et squamulé à la base, dénudé et pointillé en avant. Front aussi large que le rostre au milieu.

Prothorax beaucoup plus large que long, largement rétréci et profondément impressionné transversalement en avant, les côtés légèrement arqués en arrière, les angles postérieurs obtus ; convexe, la ponctuation serrée.

Elytres en demi-ovale, moins du double aussi longs que larges ensemble ; convexes, les stries à points espacés et pupillés, la suture plane, les interstries convexes, leur tache blanche composée d'une tache apicale réunie à deux taches antérieures (placées sur les 2e et 3e interstries) par une bande suturale ; le bord latéral sans squamules, glabre, brillant.

Fémurs dentés. Dessous à squamules petites, espacées, la ponctuation forte et serrée. Episternes métathoraciques avec un seul rang de points.

Long. 4 mm.

Gourbeyre (Dufau), un spécimen (ma coll.).

7. **H subfasciatus** n. sp. (G. 22).

Oblong, noir, les pattes ferrugineuses, les antennes et les tarses testacés, le revêtement dorsal squamuleux jaunâtre, varié de noir et de cendré, les élytres ornés d'une fascie blanche ou teintée de jaune, postmédiane, limitée en dehors au 6e interstrie, brièvement interrompue à la suture, d'une tache blanche vers le quart antérieur du 5e interstrie, d'une bosse couverte de squamules noires derrière la base du 3e interstrie ; les squamules entremêlées de petites soies relevées, plus longues et blanches dans le fascie postérieure, les squamules du prothorax plus grandes que celles des élytres ; pattes vaguement annelées.

Rostre brun, ponctué, caréné et squamulé à la base, brillant et éparsément pointillé en avant. Intervalle des yeux moindre que la moitié du rostre à la base. Tête ornée de deux grandes taches arrondies brunes, parfois subcontigues.

Prothorax plus large que long, fortement mais peu brusquement rétréci dans sa moitié apicale, les côtés parallèles en arrière et les angles postérieurs à peu près droits, la base modérément bisinuée ; modérément convexe, largement mais peu profondément impressionnés en avant, le revêtement varié de jaune et de noir. Écusson arrondi, faiblement squamulé.

Élytres presque du double aussi longs que larges ensemble, les côtés parallèles jusqu'au milieu, les épaules obliques, leur calus un peu élevé ; convexes, les stries ponctuées fines, les interstries plans.

Fémurs dentés, les postérieurs assez fortement.

Long. 2,2-2,5 mm.

Var. **obliteratus** n. var. : fascie postérieure des élytres effacée.
Gourbeyre (Dufau).
17 spécimens (ma coll.).

8. **H. Dufaui** n. sp. (G. 21).

Ovale, noir, les antennes et les tarses roux, les élytres ornés d'une grande tache commune, blanche, couvrant leur moitié postérieure, échancrée en arc en avant et latéralement, n'atteignant pas les bords latéraux, parsemés sur leur base de squamules blanches, les 3e et 5e interstries pourvus derrière leur base d'une élévation allongée, squamulée de cendré en avant, le prothorax orné de chaque côté, dans le milieu d'un point blanc, et sur le bord latéral d'une bande sinueuse blanche, le reste du revêtement dorsal composé de squamules fauves, serrées, entremêlées sur les élytres de courtes soies, les squamules du prothorax plus grandes. Pattes annelées de cendré.

Rostre ponctué et caréné à la base, lisse, brillant, éparsément pointillé en avant. Intervalle des yeux moindre que le tiers de la largeur du rostre à sa base ; yeux largement découverts, les lobes oculaires faibles.

Prothorax beaucoup plus large que long, fortement rétréci en avant, les côtés modérément arqués en arrière, sa plus grande largeur vers la base, celle-ci légèrement bisinuée ; modérément convexe, largement mais peu profondément impressionné transversalement en avant, à ponctuation forte, serrée ; densément squamulé. Écusson rond, plan, un peu enfoncé, subdénudé.

Élytres ovales triangulaires, la base faiblement bisinuée, les épaules marquées, un peu obliques, les côtés légèrement arqués ; convexes, les stries ponctuées fines, les interstries un peu convexes vers leur base.

Fémurs finement dentés. Dessous éparsément squamulé, le 2e segment ventral plus long que le 3e, la 1re suture droite, les épisternes métathoraciques étroits et avec une seule ligne de points squamulés.

Long. 3,2-3,5 mm.

Gourbeyre (Dufau).

5 spécimens (ma coll.).

9. **H. basalis** n. sp.

Oblong, noir, les antennes et les tarses ferrugineux, revêtu de squamules granuleuses petites et en majeure partie d'un brun-jaune, et de quelques squamules cendrées, entremêlées de courtes soies relevées noires ou blanches. Tête couverte de squamules serrées, d'un beau jaune-brun, ornée de deux points blancs. Prothorax pourvu vers son milieu de deux petits tubercules couverts de soies squamuleuses noires. Élytres avec une élévation allongée sur la base du 3e interstrie, allongée et couverte de soies squamuleuses noires et une 2e élévation au-delà du milieu de ce même interstrie.

Intervalle des yeux moindre que le tiers de la largeur du rostre à sa base.

Prothorax du double aussi large que long, brusquement rétréci et brièvement tubuleux en avant, les côtés peu arqués, la base faiblement bisinuée ; fortement impressionné transversalement en avant et le bord antérieur relevé ; subcanaliculé en son milieu. Ecusson arrondi et presque glabre.

Elytres à épaules marquées, les côtés parallèles jusqu'au milieu, les points des stries squamulés de cendré, les interstries impairs plus convexes que les autres.

Fémurs antérieurs très finement, les autres plus fortement dentés.

Long. 2,5-3 mm.

Les squamules blanches ou cendrées forment parfois en arrière sur les élytres une vague fascie transversale.

Trois-Rivières, Gourbeyre (Dufau).

22 spécimens (Fl. 1 ; Mus. 14 ; m. 7).

10. **H. nigro-maculatus** n. sp. (G. 31).

Ovale, noir, les antennes et les tarses ferrugineux, le revêtement dorsal squamuleux et dense, d'un gris jaunâtre, varié de noir, les élytres ornés d'un demi-cercle clair (souvent peu net) allant d'une épaule à l'autre et délimitant une aire basale plus foncée, dans laquelle se détache une tache suturale, d'un noir velouté, commençant derrière l'écusson, s'élargissant un peu en arrière, se terminant à la fascie arquée, la base du 5e et parfois du 3e interstries foncées. Ecusson tomenteux, clair, jaune ou cendré ; muni en outre de très courtes soies squamuleuses raides et relevées.

Rostre aussi long que le prothorax, peu arqué, en arrière un peu élargi, rugueux, squamulé et finement caréné au milieu, en avant, pointillé, brillant. Front plus étroit que la base du rostre, les yeux presque entièrement découverts. Antennes submédianes, les deux premiers articles du funicule allongés, le 2e aussi long que le 1er, la massue ovale, oblongue.

Prothorax du double aussi large que long, en avant brusquement, fortement mais brièvement rétréci et le bord antérieur relevé au milieu, les côtés du milieu à la base à peine arqués et un peu divergents, les angles postérieurs droits, la base faiblement bisinuée et plus du double aussi large que le bord antérieur ; convexe, transversalement impressionné en avant, la ponctuation serrée mais cachée par le revêtement, celui-ci dense, plus clair sur les côtés et le vertex, les soies noires plus nombreuses dans le milieu et formant deux petites touffes sur le milieu du bord antérieur. Ecusson arrondi, petit, convexe.

Elytres en demi-ovale, leur plus grande largeur au milieu, assez fortement rétrécis en arrière, brièvement arrondis au sommet ; la base peu plus large que le prothorax, les épaules arrondies et élevées ; très convexes, les stries fines, les interstries plans, pourvus de soies plus nombreuses sur les interstries impairs que sur les pairs, faisant défaut sur ces derniers dans le demi-cercle clair antérieur.

Pattes élancées, squamulées ; fémurs tachés de foncé, les antérieurs sublinéaires et très finement dentés, les autres un peu plus claviformes et leur dent plus forte ; 1er article des tarses aussi long que les deux suivants réunis. Dessous à ponctuaation serrée, les points subsétosulés ; 2e segment ventral beaucoup plus long que le 3e, sa suture avec le 1er arquée ; épisternes métathoraciques assez larges et avec une série de points squamulés. Saillie mésosternale élevée.

Long. 3,7-4 mm.

Gourbeyre (Dufau).

8 spécimens (ma coll.).

11. **H. oblongus** n. sp. (G. 49).

Oblong, noir, les tibias et les tarses ferrugineux, les antennes testacées, revêtu de squamules jaunes, serrées, entremêlées de poils fins et très courts, le prothorax orné de trois bandes plus claires, la médiane étroite et séparant deux bandes dénudées noires mais interrompues et squamulées vers leur tiers antérieur, les élytres avec une aire suturale foncée limitée de chaque côté par le 3e interstrie mais traversée derrière le milieu par une fascie anguleuse jaune.

Rostre aussi long que le prothorax, peu arqué, à la base assez densément ponctué et éparsément squamulé, en avant lisse, brillant sur sa ligne médiane, sillonné ponctué sur les bords. Front fovéolé, plus étroit que la base du rostre, les yeux grands et presque complètement découverts ; tête squamulée de jaune, avec une grande tache centrale brune divisée parfois en deux parties par une étroite ligne médiane jaune. Antennes médianes, courtes, les articles du funicule, à partir du 3ᵉ, transversaux, très serrés et grossissant peu à peu, la massue ovale acuminée.

Prothorax un peu plus large que long, modérément rétréci et légèrement resserré en avant, les côtés arqués dans le milieu, les angles postérieurs droits, la base modérément bisinuée ; convexe, médiocrement impressionné transversalement en avant, à ponctuation serrée, voilée par le revêtement. Écusson arrondi, un peu enfoncé.

Élytres oblongs, un peu plus larges que le prothorax à leur base, du double aussi longs que larges, leur plus grande largeur un peu en arrière des épaules, ces dernières brièvement arrondies et non élevées ; assez longuement rétrécis en arrière et brièvement arrondis ensemble au sommet ; convexes, les stries fines, les interstries plans, les impairs légèrement relevés en avant ; densément squamulés, les poils excessivement fins et courts, peu visibles.

Pattes assez courtes, squamulées, fémurs sublinéaires et inermes ; tibias droits ; 1ᵉʳ article des tarses moins long que les deux suivants ensemble ; ongles petits. Dessous à points et squamules espacés ; 2ᵉ segment ventral plus long que le 3ᵉ, sa suture avec le 1ᵉʳ arquée ; épisternes métathoraciques avec un rang de points.

Long. 3,8-4 mm.

Gourbeyre (Dufau), 2 spécimens (ma coll.).

12. **H. unicus** n. sp. (Q).

Noir, les antennes, les tibias et les tarses ferrugineux, la base et le sommet des élytres teintés de rougeâtre et couverts de squamules cendrées, rondes, assez serrées, les élytres paraissant par suite ornés d'une large bande transversale médiane noire, élargie sur ses côtés, d'une large bande sur le milieu du prothorax squamuleuse blanche et l'écusson rond, squamulé de blanc.

Rostre squamulé à la base. Front étroit, sa largeur moindre que la moitié du rostre à la base. Antennes courtes, le 2e article du funicule plus court que le 1er, la massue ovale et rembrunie. Yeux entièrement découverts.

Prothorax un peu plus large que long, plus fortement rétréci en avant qu'à la base, les côtés arqués, légèrement resserré derrière le bord antérieur, les angles postérieurs obtus ; convexe, faiblement impressionné transversalement en avant, la ponctuation indistincte, mat ; ses lobes oculaires faibles.

Elytres d'un tiers plus larges que le prothorax, du double aussi longs que larges, les épaules marquées, les côtés parallèles jusqu'au milieu ; convexes, les stries fines et ponctuées, les interstries larges et plans, sans traces de soies.

Fémurs inermes ; tibias droits ; 1er article des tarses un peu plus court que les deux suivants réunis, ongles simples, libres, mais peu écartés. Canal rostral atteignant seulement le bord antérieur des hanches intermédiaires. Deuxième segment ventral de la longueur du 3e, sa suture avec le 1er rectiligne. Episternes métathoraciques avec une seule ligne de points squamulés.

Long. 1,4 mm.

Trois-Rivières, sommet de la Madeleine, vers 850 m. d'alt. (Dufau).

Un seul spécimen (coll. Fl.).

Très petite espèce ayant quelque peu le fasciès d'un *Euscepes*, mais avec les yeux complètement découverts, l'écusson et les épisternes bien visibles.

Genre **Semnorhynchus** Faust, *Stett. ent. Zeit.*, 1896, pp. 52 et 69

Tête, examinée par dessus, invisible, recouverte par le bord antérieur du prothorax. Yeux largement séparés. Rostre peu arqué, faiblement déprimé, élargi à sa base. Ecusson visible. Elytres en avant plus larges que le prothorax, les épaules arrondies, non calleuses. Deuxième segment ventral un peu plus long que le 3e.

Fémurs sillonnés et dentés en dessous. Saillie mésosternale très élevée, échancrée à son sommet.

Génotype : *S. pictus* Faust, du Venezuela.

Genre ne comprenant que de petites espèces, dont quatre de la Guadeloupe, toutes hérissées de courtes soies.

TABLEAU DES ESPÈCES

1. — Interstries impairs des élytres nettement costiformes. Revêtement dorsal très dense, même sur le prothorax, cendré ou blanchâtre, les élytres ordinairement avec une tache latérale noire ou brune, la ponctuation du prothorax voilée par le revêtement. Long. 3 mm.

   1. **clericus** Chevr.

   — Interstries des élytres plans, ou simplement convexes, non costiformes................................. 2.

2. — Interstries plans, le 4e excepté, le revêtement dorsal très dense, cendré, les élytres ornés d'une grande tache rectangulaire s'étendant de la base au milieu où elle devient plus foncée. Prothorax surmonté vers son milieu de deux petites touffes de soies squamuleuses. Forme allongée, les élytres parallèles jusqu'au tiers apical. Long. 3-3,2 mm..................... 3. **vicinus** n. sp.

   — Forme ovale, les interstries convexes, le prothorax sans touffes de soies, à ponctuation bien visible.......... 3.

3. — Prothorax criblé de gros points serrés mais non confluents. Elytres ornés d'une grande tache apicale cendrée. Long. 1,7-3 mm............. 1. **vacillatus** Bohem.

   — Points du prothorax plus gros et en partie confluents en rides sur le disque. Elytres se rétrécissant en arrière dès les épaules, leur revêtement uniforme cendré. Long. 3 mm...................... 2. **capucinus** Chevr.

DESCRIPTION DES ESPÈCES.

1. **S. vacillatus**** Bohem. ap. Schönh., Gen. Curc., IV, 1837, p. 85.

Ovale oblong, noir de poix, les antennes et les tarses testacés, hérissé de nombreuses petites soies, revêtu de squamules cendrées, peu serrées, mais plus serrés et formant une grande tache apicale cendrée sur les élytres, et une autre jaunâtre sur le front composée de fines squamules très serrées.

Rostre plus court que le prothorax, large, à peu près droit, élargi à ses extrémités ; ♀, rugueux et squamulé à la base, ponctué sur les bords, lisse dans le milieu ; ♂, rugueusement ponctué et sillonné caréné sur toute sa longueur. Antennes médianes, courtes, les articles du funicule, à partir du 3e, graduellement épaissis, serrés, la massue ovale. Front un peu plus étroit que la base du rostre.

Prothorax peu plus large que long, les côtés arqués, peu rétrécis en arrière, les angles postérieurs légèrement obtus, le bord antérieur arqué, la base assez fortement bisinuée et du double environ, aussi large que le bord antérieur ; convexe, largement impressionné en avant, criblé de points gros, profonds, très serrés, les soies très nombreuses, courtes et inclinées. Écusson arrondi, élevé, densément squamulé de cendré ou de blanc.

Elytres ovales, peu plus larges que le prothorax moins du double aussi longs que larges ensemble, les épaules peu accusées, obtusément arrondies, les côtés arqués, sensiblement rétrécis du milieu au sommet, arrondis ensemble au sommet ; convexes, striées ponctués, les points arrondis et plus ou moins visibles, les interstries pairs plans, les pairs subconvexes et munis de soies plus nombreuses et plus serrées que sur les pairs.

Pattes courtes et robustes, squamulées et sétosulées ; fémurs sublinéaires, les antérieurs au moins très finement dentés ; tibias droits ; 1er article des tarses presque aussi long que les deux suivants réunis ; ongles très petits. Dessous grossièrement ponctué et éparsément squamulé. Deuxième segment ventral subégal aux 3e et 4e réunis, sa suture avec le 1er arquée. Episternes métathoraciques très distincts, pourvus d'une série de points.

♂. Une profonde impression sur la base du 1er segment ventral. Rostre fortement sculpté.

Long. 1,7-3 mmm.

Espèce des plus communes variant de taille et de coloration ;

voici les principales formes reliées entre elles par de nombreux intermédiaires :

S. vacillatus** typique.

Taille petite. Téguments des élytres en avant d'un brun-rouge formant une grande tache semicirculaire allant d'une épaule à l'autre, atteignant le milieu de la suture, faiblement squamulée. Partie postérieure des élytres ornée d'une grande tache apicale squamuleuse jaune, échancrée latéralement et étroitement séparée en avant de la tache rouge. Prothorax presque glabre.

var. **ornatipennis*** Chevr., *Le Naturaliste*, 1879, p. 109 (Euscepes).

Taille forte. Téguments noirs. Dessin semblable, tranché, la tache antérieure traversée par une linéole noire sur la base du 5e interstrie.

var. **delumbatus*** Rosensch., ap. Gen. Curc., IV, 1837, p. 114. — var. *leporinus*** Chevr., *Le Naturaliste*, 1879, p. 126 (Acalles). *fur*** Chevr., *le Nat.*, 1880, p. 151. (Euscepes).

Pas de tache antérieure sur les élytres, la tache postérieure d'un cendré-grisâtre. Points des stries gros et bien distincts.

Les grands spécimens sont des *delumbatus* les petits des *leborinus*.

La description de Rosenschild a dû être faite sur un mâle et de plus l'auteur indique les fémurs inermes ce qui est inexact.

Var. Revêtement dorsal très dense, même sur le prothorax, cendré, la tache postérieure des élytres moins tranchée, les points des stries moins visibles. Taille grande.

Var. Presque entièrement dénudé, noir brillant, la tache de la tête et la postérieure des élytres seules nettes. Taille souvent petite.

Var. Brun, le revêtement assez dense, teinté de jaune, les élytres ornés d'un arc jaune naissant à l'épaule et atteignant le 5e ou le 4e interstrie.

Var. Pattes souvent rongeâtres ; parfois aussi le rostre.

Malgré toutes ces variations cette espèce se distingue facilement par sa tache frontale et celle des élytres ; ces derniers ont le bord marginal lisse, dénudé presque jusqu'au sommet et la 10e strie est fortement raccourcie.

Très commune, les variétés avec la forme typique.

Basse-Terre ; Gourbeyre sur les acacias ; Camp Jacob. Sur les Anonacées principalement sur le Mammin (*Anona palustris*) (Vitrac)..
(Delauney, Dufau, Vitrac).

Plus de 500 spécimens.

2. **S. capucinus**** Chevr., *Le Naturaliste*, 1880, p. 252.

Ovale, noir, le revêtement dorsal squamuleux grisâtre ou jaunâtre, uniforme, pourvu de très courtes soies épaisses et relevées.

Rostre beaucoup plus court que le prothorax, droit, élargi à ses extrémités, rugueux jusqu'au sommet, caréné au milieu. Front un peu plus étroit que le rostre à sa base. Antennes ferrugineuses, médianes, le scape atteignant l'œil, les articles du funicule à peine épaissis, la massue ovale. Yeux largement découverts.

Prothorax beaucoup plus large que long, brusquement mais peu fortement rétréci et resserré en avant, les côtés faiblement arqués ; convexe, brièvement impressionné en avant, fortement et rugueusement ponctué. Ecusson arrondi, convexe, densément squamulé de cendré.

Elytres en demi-ellipse, bisinués à la base, peu plus larges que le prothorax, les épaules obtusément arrondies, modérément rétrécis en arrière, largement arrondis ensemble au sommet ; convexes, assez fortement striés-ponctués, les interstries d'égale et faible convexité, tous munis de soies jaunâtres, nombreuses et soulevées, les squamules serrées et assez petites.

Pattes assez robustes ; fémurs très finement, obsolètement dentés ; tibias droits, les tarses bruns, les ongles petits. Deuxième segment ventral plus long que le 3e, la 1re suture droite, les épisternes métathoraciques avec un rang de points.

Long. 3 mm.

Cette espèce diffère de *vacillatus* Bohem. en outre de son revêtement uniforme par la forme des élytres et la ponctuation du prothorax. Rare.

Guadeloupe : Gourbeyre (G. Dufau).

Quelques spécimens.

3. **S. vicinus** n. sp. (M. 37.)

Allongé, brun-noir, les antennes et les tarses roux, le revêtement squamuleux dense d'un flave jaunâtre, le prothorax orné de trois raies blanches, longitudinales, réunies en avant par une raie transversale placée dans l'impression antérieure, les élytres avec une grande tache discale rectangulaire, brune, atteignant le milieu où elle devient plus foncée, limitée en arrière par une raie blanche, sur les côtés par une raie blanche ou cendrée interrompue vers son tiers antérieur ; le bord marginal des élytres d'un brun-noir velouté. Hérissé de courtes soies, raides, épaisses, assez nombreuses.

Rostre beaucoup plus court que le prothorax, épais, droit, rugueux jusqu'au sommet, hérissé et densément squamulé à la base. Front notablement plus étroit que le rostre, ses bords hérissés de soies. Antennes insérées un peu en avant du milieu du rostre, courtes, le 2e article du funicule plus court que le 1er, les suivants très courts, très serrés, graduellement élargis, difficiles à compter, la massue ovale. Yeux un peu convexes.

Prothorax fortement transversal, largement resserré et profondément impressionné transversalement en avant, le bord antérieur relevé, les côtés subparallèles en arrière, les angles postérieurs obtus et brièvement arrondis, la base modérément bisinuée ; modérément convexe en arrière, la ponctuation forte et serrée ; pourvu de deux petites touffes de soies placées dans le milieu, au commencement de l'impression antérieure. Écusson en demi-cercle, plan, squamulé.

Elytres peu plus larges que le prothorax, la base bisinuée, les épaules marquées, brièvement arrondies, les côtés largement arrondis ensemble au sommet ; convexes, la déclivité postérieure oblique, le calus antéapical visible, les stries ponctuées, les interstries plans, le 4e un peu relevé, tous pourvus de soies et leurs squamules imbriquées.

Pattes courtes, squamulées et sétosulées ; fémurs finement dentés. Episternes métathoraciques avec une ligne de points.

Deuxième segment ventral plus long que le 3e, sa suture avec le 1er arquée.

Long. 3-3,2 mm.

Facile à reconnaître à son dessin mais ce dernier est assez souvent brouillé. Rare.

Guadeloupe :

Trois-Rivières dans les clairières des bois (Dufau).

9 spécimens (Fl. 1 ; Mus. 7 ; m. 1).

4. **S. clericus*** Chevr., *Le Naturaliste*, 1880, p. 252. 370.

♀. Allongé, parallèle, brun noir, revêtu de squamules cendrées, hérissé de courtes soies squamuleuses, raides et épaisses, foncées, les élytres chacun avec une tache noire, dénudée, subrectangulaire, latérale, médiane, n'atteignant pas la suture, le plus souvent mal délimitée.

Rostre droit, plus court que le prothorax, élargi à ses extrémités, densément squamulé à la base, pointillé et dénudé en avant. Tête convexe, le front à peine moins large que la base du rostre, les yeux largement découverts, les lobes oculaires faibles. Antennes rousses, insérées un peu en arrière du milieu du rostre, les articles du funicule ne croissant pas en épaisseur, la massue ovale.

Prothorax à peine plus large que long, brusquement et fortement rétréci, subtubuleux dans sa moitié antérieure, les côtés subparallèles en arrière, les angles postérieurs droits, la base fortement bisinuée, son lobe médian court, avancé et tronqué devant l'écusson ; convexe, largement impressionné transversalement en avant ; densément squamulé et hérissé de soies. Ecusson petit, arrondi, convexe, densément squamulé.

Elytres peu plus larges que le prothorax, parallèles jusqu'au-delà du milieu ; convexes, les stries géminées, les interstries pairs plans, ou très peu convexes, leurs soies nulles ou très éparses, les interstries impairs relevés en côtes arrondies densément squamulées, leurs soies nombreuses et très serrées dans les parties foncées, la suture peu élevée ; la déclivité postérieure souvent à revêtement plus clair et ses interstries presque plans.

Pattes courtes, rugueuses, squamulées et sétosulées ; fémurs dentés ; tibias droits ; ongles petits. Deuxième segment ventral plus long que le 3e, sa suture avec le 1er rectiligne. Episternes métathoraciques assez larges, avec une série de points squamulés. Dessous grossièrement ponctué mais peu densément squamulé.

♂. Forme un peu plus ovale. Rostre rugueux jusqu'au sommet. Front étroit, moitié environ de la largeur de la base du rostre. Canal rostral un peu plus court. Base du métasternum aplanie.

Long. 3 mm.

Trois Rivières (Vitrac) ; Gourbeyre (Dufau).

Guadeloupe, type.

Nombreux spécimens dont 60, de Gourbeyre, dans ma collection.

Genre **Trachalus** Champ. l. c. p. 631.

A l'espèce typique *E micronychus* Champ., de Panama, ajouter les 3 suivantes.

Espèces élégantes et rares.

1. **T. elegans** n. sp. (G. 31).

Oblong, le revêtement dorsal squamuleux compact d'une jaune crème, le prothorax pourvu de six tubercules fasciculées de soies squamuleuses, deux sur le milieu du bord antérieur, quatre disposées transversalement vers le milieu du disque, les élytres avec un dessin d'un brun foncé composé d'une grande tache apicale (peu foncée), d'une grande tache médiane et latérale de chaque côté, d'un trait sur la base des 3e et 5e interstries, les fémurs et les tibias tachés de brun.

Rostre plus court que le prothorax, peu arqué, en avant lisse, luisant, éparsément pointillé, à la base rugueusement ponctué et presque glabre ainsi que le front, ce dernier plus étroit que le rostre au milieu. Tête densément squamulée, le front excepté. Antennes submédianes, ferrugineuses, la massue oblongue-ovale.

Prothorax beaucoup plus large que long, brusquement et fortement rétréci en avant, les côtés subrectilignes et divergents en avant dans leur tiers basal ; les angles postérieurs obtus ; modérément convexe, la convexité rendue irrégulière par les tubercules fasciculés. Ecusson arrondi, plan, squamulé de jaune.

Elytres notablement plus larges que le prothorax, les épaules accusées, moins du double aussi longs que larges, les côtés parallèles jusqu'au milieu ; fortement convexes, les stries très fines, leurs points espacés et squamulés, les interstries pairs plans, les impairs relevés vers la base et en outre le 3e vers le milieu, munis de quelques rares et très courtes soies.

Fémurs claviformes, à dent obtuse, canaliculés en dessous.

Long. 4,5 mm.

Gourbeyre (Dufau), un spécimen (ma coll.).

2. **T. angulicollis** n. sp. (M. 25).

Ovale, très convexe, le revêtement dorsal squamuleux et dense, jaune, le prothorax orné de trois bandes claires, la médiane étroite mais dilatée en son milieu en forme de tache transversale ou triangulaire, les latérales arquées et convergentes en avant, les élytres pourvus sur les 3e et 5e interstries derrière leur base, d'une tache fasciculée, brune, la 1re la plus grande. Ecusson jaune clair. Pattes annelées de clair.

Rostre rugueux et finement caréné à la base. Tête à revêtement brun, ornée de trois taches jaunes. Antennes ferrugineuses.

Prothorax du double aussi large que long, brusquement, très fortement rétréci et tubuleux dans son tiers antérieur, les côtés subparallèles de la base au milieu, les angles postérieurs droits, la base plus du double aussi large que le bord antérieur ; peu convexe, le bord antérieur pourvu en son milieu de deux petits tubercules fasciculés, le disque avec quelques soies squamuleuses très courtes plus nombreuses sur les bords.

Elytres en demi-ovale, débordant sensiblement le prothorax à leur base, les épaules brièvement arrondies, les côtés subparallèles en avant, fortement rétrécis en arrière ; fortement convexes, leur courbure dorsale beaucoup plus forte que celle du prothorax, les stries, en avant, assez fortes et leurs points pupillés, en arrière fines ; interstries pourvus de soies squamuleuses espacées, courtes, soulevées, en arrière à peu près plans, en avant convexes, les 3e et 5e plus élevés.

Fémurs dentés. Tibias et tarses ferrugineux.

Long. 4,5 mm.

De forme plus courte et beaucoup plus convexe que *E. elegans*, le prothorax beaucoup plus court, moins convexe. La moitié postérieure des élytres est moins foncée que l'antérieure.

Trois Rivières (Dufau) entre 3 et 700 m. d'altitude.

3 spécimens (Fl. 2 ; Mus. 1).

3. **T. bellus** n. sp.

Oblong, le revêtement varié, sur le prothorax d'un beau brun fauve, orné d'une tache médiane triangulaire brusquement rétrécie dans l'impression antérieure, d'un brun jaune sur ses côtés, devenant blanche dans son milieu et à sa base, les élytres en majeure partie brunes sur leur moitié antérieure, d'un gris argenté sur la moitié postérieure, le 3e interstrie pourvu en avant de deux, le 5e de une élévations d'un beau brun velouté. Ecusson blanc. Pattes annelées légèrement de brun. Flancs et dessous du prothorax cendrés.

Rostre aussi long que le prothorax, brun, finement caréné et squamulé à la base. Front étroit, déprimé, profondément fovéolé. Tête brune, ornée de deux lignes blanches, l'une médiane et longitudinale, l'autre transversale. Antennes testacées.

Prothorax beaucoup plus large que long, brusquement, fortement rétréci et les côtés formant un angle droit, tubuleux, dans son tiers antérieur, le bord antérieur légèrement relevé et pourvu au milieu de deux tubercules fasciculés, les côtés rectilignes et parallèles de la base au tiers antérieur ; peu convexe, tous les points cachés par les squamules, ces dernières entremêlées, particulièrement sur les bords, de soies squamuleuses courtes et soulevées. Ecusson oblong, élevé, blanc.

Élytres plus larges à leur base que le prothorax, en demi-ovale allongé, modérément rétrécis en arrière, assez largement arrondis ensemble au sommet, les épaules obliques, élevées, un peu saillantes en arrière ; très convexes, les points des stries assez grands, peu serrés et pupillés, les interstries munis d'une série de soies squamuleuses blanches, alignées et soulevées, les interstries pairs plans en arrière, peu convexes en avant, les carènes granulées-crénelées

surtout en avant ; les squamules beaucoup plus petites que celles
du prothorax.

Pattes élancées, les antérieures un peu plus longues que les
autres ; fémurs linéaires et dentés ; tibias et tarses roux.

Long. 6,5 mm.

La Grande Terre (Reçue du Dr Vitrac, G. Dufau).

Magnifique espèce. Fort rare.

Un spécimen (coll. Fleut.).

Genre **Isus** Champ., l. c. 631

Génotype : *I. M-nigrum* Champ., du Guatemala.

I. nodulosus** Chevr., *Le Naturaliste*, 1880, p. 235.

Brun noir, le revêtement squamuleux d'un brun terreux, serré,
les élytres ornés d'une étroite bande basale et d'une grande tache
claires, jaunes, squamuleuses.

Rostre moins long que le prothorax, presque droit, élargi à ses
extrémités ; en avant dénudé, pointillé et brillant ; en arrière rugueux et densément squamulé. Tête rugueuse, squamulée, le front
aussi large que le rostre, les lobes oculaires forts, recouvrant entièrement les yeux. Antennes submédianes, ferrugineuses, la massue
oblongue.

Prothorax un peu plus large que long, assez brusquement et
fortement rétréci en avant, les côtés peu arqués dans le milieu,
parallèles en arrière, les angles postérieurs droits ; convexe, légèrement impressionné en avant, rugueux, finement tuberculé, le revêtement très dense, la ligne médiane étroitement carénée. Écusson
transversal, grand, squamulé.

Elytres une fois et demie aussi larges et plus du double aussi
longs que le prothorax, leur base trisinuée, les épaules un peu
aiguës en avant, les côtés parallèles jusqu'au milieu, arrondis
ensemble au sommet ; convexes, les interstries pourvus de petits
tubercules allongés et sétosulés à leur sommet, les impairs costiformes mais leur arête découpée en tubercules allongés ; la grande
tache apicale séparée de la bande basale par un large espace foncé ;

le 3ᵉ interstrie épaissi et fortement tuberculé près de sa base.

Pattes courtes, squamulées et sétosulées, les fémurs obsolètement dentés. Dessous grossièrement ponctué, les épisternes métathoraciques larges et ponctués, le 2ᵉ segment ventral peu plus long que le 3ᵉ, sa suture avec le 1ᵉʳ rectiligne.

Long. 7 mm.

Type Guadeloupe.

Gourbeyre (Dufau).

2 spécimens (Mus. 1 : m. 1).

Obs. D'après une communication de M. C. Aurivillius cette espéce est classée dans la collection Chevrolat parmi les *Elytrocoptus* de cet auteur ; malheureusement ce genre est décrit avec des caractères tels qu'ils s'appliquent à une foule d'espèces disparates. Elle me semble mieux placée parmi les *Isus* Champ. en raison de la forme de la saillie mésosternale rappelant tout à fait celle des *Gasterocerus* Lap.

Genre **Gasterocerus** Lap. et Brul., *Mem. Soc. Hist. Paris,*
IV, p. 197.

Genre très répandu dans l'Amérique méridionale et centrale.
Deux espèces de la Guadeloupe peuvent lui être rattachées.

1. **G. nocturnus*** Chevr. (*Lembodes*), *le Naturaliste*, 1880, p. 236.
   (362).

Oblong, brun, le revêtement dorsal dense, cendré, varié de taches brunes sur les élévations des élytres et sur leurs côtés, le prothorax brun sur les côtés, plus clair dans le milieu, les élytres pourvus sur le 3ᵉ interstrie de deux crêtes tuberculeuses à leur sommet, squamulées, la 1ʳᵉ basale, la 2ᵉ submédiane dépassant peu le milieu de l'élytre.

Rostre plus court que le prothorax, droit, rugueux jusqu'au sommet, mat, squamulé et non élargi à la base. Front aussi large que le rostre. Antennes submédianes, ferrugineuses ; scape atteignant juste l'œil ; deuxième article du funicule aussi long que le 1ᵉʳ, la massue ovale.

Prothorax à peu près aussi long que large, fortement rétréci et les côtés sinués en dedans dans sa moitié antérieure, les côtés subparallèles en arrière, les angles postérieurs légèrement obtus, la base faiblement bisinuée ; convexe, transversalement impressionné en avant, légèrement caréné sur sa ligne médiane, les côtés entièrement sombres ou avec deux lignes foncées tangentes aux tubercules, la ponctuation forte mais voilée par le revêtement. Ecusson arrondi, convexe, densément squamulé de clair.

Elytres à la base un peu plus larges que le prothorax, s'élargissant un peu et les côtés subrectilignes jusqu'au-dela du milieu, largement arrondis ensemble au sommet, les côtés légèrement sinués en dedans derrière les épaules ; convexes, les points des stries squamulés, les interstries pourvus, sauf vers le sommet, de petits tubercules noirs, lisses à leur sommet, le 2e interstrie avec un gros tubercule placé en face de l'échancrure du 3e interstrie, le 5e aussi avec un gros tubercule en avant, le 7e (épaule) avec des tubercules serrés sur son cinquième antérieur qui le font paraître costiforme et crénelé.

Pattes assez allongées, les antérieures beaucoup plus longues ; fémurs linéaires et dentés, les antérieurs plus fortement. Dessous densément squamulé de cendré, le 2e segment ventral peu plus long que le 3e, sa suture avec le 1er rectiligne. les épisternes squamulés.

Long. 5,5-8,5 mm.

Le revêtement est variable ; les élytres ont parfois de chaque côté une grande tache triangulaire foncée, placée vers le milieu des bords.

Toujours isolément, jusqu'à 700 m. d'alt. Gourbeyre (Dufau).

Trois Rivières, sur le Caféier. (Vitrac).

26 spécimens (Fl. 10 ; Mus. 3 ; m. 13).

2. **G. singularis*** Chevr., *Le Naturaliste*, 1880 p. 278 (*Pseudomus*). (9).

Oblong, noir, revêtu de squamules d'un brun foncé, serrées sur les élytres, très éparses sur le prothorax, les élytres ornés d'une étroite bande blanchâtre, irrégulière, d'abord peu marquée à l'épaule, distincte sur le 6ᵉ interstrie, puis oblique et s'effaçant sur le 3ᵉ interstrie ; sur un 2ᵉ exemplaire cette bande est réduite à un trait court sur le 3ᵉ interstrie.

Tête convexe, éparsément squamulée de cendré, la ponctuation rugueuse en avant, le front, entre les yeux, fovéolé, excessivement étroit, tout au plus aussi large que le tiers du rostre au milieu. Rostre à peine aussi long que le prothorax, à peu près droit, cylindrique, faiblement élargi à ses extrémités, pointillé, ses côtés à la base rugueux, sillonnés et squamulés, caréné au milieu. Antennes ferrugineuses, postmédianes ; scape n'atteignant pas tout à fait l'œil ; funicule à pubescence dense, le 1ᵉʳ article notablement plus long que le 2ᵉ, la massue ovale, ses sutures nettes.

Prothorax à peu près aussi long que large, subtrapézoïdal, rétréci et assez fortement resserré en avant, les côtés peu arqués, les angles postérieurs obtus, la base fortement bisinuée ; convexe, couvert de points assez gros et très serrés, la ligne médiane étroitement lisse dans le milieu, le lobe médian de la base élevé et squamulé. Écusson arrondi, convexe, squamulé.

Élytres oblongs, de même largeur à la base que le prothorax, peu arqués sur les côtés, arrondis ensemble au sommet, moins de deux fois aussi longs que larges ensemble ; convexes, les points des stries assez forts et squamulés, les interstries plans, transversalement rugueux en avant, la suture avec quelques fins granules.

Pattes assez courtes, squamulées ; fémurs sublinéaires, canaliculés en dessous, pourvus d'une petite dent triangulaire obtuse, les postérieurs n'atteignant pas l'apex ; tibias droits, comprimés, carénés sur leur tranche externe ; tarses bruns, spongieux de jaune en dessous. Dessous à points squamigères peu serrés, les deux premiers segments ventraux à points peu serrés, lisses et brillants entre les points, leur suture rectiligne, le 2ᵉ sensiblement plus long que le 3ᵉ, les trois derniers densément ponctués et squamulés ; épisternes métathoraciques avec une série de points squamulés, dédoublée en arrière.

Long. 6,5-8 mm.

Type : Guadeloupe.

Trois Rivières (Dufau).

Dans les défrichements, entre 6 et 700 m. d'alt. (Dufau).

2 spécimens (coll. Fl.).

Obs. Cette espèce qui a une forme semblable à celle de *Cryptorrhynchus corticalis* Boh. en diffère cependant par de nombreux caractères.

Très près de *Gasterocerus dorsalis* Chevr. in litt. (1), *Arthrocorynus dotatus* Champ. dont les caractères du ♂ sont remarquables ; les deux spécimens examinés n'offrent pas de caractères sexuels externes appréciables ; en l'absence du ♂ il est impossible de classer génériquement cette espèce ; elle se rapproche des *Gasterocerus* parmi lesquels elle est provisoirement maintenue.

Genre **Pisœus** Champ. l. c. p. 591

Trois espèces ont été décrites par M. Champion de l'Amérique centrale ; la Guadeloupe a l'espèce suivante.

P. crinitus n. sp. (M. 19).

Ovale, noir, le revêtement dorsal squamuleux noir ou d'un brun foncé, varié sur les élytres de petites taches cendrées ou jaunâtres formant une étroite fascie médiane irrégulière, parfois réduite à deux points ; hérissé de longues soies, un peu épaissies à leur sommet, la plupart noirâtres.

Rostre plus long que le prothorax, arqué, à sa base très peu élargi, ponctué-strié, caréné, éparsément squamulé, en avant assez densément ponctué sur les côtés, lisse et brillant au milieu ; hérissé de courtes soies. Front aussi large que le rostre, rugueusement ponctué ainsi que la tête, les yeux presque entièrement recouverts par les lobes oculaires, ces derniers forts et arrondis. Antennes submédianes testacées ; scape atteignant presque l'œil, les deux premiers articles du funicule peu allongés et différant peu de longueur, le 3e et les suivants non épaissis, la massue ovale.

Prothorax peu plus large que long, brusquement rétréci et les côtés sinués en dedans dans son tiers antérieur, peu rétréci et les

---

(1) Note manuscrite de M. Ch. Aurivillius.

côtés modérément arqués en arrière, les angles postérieurs obtus (♀), droits (♂), la base fortement bisinuée et du double aussi large que le bord antérieur ; convexe, largement impressionné transversalement en avant, subsillonné sur sa ligne médiane, à ponctuation très serrée, assez forte, partout hérissé de soies aussi longues que celles des élytres Ecusson ovale, plan. lisse et brillant.

Elytres d'un tiers plus larges que le prothorax, la base contournant l'écusson. puis sinuée de chaque côté, les épaules presque rectangulaires, élevées et un peu saillantes en arrière, les côtés parallèles jusqu'au milieu. largement arrondis ensemble au sommet ; convexes, impressionnés transversalement vers le tiers antérieur, les stries étroites, profondes et ponctuées. les interstries plans en arrière, fortement relevés en avant de l'impression antérieure, le 1er fortement rétréci près de l'écusson, tous munis de soies.

Pattes élancées, hérissées ; fémurs claviformes, fortement dentés ; tibias antérieur légèrement arqués et faiblement bisinués en dedans ; tarses ferrugineux. le 1er article plus long que les deux suivants ensemble, le 4e long, ses ongles petits et libres.

Canal rostral atteignant le bord antérieur des hanches intermédiaires, son sommet en fer à cheval. Deuxième segment ventral peu plus long que le 3e, sa suture avec le 1er rectiligne. Episternes métathoraciques densément ponctués, avec deux lignes de points serrés dans le milieu. Dessous à ponctuation très serrée.

Long. 3-4 mm.

Trois Rivières, Gourbeyre (Dufau).

23 spécimens (Mus. 20 ; m. 3).

Genre **Metriophilus** Faust, 1896, *Deutsch. ent. Zeit.* p. 51 et 62.

Rostre fortement arqué, quelquefois gibbeux à la base, atteignant environ le milieu des hanches intermédiaires. Yeux grands, un peu déprimés, couverts au repos par les lobes oculaires. Ecusson petit. Elytres plus larges que le prothorax, avec 10 rangs de points, le 10e abrégé, les interstries plans ou convexes mais tout au plus subcarénés sur les côtés. Episternes métathoraciques larges. Pattes ordinairement courtes, semblables dans les deux sexes, les fémurs unidentés, les antérieurs plus fortement, les tibias faiblement carénés, les ongles simples. Deuxième segment ventral considérablement plus long que le 3e, les deux premiers parfois soudés.

Genre composé de nombreuses espèces de l'Amérique centrale et méridionale ; une de la Guadeloupe.

M. quadripunctatus* Chevr., *Le Naturaliste*, 1880, p. 252 (*Cryptorhynchus*) (376 bis).

Oblong, noir, peu convexe, peu brillant, chaque élytre orné de deux petites taches squamuleuses, arrondies et jaunes, l'une ponctiforme au sommet des 5e et 6e interstries (calus antéapical), l'autre plus grande sur l'épaule, le reste du revêtement composé de fines squamules sétiformes, soulevées, très éparses, un peu plus nombreuses cependant sur la déclivité postérieure des élytres, ne voilant pas les téguments.

Rostre aussi long que la tête et le prothorax, fortement arqué, cylindrique, pointillé en avant, ponctué et latéralement sillonné et caréné au milieu à la base. Tête convexe, densément ponctuée, le front caréné au milieu et entre les yeux aussi large que le rostre. Antennes médianes, ferrugineuses ; scape n'atteignant pas l'œil, le 2e article du funicule un peu plus long que le 1er, la massue ovale.

Prothorax plus large que long, fortement rétréci et les côtés sinués en dedans en avant, les côtés arrondis dans le milieu, parallèles en arrière, les angles postérieurs droits, la base faiblement bisinuée ; à peine convexe, couvert de gros points sétigères serrés, plus fins en avant. Ecusson très petit, plan, glabre.

Elytres presque une fois et demie aussi larges que le prothorax, un peu moins du double aussi longs que larges ensemble, les épaules marquées, brièvement arrondies, les côtés parallèles jusqu'au milieu, largement arrondis ensemble au sommet ; peu convexes, les stries formées de gros points oblongs et serrés en avant, plus petits en arrière, les interstries plans et à peine aussi larges que les points en avant sur le disque, plus étroits et convexes sur les côtés.

Pattes courtes, la dent des fémurs assez forte. Ventre lisse et brillant, le 1er segment avec un rang de gros points autour des hanches et quelques points épars dans le milieu, le 2e segment aussi

long que les 3e et 4e réunis, sa suture avec le 1er arquée, convexe,
avec quelques points épars dans le milieu et une série le long de
son bord postérieur, les 3e et 4e segments courts et avec une seule
série de points, le 5e densément ponctué. Episternes métathoraciques avec une seule série de gros points.

♂. Segment ventral trifovéolé, la fovéole médiane grande, semi-
circulaire.

Long. 5,5-6,5 mm.

Type : Guadeloupe.

Bains-Jaunes en juin (Vitrac) ; Trois-Rivières, Gourbeyre (Dufau).

100 spécimens (Fl. 7 ; Mus. 42 ; m. 51).

Genre **Metoposoma*** Faust, 1896, *Deutsch. ent. Zeit.*, p. 53 et 75

Genotype : *M. funebris* Boh. de la Guyane.
Une espèce de la Guadeloupe.

M. clunaris* Chevr. (*Acalles*), *Le Naturaliste*, 1879, p. 109. (M. 7)

Oblong, noir, mat, les antennes testacées, le revêtement squamuleux noir, les élytres ornés d'une grande tache apicale commune
et d'une tache humérale d'un jaune rouge, cette dernière parfois
prolongée en arrière sur le 3e interstrie presque jusqu'au milieu.

Rostre aussi long que le prothorax, un peu arqué, faiblement
élargi à ses extrémités, rugueux jusqu'au sommet (♂), moins fortement (♀). Front non rétréci, plus large que le rostre au milieu ;
tête convexe, rugueuse, les yeux presque entièrement recouverts,
les lobes oculaires forts et arrondis. Antennes médianes, courtes,
le scape n'atteignant pas l'œil, le 2e article du funicule peu allongé,
plus court que le 1er, la massue ovale.

Prothorax plus large que long, peu brusquement mais fortement
rétréci en avant, les côtés arqués dans le milieu, peu en arrière,
les angles postérieurs légèrement obtus, la base faiblement bisinuée
et du double aussi large que le bord antérieur ; convexe, pourvu
d'une fine carène médiane, transversalement impressionné en avant,
la ponctuation forte, très serrée, le revêtement foncé, entremêlé.

particulièrement sur les côtés, de grosses et très courtes soies squamuleuses foncées, orné parfois de trois lignes de squamules cendrées. Écusson arrondi, petit, concolore.

Élytres notablement plus larges que le prothorax, plus d'une fois et demie aussi longs que larges ensemble, les épaules obliquement arrondies, les côtés parallèles jusqu'au tiers apical, assez largement arrondis ensemble au sommet ; convexes, mais le dos déprimé entre les troisièmes interstries, les points des séries forts mais peu serrés, les interstries convexes (suture et deux premiers exceptés), les 3e et 5e subcostiformes, squamulés, rugueux, granulés et pourvus d'une série de soies squamuleuses courtes et relevées ; tache apicale arquée en avant et atteignant le sommet de la déclivité, échancrée de chaque côté un peu avant le sommet.

Pattes foncées, rugueuses, les fémurs avec deux anneaux clairs, les tibias clairs sur leur tiers apical ; fémurs linéaires, les postérieurs assez fortement, les antérieurs obsolètement dentés ; tibias droits ; tarses bruns ou ferrugineux. Ongles normaux. Canal rostral atteignant le milieu entre les hanches antérieures et intermédiaires, élevé, voûté et échancré en arc à son extrémité. Segments ventraux avec une série de taches claires de chaque côté, le 2e segment seulement un peu plus long que le 3e et sa suture avec le 1er arquée. Épisternes métathoraciques distincts et avec une série de points.

Long. 3,5-5,5 mm.

Sur les rejets des arbres abattus de 3 à 700 m. d'alt. (Dufau).

Trois-Rivières (Vitrac) ; Gourbeyre (Dufau).

29 spécimens (Fl. 4 ; Mus. 18 ; m. 7).

Genre **Troezon** Champion, l. c. p. 606

Rostre atteignant presque le métasternum, un peu élargi vers le sommet, arqué, modérément épais. Antennes médianes, le funicule de 7 articles, la massue oblongue-ovale, ses sutures transversales. Tête non visible de dessus, les yeux grands, latéraux, cachés au repos. Prothorax largement avancé au sommet, les lobes oculaires saillants, la base bisinuée. Élytres allongés, plus larges que le prothorax, subtronqués au sommet, à 9 rangs de points et le commencement d'un 10ᵉ vers la base extérieurement, les épaules obtuses. Mésosternum taillé en forme de U, horizontal. Métasternum modérément long, ses épisternes assez larges : 2ᵉ segment ventral beaucoup plus long que le 3ᵉ, sa suture avec le 1ᵉʳ arquée. Pattes courtes, très robustes, les fémurs fortement épaissis et unidentés, les tibias larges, leur onglet terminal long, naissant de l'angle apical externe, le 3ᵉ article tarsal large et bilobé, les ongles simples et divergents. Allongé et densément squamulé en dessus, de 6 mm. de long et provenant du Guatemala ; il en existe une deuxième espèce inédite provenant de Stᵉ-Catherine, Brésil. (Champion)

La suivante est assez convexe en dessus.

T. parallelus n. sp.

Subcylindrique, brun, revêtu d'une couche de squamules serrées jaunâtres, plus grandes sur le prothorax, entremêlées de courtes soies squamuleuses dressées, plus nombreuses et plus visibles sur la déclivité postérieure des élytres.

Rostre brillant, éparsément pointillé, glabre (♀) ou rugueux, caréné et squamulé à la base, ponctué en avant (♂). Antennes rousses, le scape n'atteignant pas l'œil, le 2ᵉ article du funicule un peu plus court que le 1ᵉʳ, les suivants courts.

Prothorax à peu près aussi long que large, rétréci à ses extrémités, plus fortement en avant, ses côtés arrondis dans le milieu, ses côtés subrectilignes et convergents en arrière, la base fortement bisinuée ; modérément convexe, la ponctuation serrée mais cachée par le revêtement. Écusson arrondi, plan et glabre.

Élytres cylindriques, un peu plus larges que le prothorax, deux fois et demie environ aussi longs que larges ensemble, largement arrondis, subtronqués ensemble au sommet ; convexes, impressionnés derrière le calus antéapical, ce dernier assez marqué, fortement ponctués-striés, les interstries plans, un peu inégaux en avant, le 3ᵉ pourvu en arrière de sa base d'une petite élévation fasciculée.

Pattes densément squamulées, les fémurs avec une petite dent aiguë, les tibias larges, comprimés, à leur base arqués en dedans et un peu dilatés en dehors.

Dessous tapissé de squamules serrées en avant, espacées sur le ventre, les épisternes métathoraciques criblés de points, les externes plus gros.

♂. Base du 1ᵉʳ segment ventral déprimée.

Long. 6 mm.

Commun sur le Mangle-médaille, *Hecastophyllum Brownïï* (Vitrac). 66 spécimens (Fl. 9 ; Mus. 53 ; m. 4).

Espèce facile à reconnaître à sa forme cylindrique.

Genre **Diaporesis** Pascoe, *Ann. et Mag. Nat. Hist.* (5), XVII, 1886, p. 423.

G. Champion, l. c. p. 614.

Forme allongée, le prothorax relativement long (forme typique), sa base fortement bisinuée, les élytres oblongs, les yeux grands, le rostre fortement arqué, les épisternes métathoraciques très étroits, le mésosternum élevé et échancré en arc.

♂. Une dépression longitudinale sur le milieu du métasternum et du 1ᵉʳ segment ventral ; rostre à ponctuation plus serrée ; parfois les tarses antérieurs avec de longs poils dressés (non chez nos espèces).

Le génotype est *D. distincta* Pasc. du Mexique, Nicaragua et Panama.

Deux espèces de la Guadeloupe.

1. **D. cingillum*** Gyll., ap. Schönh. Gen. Curc., IV, 1837, p. 158 (*Cryptorhynchus*), *cingulum* Gemm. et Har., Cat. p. 2569.

Oblong, noir, revêtu de squamules brunes ou grises, petites et serrées, le front et le prothorax avec une ligne médiane cendrée, les élytres ornés d'une ligne arquée, postmédiane blanche, courte, effacée vers le 4ᵉ interstrie, la marge externe des élytres et une bande latérale sur les côtés du prothorax d'un brun plus clair. Tibias et tarses ferrugineux.

Tête convexe, densément squamulée, le front déprimé, fovéolé, aussi large que le rostre au milieu, les yeux presque entièrement découverts, les lobes oculaires assez forts et arrondis. Rostre à peine aussi long que le prothorax, un peu élargi, ponctué et squamulé à la base, lisse, éparsément pointillé, brillant en avant. Antennes médianes, ferrugineuses ; scape atteignant juste l'œil, les deux premiers articles du funicule allongés et égaux, la massue oblongue.

Prothorax subtrapézoïdal, moins long que large, rétréci et les côtés sinués en dedans en avant, les angles postérieurs droits ; peu convexe, légèrement impressionné transversalement en avant, les points fins serrés, cachés par les squamules. Écusson arrondi, élevé, densément squamulé de jaune.

Elytres en avant peu plus larges que le prothorax, les épaules très obliques, les côtés légèrement arqués, convergents en arrière dès les épaules, arrondis ensemble au sommet ; fortement convexes, les stries ponctuées fines, les interstries pairs, plans, les impairs relevés en côtes arrondies et pourvues à leur sommet de quelques soies squamuleuses courtes et soulevées, la 1re côte s'effaçant un peu en arrière du milieu.

Pattes élancées, squamulées de cendré ; fémurs claviformes, armés d'une assez forte dent, les postérieurs n'atteignant pas l'apex ; tibias droits ; tarses allongés. Prosternum densément squamulé, le ventre presque dénudé. Deuxième segment ventral beaucoup plus long que le 3e, sa suture avec le 1er arqué ; épisternes méta-thoraciques avec des points serrés en arrière.

Long. 6-7 mm.

Rejets des arbres abattus dans les défrichements, de 6 à 700 m. d'alt. (Dufau).

Type : Guadeloupe.

Gourbeyre, (Vitrac, Dufau).

12 spécimens (Fl. 7 ; Mus. 1 ; m. 4).

2. **D. Dufaui** n. sp. (M. 8).

Noir, peu brillant, revêtu de petites squamules jaunes, éparses, condensées çà et là en petites taches, ces taches plus nombreuses et formant sur la déclivité des élytres une fascie mal délimitée en arrière, bidentée en avant ; une tache un peu plus grande sur les épaules, une autre sur le milieu de la base du prothorax, la tête presque entièrement squamulée, les flancs des élytres, les pattes et le dessous dénudés (sauf au fond des points), noirs et brillants. Antennes ferrugineuses, les tibias et les tarses d'un brun rouge foncé.

Antennes fines, le scape n'atteignant pas l'œil.

Prothorax subconique, aussi long que large, légèrement resserré derrière le bord antérieur, modérément bisinué à la base ; convexe, à points espacés, petits, la ligne médiane imponctuée. Écusson glabre.

Élytres à la base à peine plus larges que le prothorax, les épaules presque effacées ; convexes, le disque en avant transversalement rugueux et éparsément granulé, les stries formées en avant de points gros et serrés, très fines en arrière, les interstries peu convexes et rugueux en avant, plans en arrière, les latéraux lisses.

Pattes élancées ; fémurs armés d'une très petite dent aigue, les postérieurs n'atteignant pas tout à fait l'apex. Episternes métathoraciques avec une seule ligne de points.

Les autres caractères semblables à ceux de *D. cingillum* Gyll. Long. 6-7,5 mm.

Rejets des troncs d'arbres abattus entre 3 et 700 m. d'alt. (Dufau). Trois-Rivières, Gourbeyre (Dufau).

33 spécimens (Fl. 4 ; Mus. 21 ; m. 8).

Genre **Graphonotus** Chevrolat, *Bull. Soc. ent. Fr.*, 1880, p. XCVI.
G. C. Champion, l. c. p. 608.

Rostre arqué atteignant ou presque le métasternum. Antennes médianes ou submédianes, la massue ovale ou oblongue, ses sutures distinctes dans les formes typiques. Tête convexe, les yeux grands, partiellement découverts, les lobes oculaires faibles. Écusson visible. Élytres plus larges que le prothorax. Cavité mésosternale oblongue ou en fer à cheval. Episternes métathoraciques larges. Deuxième segment ventral plus long que le 3e. Fémurs unidentés. Tibias avec un onglet apical externe, les antérieurs parfois, chez le ♂, avec en outre un mucron apical interne. Pattes antérieures parfois un peu plus longues chez le ♂, mais les tarses semblables dans les deux sexes.

Insectes élégants, à revêtement en partie au moins jaune, tout au moins chez nos espèces, répandus dans l'Amérique tropicale.

Le *Cryptorrhynchus Guadelupensis* Rosensch. que Chevrolat a indiqué (*Ann. Soc. ent. Fr.*, 1880, *Bull.* p. XCVII) comme devant être rattaché à ce genre en diffère radicalement par le canal rostral court et terminé par une saillie élevée du mésosternum ; c'est un *Neotylodes*.

Tableau des espèces

1. — Prothorax caréné ; fémurs fortement dentés.......... 2.
   — Prothorax non caréné............................. 3.
2. — Prothorax orné de 4 taches noires, parsemé de granules
     noirs se détachant sur le fond, la carène médiane vive.
     Elytres ornés d'une grande tache apicale jaune, échan-
     crée sur les côtés. Long. 8-13 mm.   1. **Lherminieri** Chevr.
     Prothorax orné de deux larges bandes pâles, les élytres
     avec quelques petites taches noires sur le 5ᵉ interstrie
     et une plus grande sur la base du 2ᵉ, sa carène médiane
     fine. Long. 6,5 mm.................. 3. **Dufaui** n. sp.
3. — Fémurs armés d'une dent triangulaire forte aux pattes
     postérieures moindre aux antérieures. Interstries pourvus
     d'un rang de granules râpeux. Prothorax concolore.
     Long. 5-6 mm............... 1. **insularis** Rosensch.
   — Fémurs obsolètement dentés. Ecusson glabre. Protho-
     rax pourvu au commencement de l'impression anté-
     rieure de 4 petites touffes de soies squamuleuses noires
     et courtes. Long. 6 mm........... 2. **variegatus** n. sp.

1. G. Lherminieri* Bohem. ap. Schönh. Gen. Curc., IV, 1837, p. 186, ♀, Chevr., *Ann. Soc. ent. Belg.*, 1877, p. 104. (*sub Macromerus*).

Ovale, oblong, noir, revêtu de fines squamules ocrées, sur le prothorax serrées, plus claires sur la ligne médiane, ménageant quatre taches noires placées près de la ligne médiane, dont deux basales grandes et deux plus petites au-delà du milieu ; les élytres, sur leur moitié antérieure, en majeure partie noirs et les squamules éparses mais un peu plus serrées sur les côtés et vers l'épaule, en arrière ornés d'une large bande transversale ondulée, soudée ou étroitement séparée d'une grande tache apicale, dans les deux cas avec un point noir au sommet et un autre plus grand à la jonction ; les côtés de la fascie sont plus clairs, d'un jaune teinté de blanc. Pattes et dessous noirs, avec des squamules cendrées, petites, très éparses, les poils des tarses jaunes.

Rostre plus long que la tête et le prothorax, fortement arqué, bisillonné et caréné à la base, lisse, noir, brillant en avant. Tête couverte d'une ponctuation fine et serrée, devenant forte et rugueuse sur le front, ce dernier, entre les yeux, étroit et moins large que la massue antennaire. Antennes ferrugineuses, les trois premiers articles du funicule allongés, le 2e le plus long, la massue oblongue et aussi longue que les quatre articles précédents ensemble.

Prothorax transversal, fortement rétréci en avant, les côtés parallèles de la base au milieu ; la base fortement bisinuée et son lobe médian triangulaire et tronqué ; fortement convexe dans le milieu, pourvu de granules arrondis, noirs, espacés, tranchants dans les parties claires du revêtement, avec une carène médiane vive. Ecusson oblong, convexe, élevé, densément squamulé de jaune.

Elytres une fois et demie aussi longs que larges, les côtés parallèles jusqu'au milieu, arrondis ensemble au sommet, les épaules obliques, élevées et granulées ; convexes, déprimés sur le dos en avant, transversalement impressionnés derrière la base, granulés sur leur tiers antérieur, les stries assez fortes en avant et fines en arrière, les interstries convexes, le 3e relevé derrière la base en forme de bosse veloutée, la tache apicale ordinairement échancrée latéralement.

Pattes élancées, les antérieures un peu plus longues que les autres : fémurs unidentés les postérieurs atteignant l'apex ; tibias carénés sur leur tranche externe. Episternes métathoraciques avec deux séries confuses de points serrés et squamulés.

Long. 8-13 mm.

Cette espèce ressemble à *G. leporinus* Champ. mais en diffère par le dessin du prothorax et des élytres, le prothorax plus court, plus convexe, sa carène plus vive, etc. Le ♂ est peu différent de la ♀ ; Boheman a décrit cette espèce d'après une seule femelle.

Sur troncs d'arbres abattus vers 700 m. d'alt. (Dufau).

Type : Guadeloupe.

Trois Rivières, Gourbeyre (Dufau).

21 spécimens (Fl. 2 ; Mus. 4 ; m. 15).

Observ. Je n'ai pas vu cette espèce ni de la Colombie ni de l'Amérique du Sud, bien que ma collection renferme 18 espèces de ces régions (1).

2. **G. variegatus** n. sp. (G. 17).

Oblong, noir, les antennes et les tarses ferrugineux, densément revêtu de squamules brunes, sur la partie déclive des élytres plus claires, entremêlées en avant de quelques petites taches noires, le prothorax pourvu au commencement de l'impression antérieure de quatre touffes de soies squamuleuses noires et courtes, épaisses.

Rostre aussi long que le prothorax, à la base ponctué et densément squamulé, en avant lisse et brillant au milieu, pointillé sur les côtés. Antennes médianes, allongées, le 2ᵉ article du funicule aussi long que le 1ᵉʳ. Front rétréci, à peine aussi large que le rostre au milieu, déprimé, légèrement sillonné-fovéolé, densément squamulé ainsi que la tête. Yeux largement découverts, les lobes oculaires grands, dentiformes.

Prothorax presque du double aussi large que long, brusquement et fortement rétréci, subtubuleux dans son tiers antérieur, moins fortement rétréci en arrière, les côtés arqués dans le milieu, la base fortement bisinuée et moins d'une fois et demie aussi large que le bord antérieur ; convexe, légèrement impressionné de chaque côté du milieu à la base, fortement et le bord antérieur un peu relevé en avant ; le revêtement squamuleux très dense, entremêlé de courtes soies sur le bord antérieur, la ligne médiane plus claire et un peu déprimée. Écusson arrondi, plan, glabre.

(1) *Macromerus Gehini* Chevr. de Guyane appartient au genre *Macromeropsis* Champ. ; par sa forme et son dessin, la brièveté relative des pattes elle rappelle *M. Lherminieri* Bohem.

Elytres notablement plus larges que le prothorax à leur base, s'élargissant un peu et les côtés subrectilignes jusqu'au milieu, assez fortement rétrécis en arrière, les épaules accusées et assez élevées ; convexes, légèrement impressionnés derrière le calus antéapical, les stries ponctuées assez fortes, les interstries convexes, pourvus de soies squamuleuses grosses mais courtes, soulevées, plus visibles en arrière.

Pattes densément squamulées et sétosulées. Fémurs obsolètement dentés. Dessous densément squamulé, le 2e segment ventral presque aussi long que les 3e et 1e réunis, sa suture avec le 1er arquée.

Long. 6 mm.

Gourbeyre (Dufau), 2 spécimens (ma coll.).

3. **G. Dufaui** n. sp. (G. 52).

Oblong, le revêtement squamuleux d'un brun jaune, le prothorax avec deux larges bandes pâles, les élytres avec quelques petites taches noires sur le 5e interstrie et une plus grande sur la base du 2e.

Prothorax du double aussi large que long, fortement rétréci en avant, les côtés anguleux dans le milieu, rectilignes et subparallèles en arrière, la base du double aussi large que le bord antérieur ; convexe, pourvu d'une étroite carène médiane, couvert de grandes squamules allongées, soulevées sur les côtés et le bord antérieur. Ecusson oblong, plan, squamulé.

Elytres beaucoup plus larges que le prothorax, les épaules accusées, les côtés parallèles jusqu'au-delà du milieu ; convexes, les stries fines, les interstries pairs plans, les impairs légèrement convexes, un peu plus en avant, tous pourvus de soies squamuleuses, soulevées, mal alignées, plus nombreuses, noires et assez serrées dans les taches noires, les squamules plus petites que celles du prothorax.

Fémurs armés d'une forte dent triangulaire ; tibias sillonnés et carénés sur leur tranche externe. Ventre brillant, les squamules fines et éparses, le 2e segment aussi long que les 3e et 4e réunis, marqué d'un trait longitudinal près de son bord postérieur, sa suture avec le 1er fortement arquée.

Long. 6,5 mm.

Plus large que l'espèce précédente dont elle diffère d'ailleurs par les caractères indiqués.

Gourbeyre (Dufau), un spécimen (ma coll.).

4. **G. insularis*** Rosensch. ap. Schönh. gen. Curc., IV, 1837, p. 78.

Ovale-oblong, brun, revêtu de squamules variées, brunes et cendrées, les élytres avec une tache postmédiane brune et ordinairement peu tranchée.

Rostre ferrugineux, plus long que le prothorax, arqué, cylindrique, dénudé, brillant, éparsément pointillé en dessus, à sa base latéralement subsillonné-ponctué. Front rétréci, moitié aussi large que le rostre au milieu. Antennes testacées, insérées vers le tiers apical du rostre, allongées, le scape atteignant l'œil, le 2ᵉ article du funicule plus long que le 1ᵉʳ, la massue oblongue.

Prothorax beaucoup plus large que long, fortement rétréci, subtubuleux dans son quart antérieur, les côtés peu arqués dans le milieu, les angles postérieurs obtus, la base bisinuée et presque du double aussi large que le bord antérieur ; convexe dans le milieu, légèrement impressionné à la base de chaque côté du milieu, largement et assez fortement en avant et le bord antérieur un peu relevé ; densément squamulé et pourvu de soies squamuleuses à peine soulevées et peu nombreuses. Écusson ovale, convexe, densément squamulé.

Elytres avec leur base distinctement plus large que celle du prothorax, les épaules distinctes, brièvement arrondis-acuminés ensemble au sommet ; modérément convexes, impressionnés derrière le calus apical, les stries ponctuées et fines, les interstries plans au sommet, en avant convexes, le 3ᵉ plus élevé vers la base, pourvus d'une série de granules râpeux émettant de courtes soies squamuleuses soulevées et alignées sur un seul rang par interstrie.

Pattes assez élancées, ferrugineuses, squamulées ; fémurs claviformes, armés d'une dent triangulaire forte aux pattes postérieures, moindre aux antérieures. Dessous revêtu de squamules cendrées, serrées sur le prosternum, éparses sur le ventre, le 2ᵉ segment ventral peu plus long que le 3ᵉ, le 1ᵉʳ chez le ♂ pourvu en son milieu d'une aire ovale, concave et squamulée sur son pourtour, particulièrement au sommet.

Long. 5-6 mm.

Cette espèce se distingue aisément de *Neotylodes Guadelupensis* Rosensch. par l'absence de dessin sur les élytres, le rostre, les antennes, le 1er segment abdominal chez le ♂ différemment conformés. Le rostre, les téguments sont parfois d'un brun noir.

Sur troncs et rejets d'arbres abattus, de 3 à 700 m. d'altitude. (Dufau).

Type : Guadeloupe (coll. Chevrolat).

Guadeloupe (Delauney) ; Trois-Rivières (Vitrac) ; Gourbeyre (Dufau).

38 spécimens (Fl. 13 ; Mus. 20 ; m. 5).

Genre **Macromerus** Schönherr, Disp. Meth., 1826, p. 285.
G. l. Champion, l. c., p. 506.

Pattes antérieures chez le ♂ plus ou moins allongées leurs tarses avec de longs poils. Antennes avec la massue ovale, ses sutures distinctes, leur 2e article allongé. Yeux très grands, leurs facettes très fines. Fémurs claviformes, unidentés les postérieurs atteignant l'apex. Deuxième segment ventral presque aussi long que les 3e et 4e réunis ; canal rostral atteignant ou presque le métasternum.

Genre comprenant une vingtaine d'espèces de l'Amérique tropicale et méridionale et une de la Guadeloupe.

M. lanipes Ol., Ent. Meth., V, 1790, p. 506 ; Id., Ent. V, 83, p. 169, pl. 11, fig. 130 ; Chevr. *Ann. Soc. ent. Belg.*, 1877, p. 103. — *chimarius* F., Ent. Syst. I, 2, p. 421 ; Herbst, Käfer VI, p. 209, pl. 74, fig. 9, ♂. — *chimaridis* F., Syst. Ent. II, p. 462 ; Bohem.. ap. Schönh. Gen. Curc. ; IV, p. 184.

D'un noir profond, orné d'un dessin squamuleux blanc tranchant sur le fond, composé sur les élytres d'une bordure sur la base un peu prolongée en arrière de chaque côté de l'écusson, de nombreuses petites taches formant une étroite fascie antéapicale, le plus souvent presque droite, une deuxième fascie irrégulière commençant prés de l'épaule et atteignant le milieu de la suture, sur le prothorax de trois traits sur la base, d'une étroite bordure apicale prolongée en dessous où elle rejoint près des hanches une bande contournant la hanche et remontant le long du canal rostral. Dessous avec des taches blanches sur les côtés de la poitrine, alignées en deux séries sur le milieu des segments ventraux. Pattes noires, un peu brillantes, les tarses couverts en dessus et en dessous d'une pubescence serrée, grisâtre ou jaune et très longue sur les antérieurs ($\male$).

Rostre plus long que la tête et le prothorax, arqué, brillant en avant, densément pointillé et brièvement caréné à la base. Yeux étroitement séparés sur le front, ce dernier avec une ligne enfoncée. Antennes postmédianes, foncées, le 2e article du funicule allongé, beaucoup plus long que le 1er.

Prothorax transversal, les côtés subparallèles en arrière, fortement arqués et convergents en avant ; couvert de points grands, profonds, serrés et formant des rides arquées dirigées vers le milieu, pourvu d'une carène médiane vive. Ecusson densément squamulé, blanc.

Elytres assez allongés, les épaules obliques, profondément sillonnés ponctués, les interstries rugueux, élevés, pourvus d'une série de tubercules allongés,

Pattes élancées, les antérieures beaucoup plus longues que les autres, particulièrement chez le $\male$; fémurs unidentés ; tibias antérieurs flexueux, fortement arqués en dedans au sommet.

Long. 8-14 mm.

Type : Antilles.

Basse-Terre (Delauney) ; Trois-Rivières dans les plaies de l'arbre appelé Glutier des oiseleurs (Vitrac) ; Gourbeyre (Dufau).

50 spécimens (Fl. 15 ; Mus. 5 ; m. 30).

Genre **Cylindrocorynus** Schönh. Gen. Curc. IV, p. 231

Champ. l. c. p. 513

Ce genre diffère des *Coelosternus* par les tarses antérieurs du mâle dilatés mais non villeux. A cause de ce caractère, l'espèce suivante, dont aucun des 30 spécimens examinés n'a les tarses antérieurs villeux, est rattachée à ce genre ; il en est de même de la 2e dont je n'ai vu qu'un spécimen.

C. alternans** Bohem. ap. Schönh. Gen. Curc., IV, 1837, p. 211 (*Coelosternus*). — *nigrostriatus*** Chevr., *Le Naturaliste*, 1880, p. 236. (378).

Oblong, revêtu de squamules d'un gris jaunâtre, sur le prothorax fines et très éparses, sur les élytres plus grosses, serrées vers le sommet, formant sur les interstries des bandes plus ou moins interrompues au-delà du milieu, celle du 4e interstrie ordinairement entière et plus tranchée en avant, les élytres parfois presque entièrement squamulés.

Rostre un peu plus long que le prothorax, épais, arqué, rugueux et caréné à la base, pointillé, glabre et brillant en avant. Tête rugueuse, le front fovéolé et de moitié aussi large que le rostre au milieu. Antennes médianes, ferrugineuses, assez fines, le 2e article du funicule aussi long que le 1er, la massuée étroite, cylindrique, compacte, presque aussi longue que les 5 articles précédents réunis, densément pubescente de gris.

Prothorax aussi long que large à la base, ovale, assez fortement rétréci en avant, les côtés arqués, la base bisinuée ; convexe, grossièrement et rugueusement ponctué, caréné au milieu en avant. Ecusson petit, ovale, convexe, glabre.

Elytres, en avant presque une fois et demie aussi larges et trois fois aussi longs que le prothorax, les épaules en angle obtus, brièvement arrondies, les côtés légèrement arqués-convergents jusqu'au sommet, et en ce dernier point brièvement arrondis ensemble ; convexes, impressionnés derrière le calus antéapical, la déclivité postérieure forte (vue de profil) et arquée ; interstries impairs carénés, la suture relevée en arrière, les stries géminées, leurs points gros, oblongs, plus gros dans les parties sombres.

Pattes élancées, squamulées, les intermédiaires plus courtes ; fémurs sublinéaires, les antérieurs armés de deux dents, l'externe très petite, les postérieurs obsolétement dentés et atteignant l'apex des élytres. Tibias antérieurs bisinués en dedans. Dessous à ponctuation serrée, les points squamulés ; épisternes métathoraciques glabres, mats, avec seulement quatre ou cinq points. Canal rostral atteignant seulement le milieu des hanches intermédiaires, son sommet en fer à cheval mais les bords élevés.

Long. 10-11 mm.

Cette espèce diffère de *C. dentipes* Bohem. par le front beaucoup plus large, le prothorax plus ovale, les élytres moins rétrécis, plus parallèles, les fémurs moins claviformes et autrement dentés, les tibias antérieurs non arqués, etc.

Le type a les fémurs bidentés et non unidentés comme l'indique Boheman.

Type de *alternans* Boh. : Cayenne (Dupont), de *nigrostriatus* Guadeloupe.

Camp Jacob, le soir, VI, (Delauney). Sur le Manioc, *Jatropha manihot* (Vitrac) Gourbeyre (Dufau).

30 spécimens (Fl. 18 ; Mus. 1 ; m. 9).

2. **C. thoracicus**** Chevr., *le Naturaliste*, 1880, p. 286.

Allongé, noir brun, revêtu de squamules flaves et d'un blanc teinté de jaune, celles du prothorax plus grandes, très serrées, formant sur les côtés une large bande plus claire, celles des élytres formant ça et là quelques petites taches plus claires, dont une sur l'épaule, celles du dessous grandes, serrées et jaunes, celles des pattes très petites, éparses, plus serrées et formant une tache en dessus de la dent des fémurs.

Rostre mince, aussi long que la tête et le prothorax, modérément arqué, à ponctuation fine et serrée, un peu plus forte vers la base, surmonté d'une fine carène médiane prolongée jusqu'au niveau de l'insertion des antennes. Antennes insérées au milieu du rostre, ferrugineuses, le 2e article du funicule notablement plus long que le 1er et que le 3e, la massue subcylindrique, un peu renflée vers son tiers apical, très longue, aussi longue que les 5 articles précédents réunis, densément pubescente de cendré, compacte. Tête rugueuse, squamulée, les yeux un peu convexes et très étroitement séparés en dessus.

Prothorax aussi long que large, fortement rétréci dans sa moitié antérieure, les côtés à peine arqués dans leur moitié postérieure, la base bisinuée ; très convexe, la ponctuation forte, voilée par le revêtement, la carène médiane, devant l'écusson, élargie, en triangle allongé, élevée et lisse, mais très courte, reparaissant sur le milieu du disque comme une fine ligne. Écusson ovale, pointillé, presque glabre, entouré d'un sillon.

Elytres un peu plus larges que le prothorax, les côtés peu arqués, convexes, légèrement impressionnés derrière le calus antéapical, ce dernier peu visible ; stries profondes, régulières, leurs points serrés, pupillés, devenant plus petits en arrière ; interstries très étroits, carénés, leur arête vive.

Pattes allongées, les antérieures plus longues ; fémurs antérieurs armés de deux dents aiguës, l'extérieure plus petite ; tibias antérieurs fortement arqués, à peine bisinués en dedans ; tarses allongés, le 1er article aussi long que les deux suivants réunis.

Segments intermédiaires de l'abdomen arqués sur leurs côtés, le 2e à peine aussi long que le 3e, le 5e plus long. Ep256sternes du métathorax densément ponctués et squamulés.

Long. 9 mm.

De forme plus courte que *C. alternans* Boh. elle s'en distingue aisément par la sculpture des élytres et le revêtement du prothorax.

Guadeloupe suivant Chevrolat ; le type, seul spécimen vu, ne porte aucune indication.

DIJON — IMP. DARANTIERE

ÉTUDE D'UN MOLLUSQUE NACRIER

LE TROQUE

(Trochus niloticus L.)

par

J. RISBEC

Docteur ès Sciences
Chef de la mission permanente d'Etudes biologiques (Nouméa)

Le Troque (*Trochus niloticus* L.) est utilisé pour sa nacre. Il fournit à la Nouvelle-Calédonie une source de richesse importante. Malheureusement une exploitation intense et une réglementation insuffisante ont permis à l'espèce de devenir plus rare. Il y a lieu d'envisager les moyens à adopter en vue d'assurer un repeuplement convenable des récifs. Actuellement le commerce des boutons de nacre subit une crise due aux fluctuations de la mode ; les cours ont baissé très sensiblement et le moment est favorable à un essai de limitation dans la production.

Je ne m'arrêterai pas à un simple examen des conditions de reproduction dont les résultats pratiques pourraient être énoncés en quelques lignes. Je crois préférable de livrer au Gouvernement de la colonie une étude complète de l'espèce. Les résultats anatomiques qui, pour l'instant, peuvent paraître superflus trouveront peut-être leur emploi plus tard et peuvent toujours éclairer les naturalistes dans les délimitations précises de l'espèce et de ses variétés.

Mon rapport comprendra donc :

1° L'historique de la pêche du Troca en Nouvelle-Calédonie ;

2° L'étude morphologique et anatomique de l'espèce ;

3° L'étude des conditions de vie du Troca (races) ;

4º L'étude de sa reproduction ;

5º Un essai d'étude biométrique ;

6º La discussion des procédés de réglementation qu'il pourrait y avoir intérêt à adopter.

I. — HISTORIQUE.

La pêche du Troca en Nouvelle-Calédonie n'a commencé d'une manière importante qu'en 1907. Elle n'était soumise à cette époque à aucune réglementation. La récolte des coquilles était des plus faciles. Il suffisait, sur les récifs, de se baisser pour ramasser les coquillages ; en certains endroits, on pouvait, paraît-il, opérer à la pelle, tellement l'abondance était grande (à Balabio, par exemple). Bien que les prix de ventes aient été faibles, le pêcheur gagnait de bonnes journées parce qu'il pouvait ramasser rapidement une grande quantité.

Les résultats d'une telle exploitation ne se faisaient pas attendre et dès 1910, on constatait une réelle diminution, du nombre des coquilles sur le récif. Le gouvernement de la Colonie étudia les moyens de parer à cette diminution.

Dans un rapport au Président de la République, le Gouverneur notait cette constatation « que la dimension des coquilles de Troca exportées diminuait ; le nombre des coquilles seul augmentait, mais non le poids de la nacre utilisable ».

Le décret du 20 novembre 1911 fixait une première réglementation de la pêche. En voici les dispositions essentielles :

ARTICLE 1er. — La pêche est ouverte toute l'année sauf durant les mois de janvier, février, mars, avril, époques du frai. Le transport et la détention des Trocas vivants sont interdits durant lesdits mois.

ARTICLE 2. — La pêche est limitée aux coquilles de 8 cm. de diamètre et plus.

ARTICLE 4. — Une amende de 25 à 100 francs et un emprisonnement de 3 à 15 jours sont infligés pour pêche en temps prohibé. Les produits sont rejetés à la mer (Trocas vivants) ou confisqués (Trocas morts).

Article 5. — Même peine pour le transport ou la détention en période prohibée.

Article 6. — 5 à 100 francs d'amende et un emprisonnement de 2 à 10 jours punissent la pêche ou le commerce des Trocas de moins de 8 centimètres.

Cette réglementation parut bientôt insuffisante et en 1914 le Gouvernement s'inquiétait à nouveau et des études étaient entreprises en vue de l'établissement d'un régime plus sévère. La guerre vint orienter les esprits vers des problèmes plus importants et la question resta pendante. D'ailleurs l'exploitation subit une brusque diminution et l'espèce s'en trouva de la sorte mieux protégée que par un décret. Bien mieux, un arrêté, en date du 7 août 1915, facilitait les conditions de pêche pour les étrangers.

Article 1er. — Pendant la durée des hostilités, la composition de l'équipage des bateaux ayant leur port d'attache à Nouméa, et armés pour la pêche des Trocas et la Bêche de mer sera libre, à la condition que l'armateur et les patrons desdits bateaux soient Français ou sujets français. »

En mars 1915, M. Montagu, étudiant de l'Université de Cambridge, de passage en Nouvelle-Calédonie, était sollicité d'étudier les conditions de reproduction du Troca. Les résultats de son étude ont été publiés en mars 1915 dans la *Revue agricole de la Nouvelle-Calédonie*. Il aboutissait aux conclusions suivantes : les Trocas de 8 à 9 cm. ne sont pas adultes ; l'époque de la reproduction s'étend de décembre à février inclusivement. Il conseillait de conserver de très grosses coquilles comme souches de reproducteurs et d'établir des sections de côte à prohiber durant 5 années environ. Ces indications de M. Montagu, que je puis approuver quant à ses conseils pour la protection de l'espèce, mais en désaccord avec mes propres résultats quant à l'étude scientifique, étaient les seules bases possédées par le Gouvernement pour l'établissement de sa réglementation. Voici les dispositions qui étaient arrêtées par décret du 22 mai 1916 (*Journal officiel de la République française* du 1er juin 1916). Je ne donnerai ici qu'un résumé comprenant toutes les dispositions essentielles.

« L'armateur, capitaine ou patron, qui doit être citoyen ou sujet français, doit se munir d'un permis spécial de pêche au Troca valable pour une année. La pêche est fermée du 1er novembre au 1er mai. Le Gouverneur a la faculté, après avoir consulté le Conseil général, d'interdire la pêche pendant une période plus longue.

Les Trocas vides ou morts, transportés ou détenus pendant la période d'interdiction doivent avoir été déclarés (avec contrôle) avant le 1er novembre. Les Trocas pêchés ne doivent pas passer au travers d'un anneau rigide de 8 cm. de diamètre. Les plus petits doivent être rejetés sur les lieux mêmes de pêche. Doivent être considérés comme mesurant 8 cm. de diamètre et par suite de pêche licite tous les Trocas, qui, placés la pointe en bas, avec l'axe de la spirale perpendiculaire au plan de l'anneau vérificateur, sont retenus par les bords de l'anneau alors que, légèrement inclinés, leur forme allongée leur permettrait de passer.

Le transport et la détention de Trocas de moins de 8 cm. sont interdits de tous temps.

« Une amende de 100 à 1.000 francs, la confiscation du bateau et des moyens de pêche punissent :

1º La pêche en temps prohibé ;

2º Le défaut de permis ;

3º La pêche de Trocas au-dessous de la dimension.

Les produits de la pêche sont rejetés à la mer si les animaux sont vivants ou confisqués s'ils sont morts. Une amende de 100 à 1.000 francs sans préjudice, le cas échéant, de la retenue préventive des moyens de transport pour sûreté de l'amende, est infligée.

1º Pour transport ou détention de Trocas en temps prohibé ;

2º Pour détention en période d'ouverture, de Trocas au-dessous de la taille réglementaire ;

3º Pour vente ou expédition de Trocas morts ou vides au-dessous de la taille ;

4º Pour détention de Trocas en temps prohibé sans déclaration ou fausse déclaration. »

On voit que le nouvel arrêté augmentait la durée de fermeture et rendait plus sévère la répression des fraudes.

En 1917, M. le professeur Edmond Perrier, Directeur du Museum National d'Histoire naturelle, était consulté. Par lettre au ministre des Colonies en date du 27 août 1917, M. Perrier suggérait

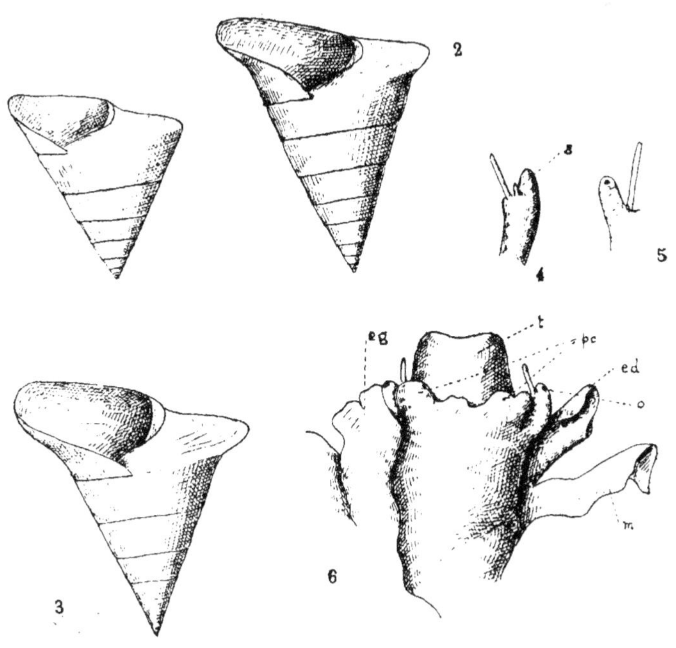

Fig. 1. — Troca jeune. — Fig. 2. — Début de la formation de la carène. — Fig. 3. — Troca âgé avec carène bien développée. — Fig. 4. — Tentacule gauche vu par la face ventrale s. appendice supplémentaire. — Fig. 5. — Tentacule gauche vu par la face dorsale. — Fig. 6. — Région céphalique : *t.* trompe, *pc.* palmettes céphaliques, *o.* œil. *m.* lambeau du manteau coupé, *eg.* lame épipodiale gauche. *ed.* repli épipodial droit.

d'avancer d'un mois la date de la fermeture de la pêche et parallèlement de fixer au 1er avril, au lieu du 1er mai, la date d'ouverture. Au cas où la mesure serait insuffisante, il préconisait l'établissement de secteurs à fermer pendant deux ans. La taille de 8 centimètres serait conservée.

Rien n'a été modifié à la suite de la consultation de M. Edmond Perrier.

Le décret du 22 mai 1916 n'arrêta pas l'appauvrissement des bancs de Trocas et le 12 février 1924 dans un rapport au Ministre sur la question, après avoir donné les chiffres de la production durant les années précédentes, le chef de service des Douanes écrivait :

« Bien que le relevé ci-dessus donne, non la production annuelle, mais le chiffre des sorties qui peut-être fort différent d'une année sur l'autre, il est néanmoins possible de se rendre compte que la moyenne des résultats est en diminution, malgré les prix avantageux actuellement offerts et qui laissent aux pêcheurs de larges bénéfices. C'est l'indice certain de l'appauvrissement des bancs coquillers soumis pendant longtemps à une exploitation intensive et sans méthode. »

Il constatait enfin qu'autrefois la pêche se faisait à pied à marée basse, tandis qu'aujourd'hui, elle nécessitait la plongée.

M. le Gouverneur Guyon eut alors recours aux connaissances de M. le professeur Gruvel.

Ce professeur, par lettre du 24 novembre 1924, indiquait que la seule méthode efficace de repeuplement des bancs de Trocas serait de diviser la colonie en secteurs et d'interdire formellement la pêche alternativement, dans chaque secteur, durant une période de 3 ans. A défaut, si la surveillance était impossible, il proposait d'interdire la pêche des individus de taille inférieure à 80 mm. et supérieure à 110 mm. Il voulait ainsi assurer la protection des jeunes et conserver une souche de gros reproducteurs. A la suite de cette communication, un arrêté fut pris (9 mai 1925) fixant les deux limites maxima et minima à 8 cm. et à 11 cm. et interdisant la pêche du 1er octobre au 1er avril de chaque année. L'application de la mesure fut reconnue trop difficile, une forte perturbation fut constatée, le rendement de la pêche était réduit des 2/3. Dans toute la colonie des protestations s'élevaient et l'arrêté était finalement rapporté, remettant provisoirement en vigueur les dispositions de 1916.

M. le professeur Gruvel par lettre du 21 septembre 1926 rappelant ses déterminations de 1924, se montrait justement froissé des critiques dont avaient fait l'objet ses études et avec juste raison, affirmait qu'il ne se sentait pas le pouvoir de faire pour la colonie le miracle de protéger l'espèce Troca, tout en augmentant le rendement de sa pêche.

Dans l'incertitude d'une solution à adopter, un arrêté fut pris le 20 février 1928 fermant la pêche du 1er octobre au 1er mai et fixant la limite à 8 cm., la coquille ne pouvant traverser l'anneau rigide quelle que soit son inclinaison.

Des discussions s'élevaient encore au sujet du mode de mesure des dimensions et un nouvel arrêté du 4 juin 1926 modifiait le précédent en spécifiant :

« La pêche est limitée aux Trocas qui, placés la pointe en bas dans un anneau de 8 cm. de diamètre, peuvent être retenus par les bords de cet anneau.

Désirant absolument éclaircir cette question de la réglementation de la pêche, M. le Gouverneur Guyon réunit en commission, le 4 novembre 1926, toutes les personnes ayant une connaissance de la question (fonctionnaires, pêcheurs, commerçants). Les débats de la commission furent confus, les opinions les plus disparates furent émises. Les uns voulaient la pêche libre toute l'année, d'autres voulaient fermer complètement durant plusieurs années ; la tendance d'un grand nombre allait à une diminution de la taille de 8 cm. sans s'inquiéter d'une disparition probablement rapide de l'espèce. Devant cette incertitude, les choses restèrent à peu près en état. Un décret fut pris fermant la pêche du 1er mai au 30 septembre, renforçant les pénalités. La limite des Trocas se trouvait augmentée, attendu que la mesuration qui devait s'effectuer sur le petit diamètre et non plus sur la plus grande largeur équivalait à prohiber les Trocas de moins de 9 cm.

Telles furent les mesures prises depuis 1911 pour préserver la race du *Trochus niloticus*. Toutes ces mesures se sont montrées en grande partie inopérantes et ont seulement limité un peu le massacre. Il convient cependant d'ajouter que la surveillance devant faire appliquer les règlements établis a toujours été à

peu près nulle par suite de l'étendue immense à surveiller et du
nombre infime d'agents en service. On peut dire que surtout dans
le Nord de l'Ile, les pêcheurs ont à peu près pêché comme il
leur a plu. Dans de telles conditions on conçoit que toute réglementation, fût-elle parfaite, est destinée à un échec.

PRODUCTION. — Les exportations de Trocas depuis l'année
1907 ont donné les résultats suivants :

(Il faut remarquer que ces exportations ne donnent pas exactement le chiffre de la production, mais ne peuvent que s'en
approcher à peu près parallèlement.)

Années	Poids	Valeur
1907	927.534 kilos	183.173 francs
1908	821.151 —	162.038 —
1909	588.653 —	112.684 —
1910	906.069 —	276.229 —
1911	531.840 —	239.001 —
1912	730.551 —	511.385 —
1913	1.004.994 —	830.665 —
1914	577.787 —	485.591 —
1915	466.961 —	762.758 —
1916	790.753 —	658.167 —
1917	187.758 —	131.519 —
1918	749.337 —	744.527 —
1919	549.500 —	1.012.859 —
1920	184.079 —	695.841 —
1921	887.635 —	2.481.713 —
1922	622.262 —	1.177.007 —
1923	309.394 —	979.205 —
1924	389.454 —	1.573.842 —
1925	295.831 —	2.032.378 —
1926	229.288 —	2.702.073 —
1927	357.647 —	2.135.164 —
1928	358.433 —	2.417.503 —

A partir de 1921 il convient d'ajouter les rondelles de nacre
ébauchées dans une usine locale et dont les exportations se
sont élevées à :

Années	Poids	Valeur
1921	10.566 kilos	99.353 francs
1922	23.060 —	336.440 —
1923	18.239	373.440 —
1924	25.157 —	
1925	17.142 —	
1926	28.999 —	
1927	31.792 —	
1928	23.280 —	

Une tonne de rondelles provenant du traitement de 4 tonnes de coquilles, la production correspondante serait donc de :

1921	42.264 kilos
1922	92.240 —
1923	72.956 —
1924	100.628 —
1925	68.568 —
1926	115.996 —
1927	127.168 —
1928	93.120 —

soit, pour la production totale des dernières années :

1921	929.899 kilos
1922	714.502 —
1923	382.350 —
1924	490.082 —
1925	364.399 —
1926	345.284 —
1927	484.815 —
1928	451.553 —

Si l'on représentait la production par un graphique, il mettrait en évidence une très grande irrégularité dans la production, mais montrerait aussi que la production moyenne diminue régulièrement.

Conditions de pêche et usinage. — La pêche du Troca s'effectue de la manière la plus simple et, contrairement aux descriptions d'informateurs peu au courant de la question, il

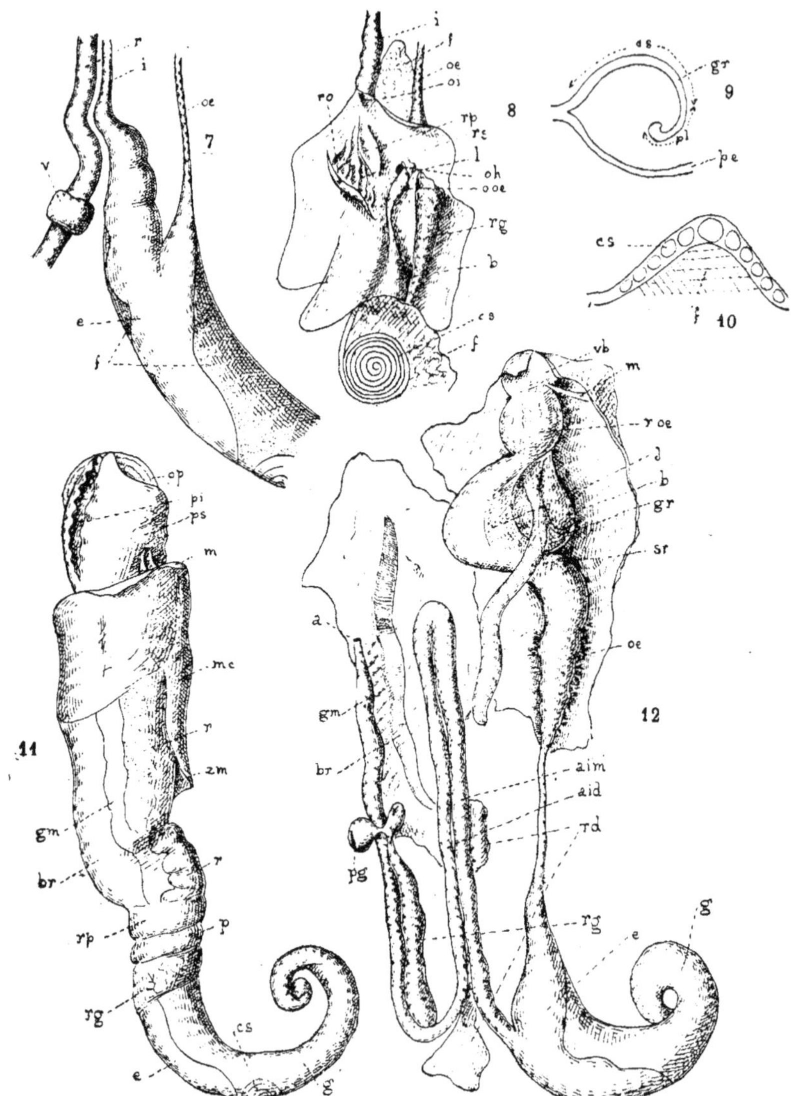

Fig. 7. — Région stomacale. La glande génitale est enlevée. Rectum et ventricu
rejetés à gauche. *r.* rectum, *i.* intestin, *œ.* œsophage. *v.* ventricule, *e.* estomac, *f.* foie
Fig. 8. — Estomac ouvert. sa paroi étalée. *i.* intestin, *f.* foie, *œ.* œsophage, *oi.* orif
intestinal, *rp.* repli de l'orifice intestinal, *rs.* replis secondaires, *l.* languette saillante ; *o*
orifice hépatique, *o. œ.* orifice œsophagien. *rg.* repli à la surface gaufrée, replié à droi
et en dessous, *b.* bourrelet recouvrant l'extrémité du lobe hépatique, *cs.* cœcum spir
ro, repli orangé.
Fig. 9. — Coupe transversale du gros repli stomacal. *cs.* zone à circonvolutions super
cielles, *gr.* grand repli, *pl.* zone à plis longitudinaux, *pe.* paroi de l'estomac.
Fig. 10. — Coupe schématique perpendiculaire au plan d'ensemble du cœcum spiral. *c*
cœcum spiral, *f.* foie.
Fig. 11. — Troca extrait de sa coquille. *op.* opercule, *pi.* dessous du pied, *pe.* dess
du pied, *m.* bord du manteau, *mc.* muscle columelaire, *r.* bande brunâtre foncée (re
tum), *zm.* zone marron clair, *gm.* bande blanc de lait (glande muqueuse). *br.* zone marr
clair (branchie), *r.* zone marron assez foncé (rein), *rp.* portion du rein accolée au pé
carde, *p.* péricarde, *rg.* rein gauche, *e.* estomac, *cs.* cœcum spiral, *g.* glande génitale.
Fig. 12. — Ensemble du tube digestif. Manteau, anse intestinale et rectum reje
à gauche avec le manteau. Cavité céphalique ouverte. *vb.* vestibule buccal, *m.* muscl
rœ. début un peu renflé de l'œsophage : *j.* jabot, *gr.* grand rétracteur, *sr.* sac radulair
œ. œsophage rattaché par de nombreux tractus, *b.* bulbe buccal, *a. im.* anse intestina
montante rougeâtre, *a. id.* anse intestinale descendante brune. *rd.* lambeaux du re
droit, *rg.* rein gauche, *e.* estomac, *g.* glande génitale, *pg.* pavillon génital, *br.* bra
chie, *gm.* glande muqueuse, *a.* anus.

n'est pas fait usage du scaphandre. On pouvait autrefois, comme il est dit ci-dessus, faire de bonnes récoltes en marchant simplement sur le récif à marée basse par temps calme. Aujourd'hui, cette méthode donne de très faibles résultats. On peut aussi avec une plate ou un canot suivre les bords du récif et, de préférence avec la lunette d'eau en explorer la pente. Les Canaques, pour calmer l'agitation superficielle de la mer se servent souvent des noix de coco. Ils mâchent la noix, puis crachent ; une matière huileuse s'étend en nappe extrêmement mince et calme les vagues. Ils se servent de la sagaïe pour éviter de plonger ; tout en récoltant des coquillages à une assez grande profondeur. Les trois ou quatre branches de la sagaïe s'écartent en formant ressort lorsqu'on les appuie sur la coquille en encadrant son sommet. Il suffit alors de ramener à soi l'instrument. Les pêches importantes se font maintenant à la plongée et au grand récif l'agitation de la mer ne permet souvent cet exercice que durant trois ou quatre jours par mois. Le plongeur se munit de lunettes spéciales à montures de bois fermant exactement l'enfoncement de l'orbite. Son travail est excessivement pénible et dangereux. Après peu d'années il doit cesser ce métier car le cœur ne fonctionne plus normalement ; les maux d'oreilles sont inévitables. Les requins sont à craindre. Il y a quelques années, les pêcheurs ne les redoutaient pas ; le requin ordinaire est en effet poltron et il suffit de crier et de s'agiter pour l'effrayer ; le requin marteau cependant passe pour ne rien craindre. Maintenant le requin semble devenir beaucoup plus dangereux et agressif ; on attribue cette différence dans sa manière, au fait qu'il s'est habitué à attaquer les cerfs qui, facilement, circulent à la nage de la Grande-Terre aux ilots voisins et d'ilots en ilots. Les Loches sont encore plus terribles que les Requins et ne se laissent pas effrayer.

Les pêcheurs, après la plongée, déposent les produits récoltés dans leur bateau. Ils devraient mesurer à l'anneau les Trocas dont les dimensions leur paraissent insuffisantes et rejeter immédiatement à l'eau les Trocas trop petits. Ils ne suivent malheureusement pas toujours cette prescription et mesurent

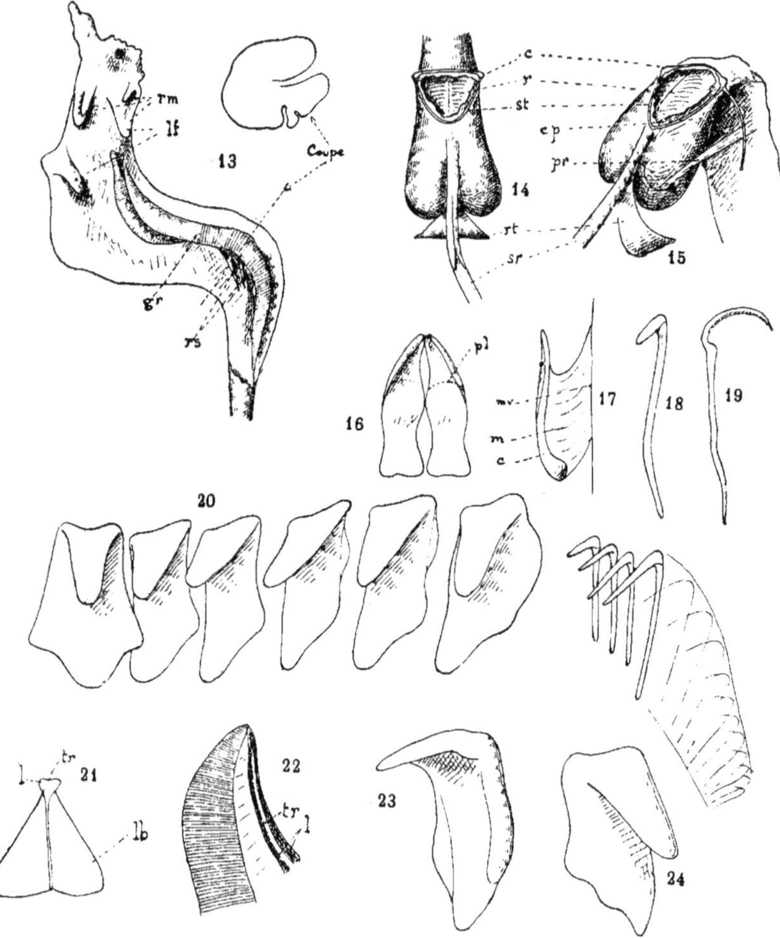

FIG. 13. — Œsophage fendu dorsalement et étalé avec une coupe transversale. *rm.* replis mous, *lf.* languette triangulaire fibreuse, *gr.* grand repli œsophagien, *rs.* replis secondaires.

FIG. 14. — Bulbe buccal vu dorsalement ; l'œsophage est coupé.

FIG. 15. — Bulbe buccal vu de 3/4. Lettres communes aux figures 14 et 15 : *c.* ganglion cérébroïde, *r.* radula, *st.* commisssure stomato-gastrique, *cp.* connectif cérébro-pédieux, *pr.* protracteurs, *rt.* rétracteur, *sr.* sac radulaire.

FIG. 16. — Cartilages étalés ; leur plan est normalement vertical. *pl.* limite de la portion libre du cartilage.

FIG. 17. — Cartilage vu par la face ventrale. *mv.* ligne médiane ventrale, *m.* muscles, *c.* cartilage.

FIG. 18. — Dent marginale vue de face.

FIG. 19. — Dent marginale vue de profil.

FIG. 20. — Une demi rangée de la radula avec dent centrale.

FIG. 21. — Coupe de la partie libre de la branchie.

FIG. 22. — Partie libre de la branchie. *tr.* axe translucide, *l.* bande blanc de lait, *lb.* lame branchiale.

FIG. 23 et 24. — Deux aspects de la 5e latérale.

souvent beaucoup plus tard. On a prétendu que le Troca rejeté à la mer, s'il tombait sur le côté et non la face plane touchant le fond n'était pas capable de se retourner. Il y a là une erreur. Toutefois, si le Troca est rejeté sur une zone sableuse assez éloignée du récif, il pourra mourir de faim, ou bien, ne pouvant adhérer à une surface résistante, être baloté assez longtemps par les vagues pour mourir.

Revenus à terre, les pêcheurs font cuire les Trocas, l'animal s'extrait alors facilement de sa coquille. Il y a là une véritable providence car, chez presque tous les autres Trochidés que j'ai étudiés, il est très difficile d'extraire l'animal. Les coquilles sont entreposées dans des hangars, puis expédiés à Nouméa pour être exportées.

Jusqu'à ce jour une usine découpait des rondelles dans les coquillages, diminuant ainsi le poids exporté. Cette usine a malheureusement dû fermer ses portes. Les détails qu'on pourrait donner sur elle n'auraient donc plus qu'un intérêt rétrospectif.

Le Troca constitue une nourriture très appréciée surtout des indigènes. Aux alentours des cases des tribus, de la côte Est surtout, on retrouve de très nombreuses coquilles ne présentant pas les dimensions réglementaires et qui sont des restes de repas.

Dans certaines tribus les muscles columellaires sont séchés et vendus (Ile Ouen).

II. — ETUDE MORPHOLOGIQUE ET ANATOMIQUE.

Emplacement dans la classification.

Embranchement	Mollusques
Classe	Gastéropodes
Ordre.......................	Prosobranches
Sous-Ordre	Diotocardes
Section	Hétéronéphridiés
Famille	Trochidés
Genre.......................	*Trochus* Rondelet
Espèce......................	*Trochus niloticus* Linné.

Coquille. — La coquille est d'abord régulièrement conique, puis lorsque l'animal est adulte les derniers tours s'évasent en formant une sorte de carène. L'épiderme est marron, d'aspect fibreux, à nombreuses stries d'accroissement.

La columelle est tordue, avec un profond sillon spirale. Il n'y a pas d'ombilic. Débarrassée de l'épiderme ; la coquille a de jolies taches rouge vermillon et vert sombre sur fond blanchâtre ou rose pâle. La bouche est oblique, vaguement trapézoïde, avec bords régulièrement amincis et fragiles lorsque la coquille est en voie de croissance rapide. Les stries d'accroissement sont très fines et sur la face aplatie perpendiculairement à l'axe, on observe des sillons réguliers concentriques, faibles.

La couche nacrée est très épaisse.

Opercule. — L'opercule est corné, sub-circulaire, multispiré, de couleur ambrée foncée.

Aspect de l'animal. — L'animal rampe sur un pied très large qui lui permet aussi d'adhérer très fortement aux rochers, en résistant à l'assaut des vagues. Le pied, tronqué en dessous, est de couleur verdâtre en dessus. La tête comporte un gros mufle court, à l'extrémité duquel est la bouche, large. Ce mufle est surmonté de replis en deux lobes qui sont les palmettes céphaliques (voir fig. 6) ; à droite et à gauche des palmettes sont les tentacules. Ces tentacules sont courts avec une portion élargie jusqu'à l'œil et une portion effilée strictement tentaculaire. La portion

élargie est plane dorsalement, convexe ventralement ; l'œil
est dorso-latéral. A la base de la partie digitée du tentacule
est un petit appendice supplémentaire. La région céphalique

est encadrée par les re-
plis épipodiaux. La face
droite du repli est exca-
vée en cuiller, la conca-
vité étant orientée à droite. Le mufle, les épipodes,
les tentacules et tout le
dessus de la cavité céphalique sont recouverts par
un pigment marron bru-
nâtre. Cette couche pig-
mentée s'enlève facile-
ment comme une g'aire
en grattant légèrement la
surface. La peau en des-
sous est blanche.

Lorsqu'on extrait l'a-
nimal de sa coquille, l'ensemble a la forme d'un
cône très allongé et en-
roulé. La coquille ayant
de nombreux tours de
spire, il est normal que
le tortillon soit très long
et que ses dimensions ne
s'atténuent que progres-
sivement (voir fig. 11).
La cavité palléale s'étend

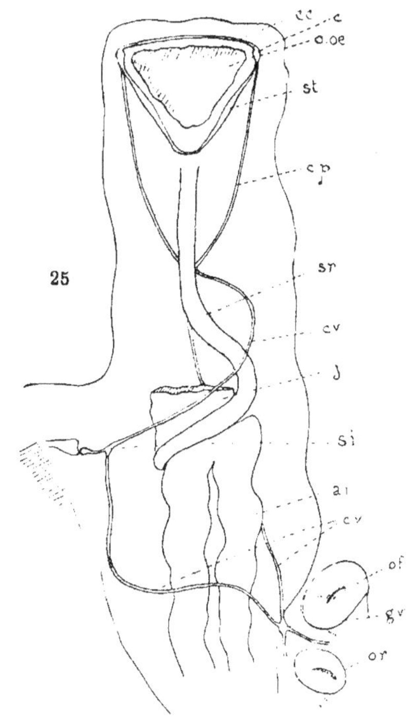

Fig. 25. — Ensemble du système ner-
veux. *cc.* commissure cérébroïde, *c.* ganglion
cérébroïde, *o œ.* orifice œsophagien, *st.* commissure stomato-gastrique, *cp.* connectifs
cérébro-palléal et cérébro-pédieux, *sr.* emplacement du sac radulaire, *cv.* commissure
viscérale, *j.* jabot sectionné, *si.* ganglion
supra-intestinal, *ai.* anse intestinale, *of.* orifice femelle, *gv.* ganglion viscéral, *or.* orifice
rénal.

très en arrière jusqu'à la région péricardique. Le manteau
recouvrant toute cette région comporte une zone antérieure
fortement pigmentée, opaque et une région postérieure laissant
distinguer la disposition des organes sous-jacents.

La région antérieure a une couleur violacée dégradée à droite

et à gauche pour passer au blanc. Vers le dessous, partie visible
au bord de la coquille lorsqu'on observe l'animal vivant, le
manteau a une couleur verdâtre avec liseré marron au bord
libre. La région postérieure du manteau a plusieurs bandes
de colorations différentes et qui sont de droite à gauche :

> 1º Une bande brunâtre foncée : région rectale
> 2º Une bande blanc de lait : glande muqueuse
> 3º Une bande marron clair : branchie.

A droite de la région rectale est une région marron clair correspondant à une zone du manteau plus ou moins couverte de glandes muqueuses.

Le muscle columellaire est d'un beau blanc nacré. Il s'étend
au-dessous de la zone palléale. Il est épais et en continuité avec
le pied. Il constitue la partie comestible appréciée chez le Troca
jeune.

En arrière de la région palléale vient le tortillon proprement
dit. Le rein et le péricarde étalés transversalement forment
une bande marron assez foncée puis blanche (rein droit et glande
péricardique), une bande brunâtre (péricarde), une bande marron jaunâtre avec nombreux vaisseaux sanguins (rein gauche).
L'estomac, visible en arrière, est brunâtre ; il est suivi du cæcum spiral, marron un peu rougeâtre. La bande génitale
recouvre toute la face externe du tortillon (sauf la zone stomacale), elle est vert foncé chez la femelle, blanche chez le mâle.
Le foie brun est situé vers la columelle.

Cavité palléale et appareil respiratoire. — Pour ouvrir la cavité
palléale il faut couper avec des ciseaux suivant la ligne blanche
qui correspond à la glande muqueuse. La partie droite garde le
rectum, la partie gauche la branchie. Tout l'espace compris entre
ces deux organes a des feuillets blancs épais, fournissant un
mucus abondant. La branchie est très longue, sa partie terminale est libre, soutenue par une membrane qui porte deux séries
de lames (voir fig. 21). Cette membrane semble le prolongement
d'un repli du manteau sous forme d'une bande résistante blanche, qui semble s'enfoncer dans le manteau lui-même pour dis-

paraître à sa gauche. Observée en détail, cette bande blanche
montre en réalité deux lames blanc de lait réunies par une lame
intermédiaire translucide.La branchie compte en tout 1.500 feuillets environ.

Tube digestif. — La bouche donne largement entrée dans
un vestibule buccal où débouche dorsalement le vaste œsophage
et où aboutit ventralement la radula portée par son bulbe
sub-radulaire. Le sac radulaire, allongé, replié sur lui-même
vient se terminer en arrière en passant sous la commissure viscérale (branche palléale droit-sub-intestinal). Le sac vers l'avant,
vient passer sous l'œsophage et au-dessus du bulbe. A son entrée
dans le bulbe un fort muscle s'attache à lui et chez l'animal
rétracté contourne le bulbe en arrière puis vers le dessous pour
aller s'attacher au muscle ventral qui est en relation avec le
muscle columellaire. C'est un fort rétracteur du bulbe. Le bulbe
a deux cartilages (voir fig. 16) dont la forme est suffisamment
indiquée par les figures. Ventralement les deux cartilages sont
unis par de forts ligaments. Leur base est visible à l'arrière du
bulbe. Ils donnent insertion à des muscles puissants rougeâtres,
qui, par leur action, font mouvoir la radula alternativement
d'avant en arrière puis d'arrière en avant.

La radula présente un nombre de rangées développées allant
de 100 à 150. Sa formule est ∞ 5 1 5 ∞ %, soit : une centrale
10 latérales, nombreuses marginales. La centrale a une plaque
basilaire élargie en arrière avec deux saillies symétriques. Les
latérales ont une apophyse extérieure qui, pour chacune, vient
recouvrir la base de la latérale suivante. La cinquième latérale
se distingue par un développement énorme de cette apophyse
externe. Les dents marginales sont difficiles à compter. Elles sont
au nombre de 60 environ de chaque côté. 40 seulement étant
nettes et les autres très petites et indécises. Les marginales
augmentent de taille de la 1re à la 4e, puis diminuent régulièrement. Les cuspides d'abord simples sont ensuite finement pectinées ; la pièce basilaire se contourne un peu (voir fig. 18).

L'œsophage, dans la zone située au niveau du bulbe buccal
est fortement fibreux et s'unit intimement à la paroi de la cavité

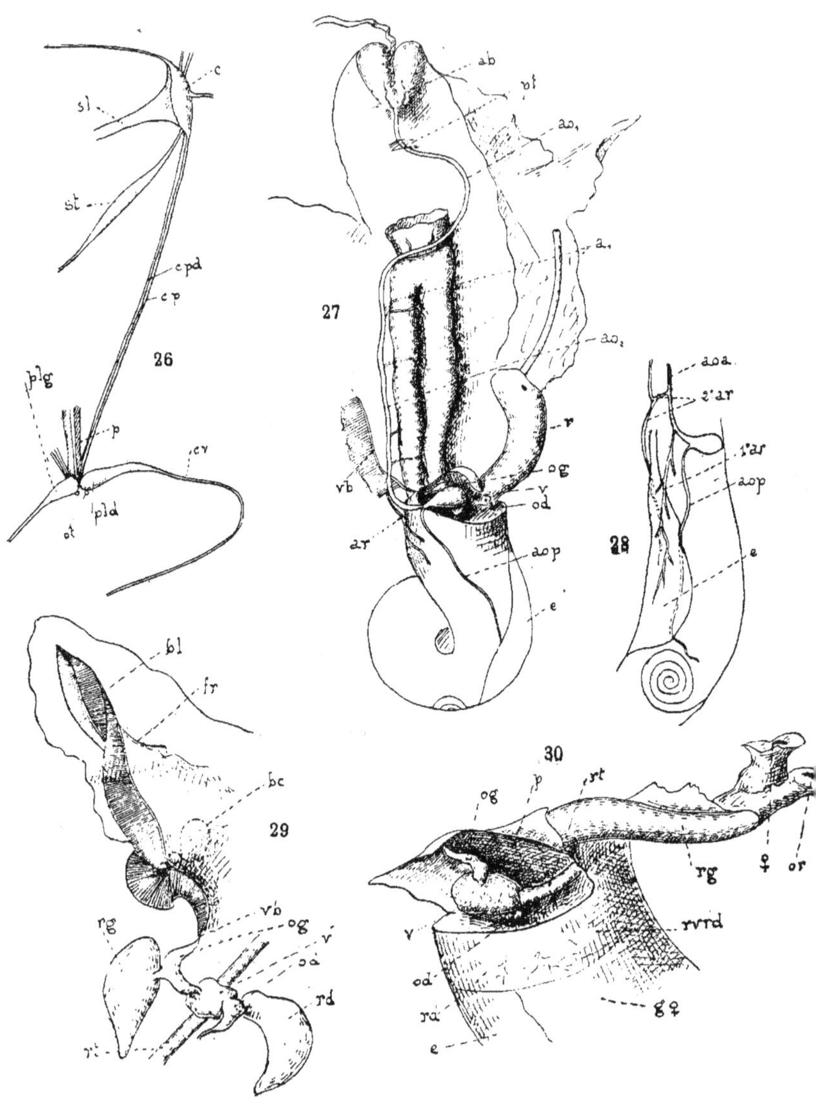

Fig. 26. — Détail du collier œsophagien ; la moitié droite est seule représentée. Mêmes lettres que figure 25, et *sl.* saillie labiale, *cpd.* commissure cérébro-pédieuse, *cp.* commissure cérébro-palléale, *plg.* ganglion palléal gauche, *pld.* ganglion palléal droit, ganglion pédieux, *ot.* otocyste.

Fig. 27. — Ensemble de l'appareil circulatoire. *ab.* artère du bulbe, *pf.* pont fibreux, *ao1* portion de l'aorte enfoncée dans les muscles de la paroi, *ao2* portion de l'aorte accolée à l'anse intestinale, *a1.* artères situées entre l'œsophage et l'anse intestinale, rein, *og.* oreillette gauche, *v.* ventricule, *od.* oreillette droite, *aop.* aorte postérieure, estomac, *ar.* artère récurrente, *vb.* veine branchiale.

Fig. 28. — Vaisseaux du tortillon. *aoa.* aorte antérieure, 1° *ar.* 1re artère récurrente irriguant l'œsophage et une partie du lobe antérieur du foie, 2° *ar.* 2e artère récurrente donnant une branche antérieure sur l'œsophage et une postérieure irriguant l'œsophage et le lobe antérieur du foie, *aop.* aorte postérieure, *e.* estomac.

Fig. 29. — Branchie et région péricardique. *bl.* partie libre de la branchie, *fr.* frein de la branchie, *bc.* ligne pointillée indiquant le développement, caché par les replis du manteau, de l'axe branchial, *vb.* veine branchiale, *og.* oreillette gauche, *v.* ventricule, oreillette droite, *rd.* rein droit, *rt.* rectum, *rg.* rein gauche.

Fig. 30. — Région péricardique (péricarde ouvert). Mêmes lettres et *p.* péricarde, estomac, *g* ♀. glande femelle, *rv. rd.* région verdâtre du rein droit, ♀. pavillon femelle, *or.* orifice rénal.

céphalique surtout du côté gauche. Après être passé sous la
commissure viscérale, l'œsophage est recouvert par l'anse
intestinale. Il est alors de couleur grise, accolé fortement
à la musculature ventrale et rattaché en tous sens aux organes environnants par des tractus. Il est entouré par une
gaine fibreuse. Entre la commissure viscérale (branche supra-
intestinal-palléal droit) et le bulbe, l'œsophage est renflé
en un jabot de couleur brune. Si l'on fend tout l'œsophage
dans son parcours de la cavité céphalique, on observe à
son intérieur des replis couverts de glandes digestives. En
avant, on trouve d'abord des replis mous irréguliers (voir
fig. 13), puis deux languettes triangulaires un peu fibreuses, à
pointes libres dirigées vers l'arrière. Enfin, viennent un grand
repli suivant toute la longueur de l'organe, couvert lui-même
de nombreux replis transversaux et deux autres replis moins
importants qui lui sont parallèles. Sortant de la cavité céphalique, l'œsophage se rétrécit et se rend directement à l'estomac.
Cet organe est visible à la surface du tortillon ; il s'enfonce dans
la profondeur en s'enchâssant dans le foie et la glande génitale.
C'est une poche complexe, à paroi molle ornée de nombreux
replis. La figure 8 représentant l'estomac ouvert donnera une
idée de la complication des replis mieux qu'une description.
On remarque que l'orifice œsophagien, situé très en arrière de
l'orifice intestinal, est séparé de l'orifice hépatique par une
languette. Cette languette est la terminaison d'un gros bourrelet conique à base postérieure et qui recouvre la terminaison
du lobe hépatique. Parallèlement à ce bourrelet est un gros repli,
enroulé en limitant une gouttière très fermée (voir la coupe),de
couleur marron foncé et à surface gaufrée ; seule la partie voisine du bord libre est couverte de plis longitudinaux. Vers l'orifice intestinal, antérieur, on trouve un autre système de replis.
En arrière et transversalement un fort repli jaune orangé limite
postérieurement la zone du repli gaufré et antérieurement la
zone des plis pré-intestinaux. Un fort repli saillant va de la région
de l'orifice œsophagien à l'orifice intestinal. Entre ce dernier
repli et le repli orangé,la surface triangulaire intermédiaire a

une série de plis convergents depuis le repli, orangé, jusqu'à l'intestin. En arrière, le cæcum spiral débouche dans l'estomac près du bourrelet hépatique. L'ensemble de ses spires forme un cône comme l'indique la coupe. Le foie est massif, sans que l'on puisse y distinguer plusieurs lobes.

L'intestin décrit une anse énorme remontant dans ce qui correspond habituellement, chez les Prosobranches, à la cavité céphalique et dans laquelle l'intestin n'a pas accès. Cette anse aboutit ainsi à la commissure viscérale (branche transversale du 8). Elle est étroitement accolée à la paroi de la cavité et il est extrêmement difficile de l'en séparer. L'anse se dirigeant vers l'avant est rougeâtre, celle qui revient vers l'arrière est brune. Revenu au tortillon, l'intestin se dirige de gauche à droite en traversant le ventricule du cœur et par conséquent le péricarde. Le rectum est étroitement accolé au rein gauche qui le recouvre ; sa moitié terminale est seule complètement dégagée et seulement enveloppée par des glandules muqueux blancs. L'anus est porté par un tube dressé court.

Système nerveux. — Le système nerveux est extrèmement peu développé par rapport à la taille de l'espèce, les nerfs et ganglions sont très petits et la dissection est difficile même lorsqu'on se sert de gros échantillons. Les ganglions sont légèrement teintés de jaune. Les cérébroïdes sont situés très près de la bouche. Ils sont faibles, aplatis en une sorte de lame qui serait repliée vers le dessous pour se continuer par la commissure labiale (voir fig. 26). La commissure cérébroïde est longue et mince. Des cérébroïdes partent, en avant, des nerfs de la bouche ; latéralement, le nerf optique ; ventralement, la commissure labiale. La commissure stomato-gastrique partant des cérébroïdes entoure étroitement l'œsophage jusqu'à son débouché au-dessus du bulbe. La commissure est très simple. Il n'y a pas de ganglions buccaux distincts, mais deux renflements fusiformes, à peine marqués s'étendant, à droite et à gauche, sur presque toute la longueur des connectifs.

Les connectifs cérébro-pédieux et cérébro-palléaux sont très allongés. Ils forment à peu près un triangle isocèle avec la commissure cérébroïde, les côtés égaux étant environ deux fois plus longs que la base. Ainsi les ganglions pédieux se trouvent reportés en arrière du bulbe buccal. Ils s'enfoncent profondément dans le pied en restant ganglionnaires sur une grande longueur. Vers le dos ils semblent porter des cornes transversales qui représentent les ganglions palléaux allongés qui se continuent insensiblement avec la commissure viscérale (voir fig. 26). Partant du palléal droit la commissure viscérale se dirige à droite, puis dorsalement et traverse la cavité céphalique de droite à gauche. Dans cette portion transversale elle est très difficile à dégager, enfoncée dans un profond repli de l'œsophage. Le repli est renfermé complètement, si bien que la commissure est logée dans un tube étroit. A droite, elle s'enfonce dans la masse des muscles de la paroi de la tête ; les connectifs cérébro-pédieux et cérébro-palléaux sont accolés à la même paroi et difficiles à dégager. Le ganglion supra-intestinal est peu renflé ; il émet un nerf (nerf osphradial) qui se rend au frein de la partie libre de la branchie. La commissure revient alors en arrière en suivant latéralement la cavité céphalique, puis elle se dirige transversalement pour atteindre le ganglion viscéral qui est logé près des papilles génitales et rénales. Ce ganglion est à peine renflé. La commissure, ventrale, maintenant, par rapport au tube digestif, revient au palléal gauche dont les cellules ganglionnaires peuvent peut-être représenter en même temps le sub-intestinal.

Organes des sens. — Les yeux sont dorsaux, situés à la partie antérieure de la portion renflée du tentacule. Ils sont très petits. Les otocystes sont très réduits et situés en arrière des ganglions pédieux. Ils n'ont qu'un seul otolithe sphérique.

Appareil circulatoire. — Le péricarde est étalé transversalement entre les deux reins. Le ventricule du cœur est traversé par le rectum, ce qui rend difficile l'injection du système artériel. Les oreillettes sont inégales. La plus importante est l'oreillette gauche. Elle a une forme grossièrement en pyramide triangulaire : un sommet correspond à l'orifice auriculo-ventriculaire, un autre au débouché de la veine rénale, un troisième à la veine branchiale. L'oreillette droite est très réduite et n'a plus de rapport qu'avec le rein droit.

Du ventricule part une aorte aussitôt bifurquée en aorte postérieure et aorte antérieure. L'aorte postérieure est de faible diamètre, elle irrigue le foie (lobe postérieur seulement), l'estomac, la glande génitale. L'aorte antérieure est au contraire de fort calibre. Contrairement à ce qu'on observe chez les Prosobranches supérieurs, elle prend part à l'irrigation des organes de la partie antérieure du tortillon. En effet, l'aorte se dirige à gauche pour aller suivre latéralement l'anse intestinale. Elle émet une première artère récurrente (partant à angle très aigu vers l'arrière) qui irrigue l'œsophage et les lobules du lobe antérieur du foie. Une deuxième artère récurrente part dans les mêmes conditions mais se bifurque bientôt. La branche antérieure irrigue l'œsophage, la postérieure participe, avec la première récurrente, à l'irrigation de l'œsophage jusqu'à l'estomac et du lobe hépatique antérieur. En suivant l'anse intestinale, l'aorte émet plusieurs petits vaisseaux ramifiés qui passent entre l'œsophage et l'anse intestinale ; d'autres passent sous l'œsophage, organe particulièrement bien pourvu en vaisseaux. Au niveau du sommet de l'anse intestinale, l'aorte passe de gauche à droite ; en suivant la commissure viscérale elle est accolée à la paroi de la cavité céphalique et difficile à dégager. Elle s'enfonce ensuite dans les muscles de la région droite de la cavité céphalique, revient vers la ligne médiane, passe sous un plancher fibreux et va s'arrêter vers l'avant du bulbe, en dessous de lui au niveau de la pointe des cartilages. Toute la dernière partie du vaisseau est tiraillée par de nombreux tractus et n'a déjà plus l'aspect d'un vaisseau nettement défini. Deux petits canaux dirigent le sang dans les deux moitiés du bulbe et le sang du vaisseau principal tombe dans les lacunes du corps. C'est à partir de ces lacunes que le sang revient aux branchies, puis au cœur.

Appareil excréteur. — Les deux reins sont très dissemblables. Le rein droit est de couleur marron grisâtre, sa partie antérieure devenant verdâtre. Il déverse ses produits dans une cavité qui sert aussi à l'évacuation des produits génitaux. Le rein gauche est marron, accolé au rectum ; sauf une portion blanche accolée

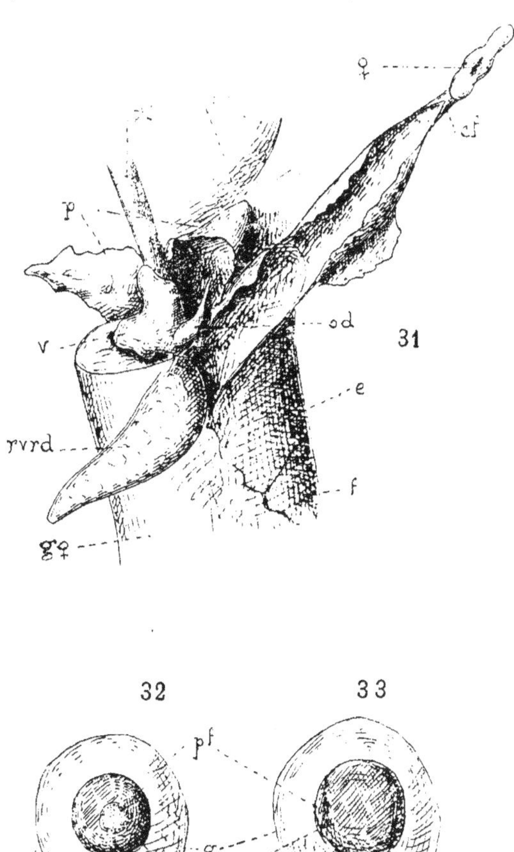

Fig. 31. — Même région, rein gauche enlevé, rectum rabattu à gauche, ensemble un peu tourné vers la gauche par rapport à la figure 30. Mêmes lettres et : *cc.* cavité céphalique, *f.* foie, *cf.* col fibreux. La région verdâtre du rein droit est coupée et rabattue à gauche pour laisser voir la cavité suivie par les œufs lorsqu'ils sont évacués à l'extérieur.

Fig. 32 et 33. — Deux aspects de l'œuf. *pf.* pôle formatif, *g.* enveloppe gélatineuse, *v.* vitellus.

au péricarde avec lequel il communique. Son orifice externe est en forme de boutonnière, situé près du rectum sur une papille saillante.

Appareil reproducteur. — La glande femelle lorsqu'elle est bien développée montre une accumulation d'œufs vert foncé. L'ensemble de la glande recouvre le foie et l'estomac en grande partie, en s'étendant jusqu'à l'extrémité du tortillon. Les œufs tombent dans la cavité rénale droite qui est accolée à l'estomac. La paroi de cette cavité est couverte de glandules verts. Enfin les œufs passent dans un canal glandulaire qui suit le rectum pour aboutir à un pavillon étalé, correspondant à l'orifice de ponte. Un peu avant ce pavillon les glandules de la paroi disparaissent et une portion fibreuse correspond à un rétrécissement en forme de col. Chez le mâle la disposition est la même, mais la glande est blanc ivoire.

III. — CONDITIONS DE VIE.

L'habitat normal du Troca est le récif corallien. On peut évidemment le trouver aussi ailleurs, mais exceptionnellement, et jamais loin du récif. A Balabio, par exemple, on pêche parfois des individus dans les zones sableuses, mais ces individus ne m'ont pas paru s'éloigner beaucoup du récif corallien, qui doit rester leur port d'attache. On peut aussi trouver quelques Trocas sur les cailloux de la côte. Ils ne semblent pas pouvoir vivre dans les endroits vaseux ou simplement sableux, loin des Coraux.

Sur le récif même, on ne trouve guère le Troca rampant sur le Corail vivant. Ce dernier est toujours pourvu de nématocystes qui en même temps que leur piqûre projettent un venin. Les branches de Corail mort, mais en bon état, ne semblent plaire à aucun Mollusque, sans doute à cause de leur excessive rugosité. Le Troca vit en abondance sur les blocs de Coraux morts et usés, à surface à peu près lisse et recouverts d'une sorte de vase glaireuse grisâtre. C'est cette dernière substance qui fait le fond de la nourriture du Troca. Tous les échantillons que j'ai ouverts présentaient leur intestin rempli d'un boudin de cette substance qui, par la digestion, a perdu son allure gluante et ne représente plus qu'un amas de sable avec coquilles de Foraminifères. Le Troca reste généralement au-dessous de la limite inférieure de la marée. Il se cache souvent dans les anfractuosités du récif lorsque la marée baisse et en sort plutôt lorsqu'elle remonte. Son pied lui assure une adhérence très grande. Il se déplace lentement et gratte la surface du rocher avec sa radula dont les denticules sont dirigés vers l'arrière et sont animés d'un mouvement de va-et-vient.

Le reste de la biologie du Troca ne m'est pas connu. Les pêcheurs savent qu'il descend à plusieurs mètres de profondeur, mais ne connaissent pas sa limite inférieure.

La question a été posée de savoir si le Troca dit « de Balabio » constituait une espèce distincte. Le Troca de Balabio est le *Trochus niloticus* Linné. Aucun de ses caractères anatomiques n'en diffère. La radula qui est un organe particulièrement plastique, plus caractéristique que la coquille elle-même chez les Prosobranches est absolument la même que celle du Troca ordinaire.

Il est cependant exact que le Troca de Balabio présente des caractères spéciaux qui permettent de laisser reconnaître sa coquille à un œil exercé. Cette coquille est plus épaisse, plus évasée, présente un aspect de vieillesse chez des individus cependant de petite taille.

Il n'y a là, à mon point de vue, que des différences dues aux conditions de nutrition. De fait, des coquilles analogues à celles de Balabio se trouvent en différents points de la côte. A Nessadiou, les Trocas restent petits et sont épais. L'île Ouanne, en face la baie de Néhoué présente le même phénomène. L'île Néba a des Trocas épais à l'Ouest, ordinaires à l'Est. De même Pot a des Trocas épais à l'Ouest.

Comment expliquer ces anomalies ?

J'ai dit qu'il y avait dans les différences de structure des coquilles les résultats de différences de nutrition. On sait en effet que la même race de bœufs élevée dans des pâturages riches donnera des résultats différents dans des pâtures pauvres. Il en est de même des Trocas.

Il est probable que les Trocas deviennent plus épais lorsque la présence d'eau douce est en assez grande quantité. Balabio se trouve en face de l'embouchure du Diahot et lorsque ce fleuve subit une crue, les eaux limoneuses atteignent le récif, la quantité de carbonate de chaux dans l'eau varie et la croissance est moins active. Ces eaux limoneuses sont riches en matières nutritives, n'arrêtent pas et même favorisent le développement même de l'espèce qui abonde. On sait que les huîtres trouvent une alimentation abondante aux embouchures des rivières et c'est là qu'on les parque pour les engraisser.

Le récif de Nessadiou est baigné par les eaux des fortes crues de la Néra. L'île Ouanne reçoit les eaux douces de la baie de Néhoué.

A Pot et à Néba, l'explication semble en défaut, au moins directement, car il n'y a pas de venue directe d'eau douce. Peut-être y a-t-il cependant des courants venant de la Grande-Terre ; c'est douteux étant donné surtout qu'il s'agit des côtes Ouest. Comme on le verra plus loin les larves du Troca sont pélagiques. Peut-être proviennent-elles ici de zones à Trocas à coquilles épaisses et conservent-elles leurs caractères ancestraux par hérédité ? Les coquilles ne sont d'ailleurs pas absolument semblables à celles de Balabio. Les cassant au marteau, celles de Balabio se sont montrées plus résistantes que celles de Néba ou de Nessadiou. Je ne connais pas celles de Pot.

En tout cas et quelles que soient les raisons, les Trocas de Balabio, quoique distincts, ne représentent pas une espèce, mais tout au plus une variété locale.

Le Troca est une espèce bien protégée par l'épaisseur considérable de sa coquille. Sa face columellaire plane, appliquée contre le pied à l'état d'extension, ne permet pas l'établissement sur sa coquille des Hipponicidés qui s'attaquent si fréquemment aux Burgaus. Je n'ai pas, non plus, observé que la nacre soit piquée, comme celle des huîtres perlières, par les Cliones. Les Muricidés ne peuvent perforer sa coquille. Enfin, je n'ai observé aucun parasite interne. Certains pêcheurs pensent que le Troca rejeté à la mer devenait facilement la proie des Pagures (vulgairement Bernard l'Hermites ou voleurs). Les Pagures ne doivent se saisir que de coquilles déjà vidées, car on ne les observe guère dans des coquilles fraîches ; de plus, au fur et à mesure de leur croissance, ils doivent se choisir une coquille à leur taille et il serait difficile d'extraire le Mollusque pour s'emparer de sa coquille.

Le Troca n'a donc pas à ma connaissance d'autre ennemi important que l'homme.

Naturellement, il subit la concurrence vitale des espèces qui recherchent la même nourriture que lui et à mon point de vue ses plus grands ennemis sont à trouver dans sa famille. Le plus important est le Troca connu sous les noms de Troca blanc ou de « Chapeau chinois ».

IV. — Reproduction.

L'étude de la reproduction offre un intérêt capital pour le choix d'une réglementation de pêche à observer. Les œufs sont accumulés en grand nombre dans la glande génitale femelle. Si l'on prend un jeune Troca de 5 centimètres de diamètre par exemple, la glande femelle est peu développée, formant une bande à peine visible à la surface du foie. Les œufs y sont cependant déjà représentés. En observant un certain nombre d'échantillons femelles, c'est au diamètre de 7 cm. 2 que j'ai commencé à trouver des œufs à leur taille définitive, mais en petite quantité. A côté de ces œufs mûrs on observe de très nombreux œufs de très petite dimension. A partir de cette taille, un peu variable évidemment suivant les échantillons, le Troca pourra donc commencer à pondre, mais très peu. Petit à petit le nombre des œufs trouvés mûrs grandira aux dépens de l'énorme réserve des œufs trop petits. Enfin, en s'adressant à des Trocas de 12 centimètres, on trouve des œufs de taille définitive depuis la région du rein jusqu'à l'extrémité du tortillon, la seule différence observée réside dans le fait que vers l'avant les œufs sont isolés, les membranes intermédiaires étant rompues, plus loin ; ils sont encore entourés par des tractus, mais, en somme, si je puis dire, à leur aise ; vers l'extrémité du tortillon ils sont tassés les uns contre les autres, comprimés, polyédriques.

La disposition des œufs dans la glande est indiquée par la fig. 36, qui représente le résultat donné par la coupe de 1/300 de mm. d'épaisseur effectuée au travers de la glande (fixateur : eau de mer formolée ; coloration : hémalun-éosine). Les mem-

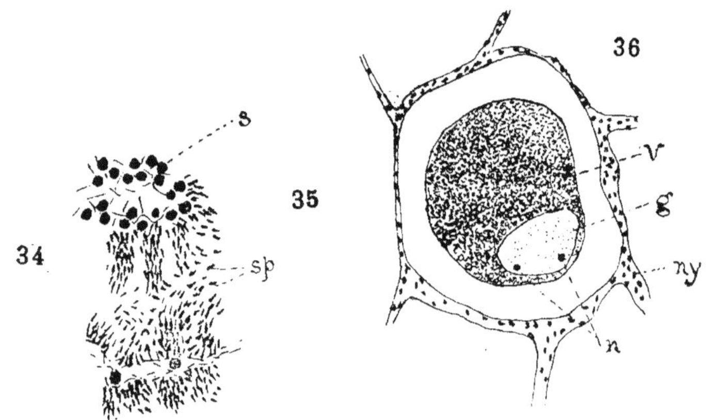

Fig. 34. — Coupe à travers la glande mâle grossie 400 fois. *s.* noyaux des cellules des membranes conjonctives, *sp.* spermatozoïdes. Fig. 35. — Un spermatozoïde grossi 3.200 fois. Fig. 36. — Coupe à travers un follicule de la glande femelle. *v.* vitellus de l'œuf, *g.* vésicule germinative, *n.* nucléole, *ny.* noyaux des cellules des travées conjonctives.

branes conjonctives sont colorées en rose, les noyaux des cellules en violet.

Les œufs mûrs tombent dans la cavité rénale droite et sont pondus par le pavillon décrit dans la partie anatomique. Je n'ai jamais trouvé la ponte du Troca, ce qui signifie pour moi que l'animal s'enfonce, pour pondre, à une profondeur où je ne puis l'observer. Il y a déjà trois années, j'avais trouvé près du Ouen-Toro une ponte de Troca blanc qui est un animal d'organisation semblable et dont les organes reproducteurs sont exactement les mêmes. Les œufs étaient enveloppés dans une spire gélatineuse collée au rocher. Les œufs sont de couleur vert foncé avec un pôle formatif vert plus clair taché de noir; ils sont enveloppés par une couche gélatineuse.

La première évolution de l'œuf jusqu'à la larve se fait dans le cylindre gélatineux et la larve en sort sous forme de véliger. Cette larve est caractéristique du groupe des Gastéropodes. La figure 38 en donne l'allure générale. On la trouve aussi bien chez les Prosobranches que chez les Opisthobranches. Elle est la même chez les Porcelaines et chez les plus infimes Nudibranches dépourvus de coquille à l'état adulte ; c'est encore la même larve chez les Entoconcha déformés, réduits à un simple sac où il serait impossible de reconnaître un Mollusque, sans la larve carcatéristique.

Le Troca a donc une larve véliger. Cette larve possède deux pallettes ciliées (velum) qui lui permettent de se déplacer faiblement, mais elle est surtout véhiculée par les courants.

Combien de temps cette larve exige-t-elle pour se transformer en jeune Troca typique. La réponse est difficile à donner. Lorsqu'on élève des Mollusques en aquarium, on obtient facilement les larves, mais ces larves meurent toujours avant la transformation. J'ai conservé vivants, durant 22 jours, des véliger de Nudibranches (*Trevelyana suggens* Risbec) sans qu'ils se transforment. La larve est peut-être susceptible d'attendre des conditions favorables pour se fixer et alors la durée de son existence serait variable.

Ce qui est important pour cette étude est donc que les larves, écloses sur un récif, ont beaucoup de chance pour n'y pas rester et pour être entraînées au loin.

Un très grand nombre de larves n'atteignent pas le but et beaucoup sont dévorées.

Le mâle a sa glande génitale constituée par une accumulation énorme de spermatozoïdes se formant sur des membranes de soutien (voir la coupe effectuée dans les mêmes conditions que celle de la glande femelle).

Lorsqu'on observe une portion de glande mâle au binoculaire, au grossissement 100, les spermatozoïdes signalent leur présence par une sorte de frémissement. Ils sont si petits qu'on ne peut

encore les distinguer. Ils ne mesurent en effet que 5 μ 6 soit
0 mm. 0056 et sont incolores.

Les œufs constituent, au contraire, les cellules géantes de
l'organisme. Lorsqu'on casse la coquille d'une femelle on brise
presque forcément la paroi du tortillon et les œufs mis en liberté,
sont très facilement visibles sous forme de petits grains verts.
Les spermatozoïdes exigent donc pour l'observation l'emploi
du microscope.

Il est probable que la copulation et la fécondation se font
aussi en profondeur aussitôt avant la ponte, car je n'ai pas eu
l'occasion d'observer l'accouplement dans les zones superficielles du récif, les seules que je puisse explorer. Le mâle n'a
pas d'appendice copulateur. Chez les animaux, la reproduction
est le but unique de l'existence, la mort survient dans les espèces
inférieures dès que l'individu est devenu stérile. C'est ce qui a
lieu chez les Trocas. L'élargissement en carène de la coquille
qui vieillit n'est pas un signe de sénilité comme on pourrait en
faire la supposition.

Je me suis demandé s'il était possible de distinguer les mâles
des femelles autrement qu'en cassant la coquille. Je n'ai trouvé
aucun caractère qui me le permette. J'ai effectué de nombreuses
mesures qui ne m'ont amené qu'à des réponses contradictoires.
Dans des lots de Trocas, j'ai mis à part les plus allongés ou les
plus évasés ; les lots m'ont toujours donné les deux sexes.

Le Troca de Balabio était particulièrement intéressant à
observer, afin de savoir si sa taille, restant plus faible que celle
du Troca ordinaire, la glande génitale suivait une évolution
correspondante. C'est ce qui arrive en effet. Tandis que c'est
à la taille minima de 7 cm. 2 que j'ai trouvé des œufs mûrs pour
la race ordinaire, pour celle de Balabio j'ai trouvé quelques
œufs mûrs à 6 centimètres. Des Trocas de Balabio de 7 cm. 3
avaient de très nombreux œufs mûrs. En ne s'occupant que de
la taille, les Trocas de Balabio auraient, au point de vue de la
reproduction, une avance de 1 centimètre environ sur les Trocas
ordinaires. Les glandes génitales sont un peu moins fortes que
celles du Troca ordinaire.

En vieillissant, la coquille, au lieu de se munir d'une carène
aplatie dans un plan perpendiculaire à l'axe columellaire, épais-
sit plutôt fortement le pourtour de la spire et la carène est arrondie, très épaisse. La membrane mince de la bouche indiquant
une croissance active, presque toujours présente pour le Troca
ordinaire, manque plus fréquemment chez le Troca de Balabio,
ce qui est l'indice d'une croissance plus lente. J'ai remarqué

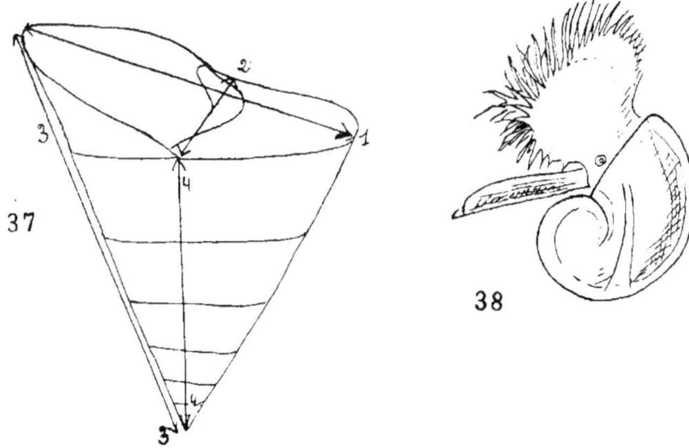

Fig. 37. — Schéma indiquant les dimensions considérées dans l'étude biométrique. — Fig. 38. — Une larve véligère grossie environ 100 fois.

qu'à l'époque où les coquilles du récif me montraient cet arrêt
de croissance (octobre), les échantillons ramassés à Balabio dans
le sable avaient un rebord buccal mince plus développé.

Les pêcheurs ont observé que des Trocas déposés sur un récif
bien connu et accessible, grossissent rapidement. A Balabio
même, ils m'ont affirmé qu'à l'époque de l'ouverture de la pêche,
de nombreux Trocas atteignaient la taille réglementaire alors
que lors de ma tournée (voisine de la fermeture) tous les Trocas trouvés étaient trop petits. Le Troca doit donc grossir rapidement. Des observations, de longues durée en des endroits où
la vérification serait facile, seraient seules capables de régler
cette question. Il est probable d'ailleurs que la réponse ne
serait pas la même partout et varierait suivant que le récif se-

rait plus ou moins favorable. En examinant une coquille de Troca on s'aperçoit qu'elle montre, de places en places, des stries d'accroissement bien plus marquées que les autres et qui correspondent à des arrêts prolongés de croissance. Elles correspondent malheureusement aussi, ce qui peut induire en erreur, à des tempêtes qui ont brisé le bord fragile de la coquille. Si ces arrêts de croissance sont saisonniers, comme il est naturel de le penser (ralentissement ou arrêt en hiver), les observations du Troca de Baladio amèneraient au résultat suivant : un Troca de 6 cm. aurait plus d'un an, et sans doute beaucoup plus, sans qu'il soit pour l'instant possible de préciser ; à 7 cm. il aurait une année de plus, à 7 cm. 5, 2 ans et demi. Une année amènerait en somme un accroissement du diamètre de 1 cm. pour des coquilles arrivant au voisinage du diamètre réglementaire. La croissance du Troca ordinaire est certainement bien plus rapide.

Le résultat que j'indique ici au sujet de la rapidité de croissance est à vérifier par l'observation directe. Il pourrait se faire que les arrêts de croissance ne correspondent pas à une année, mais au contraire se produisent plusieurs fois par an, par suite de circonstances qui m'échappent. Il y a là une étude à entreprendre qui demandera un long délai, et qui exigera l'usage de la marque sur des coquilles rejetées à la mer.

En résumé : un Troca ordinaire commence à pondre quelques œufs à partir d'un diamètre de 7 cm. 2 ; les œufs mûrs ne sont cependant abondants qu'à partir de 8 à 9 cm. Le Troca de Balabio se trouve dans les mêmes conditions pour les tailles de 6 cm., puis 7 et 8 cm.

Y a-t-il des époques de ponte ? La ponte a lieu certainement d'une manière régulière durant tout le cours de l'année. J'ai trouvé des œufs aux mêmes stades de développement à toutes les saisons. Il y a un ralentissement cependant à la saison fraîche en avril et mai.

Ce résultat est d'ailleurs en accord avec les résultats que j'avais obtenu avec un autre groupe de Mollusques (Nudibranches) et pour lequel l'obtention des pontes et l'élevage des jeunes était rendu possible par la faible taille des espèces. Les Nudi-

branches pondent aussi toute l'année et semble-t-il avec la même
fréquence à chaque mois. Cette uniformité dans la ponte est
due sans doute à la constance assez grande de la température
de l'eau de mer dans nos régions.

V. — Essai d'étude biométrique.

La méthode biométrique a donné des résultats intéressants
amenant à une conception souvent remarquable dans la limitation des espèces. Chez les Mollusques, je n'ai pas grande confiance en cette méthode, en ce qui concerne l'étude des parties
vivantes beaucoup trop variables en dimensions à cause de leur
contractilité. Je me suis même déjà élevé contre l'abus des dimensions dans les descriptions, critiquant en particulier celles
de Bergh. La méthode me semble donc uniquement applicable
à la coquille.

J'ai donc voulu par des mensurations choisies obtenir des
résultats qui permettraient ou non de différencier les races de
Troca de Balabio, ou de Néba, de celles du reste de la Nouvelle-
Calédonie.

Des colonnes de chiffres résultant des mensurations ne pré-
senteraient aucun intérêt ici. Je me contenterai donc d'indiquer les principes que j'ai observés et les résultats obtenus.

J'ai choisi pour la coquille 4 dimensions qui m'ont paru
caractéristiques et qui sont indiquées clairement par le croquis ci-joint (fig. 37).

x représente le grand diamètre ;

y représente le petit diamètre ;

z représente la plus grande longueur ;

t représente la plus petite longueur.

Les deux diamètres passent près de la columelle et partent :
l'un du point du labre le plus éloigné de l'axe, l'autre du point
où le labre rejoint le tour précédent de la coquille. Les deux
longueurs partant du sommet vont aux points de départ des
deux diamètres ci-dessus indiqués.

Le rapport $e = \dfrac{x}{y}$ peut être appelé: indice d'évasement. Le rapport $l = \dfrac{x}{z}$ peut être appelé: premier indice d'élargissement. Le rapport $v = \dfrac{y}{t}$ peut être appelé: deuxième indice d'élargissement; enfin $\dfrac{l}{v}$ caractérise la rapidité d'évasement.

Il faut indiquer tout d'abord que les chiffres cités proviennent de moyennes, les variations individuelles étant très grandes.

On constate que l'indice d'évasement, pour toutes les variétés, augmente lorsque la coquille grandit ; voisin de 1,10, pour des Trocas jeunes, à 60 mm. et au-dessus. Ces chiffres s'appliquent à la race de Balabio. Pour le Troca ordinaire l'évasement reste voisin de 1,10 à 6 cm. ; 1,13 à 8 cm. ; 1,16 à 9 cm.

l donnera pour Balabio au-dessous de 8 cm.: de 1,01 à 1,08 ; au-dessus de 8 cm. : de 1,08 à 1,19.

Pour la race ordinaire	à	5 cm.	0,8
—	à	6 cm.	0,8
—	à	7 cm.	1,02
—	à	8 cm.	1,07
—	à	9 cm.	1,07
—	à	10 cm.	1,07
Pour Néba	à	6 cm.	0,9
—	à	7 cm.	1
—	à	8 cm.	1,03
v donne pour Balabio	de 6 à 7 cm.		1,25
—	de 7 à 8 cm.		1,3
—	de 8 à 9 cm.		1,3
Pour le Troca ordinaire	de 6 à 7 cm.		1,07
—	de 7 à 8 cm.		1,10
—	de 8 à 9 cm.		1,20

Pour Néba .... de 6 à 7 cm.   1,2
      —   de 7 à 8 cm.   1,25
      —   de 8 à 9 cm.   1,3

$\dfrac{l}{v}$ donne pour Balabio et le Troca ordinaire des résultats analogues jusqu'à la taille de 8 cm. Chiffres voisins de 0,84 ; ensuite le rapport chez le Troca de Balabio dépasse celui du Troca ordinaire : moyenne de 0,88 contre 0,85.

La comparaison des chiffres indique donc que x est peu différent pour les deux races principales : ordinaire et Balabio ; que y est toujours supérieur pour Balabio; que z est aussi nettement supérieur chez la même race.

Etant données les grandes variations individuelles observées, les résultats que je consigne ici ne peuvent être considérés que comme une indication. La mesure d'un très grand nombre de coquilles donnerait des résultats plus nets et plus probants. Je ne pense pas que ce travail qui serait considérable soit utile. Il ne ferait que confirmer certainement le résultat que j'indique ici et qui n'est lui-même qu'une traduction chiffrée de cette observation courante qu'on peut, avec l'habitude, reconnaitre le Troca de Balabio parmi ceux du reste de la côte. Ce Troca a des caractères qui lui donnent seulement la valeur d'une race locale, mais rien de plus.

VI. — Discussion des procédés de réglementation a adopter.

Elevage. — Avant de m'engager dans l'étude des moyens de protéger l'espèce tout en essayant de ménager la production, il convient de dire quelques mots de ce qu'on peut entendre par l'élevage du Troca. Si cet élevage lui-même m'avait paru possible, j'en aurais fait le titre d'une des grandes divisions de mon travail. Malheureusement, à mon avis, l'élevage proprement dit me semble une utopie pour cette espèce. La seule chose qui soit possible est le repeuplement de récifs, qui ont été dévastés, par un apport de petits Trocas. Nous ne pourrons jamais régler les conditions de ponte, ni parquer les larves qui seront toujours entraînées par les courants. Le Troca pour vivre a besoin du récif; nous ne pouvons donc l'enfermer. Le récif lui-même a besoin de la grande agitation des vagues qui lui apportent la nourriture qu'il ne peut lui-même aller chercher. C'est pour cette raison que, dans les atolls, les lagunes n'ont que des espèces fragiles et petites. Il faudra donc se borner à un repeuplement du récif. Si l'on suppose des jeunes Trocas apportés en une région favorable, il faudra les laisser grossir et à la taille suffisante, ils pondront. Nous ne pourrons jamais affirmer que les larves écloses resteront sur le récif pour le repeupler. La question est donc comme on le voit très délicate et le succès du repeuplement ne pourra être prédit. Les expériences ne donneront sans doute pas le même résultat partout et elles seules décideront. Ces expériences ne pourront être tentées que par des pêcheurs propriétaires ou plutôt concessionnaires d'une portion de récif. Ce n'est que lorsqu'il aura l'assurance que le Troca de 8 cm. qu'il trouve et peut ramasser lui appartiendra encore lorsqu'il aura 10 cm., que le pêcheur le laissera grossir. Dans ces conditions, non seulement il ne mangera pas son blé en herbe mais encore il assurera une reproduction de l'espèce, puisque le Troca entre 8 et 10 cm. est en pleine période de ponte. Ces raisonnements m'ont amené à l'idée de l'utilité des concessions.

CONCESSIONS. — La question d'une mise en concession du récif entier en Nouvelle-Calédonie ne se pose pas à mon avis. Il ne s'agit ici que d'une petite partie : récif frangeant et îlots.

J'ai constaté que les opinions des intéressés étaient très partagées à ce sujet et la question est bien délicate. Pour que la mesure soit efficace, il ne faut pas octroyer de grandes concessions ; la concession d'une grande portion de récif, le concessionnaire n'exploitant pas ou surtout exploitant trop son domaine, serait un obstacle soit au développement de l'industrie de la nacre, soit au repeuplement.

Les concessions doivent donc être petites ; comme il s'agit du récif frangeant, il y aurait lieu peut-être d'accorder une préférence aux propriétaires riverains. Pour commodité de surveillance, le concessionnaire du récif devrait avoir droit à tous les produits du dit récif, biches de mer en particulier, la facilité lui étant laissée de permettre lui-même cette pêche à d'autres personnes. La concession devrait être accordée pour une période assez longue, 6 à 10 ans, afin de permettre au Troca de grossir. Enfin le concessionnaire devrait pouvoir peupler son récif par un apport de petits Trocas vivants. Il devrait être autorisé sous certaines conditions à les pêcher et à les transporter.

Zones réservées. — Les concessions ainsi comprises devront donc favoriser la reproduction de l'espèce. A mon avis ce mode de repeuplement est encore insuffisant d'autant plus que pour garnir leurs concessions les pêcheurs devront s'adresser au grand récif. Ce dernier serait donc en partie sacrifié. De plus, au point de vue de la reproduction il n'y a pas lieu de fermer la pêche à une époque de frai, celle-ci s'étendant à l'année entière. A mon sens, étant donné surtout que l'Administration n'a jamais pu faire observer sérieusement le respect d'une fermeture, il est possible de laisser la pêche ouverte toute l'année. Par compensation, et le procédé sera plus efficace, il faudrait diviser le grand récif en un certain nombre de zones (6 zones) interdites successivement durant une période de deux ans et même de trois ans. Par l'application des deux systèmes, zones et concessions, il y aurait au début : 1º un arrêt à peu près total de la production dans les zones mises en concessions (les concessionnaires étant supposés gens raisonnables).

2º Arrêt complet dans la zone dont on déciderait la fermeture.

3º Augmentation de la production dans les secteurs laissés libres.

Dans l'ensemble, il faudrait s'attendre à une diminution. Dans la protestation relatée dans la partie historique de ce rapport, M. le professeur Gruvel indiquait ne pas se sentir capable à la fois d'augmenter la production et de protéger la race. Pas plus que lui, je ne suis capable de miracles et si vraiment on veut protéger l'espèce il faut s'attendre à diminuer la production pour un temps.

Cette production devrait s'accroître progressivement dans les années qui succéderaient à l'application du système préconisé.

1º Les concessions produiront de plus en plus.

2º Les zones reposées durant 3 années auront une production bien augmentée et compenseront et au delà la fermeture des autres zones.

SURVEILLANCE. — Par l'application des principes exposés ci-dessus la surveillance à exercer par l'administration se simplifiera. Il lui restera à empêcher la pêche toute l'année sur le 1/3 du développement des côtes seulement. Il va sans dire que si cette surveillance n'est pas strictement exercée. nous irons à un appauvrissement rapide du récif étant données les facilités accordées par ailleurs à la pêche.

Pour limiter les zones, il faudrait diviser la côte Est en trois sections, Nord, Centre et Sud et faire de même sur la côte Ouest en fermant ensemble Nord-Est et Sud-Ouest, Centre-est et Centre-ouest, Sud-Est et Nord-Ouest. De cette manière on diminuerait les distances à parcourir par les pêcheurs pour se rendre aux emplacements de pêche.

De plus et pour éviter un épuisement trop rapide des 4 secteurs ouverts, au début de l'application de la mesure, il conviendrait, à titre temporaire, de conserver une époque de fermeture de la pêche ; la fermeture ne serait plus applicable à toute zone ayant déjà bénéficié d'un repos de 2 ou 3 ans.

Voici donc sur quels principes devrait s'appuyer la réglementation qui serait capable de repeupler les récifs en peu d'années. Le Décret comporterait donc :

1º Une limitation de la taille au diamètre de 8 cm.

2º La mise en concession du récif frangeant et des ilots par petites portions.

3º La limitation de zones où la pêche serait fermée alternativement pendant une période de 3 années.

4º La liberté de pêche toute l'année, sauf provisoirement dans les zones n'ayant pas bénéficié de leur repos et pour lesquelles une fermeture serait prévue d'une durée de 4 mois.

La pêche serait libre toute l'année pour le 1/3 des côtes après 3 années, pour les 2/3 après 6 années, pour la totalité (sauf le 1/3 réservé, mais avec liberté pour les concessions) après 9 années.

5º L'autorisation pour les concessionnaires de transporter des Trocas jeunes en adoptant certain régime de garanties.

6º Les mesures de répression des fraudes.

* * *

La réglementation proposée comporte donc surtout une formule nouvelle, celle du régime des concessions. Comme il s'agit d'une importante question de principe, il serait nécessaire que l'examen de cette question soit confié à une commission semblable à celle qui s'est déjà réunie en 1926 pour étudier la réglementation de la pêche.

L'ensemble du projet préconisé dans mon rapport amène évidemment à une assez grande sévérité dans l'organisation de la pêche. Ce projet peut être atténué et je vais indiquer de quelle manière, mais j'insiste sur ce fait que les atténuations affaibliront énormément l'espoir qu'on peut avoir d'obtenir des résultats sérieux.

Première modification : on peut, tout en conservant les autres dispositions fermer les zones durant 2 années seulement. Je ne pense pas que l'ensemble du projet souffre énormément de cette modification.

Deuxième modification : on peut fermer les zones pour 2 ans, puis pour 3, à leur deuxième période de repos ; c'est-à-dire 2 ans fermeture, 4 ans pêche, 3 ans fermeture, 6 ans pêche, 3 ans fermeture, etc. On obtient ainsi plus rapidement la facilité de la liberté de pêche toute l'année dans les zones.

3º Modification avec suppression du régime des concessions.

a) Fixation de la taille minima à 8 cm. de diamètre.

b) Zones à fermer par périodes de 3 ans ;

c) Pêche libre toute l'année après une période transitoire correspondant à l'attente de la période de repos pour chaque zone.

* * *

On remarquera que dans tous mes projets de réglementation je n'envisage pas la conservation de gros individus comme souche, bien que le principe soit juste ; l'application de la double limitation des dimensions s'étant montrée très difficile dans un précédent essai de réglementation.

Le Troca dit de Balabio atteignant la dimension de 8 cm. ne nécessite pas de dispositions spéciales de la réglementation. Il n'en serait pas de même pour une fixation de limite inférieure à 9 cm. qui, de ce fait, est à déconseiller. Il serait très difficile de faire appliquer une réglementation spéciale pour le Troca de Balabio.

* * *

De l'exploitation des concessions. — Ne présentent d'intérêt que les portions de côtes pourvues d'un récif frangeant. Les différents récifs ne sont pas également favorables. Il serait imprudent de chercher à peupler un récif ne nourrissant pas actuellement de Trocas sans savoir tout au moins s'il n'en a pas eu autrefois. Les Trocas pêchés en vue du repeuplement peuvent vivre plusieurs jours hors de l'eau ; il y a cependant intérêt à ne pas les affaiblir par un trop long séjour hors de leur élément. On peut les transporter dans des viviers en communication directe avec la mer, mais non dans des bacs isolés de la mer. On peut aussi les transporter à sec ou enveloppés d'herbes ou d'Algues imbibées d'eau de mer. Les coquilles ne doivent pas être jetées en tas, mais éparpillées sur le récif. Il est préférable aussi de les poser, la bouche de la coquille vers le support. Pour cela, le temps doit être calme ; sans quoi, le Mollusque peut être roulé avant d'avoir eu le temps de s'étaler hors de sa coquille.

Il est à recommander de pêcher et de détruire les Trocas d'autres espèces, en particulier le Troca blanc, qui, dans certaines régions, devient abondant et finirait s'il n'était pas pêché par supplanter l'espèce utile.

Les explosions de dynamite ne peuvent que nuire à l'exploitation. Je ne sais quelle action elles exercent sur le Troca développé, mais certainement les larves fragiles n'y résistent pas.

Les coquillages pêchés et de trop faibles dimensions doivent être rejetés à l'eau de suite. Il est inexact que tombés couchés, ils ne peuvent se relever s'ils sont sur le récif.

* * *

En terminant ce rapport je tiens à signaler que les crédits mis à ma disposition par l'Administration étaient insuffisants pour assurer l'achat des Trocas nécessaires à mes études. J'y ai remédié en me procurant moi-même sur le récif les coquillages nécessaires toutes les fois qu'il m'a été possible de m'y rendre. Je dois surtout remercier MM. Williams et Winchester, de Mouac, Mme Williams, de Néba, pour leur aide. M. Edouard Spahr m'a aussi rendu les plus grands services en m'apportant gratuitement à Nouméa des Trocas provenant de sa propriété.

Toutes ces personnes ont donc droit non seulement à mes remerciements personnels, mais encore à ceux de la Colonie à qui elles ont fait réaliser des économies.

Les Insectes nuisibles au Cotonnier
dans les Colonies françaises

Par P. VAYSSIÈRE

Ingénieur agronome. Docteur ès Sciences
Directeur adjoint de la Station centrale d'Entomologie
Professeur à l'Institut national d'Agronomie coloniale

INTRODUCTION

En 1926, nous donnions, M. MIMEUR et moi, le premier essai en français sur les Insectes nuisibles au Cotonnier, en nous limitant à l'étude des échantillons récoltés par mon collaborateur en Afrique occidentale française, et plus particulièrement au Sénégal et au Soudan nigérien. Depuis cette époque, il m'a paru intéressant d'utiliser également la documentation qui existe dans les collections de la Station entomologique de Paris et qui a été adressée par d'excellents correspondants, malheureusement trop peu nombreux, des diverses colonies françaises où le Cotonnier est cultivé.

En établissant ainsi l'inventaire des ennemis observés sur cette plante dans la France d'Outre-mer, j'ai constaté que nous savions, dans l'ensemble, bien peu de choses sur la biologie de la plupart d'entre eux. Certaines lacunes ont été comblées grâce aux travaux publiés sur les mêmes parasites rencontrés dans les pays étrangers producteurs du Coton, mais la plupart d'entre elles restent à élucider. J'espère sincèrement que cet ouvrage incomplet me servira d'agent de liaison avec un grand nombre de correspondants dont je serais heureux de connaître les observations, rectifications, etc. suggérées par sa lecture.

J'ai pu déjà corriger, dans les pages suivantes, quelques erreurs qui s'étaient glissées dans mon précédent travail en collaboration avec J. Mimeur.

Le rapprochement, dans un même ouvrage, de documents sur des insectes vivant dans des contrées souvent très éloignées les unes des autres, m'a permis, en outre, de tirer certaines conclusions biogéographiques qui présentent quelque intérêt au point de vue économique. C'est par exemple le cas pour *Pectinophora gossypiella* (le ver rose de la capsule), *Earia huegeli*, les insectes du Cotonnier aux Antilles, etc. J'attire également l'attention sur la question des races biologiques dont une meilleure connaissance faciliterait la lutte à soutenir contre certains ennemis, tels que les *Dysdercus*.

En terminant il me reste l'agréable devoir de remercier les correspondants, MM. Barthe, Chambon, Commun, Lemoine, Risbec, etc., auxquels je dois les matériaux étudiés et les nombreux spécialistes, MM. Hustache, de Joannis, Laboissière, Royer, Seguy, etc. qui m'ont aidé dans l'identification de plusieurs insectes ou qui m'ont facilité la consultation de collections publiques ou privées. Ma reconnaissance s'adresse plus particulièrement aux collaborateurs qui m'ont apporté un concours précieux pour la documentation ou l'illustration de mon ouvrage, et plus particulièrement à Mme A. Vorms, MM. Bru, Olombel et Pétré. Je ne dois pas enfin oublier que l'Institut National d'Agronomie coloniale et le Bureau of Entomology (de Londres) m'ont autorisé à reproduire de nombreuses figures, publiées antérieurement dans l'*Agronomie Coloniale* et dans le *Bulletin of entomological Research*.

P. V.

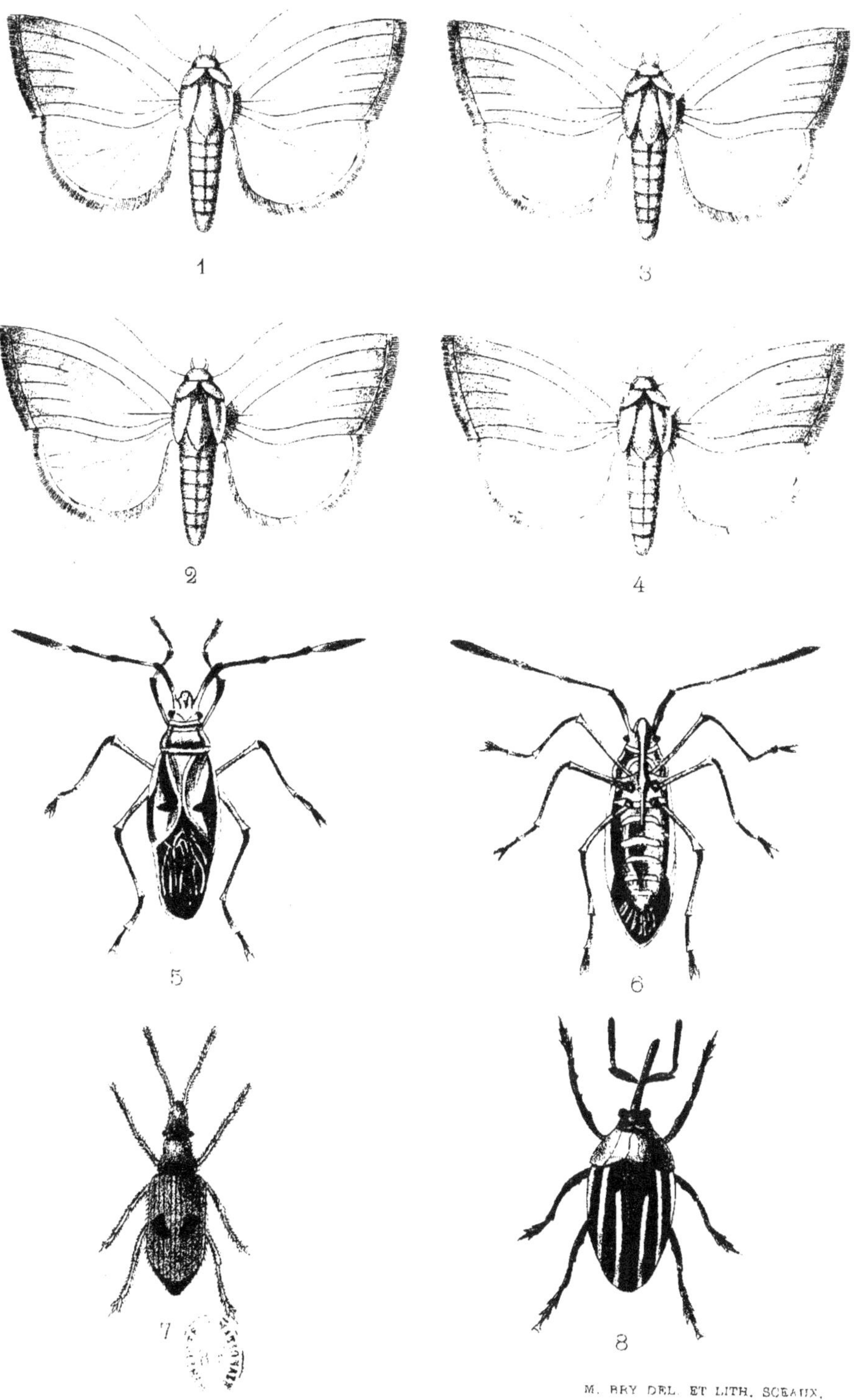

EARIAS INSULANA, Boisd., type. — 2. E. INSULANA à taches. — 3. E.
PLAGA WALK., à points. — 4. E. BIPLAGA à taches. — 5. DYSDERCUS
PERSTITIOSUS, F., face dorsale. — 6. D. SUPERSTITIOSUS, face ventrale. —
MYLLOCERUS HYRTIPENNIS, Hust. — 8. ALCIDES GOSSYPII, Hust.

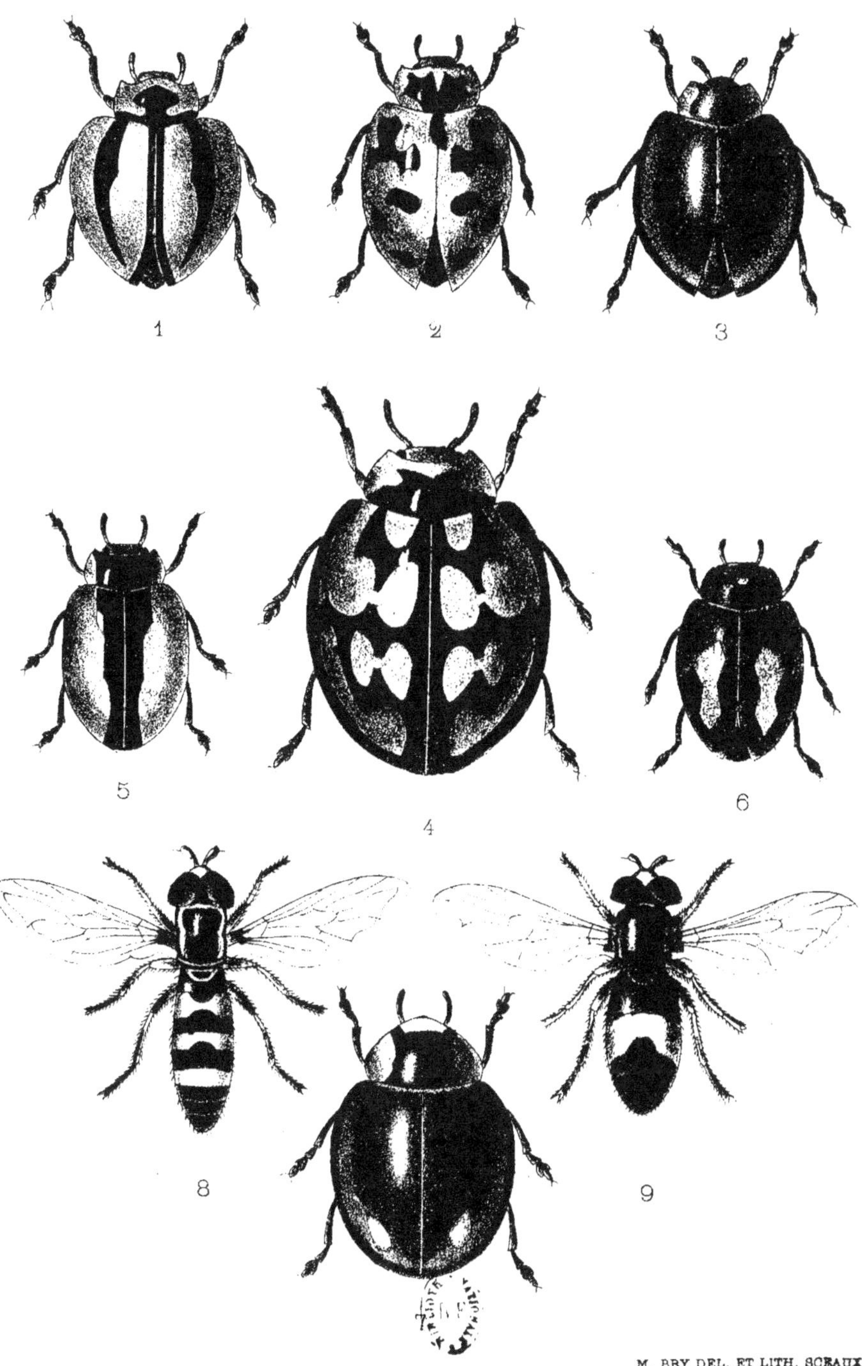

1. CYDONIA VICINA, Muls. — 2. ADONIA VARIEGATA Goeze. —
3. EXOCHOMUS FLAVIPES Thunb., subsp. TROBERTI Muls. — 4. CYDONIA
LUNATA F. — 5. SCYMNUS (SIDIS) SOUDANENSIS Sic. — 6. SCYMNUS
(NEPHUS) ORNATUS Sic. — 7. HYPERASPIS SENEGALENSIS Muls. —
8. XANTHOGRAMMA AEGYPTIUM Wied. — 9. PARAGUS BORBONICUS
M.

ORTHOPTÈRES

Les Orthoptères, d'une façon générale, sont essentiellement des insectes polyphages et peu d'espèces paraissent avoir une prédilection particulière pour le Cotonnier. Ce sont surtout des Acridides et des Gryllides (Grillons) qui se signalent à l'attention des colons soit dans les semis, soit dans les jeunes plantations.

ACRIDIIDAE

De très nombreuses espèces de Sauterelles ont été observées dans les cultures cotonnières de nos colonies. C'est pourquoi, en ce qui concerne l'Afrique occidentale française, j'ai pensé avec J. MIMEUR, faire œuvre utile en signalant avec quelques détails les divers Acridiens qui avaient été récoltés par ce dernier en 1922 et 1923. Depuis cette époque, dans de nombreuses notes, j'ai condensé les nouvelles observations faites sur ces insectes et leurs congénères dans le monde entier. UVAROV, d'autre part, en 1928 a réuni dans un ouvrage magistral tout ce qui concerne les Sauterelles au point de vue biologique, économique, systématique. Aucune espèce paraît ne s'attaquer qu'au Cotonnier : tous les Acridiens qui commettent des déprédations dans cette culture sont polyphages, qu'il s'agisse du Criquet pèlerin (*Schistocerca gregaria* Forsk.) [Pl. III, fig. 2], de *Anacridium moestum* Serv., var. *melanhorodon* Walk. [Pl. III, fig. 1], de *Zonocerus variegatus* L. dont on se plaint chaque année dans les jeunes semis de Cotonnier en Afrique occidentale. Il n'y a donc pas lieu d'étudier chaque espèce en particulier. Je signale enfin que Madagascar est la première colonie française où fonctionne un service antiacridien spécialisé, qui a déjà donné des résultats importants tant scientifiques que pratiques. B. ZOLOTAREVSKY qui a créé et qui dirige cette organisation en a esquissé les grandes lignes dans un travail récent, en insistant sur les procédés de lutte adaptés aux conditions souvent très défectueuses de la colonie. Dans les lignes suivantes, je me contenterai d'exposer les principes sur lesquels est fondée la lutte antiacridienne dans la plupart des pays soumis aux invasions des Sauterelles.

Moyens de lutte contre les Acridiens.

A l'heure actuelle ,il existe un très grand nombre de moyens de destruction des Sauterelles et on ne peut pas songer à les passer en revue. Ils se classent d'eux-même sous un nombre très restreint de rubriques répondant à un principe général et ce qui, sous un titre donné, fait les différences, provient simplement d'interprétations de la méthode-type suivant la région, le sol, le relief, les cultures et enfin suivant l'espèce à détruire (1). Aussi je n'envisagerai que les principes généraux des moyens de lutte antiacridienne qui ont fait leurs preuves.

MOYENS NATURELS. — Les procédés de lutte qui utilisent contre les insectes nuisibles leurs ennemis naturels, et qui ont donné d'excellents résultats dans de nombreux cas pour sauver nos cultures de parasites dangereux, ne peuvent pas encore prendre rang dans l'arsenal mis à notre disposition par la science pour anéantir les bandes acridiennes. Tout d'abord, on ignore à peu près tout des principaux ennemis des Sauterelles (2) : la biologie des Mylabres ou des Diptères parasites est presque totalement inconnue. Elle doit prendre maintenant une place importante dans l'étude méthodique des Orthoptères

1. P. VAYSSIÈRE, *Le problème acridien et sa solution internationale, Matériaux pour l'étude des Calamités*. N° 2. Genève, 1924.
2. Surtout pour les Acridiens nuisibles dans nos colonies. En ce qui concerne les autres régions, UVAROV a réuni dans son ouvrage l'ensemble de nos connaissances.
Antérieurement GRASSÉ (1924) a résumé ce qui est relatif aux ennemis des Acridiens en France et en Afrique du nord.

nuisibles. Sa connaissance nous ouvrira peut-être des horizons nouveaux et insoupçonnés du problème acridien.

Quant aux épidémies microbiennes et aux mycoses artificiellement répandues, leur utilisation a donné, jusqu'à ce jour, trop de résultats contradictoires pour qu'elles soient prises pour l'heure, au point de vue pratique, en sérieuse considération.

Moyens mécaniques. — Le but essentiel qu'on cherche à obtenir par l'utilisation de barrages adéquates est la destruction des bandes acridiennes, surtout des bandes aptères, par le ramassage. Il est capital, pour obtenir le maximum de résultats, de ne pas oublier, comme cela se fait trop souvent, deux données biologiques importantes :

1° Quels que puissent être les facteurs déterminant la direction du mouvement des bandes aptères, il est extrêmement difficile, presque impossible, de changer par la force la direction qu'elles ont adoptée ; seuls des obstacles tout à fait insurmontables, tel que des murailles verticales lisses (plaques métalliques), peuvent obliger une bande à dévier. Des tranchées, des pierres, même des rivières, ne réussissent pas à arrêter des bandes en marche ou à changer leur direction. Il faut donc que les barrages soient placés de façon qu'une bande vienne vers eux *naturellement*, sans aucune intervention externe qui amène inévitablement de la confusion et détruit le mouvement concerté.

2° Si, toutefois, les circonstances obligent à intervenir, comme cela nous est arrivé personnellement, par exemple pour activer la marche des bandes acridiennes, on ne doit pas oublier qu'un Criquet quel que soit son âge, quand il est sur le sol, marche et que le saut n'est, le plus souvent, pour lui qu'un moyen de franchir les obstacles ou de tenter de se dérober à une poursuite quelconque. Si on contraint, en les poursuivant, les Acridiens à sauter, on constate l'éparpillement rapide de la bande, dû essentiellement à la fatigue musculaire des individus qui s'égrènent le long du chemin qu'on leur fait parcourir. Pour précipiter le mouvement d'une bande sans changer en quoi que ce soit la direction adoptée et tout en conservant essentiellement la cohésion des individus entre eux, il faut agir par à-coups sur des distances relativement faibles, en laissant chaque fois quelques secondes de répit aux insectes.

Parmi les nombreux procédés, fondés sur le ramassage des Sauterelles, je citerai les appareils cypriotes et tous leurs dérivés, le collecteur Lunardoni, le carcaraña des Argentins, les tentes du Midi de la France, les melhafas de l'Afrique du Nord, les brosses hongroises, les hopper-dozer des Américains, etc., etc. (1).

Le destruction des coques ovigères peut être indiquée, quand la constitution du terrain et l'abondance de main-d'œuvre le permet. On utilise alors divers appareils tels que : charrues, herses à disques, pioches, etc.

MOYENS PHYSIQUES. — Le seul agent physique qui a donné, depuis les temps les plus reculés, des résultats souvent satisfaisants est le feu. Cet auxiliaire a été utilisé sous les formes les plus variées, depuis l'encerclement des bandes acridiennes par des amas de pailles ou des broussailles enflammées, jusqu'aux lance-flammes perfectionnés auxquels la dernière guerre mondiale a donné le jour, en passant par les flambeurs, plus ou moins archaïques utilisés encore dans certaines contrées de l'Afrique du Nord.

A mon avis, malgré des objections qui m'ont été faites, je considère, jusqu'à nouvel ordre, les lance-flammes perfectionnés, tels que le modèle P³ de l'armée française, comme tout à fait apte à la lutte antiacridienne et cela sans qu'ils aient à subir aucun remaniement. Il suffit, pour que ces appareils deviennent d'un emploi courant, qu'il existe des équipes spécialisées dans leur utilisation et qu'il y ait un abaissement du prix ou une transformation du carburant.

1. Les barrages employés à Madagascar sont composés d'éléments en tôle plane galvanisée de 6-10 mm. d'épaisseur, 40 cm. de hauteur et 1 m. de longueur. La longueur des éléments a été choisie assez réduite à cause des nécessités de transport à dos d'homme (ZOLOTAREVSKY, op. cit.).

Aucun autre procédé, à ma connaissance, n'arrive à détruire en totalité, en quelques secondes, sur une étendue supérieure à 500 mètres carrés, les millions d'Acridiens qui s'y pressent, et pour obtenir ce résultat, il suffit d'un seul appareil avec une seule charge de douze litres d'huile lourde de goudron. Nous avons pu constater qu'en moyenne il suffit de deux minutes pour épuiser complètement un appareil, en une quinzaine de jets de flammes. Ces jets peuvent atteindre vingt-cinq mètres de long et leur action mortelle s'étend sur trois mètres de large. De l'avis de M. STOTZ, ancien inspecteur de la défense des cultures en Algérie, les lance-flammes constituent le procédé de destruction le plus efficace et le plus économique sur les bandes de Sauterelles d'un certain développement (1).

AGENTS CHIMIQUES. — Un grand nombre d'insecticides ont été expérimentés, toujours avec plus ou moins d'arbitraire, contre les Sauterelles. Je ne citerai que pour mémoire les essais avec les gaz asphyxiants de guerre dont un seul, la chloropicrine a donné de bons résultats, mais dont l'utilisation nécessite un matériel qui n'existe pas encore. Parmi les insecticides de contact, les solutions de monosulfure de sodium, de grésyl, les émulsions savon + pétrole conviennent pour la destruction des bandes de Criquets aux premiers stades. Le phosphure de zinc en poudre impalpable, répandu avec une soufreuse sur l'herbe mouillée par la rosée, a été très efficacement employée en Italie, dans le bassin du lac Fucino (Abbruzes). Ce produit est recommandable dans les régions où il est difficile de se procurer de l'eau et du son pour faire des appâts.

Mais il semble bien qu'actuellement les procédés chimiques de destruction les plus satisfaisants sont à base d'arsenic, soit sous forme d'acide arsénieux, soit, de préférence, sous forme d'arsenite de soude (2).

---

1. Il est à noter que les insectes sont en quelque sorte desséchés par la flamme et que la matière organique de leur corps reste sur place et constitue un excellent engrais azoté.

2. UVAROV discute dans son ouvrage (1928) les avantages et les inconvénients des divers sels d'arsenic ainsi que des matières préconisées comme véhicules du poison.

L'acide arsénieux, en appât empoisonné, nous a donné, en France, d'excellents résultats contre le Criquet marocain. La formule que nous avons adoptée est la suivante :

    Acide arsénieux.......... 5 kilos
    Son .... 100 à 120 kilos
    Mélasse................ 20 litres
    Eau.................... 20 litres

On mélange intimement d'une part les produits secs, d'autre part les liquides et on brasse soigneusement le tout ensemble peu de temps avant l'emploi (1). L'action toxique de l'appât semé à la volée dans les terrains infestés, à raison de 50 à 150 kilos à l'hectare, commence, au plus tard, vingt-quatre heures après l'épandage et peut se poursuivre pendant quinze jours. La quantité de son empoisonné épandue sur la surface envahie (30.000 hectares) en 1921 et en 1922 fut, chaque année, d'environ 200.000 kilos.

Toutefois, d'après les nombreux travaux étrangers, je ne doute pas de la supériorité, sur l'acide arsénieux, de l'arsenite de soude. Ce sel peut s'employer indifféremment sous les trois formes suivantes :

1º En solution aqueuse, sans addition d'aucune substance, sucrée ou non, dont la valeur attractive ne paraît pas du tout démontrée, tout au contraire. Ce liquide serait à pulvériser sur les cultures qui vont être dévorées par les Sauterelles, ou mieux sur les insectes eux-mêmes, qui, quel que soit leur stade d'évolution, sont tués au contact par une concentration de 6 pour mille ;

2º En appâts empoisonnés dont le véhicule peut être du son, du fourrage vert haché finement, de la paille d'avoine, du fumier, de la sciure, des enveloppes de grains divers. Toutes ces substances paraissent également bonnes, d'après les essais effectués en Afrique du Sud ;

1. Il faut ajouter qu'en conformité avec la législation française sur l'emploi des substances vénéneuses (art. 12 du décret du 14 sept. 1916, portant règlement d'administration publique pour l'application de la loi du 19 juillet 1845, modifiée et complétée par la loi du 12 juillet 1916),une matière colorante intense noire, verte ou bleue doit être additionnée à l'appât employé.

1. Acridium moestum, var. melanorhodon : 2. Schistocerca gregaria :
3. Brachytrupes membranaceus.
(Tous ces insectes sont reproduits grandeur naturelle).

3º Enfin, en poudrage, ce qui est un précieux avantage dans les pays pauvres en eau. Cette opération s'effectue, en général, sur les essaims de Sauterelles, au repos sur le sol, suivant naturellement toutes les précautions d'usage pour que le sel d'arsenic ne nuise pas aux opérateurs. Dans ces conditions, la plupart des insectes meurent dès que le toxique entre en contact avec leur corps ou peu de temps après (moins d'une demi-heure). L'arsenite de soude agit, en effet, bien plutôt comme insecticide externe (absorption par le tégument) et comme toxique nerveux (pénétration par les antennes jusqu'aux centres nerveux) que comme insecticide interne.

Ces faits extrêmement importants, qui ressortent d'un récent travail de C. W. MALLY, montrent les grands progrès que nous avons à faire encore pour comprendre les interactions des insectes avec les substances chimiques que nous utilisons pour les détruire, en général suivant des idées préconçues et anthropomorphiques. D'après PANTANELLI, les femelles de *Dociostaurus maroccanus*, après une ingestion modérée d'arsenite de soute, deviennent stériles ; par cela même, dans une bande acridienne combattue avec les arsenicaux, la ponte est presque complètement annihilée. C'est grâce à l'emploi exclusif de ces sels que la surface infestée dans la plaine de Foggia (Italie) est passée, de 1917 à 1918, de 10.000 hectares à 3.000 hectares. On utilisa, pour arriver à ce résultat remarquable, des pulvérisations sur l'herbe, de solutions d'arsenite de sodium à 8 pour mille et des épandages de son empoisonné à 3 %. On effectuait ce dernier mélange à l'aide de l'appareil Paoli qui permet d'empoisonner 4 quintaux de son sec à l'heure. A la suite de ces travaux, l'Italie, estimant que l'emploi des appâts empoisonnés constituait un tel progrès aux points de vue de la simplicité, de l'efficacité et de la dépense, a complètement abandonné les méthodes mécaniques et la récolte des Sauterelles.

Ajoutons que les composés arsenicaux convenablement employés sont nullement inquiétants pour les populations et le bétail. Tous les résultats concordent sur ce point. J'ai eu l'occasion d'y insister précédemment pour le son empoisonné avec l'acide arsenieux (1921).

PANTANELLI signale de son côté, que les Ovidés tolèrent, sans conséquences fâcheuses, les pâturages dont l'herbe a été arrosée avec une solution à 8 pour mille et que tout danger disparaît pour les Bovidés peu de jours après la pulvérisation.

En résumé, il est bien établi que nous possédons, à l'heure actuelle, des moyens de destruction parfaitement efficaces contre les hordes acridiennes et que les résultats insuffisants sont exclusivement dus à une mauvaise organisation. Pour terminer, il me paraît intéressant de signaler les remarquables essais effectués aux États-Unis, pour lutter contre l'Anthonome du Cotonnier à l'aide de poudrages d'arseniate de calcium épandus, sur les champs, avec des aéroplanes convenablement agencés. Le service de la défense des cultures au Maroc a, depuis quelques années, mis à l'étude, pour les poudrages insecticides contre les Sauterelles, cet emploi des avions qui a déjà donné d'excellents résultats dans ce but en Afrique du sud, en Russie, etc.

GRYLLIDAE

Avec les insectes de la famille des Gryllides, nous sommes en présence d'ennemis s'attaquant, dans nos colonies, de préférence aux semis, qu'il s'agisse des Grillons vrais ou des Taupe-Grillons (= Courtilières). Les deux espèces-types qui sont l'une et l'autre très facilement reconnaissables ont été couramment observées dans les semis du Cotonnier surtout dans nos colonies africaines.

BRACHYTRYPES MEMBRANACEUS DRURY

Description (Pl. III, fig. 3).

    Longueur du corps : 44 à 52 millimètres.
    Longueur du corps plus ailes : 55 à 60 millimètres.
    Longueur des élytres : 33 à 37 millimètres.

La livrée de ce gros insecte, d'aspect si caractéristique, est très variable ; le plus souvent elle est brun testacé ou jaune. Le pronotum est brun foncé avec une bande jaune. Oviscape rudimentaire avec des branches grêles et spiniformes. Cerques des mâles dépassant postérieurement la pointe des ailes.

Distribution géographique. — Ce gros Grillon est répandu dans toute l'Afrique tropicale et méridionale, il a été signalé comme nuisible au Caféier et à l'Acacia Lebbek à Madagascar, aux plantes à caoutchouc au Nigeria, au Cotonnier au Togo et au Nyasaland. Des *Brachytrypes* se rapportant à cette espèce ont été récoltés au Dahomey (BARTHE). J. MIMEUR a constaté sa présence dans les diverses régions qu'il a traversées au Sénégal. Enfin je note que L. CHOPARD (1918) considère que le nord de l'Erythrée d'où il a étudié des exemplaires de *B. membranaceus* doit être la limite septentrionale de son habitat.

Biologie. — Les *B. membranaceus* sont assez abondants au Soudan français durant les premiers mois de la saison des pluies ; ils coupent les tiges encore tendres des jeunes Cotonniers, d'abord au niveau du sol puis de plus en plus haut à mesure qu'elles se lignifient. Les dégâts nocturnes portent généralement à la fois sur les trois ou quatre plantes d'un poquet ; ils sont renouvelés tous les deux ou trois jours et cessent lorsque la hauteur des tiges atteint environ 0 m. 40. Durant le jour, chaque individu se tient non loin du lieu de ses méfaits, gîté dans une galerie souterraine n'ayant pas de sens bien défini, faisant parfois retour sur elle-même, pouvant atteindre 0 m. 75 de longueur et descendre jusqu'à 0 m. 35 de profondeur. Les fragments de tiges et les feuilles déchiquetées sont éparpillés le long de ce couloir souterrain.

Les dégâts sont moyennement importants.

MAYNÉ signale les ravages causés par ces Orthoptères au Congo belge, surtout dans les jeunes pépinières de Cacaoyer. Une espèce voisine, le *B. portentosus* Licht., est très répandue dans la région indo-malaise, en Chine et à Formose ; elle est souvent très abondante et produit de très sérieux dégâts dans les semis et même dans diverses cultures, telles que Coton, Tabac, Choux, Riz, Jute, etc.

Moyens de lutte. — En raison de la profondeur de son abri diurne, *B. membranaceus* n'est pas atteint par les binages légers faits en cours de saison.

Sen préconise le piégeage à l'aide de trous à parois verticales, dans lesquels on verse une émulsion de 2 % de pétrole dans l'eau.

Les abris-piège doivent être utilisés : faire des petits tas de feuilles sous lesquels, pendant la journée, les Grillons viennent se réfugier. Visiter régulièrement ces pièges et capturer les Insectes.

Les appâts empoisonnés sont efficaces. Mayné, par exemple, signale celui-ci : mélanger de la pâte de farine de Maïs additionnée de sucre ou de miel avec 1 à 2 % d'acide arsenieux. L'appât, utilisé par Gowdey contre *Gryllotalpa africana*, est à expérimenter. Enfin, l'emploi du paradichlorobenzène, tel qu'il est conseillé pour détruire les Myriapodes, aura sans doute les meilleurs effets contre les Grillons (voir p. 413).

En Californie, un Grillon indigène *Gryllus assimilis* F. s'est montré très nuisible ces dernières années en dévastant les semis de Cotonnier ; Mc Gregor indique contre lui l'emploi de puissants pièges lumineux (cet insecte aurait un phototropisme positif très net), ainsi que les appâts empoisonnés utilisés en général contre les Sauterelles.

GRYLLOTALPA AFRICANA P. DE B.

Cette petite espèce de Courtilière (30 mm. de long) est répandue dans la région tropicale en Afrique et en Asie. On la connaît, en particulier, aux Indes où elle s'attaque aux racines de la plupart des cultures en février-mars (Canne à sucre) et où elle fait du tort aux semis de Tabac, Céréales diverses, etc. J. Mimeur a observé cet Insecte en divers points du Soudan, mais en quantité peu importante.

Gowdey a utilisé efficacement, en Uganda, contre ce ravageur, un appât empoisonné correspondant à peu près à cette composition :

Vert de Paris .... 1 kg.
Farine .... 13 kg.
Sucre (jaggery)........... 3 kg.
Jus de .... 12 citrons
Eau .... 25 litres

Cet appât serait également utile contre les Myriapodes.

En Californie, une Courtilière importée (the Porto Rican mole Cricket = *Scapteriscus vicinus* Latr.), très nuisible à toutes les cultures potagères, serait efficacement combattue à l'aide d'un appât empoisonné ainsi composé :

Farine de graine de Coton. 10 kg.
Farine de riz............. 10 kg.
Arseniate de chaux .... 1 kg.
Mélasse .... 1 litre
Eau...................... 9 litres

On mélange intimement d'abord les 2 farines. On ajoute l'arseniate en mélangeant aussi soigneusement que possible pour que chaque grain de farine soit empoisonné. Puis on additionne progressivement la solution de mélasse dans l'eau de façon qu'il ne se produise pas de boulettes. THOMAS estime que 200 kg. de cet appât suffit pour 1 hectare. Enfin, contre ce même insecte à Porto-Rico où il est connu sous le nom de Changa, on utilise dans les cultures de Tabac le simple mélange de :

Farine (qualité inférieure) . 50 kg.
Vert de Paris .... 8 à 1500 gr.

à raison de 380 kilos au maximum à l'hectare (GROSSMAN et WOLCOTT).

ISOPTÈRES

On ne connaît à peu près rien sur les Termites susceptibles de s'attaquer dans les colonies françaises au Cotonnier et pourtant il est fort probable que ces Insectes doivent certaines années commettre des déprédations dans les cultures.

En dehors du Termite observé par J. MIMEUR, il faut rappeler qu'en 1928, le correspondant de l'Institut international d'Agriculture de Rome, signalait que *Termes bellicosus* Smeath. s'attaquait aux jeunes Cotonniers de l'Oubanghi et leur causait « des ravages assez conséquents » (*Rev. intern. d'Agric.*, XIX, 4, Rome). Or ce Termite, le plus anciennement connu au point de vue biologique, a une zône de répartition très étendue en Afrique continentale où il est signalé de toutes les colonies françaises. Il est susceptible de faire des nids s'élevant de un à trois mètres au-dessus du sol, mais il peut également construire des termitières souterraines comme SILVESTRI l'a observé dans la région de Conakry (Guinée).

Récemment, G. PAOLI a relaté une série d'expériences entreprises en Somalie pour détruire *T. bellicosus*, à l'aide de cyanures. Il montre que les insufflations du cyanure de calcium en poudre dans le nid n'ont pas donné de résultats satisfaisants et, de cette constatation, il conclut à la nécessité d'employer une substance toxique susceptible d'imprégner la terre de la construction. On utilisa, pour ce faire, une solution concentrée de cyanure de sodium, à 3 %, dont on arrosa la termitière tant extérieurement qu'intérieurement afin de bien imbiber les parois : le lendemain, tous les insectes étaient morts en place.

METATERMITIDAE

MICROTERMES (ANCISTROTERMES) SOUDANENSIS Sjöst.

Description. — SOLDAT : Tête jaune clair, rectangulaire, un peu rétrécie en avant, recouverte de poils jaunâtres fins et denses. Labre long, linguiforme, progressivement courbé en avant avec l'extrémité arrondie et recouverte de poils fins. Cette pièce recouvre les 10/13 des mandibules. Celles-ci sont noir rougeâtre avec la base jaune ; elles sont fines et rectilignes avec la pointe effilée et recourbée en dedans. Antennes blanches, de 13 articles : le 3e le plus petit et globuleux ; les suivants également globuleux et progressivement plus gros vers l'extrémité ; l'article terminal est beaucoup plus long, oval et légèrement en pointe ; l'article basal cylindrique à peu près aussi long que les 3 suivants ; le 2e également cylindrique et un peu plus long que le 4e. Thorax brun avec une ligne longitudinale médiane, finement et densément strié transversalement ; les dimensions des pro-, meso- et metanotum sont dans le rapport 17 : 10 : 18.

Longueur totale : 2 mm. 90 ; tête avec mandibules, 1 millimètre ; largeur de la tête, 0 mm. 60 ; mandibules, 0 mm. 88.

GRANDS OUVRIERS : Tête jaune brunâtre, couverte de poils fins et denses, courte, rectangulaire avec les côtés rectilignes et le bord postérieur arqué ; longueur et largeur dans le rapport 27 : 24 ; trois lignes blanches tachetées de noir, mais pas de fosse, ni de point visibles à la fontanelle (1). Antennes de 13 articles, comme chez les soldats, mais l'article terminal un peu plus petit. Les 2 premières dents des mandibules très petites et de même taille. Corps blanchâtre et très étroit.

Longueur : 3 mm. 5 ; longueur de la tête 0 mm. 75 et largeur de la tête 0 mm. 85.

PETITS OUVRIERS : Tête jaune brunâtre, ovalaire ; antennes

---

1. On appelle fontanelle chez les Termites la zône qui entoure dans la région antérieure de la tête l'orifice ou pore de la glande frontale.

de 13 articles, l'article basilaire aussi long que les 2 suivants réunis ; le 2ᵉ un peu plus court que les 3ᵉ et 4ᵉ réunis ; le 3ᵉ, le plus petit, un peu plus large que long ; l'article terminal un peu plus long que le précédent.

Longueur : 2 mm. 2 ; longueur de la tête, 0 mm. 75 et largeur de la tête, 0 mm. 60.

IMAGO AILÉ : Tête brun châtaigne, entre les pointes des yeux : 1 mm. 20 à 1 mm. 23, ovale, en avant resserrée en triangle. Epistome jaune clair, grand, fortement incurvé postérieurement, comprimé latéralement et tronqué en avant. Tubercule de la fontanelle visible. Yeux arrondis, grands (0 mm. 38 de large) ; ocelles ovales. Antennes de 15 articles, l'article basilaire aussi long que les 2 suivants réunis, le 3ᵉ le plus petit ; les 4ᵉ et 5ᵉ légèrement plus longs, le dernier oval.

Pronotum châtaigne pâle, marqué d'une croix jaune, semi-circulaire, subtronqué postérieurement, plus étroit que la tête entre les pointes des yeux (1 mm. 03 à 1 mm. 16). Meso-et métathorax jaunes ; abdomen légèrement brun jaunâtre et en dessous blanchâtre.

Ailes opaques, hyalines dans l'alcool avec les costales jaunâtres.

Envergure, 26 à 27 mm. ; longueur avec les ailes : 13 à 14 mm. 5 ; longueur des ailes antérieures, 11,5 à 12 mm. 5 et du corps, 7 mm.

REINE. — Blanche, longueur : 22 millimètres ; abdomen 19 × 5 millimètres.

Distribution géographique. — Ce Termite a été récolté en 1923 par J. MIMEUR dans la région latérique de Boadie (cercle de Ségou, Soudan français). En 1926, des imagos ailés étaient adressés de la Côte de l'Or (POMEROY) à M. SJÖSTEDT qui avait décrit l'espèce en 1924 seulement sur des soldats et des ouvriers.

Biologie. — D'après les observations de J. MIMEUR, cet insecte est relativement abondant dans le cercle de Ségou.

A. soudanensis ne construit pas de termitières superficielles. Il ouvre, dans les jeunes tiges des Cotonniers, lorsqu'elles commencent à se lignéfier, à hauteur du collet ou un peu au-dessus, un orifice ovale, long de 2 à 3 millimètres, large de 1 à 2 millimètres, à bords inclinés vers l'intérieur (comme ceux de *Micro-cerotermes parvulus* Sjöst. dans les Arachides), puis creuse une galerie centrale descendante et ascendante, occupant généra-lement tout l'intérieur de la tige et atteignant parfois 3 centi-mètres de longueur. La plante se flétrit et meurt aussitôt. Quoique les dégâts soient le plus souvent nocturnes, des Insectes ont été trouvés, durant les heures chaudes du jour, à l'intérieur des tiges minées.

Ce Termite s'est montré assez nuisible en tuant une importante quantité de jeunes plants (juillet-août 1923).

L'augmentation de la densité des semis pourra, dans une certaine mesure, parer à ses méfaits.

Nous compléterons les indications précédentes en signalant que le genre *Microtermes* appartient au groupe des *Termes* de la famille des *Metatermitidae* de HOLMGREN. Plusieurs espèces de ce genre ont été récoltées en Afrique Occidentale et étudiées par SILVESTRI.

Il serait nécessaire, pour pouvoir lutter efficacement contre *M. soudanensis*, de connaître sa biologie. A titre d'indication, nous notons que les *Microtermes* en général sont de petites espèces qui paraissent vivre régulièrement dans les nids en monticule des plus grandes espèces. E. HEGH, dans son très important ouvrage sur les Termites (1922), ajoute que le *M. vad-schaggae* Sjöst. a été trouvé, au Kilimandjaro-Meru, dans les grandes termitières du *Termes goliath* Sjöst., où il creuse, dans les parois, son nid avec « ses jardins à champignons ronds, d'une grosseur variant de celle d'une noisette à celle d'une noix ». SILVESTRI a récolté le *M. vadschaggae*, au Sénégal, où il habitait un nid souterrain, avec une chambre contenant une petite masse de pâte à champignons.

COLÉOPTÈRES

Lés Coléoptères qui ont été récoltés dans les cultures cotonnières des Colonies françaises se répartissent dans une dizaine de familles. Malheureusement les observations biologiques font défaut pour la plupart d'entre eux. Il n'y a pas lieu dans ces conditions, de conclure hâtivement du fait qu'un insecte a été récolté, sur un Cotonnier ou seulement à son pied, qu'il est un ennemi de cette culture.

Tel est le cas de plusieurs Longicornes, qui me furent envoyés par M. BARTHE de Savalou (Dahomey), où en 1927, il les a recueillis sur Cotonnier. Ainsi *Philematium festivum* F., Cérambycide élancé, facilement reconnaissable par sa tête et son prothorax verts, ses élytres d'un bleu violacé avec la base verte et ses fémurs unidentés ferrugineux. De même, cet autre Cérambycide, *Cordelomera spinicornis* F., à antennes serriformes, tête et prothorax noir brillant, élytres vert métallique avec deux bandes violettes, l'une marginale et l'autre suturale, et enfin fémurs en massue terminale.

ZACHER signale plusieurs Scarabéides se nourrissant dans les régions occidentales d'Afrique (Sénégal, Togo, etc.) des fleurs ou des feuilles du Cotonnier : *Nosognatha ruficollis* Oliv., *Diplognatha gagates* F., *Popillia hilaris* Kraatz. Au sujet de cette dernière, je rappelle qu'une espèce voisine (*Popillia japonica* Newm.) importée d'Extrême-Orient aux Etats-Unis commet actuellement des ravages considérables dans sa nouvelle patrie. Nos Colonies doivent prendre toutes dispositions utiles pour que ce parasite ne soit pas introduit sur leur territoire (P. VAYSSIÈRE, 1928).

BUPRESTIDAE

Les Insectes de cette famille sont, en général, facilement reconnaissables par la forme de leur corps allongé, pointu en arrière et plus ou moins aplati, et par leurs vives couleurs métalliques.

Les larves sont toujours mineuses et sont caractérisées par le fait que la partie antérieure de leur corps est toujours disoïde et élargie par rapport aux anneaux suivants.

Dans les colonies françaises, on ne connaît avec certitude qu'une espèce de Buprestide dont la lave mine les tiges du cotonnier. C'est *Sphenoptera gossypii* Cotes. Mais plusieurs autres espèces de la même famille ont été observées dans d'autres régions sur la même plante, en particulier *Sphenoptera scebelica* Théry en Somalie italienne, *Sphenoptera neglecta* Klug et *Anthaxia binotata* Chev., en Afrique Orientale.

SPHENOPTERA GOSSYPII Cotes

Description (fig. 1). — L'adulte, long de 8 à 10 millimètres sur 2 1/2 à 3 millimètres de large, est de coloration brun rouge, sa tête et son corselet sont de même largeur, ses élytres se terminent par trois pointes, caractère commun d'ailleurs avec le *S. neglecta*, dont il se distingue nettement.

L'œuf, bleu turquoise, irrégulièrement ovale, long de 1 mm. sur 1/2 millimètre de large, est couvert d'un irrégulier et proéminent réseau de cannelures.

La larve, blanc jaunâtre, mesure, à son maximum de développement, de 15 à 30 millimètres ; elle a donc une longueur variable du simple au double selon les individus. Comme chez toutes les larves de Buprestides, les segments antérieurs sont aplatis et élargis, la plus grande largeur correspond au premier anneau thoracique qui est marqué, sur sa face dorsale, d'un sillon affectant la forme d'un Y. Elle est armée de petites mandibules saillantes et brunes. Dans sa galerie, la larve est

toujours repliée sur elle-même à la façon d'un U. Au moment
de se nymphoser, les segments se rétractent au point que la
longueur totale est réduite de moitié par rapport à la longueur
primitive. La nymphe, blanc jaunâtre, a à peu près les dimensions de l'adulte.

Distribution géographique. — Ce mineur des tiges est connu
du Soudan français où il a été
signalé, pour la première fois,
par J. VUILLET. en 1904. J. MI-
MEUR, en 1922-1923, releva sa
présence au Sénégal sur de
nombreux points. *S. gossypii* a
été également observé au Soudan égyptien et même en Tunisie où il fut récolté par le
Dr CHOBAUT au Djebel Younès
(près de Gafsa) et à Mezzouna.
Enfin il avait été décrit des
Indes où il est connu comme
parasite du Cotonnier.

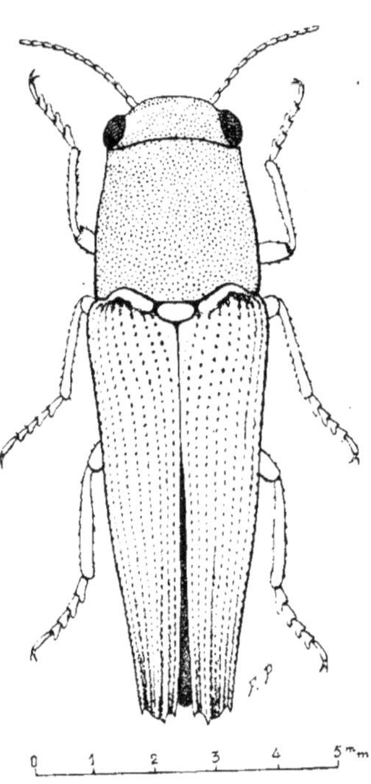

FIG. 1. — *Sphenoptera gossypii* (1).

Cette répartition géographique est assez exceptionnelle
pour un Buprestide, d'autant
plus que le *Sphenoptera*, nuisible au Cotonnier, dans diverses autres contrées africaines,
est le *S. neglecta*, très voisin
mais bien distinct du *gossypii*.

Certains auteurs, n'ayant pas eu en mains des exemplaires des
deux espèces, ont pensé qu'il y avait identité entre elles ou
que la détermination de KERREMANS sur les échantillons de
J. VUILLET était erronée.

---

1. Toutes les échelles de grandeur sont notées en millimètres ou en fractions
de millimètre. Dans le premier cas, le dernier chiffre inscrit (ici, 5 mm.) représente les millimètres ; dans le second (par ex. fig. 6, 200/200 mm.), le dernier
chiffre indique les fractions (fig. 6, 2 millimètres en 100 parties).

Je rappelle qu'ayant soumis à A. Théry les échantillons
reçus de J. Mimeur, j'eus la réponse suivante :

« Le *Sphenoptera gossypii* Cotes et le *Sphenoptera neglecta*
« Klug sont deux espèces distinctes. Le premier a le proster-
« num plat et rebordé sur les côtés (saillie prosternale), le
« second l'a sillonné. Ceci est très net... Après un examen
« très approfondi du dessus et du dessous des Insectes que vous
« m'avez adressés, je ne trouve aucune différence permettant de
« les séparer de *S. gossypii*, le front est séparé de l'épistôme
« par une carène et les Insectes envoyés sont identiques à un
« exemplaire de ma collection provenant de Barway, dans les
« Indes, et très peu différents de plusieurs autres provenant de
« Madura et de Ceylan...

« Andrieu et Vuillet ont signalé *S. gossypii* comme nuisible
« au Coton en Afrique (*Insecta*, Rennes II (1912), p. 149-
« 156), en disant seulement que ce *Sphenoptera* avait été déter-
« miné par Kerremans sous le nom de *gossypii*, mais sans
« faire ressortir qu'il s'agissait d'une espèce indienne. Le genre
« *Sphenoptera* est d'une étude extrêmement difficile et, d'autre
« part, *S. gossypii* Kerr. est assez voisin de *neglecta* Klug,
« espèce très abondante au Sénégal et au Soudan (1).

« Kerremans (*Monographie des Buprestides*, t. VI, fascicule
« de mars-août 1913, p. 430), par conséquent, après qu'il a
« eu en mains l'Insecte communiqué par Andrieu et Vuil-
« let, omet de citer l'Afrique en donnant la répartition géo-
« graphique de l'espèce ; c'était cependant intéressant à si-
« gnaler.

« La présence de *S. gossypii*, simultanément aux Indes et
« en Afrique, est un problème qui ne peut s'expliquer autre-
« ment que par une importation accidentelle et on peut se
« demander si elle a été importée des Indes au Soudan ou du
« Soudan aux Indes. Je pense que la première supposition est
« la vraie, car si *gossypii* est assez voisin de *neglecta*, il est

---

1. Malgré cette précision de M. A. Théry sur l'abondance de *S. neglecta*
en A. O. F. aucun de mes correspondants ne m'a adressé d'exemplaires de cette
région.

« encore beaucoup plus voisin de *Perroteti* Guer. et de *Horni*
« Théry, toutes deux de l'Inde et de Ceylan » (1).

Enfin je dois signaler que récemment A. THÉRY (1927) a
décrit un nouveau *Sphenoptera (S. scebelica)* qui serait, selon
G. PAOLI, très nuisible aux cultures de Cotonnier du Village
fondé par le duc des Abruzzes sur le Ouei Scebeli, en Somalie
italienne. Cet insecte avait été récolté par notre collègue, le
Dr CHIAROMONTE.

Plantes nourricières. — Le *S. gossypii* n'est pas spécifique au
Cotonnier, il se rencontre très fréquemment dans les tiges et
racines des *Hibiscus cannabinus*, *H. rosa sinensis*, des *Dolichos*
sp., des *Vigna catjang* et *V. sinensis*.

Au Sénégal et au Soudan, il n'a pu être établi aucune différence entre les adultes obtenus par l'élevage des larves récoltées
dans les tiges et pivots de *Vigna*, de Cotonniers et de *Hibiscus*.

D'après FLETCHER, les Légumineuses sont attaquées, aux
Indes, par une espèce spéciale, le *S. arachidis* ; il signale, toutefois, qu'il est possible que des individus recueillis dans les Légumineuses ne se rapprochent pas exactement de *S. arachidis* et
soient des *S. gossypii*.

1. *Biologie sur Cotonnier* : É v o l u t i o n. — Les œufs sont
déposés isolément ou par groupe (six en général), dans les fissures de l'écorce, à la base des tiges. Sitôt éclose, la jeune larve
pénètre dans le bois, se creuse un tunnel d'abord tortueux,
descendant, puis central, descendant et ascendant suivant la
saison, comblé par ses excréments et par une fine sciure jaune
ou brune. De septembre à février, c'est-à-dire en fin de saison
des pluies et au début de la période sèche, les galeries intéressent
surtout les pivots, tandis que, de mars à juillet, ce qui correspond à la saison chaude et au début de l'époque pluvieuse,
elles sont presque toutes forées entre 0 m. 20 et 0 m. 70 de hauteur (le plus grand nombre de 0 m. 20 à 0 m. 50).

1. Dans un travail récent (in *Bull. Soc. R. Entom. d'Egypte*, fasc. 4, 1929),
M. THÉRY confirme les caractères propres de *gossypii* et sépare très nettement
cette espèce non seulement de *neglecta*, mais également de *gossypiicida* Obb.,
nom qu'il met d'ailleurs en synonymie de *nitens* Kerr.

La nymphose a lieu dans une chambre ovalaire, placée sous l'écorce que l'adulte perce pour s'échapper ; la région céphalique de la nymphe est toujours dirigée du côté de la future ouverture, mais son orientation géotropique est quelconque.

La durée de la phase nymphale semble être d'une trentaine de jours en toute saison ; en élevage, elle fut toujours comprise entre vingt-sept et trente-deux jours.

L'évolution totale d'un individu ne doit pas dépasser six à sept mois. Le nombre annuel de générations paraît être de deux : *S. neglecta*, en Egypte, serait susceptible d'en avoir trois.

Le maximum de ponte, en A. O. F., a été observé en mai-juin, bien que toute l'année on rencontre des individus à tous les stades ; ce qui ne nous a pas encore permis de préciser la durée moyenne de chaque stade.

Dégâts. — Il est fréquent de trouver, dans la tige, plusieurs individus à peu près de même âge ou bien à des stades différents. Suivant l'intensité de l'attaque, la forme de la galerie (médiane ou circulaire) et l'âge de la plante, celle-ci continue à végéter lentement, ou bien s'étiole et meurt, parfois quelques rameaux seulement se dessèchent. (Pl. VII, fig. 4).

Les Cotonniers indigènes sont très résistants aux mineurs des tiges, les jeunes seuls sont tués ; les espèces importées sont, au contraire, très sensibles, en particulier les plants américains. Mais cette observation ne paraît pas générale : M. A. HUSAIN (1929) conclut au contraire, en ce qui concerne le Punjab, que les variétés indigènes sont plus sensibles aux attaques de *S. gossypii* que les variétés américaines.

II. *Biologie sur Vigna catjang* (Niébés). — Le *S. gossypii* a été observé dans les racines de Niébés sur divers points, en particulier dans la région de la Tamna et dans les provinces Sérères du cercle de Thiès et du nord du Sine Saloum. Les larves les plus grosses mesuraient 2 centimètres au maximum de longueur et se tenaient repliées sur elles-mêmes au milieu d'une fine sciure brune, occupant l'intérieur du pivot sur une longueur de 2 à 4 centimètres, les trous d'entrée étaient en grande partie cicatrisés et bouchés.

D'après les constatations faites sur les racines habitées par de jeunes larves, il semble que la pénétration se fasse entre 1 et 3 centimètres de profondeur par un orifice à bords irréguliers, percé de biais, suivi d'une courte galerie descendante. La présence du mineur provoque (Pl. VII, fig. 5 et 6) :

a) L'hypertrophie du pivot ;

b) La déformation dans sa partie supérieure ;

c) La nécrose des tissus voisins des points parasités ;

d) Les pieds minés ont mauvais aspect, ils portent peu ou pas de fruits, certains sont complètement desséchés ;

e) Les organes mortifiés sont attaqués par les Termites, qui envahissent ensuite la plante et achèvent de la tuer.

Exceptionnellement, des larves ont été trouvées dans les parties basses des tiges ; elles paraissaient s'y être réfugiées pour échapper au voisinage des Termites s'installant dans les racines.

Des larves furent recueillies en 1922-1923, du 16 décembre au 10 janvier ; elles commencèrent à se nymphoser en mars et donnèrent des adultes dans le délai normal. On conçoit aisément l'influence que peut avoir une culture de *Vigna* dans un assolement où figure le Cotonnier.

Au cours de l'arrachage des fanes de Niébés, la rupture se produit toujours à hauteur de la partie minée, la galerie se trouve partagée et la larve demeure dans le fragment de racine resté en terre ou bien est emportée avec le tronçon de pivot adhérent à la tige. Des élevages expérimentaux ont montré que des larves, incluses dans un morceau de racine enterrée ou desséchée et exposée à l'air, évoluaient et donnaient des adultes capables de se reproduire. Il y a , il est vrai, un pourcentage élevé de non réussite, mais il n'en est pas moins démontré que l'arrachage ainsi pratiqué n'entrave que faiblement l'évolution du parasite.

Conservation de l'espèce. — Comme il a été dit plus haut, on rencontre, sur le Cotonnier, à toutes les époques de l'année, les divers stades du *Sphenoptera* et, d'après les observations de MI-MEUR, les saisons paraissent n'avoir aucune action sur la durée de chaque stade.

De plus, certains hôtes favorisent la conservation de l'espèce ;

ce sont les Cotonniers vivaces et les *Hibiscus rosa sinensis*. Enfin, les pivots de *Vigna* non déterrés ou arrachés tardivement
et entassés avec les fanes sont susceptibles, comme nous venons
de l'exposer, d'héberger les Buprestes qui terminent souvent
leur évolution dans le bois sec mort. Ces observations ont une
importance de tout premier plan pour la lutte.

Ennemis naturels. — On ne connaissait jusqu'à ces dernières
années qu'un parasite de *S. gossypii* : *Pseudovipio Andrieui*,
qui fut décrit, par A. VUILLET, du Soudan français, où il avait
été récolté par ANDRIEU. J. MIMEUR l'a obtenu, au Sénégal, de
racines de *Vigna* parasitées par le *Sphenoptera*. Toutefois, ce
Braconide est peu abondant dans les deux colonies et son action
destructive n'a pas été jusqu'ici suffisante pour entraver beaucoup le développement du Bupreste des tiges.

Il y a lieu d'ajouter que WATERSTON (1925) a décrit un Tri-
chogrammide parasite des œufs de *S. gossypii* à Khartoum et
qui a été récolté également au sud de cette ville dans un
périmètre de 140 milles. Ce petit Hyménoptère (*Lathromeris
johnstoni* Wat.) a été obtenu d'autre part des œufs du même
Buprestide, déposés sur *Hibiscus esculentus* dans la même région.
Il est donc fort probable, ainsi que le suggère JOHNSTON, que
les parasites du *Sphenoptera* utilisent, entre deux saisons de
Cotonnier, les œufs que cet insecte pond sur les plantes pérennes.

Un petit Encyrtide, resté indéterminé, accompagnait l'envoi
du *L. johnstoni* sur les plantes sauvages. Il serait particulièrement utile de rechercher dans nos colonies si les œufs du *S. gossypii* ne sont pas parasités. Nous aurions là en effet des auxiliaires extrêmement précieux dont il faudrait favoriser la multiplication en même temps que celle de *Vipio andrieui*. On
peut envisager, dès maintenant d'élever en captivité ce Braconide aux dépens de *Sphenoptera* dans ses hôtes divers (*Vigna,
Hibiscus*) et des lâchers de grande envergure seraient effectués
à l'époque la plus favorable.

Lutte. — 1° En cours de végétation, détruire les Cotonniers
parasités : la présence du *Sphenoptera* est facile à découvrir ;

les pieds attaqués s'arrêtent de croître, certains rameaux se dessèchent.

A. VUILLET et ANDRIEU recommandent de ne pas brûler entièrement, après la récolte, les Cotonniers, afin de conserver la région du collet dans des récipients clos mis en observation, dont on soulèverait, de temps en temps, les couvercles pour permettre aux parasites éclos de s'échapper ;

2º Détruire les plantes spontanées qui peuvent héberger l'Insecte ;

3º Ne pas cultiver de Cotonniers bisannuels. Cette mesure est très importante. C'est grâce à son application, sans doute, que le *Sphenoptera* a une si minime importance dans les régions où les Cotonniers sont semés annuellement ;

4º Proscrire le recépage, qui n'entraverait pas ou peu l'évolution du *Sphenoptera* ; nous avons déja signalé, en effet, qu'en hivernage et en saison sèche et froide, le parasite se logeait surtout dans les organes hypogés de la plante ;

5º Arracher et brûler le bois et les racines des Cotonniers sitôt la récolte, exception faite, s'il y a lieu, comme il a été dit plus haut, des parties qui peuvent contenir des auxiliaires ;

6º Eviter de faire précéder immédiatement une culture de Cotonnier par une de *Vigna* ou de Doliques.

Observations. — Deux Coléoptères, *Zophosis longula* Fer. et quelques *Hyperops* sp., voisin de *H. taglinoïdes* Sol., ont été trouvés, à l'intérieur de galeries forées, dans les tiges de Cotonniers et des Dâs. Il est probable que ces Insectes se trouvaient occasionnellement dans des tunnels précédemment creusés par *Sphenoptera gossypii* Cote.

ANTHAXIA BINOTATA Chev.

Description. — Nous reproduisons ci-dessous la description détaillée que M. THÉRY vient de publier : « Cette espèce est assez variable de taille, les deux individus reçus du British Museum sont des ♂ et leur taille ne dépasse pas 4,3 mm.

Brillant, entièrement d'un vert d'émeraude, avec deux taches brunes allongées vers le tiers antérieur du pronotum, la région suturale rembrunie le long du tiers postérieur, antennes et tarses dorés. Tête régulièrement bombée, très brillante, indistinctement sillonnée sur le vertex ; les yeux peu saillants, leurs bords antérieurs légèrement rapprochés dans le haut ; épistome faiblement échancré, le front et le vertex à sculpture très accentuée formée d'ocelles confluentes et à pubescence claire et peu serrée, dirigée en avant.

Pronotum faiblement sinué au bord antérieur et extrêmement finement rebordé, finement cilié en avant, ayant sa plus grande largeur avant le milieu, les côtés faiblement arqués, à peine sinués avant les angles postérieurs qui sont largement obtus, les côtés rebordés seulement près des angles postérieurs, la base presque droite, le disque assez fortement bombé, sans aucune impression, à sculpture accentuée et formant un réseau ayant tendance, vers l'arrière, à se transformer en rides semi-circulaires assez distinctes.

Écusson doré, assez grand, en triangle à angles émoussés et à surface finement sculptée.

Élytres ayant aux épaules la même largeur que le prothorax, largement sinués avant le milieu, atténués ensuite en courbe régulière jusqu'à l'extrémité où ils sont isolément arrondis et très finement denticulés, rebordés sur tout leur pourtour, avec la suture caréniforme sur la moitié postérieure; le disque impressionné le long de la base et faiblement sillonné le long de la suture en arrière ; rugueusement sculpté et faiblement pubescent.

Hanches postérieures fortement échancrées postérieurement, près des bords latéraux. Dernier sternite abdominal impressionné au bout et formant un pli à l'extrémité, comme chez *A. cichorii* Ol. du bassin de la Méditerranée, mais moins bien prononcé.

Distribution géographique. — Ce Buprestide a en Afrique une aire de dispersion très grande qui s'étend « de Saint-Louis du Sénégal à Khartoum en traversant toute l'Afrique tropicale de l'Ouest à l'Est » (Théry).

Plantes nourricières. — *A. binotata* vivrait aux dépens du Cotonnier dans la région de Khartoum où il a été observé par H. W. BEDFORD. M. THÉRY qui a été appelé à déterminer les individus récoltés au Soudan égyptien ne signale aucun fait biologique sur cet insecte. Il insiste seulement sur les dangers qu'il peut faire courir à nos cultures cotonnières dans le Soudan français.

ELATERIDAE

TETRALOBUS FLABELLICORNIS L.

Description. — Longueur : 58 millimètres ; largeur : 21 millimètres (Pl. IV, fig. 1 et 2).

Corps d'un brun noir, mais avec la face dorsale garnie de courts poils gris et la face ventrale couverte de longs poils serrés brun jaunâtre clair. Les pattes sont finement velues. Les yeux sont latéraux. Les antennes, insérées près du bord antérieur des yeux, sont de 11 articles dont les 8 derniers, chez le mâle, sont disposés en peigne très développé. Prothorax plus large que long, arrondi en avant et avec une pointe aux deux angles postérieurs. L'écusson est velu, ayant la forme d'un long triangle. Les élytres sont convexes et ont 9 sillons longitudinaux; ils sont garnis de fins poils gris et d'une ponctuation serrée qui existe également sur le prothorax. Les hanches antérieures et médianes sont sphériques, les premières ayant les fosses articulaires ouvertes en arrière. (1)

Distribution. — Afrique Occidentale d'où je l'ai reçu du Dahomey.

Plantes nourricières. — Dans cette dernière colonie, il n'a été observé que sur Cotonnier ; ZACHER le donne en Afrique occidentale également comme s'attaquant au Cotonnier.

Biologie, dégâts, lutte. — Cet énorme Elatéride a été en 1927, selon BARTHE qui me l'a adressé de Savalou (Dahomey), très redoutable pour les plantations de Cotonniers dans lesquelles

1. Détermination spécifique due à l'obligeance de M. FLEUTIAUX.

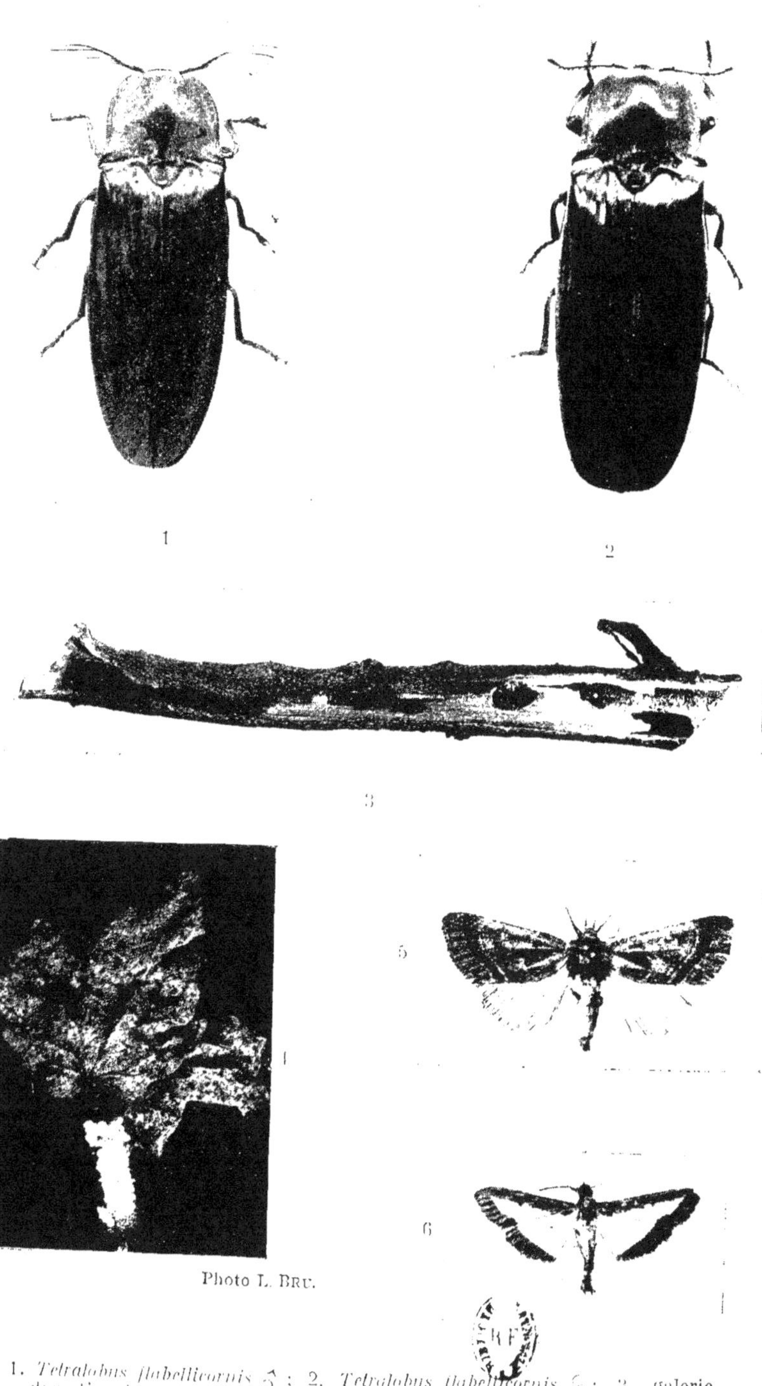

Photo L. BRU.

1. *Tetralobus flabellicornis* ♂ ; 2. *Tetralobus flabellicornis* ♀ ; 3. galerie
dans tige de Cotonnier de *Apate monachus* ; 4. ponte de *Tectocoris lineola* ;
5. *Diparopsis castanea* ; 6. *Glyphodes indica*.

il était très fréquent. Les adultes dévorent le parenchyme des feuilles tandis que les larves rongent le collet des plantes, en dessous de la surface du sol.

On doit pouvoir limiter les déprédations du *Tetralobus* en faisant récolter les adultes et les larves. Évidemment les traitements arsenicaux opérés pour détruire les insectes qui vivent aux dépens du feuillage seront efficaces contre les adultes.

BOSTRYCHIDAE

APATE MONACHUS F.

Description. — « Longueur 10-19 millimètres. Corps entièrement noir en-dessus ; abdomen parfois d'un brun roux (var. *rufiventris*). Grains de la région médio-antérieure du vertex petits, déprimés, non ou à peine plus gros que ceux du reste du vertex et des tempes. Élytres couverts de gros points enfoncés très serrés, présentant presque toujours, surtout chez la femelle, au pourtour de leur orifice, une ou plusieurs saillies râpeuses, généralement deux saillies latérales opposées. Nervures des élytres dentiformes à leur extrémité postérieure, au bord supérieur de la déclivité apicale. Celle-ci généralement limitée par une côte à son bord inféro-latéral. Brosses plantaires peu développées, composées de poils courts. Onychium normalement bisétulé » [LESNE (1)].

Cette espèce est très variable. Chez le mâle, le front généralement velu, est quelquefois glabre, et la déclivité apicale des élytres est tantôt lisse, tantôt plus ou moins fortement ponctuée. Le bord inféro-apical des élytres est généralement ébréché d'une façon très irrégulière, mais parfois il est entier, et ce cas se présente surtout chez le mâle. D'autres variations peuvent également se constater chez les deux sexes.

Distribution. — L'*Apate monachus*, l'un des Bostrychides les

1. La plus grande partie des indications qui sont fournies sur **A.** *monachus* sont extraites du très important ouvrage de P. LESNE : *Les Coléoptères Bostrychides de l'Afrique tropicale française*. Paris, 1921.

plus répandus dans l'Afrique française, se rencontre à la fois dans l'Afrique occidentale, centrale et orientale. Son aire d'habitat s'étend jusqu'à la côte atlantique du Sahara, au Haut Niger, à la région du Tchad, au Bahr el Ghazal, à l'Ethiopie et à l'Erythrée. Au Sud, on le rencontre jusque dans le Loanda, sur le Haut-Zambèze, à la baie Delagoa et peut-être au Natal ; il habite en outre l'archipel du Cap Vert, les îles du golfe de Guinée et les Comores ; on le retrouve dans la région méditerranéenne, notamment sur tout le territoire de l'Afrique Mineure, en Palestine, en Syrie ; en Espagne, en Sardaigne et en Corse. Ces dernières années il a été signalé dans les Dattiers de jeunes plantations (El Arfiane et Djammah) du Sahara algérien. Il existe enfin dans une grande partie des Antilles où il a été évidemment introduit par l'homme.

Biologie et Dégâts. — La larve de cette espèce a été observée aux Antilles dans le bois du Cotonnier par J. de ROHR, en Algérie dans celui d'une légumineuse (*Calycotome spinosa* Lk.) par H. LUCAS, et en Espagne dans les bois du Mûrier par le même entomologiste. Elle vit aussi, à Porto-Rico, dans le bois du *Picramina pentandra* Sw. (Rutacées), selon D.-W. MAY. Elle est d'ailleurs mal connue, la description et la figure qu'en a données H. LUCAS ne mettant pas suffisamment en évidence ses caractères distinctifs.

L'adulte est nocturne ; il vole le soir dès le crépuscule et est attiré la nuit par les lumières. Souvent, il se jette sur les arbres et les arbustes en pleine vigueur dans les plantations, et taraude de ses galeries leur tronc et leurs rameaux, s'attaquant à des essences très variées. La Station entomologique a reçu l'insecte adulte récolté dans les Cotonniers en 1925 du Haut Sénégal Niger où il fut recueilli par J. MIMEUR. En mai 1929, M. LEMOINE m'adressait une demi douzaine du même insecte qui avait été trouvé sur la même plante à Garoua (Cameroun). L'observation a été faite en avril (c'est-à-dire à la fin de la saison sèche) et l'apparition des *Apate* sur les Cotonniers pérennes avait été constatée deux mois auparavant par les indigènes. Selon ces derniers, les adultes disparaîtraient un peu avant la floraison : les tiges attaquées ne mourraient généralement pas ; les parties jeunes se dessècheraient mais de nouveaux bourgeons se développeraient normalement au-dessous de celles-ci (Pl. IV, fig. 3).

En dehors du Cotonnier, l'*A. monachus* s'attaque à une soixantaine d'essences dont P. Lesne donne la liste avec les lieux d'observation et les noms des collecteurs. Parmi elles on peut citer les Acacias, les Aurantiacées, les Cacaoyers, les Caféiers, l'Avocatier, le Grenadier, etc.

En somme l'*A. monachus* adulte attaque les arbres et les arbustes indépendamment de toute affinité botanique. « Dans la région guinéenne, il semble toutefois montrer une préférence pour les Caféiers et les Cacaoyers. Du moins ses dégâts sur ces plantes ont attiré fréquemment l'attention ; mais les observateurs ont presque tous omis de noter la saison où ils se produisaient. Dans l'Afrique du Nord et en Syrie, il semble que ce soit principalement à l'automne que l'adulte éprouve le besoin de s'alimenter ainsi de tissus vivants, car il s'agit en ce cas uniquement de mangeurs et non de galeries de ponte.

En certaines années, les *Apate* apparaissent en nombre, vraisemblablement à la suite de l'éclosion de couvées ayant vécu dans les bois morts de la région. On peut les voir arriver au vol dès le crépuscule, s'abattre sur les arbres, les arbustes, le bois fraîchement coupé, et se mettre aussitôt à forer leurs galeries. Ils travaillent avec une grande activité. En trois quarts d'heure leurs trous atteignent déjà environ deux centimètres de profondeur (J. Clainpanain). L'orifice de leur galerie est ovalaire, orienté suivant l'axe du rameau et mesure environ 10 millimètres de longueur sur 6 de largeur. Une galerie oblique très courte, toujours dirigée de bas en haut, part de cet orifice et donne accès soit dans une galerie longitudinale ascendante à section circulaire terminée en cul-de-sac (1) et dont le diamètre varie de 5 à 8 millimètres, soit dans une forme de chambre de forme surbaissée pouvant atteindre 10 centimètres de lon-

---

1. W. T. Horne (2ᵉ Rep., Part. I, Habana, 1909, pl. XXI) a figuré une ga'erie à deux issues, ce qui doit être un cas très exceptionnel.

gueur sur une largeur maxima de 15 millimètres. La sciure rejetée hors des galeries tombe sur le sol au pied de l'arbre et décèle la présence de l'insecte.

Bien que l'on ait parfois trouvé plus d'un insecte dans certaines de ces galeries creusées dans le bois vif, il est de règle qu'elles soient l'oeuvre d'un seul individu; mais plusieurs galeries peuvent coexister sur le même rameau. R. Mayné en a compté jusqu'à 10 dans une même branche et H. Navel note que dans un seul tronc de Cacaoyer de faible diamètre, il y en avait 18. Fait curieux, les galeries creusées dans un rameau déterminé s'ouvrent toutes sur la même face. Sadebeck fait remarquer qu'au Togo, sur les *Coffea liberica* âgés de 4 à 5 ans, arbres particulièrement exposés aux attaques de l'*Apate* les galeries sont presque toujours localisées dans la moitié inférieure du tronc. A San Thomé, les Cacaoyers ayant le plus à souffrir sont aussi les jeunes plants dont le tronc n'a que 5 ou 6 centimètres de diamètre (H. Navel). Les rameaux attaqués meurent souvent, soit par dessication, soit parce que, devenus moins résistants, ils se brisent sous la pression du vent. Parfois même le jeune arbre périt tout entier.

Les arbres d'une certaine taille sont aussi attaqués, mais ils résistent mieux. L'*Apate* n'en attaque que l'aubier et même parfois il abandonne sa galerie après seulement l'avoir amorcée. Quelques essences (Acacia, Bauhinia) se défendent par leurs sécrétions gommeuses (J. Clainpanain).

On combat l'*Apate* dans les plantations en tuant les adultes, soit à l'aide d'un fil de fer que l'on introduit dans les galeries, soit en poussant à l'intérieur de celles-ci un tampon d'ouate imbibé d'un liquide dégageant des vapeurs insecticides, tel que la benzine (1) ou le sulfure de carbone. En ce cas, il faut avoir soin de boucher aussitôt l'orifice de la galerie à l'aide d'une boulette d'argile malaxée avec de l'eau. L'emploi de capsules gélatineuses de forme effilée remplies de sulfure de carbone et semblables à celles qui ont été utilisées pour com-

---

1. D'après Gowdey, la benzine serait plus efficace que le sulfure de carbone ; mais cette assertion demanderait à être confirmée.

battre les chenilles de Zeuzères nuisibles au Chêne-liège en
Algérie (1) est particulièrement recommandable en cas d'invasion importante. On doit, en outre, supprimer, dans la plantation et dans son voisinage, le bois mort sur pied ou abattu susceptible de recéler les larves de l'*Apate*.

Sadebeck a suggéré d'attirer l'adulte au moyen de racines
sèches de patates ; mais je ne crois pas, dit P. Lesne, que ce
procédé ait été expérimenté ».

MELOIDAE

De nombreux Mylabres sont signalés dans les cultures de
Cotonniers. J'ai reçu en particulier *Coryna dorsalis* Gerst., My-
labride recueilli par M. Barthe à Savalou (Dahomey). Zacher
l'avait déjà signalé sur Cotonnier en Afrique occidentale. Nous-
même, nous avons noté que *Mylabris affinis* Ol. se rencontre
au Soudan français. Ces insectes, à l'état parfait, vivent aux
dépens des fleurs de plantes diverses ; ils consomment les
pétales et les étamines et pénètrent parfois dans les boutons.
Ils sont souvent très abondants et pourtant ils n'ont jamais
été considérés comme sérieusement nuisibles ; ils paraissent
au contraire favoriser la fécondation.

Il y a lieu d'ajouter que les larves des Mylabres sont souvent
des auxiliaires précieux ; plusieurs d'entre elles vivent en effet
aux dépens des pontes des Acridiens.

TENEBRIONIDAE

TENEBRIO GUINEENSIS Fab.

La présence de ce Coléoptère a été relevée, au Soudan français, depuis 1901. Cet insecte rappelle beaucoup, par sa taille
(14 à 16 mm.) et son aspect général, le *Tenebrio molitor* qui vit

---

1. P. Lesne, La lutte contre les chenilles xylophages de la Zeuzère (*Zeuzera
pyrina* L.) dans les forêts de Chênes-liège de l'Edough (C. R. de l'Ac. des Sc.,
8 mai 1911).

aux dépens des denrées telles que la farine et le pain. Il s'en distingue surtout par sa couleur qui est brun rougeâtre. Sa larve qui ressemble à notre Ver des farines mange les graines enterrées de Cotonnier. Il est peu abondant au Sénégal et les dégâts enregistrés jusqu'ici sont sans importance (1).

CURCULIONIDAE

Un nombre considérable de Charançons a été récolté sur Cotonnier dans les divers pays de production de cette plante.

Malheureusement d'une façon générale on ne connaît rien de la biologie de la plupart de ces insectes. Tel est le cas de *Lixus vulneratus* Bohe (fig. 2) dont plusieurs individus furent récoltés par

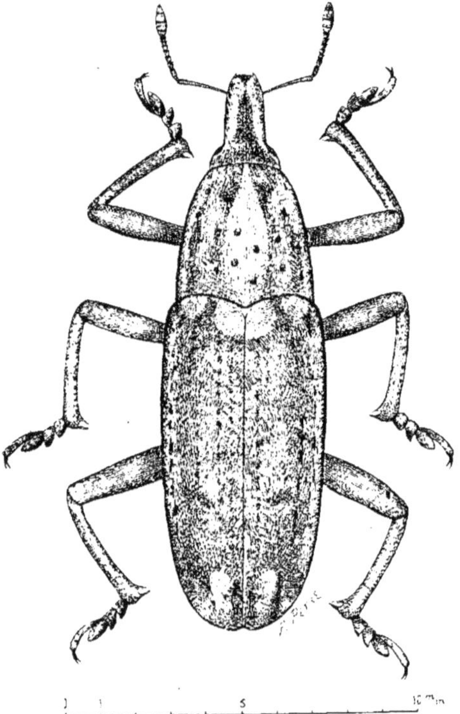
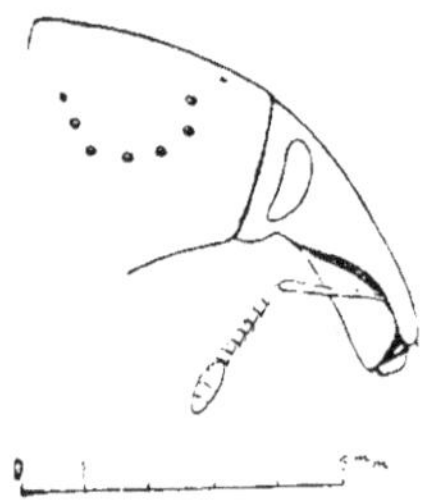

FIG. 2. — *Lixus vulneratus.*
À droite, tête vue de profil.

M. Barthe à Savalou (Dahomey) au pied de Cotonniers

1. Un autre Ténébrionide (*Erodius granipennis* Frm.) a été également observé dans les cultures cotonnières au Maroc (de Lépiney et Mimeur, *in litt.*).

uxquels ils ne paraissaient « pas faire grand dommage ». Il en
st de même du *Tetragonothorax retusus* F. (fig. 3), recueilli par
otre correspondant dans des conditions identiques.

Aucun d'entre eux, dans les colonies françaises, sauf *Amor-*
hoidea rufa Hust.,
t *Baris Perrieri*
'airm., ne semble
ivre aux dépens de
a capsule.

Toutefois il est

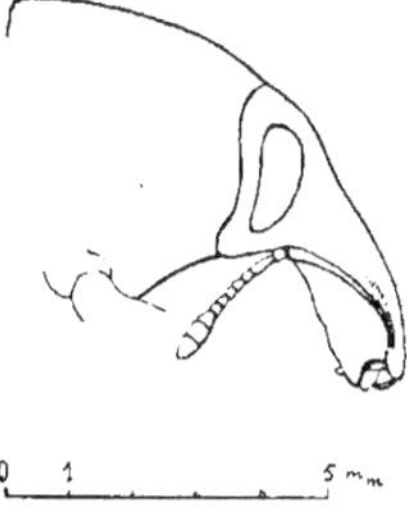

écessaire d'attirer
attention sur les
spèces qui ont été
écoltées afin que
es observations ul-
érieures permettent
e préciser leur rôle
conomique. Je si-
ale en particulier
ue, dans la plupart
es cas, on ignore le

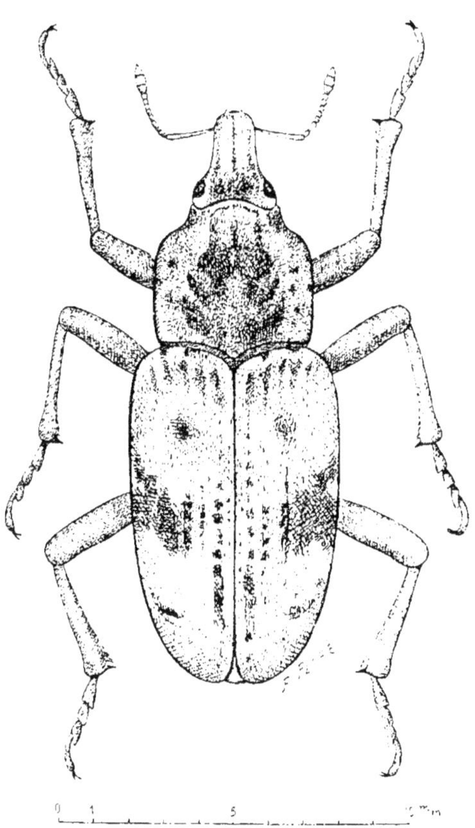

FIG. 3. — *Tetragonothorax retusus.*
A gauche, tête vue de profil.

ode de vie de la larve, si important à connaître pour orga-
iser une lutte méthodique.

Il est utile enfin de déclarer que, à ma connaissance, l'Antho-
ôme du Cotonnier (*Anthonomus grandis* Bohe.) n'existe actuel-
ment dans aucune colonie française et que toutes les détermi-
ations qui ont conclu à sa présence sont absolument erronées.

L'Anthonôme, le Boll Weevil des Américains (Pl. V et VI), est
un petit Charançon brun grisâtre, d'environ 8 mm. de long, dont
toute l'évolution s'effectue à l'intérieur du bouton floral ou de
la capsule (P. Vayssière, 1922).

ALCIDES CURTIROSTRIS Fairm.

Description. — Longueur : 9 millimètres ; largeur : 5 millimètres (fig. 4).

Corps oblong, de coloration noire ; rostre épais, subcylindrique
et court ; tête finement ponctuée ; antennes noires ; prothorax
noir mat, à fines granulations assez serrées. Elytres rouge foncé

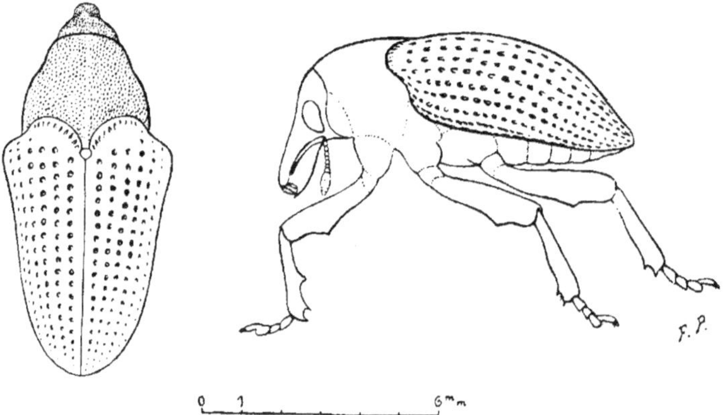

Fig. 4. — *Alcides curtirostris.*

brillant recouvrant quelque peu la base du prothorax et avec
des ponctuations profondes, régulièrement alignées. Ecusson
arrondi. Trois bandes transversales de poils grisâtres, le plus
souvent très peu visibles. Face ventrale noire, garnie de poils
grisâtres. Fémurs munis d'une dent unique et robuste.

Distribution géographique et *Plantes nourricières.* — Cet insecte
fut décrit de Madagascar d'où la Station entomologique de
Paris l'a reçu il y a une quinzaine d'années, comme parasite du Cotonnier.

Biologie, lutte. — Aucun détail sur la vie de ce Charançon ne

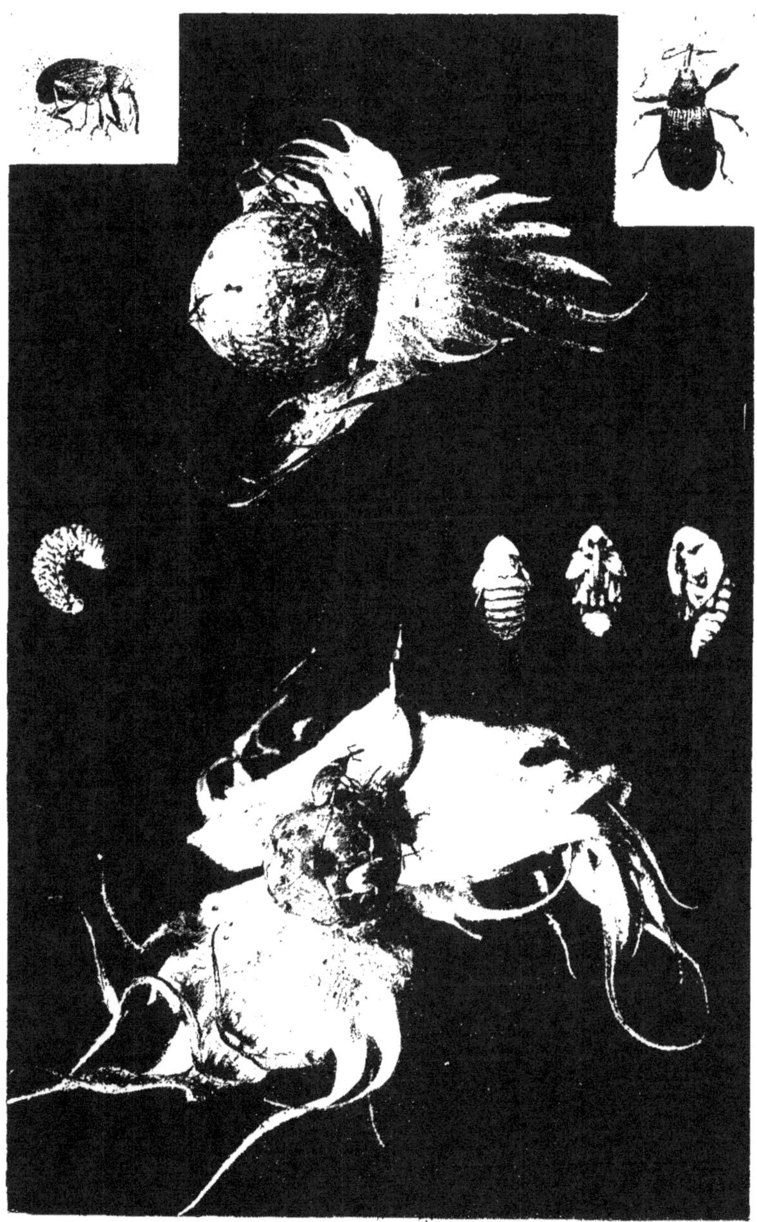

Cliché « L'Agronomie coloniale ».

L'Anthonôme du Cotonnier. — En haut, adulte vu de profil et sur la face dorsale ; au milieu, larve et nymphe (vue dorsale, ventrale et de profil).
Deux capsules sur lesquelles des Anthonômes s'alimentent. On voit assez nettement les piqûres faites par les insectes.

Cliché « L'Agronomie coloniale ».

L'Anthonôme du Cotonnier. — En haut, à gauche : trou d'émergence d'un adulte sur un bouton ; à droite : un bouton floral au même stade d'évolution que le précédent, mais non attaqué par l'Anthonôme (les bractées sont encore accolées au bouton).
En bas, à gauche : bouton ouvert montrant une larve d'Anthonôme bien développée (Grandeur naturelle) ; à droite : bouton ouvert montrant une nymphe en place (grandeur naturelle).

nous a été fourni. Il est fort vraisemblable que sa biologie est voisine de celle de *Alcides brevirostris* Bohe., qui fut étudié en Afrique orientale ex-allemande par Vosseler et dont Zacher en a résumé l'essentiel accompagné de figures très nettes. *A. brevirostris* vit aux dépens non seulement du Cotonnier, mais également du Cacaoyer et du Caféier. Les adultes sont très nuisibles en opérant sur le tronc une section circulaire de l'écorce et des tissus sous-jacents à une hauteur de 10 à 20 centimètres au-dessus du sol. Les œufs (jaune brillant) sont déposés dans des loges creusées dans les tissus du végétal au niveau de la section et on suppose, par analogie avec d'autres *Alcides*, que la larve vit en mineuse dans l'arbre.

En l'absence d'une documentation précise sur *A. curtirostris* on doit préconiser, en dehors du ramassage des adultes, des badigeonnages (ou pulvérisations) insecticides le long des troncs pour intoxiquer ces insectes.

ALCIDES GOSSYPII Hustache

Description. — Ovale, triangulaire, court, rouge brun, revêtu en-dessous et sur les côtés du prothorax d'une couche de squamules blanches teintées de crème, très serrées, orné en-dessus de deux bandes sur les élytres et d'une sur le milieu du prothorax, de semblable coloration (Pl. I, fig. 8).

Rostre un peu plus court et à peine moins épais que les fémurs antérieurs, cylindrique, peu arqué et assez fortement ponctué jusqu'au sommet, striolé et éparsément squamulé à la base.

Tête rugueuse, le front déprimé, marqué d'un point enfoncé un peu plus étroit que le rostre. Yeux grands, subplans, acuminés inférieurement. Antennes robustes, insérées vers le milieu du rostre, le deuxième article du funicule à peine plus court que le premier, les suivants serrés, diminuant peu à peu de longueur et croissant sensiblement en épaisseur, la massue ovale-oblongue, son premier article subconique. Prothorax subconique, plus de deux fois aussi large que long, assez fortement étranglé, latéralement en avant, la base fortement diminuée de chaque côté, son lobe médian large et triangulaire, les côtés presque droits, le bord antérieur du tiers de la largeur de la base ; convexe, légèrement canaliculé longitudinalement au milieu ; couvert de granules assez gros, aplatis et serrés dans le milieu, plus petits et très espacés sur les flancs, la pubescence squamuleuse très dense sur les bords, la ligne médiane et le lobe antescutellaire. Ecusson étroit, transversal, relevé, lisse. Elytres de même largeur, à leur base, que le prothorax, une fois et demie aussi longs que larges ensemble, graduellement mais peu fortement rétrécis en arrière des épaules ; fortement convexes, leur courbure longitudinale continuant celle du prothorax, le calus huméral faible ; stries larges profondes, ponctuées ; interstries plus étroites que les stries costiformes, densément pointillés, le quatrième et le septième déprimés et squamulés, le quatrième à partir du sixième antérieur, le septième sur toute sa longueur ; la bande squamulée du 4ᵉ interstrie n'atteignant pas la base, mais arrivant très près du sommet, celle du septième atteignant la base, mais s'arrêtant un peu plus loin du sommet que celle du quatrième.

Pattes assez courtes, rugueuses, épaissement squamulées ; fémurs armés d'une petite dent aiguë ; tibias antérieurs dilatés au milieu de leur tranche interne en une dent obtuse ; tarses courts et noirâtres. Longueur 5-5,5 millimètres.

Var. : Neuvième interstrie élytral orné d'un point blanc un peu en arrière de son milieu.

Cette petite espèce appartient au groupe d'*A. haemopterus* Boh. ; elle est voisine de *tetragrammus* Chev. et s'en distingue par sa coloration, sa taille moindre, les tubercules du prothorax moins gros, les stries moins fortement ponctuées, etc.

Biologie. — Ce Charançon, dont la description précédente est la description originale d'après les échantillons récoltés par J. Mimeur dans le district de Koulikoro (Soudan français), a été observé sur Cotonnier (1). Son rôle parasitaire n'a pas

1. Dans sa description de *A. gossypii*, notre distingué collègue, M. Hustache, signale cette espèce d'abord à Koulikoro d'après les échantillons que je lui ai communiqués, puis à Fachoda (Soudan anglais) d'après des exemplaires de la

été établi avec certitude. Après la saison des pluies, *A. gossypii* est assez fréquent entre les bractées et les capsules.

BARIS PERRIERI Fairm. (1901).

Description. — Cet insecte est oblong et convexe. Il a 3 à 4 millimètres de long, rostre non compris ; couleur générale noir foncé, par endroit bleuté. Pattes robustes, mais courtes (fig. 5).

Distribution. — Madagascar, région de Marovoay.

Plantes nourricières. — Cotonnier.

Biologie, dégâts. — Selon PERRIER de la BATHIE et DUCHÊNE (1909), ce Charançon s'introduit dans les jeunes capsules et les fait pourrir. « S'il était commun, il causerait de grands dégâts ; ce n'est heureusement qu'une rareté entomologique ». En effet, depuis cette époque, aucun observateur n'a attiré notre attention sur la présence de ce parasite à Madagascar.

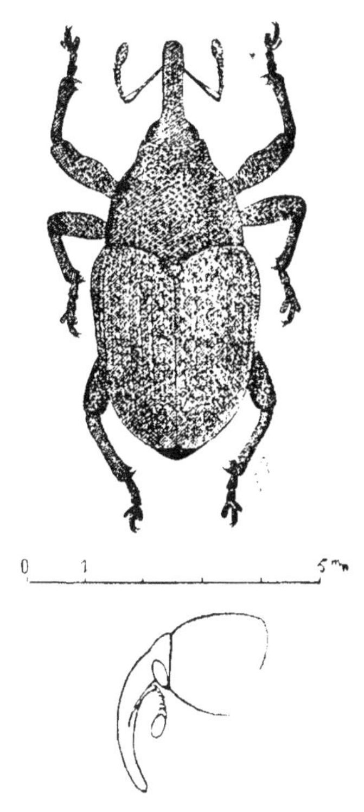

FIG. 5. — *Baris Perrieri.*
En dessous, la tête vue de profil.

MYLLOCERUS HYRTIPENNIS Hustache

Description. — Brun, les élytres ornés de deux taches foncées, brunes, les côtés du prothorax plus clair ; hérissé de soies brunes, plus longues et unisériées sur les interstices des élytres. Rostre

transversal. Antennes à scape arqué, le premier article du funicule une peu plus long que le deuxième. Yeux saillants. Pro-

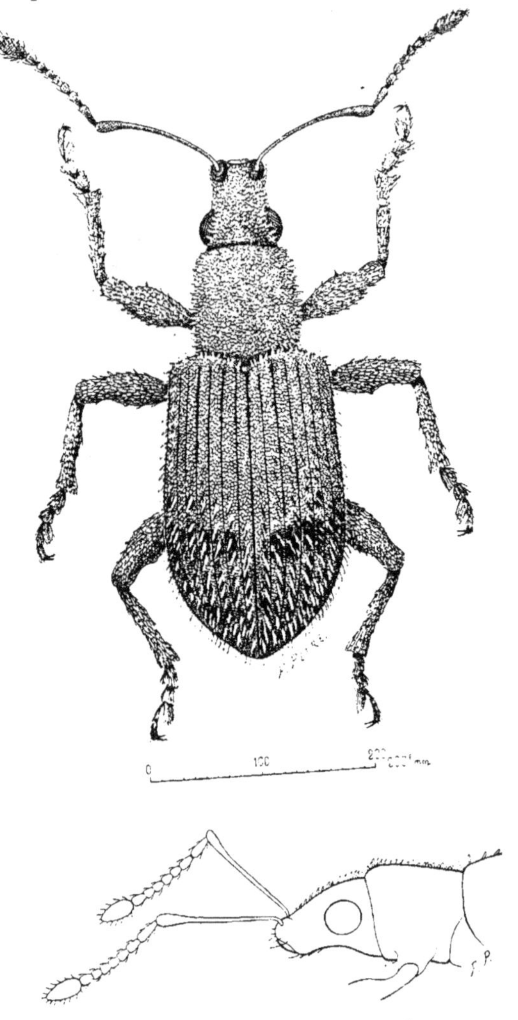

FIG. 6. — *Myllocerus hyrtipennis.*
En dessous, la tête vue de profil.

thorax plus long que large, subcylindrique, la base bisinuée.
Elytres subparallèles, les épaules brièvement arrondies, les
stries fines, les interstries plans, larges fémurs armés d'une

petite épine. Longueur : 4-4.2 millimètres (Pl. I, fig. 5 ; fig. 6).

Distribution géographique. — Ce Charançon fut décrit du Soudan nigérien. d'après les échantillons qui me furent adressés par J. MIMEUR.

Biologie. — Dans les districts de Bamako et de Ségou, de juillet à octobre, ce petit Curculionide a été rencontré parfois en assez grand nombre sur les boutons, les bourgeons et les jeunes feuilles des Cotonniers, en compagnie d'un autre *Myllocerus,* resté indéterminé, de teinte générale grise, les membres et les antennes brunes et quelques taches semblables sur les élytres (longueur : 5 mm.) (fig. 7). Il n'a pas encore été possible de préciser le rôle parasitaire de ces deux Insectes.

Nous rappelons que de nombreux *Myllocerus* ont été signalés comme nuisibles à diverses cultures aux Indes. DESBROCHERS DES LOGES a décrit le *M. maculosus* comme un ennemi peu important des Cotonniers égyptiens dans une ferme expérimentale de Cawnpore. On trouva ultérieurement le même Insecte sur les feuilles des Cotonniers, Indigo, Maïs, etc. dans plusieurs districts (M. LEFROY, 1907).

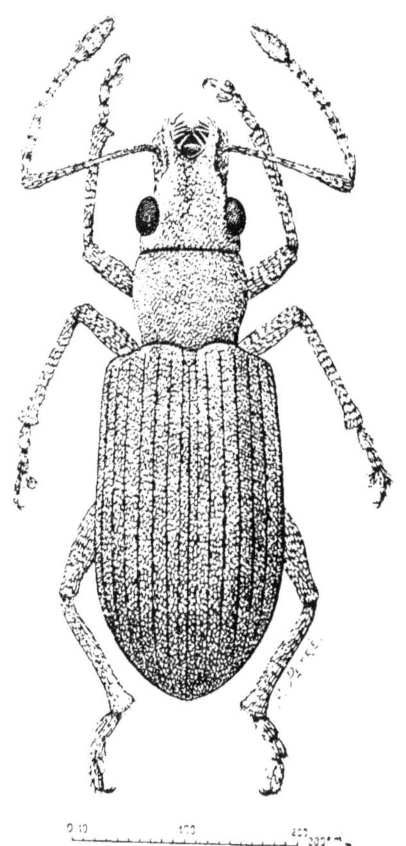

FIG. 7. — *Myllocerus* sp.

HYPOMESCES SQUAMOSUS F.

Description. — Longueur : 14 millimètres.

Couleur générale due à des fines écailles vert jaunâtre qui couvrent le corps. Les antennes sont noirâtres ainsi que le rostre. Elytres striés régulièrement. Un sillon au milieu du corselet et un autre à la base de l'abdomen.

Distribution géographique. — Ce charançon semble n'avoir été signalé jusqu'à ce jour que d'Indochine où au point de vue économique il fut observé successivement par DUPORT et COMMUN.

Plantes nourricières, Biologie. — *H. squamosus* s'attaquerait à un grand nombre de plantes parmi lesquelles L. DUPORT cite le Cotonnier, l'Hevea et surtout le Ricin dont les adultes dévorent les feuilles et les jeunes pousses. COMMUN (in litt.) complète cette liste de végétaux par le Quina, le Caféier et l'Hibiscus.

En 1910, cet insecte aurait causé, à diverses reprises de sérieux dégâts au Cotonnier dans la province de Thanh-hoa. Quand il se trouve en grand nombre, les plantes perdent rapidement presque toutes leurs feuilles et jeunes pousses.

Pour en débarrasser les cultures, tous les matins « des femmes tenant de la main gauche un petit panier dans le fond duquel il y a de la cendre, et de la main droite un bâton, inclinent avec ce bâton les têtes des Cotonniers au-dessus des paniers. Les Coléoptères tombent dans le panier et sont ensuite écrasés au bout du champ ».

On doit pouvoir conseiller également les traitements arsenicaux.

LEPTOSTYLUS (Cyphus) JUVENCUS OLIV.

Description. — Long. 7 mm. 5 à 11 mm. 5 ; larg. 3 mm. 2 à 4 mm. 5.

Corps complètement couvert de très fines écailles cendrées qui lui donnent son aspect général (fig. 8).

Antennes de même couleur mais plus foncé. Rostre très court
et sillonné, prothorax sinué à sa
partie postérieure. Elytres globuleux avec des stries pointil-
lées à peine marquées et une
élévation latérale à leur base.

Distribution, Biologie. — Ce
joli Charançon décrit de Cayenne (Guyane) a été adressé
à la Station entomologique de
Paris en nombreux exemplaires
de la même localité où il vi-
vait aux dépens du Cotonnier.
En l'absence de tout autre
renseignement à son sujet, il
y a lieu de rappeler qu'aux
petites Antilles (CLARCK 1906)
plusieurs *Leptostylus* sont connus comme ayant une larve
vivant dans les bois tendres et l'écorce des arbres et d'autres
plantes ligneuses.

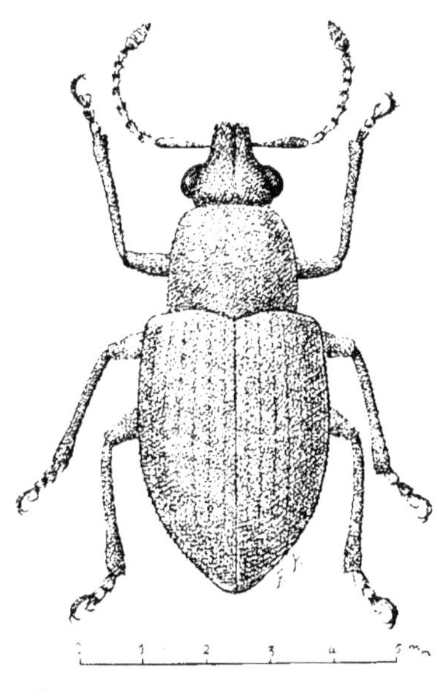

FIG. 8. — *Leptostylus juvencus.*

AMORPHOIDEA RUFA Husт.

Description. — Ovale, ferrugineux, peu luisant mais avec un
faible reflet soyeux, les points du dessus et du dessous pourvus
chacun d'une soie extrèmement courte et fine, ces soies visibles
seulement sous un assez fort grossissement (fig. 9).

Rostre presque aussi long que le prothorax, épais, faiblement
arqué (♀), droit (♂), faiblement élargi vers l'insertion antennaire
et au sommet, à ponctuation fine, très serrée, longitudinalement
confluente vers la base (♀), formant de fins sillons latéraux (♂),
chez les deux sexes avec un sillon net, latéral, commençant
devant l'œil et prolongé jusqu'au niveau de l'insertion antennaire, les scrobes prolongés presque jusqu'au sommet du rostre.
Antennes courtes, médianes (♀), un peu plus antérieures (♂);

scape droit, claviforme ; 1er article du funicule gros, obconique, aussi long que les deux suivants ensemble ; 2e plus long que large ; 3e et suivants courts, transversaux, serrés, graduellement et fortement élargis, la massue ovale, courte, peu détachée du 7e article, son 1er segment égalant les deux tiers de sa longueur totale et presque glabre comme le funicule, le sommet pubescent. Tête presque du double aussi large que longue, à ponctuation fine, très serrée, le front plan, aussi large que le rostre, les yeux gros et fortement convexes.

Prothorax de un quart plus large que long, en avant brièvement étranglé et les angles antérieurs aigus, les côtés arqués, la base cintrée et presque du double aussi large que le bord antérieur, ses angles postérieurs obtus ; peu convexe, à ponctuation très fine et très serrée, légèrement granuleuse. Écusson triangulaire, ponctué.

Elytres (pygidium compris) en demi-ellipse allongée, les côtés faiblement et régulièrement arqués, les épaules presque effacées, au sommet séparément subtronqués, en arc large peu convexes, les stries très fines et ponctuées, les interstries larges, plans, leur ponctuation très serrée, un peu granuleuse, très fine, à peine plus forte que celle du prothorax. Pygidium découvert, grand, semi-elliptique, caréné sur les côtés, légèrement bombé dans le milieu, à ponctuation un peu plus forte et un peu moins serrée que celle des élytres.

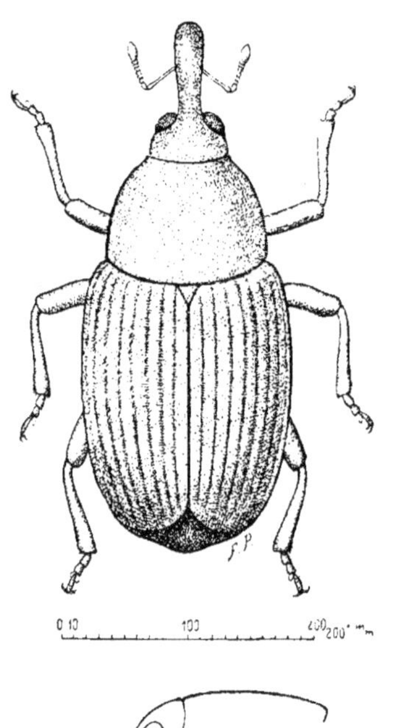

Fig. 9. — *Amorphoidea rufa.*
En dessous, la tête vue de profil.

Pattes assez courtes, finement ponctuées ; fémurs épais, finement dentés en dessous ; tibias droits, graduellement mais peu fortement élargis vers le sommet, légèrement bisinués en dedans, les postérieurs à corbeille tarsale oblique, légèrement ascendante. Tarses robustes, courts, le 1er article moins long que large, le 3e profondément bilobé, les ongles divariqués et dentés.

Dessous un peu luisant, à ponctuation très fine et très serrée sur l'abdomen, un peu plus forte et moins serrée sur la poitrine, le métasternum avec un fin sillon médian.

♂. Premier segment ventral avec une impression médiane oblongue, le 5e segment avec trois fovéoles.

Long. 4-4,2 millimètres.

Distribution géographique et Biologie — Cet insecte a été décrit d'après des échantillons qui m'avaient été adressés du Cambodge par VINCENS en 1921. Notre regretté correspondant l'avait observé dans les fleurs et les capsules de Cotonnier dont les organes étaient rongés. Craignant d'être en présence de l'Anthonome de la capsule (*Anthonomus grandis*), il transmit des échantillons aux États-Unis d'où il ne reçut, à ma connaissance, aucune réponse.

Les jeunes capsules que j'ai vues et qui m'avaient été adressées à l'époque étaient assez sérieusement abîmées pour que l'attention des colons soit, au Tonkin, spécialement attirée sur cet insecte.

CHRYSOMELIDAE

De très nombreux Chrysomélides ont été signalés dans les cultures cotonnières des divers continents. Aucun d'entre eux ne paraît avoir une aire géographique bien étendue. Parmi les espèces qui nous intéressent pour les colonies françaises, il est bon d'attirer l'attention sur *Rhaphidopalpa foccicollis* qui est connu de l'Indochine et de Nouvelle Calédonie. Il est fort peu probable que cet insecte ait été importé dans l'une ou l'autre de ces colonies. Sans doute est-il indigène sur ces deux points et il peut être considéré comme une relique géologique d'un ancien continent.

Dans un ordre d'idées analogues il y a lieu de remarquer la grande extension en Afrique du genre *Syagrus* et plus particulièrement du *S. calcaratus* qui est répandu dans la plupart des champs de Cotonnier de ce continent.

Nous avons pu avoir quelque documentation (souvent peu précise il est vrai) sur la plupart des espèces de Chrysomélides qui ont été signalés sur Cotonnier dans les colonies françaises. Toutefois je me contenterai pour certaines d'entre elles de les nommer ici :

Homophoeta aequinoctialis L. — Cet insecte, reconnaissable par son thorax rouge et ses élytres violets avec quatre taches figure sur une liste de Coléoptères vivant sur Cotonnier à la Guadeloupe (E. FLEUTIAUX, 1903). En l'absence d'autres indications, je rappelle que CLARK donne *H. aequinoctialis* comme très abondant aux Barbades sur une Verveine *(Stachytarpha jamaicensis)*, mauvaise herbe commune le long des chemins. WILSON (1923) d'autre part, note cette même espèce, sous le nom de « spotted fleabeetle », parmi les insectes nuisibles au Cotonnier aux îles Virginie.

Mouhotina pallidipes a été signalé en 1908, d'après DUPORT, comme nuisible aux feuilles de Cotonnier à la Station de Sen-Dinh. Il ne paraît pas avoir attiré l'attention depuis cette époque.

Les Chrysomélides étant surtout des insectes phyllophages on doit utiliser contre eux, d'une façon générale, les insecticides à action interne, en première ligne desquels se placent les sels arsenicaux. Les pulvérisations liquides comme les poudrages donneront de bons résultats.

SYAGRUS CALCARATUS F.

(Syn : *S. ruficollis* Lef. ; *S. Buqueti* Chap.)
Description. — Longueur 5 mm. 1/2 à 6 ; largeur 2 mm. 3/4 à 3. Corps oblong, convexe, presque brillant, roux fauve, dessous

plus ou moins noir de poix ; genou, une partie des tibias et tarses noirs de poix, élytres violet dilué (fig. 10).

Tête roux fauve, fortement ponctuée entre les yeux, sillon transversal et là, ponctuation plus dense ; yeux et mandibules noirs. Antennes à peine plus longues que la moitié du corps, fili-formes, noires, sauf les 2 articles de la base qui sont roux fauve. Prothorax roux fauve, subcylindrique, presque carré, entière-ment ponctué par une ponc-tuation grosse mais peu pro-fonde, élégamment marginé sur ses bords. Scutellum roux fauve foncé, brillant, triangu-aire. Elytres violet dilué, oblongs, à bords parallèles, mais à extrémité arrondie, portant sous les épaules une marque visible transversale-ment, régulièrement striés par les points avec les intervalles plans, unis, ces points étant plus gros sous les épaules et plus fins vers l'extrémité.

Corps plus ou moins noir de poix par dessous, à fémurs fauves, mais noirs de poix à leur base et à leur extrémité et armés par dessous d'une

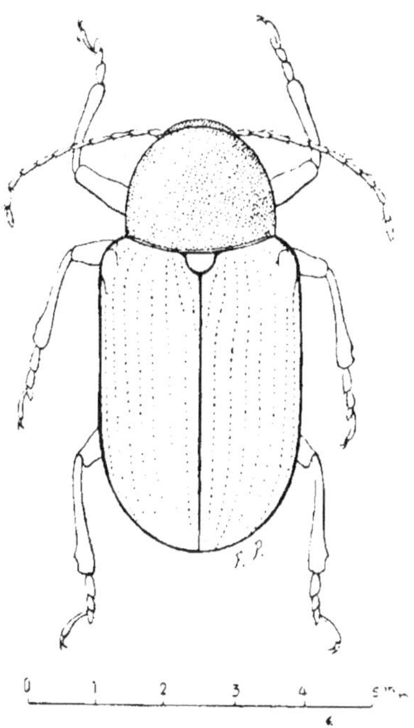

Fig. 10. — *Syagrus calcaratus.*

dent courte et aiguë. Tibias et tarses noirs de poix mais à extrémité plus ou moins roux fauve, les 4 derniers, avec l'ex-trémité élargie vers l'extérieur en forme d'arc et là couverts de petits poils dorés assez denses (1).

Il y a lieu d'ajouter que, comme pour beaucoup de *Chrysome-idae*, d'*Eumolpinae* en particulier, la couleur des élytres est très variable et qu'elle peut varier du vert métallique doré au

____

1. Description *in extenso* donnée par LEFÈVRE (1875).

vert bronzé, au bleu clair, au bleu foncé à reflets dorés, etc.

Distribution géographique. — Cette espèce est commune sur la côte occidentale d'Afrique depuis le Sénégal jusqu'au Gabon. Il a été décrit de Guinée, puis il fut observé en Nigéria et en Uganda et enfin je l'ai reçu en plusieurs exemplaires du Dahomey où M. BARTHE l'a récolté à Savalou.

Plantes nourricières. — Dans les colonies françaises, *S. calcaratus* nous a été signalé seulement sur Cotonnier, mais il vit dans les régions voisines (Nigéria) avec certitude sur *Hibiscus esculentus, H. sabdariffa, H. rosa sinensis, Urena lobata, Sida carpinifolia.*

Biologie, dégâts. — GOLDING (1925) nous fournit des renseignements intéressants d'après les observations qu'il a pu faire en Nigéria. En 1924, les adultes de *S. calcaratus* furent surtout abondants dans la région d'Ibadan de juillet à octobre ; ils mangeaient les feuilles tant des Cotonniers américains que des espèces indigènes ; rarement ils s'attaquaient aux jeunes rameaux et aux tiges. En novembre, la sécheresse de l'air ayant augmentée, les insectes se portèrent sur les bractées et le calice des boutons et sur les capsules où on en retrouvait jusqu'en janvier, époque à laquelle ils se firent rares.

Les larves effectuent leurs déprédations sur les organes souterrains causant ainsi de graves lésions sur les grosses racines et décorticant les petites. Sur les plantes très attaquées, les feuilles se dessèchent et tombent ainsi que les bourgeons et les capsules. Si les Cotonniers indigènes sont attaqués dans les mêmes conditions que les espèces américaines, à l'encontre de celles-ci ils résistent en général et prennent le dessus. Ce sont d'autre part les plantations précoces (effectuées en mai-juin) qui sont les plus affectées tandis que les plus tardives (mi-juillet) paraissent peu attaquées.

Selon GOLDING, une grande humidité dans le sol est nécessaire pour le bon développement des larves et des nymphes et, de la chute d'eau en juillet et août doivent dépendre le nombre de larves qui passent l'hiver et par suite l'importance des dégâts l'année suivante.

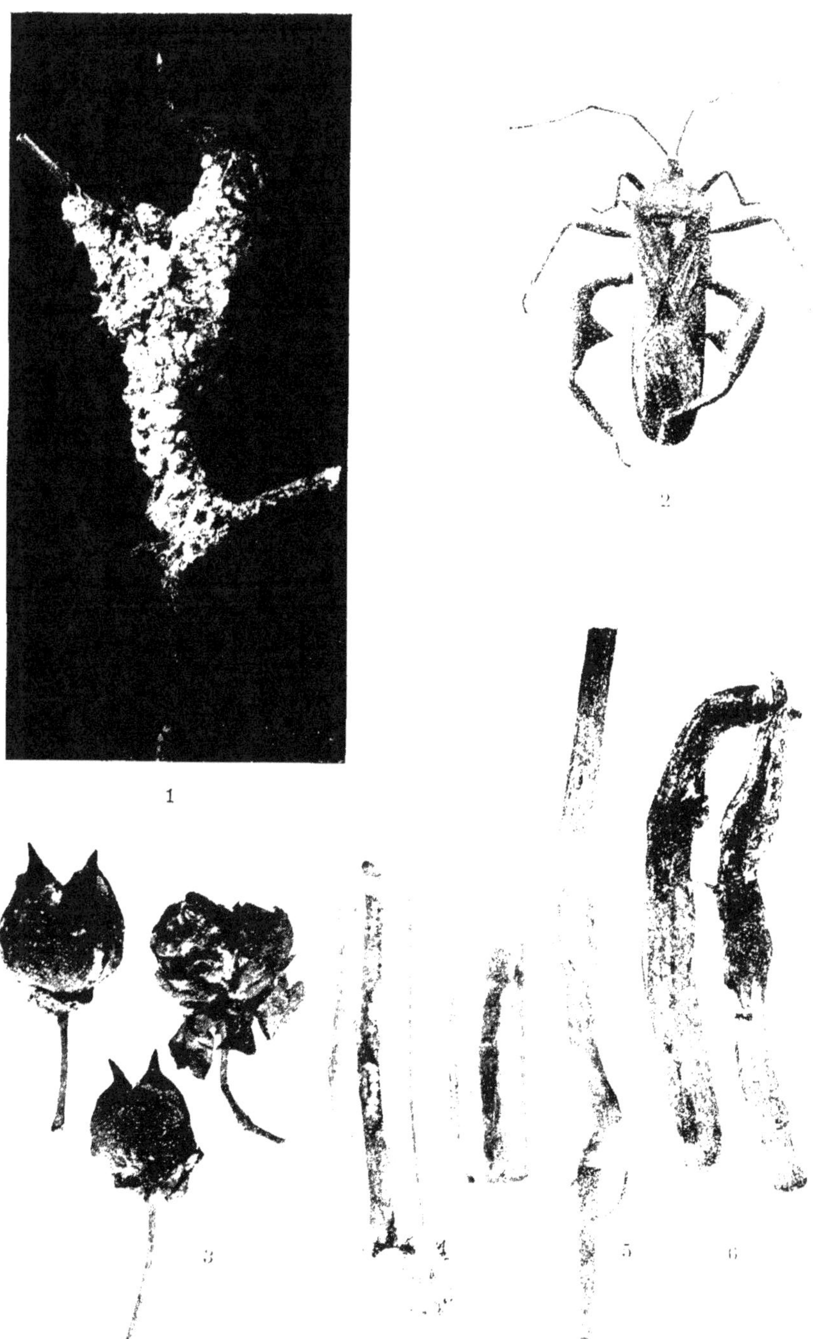

1. *Pseudococcus filamentosus* sur rameau de Cotonnier ; 2. *Anoplocnemis curvipes* ; 3. Capsules attaquées par *Pyroderces simplex* ; 4. Galerie de *Sphenoptera gossypii* dans une tige de Cotonnier ; 5. Pivot sain de *Vigna catjang* ; 6. Pivot attaqué par *S. gossypii*.

Hancock (1925) considère *S. calcaratus* en Uganda comme un redoutable ennemi du Cotonnier sur les racines duquel, dans certains districts, on a pu rencontrer plusieurs larves (1 à 3) ; pour le même auteur, les dégâts deviennent apparents seulement quand la plante atteint 15 à 20 cm. de hauteur ou quand elle est en fleurs. Les nymphes se forment dans le sol près des racines de la plante attaquée. Plusieurs autres *Syagrus* sont connus sur Cotonnier : Kramlin dès 1910 a observé, en Afrique occidentale, *S. puncticollis* Lef. (Zacher).

Une espèce voisine, *S. rugifrons* Baly, commet des déprédations absolument analogues au Natal et au Tanganyka. Selon Parsons (1928), ce Chrysomélide est nuisible surtout d'octobre à fin décembre et il a pu, certaines années, provoquer la mort de 60 % des Cotonniers attaqués.

Enfin G. Paoli m'a communiqué un grand nombre d'exemplaires de *S. rugiceps* Lef. qu'il a récolté sur des plants de Cotonnier en Somalie italienne.

Moyens de lutte. — La culture de Cotonniers bisannuelles est un facteur favorable à la multiplication de l'insecte ; elle devra être évitée ainsi que, à proximité des champs, la présence de plantes spontanées susceptibles d'héberger les *Syagrus*. Enfin, pour détruire les adultes, les pulvérisations ou les poudrages arsenicaux sont particulièrement recommandés.

HYPERACANTHA KRAATZI Jac.

Description. — Longueur 5 à 7 millimètres ; largeur 3 à 3 mm.5

« La forme typique est jaune testacé ou légèrement rougeâtre, avec, sur les élytres, une bande basale et une postmédiane noires, la 1re ne recouvrant généralement pas la suture, la 2e se continuant en arrière sur le bord latéral, contourne le sommet et remonte plus ou moins sur la suture ; parfois le sommet des élytres est noir avec une tache jaune, souvent les taches sont reliées latéralement par une fine ligne noire ; généralement les antennes sont testacées, mais il n'est pas rare de rencontrer des individus chez lesquels elles sont blanchâtres à partir du 3e article » (Laboissière) (fig. 11).

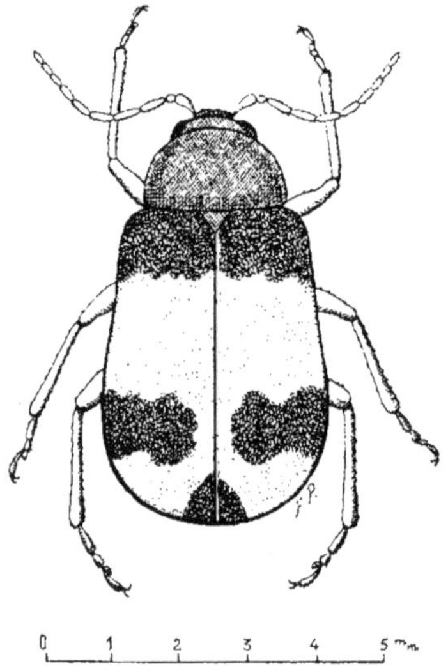

FIG. 11. — *Hyperacantha Kraatzi.*

Distribution géographique. — Cet insecte paraît avoir, en Afrique, une large distribution. Il est connu des diverses colonies françaises de l'Afrique occidentale, du Congo belge, du Togo. J'en ai reçu des exemplaires du Dahomey où il était déjà signalé.

Biologie. — Au Dahomey *H. kraatzi* vit aux dépens du Cotonnier, fort probablement comme phyllophage. Il en est de même au Congo belge où Ghesquière l'a observé à Nyangwe (Maniéma) sur cette même plante (1).

Dans le cas d'une multiplication anormale, les traitements arsenicaux sont à recommander.

RHAPHIDOPALPA FOVEICOLLIS Lucas

(Syn. : *R. africana* Weise ; *R. delata* Eriks.).

Description. — Longueur : 6 à 7 mm. 1/2 ; largeur : 4 millimètres.

Corps oblong de couleur générale jaune, pouvant passer au rouge brique. Tête jaune avec le bord antérieur de la lèvre supérieure noir. Le corselet (prothorax) est jaune, marqué d'un sillon transversal plus profond au milieu, surtout chez les femelles. L'écusson est également jaune. Les élytres sont jaunes ou bruns, sans taches, finement ponctués. La face ventrale est noire, recouverte de fins poils gris brillants, sauf l'extrémité anale qui est jaune comme le pygidium. Les antennes et les

1. M. Laboissière a vu à Tervueren des exemplaires venant de Nyangwe et portant la mention « nuisible au Cotonnier ».

pattes sont jaunes ; cette couleur est parfois mélangée de noir sur les pattes médianes et postérieures. Les tibias sont tous mucronés et les crochets des tarses bifides (fig. 12).

Distribution géographique. — *R. foveicollis* est un Galérucide qui a une large distribution dans la région paléarctique : sud de l'Europe, Corse, Syrie, Arabie, Asie Mineure ainsi qu'en de nombreux points du continent africain : So- malie, Sénégal, Soudan, Con- go, Tanganyka, Cap de Bonne Espérance, Madagas- car, Nossi-Bé.

Plantes nourricières. — En 1925, je recevais ce Chry- somélide de J. Mimeur comme vivant au Soudan Nigérien sur les Cucurbita- cées cultivées. Ultérieure- ment, Laboissière (1927) signalait le même habitat en Somalie italienne, d'après les observations de G. Pa-

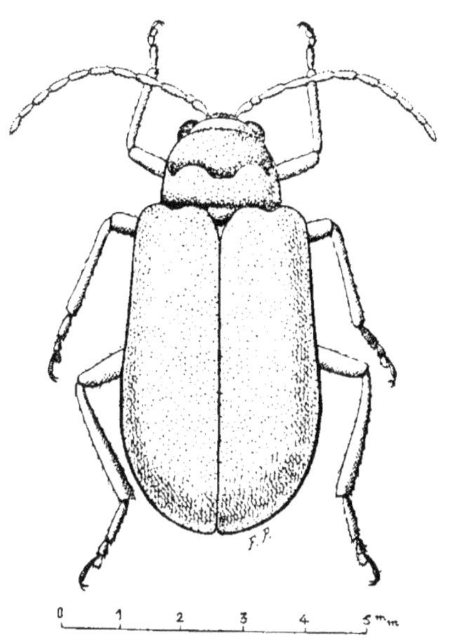

Fig. 12. — *Rhaphidopalpa foveicollis.*

oli. Enfin je l'obtenais à la même époque du Dahomey (Bar- rie) où il avait été récolté sur Cotonnier à Savalou.

Biologie, lutte. — Nous n'avons aucune idée précise sur l'évo- lution de *R. foveicollis* dont les adultes doivent se nourrir aux dépens du parenchyme des feuilles. Il y a donc lieu de préconi- ser, dans les plantations de Cotonniers, les traitements arseni- caux au moment de l'apparition des insectes ailés.

MONOLEPTA SIGNATA Oliv.

Description. — Longueur : 3 à 4 mm. ; largeur : 1 mm. 5 (fig. 13). Corps oblong, de couleur générale fauve. Les an- tennes sont noires avec la base fauve pâle. La tête est fauve avec les yeux noirs. Le corselet est lisse, fauve sans tache. L'écusson est fauve. Les élytres sont lisses, bruns avec 2 grandes taches jaunes sur chaque. Le dessous du corps et les pattes sont rouges. (Description donnée par OLIVIER).

Distribution géographique. — Ce Galérucide est essentiellement asiatique, étant très répandu aux Indes, en Birmanie et dans de nombreuses localités du Tonkin. J'en ai reçu de nombreux exemplaires de Nouvelle Calédonie d'où, il n'avait pas encore été signalé.

Plantes nourricières. — M. LABOISSIÈRE obtint *M. signata* de DUPORT qui avait observé ce Chrysomélide sur Maïs dans de nombreuses localités près d'Hanoï. Nos échantillons ont été récoltés dans la région de Gouaro (Nouvelle Calédonie) par M. RISBEC

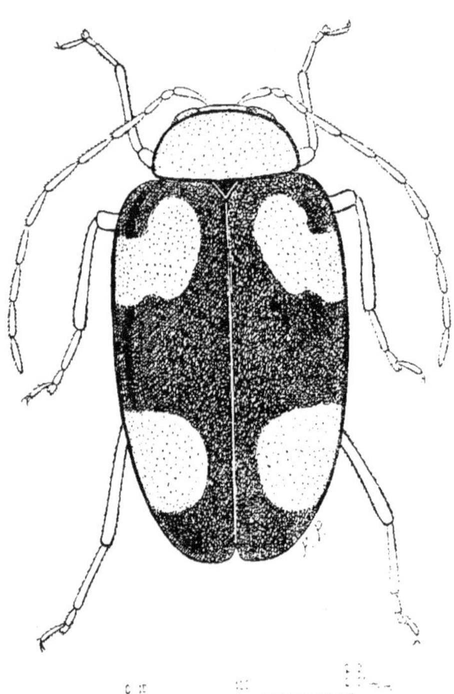

FIG. 13. — *Monolepta signata.*

qui les trouva dans les capsules de Cotonnier.

Une espèce voisine, *M. rosea*, vit en Queensland et en Nouvelle Galles du Sud non seulement aux dépens du Cotonnier et du Maïs mais également sur les arbres fruitiers, les Ronces, les Poivriers, le Teck, la Luzerne, des plantes d'ornement (Rosiers, Dahlias, etc.). Enfin FLEUTIAUX avait reçu de Nouvelle-Calédonie *M. semiviolacea* Fauv. qui causait de gros dégâts aux cultures les plus diverses.

Biologie, lutte. — L'évolution de *M. signata* ne nous est pas connue. Quant à *M. rosea*, elle déposerait les œufs dans le sol ;

une femelle en pondrait une cinquantaine. Il y a deux générations en été. *M. signata* doit, comme l'espèce précédente, se nourrir du feuillage de ses hôtes.

Pour lutter contre l'espèce australienne, on utilise surtout la lumière qui l'attire ; on en capture un grand nombre à la tombée de la nuit dans les cultures dont on agite le feuillage en circulant avec une torche, une lampe à acétylène ou tout autre appareil donnant une lumière éclatante. Les insectes viennent vers la source lumineuse et tombent à terre. Il est nécessaire d'opérer le même traitement 2 ou 3 nuits consécutives. Les pulvérisations et les poudrages arsenicaux sont également efficaces.

NISOTRA UNIFORMIS Jac. et *N. DILECTA* Dahl.

Ces Altises sont bien connues dans les cultures cotonnières de l'Afrique nord-équatoriale. Ce sont les Cotton Flea-Beettles d'Egypte (1) et du Soudan égyptien. La Station entomologique de Paris en a reçu à diverses reprises de Koulikoro (Soudan), adressées par J. Vuillet. Ces insectes ont, tous deux, environ 3 à 4 millimètres de long ; *N. uniformis* est brun jaunâtre-clair, tandis que *dilecta* a le corselet de cette couleur et les élytres jaune-rougeâtre foncé.

Les adultes se tiennent, en général, à la face inférieure des feuilles dont ils détruisent le parenchyme qui présente alors des trous plus ou moins circulaires à sa surface. Les femelles pondent dans le sol et les larves, qui sont très actives, se nourrissent aux dépens des jeunes racines. La nymphe est blanche ; elle se rencontre dans le sol (Bedford, 1923).

Les *Nisotra* s'attaquent de préférence aux jeunes feuilles et aux jeunes plants. Si elles se multiplient en assez grand nombre, elles arrivent à tuer les jeunes Cotonniers et obligent à faire de nouveaux ensemencements.

On pourra lutter efficacement contre ces insectes par des pulvérisations ou des poudrages avec des produits arsenicaux.

1. M. Alfieri me fait savoir que ces insectes n'ont jamais été signalés en Egypte.

LÉPIDOPTÈRES

Les ennemis les plus importants du Cotonnier dans les colonies françaises appartiennent incontestablement à l'ordre des Lépidoptères. Le pouvoir destructeur de la plupart des chenilles qui vivent aux dépens de cette culture est souvent considérable. C'est la famille des Noctuelles qui est la plus richement représentée sur le Cotonnier et, en dehors du Ver rose de la capsule, c'est également dans ce groupe que nous trouvons les insectes les plus dangereux tels que *Prodenia litura, Chloridea armigera, Alabama argillacea, Diparopsis castanea* et surtout les *Earias* ou chenilles épineuses. Il faut donc surveiller constamment le développement de ces parasites et prendre les mesures nécessaires pour enrayer en temps utile une multiplication anormale susceptible d'anéantir brutalement une récolte qui s'annonçait satisfaisante. Parmi les procédés de lutte qui peuvent être indiqués dans ce but, il y a lieu d'envisager, dans la plupart des cas, l'emploi des traitements arsenicaux et celui des plantes-pièges.

NYMPHALIDAE

ERGOLIS ARIADNE L.

Description. — « Envergure de 50 à 56 millimètres. Papillon brun, teinté de rouge ou jaune ; les ailes supérieures ont le bord très irrégulièrement denté, les ailes inférieures un peu plus régulièrement ; elles sont traversées par plusieurs fines petites lignes noires. Les ailes supérieures portent un petit point blanc au

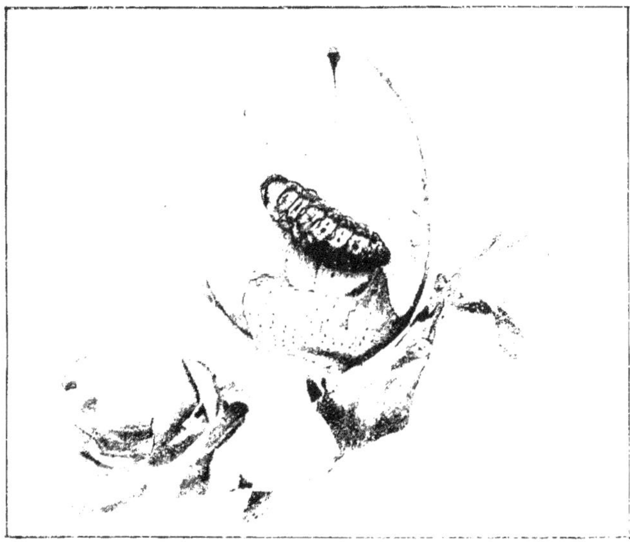

Fig. 1. — Jeune capsule avec une chenille de *Diparopsis castanea* forant un orifice d'entrée (Gr. nat.).

Fig. 2. — Jeune bouton floral avec une larve de *Earias biplaga* creusant un trou (Gr. = 3).

Clichés aimablement communiqués par l'Imperial Bureau of Entomology de Londres.

bord antérieur un peu avant la pointe. Le dessous est un peu plus foncé. » (DE JOANNIS, in DUPORT, 1913).

Distribution géographique : Java, Indo-Chine.

Plantes nourricières : Cotonnier, Ricin. La chenille se nourrit aux dépens des feuilles de ses hôtes et peut être l'agent de dégâts importants ainsi que l'a constaté à Hanoï M. NGUÊN-CONG-TIÊN *(in litteris)* en 1925 [renseignement communiqué par M. DE JOANNIS].

COSSIDAE

ZEUZERA COFFEAE NIETN.

Description. — Ce papillon atteint 40 à 46 millimètres d'envergure, la femelle étant en moyenne plus grande que le mâle. Les ailes sont étroites et pointues, blanches, saupoudrées de petites taches bleues. Chez le mâle, ces taches sont très nombreuses et disposées en petites stries, le tour de l'aile est garni de taches un peu plus grosses et régulièrement espacées ; le corps est noirâtre mais garni de poils blancs courts. Les antennes sont courtes, très pectinées à la base et filiformes dans la partie terminale. La femelle a les ailes moins étroites et les taches un peu plus grosses.

La chenille est d'une couleur générale rose brillant ou pourpre. Le premier anneau thoracique et les neuf et dixième segments abdominaux portent un écusson noir brillant. De petites épines dirigées en arrière sont sur le premier anneau thoracique. La face ventrale est jaune brunâtre. Enfin le corps est couvert de longues soies blanches. Sa longueur peut atteindre 50 millimètres.

Distribution géographique. — On ne connaît avec certitude *Z. coffeae* que des régions comprises dans un périmètre jalonné par Ceylan, les Indes anglaises, l'Himalaya, la Birmanie, l'Indo-Chine, les Indes néerlandaises. Il faut donc accepter avec beaucoup de doute les localités d'où on signale cet insecte et qui sont souvent en des points très éloignés de la terre. On ne saurait trop insister sur la nécessité d'obtenir, dans chaque cas particulier,une détermination scientifique exacte. Quoi qu'il en soit, en ce qui concerne les Colonies françaises, l'existence de *Z. coffeae* n'a été contrôlée qu'en Indo-Chine.

Plantes nourricières et biologie. — La chenille creuse des galeries dans les branches, les plus fines dans son jeune âge puis dans les plus grosses et même dans les tiges et les racines d'un très grand nombre de plantes : Caféier, Théier, Avocatier, Agrumes, Lilas, Letchi, Goyavier, Acalypha, Teck, Cassia, Santal, etc...

Le Cotonnier m'a été signalé d'abord par L. Duport, puis par Commun qui a observé *Z. coffeae* dans les tiges. Mais le fait est assez rare et les dégâts n'ont jamais été bien importants (1). On reconnait la présence de la chenille par le jaunissement des feuilles et par l'existence sur le sol des déjections qui ont l'apparence de petites boulettes jaunâtres ou cramoisies de sciure de bois agglomérée. Les galeries sont toujours vides derrière la chenille, ce qui permet de les différencier de celles d'autres mineurs des tiges, de *Sphenoptera gossypii* par exemple.

La chrysalidation s'opère dans la galerie même, mais derrière une toile soyeuse ; l'insecte est alors tout contre l'écorce, l'extrémité céphalique vers cette dernière.

Moyens de lutte. — Surveiller l'apparition de l'insecte dans les cultures : la présence des déjections facilitera la recherche. Supprimer la partie de la plante parasitée ou tenter avec un fil de fer de détruire la chenille.

Pour les Cotonniers annuels, il ne sera pas en général pratique d'utiliser les procédés recommandés contre la Zeuzère minant des arbres plus âgés : tampon de sulfure de carbone ou cristaux de paradichlorobenzène (0 gr. 3 à 0 gr. 5) introduits dans les galeries qui sont fermées après avec de la terre argileuse ou un bon mastic à greffer.

---

1. Toutefois dans les procès-verbaux des congrès entomologiques des Indes la Zeuzère est souvent citée sur Cotonnier (Voir en particulier vol. 1917 et vol. II de 1919).

NOCTUIDAE

La famille des *Noctuidae* ou Noctuelles est certainement la plus riche en espèces. Il n'est donc pas étonnant qu'elle soit particulièrement bien représentée dans la faune qui vit aux dépens du Cotonnier. En particulier, quatre espèces s'attaquent à la capsule et sont parmi les ennemis les plus importants de cette culture (1).

D'une façon générale, les papillons, qui sont nocturnes, restent au repos pendant le jour, les ailes recouvrant l'abdomen en toit, rarement horizontal. Le corps est très trapu et couvert de poils. Les ailes antérieures sont le plus souvent de couleur terne et les taches réniformes et orbiculaires sont normalement bien visibles.

Les œufs sont arrondis avec un micropyle à l'extrémité ; ils ont généralement une coloration pâle et une surface sculptée. Ils sont déposés sur la plante-hôte isolés ou en amas et, dans ce dernier cas, ils sont recouverts de poils qui viennent de l'abdomen de la femelle.

Les chenilles sont le plus souvent nues et cylindriques ; le nombre de leurs pattes abdominales dépasse rarement 8 et est souvent de 6. Elles chrysalident dans le plus grand nombre de cas en terre dans une coque terreuse ; quelquefois elles forment un cocon à la surface du sol et même sur la plante-hôte.

PRODENIA LITURA Fab.
Prodenia littoralis Boisd.

Description. — Papillon : Ocre pâle parsemé de brun foncé ; abdomen plus pâle. Sa taille est de 30 à 44 millimètres. L'aile supérieure est très chargée de dessins, le fond en est brun clair ; elle est traversée, vers le milieu, par une sorte de tache oblique

---

1. De Lépiney et Mimeur me signalent (*in litt.*) les dégâts opérés sur Cotonnier par *Laphygma exigua* Hbn. sur divers points au Maroc.

très caractéristique, en coup de pinceau, jaune clair, se divisant brièvement sur les nervures vers son extrémité inférieure ; chez le mâle, l'aile est glacée de violacé dans la région terminale et de jaune dans la région interne. Chez la femelle, la teinte est plus uniforme ; dans les deux sexes, les nervures sont marquées en jaunâtre, ce qui donne à l'aile un aspect réticulé, et la frange est entrecoupée de noir jaunâtre. L'aile inférieure est blanche, translucide, très légèrement teintée de brunâtre vers la pointe.

CHENILLE : 38 millimètres ; elle est d'un noir velouté, sa tête est petite ; les anneaux thoraciques et abdominaux sont marqués de lignes dorsales vert jaunâtre et d'une bande latérale blanche ;

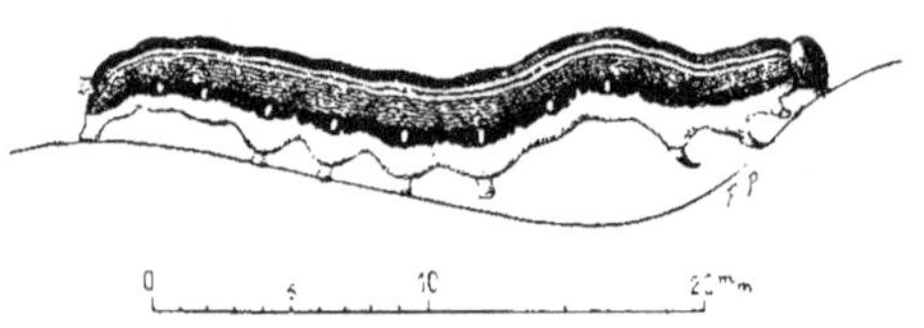

FIG. 14. — Chenille de *Prodenia litura*.

chaque anneau porte, sur le côté, une tache jaune. (fig. 14).

CHRYSALIDE : Type des chrysalides de Noctuelles : des épines divergentes incurvées, épaisses et sombres à la base, fines et pâles au sommet. Longueur : de 15 à 19 millimètres.

ŒUF : 0,46 millimètres de diamètre, couleur variable, jaune vert ou jaunâtre avec reflets iridescents, couvert de nervures rayonnantes.

Distribution. — Cette Noctuelle a été signalée de Madère, des Canaries, de Nigeria, d'Algérie, d'Egypte, du Nyassaland, de Zanzibar, de Rhodésie, de Madagascar, de l'Ile Maurice, d'Asie Mineure, des Indes, d'Indo-Chine, de Malaisie, etc. Elle est assez fréquente au Sénégal et au Soudan français ; quelques individus ont été rencontrés dans le Sud-Mauritanien.

Plantes nourricières. — Très polyphage, *Prodenia litura*, vit sur *Phaseolus radiatus*, *Trifolium alexandrinum*, *Indigofera tinctoria*, *Vigna catjang*, *Medicago sativa*, *Arachis hypogea*, *Eleusine* sp., *Nicotiana tabacum*, *Lycopersicum esculentum*, *Datura album*, *Solanum tuberosum*, *Ricinus communis*, *Rosa*, sp., *Lantana* sp., *Oriza sativa*, *Zea mais*, *Saccharum officinal*, *Panicum* sp.,

Gossypium divers, *Corchorus capsularis*, *Hibiscus esculentus*, *Jasminum* sp., *Sesbania aculeata*, *Linum usitatissimum*, *Brassica* sp., *Raphanus* sp., *Musa* sp., *Batatas edulis*, *Convolvulus arvensis*, *Eucalyptus* sp., *Chenopodium* sp., *Chrysanthemum* sp., *Helianthus* sp., *Viola* sp., *Cajanus indicus*, *Papaver somniferum*, *Apium graveolens*, *Morus* sp.

Au Soudan, la chenille de *Prodenia* est surtout abondante sur les Tomates (*Lycopersicum esculentum*), le Tabac (*Nicotiana tabacum*) et les Niébés (*Vigna catjang*). En Cochinchine, on la rencontre en grand nom're sur des Cotonniers entourés de *Hibiscus* ; dans les provinces de l'ouest, le Riz paraît être sa nourriture préférée et à Saïgon, c'est le Tabac (COMMUN, *in litt.*). Enfin NGUÊN-CONG-TIÊN (*in litt.* de JOANNIS) signale que *P. litura* fit des dégâts particulièrement importants sur les feuilles du « Ricin rouge » à Hanoï en 1925.

Biologie. Evolution. — Une femelle peut pondre jusqu'à 1.200 œufs. Les pontes sont déposées à la face inférieure des feuilles, elles comprennent un nombre d'œufs très variable, de 20 à 1.000, et sont toujours recouvertes par un duvet jaune chamois, provenant de l'abdomen de la femelle. La durée du stade œuf oscille entre trois et cinq jours. Le dépôt des masses d'œufs se fait, de préférence, sur les parties médianes et basses des plantes, rarement sur les feuilles des branches terminales.

A l'éclosion, la jeune chenille a la tête noire, le corps verdâtre, couvert de tubercules foncés, très visibles, disposés en lignes longitudinales ; de chacun de ces tubercules part une longue soie. L'insecte couronne d'abord l'enveloppe de l'œuf d'où il est issu, puis attaque le parenchyme de la feuille qui portait la ponte. Après la première mue, les chenilles se répandent sur leur hôte et sur les pieds voisins. Durant les heures chaudes du jour, elles se réfugient dans la terre, dans les anfractuosités du sol, sous les feuilles tombées, etc. Les dégâts sont nocturnes : ils se font aussi les jours de temps couvert. On peut donc se demander si la recherche de la nourriture n'est pas sous la dépendance d'un héliotropisme négatif. Durant l'été, la phase larvaire s'accomplit en une vingtaine de jours.

Arrivée à pleine croissance, la chenille de *Prodenia* se terre et construit dans le sol une loge nymphale verticale, dont l'extrémité céphalique de la chrysalide occupe la partie supérieure.

La durée de ce stade varie de sept à quatorze jours pendant la période favorable ; elle se prolonge durant la mauvaise saison.

Le nombre des générations annuelles ne paraît pas être exactement connu dans nos colonies ; en Egypte, on l'évalue à sept environ.

Hivernation. — Certains auteurs prétendent que l'hivernation se fait sous la forme nymphale, d'autres admettent que l'évolution ne subit aucun arrêt : les générations se succèderaient toute l'année, de durée courte en été, de durée longue en hiver.

Dégâts. — La chenille de *P. litura* défolie les Cotonniers ; elle attaque parfois les fleurs, occasionnellement les boutons et les jeunes capsules (Pl. IX. fig. 1 et 2).

Elle cause de graves dégâts aux cultures des pays où elle est établie, notamment en Egypte, où elle est bien connue sous le nom de « Egyptian Cotton Worm ». Durant les années de 1922-1923, elle n'a été observée qu'en faible quantité dans nos colonies Ouest-Africaines et ne fut l'agent, sur les Cotonniers, que de dégâts insignifiants.

Ennemis naturels. — Il ne nous a été signalé pour nos colonies aucun ennemi ou maladie naturelle de *P. litura*. Par contre, WILLCOCKS indique, en Egypte, plusieurs prédateurs (*Polistes gallica, Eumenes maxillosa, Ammophila tydei, Calosoma rugosum, Poederus fuscipes*, etc.), des parasites, dont deux Tachinides (*Gymnopareia aegyptiaca* et *Tachina larvarum*) et enfin des maladies microbiennes.

Lutte. — Eviter les cultures serrées qui, en entretenant l'ombre et l'humidité, sont propices au développement de *Prodenia*. Les jeunes chenilles sont très sensibles et peuvent être tuées par une courte exposition aux rayons solaires et à la chaleur sèche.

Ne jamais faire chevaucher deux cultures de plantes hôtes du ver du coton ; ne les faire se succéder qu'à un long intervalle.

Fig. 1. — Jeune capsule montrant l'attaque typique d'une jeune
chenille de *Prodenia litura*, pour pénétrer dans une cloison
carpellaire (Gr. — 2).

Fig. 2. — — Capsule, à maturité, avec fibres et graines normales
bien qu'ayant été attaquée après sa formation par des chenilles
de *Prodenia litura* qui ont produit des altérations seulement sur
les cloisons carpellaires (légèrement réduit).

*Clichés aimablement communiqués par l'Imperial Bureau
of Entomology de Londres.*

Faire ramasser par des enfants, puis brûler, les pontes et les jeunes chenilles alors qu'elles sont encore groupées. Les masses d'œufs recouvertes de poils ainsi que les chenilles, nouvellement écloses et non encore dispersées, sont aisées à distinguer. En Egypte, des équipes d'enfants des deux sexes ont été formées à ce travail, qui est le plus efficace moyen de lutte contre *Prodenia litura*.

En cas d'importante invasion, si les chenilles sont déjà disséminées dans les cultures, employer les sels arsenicaux en poudre ou en pulvérisation.

Les papillons étant nocturnes, les pièges lumineux sont susceptibles de donner des résultats satisfaisants.

Importer, acclimater et répandre, si besoin est, les ennemis naturels, après une étude préalable très méthodique de la question.

Ne pas détruire, ni éloigner les oiseaux insectivores.

XANTHODES INTERCEPTA Guén.

Description. — 35 millimètres d'envergure, ailes supérieures jaune pâle avec une bande brun violacé traversant l'aile depuis le 1/3 à partir du corps jusqu'au bord ; transversalement sont disposés, sur deux rangées, quelques points brun clair ; bord de l'aile et franges brun noir. Ailes inférieures jaune d'ocre uniforme, franges noirâtres, tête blanche, thorax jaune clair comme les ailes antérieures, abdomen jaune ocre comme les ailes inférieures. Le papillon mesure : 8 millimètres d'envergure et 12 millimètres de longueur.

La chenille verte est, suivant les âges, différemment tachée de jaune et de noir ; de chaque anneau partent quelques soies grises. A son développement maximum, elle atteint 34 millimètres.

Distribution. — L'espèce est très répandue dans toute la région orientale. Hampson l'a signalée à Ceylan, au Bengale, au Siam, à Formose, aux Philippines, à Java, aux Célèbes, dans les Indes, etc. J. Mimeur l'a récoltée au Soudan.

Plantes nourricières. — Les espèces du genre *Xanthodes* se rencontrent surtout sur des Malvacées ; les auteurs ne signalent, en général, aucun hôte à *X. intercepta* que J. Mimeur n'a rencontré, au Soudan, que sur des Cotonniers. Toutefois, Fletcher, au Congrès entomologique des Indes de 1917, le cite, comme vivant aux dépens de *Hibiscus esculentus* et du coton, pour lequel il est un parasite de peu d'importance.

Biologie. — La nymphose en captivité a lieu dans le sol ; la chenille de *X. intercepta* chrysalide en un très léger cocon sans forme précise, tissé sur une feuille dont elle rapproche et attache les bords à l'aide de quelques soies.

Au Soudan, dans la région de Koulikoro, en août et septembre, ce stade demande de quinze à dix-sept jours.

La chenille se tient durant le jour sur une des faces des feuilles ; elle est très vorace mais peu abondante (faibles dégâts).

Il ne lui a pas été trouvé d'ennemis naturels dans notre colonie africaine.

Une espèce voisine, *Xanthodes graellsi* F., est signalée comme nuisible au Cotonnier en Egypte et au Zambèze (P. Lesne, 1930, voir p. 261).

COSMOPHILA (nec *ANOMIS* Hb.) *FLAVA* F.

Cosmophila xanthyndima Boisd.
Cosmophila indica Gr.

Description. — L'adulte mesure 25 à 30 millimètres d'envergure, il a le faciès caractéristique des Noctuelles ; ailes antérieures un peu anguleuses, jaune d'or piqueté de brun dans la moitié interne, brun lavé de violacé en dehors, ces deux couleurs divisées par des lignes brunes, fines, irrégulières se rejoignant au-dessus du bord dorsal. Une petite tache dans la cellule, une plus grande à la limite du brun. Ailes postérieures gris jaunâtre. Tête et thorax jaune d'or piqueté de brun ; abdomen gris roussâtre.

La chenille verte a une ligne dorsale légèrement plus foncée ; elle atteint, en fin de croissance, 35 millimètres.

Distribution. — Le genre *Cosmophila* est répandu dans toutes les régions tropicales ; d'après les récents travaux de M. C. Swinhoe, *C. flava* (*xanthyndima*) et *C. auragoides* seraient spéciales au continent africain. J.-S. Taylor indique cette dernière comme nuisible dans le Transvaal oriental au feuillage du Cotonnier auquel elle a causé de sérieux dommages en 1925-1926.

W. H. Tams signale *C. flava* de l'Afrique (au sud du 15° N.), Sainte-Hélène, Ascension, Sokotra, Aden ; de la région Madagascar-Mascareignes ; des Indes, Ceylan, Assam, Burma, Chine méridionale, Formose, Japon ; des régions indo-malaise et australienne, des Marquises, Fidji et Samoa. J. Mimeur l'a rencontré dans presque tout le Soudan nigérien et le Haut-Sénégal, c'est-à-dire légèrement au-dessus de la limite nord connue.

Plantes nourricières. — La chenille vit aux dépens de toutes les espèces du genre *Gossypium* et de diverses Hibiscées, notamment de *H. esculentus.*

Biologie. Evolution. — Les œufs de *C. flava* sont déposés sur les feuilles. La nymphose a lieu en terre ou bien en une très légère enveloppe soyeuse placée dans une feuille enroulée.

Dans le cercle de Ségou, en septembre, J. Mimeur a pu établir la durée d'un cycle comme suit :

Incubation : de trois à six jours.

Stade larvaire : de douze à seize jours.

Stade nymphal : de huit à neuf jours.

Etant peu abondant, cet Insecte ne cause que de faibles dommages : la chenille attaque les feuilles par les bords, à la façon des Vers à soie.

Il ne lui a été trouvé aucune maladie ni ennemi en A. O. F.

Lutte. — Pratiquer l'échenillage et employer les insecticides à action interne, tels que les arsenicaux.

COSMOPHILA EROSA Hb.

Description. — Envergure 38 millimètres environ. « Cette espèce est remarquable par ses ailes très anguleuses au milieu du bord externe et sa couleur jaune orangé saupoudré de brun.

L'aile est de plus traversée par quelques lignes d'un orangé plus foncé, brisées en zigzag ; on voit un petit point rond à centre blanc qui se détache dans la première partie de l'aile, non loin du bord antérieur, et la seconde est plus ou moins drapée de brun sous forme de bandes assez larges un peu fondues extérieurement. L'aile inférieure est jaunâtre uniforme. » (de JOANNIS *in* DUPORT).

La chenille a environ 2 cm. 5 de long ; elle est verte avec une raie latérale blanche et dorsalement des raies blanches et foncées alternant entre elles, et, de chaque côté du corps, de petits points blancs équidistants.

Distribution. — D'après C. SWINHOE, *C. erosa* est absolument localisée sur le continent américain. Dans ces conditions, jusqu'à plus ample information, on doit rapporter à *C. flava* les observations biologiques qui avaient été effectuées dans d'autres régions, par exemple aux Indes (MAXWELL-LEFROY) et en Indo-Chine (DUPORT). Je conserve toutefois, à cette place, la description de *C. erosa* non seulement parce que cet insecte peut exister dans les cultures en Guyane et aux Antilles mais surtout pour insister à nouveau sur l'importance des déterminations spécifiques si on désire que les observations biologiques puissent être utiles.

ALABAMA ARGILLACEA HB.

Description. — Le papillon mesure environ 3 centimètres d'envergure, sa teinte générale est d'un jaune brunâtre. L'aile antérieure présente un point noir juste au-dessous du milieu et environ au tiers de la distance entre les bords antérieur et postérieur et, de plus un certain nombre de lignes transversales en zigzag. Les chenilles varient beaucoup comme taille et coloration ; la forme la plus fréquente mesure un peu plus de 3 centimètres de long et présente une bande brune longitudinale dorsale, et d'autres lignes latérales d'un jaune clair. Le papillon est nocturne et possède un vol remarquablement puissant.

Distribution. — Cet insecte est originaire de l'Amérique centrale et australe, particulièrement de la Guyane ; il est connu de l'Amérique du Nord où il peut remonter jusque dans les régions septentrionales des Etats-Unis. Il existe aux Antilles, Haïti, Trinité, Saint-Vincent, et est considéré à la Guadeloupe comme un des plus sérieux ennemis du Cotonnier (WILLIAMS). Il y a lieu de signaler que *A. argillacea* opère à l'état adulte sous certaines influences mal connues, des migrations souvent importantes. J. H. GEROULD, ainsi que HUNTER, rapporte des observations d'après lesquelles des vols immenses s'étaient abattus dans les Etats du Nord (Ontario, New-York, Pensylvanie, Connecticut, etc.), venant fort probablement du golfe du Mexique à une vitesse de 80 à 100 milles par nuit, soit 8 à 10 milles par heure. Le vent joue évidemment un grand rôle, mais les circonstances ont montré qu'il est insuffisant à expliquer le déplacement précédent. Des migrations identiques ont été vues pour l'année 1926 en Indiana (WALLACE) et en New-York (PARROTT). Les papillons envahissent alors (septembre-octobre) les vergers et piquent pour se nourrir les fruits mûrs les plus variés : pêches, prunes, pommes, raisin, etc. Les dégâts peuvent être très sérieux. Enfin récemment G. N. WOLCOTT a apporté une contribution importante au problème de l'origine des invasions de *A. argillacea* dans les cultures cotonnières des Etats-Unis. Les variations de température auraient une action primordiale sur les migrations. Il est probable qu'au Brésil les conditions permettent aux adultes de vivre toute l'année. Au Pérou, il n'en existe pas dans les vallées cotonnières de la côte où *Alabama* est remplacée par *Anomis luridula* Guen. Par contre *A. argillacea* se rencontre dans les vallées chaudes où la température et les irrigations rendent possible la culture continue du coton au cours de l'année ; on ne voit pas de chenilles à une température inférieure à 16 ou 18° C. D'ailleurs dès que les nuits deviennent froides, la ponte s'arrête et les papillons meurent ou émigrent vers des régions plus chaudes et des champs de Cotonnier en vert. Ces insectes sont sans doute les fondateurs de la première génération de chenilles aux Antilles et dans les

Etats-Unis méridionaux. De même les premières nuits froides à Haïti et au Texas provoqueraient des vols en sens inverse qui iraient réinfester les cultures cotonnières du Pérou septentrional.

Biologie. Dégâts. — La femelle pond environ cinq cents œufs, généralement à la face inférieure des feuilles et toujours isolément ; on peut cependant les découvrir facilement à cause de leur teinte claire qui contraste avec celle du feuillage ; ils sont de forme circulaire, aplatis, striés radialement ; l'éclosion a lieu de 3 à 20 jours après la ponte selon la température.

« Les chenilles se nourrissent uniquement sur le Cotonnier et de préférence aux dépens des feuilles ; mais, si celles-ci manquent, elles peuvent attaquer les capsules et même les rameaux. Les capsules attaquées par cette espèce sont entamées seulement à la surface, ce qui permet de les distinguer de celles envahies par *Chloridea armigera* qui perce un trou pour pénétrer à l'intérieur et s'y nourrir. La nymphose s'opère sur la plante même, jamais en terre. Presque toujours la chrysalide est nue et pendante, fixée par son extrémité postérieure au moyen d'un lien de soie, à une feuille ou à un rameau. La durée de ce stade est de une à quatre semaines. » (A. VUILLET, d'après HUNTER).

Ennemis naturels. — On ne connaît pas dans les Antilles françaises de parasites spécifiques de *A. argillacea*. WILLIAMS signale qu'à la Guadeloupe, les oiseaux insectivores, les crapauds, les lézards et une guêpe (*Polistes annularis*) sont des ennemis importants des chenilles de cette Noctuelle.

Moyens de lutte. — Aux Etats-Unis en particulier, on recommande contre cet insecte les poudrages arsenicaux : arséniate de plomb, vert de Paris et surtout arséniate de chaux. C'est d'ailleurs en grande partie pour lutter contre la chenille de *A. argillacea* que les poudreuses actuelles ont été mises au point, tant celles qui sont portées par un homme ou une mule, ou traînées par 2 mules que les poudreuses à grand travail mues par la traction automobile. C'est également un des premiers insectes dont on a essayé d'enrayer les dégâts à l'aide des poudrages par avions spéciaux (Pl. XVII).

Les pulvérisations insecticides sont encore recommandées
dans certains cas contre *A. argillacea* et MOREIRA préconise
au Brésil, pour protéger les jeunes cultures de Maïs, le mélange :

Vert de Paris	125 gr.
Chaux éteinte........................	300 gr.
Farine ou mélasse	1.200 gr.
Eau	100 litres

DIPAROPSIS CASTANEA HAMPSON.

Description. — Le papillon mesure de 15 à 18 millimètres de
longueur sur 30 millimètres environ d'envergure; sa coloration,
très variable, va du rose rouge au vert olive (Pl IV, fig. 5).

Les ailes supérieures sont brun rougeâtre, traversées par trois
fines lignes vertes, la première très courbe : non loin du corps
et dans l'espace qu'elle limite, on voit une grosse tache brune
triangulaire partant de la base ; les deux autres lignes sont à
peu près parallèles et situées non loin du bord. Ailes inférieures
blanchâtres, légèrement ombrées de rouge sur les bords. Tête
brun rouge. Thorax brun foncé en avant, plus clair dans sa
partie postérieure. Abdomen grisâtre.

L'œuf, d'abord bleu turquoise, brun rouge par la suite, est
sphérique, aplati à sa base.

La chenille a la tête brun foncé ; son corps, blanc crémeux
à l'éclosion, devient généralement rose après la seconde mue,
cette teinte s'accentue par la suite ; au troisième âge, ses dimensions correspondant à celles du ver rose (*Pectinophora gossypiella*),
elle peut aisément être confondue avec ce dernier. Toutefois,
on peut distinguer ces deux chenilles par la couleur des paires de
pattes thoraciques, qui sont brun foncé ou noires chez *Diparopsis*, et brun pâle ou jaune clair chez *Pectinophora*. De plus,
à un âge plus avancé, la chenille de *D. castanea* varie beaucoup de
teinte, vert pomme, rose, rouge lie de vin et elle a une taille (25 à
30 mm.) qui ne permet plus la confusion avec le « ver rose »
(fig. 15).

Certaines chrysalides sont jaune pâle, d'autres brunes, parfois marquées de vert ; elles mesurent environ 13 millimètres.

Distribution. — *D. castanea* (Sudan ou red bollworm) n'est connu que du continent africain, Nigeria, Uganda, Nyassaland, Guinée portugaise, Togo, Lourenço-Marquès, Mozambique, Afrique du Sud, Soudan anglo-égyptien, etc. J. MIMEUR l'a trouvé au Soudan français dans les cercles de Ségou, Bamako et Kayes, de septembre à février. Je l'ai également reçu de la station cotonnière de Savalou (Dahomey) où M. CHAMBON l'a observé en 1927 sur *Gossypium hirsutum*, var. *Allen.* D'après une communication à l'Institut international d'Agriculture de Rome, *D. castanea* se rencontre dans les capsules et les bourgeons de Cotonnier en Afrique équatoriale française (Oubangui-Chari).

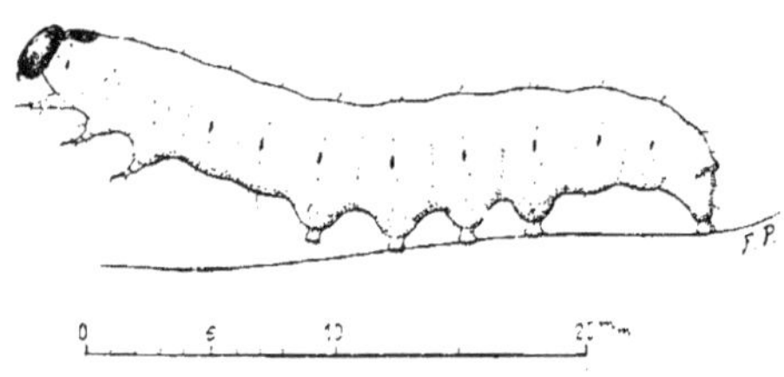

Fig. 15. — Chenille de *Diparopsis castanea.*

Plantes nourricières. — Certains auteurs supposent que sa chenille vit sur diverses Malvacées, mais la chose n'a encore jamais été vérifiée : *D. castanea* n'a été observé, jusqu'à ce jour, avec certitude que sur Cotonnier.

Biologie. Evolution. — Le papillon est nocturne, la femelle dépose isolément ses œufs sur les extrémités des tiges, sur les bractées et les feuilles terminales. Sitôt éclose, la jeune chenille recherche un bouton, une capsule, y pénètre, ronge l'ovaire ou bien les graines et les fibres en formation, vide souvent totalement le fruit (Pl. VIII, fig. J).

L'orifice de pénétration de la chenille est à contour irrégulier, il ne se cicatrise pas ; les excréments, d'abord rejetés à l'extérieur, finissent par obstruer l'entrée et s'accumulent à l'intérieur de la capsule. Parfois l'organe attaqué tombe, entraînant avec lui la larve qui l'habite, ou bien celle-ci, arrivée au complet développement, gagne le sol, s'y enfonce à quelques centimètres de profondeur et se construit une loge nymphale formée de particules terreuses agglutinées par une sécrétion salivaire.

La durée du stade œuf demande généralement de deux à six jours, la période larvaire de vingt-trois à trente-huit jours.

Suivant la saison, la phase nymphale n'est que de douze à quarante-neuf jours, ou bien elle se prolonge pendant plusieurs mois. En somme *D. castanea* ne joue un rôle actif que pendant une courte période ; l'hivernation se fait en terre sous la forme de chrysalide. Pendant la saison cotonnière, on rencontre dans les cultures tous les stades d'évolution. Selon J. S. TAYLOR (1926), le nombre de générations annuelles serait de quatre ou cinq.

Dégâts. — Dans le Sud-Afrique, d'après CHAS. K. BRAIN, 60 % des dégâts causés sur les capsules sont parfois imputables à *D. castanea*. Au Nigeria, A. D. PEACOCK l'accuse de causer de sérieux dommages. Au Soudan égyptien, il se classe au second rang des « Pests of cotton ». En raison de ses importantes dimensions, la chenille de *D. castanea* est capable de détruire plusieurs fleurs et capsules (très souvent trois capsules) (1). Au Soudan français, ce parasite, quoiqu'infiniment moins répandu qu'*Earias*, cause néanmoins des dégâts notables. M. CHAMBON, au Dahomey, a constaté que la chenille perfore les capsules et dévore en partie les fibres et les graines qui sont salies par les déjections, celles-ci se rencontrant également, près de l'orifice béant, sur les bractées. D'après W. A. LAMBORN, la chenille peut occasionnellement s'établir dans les graines (dans les usines d'égrenage).

Ennemis naturels. — On ne connaît aucun parasite ou prédateur de *D. castanea* dans les colonies françaises. Au Nyassaland, une guêpe prédatrice et une maladie bactérienne ont été enregistrées (MASON, 1915). Au Soudan égyptien, des chenilles ont été reconnues exceptionnellement parasitées par des Tachinides (H. H. KING). En Afrique du sud, on signale un Encyrtide et un Trichogrammatide indéterminés parasites des œufs, un Tachinide indéterminé et un Braconide (*Apanteles diparopsidis* Lyb.) parasites des chenilles. Plusieurs guêpes prédatrices auraient été

1. P. LESNE, dans un travail tout récent (Notes sur un voyage au Mozambique accompli en 1928 et 1929. *Bull. Mus. H. N.*, 2ᵉ s., II, 2, février 1930) estime que dans la région de Chemba, *D. castanea* est, avec les *Dysdercus*, l'insecte le plus nuisible au Cotonnier.

observées ainsi qu'un Pentatomide, *Glypsus conspicu s* Westw. qui suce les chenilles aussi bien de *Diparopsis* que de *Chloridea armigera* et de *Earias*. Le pourcentage de parasitisme serait très faible et ne dépasserait pas 10 % (1928).

Lutte. — Il faut cueillir et brûler les capsules percées dès l'apparition des premiers ravageurs, le nombre des déprédateurs issus de la première génération peut être considérablement diminué par un précoce échenillage. Sarcler en cours de végétation pour détruire les chrysalides.

La lutte doit surtout porter sur les individus hivernant après la récolte ; lorsque les champs de Cotonniers ont été nettoyés et les débris brûlés, faire un labour profond qui détruira les chrysalides ou bien les ramènera à la surface, où leur exposition à la chaleur solaire les tuera.

On peut d'ailleurs faire suivre le labour par un hersage et un roulage. On n'ignore pas que ces pratiques, en terrain sec, auront en outre l'avantage de maintenir dans le sol une certaine quantité d'eau (dry farming).

Enfin, les pulvérisations arsenicales, si elles ne doivent pas être trop onéreuses, sont indiquées. On pourrait expérimenter avantageusement, en A O. F., les poudrages à l'arseniate de chaux tels qu'ils sont préconisés aux Etats-Unis pour lutter contre la chenille de *Alabama argillacea*. Toutefois Lounsbury (1926) aurait constaté que les pulvérisations et les poudrages insecticides ne donnent que de faibles résultats contre *D. castanea*.

CHLORIDEA ARMIGERA Hb.

Heliothis obsoleta F.

Description. — Envergure de 30 à 42 millimètres. Couleur des ailes supérieures variant entre le gris olivâtre et le brun rougeâtre pâle, les taches ordinaires (1) centrées et bordées de brun ; lignes

---

1. Il s'agit là des taches orbiculaires (ronde) et réniforme (forme de haricot) qui sont en général bien visible sur le milieu de l'aile supérieure des Noctuellides.

peu marquées sauf une d'elles non loin du bord, assez nettement dentée et double ; ailes inférieures blanchâtres avec une forte bordure noire coupée droit sur son bord intérieur ». (de JOANNIS, in DUPORT, 1913). La chenille, dont la longueur est de 38 millimètres, a la tête brune, le thorax et l'abdomen lissés, de couleur générale verdâtre avec de fines lignes longitudinales noires et jaunes. Une ligne latérale blanchâtre semble être constante et fournit un caractère utile de détermination. BRAIN note qu'à cause des grandes variations de couleur, on a pu établir de nombreuses variétés bien caractérisées dont plusieurs d'entre elles peuvent se rencontrer en même temps dans les cultures.

Les œufs sont blancs ou jaunes et hémisphériques ; leur enveloppe est striée.

Distribution. — Cette espèce se rencontre sur tous les continents sauf dans les régions d'extrême nord. On la connaît en particulier de tous les territoires français. Je l'ai reçue comme nuisible aux plantes cultivées, sur coton de Diafarabé (Soudan français, MIMEUR, 1925), de Savalou (Dahomey, BARTHE, 1927), sur Pois, de la Nouvelle Calédonie (RISBEC, 1929) (1).

Plantes nourricières. — *C. armigera* peut être considérée comme absolument polyphage et comme susceptible de s'attaquer à toutes les cultures possibles. Le Cotonnier est toutefois un de ses aliments préférés dans certaines régions. En Afrique du sud, BRAIN indique plus particulièrement le Cotonnier, la Luzerne, le Maïs, la Tomate, le Pois, la Vigne et les arbres fruitiers. BALLARD note qu'en Australie cette Noctuelle vit non seulement sur les Cotonniers mais également sur les plantes de la famille des Malvacées ou des familles voisines qui poussent à l'état sauvage dans les landes qui séparent les cultures. PERRIER de la BATHIE (1909) signale le même insecte sur le Cotonnier à Madagascar (Marovoay).

Biologie. — Le Cotonnier n'attire les femelles pour la ponte qu'au moment de la floraison. Un seul individu peut déposer

1. Cette île ne figure pas dans la distribution géographique donnée par HAMPSON.

de 500 à 3.000 œufs, mais la ponte est discontinue ; entre temps, l'insecte s'alimente ou reste immobile.

La durée de l'incubation varie, suivant la température, de 2 à 6 jours.

Les chenilles se nourrissent activement et atteignent leur complet développement en 10 à 15 jours quand les conditions extérieures leur sont favorables. Dans le cas contraire, le stade larvaire peut durer 70 jours (BISHOPP.) La cellule nymphale est faite dans le sol à une profondeur de 5 à 12 centimètres et le papillon, en été, peut éclore une dizaine de jours après la formation de la chrysalide. ISELY estime qu'en été, le cycle complet dure 35 à 40 jours et même BISHOPP donne le chiffre de 30 jours. Il y a plusieurs générations par an (3 à 5 aux Etats-Unis), le maximum de chenilles étant au début de la saison chaude (1). Selon BALLARD (1927), en Australie, *Chloridea armigera* est abondante de la fin décembre à février ; à ce moment là, les parasites enrayent la multiplication de la Noctuelle dont les attaques sur Cotonnier ne sont plus apparentes en avril. L'hiver est passé sous forme de chrysalide dans le sol. Tous les observateurs ont remarqué le cannibalisme des chenilles qui se dévorent ou se blessent, dès qu'elles se rencontrent ; cela expliquerait pourquoi on ne trouve que 1, 2 ou 3 chenilles adultes sur un épi de Maïs, par exemple, où des douzaines d'œufs ont été pondus.

Dégâts. — Les chenilles s'alimentent sur Cotonnier surtout aux dépens des capsules qui n'ont pas atteint la maturité. Elles les forent et en dévorent tout le contenu. Mais il semble bien que l'importance économique de *C. armigera* pour une culture donnée est extrêmement variable d'une région à l'autre ou d'une année à la suivante. Les cotonneraies américaines, australiennes ou de l'Afrique du Sud souffrent parfois très sérieusement des attaques de cette Noctuelle ; celles d'Egypte par contre (WILLCOCKS) peuvent en être considérées comme indemnes bien que l'insecte soit répandu dans le pays.

1. Beaucoup de chrysalides meurent en hiver aux Etats-Unis où la 1re génération est peu abondante ; la 2e génération s'attaque surtout au Maïs ; la 3e est la plus destructive pour le Cotonnier et elle peut être suivie sur cette plante par une 4e et même 5e génération (BISHOPP)

Ennemis naturels. — Aucun d'eux n'est connu des colonies françaises. On a signalé des Anthocorides susceptibles de se nourrir aux dépens des œufs de *C. armigera.* Parmi ces Hémiptères, *Triphleps insidiosus* Say est prédateur aux Etats Unis, tandis que *T. australis,* récemment décrit d'Australie par CHINA, sucerait les œufs du papillon en Queensland, d'après les observations de BALLARD.

Moyens de lutte. — Les labours après la récolte détruisent les chrysalides, ou les exposent au soleil ou à leurs prédateurs.

Les insecticides à action interne sont susceptibles de donner des résultats excellents car une forte proportion des œufs (60 à 80 % d'après BRAIN) est pondue sur d'autres organes que les boutons et les fleurs. Les jeunes chenilles, dès leur éclosion, parcourent un chemin souvent long pour atteindre ces derniers qu'elles recherchent. Il est conseillé de faire 2 à 3 traitements espacés d'une semaine l'un de l'autre. BRAIN indique les poudrages à l'arséniate de plomb qui ne sont pas très toxiques pour les insectes et qui brûlent légèrement les feuilles ; ils ont par contre l'avantage d'adhérer très fortement au feuillage et les pluies légères ne lavent pas l'insecticide. On utilise 5 à 5.500 kilos d'arséniate par hectare. Le vert de Paris est plus efficace (1) ; on l'emploie en poudrage à raison de 2 kilos à 2 kgr. 500 par hectare et, pour ce faire, on mélange le produit à une quantité égale de chaux éteinte. En pulvérisation, 250 grammes suffisent pour les 125 litres d'eau nécessaires au traitement d'un hectare. Mais la pluie lave cet insecticide qui est très soluble et oblige à recommencer le traitement. BISHOPP conseille les poudrages à l'arseniate de chaux, à raison d'une seule application (3 kgr. par hectare), si possible après une pluie. ISELY (1926) et BALLARD (1927) signalent ce même traitement mais, pour l'entomologiste anglais, ce moyen de lutte est coûteux. Aussi les deux auteurs précédents préconisent, comme l'avait déjà fait GHESQUIÈRE (1921) le piégeage à l'aide du Maïs (voir p. 275). De même, BISHOPP

---

1. La législation française actuelle sur l'emploi des arsénicaux en agriculture interdit l'usage des sels solubles sauf dans des cas particuliers (Sauterelles). Elle ne vise d'ailleurs que les cultures de la Métropole. Il est nécessaire qu'elle soit adaptée aux besoins de nos colonies.

recommande ce dernier procédé, insistant sur le fait que l'insecte préfère à tout autre végétal l'épi de Maïs qui commence à se former.

La plantation précoce des Cotonniers (septembre, début octobre, dans les régions australiennes) est recommandée si la saison est normale, c'est-à-dire sans sécheresse ni inondation. BALLARD spécifie qu'ainsi la culture est préservée, sans frais, de plusieurs parasites et surtout de *C. armigera*. Cette observation judicieuse doit certainement pouvoir s'appliquer dans toutes les régions où, comme en Australie, les champs de Cotonniers sont séparés les uns des autres par des étendues souvent considérables qui sont incultes et sur lesquelles poussent de nombreuses Malvacées favorables aux insectes du Cotonnier et plus particulièrement à *C. armigera*.

Les Chenilles épineuses du Cotonnier

Plusieurs espèces de chenilles épineuses (« spiky » ou « spiny Cotton Bollworm » des Anglais, « Stengelspitzenbohrer » des Allemands), sont nuisibles aux Cotonniers dans les diverses parties du monde. J'ai pu, grâce à nos correspondants, préciser l'existence sur cette culture dans nos colonies de quatre espèces, toutes appartenant au genre *Earias* ; la plus répandue est *Earias insulana* Boisd. que nous retrouvons dans presque toutes les régions qui nous intéressent, accompagné de *E. biplaga* (Afrique), *E. fabia* (Asie). ou *E. huegeli* (Australasie). Le mode de vie et l'évolution de toutes ces espèces paraissent être identiques ; il suffira donc pour la biologie et les moyens de lutte d'étudier une seule d'entre elles en détail, celle qui a la plus grande extension géographique, *E. insulana*.

EARIAS INSULANA BOISD.

Synonymie : *Earias smaragdinana* Zell.
Earias siliquana H.-S.
Earias frondosana Wlk.

Synonymie : *Earias simillina* Wlk.

Earias chlorion Rmbr.

Earias gossypii Frau.

Earias anthophilana Snell.

Earias tristrigosa Butl.

Earias dorsivitta Staud.

Acontia xanthophila Wlk.

Tortrix insulana Boisd.

Description. — Les papillons ont 22 millimètres d'envergure
et environ 9 millimètres de long. Les couleurs sont très variables.
Le type de l'espèce a la tête, le thorax et les ailes antérieures
vert-pois brillant. Sur celles-ci, on voit en général trois lignes
(submarginale, médiane et submédiane) qui sont de couleur sombre et qui, les ailes étant au repos, prolongent les lignes de l'autre
aile, avec lesquelles elles forment assez bien des W (Pl. I en coul.,
fig. 1 et 2). Les ailes postérieures sont généralement gris clair,
bordées par une bande brune.

Les antennes du mâle sont beaucoup plus ciliées que celles de
la femelle et les fémur et tibia de la deuxième paire de pattes du
mâle sont garnis de touffes en éventail de longues écailles fines.

De nombreuses variations se rencontrent dans la coloration
générale du papillon, qui évolue du vert le plus net au jaune
chrome brillant, et dans la pigmentation des lignes des ailes antérieures. Ces ornements peuvent être séparés l'un de l'autre comme
ils peuvent être réunis sur une grande partie de leur longueur
en larges taches sombres sur l'aile. Mais, quelle que soit leur disposition respective, on retrouve toujours le pourtour *ondulé* des
lignes, sans angles aigus sur leur trajet. Cette remarque est très
importante, comme nous le verrons plus loin, pour permettre
de différencier *E. insulana*, d'une espèce voisine mais distincte
et d'importance économique moindre, *E. biplaga*, avec laquelle
il y a eu longtemps confusion.

D'après WILLCOCKS, la variété à ailes jaunes serait la plus
commune, pour l'Egypte, en fin de saison et en hiver ; le type
à ailes vertes dominerait au début de l'été. Au Soudan, J. Mi-

MEUR a constaté que la variété à ailes jaunes est très rare et que sa présence ne parait aucunement liée à une concordance saisonnière. Au Maroc au contraire, DE LÉPINEY et MIMEUR ont constaté qu'au printemps et en été il y a exclusivement des papillons de couleur verte et, qu'à l'automne on trouve en proportion variable des individus jaunes et que les spécimens récoltés jusqu'ici en hiver étaient tous jaunes. D'après ces observations, il est fort probable que l'apparition de la coloration jaune est provoquée par un abaissement de température pendant les saisons froides qui est suffisant dans les régions septentrionales de l'Afrique mais qui se réalise rarement en A. O. F.

ŒUF. — Les œufs sont sphériques, surmontés d'une couronne proéminente, crénelée ; leur coloration est tout d'abord bleu turquoise, elle passe progressivement au gris bleuâtre et enfin au gris. La surface de l'œuf est ornée d'un riche réseau de sculpture. Le diamètre est d'environ 0 mm. 5.

CHENILLE. — Les chenilles des diverses *Earias* ont des teintes fort variables : du brun rougeâtre au vert olive, avec des taches ; elles se distinguent de toutes les autres chenilles qui parasitent le Coton par la présence, sur tout le corps, de petits prolongements charnus, leur donnant un aspect épineux caractéristique ; en fin de croissance, elles atteignent 15 millimètres de long (Pl. X, fig. 3).

CHRYSALIDE. — Longueur de 9 millimètres à 11 mm. 5. Les parties correspondant à la tête, aux ailes et aux pattes sont brun jaunâtre clair. Thorax noir, avec une ligne pourpre sur les côtés. Abdomen de teinte générale pourpre sur le dos, avec l'extrémité postérieure foncée. Ventralement, la coloration est jaune pâle. Sur chaque côté du dernier segment de l'abdomen, et placées verticalement, sont généralement trois projections bien marquées en forme de dents, la plus près du dos étant la plus proéminente, et une série de sillons à vive arête en-dessous d'elles.

Cette chrysalide est enfermée dans un cocon caractéristique en forme de quille de bateau ; l'extrémité correspondant à la région céphalique est obtuse et formée par deux lèvres réunies l'une à l'autre par quelques soies. Ce cocon, très soyeux, est d'une texture très serrée, feutrée, dans laquelle on peut séparer une couche externe foncée et une région interne plus pâle, souvent blanche, avec un lustre perlé.

Distribution. — *Earias insulana* est connu de la presque totalité des pays où on cultive le Coton, en particulier de toute l'Afrique continentale, de la Sicile, de l'Espagne, des Canaries, de la Réunion, de Maurice, de Madagascar, de l'Indochine, des Indes, de Formose, du Siam, de l'Asie-Mineure, des Philippines, de Bornéo, etc. Par contre, il n'a pas encore été signalé dans les deux Amériques : bien que WILLCOCKS le donne comme présent au Brésil depuis 1883, MOREIRA, dans son traité d'Entomologie agricole brésilienne, ne le cite même pas.

Plantes nourricières. — En dehors du Cotonnier, *Earias* peut vivre aux dépens de *Hibiscus cannabinus, H. rosa-sinensis, H. panduriformis, H. esculentus, H. sabdariffa, H. abelmoschus, Malva parviflora, Ceratonia siliqua, Eriodendron* sp., *Zea mays, Abutilon indicum, Althœa rosae*, etc. GHESQUIÈRE a observé, à San-Thomé, que les chenilles d'*Earias* creusaient les cabosses de Cacaoyer.

Au Soudan Français, J. MIMEUR l'a obtenu des Cotonniers, de *H. cannabinus, H. rosa-sinensis, H. esculentus* et *H. sabdariffa*, et il l'a récolté sur plusieurs autres Malvacées restées indéterminées.

Au Tonkin, M. NGUÊN-CONG-TIÊN (*in litt.* DE JOANNIS) a observé en 1925 une attaque peu importante de *E. insulana* sur les fleurs d'un *Hibiscus* ornemental à Hanoï.

Biologie-Evolution. — Les papillons, étant crépusculaires, passent les heures chaudes du jour immobiles sous les feuilles, blottis dans les frondaisons, dans les débris accumulés aux pieds des vieilles souches ou dans les herbes avoisinant les champs de Cotonnier ; on les trouve parfois dans les panicules du Sorgho. Dans le Punjab, pendant la saison cotonnière, selon HUSAIN (1929), soit d'août à novembre, le nombre de mâles est généralement plus élevé que celui des femelles qui sont en plus grande quantité de février à mai. L'accouplement se fait la nuit ; on trouve souvent, le matin, de bonne heure, des papillons accouplés.

La ponte est également nocturne et nécessite quatre ou cinq nuits consécutives. Une femelle, dont la vie peut dépasser un mois, serait capable de déposer jusqu'à 230 œufs. Pour WILL-COCKS, la ponte varierait de 99 à 171 œufs et serait en moyenne de 140 œufs.

Les œufs sont déposés sur toutes les parties de la plante, plus particulièrement autour des boutons floraux et des capsules, ainsi qu'à la pointe des feuilles et des bractées. En été, l'incubation n'est que de trois à quatre jours, elle peut durer une douzaine de jours pendant les périodes froides.

Sitôt éclose, la jeune chenille, après avoir mangé l'enveloppe qui la renfermait, pénètre dans les rameaux verts, ou bien dans un bourgeon. Lorsque la saison est plus avancée, elle recherche un bouton floral ou une capsule verte, dans laquelle elle se nourrit surtout aux dépens des graines. Les boutons sont le plus souvent perforés au-dessous des bractées, près de leur point d'attache sur le pédoncule ; les trous sont généralement ouverts de biais, à contours irréguliers, ils sont agrandis à mesure que la larve grossit, leur diamètre peut atteindre 4 millimètres. Ils dominent toujours dans le tiers inférieur du fruit et se continuent par une galerie frayée à travers soies et graines (Pl. VIII, fig. 2).

La présence de la chenille est facilement décelée par des petits amas d'excréments autour de l'orifice d'entrée qui, en général, est utilisée pour la sortie. Arrivée à la fin de son développement, la chenille tisse son cocon caractéristique en forme de quille de bateau, sur les pétioles, dans les capsules ouvertes, entre les bractées et les fruits, occasionnellement sur les parties basses des tiges, même dans les crevasses du sol et contre les pivots.

Suivant la saison, la durée de l'incubation oscille entre 8 et 12 jours ; la durée de la vie larvaire entre 15 et 28 jours ; la durée de la vie nymphale entre 10 et 52 jours.

En avril, au Soudan français, un cycle s'accomplit en trente à trente-deux jours.

Les générations se succèdent durant toute l'année en Egypte, on estime leur nombre à cinq au cours d'une saison cotonnière. D'après M. A. HUSAIN (1929), aux Indes, le plus grand nombre

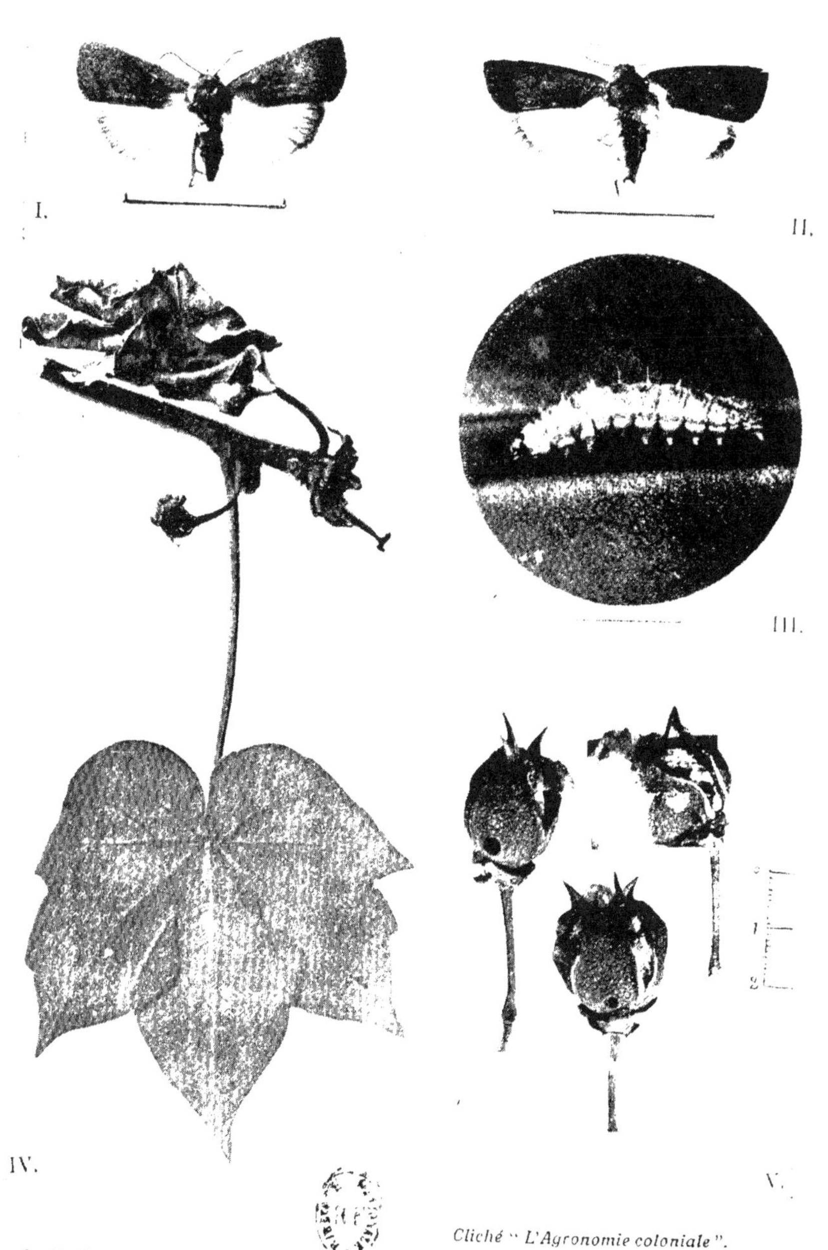

Cliché " L'Agronomie coloniale ".

I. *Earias insulana.* — II. *Earias biplaga.* — III. Chenille de *Earias insulana.*
IV. Jeune rameau de Cotonnier parasité par *E. insulana.*
V. Capsules de Cotonnier attaquées par *E. insulana.*

de chenilles sur Cotonnier a été constaté en décembre et le maximum de papillons dans les champs de cette culture en août. Au Sénégal et au Soudan, le Bollworm se conserve de février à juillet, sur les Cotonniers bisannuels, sur le Gombo (*Hibiscus esculentus* L.), l'Ambrette (*Hibiscus abelmoschus* L.), croissant dans les jardins, autour des cases, ainsi que sur diverses Malvacées spontanées fréquentes dans la brousse, spécialement dans les bas-fonds humides et en bordure des marais.

Dégâts. — Le forage des jeunes rameaux entraîne la mort des bourgeons supérieurs.

Les boutons perforés ne s'épanouissent pas, noircissent et se lessèchent.

Dans les capsules, pour atteindre les graines dont elle s'alimente, la chenille coupe les soies rencontrées sur son passage. Beaucoup de fibres sont souillées par les excréments qui sont, en partie seulement, rejetés à l'extérieur, et qui s'accumulent dans la capsule. Le développement d'une bactérie consécutive à la présence du ver aggrave encore ses méfaits.

La croissance des fruits habités par une chenille de *Earias* est souvent arrêtée, la déhiscence est prématurée et, suivant l'humidité ambiante, les capsules pourrissent ou se dessèchent.

Parfois les volves n'étant pas toutes atteintes, elles se développent irrégulièrement.

Les graines jeunes, mordues sur un point unique et réduit, parviennent à mûrir une partie de leurs fibres, elles sont alors placées tout à fait excentriquement par rapport aux soies étagées, le produit obtenu est hétérogène et est en grande partie composé de fibres mortes.

Importance économique. — *E. insulana* est un des trois ennemis les plus importants des cultures cotonnières du monde entier. La gravité de ses attaques n'a pu être égalée ou dépassée localement que par l'Anthonôme (Etats-Unis) et le Ver rose (Egypte). Aux Indes, le nombre des capsules attaquées par *Earias* varie annuellement de 10 à 75 %. Selon JHAVERI, les *Earias*, *E. fabia* principalement, attaquent les Cotonniers surtout au moment de la maturité des capsules ; toutefois depuis quelques années les fleurs et les capsules à peine formées sont endommagées sur plus de 50 % des arbustes. Lal, dans le Punjab, a fait des observations analogues et considère que l'époque des moussons est un facteur important dans la gravité des attaques de *Earias*. Willcocks, en 1906, estimait que la perte de la récolte en Egypte due à cet Insecte était normalement d'un quart, mais pouvait atteindre la moitié et même les deux tiers de la totalité des capsules. Depuis que les cultures égyptiennes ont été envahies par *Pectinophora gossypiella* (Pink Bollworm), on a constaté une régression très nette de *Earias*, qui est passé au rang de parasite secondaire du coton. Mais ce n'est pas le cas pour la plupart des colonies françaises, où *E. insulana* est certainement un des ennemis les plus nuisibles aux cultures cotonnières, contre lequel des mesures sérieuses doivent être envisagées. Enfin en Tunisie (Pagliano, *in litt.*), l'importance des dégâts dus à *Earias* est comparable à celle que l'on attribue en général au ver rose.

Ennemis naturels. — A ma connaissance, aucun parasite de *E. insulana*, ou plus généralement des *Earias*, n'a été observé dans les colonies françaises. Par contre Pagliano en Tunisie *(in litt.)* et de Lépiney et Mimeur au Maroc ont constaté la présence de *Microbracon brevicornis* Wesm., Hyménoptère bien connu parasite des chenilles de *Earias*. Il me paraît fort utile de reproduire ici les résultats des recherches faites par les deux entomologistes de l'Institut scientifique chérifien : « En août-septembre 1927, des chenilles d'*Earias insulana* originaire du Gharb ont été trouvées parasitées par des larves d'Hyménoptères. Les adultes communiqués à M. Ch. Ferrière (British Museum) ont été déterminés par lui *Microbracon (Habrobracon) brevicornis* Wesm., insecte décrit d'Egypte sous le nom de *Rhogas Kitcheneri* Dudg. et Gough ; M. Ferrière fait remarquer que ce Braconide est différent de son homonyme *Habrobracon brevicornis* Wesm. (*Microbracon (Habrobacon) hebetor* Say.) parasite bien connu d'*Ephestia Kuhniella* Hbn. et autres Pyralides (1). L'élevage en laboratoire, à l'Institut Scientifique Chérifien, a permis de reconnaître les cycles de deux générations suc-

____

1. Voir au sujet de *Habrobracon hebetor*, page 297.

essives, dont nous résumons ici les principales caractéristiques :

La durée du stade œuf est de un à deux jours, rarement trois
n août et septembre.

La larve éclose de l'œuf se fixe presque aussitôt aux téguments
le l'hôte sans avoir effectué aucun déplacement sensible : lors-
ju'elle a atteint une taille de 3 millimètres environ, elle abandonne
a chenille et va tisser un cocon de soie à quelques centimètres
le distance ; deux jours après la larve est transformée en chry-
alide. Nous avons constaté que treize larves d'*Habrobracon*
)euvent exploiter côte à côte, sans se nuire, une même chenille
l'*Earias* ; il n'a jamais été observé que des larves se soient
mangées entre elles.

Le stade nymphal, qui se passe dans l'immobilité à l'intérieur
du cocon, dure 7 jours au maximum, l'adulte sort en découpant
un clapet à l'extrémité céphalique du cocon.

Les femelles adultes ont vécu treize jours au maximum au laboratoire, commençant à pondre des œufs parthénogénétiques moins
de 24 heures après leur éclosion.

La ponte ne présente aucun caractère particulier ; au préalable
la femelle d'*H. brevicornis* paralyse la chenille en lui portant
trois ou quatre coups d'aiguillon au hasard, dans n'importe
quelle partie du corps ; l'effet ordinaire des coups d'aiguillons est
une paralysie suivie de mort au bout de six à dix jours. Les
œufs pondus moins de 48 heures après le début de la paralysie
donnent des larves qui évoluent normalement ; passé ce laps de
temps, les femelles laissées au laboratoire avec des chenilles
qu'elles ont déjà paralysées continuent tout de même à pondre,
mais alors la chenille hôte se décompose entraînant la mort des
larves de *Microbracon*, celles-ci n'ayant généralement pas encore
atteint l'âge de la nymphose. Quelle que soit la position de la
chenille hôte, les œufs sont pondus du côté ventral et sur les
flancs, par groupes de trois à huit et parfois plus ; très exceptionnellement, les œufs peuvent être placés sur d'autres parties
du corps. Une femelle d'*H. brevicornis* peut pondre, en treize
jours, 70 œufs : dans la nature, la ponte est répartie sur un grand
nombre d'individus car une même chenille n'a jamais été vue

portant plus de deux parasites ; toutefois au laboratoire, certaines chenilles ont reçu jusqu'à 42 œufs.

Aucun œuf fécondé n'a été obtenu dans les élevages, les mâles n'ayant d'ailleurs apparu qu'à une époque où il n'a pas été
possible de trouver des chenilles d'*Earias* pour alimenter les
larves. Les adultes obtenues des premières larves récoltées étaient
des femelles qui ont donné une génération composée uniquement
ment de femelles ; la descendance parthénogénétique de ces dernières a compris beaucoup de femelles et quelques mâles seulement.

La durée du cycle total pour une génération en été est de 14
à 17 jours ».

Enfin il est intéressant d'ajouter que, selon J. G. MYERS, on
connaît plusieurs parasites des *Earias*, en dehors de *Habrobracon
brevicornis (Rhogas Kitcheneri)*. Aux Indes (Punjab) on a obtenu
plusieurs espèces de *Microbracon* (en particulier *M. lefroyi* Ashm.),
quatre autres Braconides dont trois parasites de la chenille et un
de la chrysalide, cinq Chalcidides dont un sur la chenille et quatre
sur la chrysalide, une Tachinaire *(Actia aegyrstia)* et en outre,
parasite des œufs un *Trichogramma*. En Afrique, on a observé
un Ichneumonide *(Paniscus parvulus)*, un Chalcidide *(Chalcis
brevicornis* Klug) ; un Euménide *(Rhymchium centrale)*, qui peut-
prédatrice, jouerait également un rôle utile. En Australie, il y
aurait sur *Earias*, un Chalcidide : *Bephratella sarcophaga*. Il est
nécessaire que des observations précises soient faites dans nos
colonies sur l'existence possible des parasites.

Lutte. — Il faut recueillir et détruire les organes portant les
divers stades du parasite. Il importe d'entreprendre l'échenillage, dès l'apparition des premiers parasites, dans les jeunes
cultures. Cette précaution est capitale car, ainsi que DUDGEON
l'a constaté, 10 % seulement des œufs de la première génération
donnent un adulte, tandis que 50 % des œufs des générations
suivantes aboutissent au papillon.

Le plus sûr moyen de diminuer le nombre des déprédateurs
consiste à les priver de nourriture durant la période de non culture : pour cela, il faut arracher et brûler les Cotonniers sitôt

près la récolte, nettoyer soigneusement les champs, détruire
toutes les Malvacées avoisinant les cotonneraies, etc. Et, pour
que ces pratiques aient un effet utile, elles doivent être générasées dans toute la zone de culture.

Enfin, GHESQUIÈRE préconise contre les *Earias* certains moyens
de lutte dont l'importance, au Congo belge ainsi que dans la
plupart de nos colonies est accrue par leur action contre la
chenille de *Chloridea armigera*. D'après cet entomologiste, l'emploi, comme plante piège, du Maïs est recommandable, si on
a soin de mener cette culture de façon que par des semis successifs, pendant toute la période de croissance des capsules,
on ait des épis en formation dont les soies ou barbes (styles filiformes) puissent recevoir la ponte des papillons. En effet, ces
derniers paraissent nettement préférer comme support de leurs
œufs cette Céréale aux divers organes du Coton. Il suffit ensuite
de faire récolter les œufs et les jeunes chenilles qui dévorent les
barbes des épis.

GHESQUIÈRE demande — et nous partageons nettement sa
manière de voir — qu'on généralise la pratique de l'écimage,
qui consiste à étêter les Cotonniers juste au-dessus de la dernière capsule, dont on attend raisonnablement la maturité.
L'écimage offre de nombreux avantages et, en le pratiquant,
on détruira ainsi de nombreuses chenilles des capsules. Cette
méthode culturale supprimera également de nombreuses colonies de Pucerons *(Aphis gossypii)* et les pontes et larves de
divers Hémiptères qui piquent les jeunes pousses et les jeunes
feuilles des Cotonniers et en provoquent la déformation.

EARIAS BIPLAGA WLK.

Synonymie : *Earias fusciciliana* Snell.
  Earias maculana Snell.
  Earias plaga Feld.

Description. — La tête et le thorax sont jaune verdâtre, palpes brun mêlé de blanc ; antennes brunes ; les tibias antérieurs, les tarses des trois paires de pattes sont brun chocolat, avec des taches blanches ; abdomen blanc teinté dorsalement de brunâtre (Pl. I en coul., fig. 3 et 4).

Les ailes antérieures sont jaune verdâtre, les lignes onduleuses signalées sur les ailes de *insulana* sont remplacées, en général, par des rangées de points plus ou moins distincts disposés en quinconce. De même que chez l'espèce précédente, les ailes peuvent présenter une tache sombre qui est, dans le cas de *biplaga*, limitée de part et d'autre par des lignes *anguleuses* qui correspondent, en somme, aux lignes brisées hypothétiques qui réuniraient les points sombres des ailes du type. Ce caractère des lignes ondulées, d'une part, des lignes anguleuses, d'autre part, permet de différencier les deux espèces d'*Earias*.

Distribution. — L'*Earias biplaga* paraît exister dans toutes les stations africaines du Cotonnier, en particulier dans la Sierra-Leone, le Nigeria, Calabar, la Guinée, le Congo belge, le Mozambique, le Cap, Madagascar (C. FRAPPA, *in litt.*), l'île Maurice, le Soudan français et le Haut-Sénégal. Cette espèce est moins abondante que *E. insulana*, avec laquelle elle a été de tout temps confondue (1) ; toutefois, elle cause des dommages notables aux cultures attaquées. Selon ALFIÉRI *(in litt.)*, la présence de *E. biplaga* n'aurait jamais été constatée en Egypte.

Plantes nourricières. — *Earias biplaga*, au Soudan, n'a été rencontrée par MIMEUR que sur les Cotonniers. D'ailleurs, les divers ouvrages consultés n'indiquent pas d'autres plantes nourricières de cet insecte qui, en 1922 et 1923, a causé de sérieux dommages aux cultures du Soudan français. A. D. PEACOCK a observé *E. biplaga* en Nigeria du sud et lui a constaté une biologie identique à celle de *insulana*.

EARIAS FABIA Stoll.

Description. — Envergure de 22 à 28 millimètres. L'aile antérieure est blanche, parfois teintée de rose clair, avec une bande

1. WILLCOCKS par exemple, en 1906, la met, d'après HAMPSON, en synonymie avec *E. insulana*.

verte, en forme de triangle étroit et allongé, ayant sa pointe à
la base de l'aile et s'évasant peu à peu vers le bord où elle occupe
le tiers de la largeur de l'aile. La tête et le thorax sont blancs
parfois teintés de rose clair ; l'aile inférieure est blanche (de JOAN-
NIS, in DUPORT 1913) (fig. 16).

Distribution. — Cette chenille épineuse est plus spécialement

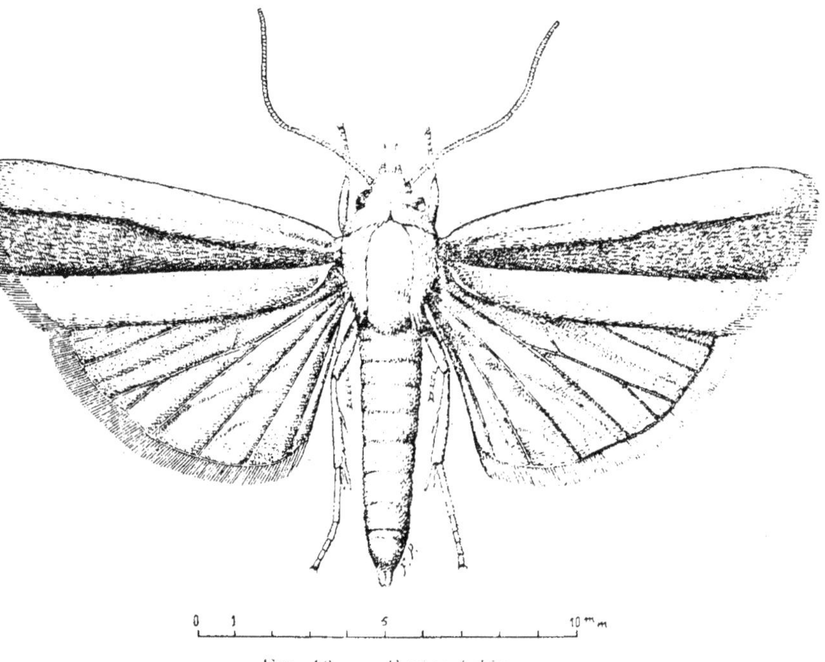

FIG. 16. — *Earias fabia*.

répandue en Extrême-Orient, de l'Inde aux îles Fidji. Nous la
trouvons en particulier en Indo-Chine où elle fut observée en
assez grande abondance à la Station de Ben-Cat (COMMUN *in litt.*)
ainsi que dans la région de Hanoï sur *Hibiscus esculentus* dont
les fruits ont été sérieusement attaqués (NGUÉN-CONG-TIÊN,
in litt. de JOANNIS).

EARIAS HUEGELI ROGENH.

Description. — *E. huegeli* ressemble d'une façon étonnante
à *E. fabia*. Toutefois avec un peu d'attention on distingue faci-

lement ces deux papillons. *E. huegeli* n'a que 16 millimètres d'envergure (au lieu de 22 ou plus). On retrouve bien sur son aile antérieure la bande verte médiane, mais elle n'a pas cette forme triangulaire caractéristique de *fabia*. La bande a son maximum de largeur vers son milieu, le côté postérieur faisant en ce point un angle aigu. Enfin le caractère le plus net est la présence, en

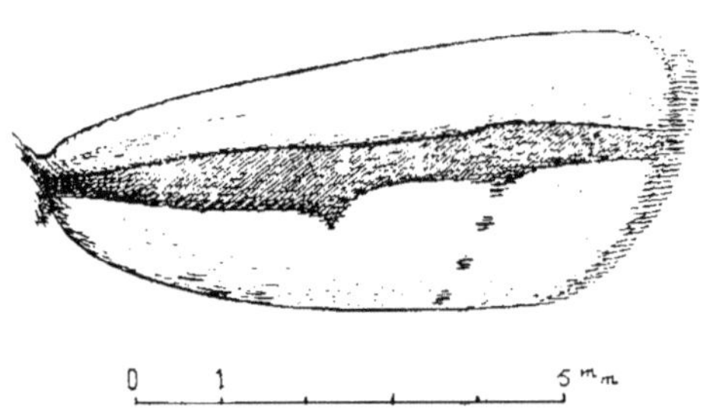

Fig. 17. — Aile de *Earias huegeli*.

arrière de la bande verte, au niveau du quart apical de l'aile, d'une série transversale de 2 à 3 taches vertes qui tranchent nettement sur le fond blanchâtre de cette région (fig. 17).

Distribution. — HAMPSON signale cet insecte de diverses parties de l'Australie, de Tahiti, des Fidji, et des Marquises. Je l'ai reçu de Nouvelle-Calédonie où il n'avait encore jamais été identifié et où il fut récolté sur Cotonnier par M. RISBEC. Il est fort vraisemblable que la chenille épineuse du Cotonnier aux Nouvelles Hébrides doit également se rapporter à cette espèce, dénommée dans les contrées où on la trouve « Australian greenstriped Bollworm ».

ARCTIIDAE

DIACRISIA PUNCTULATA WALL.

Description. Biologie. — Papillon à corps robuste, épais, ailes allongées et arrondies, envergure de 45 à 50 millimètres. Coloration générale blanc pur. Ailes antérieures traversées par des séries anguleuses de petits points noirs ; un point central et deux ou trois subterminaux aux ailes postérieures. Tête et thorax ponctués de noir, abdomen jaune d'or avec quatre séries de points noirs, base et sommet blancs. D'après M. DE JOANNIS, les papillons du Machoualand, comme ceux récoltés au Soudan français, ont sur leurs ailes un plus grand nombre de points que ceux auxquels correspond la description du type.

La chenille, jaune claire, est hérissée de longues soies et marquée, sur chaque anneau, d'une tache dorsale ocre ou brune, d'une tache noire et, sur le flanc, de trois ponctuations jaunes. Elle se nourrit des feuilles de ses hôtes.

La chrysalidation, se fait en terre ; en laboratoire, d'août à septembre (Ségou), elle s'accomplit en treize ou quinze jours.

Cet insecte, en A. O. F., est peu abondant et ne cause que des dommages jusqu'ici négligeables.

Distribution. — *D. punctulata* est connue du Nyassaland et du Machoualand. Il a été observé au Soudan nigérien. Plusieurs autres espèces de *Diacrisia* parasitent, aux Indes, le Cotonnier et diverses Malvacées. C'est le cas de l'espèce suivante. On connaît également *D. montana* sur le Jute.

DIACRISIA OBLIQUA WLK.

Description. — Envergure 42 à 66 millimètres. Couleur générale gris jaunâtre crème ; « l'abdomen rouge en dessus, avec des séries de taches noires. Les ailes antérieures ont en général quelques points noirs et une ligne oblique formée de courtes stries noires. Les ailes postérieures sont plus pâles avec une tache noire au milieu et une série de taches noires près du bord, parfois très réduites ou même absentes ». La chenille ressemble beaucoup à celle de *D. punctulata* : elle est poilue, a sa tête noire, les segments du corps orange avec des taches noires sur le thorax, et des tubercules dorsalement et latéralement sur l'abdomen dont les deux derniers segments sont noirs.

La chrysalide est formée sur le sol à l'intérieur d'un cocon de soies et poils. L'hivernation, selon MAXWELL-LEFROY, dure de novembre à février et il y aurait six générations annuelles.

Distribution. — Extrême-Orient : Indo-Chine, Inde, Birmanie, Chine, Japon, etc.

Plantes nourricières. — C'est une des espèces les plus polyphages quand elle est en grande abondance et elle s'attaque de préférence aux Graminées dont elle dévore les feuilles. Mais localement elle peut être sérieusement nuisible au Cotonnier, au Soja, au Jute, au Chanvre, aux Légumineuses potagères, etc.

AMSACTA LACTINEA Cr.

Description. — Envergure 56 à 66 millimètres. « Les ailes sont d'un beau blanc ; la tête, le thorax et les pattes sont marqués de lignes rouge écarlate, l'abdomen est jaune orangé avec une série de petites bandes noires transversales, l'extrémité postérieure et la base noires. Les ailes antérieures sont liserées de rouge en avant et portent un petit point noir au delà du milieu. Les ailes postérieures ont une tache médiane et 3 ou 4 taches marginales noires » (de JOANNIS in DUPORT. 1913).

La chenille a 38 millimètres de longueur. Elle est noire et présente des touffes de poils brunâtres. Selon DUPORT, elle se transforme en chrysalide comme chez *D. obliqua*, sur le sol à l'intérieur d'un cocon formé de soie et de poils. Elle hiverne sous ce dernier stade et, d'après MAXWELL-LEFROY, il y aurait 3 à 4 générations par an.

Distribution. — Cet insecte paraît avoir sensiblement la même distribution géographique que *Diacrisia obliqua* WLK. Il est connu d'Indo-Chine, Inde, Ceylan, Birmanie, Java, Chine, Japon, etc.

Plantes-hôtes. — En Indo-Chine, la chenille a été observée sur les feuilles de Riz, Sorgho, Patates, Arachides. Il y a lieu d'ajouter qu'aux Indes on trouve *Amsacta albistriga* Wlk. nuisible à diverses cultures dont le Cotonnier et le Maïs. On obtient d'excellents résultats contre cet insecte à l'aide de pièges lumineux et par le ramassage. KUNHIKANNAN signale qu'en 1927-1928, on a pu capturer par ces procédés, utilisés dans 200 villages, plus de 187.000 papillons et de 3 millions de chenilles.

CREATONOTUS GANGIS L.

Description. — Envergure de 38 à 40 millimètres. La tête est
ris rosé, le thorax porte des larges stries noires, l'abdomen est
ouge en dessus avec des séries dorsales et latérales de taches
oires, le dessous est tout noir. Les ailes supérieures sont gris
osé, avec deux petits points noirs à l'extrémité de la cellule et
ne longue bande noire interrompue un peu au-delà du milieu,
a partie terminale de cette bande est en forme de coin ; les ailes
ostérieures sont blanchâtres plus ou moins assombries par une
einte noirâtre ». (DE JOANNIS, in DUPORT, 1913).

Distribution. — *C. gangis* a été signalé de Java, des Indes, et
n ce qui concerne les colonies françaises, d'Indo-Chine.

Plantes nourricières. — Cet insecte ne paraît pas avoir une
rosse importance économique. La chenille se rencontre sur les
euilles du Cotonnier, du Caféier, de l'Arachide, du Sésame.

PYRALIDAE

SYLEPTA DEROGATA FAB.

Description. — PAPILLON : Couleur générale du fond, blanc
rème léger ; tête et thorax marqués de quelques points noirs ;
bdomen cerclé d'anneaux bruns. Une paire de taches noires
ur la bande dorsale du deuxième segment et une ou deux taches
e la même couleur vers l'extrémité abdominale. L'aile anté-
ieure est traversée par de nombreuses lignes brun noir et le bord
e l'aile est garni d'un fort liseré noir, la frange est grisâtre. L'aile
nférieure ressemble à l'aile antérieure ; suivant les régions, les
essins des ailes sont plus ou moins foncés.

ŒUF. — Ovale, jaune vert, long de 1 millimètre au maximum.

CHENILLE. — La chenille est typiquement blanc rose (1), sauf
es deux ou trois derniers segments qui sont verdâtres, la tête
st blanc jaunâtre, le triangle frontal bordé de brun clair et les

1. La majeure partie des chenilles observées, au Soudan, par J. MIMEUR, sont
ertes ; les roses sont relativement peu nombreuses.

calottes piquetées de la même couleur. Écusson thoracique noir, largement divisé par une ligne blanc sale ; les points verruqueux sont peu visibles et portent chacun un poil blanc verdâtre sale,

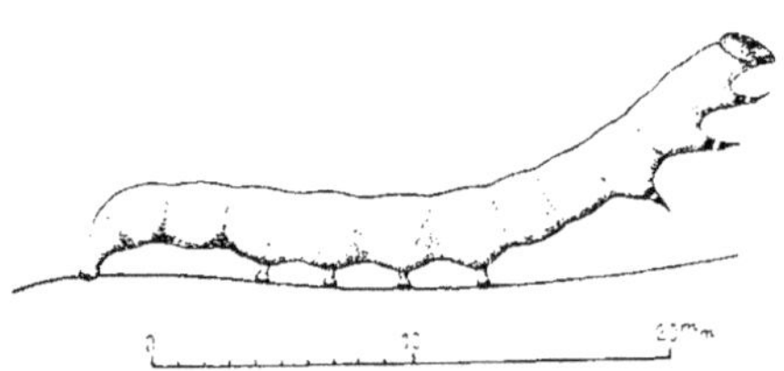

FIG. 18. — Chenille de *Sylepta derogata.*

un peu rosé par endroit. Les pattes thoraciques sont noires, annelées de blanchâtre (fig. 18).

CHRYSALIDE. - Chrysalide nue, brune, longue de 10 à 14 millimètres, portant, à son extrémité postérieure, huit épines droites, recourbées à leur extrémité.

Distribution. — La présence de cette Tordeuse des feuilles a été relevée en Nigéria, au Togo, au Nyassaland, dans l'ex-Est-Africain, à Zanzibar, à Ceylan, en Malaisie, à Java, aux Indes, en Birmanie, en Sibérie, en Chine, en Indochine (Tonkin), au Japon, dans la région australienne. MIMEUR l'a rencontrée dans toute la zone du Cotonnier en Afrique occidentale française. CHAMBON me l'a communiquée en 1927 du Dahomey (Savalou).

Plantes nourricières. — La chenille de *Sylepta derogata* vit sur de nombreuses plantes appartenant, surtout, à la famille des Malvacées. D'abord toutes les espèces du genre *Gossypium*, puis *Hibiscus esculentus, H. ficulneus, H. parviformis, Urena lobata, Malachra capilata, Althæa rosa, Abutilon avicenna*. On la rencontre encore sur une Tiliacée, *Corchorus sp.*, sur des Amarantacées : *Celosia cristata, Achyranthes aspera*.

Au Soudan et dans le Haut Sénégal, elle n'a été trouvée que sur *Hibiscus esculentus, Abelmoschus moschatus* et sur les Cotonniers indigènes et importés.

Biologie. — Les papillons recherchent l'ombre durant le jour, ils se tiennent blottis dans les frondaisons ou dans les herbes bordant les plantations. Les œufs, groupés en nombre variable, sont toujours déposés des deux côtés des feuilles, surtout à la face supérieure. Les jeunes chenilles, blanchâtres, mesurant 1 millimètre à 1 millimètre et demi à l'éclosion, vivent en société durant leur premier âge ; elles s'enroulent dans la feuille qui les porte et en dévorent les tissus sans attaquer les nervures ; après quelques jours de vie commune, chaque chenille, devenue verte et mesurant de 5 à 7 millimètres, se fixe sur une feuille particulière dans laquelle elle s'enroule à nouveau. Vers la cinquième mue, quelques-unes prennent une coloration rose, elles ont alors de 16 à 19 millimètres ; les plus grosses atteignent, en fin de croissance, de 22 à 24 millimètres.

Voici la durée du cycle de *S. derogata*, dans le cercle de Ségou (Haut-Sénégal-Niger), de juillet à octobre. Nous donnons comparativement les chiffres obtenus par MASON dans le Nyassaland, et MAXWELL-LEFROY aux Indes :

Stades	Ségou	Nyassaland	Indes
Œuf	5-10 jours	3- 6 jours	$2\frac{1}{2}$- 8 jours
Chenille	16-29 jours	17-29 jours	18-19 jours
Chrysalide........	8-10 jours	6-18 jours	7- 9 jours
	29-49 jours	26-53 jours	$27\frac{1}{2}$-31 jours

Quant à l'adulte, sa longévité est de six jours en Afrique occidentale. Le nombre de générations annuelles doit être cinq, chiffre observé par MAXWELL-LEFROY aux Indes.

Hivernation. — *Sylepta derogata* hiverne sous sa forme larvaire ; avec l'abaissement de la température, l'activité diminue et les chenilles, ayant atteint leur développement maximum, abandonnent la plante qui les porte pour rechercher, dans le sol, un lieu propre à la chrysalidation : celui-ci est généralement choisi dans les petites excavations où s'accumulent feuilles sèches et débris. La chenille pénètre faiblement en terre ; elle s'y entoure de feuilles, de particules terreuses, qu'elle réunit entre elles par une sécrétion soyeuse blanche.

La chaleur sèche, qui succède à la saison froide, ne favorise pas le retour de l'insecte à la vie active : quelques chrysalides seulement se forment et la majorité des papillons n'écloront que lorsque l'humidité de l'atmosphère est devenue suffisante.

Dégâts. — Une chenille peut détruire plusieurs feuilles. Lorsque l'invasion est importante, à l'enroulement des feuilles succède rapidement la défoliaison. En général, les espèces de Cotonniers indigènes réagissent, émettent de nouvelles feuilles et souffrent relativement peu. Les variétés importées sont au contraire très sensibles à cette Pyralide : elles se dessèchent et meurent. W.-A. LAMBORN a fait les mêmes observations en Nigéria et, comme MIMEUR (1) et R. DUBOIS (*in litt.*) au Soudan français, a constaté que les Upland américains sont très ravagés.

D'après MAXWELL-LEFROY, au cours des années normales, *Sylepta* n'est qu'une « minor Pest », qui peut, lorsqu'il devient abondant, nuire sévèrement aux jeunes plantes, surtout s'il s'attaque à des Cotonniers américains et égyptiens. A.-D. PEACOCK, dans le Nigéria, a constaté que la tordeuse est surtout fréquente dans les champs ombragés.

Lutte directe. — Dans certains cas, il faut envisager le changement de la date du semis. R. DUBOIS qui a observé une attaque de *Sylepta* en 1927, près de Kayes, à Kakoulou, sur une variété très précoce, l'Upland Hartsville n° 20, a constaté que les dégâts furent surtout sérieux en août dans un champ semé trop hâtivement (2 juillet), tandis qu'ils furent insignifiants sur un autre terrain semé à la fin juillet. Il estime que, dans la région considérée, les variétés de trois mois, comme celle qui est nommée, devraient être semées seulement dans la première quinzaine d'août afin d'éviter d'une part les ravages dus à *S. derogata* et d'autre part la perte des capsules provoquée par le vent et les pluies des tornades. L'échenillage est préconisé par W. A. LAMBORN : un homme, en un mois (novembre), aurait ramassé, sur 46 acres, 7.081 chenilles et 2.120 chrysalides de *Sylepta*. L'échenillage peut facilement être opéré en même temps que le ramassage des *Dysdercus*. On doit exercer des enfants à ce travail, mais il faut les empêcher de récolter les grappes de petits cocons blancs des Hyménoptères parasites (*Apanteles*

---

1. Les observations faites par J. MIMEUR en 1925, sont parfaitement précises à cet égard. A Niénébalé, une quarantaine d'hectares de cotonniers africains, originaires de Nigeria, Guinée, Soudan, etc., étaient indemnes de *Sylepta*, alors que des Upland, séparés des précédents par une bande de terre de 6 mètres, en étaient couverts.

yleptae), souvent fixées aux feuilles attaquées par *Sylepta*.

La chenille de *Sylepta*, abritée par la feuille dans laquelle elle se cantonne, est peu vulnérable ; les insecticides à action interne, et surtout ceux de contact, l'atteindraient difficilement. De plus, dans certaines de nos colonies (Afrique occidentale), la fréquence des pluies torrentielles entraînerait très vite le poison. Cette opinion est également émise par W. A. LAMBORN. Toutefois A. D. PEACOCK, qui a fait ses observations en Nigéria, préconise les pulvérisations insecticides.

Il est vraisemblable que les poudrages à l'arseniate de chaux, tels qu'on les pratique aux États-Unis pour lutter contre *Alabama argillacea*, donneraient de bons résultats. Pour des cultures importantes, l'emploi des avions, pour effectuer ces poudrages, après les résultats remarquables obtenus dans l'État de l'Ohio, est à recommander (1) (voir p. 258).

Après la récolte, nettoyer les champs de culture, brûler les feuilles sèches, débris, etc., labourer pour détruire les larves hivernantes. Détruire les plantes nourricières voisines des cultures ou les utiliser comme piège. On peut, en effet, dans le cas des Cotons annuels, faire en sorte que les plantes voisines des terrains de cultures, telles que les *Hibiscus*, servent de support aux pontes des premières générations. On les détruit ensuite quand le Coton commence à lever, avant la sortie des papillons.

Ennemis naturels. — Au Nyassaland, E. BALLAND a observé un Chalcidide ; en Nigéria, W. A. LAMBORN signale un Tachinide, un Ichneumonide *(Xanthopimpla punctata F.)*, et un Braconide ; à Ceylan, J. C. HUTSON a récolté un Hyménoptère indéterminé. Les observateurs précédents estiment qu'on ne peut pas compter sur ces insectes pour tenir *Sylepta* en échec. Par contre, aux Indes, MAXWELL-LEFROY rapporte qu'un Hyménoptère, ayant un hyperparasite (ni l'un ni l'autre n'ont été décrits), est un important facteur de destruction de *Sylepta*. Aux Philippines, trois Hyménoptères *(Chalcis obscurata* Wlk., *Elasmus philippinensis* Ashm. et un *Pleurotropis* sp.) sont signa-

1. L'aviation contre les insectes du Coton (P. V.). *L'Agronomie coloniale*, n° 81 (septembre 1924), p. 87.

lés par Woodworth comme vivant aux dépens de *S. derogata*.

Chambon a observé une larve de Tachinide qui dévore les chrysalides au Dahomey.

Dans le Soudan nigérien nous avons signalé des Hyménoptères qui enrayent fortement la pullulation de la Tordeuse ; ils furent soumis à Ch. Ferrière.

D'après cet éminent spécialiste des quatre insectes qu'il a étudiés, deux *(Bracon* sp. et *Apanteles syleptae* Ferr.*)* sont parasites de *Sylepta* et les deux autres *(Stictopisthus africanus* Ferr. et *Eupelmus soudanensis* Ferr.*)* seraient des hyperparasites.

En août, dans certaines plantations, la proportion de chenilles parasitées dépassait 60 % ; à la fin d'octobre, elle était tombée à 20 %. Cette diminution doit être attribuée aux nombreux échenillages qui furent pratiqués et qui, tous, furent suivis de l'écrasement des insectes.

On pourrait envisager, dans l'avenir, d'élever les chenilles dans des cages appropriées, à parois garnies de mousseline ou de toile métallique, permettant aux parasites seuls de s'échapper au fur et à mesure de leur éclosion. Mais il y aurait lieu tout d'abord de bien savoir distinguer nos auxiliaires des hyperparasites afin de ne pas appliquer un remède qui aurait des conséquences désastreuses par la multiplication favorisee de ces derniers. Une telle méthode de lutte ne peut donner de résultats intéressants, que si elle est mise entre les mains de spécialistes avertis. Il me paraît toutefois utile de reproduire ici l'étude faite par C. Ferrière des Hyménoptères du Soudan nigérien.

Bracon sp. Bien qu'on ait déjà décrit un certain nombre d'espèces du genre *Bracon,* de la région africaine, il ne nous a pas été possible de déterminer, avec exactitude, ces parasites de *Sylepta.* Comme nous n'avons pas pu nous procurer les descriptions de toutes les espèces connues, nous préférons nous contenter ici de ne donner qu'une courte description et un dessin de cette espèce, dont nous n'avons sous les yeux qu'une femelle sans antennes.

♀ (fig. 19) : Tête transversale, un peu plus étroite que le thorax ; front et face convexes ; antennes insérées au milieu de la face

ncomplètes) ; vertex lisse, stemmaticum bombé. Thorax ovale,
gèrement ponctué ; mesonotum avec sillons parapsidaux com-
lets, mais peu nets en arrière. Segment médian avec léger sillon
ngitudinal au milieu et deux sillons latéraux, mais sans carènes.
iles grandes, hyalines ; stigma étroit, émettant la nervure ra-
iale de son milieu. Pattes minces, allongées, les tarses posté
eurs aussi longs que les tibias, les antérieurs plus longs que les
bias. Abdomen court ,subelliptique, avec tous les segments plus

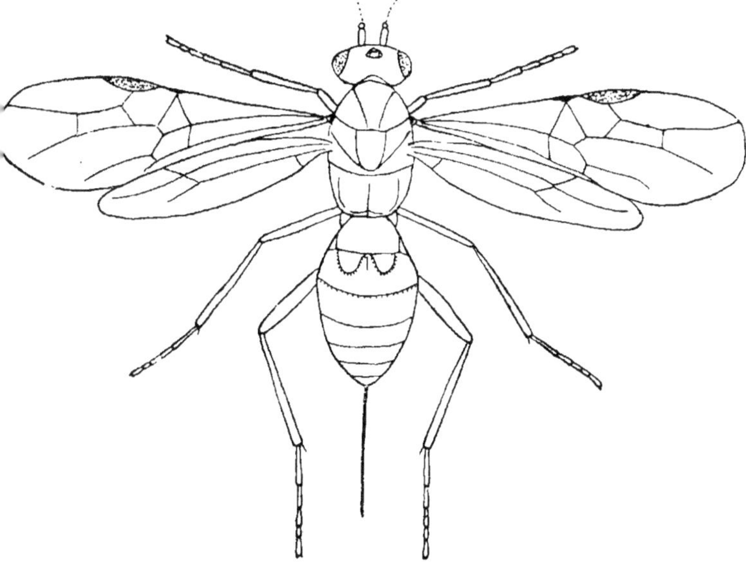

Fig. 19. — *Bracon* sp., parasite de *Sylepta derogata.*

rges que longs, ruguleux sur le dos. Deuxième suture nette,
énelée. Le deuxième segment porte sur sa moitié basale, de
iaque côté de son milieu, deux champs arrondis légèrement
nvexes, bordés chacun par un sillon crénelé. Tarière mince,
issi longue environ que l'abdomen.

Couleur entièrement jaune-brunâtre. Stigma des ailes jaune. Les
ules parties noires sont les scapes des antennes, le stemmati-
im, les valves de la tarière et l'extrémité des tarses postérieurs.

Longueur : 3 millimètres ; envergure : 6 millimètres.

Parasite de *Sylepta derogata* F., Pyralide, Koulikoro (Soudan).

Apanteles syleptae Ferr. (Braconide, Microgasterine).

♀ (fig. 20) : Tête petite, plus étroite que le thorax ; antennes longues, filiformes, un peu amincies à l'extrémité. Thorax large, ruguleux ; mesopleures avec ponctuation fine ; scutellum caréné sur les côtés et bordé de sillons larges et striés ; postscutellum avec une fossette arrondie au milieu ; segment médian réticulé.

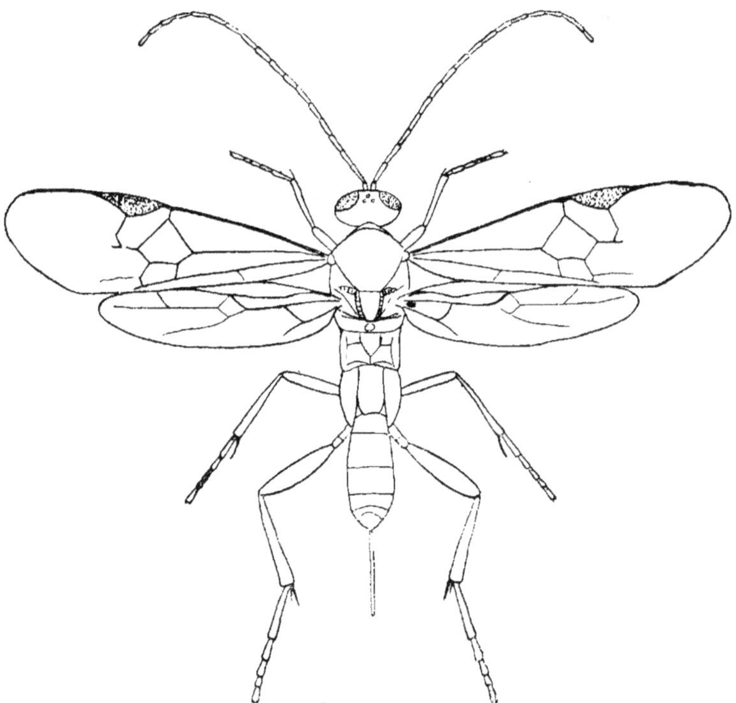

Fig. 20. — *Apanteles syleptae* Ferr., parasite de *Sylepta derogata.*

Ailes grandes, hyalines ; seconde moitié des nervures radiale et cubitale pas colorée ; nervulus postfurcal. Ailes postérieures avec une cellule cubitale fermée, presque carrée, mais peu visible, la nervure interne supérieure seule étant colorée, avec les nervures sous-costale, médiane et anale, et le nervellus.

Pattes postérieures beaucoup plus fortes et longues que les antérieures ; les hanches sont presque aussi longues que les deux premiers segments abdominaux ; les fémurs, épais, dépassent

'extrémité de l'abdomen ; les tibias sont élargis au bout, ainsi
 ue les articles des tarses, le métatarse étant aussi long que les
 rois articles suivants réunis.

Premier segment de l'abdomen allongé, strié, longitudinale-
 nent vers l'extrémité ; deuxième, court et transversal, beaucoup
 lus court que le troisième. Tous les segments, à partir du deu-
 ième, lisses et brillants. Tarière proéminente, un peu plus longue
 ue la moitié de l'abdomen.

Couleur noire ; palpes buccaux blancs ; pattes antérieures,
 xtrémité des fémurs, les tibias et tarses des pattes médianes,
 ibias postérieurs, sauf l'extrémité et la base des métatarses
 ostérieurs, jaunes ; éperons des tibias postérieurs et médians
 lairs ; nervures des ailes jaunâtres, stigma brun.

Longueur : 2 mm. 1/2-3 millimètres.

♂ Semblables à la ♀ ; pattes noires avec seulement la moitié
 les fémurs et les tibias et tarses des pattes antérieures jaunes ;
 es tibias et tarses médians brun foncé ou noirs ; pattes posté-
 ieures toutes noires, seuls les éperons des tibias blancs.

Cette espèce rentre dans la seconde section de MARSHALL,
 nais ne s'identifie à aucune espèce européenne, et peu d'espèces
 fricaines sont connues jusqu'ici. D'après le matériel rapporté
 lu Soudan, ces *Apanteles* sont les parasites les plus fréquents
 le *Sylepta* et sont ceux dont le parasitisme peut avoir le plus
 l'importance pour la destruction de cette Pyralide.

Stictopisthus africanus Ferr. (Ichneumonide, Meso-
 horine).

♀ (fig. 21) : Tête transversale, rétrécie derrière les yeux, de
 nème largeur que le thorax. Antennes filiformes, d'environ vingt
 rticles allongés, insérées au haut de la face, plus éloignées l'une
 le l'autre que du bord des yeux. Face convexe, lisse, légèrement
 onctuée. Mesonotum brillant, à ponctuation à peine marquée ;
 nésopleures lisses ; scutellum convexe et marginé ; sillon trans-
 erse entre le scutellum et le mesonotum assez profond ; segment
 nédian nettement aréolé.

Ailes antérieures avec stigma assez large, aréole sessile, large nervulus postfurcal, nervure parallèle insérée au-dessous du milieu de la cellule brachiale. Nervellus des ailes postérieures droit, non brisé. Pattes fortes, surtout les postérieures, dont les hanches sont aussi longues que la moitié du premier segment de l'abdomen ; fémurs et tibias épaissis. Métatarses allongés, presque aussi longs que les quatre autres articles des tarses réunis.

Abdomen étroit, comprimé latéralement au bout ; premier

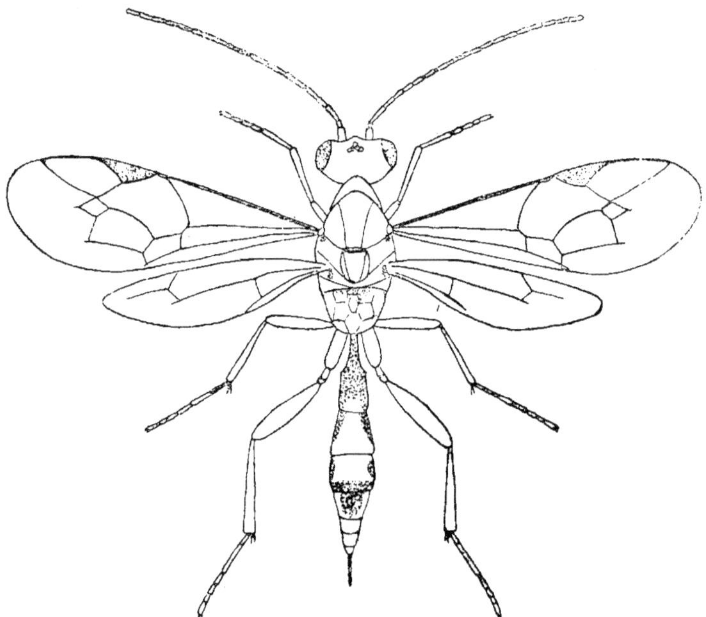

Fig. 21. — *Stictopisthus africanus*, probablement hyperparasite de *Sylepta derogata* et parasite de *Bracon* sp.

segment pétiolé et allongé, avec les stigmates situés au milieu et le post-pétiole simplement rebordé sur les côtés ; deuxième segment plus long que large, troisième transversal, les suivants plus étroits. Tous les segments lisses et brillants. Tarière un peu plus courte que la moitié du premier segment.

Coloration brun-rougeâtre. Antennes brunes, plus foncées à partir du troisième article du flagelle. Côtés du thorax et pattes de couleur plus claire, jaunâtres. Base et extrémité des tibias postérieurs et les tarses postérieurs bruns. Nervures des ailes brunes, le stigma clair avec un étroit bord brun. Parties noires : les yeux, le bout des mandibules, le stemmaticum, de petits points à la base des ailes antérieures et postérieures, la partie antérieure dorsale du segment médian, le premier segment abdominal, excepté une tache claire au bout, les côtés du deuxième segment, les côtés et l'extrémité du troisième segment, le milieu dorsal du quatrième segment et les valves de la tarière.

Longueur : 4 millimètres.

Hyperparasite de *Sylepta derogata* F., Koulikoro (Soudan).

Le genre *Stictopisthus* ne contenait primitivement que des espèces européennes. Une seule espèce exotique a été décrite par SZEPLIGETI, en 1914, le *St. australiensis* du Queensland (Australie). Notre espèce est donc la première de la région africaine.

Les Mesochorines, dont on connait la biologie, étant généralement des hyperparasites, le *St. africanus* est très probablement parasite du *Bracon* sp., avec lequel il a été obtenu.

Eupelmus souaanensis Ferr. (Chalcidide, Eupelmine).

♀ (fig. 22) : Corpe mince et allongé, aptère. Tête triangulaire vue de face ; joues longues. Antennes insérées au-dessous du milieu de la face, dans de profonds sillons qui se rejoignent et s'effacent un peu plus haut. Ocelles très petits placés au-dessus de ces sillons. Yeux un peu proéminents. Vue d'en haut, la tête est transversale, arrondie derrière les yeux. Occiput enfoncé, entouré d'un bord caréné. Antennes minces, scape allongé, le funicule de huit articles, le premier court, les suivants plus longs et s'élargissant légèrement jusqu'au dernier, massue nette de trois articles.

Prothorax allongé, divisé en une moitié antérieure conique et une moitié postérieure rectangulaire ; celle-ci est enfoncée au milieu et séparée de la partie antérieure par une carène surélevée surmontée de quelques cils. Mesonotum divisé en trois parties par des sillons parapsidaux bien marqués ; le lobe médian ponctué-rugueux, plat, enfoncé en arrière, avec les bords latéraux un peu relevés ; les lobes externes sont étroits et très enfoncés. Mesopleures grands et lisses avec une large bande striée longitudinalement en haut. Scutellum allongé, ponctué, mat ; les sillons des scapulae se rejoignent en avant.

Ailes antérieures tout à fait absentes. Ailes postérieures très courtes, arrondies, avec deux nervures longitudinales visibles ; elles s'étendent jusqu'à la base de l'abdomen et recouvrent entièrement le segment médian. Pattes minces, très allongées ; les pattes médianes avec les tibias élargis au bout, les éperons grands et les métatarses courts et gros, mais sans rangées de cils bien visibles.

Abdomen mince, allongé, aussi long que la tête et le thorax réunis, un peu comprimé sur les côtés. Tarière proéminente, un peu plus courte que les trois quarts de l'abdomen.

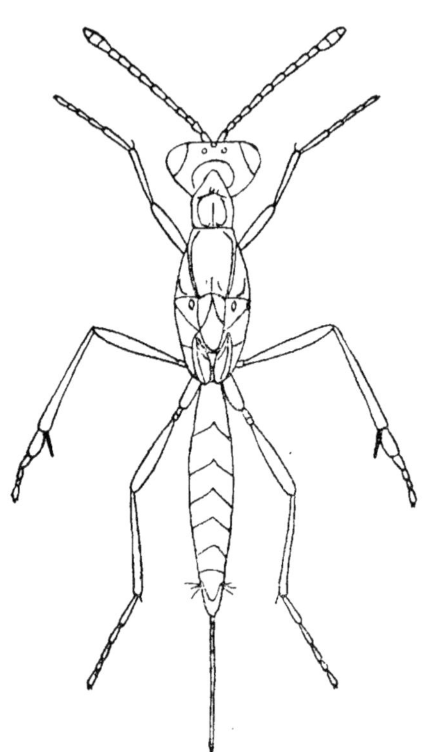

Fig. 22. — *Eupelmus soudanensis*, probablement hyperparasite de *Sylepta derogata* et parasite de *Apanteles syleptae.*

Couleur brillante, métallique, verte, mêlée de bleuâtre, de rouge et de violet. Tête avec le vertex bleuâtre, les orbites des yeux verts, la face violette. Pronotum rougeâtre, la partie dorsale enfoncée, verte. Lobe médian du mésonotum vert, lobes externes mêlés de rouge. Mésopleures verts en haut, rougeâtres en avant et violets en arrière. Scutellum vert mat. Premier segment de l'abdomen vert brillant, les suivants noir-violacé. Tarière brune, avec un pâle anneau blanc à la base et l'extrémité noire. Pattes antérieures vert-rougeâtres, tibias et tarses noirâtres ; pattes médianes et postérieures avec les hanches, les fémurs et les tibias vert-métallique ; les genoux, bouts des tibias et les tarses jaunes ; bouts des tarses noirs.

Longueur : 3 mm. 8 ; tarière : 1 millimètre.

Hyperparasite de *Sylepta derogata* F., Koulikoro (Soudan).

Les Eupelmides sont considérés généralement comme étant des hyperparasites. Cette espèce, obtenue avec *Apanteles syleptae* Fer., est probablement éclose d'un cocon de ce parasite.

GLYPHODES INDICA Saund.

Margaronia indica Saund.

Description. — PAPILLON (1) : De 18 à 25 millimètres d'envergure et 8 à 11 millimètres de long, extrêmement simple comme dessins ; les ailes sont d'un blanc satiné hyalin, avec une bordure brune, très régulière, de 1 à 2 millimètres de largeur au bord antérieur et, au bord extérieur des ailes antérieures, cette bordure se prolonge sur les ailes postérieures, mais en s'atténuant peu à peu et finissant en pointe à l'angle postérieur. Le corps est blanc, avec un anneau brun un peu avant l'extrémité, et le mâle porte une touffe terminale très développée et formée de longues écailles spatulées à l'extrémité (Pl. IV, fig. 6).

CHENILLE : Longue de 20 à 25 millimètres ; elle est vert clair et présente deux bandes dorsales blanches. Le premier anneau thoracique est marqué d'un point noir. Chaque anneau porte des poils unicolores.

Distribution. — *G. indica* se rencontre aux Indes, au Cambodge, au Tonkin, à Ceylan, à Java, dans toute la région australienne, à l'île Maurice, en Éthiopie, en Afrique tropicale : à la Côte d'Ivoire, au Soudan français et dans le Haut Sénégal.

Plantes nourricières. — Cette Pyrale se tient sur *Luffa aegyp-*

---

1. M. LEFROY donne, pour le papillon, une envergure de 24 à 28 millimètres et pour les chenilles, une longueur de 25 millimètres.

liaca, Momordica sinensis, Cucurbita pepo, et, en général, sur toutes les Cucurbitacées.

Au Soudan, elle a été trouvée sur les Aubergines, sur diverses Cucurbitacées, et deux individus seulement sur le Cotonnier.

L. Duport la donne comme un ennemi classique du Cotonnier pour la région asiatique.

Biologie. Evolution. — Les œufs sont déposés sur les feuilles en amas dans lesquels on peut en compter plus de cinquante.

La chenille transforme le limbe en charpie ; elle l'attaque le plus communément par sa face inférieure. La nymphose a lieu sur place. La reproduction s'effectue sans doute toute l'année. Dans le cercle de Ségou, pendant le mois de septembre, la vie larvaire dure environ seize jours ; la vie nymphale environ onze jours.

Les dégâts sont, jusqu'ici, insignifiants pour le Cotonnier dans les colonies françaises. Ils pourraient être évités, si le besoin s'en faisait sentir, par des pulvérisations arsenicales.

CORCYRA CEPHALONICA Staint.

Description. — Papillon : mâle, 16 millimètres ; femelle, 22 millimètres. Ailes supérieures gris uniforme, finement saupoudrées de noirâtre, les nervures marquées en noirâtre surtout près du bord ; ailes inférieures gris jaunâtre très clair ou blanchâtre, liserées de brun. Tête blanche, thorax et abdomen gris brunâtre.

On a décrit, sous le nom de *translinella*, une forme qui paraît n'être qu'une variété de *cephalonica* ; elle est plus foncée et les ailes supérieures sont traversées de deux lignes brunes diffuses bien visibles.

Œuf : Les œufs ont la couleur des perles ; ils sont variables en taille et ont généralement, à une extrémité, un petit mamelon bien apparent. Les œufs sont suffisamment gros pour être promptement vus sans le secours d'une loupe et ressemblent un peu a ceux de *Ephestia kuehniella* Zell. Les œufs que nous avons observés étaient ovoïdes, très peu allongés, et mesuraient 1 millimètre environ.

CHENILLE. — A son complet développement, elle ressemble à celle de *Plodia interpunctella*. Les lignes de segmentation sont quelque peu foncées. La couleur générale varie du blanc au gris bleuâtre léger, sale, avec de longues teintes verdâtres. L'apparence sale de la chenille est due aux matériaux noirs avec lesquels elle s'alimente et que l'on aperçoit par transparence ; cela est particulièrement visible dans les premiers âges. Les chenilles qui se sont nourries de riz sont plus près du blanc que celles qui se sont développées dans les préparations de cacao.

La tête, sans les mandibules, est tronquée antérieurement et subtronquée postérieurement. Sa couleur est plutôt d'un jaune foncé tirant sur le brun. La plaque thoracique est jaune pâle, bien tranchée à la suture et presque uniforme de couleur, tandis qu'elle est un peu plus foncée sur la marge extérieure. La plaque anale est très pâle, à peine plus foncée que les membranes intersegmentaires. Les trois paires de pattes sont plutôt longues et proéminentes. Observés à la loupe, les stigmates et les tubercules pilifères sont très petits mais distincts et la pubescence, quoique clairsemée et de fine texture, est plutôt longue, quelques poils sont presque aussi longs que la largeur du corps. La longueur approximative est d'environ 13 millimètres, la plus grande largeur, 1 millimètre et demi.

CHRYSALIDE. — Elle a l'apparence générale et ressemble à celle des autres papillons se nourrissant de céréales. Sa couleur générale est jaune pâle et son aspect est robuste. Dans les spécimens frais, les yeux apparaissent simplement comme des aires circulaires, mais à l'approche de la transformation ils deviennent noirs. Les étuis des antennes recouvrent légèrement la marge postérieure. Les meilleurs caractères apparaissent sur le dos : les parallèles médianes sont presque noires et assez bien marquées. Les stigmates sont petits mais distincts ; le segment anal porte à l'apex quatre apophyses dont l'antérieure a l'aspect d'une courte épine.

Naturellement il y a la même différence dans les proportions des chrysalides que dans les adultes : la longueur variant de 7 ½ à 9 millimètres. Sur le point de se transformer, la chenille prépare un cocon en réunissant entre elles, avec des fils de soie, de nombreuses matières alimentaires aux dépens desquelles elle se nourrit.

Distribution. — Cette Pyrale est très cosmopolite, elle se rencontre dans le sud de l'Allemagne, en Europe méridionale, en Islande, aux Indes, à Ceylan, au Soudan anglo-égyptien, au Nyassaland, à la Réunion, à San Thomé, au Bas-Sénégal, aux Etats-Unis, à Cuba, aux Antilles, aux îles Seychelles, au Brésil. Elle est très abondante au Soudan français, dans le Haut-Sénégal et la Mauritanie du Sud. Il y a lieu de la placer au premier rang des ravageurs des grains et denrées emmagasinés. Elle a été particulièrement bien étudiée, aux Etats-Unis, par CHITTENDEN, auquel nous empruntons de nombreux détails.

Matières alimentaires. — *C. cephalonica* s'attaque aux graines de Coton, de Mil, de Sorgho, aux Arachides, au Riz, au Blé, au Maïs, au Sésame, aux Fèves de Cacao, aux Raisins de Corinthe, au Chocolat, à la Farine, aux Biscuits, etc.

Biologie. Evolution, — L'accouplement a généralement lieu la nuit même de l'éclosion ; la ponte commence la nuit suivante. Une femelle dépose de 120 à 160 œufs (quantité maximum observée a été 164) en trois ou quatre jours ; chaque ponte comprend un nombre variable d'œufs groupés et fixés sur les graines ou contre les parois des locaux.

La chenille chrysalide dans un cocon feutré, soyeux, gris, très ténu, tissé sur un amas d'autres dépouilles nymphales, ou bien isolément, au milieu des graines, ou à l'intérieur d'une gousse.

Le temps, nécessaire au développement de *Corcyra*, varie suivant la température ; en certains pays la forme adulte disparaît durant l'hiver. Dans le district de Matam (Haut-Sénégal-Niger), en mars-avril,

la durée de l'incubation oscille entre........	4 et 6 jours
la durée du stade larvaire oscille entre.......	30 et 50 jours
la durée du stade nymphal oscille entre.....	8 et 10 jours
la longévité de l'adulte est de..............	4 à 6 jours
	46 à 72 jours

Aux Etats-Unis, Chittenden a observé, durant les mois d'été, des cycles, d'œuf à œuf, de vingt-huit à quarante-deux jours.

Au Sénégal et au Soudan, la saison froide ne semble pas arrêter l'évolution de *Corcyra cephalonica*, mais simplement augmenter la durée du cycle.

Sitôt écloses, les jeunes chenilles sécrètent des soies qui réunissent entre elles les graines à leur portée, puis les perforent, les creusent et elles se nourrissent de leur amande. Un nombre important de grains sains sont liés aux grains évidés par un solide réseau soyeux.

Ennemis naturels. — En Afrique occidentale, nous avons signalé l'action bienfaisante d'un Braconide qui joue un rôle important en entravant la pullulation de *C. cephalonica*. Cet Hyménoptère parasite est *Habrobracon hebetor* Say. Les femelles, fécondées peu après leur éclosion, pondent, quelques heures plus tard, sur les chenilles immobilisées de *Corcyra*. La durée de l'incubation est de vingt-quatre heures, quarante-huit parfois. Les jeunes larves, après avoir abandonné la dépouille de leur victime, nymphosent en un petit cocon soyeux, blanc, long de 3 à 4 millimètres. Ce stade s'accomplit en cinq ou sept jours. Dans la région de Matam, en avril, le cycle, d'œuf à œuf, demande, de treize à seize jours.

Comme complément à ces observations, M. Ch. Ferrière à qui nous avions soumis les échantillons reçus du Soudan, nous écrivit :

« Ce parasite, très répandu partout où se développent les
« Insectes des grains, peut être considéré actuellement comme
« cosmopolite. Il a, en effet, été obtenu, en compagnie des Py-
« ralides du genre *Ephestia*, en Amérique du Nord et du Sud,
« à Hawaï, en Europe, où il est plus connu sous le nom de *H.*
« *brevicornis* Wesm., en Afrique, et probablement dans d'autres
« pays encore. En Afrique, il a déjà été signalé par Roubaud, au
« Sénégal, comme parasite de *Corcyra cephalonica*, de *Plodia*
« *interpunctella* et de *Ephestia cautella*, nuisibles dans les entre-
« pôts d'Arachides.

« Cette espèce est très variable dans la coloration du corps,

« aussi ne peut-on se baser sur des différences de couleurs pour
« reconnaitre même des variétés plus ou moins fixes. Nous
« croyons cependant intéressant de donner une description de
« la coloration de ces individus d'Afrique, qui sont très sembla-
« bles entr'eux et diffèrent un peu de la couleur type de *hebetor*
« et de *brevicornis*.

« ♀ Tête jaune ; ligne longitudinale au milieu de la face ;
« yeux, stemmaticum et occiput noirs ; la démarcation entre
« l'occiput noir foncé et le vertex jaune est très nette, droite et
« passe derrière les ocelles et les yeux, laissant les orbites exter-
« nes jaunes. Antennes noires de quinze articles. Thorax noir ;
« moitié postérieure du lobe médian du mésonotum, les sillons
« parapsidaux et le scutellum, sauf un point à la base, jaunes.
« Abdomen noir ; premier segment, côtés du deuxième et ligne
« médiane des deuxième et troisième segments jaunâtres. Pattes
« jaunes ; base des cuisses et tache allongée sur les fémurs des
« pattes médianes et postérieures, ainsi que l'extrémité des
« tardes, noirs.

« ♂ Corps tout jaune ; stemmaticum, occiput, lobes externes
« du mesonotum, mesopleures, segment médian et moitié pos-
« térieure de l'abdomen légèrement rougeâtres. Antennes brunes,
« pattes jaune-rougeâtre. Chez les deux sexes, les ailes sont enfu-
« mées sur leur moitié basale. »

Lutte. — L. Duport conseille le pelletage, le ramassage des
graines comme on le pratique contre les Charançons ; cela éloigne
momentanément les parasites.

Chittenden recommande la désinfection et estime qu'une
exposition assez prolongée à 50°-55° C. tue *Corcyra*, mais il y a
lieu d'être prudent dans cette opération, certaines graines pouvant ne pas supporter cette élévation de température sans dommage. Lorsque les magasins ont été totalement vidés, les nettoyer soigneusement et les désinfecter, avant d'y abriter de
nouvelles denrées. Chez l'indigène, brûler les greniers en paille
tressée lorsqu'ils ont servi à loger une récolte.

Ne jamais faire succéder deux lots de grains dans les greniers
en pisé sans que ceux-ci aient été débarrassés, nettoyés et en-

.uits d'une nouvelle couche d'argile. Brûler les détritus et ba-
ayures résultant des nettoyages. Dans les locaux absolument
tanches, utiliser des désinfectants énergiques tels que l'acide
yanhydrique, le sulfure de carbone, la chloropicrine, qui a
avantage sur les deux autres produits d'être ni aussi toxique
ue le premier, ni inflammable et explosif comme le second.

TINEIDAE

PYRODERCES SIMPLEX Wlsm.

Description. — Papillon : Antennes blanchâtres, taches de
run terre en dessus. Palpes divergents, recourbés, grêles, de
ouleur jaune, le point apical légèrement plus grand que le se-
ond ; teinté de foncé sur le milieu et à l'avant de son extrémité.
Rostre long, couvert d'écailles brillantes et blanches. Thorax,
oloration plus pâle à sa partie postérieure, avec un brillant
nétallique iridescent sur le côté inférieur. Ailes antérieures,
vec, vers l'extérieur, une fine courbure transversale blanchâtre ;
n trait blanchâtre sur le premier quart de la base, précédé
ar quelques écailles sombres, qui tendent à former une pièce
asale ; quelques écailles blanc luisant, avec une iridescence
las se continuant à partir de son extrémité inférieure, le long
e la marge dorsale jusqu'à la base et s'étendant également en
ehors le long de la marge dorsale ; sur la marge dorsale, environ
. la moitié de la longueur de l'aile, est une mince tache exté-
ieure et oblique d'écailles ternes ; à son sommet est une tache
oir foncé précédée par quelques rares écailles, pâles, dispersées,
ue l'on peut trouver également le long de la base des cils, cils
e couleur fondu tirant sur le grisâtre auprès de l'angle anal.
Envergure : de 9 à 11 millimètres (fig. 23).

Ailes postérieures grises avec cils gris.

Abdomen cendré. Pattes pâles, avec des rayures foncées peu
visibles. Longueur : 4 à 6 millimètres.

Chenille. — La chenille a la tête brune et le corps crème
durant son premier âge ; parfois les matières de couleur foncée

dont elle s'alimente, visibles par transparence à travers sa peau
la font paraître brune ; il arrive souvent aussi qu'elle soit couverte par les spores d'un champignon noir fréquent dans les
capsules abîmées. Dans les âges suivants, chaque anneau de la
chenille porte, sur sa face dorsale, deux traits transversaux
distincts rouges ; ce caractère, très net, permet aisément de

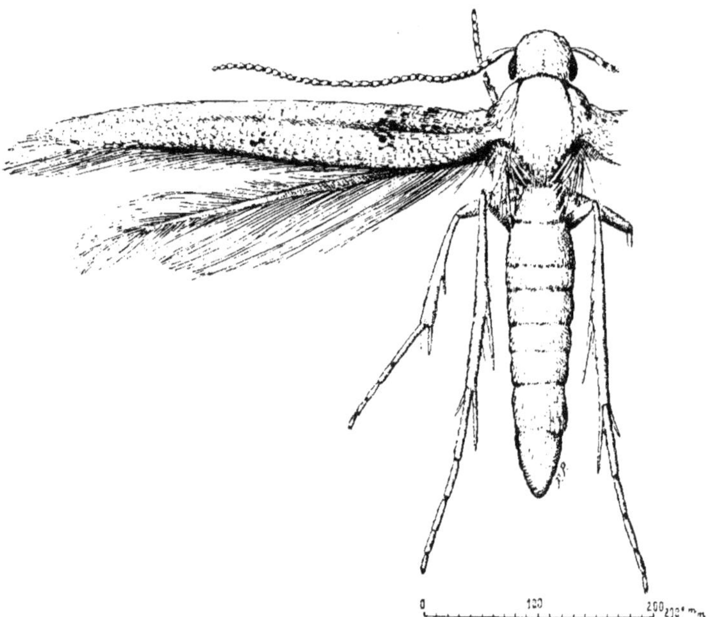

Fig. 23. — *Pyroderces simplex.*

distinguer cette chenille de celle de *Pectinophora gossypiella*
Saund. chez qui la teinte rouge est plus diffuse et qui est
encore *blanche* lorsqu'elle a la taille que la chenille de *Pyroderces simplex* atteint en fin de croissance, c'est-à-dire 7 à 8 millimètres de longueur. Cette similitude des chenilles des divers
Pyroderces avec celle de *P. gossypiella* a provoqué, à peu près
dans tous les pays où le « Ver rose » n'existe pas, des confusions
regrettables qui souvent ont alarmé inutilement les populations.

L'A. O. F. n'a pas échappé à cette erreur, que j'ai dû relever à diverses reprises. J'ai eu également à trancher la question pour le Tonkin, où la présence du « Ver rose » fut tout d'abord signalée inexactement (voir à ce sujet la note p. 306).

CHRYSALIDE. — La chrysalide, plus petite que celle de *P. gossypiella*, ne porte pas, comme cette dernière, des poils et un petit crochet à son extrémité : elle est logée dans un léger cocon soyeux blanc grisâtre.

ŒUF. — Très petit : 0,36 millimètres de long sur 0,22 millimètres de large, ovale, strié longitudinalement.

Distribution. — La présence de ce petit Microlépidoptère a été reconnue en Egypte, à Zanzibar, dans l'ex-Est Africain allemand, au Dar-el-Salam, à Maurice, à Madagascar, au Sénégal et dans le sud Mauritanien, au Congo belge, en Nigéria, en Gambie, aux Indes, au Tonkin (Voir *P. coriacella* et *Labdia promacha*).

Plantes nourricières. — Bien que sa principale nourriture soit les graines de Coton, la chenille vit souvent aux dépens du Maïs, du Sorgho, du petit Mil, du Ricin, de *Hibiscus esculentus* ; certains auteurs l'ont trouvée dans les gousses sèches de *Vigna catjang*, dans les fruits tombés de *Ficus glomerata*, dans les Pêches pourries, à l'intérieur des tiges de Bambous et de *Cajanus indicus*. Elle se trouverait même en compagnie de *Sitotroga cerealella* dans la farine de Blé.

Au Sénégal, MIMEUR a constaté sa fréquence dans les capsules du Cotonnier, de *Hibiscus esculentus*, de diverses Hibiscées indéterminées, dans les épis de Maïs et de petit Mil de la variété souna, qu'elle endommage sévèrement.

Biologie. Evolution. — Les œufs sont déposés sur les capsules encore vertes, parfois sur les fruits mûrs et épanouis, le plus communément sur ceux ayant été endommagés (par *Earias*) et dont la déhiscence fut prématurée. La chenille coupe les fibres, creuse les graines: cinq à six individus peuvent habiter ensemble la même capsule (Pl. VII, fig. 3). La chrysalide a lieu sur place.

L'hivernation, au Soudan, se fait normalement sous la forme larvaire ; toutefois des papillons éclos en décembre et janvier ont donné des descendants. En Egypte, l'hiver est passé sous

la forme larvaire et le papillon n'apparait qu'en avril (WILL-
COCKS).

Pyroderces simplex est généralement considéré comme un
mangeur de déchets, de débris végétaux, moyennement nuisible au Cotonnier ; cependant, H. MORSTATT l'accuse d'avoir
causé parfois, dans les anciennes colonies allemandes de l'Est-
Africain, autant de dégâts que *Pectinophora gossypiella*.

Dans nos colonies, la chenille de *Pyroderces* ne parait infli-
ger au Cotonnier que des dommages relativement modiques ;
elle semble à peu près se borner à terminer la destruction des
capsules entreprise par *Earias* ; par contre, dans certains can-
tons des cercles de Louga, de Tivaouane et de Thiès, elle s'est
montrée, en 1922-1923, comme un véritable ravageur des épis
du petit Mil de la variété souna.

Lutte. — Cueillir et brûler les capsules hébergeant des chenilles sitôt après la récolte ; incinérer les débris de Cotonnier.
de Mil, de Maïs, etc. Détruire les plantes nourricières de *Pyroderces*, à moins qu'un piégeage, à l'aide du Maïs intercalaire,
paraisse intéressant.

PYRODERCES CORIACELLA SNELL.

Description. — Teinte générale brun jaunâtre, tant pour le
corps que pour les ailes. Les palpes sont blanc grisâtre, annelés
de brun jaunâtre. Les ailes antérieures ont trois raies formées
par des points noirs plus ou moins nets ; elles sont environ 6 fois
plus longues que larges. Les ailes postérieures sont grises avec
la frange brune. Elles sont 7 à 8 fois aussi longues que larges
et, en leur milieu, la frange est 6 fois aussi large que l'aile en ce
point. La face inférieure des ailes est gris foncé et, aux ailes
antérieures, elle est bariolée de noir dans la moitié basale.
Envergure 11 mm.

Distribution géographique ; biologie. — Cet insecte fut décrit
en 1901 de Java par SNELLEN qui en donne une bonne figure en
couleurs sous le nom de *Batrachedra coriacella*. Il fut obtenu par
L. DUPORT, à Cho Ganh (Tonkin). de capsules du Cotonnier

auxquelles les chenilles étaient très nuisibles (in de JOANNIS, 1929). Il est fort possible que les observations qui attribuent à *P. simplex* un rôle économique au Tonkin où l'existence de cette espèce n'a jamais été contrôlée par un spécialiste se rapportent en grande partie à *coriacella*.

LABDIA PROMACHA MEYR.

Description. — Tête et palpes d'un ocre pâle et le dernier article de ces derniers avec une ligne brun foncé. Thorax et abdomen également brun foncé. Ailes antérieures brun foncé avec une ligne dorsale et une tache costale ocre pâle. Ailes postérieures gris clair. Pattes ocre pâle. Envergure 10 millimètres.

Distribution géographique. — Ce petit papillon très voisin du *G. Pyroderces* auquel il a appartenu a été décrit en 1897, d'Australie (Sydney). L. DUPORT l'a obtenu à Cho Ganh (Tonkin) de petites chenilles récoltées sur Cotonnier. On peut avec vraisemblance rapporter à cet insecte partiellement la remarque qui est faite ci-dessus pour *Pyroderces coriacella* et qui oblige d'accepter avec doute l'existence de *P. simplex* en Indochine.

ACROCERCOPS BIFASCIATA WLSM.

Description. — Gracilaride d'environ 8 à 9 millimètres envergure, long de 5 millimètres au plus quand les ailes sont pliées et, dans cette position, remarquable par son aspect extrêmement étroit, presque linéaire ; pattes annelées et grêles ; antennes très fines, plus longues que les ailes. Ailes très étroites, surtout les postérieures, et garnies de très longues franges soyeuses. Les antérieures blanches, traversées par cinq bandes brunes, dont les trois dernières obliques et en partie anastomosées. Ailes postérieures et abdomen brunâtres. Tête et thorax blancs.

Distribution. — Ce minuscule Lépidoptère est connu des

provinces du sud de la Nigéria, au Nyassaland et à Zanzibar, comme nuisible aux Cotonnier ; il est très répandu au Soudan français, particulièrement dans la zone à climat guinéen, où il vit sur tous les Cotonniers et sur plusieurs espèces du genre *Terminalia*. MORSTATT rapporte qu'une *Gracilariidae* indéterminée attaque les feuilles des Cotonniers dans l'ancienne colonie allemande de l'Est-Africain.

MEYRICK (Exotic Microlepidoptera, 1924), décrit *A. helicomitra* qui minerait les feuilles du Cotonnier au Brésil.

Enfin deux *Acrocercops* sont signalées, aux Indes, comme mineuses des feuilles du *Terminalia catappa* : *A. supplex* Meyr. et *A. terminaliae* Stt., mais on ne les a pas observés sur Cotonnier.

Biologie. — Les œufs sont déposés à la face inférieure des feuilles ; sitôt éclose, la jeune chenille pénètre dans les tissus, ronge le parenchyme, se creuse une galerie irrégulière revenant souvent sur elle-même, soulève l'épiderme supérieur du limbe, qui, lorsqu'il est habité par plusieurs chenilles, se gondole, prend un aspect cloqué. Le stade larvaire serait de vingt-cinq à trente-deux jours. La chrysalidation s'opère dans un petit cocon rougeâtre, rond et plat, de 3 millimètres de diamètre environ. En septembre, dans la région de Ségou, ce stade s'accomplit en huit ou neuf jours.

D'après les observations de M. D. MASON, au Nyassaland, la chrysalide est placée sur le côté extérieur de la feuille ou sur la tige, occasionnellement à la surface du sol ou à la base de la plante nourricière ; le stade nymphal dure de cinq à sept jours.

Dégâts. — Ce parasite ne nuit pas aux Cotonniers possédant déjà plusieurs feuilles, mais il peut entrainer, et même compromettre la venue des jeunes plantes quand il s'établit sur les feuilles cotylédonaires.

Lutte. — Abattre les *Terminalia* voisins des cotonneraies. Cueillir et brûler les feuilles de Cotonnier parasitées.

GELECHIIDAE

PECTINOPHORA GOSSYPIELLA Saund.
Gelechia (Platyedra) gossypiella.

Description. — ADULTE : Petit papillon de 15 à 20 millimètres d'envergure. Couleur générale brunâtre. Les palpes labiaux brun-rougeâtre bien développés et fortement dressés, l'article terminal a 2 larges anneaux noirs bien définis, un à la base et l'autre au quart apical. Antennes brunes, étroitement anne-lées de noir ; article basal avec de longues soies (le peigne) au nombre de 5 à 6, perpendiculaires à leur support. Tête et thorax brun-rougeâtre. Ailes antérieures brun foncé avec de nombreuses petites taches noires, groupées

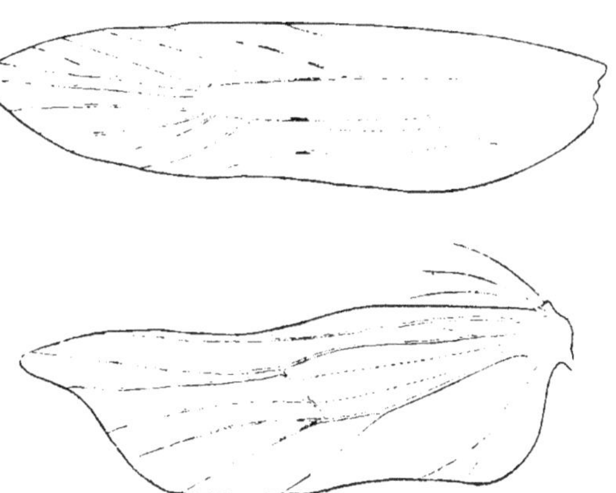

FIG. 24. — Ailes antérieure (en haut) et postérieure (en bas) de *Pectinophora gossypiella* (d'après Busck).

en certains points de la surface. Ces ailes sont ovales, allon-gées, pointues et lisses ; 12 nervures aboutissent à la périphérie. Ailes postérieures brun foncé, de forme trapézoïdale : bord anté-rieur presque rectiligne et se terminant en pointe ; bord posté-rieur ondulé (fig. 24). Ce caractère est très important.

ŒUF. — Ovale allongé d'environ 1 millimètre sur 0 mm. 5 de large. Surface finement ridée ; légèrement vert à la pointe, devient rougeâtre à l'éclosion.

CHENILLE. — A son complet développement, a de 11 à 13 milli-mètres de long ; elle est blanche avec la surface dorsale fortement teintée de rose, d'où son nom de « ver rose ». Tête brun rougeâtre avec des mandibules brun noirâtre dont le bord interne est divisé par 3 sillons en 4 dents. Les autres pièces buccales jaunâtres. Les pattes thoraciques sont également jaunâtres. Les 4 paires antérieures de pattes abdominales ont, sur leur sole, 15 à 17 crochets disposés en cercle incomplet (en fer à cheval) dont l'ouverture est à l'extérieur. (Pl. XI, fig. B)

CHRYSALIDE. — 8 à 10 millimètres de long ; brun rougeâtre ; extrémité postérieure pointue et terminée par un crochet court et robuste recourbé par le haut, accompagné d'une dizaine de soies robustes et recourbées. Surface entièrement recouverte d'une fine pubescence.

Les caractères morphologiques de *P. gossypiella* peuvent être résumés dans un tableau, en les mettant en parallèle avec ceux des deux papillons de la capsule qui sont très souvent l'objet d'une confusion avec cet insecte (Voir p. 307).

Distribution géographique. — *P. gossypiella* est actuellement presque cosmopolite. On l'a signalé avec certitude (1) :

En Asie : Indes anglaises, Ceylan, Burma, Etablissements du Détroit, Chine, Japon, îles Philippines, Palestine, Cilicie, Mésopotamie. En Océanie : Australie, Nouvelle-Calédonie, Nouvelles Hébrides, Samoa, Hawaï. En Amérique : Brésil, Mexique, Etats-Unis au Nouveau Mexique et au Texas, seulement sur une petite partie de leur territoire ; la Louisiane, précédemment envahie, en serait exempte actuellement ; Porto-Rico, Antilles anglaises. En Afrique : Egypte, Soudan égyptien, Tunisie, Somalia italienne, Nigeria, Angola, Sierra-Leone, Lagos, Congo belge (Tanganyka, Urundi et Ruanda), Zanzibar, Madagascar. En Europe : Grèce.

Ainsi donc le « ver rose » existe dans tous les pays grands producteurs de Coton, souvent heureusement sur des areas très réduites (Etats-Unis) ; dans certains cas, il a été facile de

1. Je reçois du Service de défense des cultures des graines de Cotonnier d'Algérie parasitées par une chenille présentant sans aucun doute tous les caractères de *P. gossypiella* (confirmé par l'obtention de l'adulte).

R. COMMUN m'adresse également du Cambodge des échantillons qu'il a, à juste raison, rapportés à cette même espèce. Enfin M. de JOANNIS me fait connaître qu'il a, dans sa collection, des *P. gossypiella*, récoltées à Cho Ganh (Tonkin) par L. DUPORT en 1924.

	Pyroderces simplex	*Pectinophora gossypiella*	*Diparopsis castanea*
Papillon			
Envergure	9 à 11 millimètres.	17 à 19 millimètres.	30 millimètres.
Longueur (ailes au repos)	6 millimètres.	8 à 9 millimètres.	15 à 18 millimètres.
Coloration générale	Gris jaunâtre.	Gris.	Brun rougeâtre avec une bande transversale plus claire sur les ailes antérieures.
Aile inférieure	Très étroite, effilée en pointe.	A bord postérieur ondulé (caractère de la famille des *Gelechiidae*).	Aile type de Noctuelle.
Chenille			
Taille maximum	7 à 8 millimètres.	10 à 12 millimètres,	25 à 30 millimètres.
Coloration	Blanc avec 2 traits transversaux rose-rougeâtre sur la face dorsale de chaque segment.	Blanc crème quand elle a la taille maximum de *P. simplex*. Puis rose généralement diffus.	Rougeâtre de la première à la troisième mue (taille maximum de *P. gossypiella*). Puis plus ou moins vert avec taches rouge lie-de-vin.
Pattes thoraciques	Jaune pâle.	Brun clair ou jaune pâle.	Brun foncé, presque noir.
Crochets des pattes abdominales	Disposés en cercle régulier.	Disposés en fer à cheval à ouverture vers l'extérieur.	Disposés en cercle
Orifice d'entrée dans la capsule	En général commun à d'autres espèces *(Earias)*.	S'est refermé ; est invisible en général.	Reste ouvert.
Orifice de sortie	Idem.	Petit : typiquement circulaire et régulier.	Gros ; non typiquement arrondi.

mettre en évidence la responsabilité de l'homme dans la contamination des régions qui avaient su se protéger jusqu'au jour où des graines infectées furent importées imprudemment. J'ai rappelé, il y a quelques années, que l'infection peut être encore plus inattendue : *P. gossypiella* aurait été apportée aux Antilles anglaises par un navire, le vapeur « Professor » en provenance du Brésil, arrivé à Montserrat le 6 juin 1920 et ayant touché également l'île de Saint-Kitts. On assure, que le « Professor » avait une cargaison de coton brésilien et environ 50 tonnes de graines de Cotonnier de même origine. Celles-ci contenaient des papillons qui auraient été facilement emportés par le vent dans les plantations voisines du rivage.

Plusieurs colonies françaises, actuellement envahies par le ver rose, le sont certainement depuis longtemps. Tous les renseignements que j'ai réunis concordent sur ce point. En ce qui concerne Madagascar, PERRIER de la BATHIE, dès 1907, signale dans la région de Marovoay dans un rapport paru en 1909, la présence sous le n° 1 d'un « ver rose » des capsules adultes, tinéide du groupe des Gelechéidés probablement nouvelle et non encore décrite. Les observations biologiques qui suivent cette détermination sommaire se rapportent sans aucun doute à *P. gossypiella*, qui effectivement n'avait pas encore été décrit. M. PERRIER de la BATHIE ajoute que cet insecte détruit souvent plus de 80 % des capsules des Cotonniers qu'il a attaqué (1). V. CAYLA me permet en 1924 de préciser la détermination du Ver rose et il établit que ce dernier est répandu dans toute la zone cotonnière de l'île et apporte une documentation intéressante sur l'origine de l'insecte à Madagascar. Il ressort des recherches de cet agronome que les dégâts dus à

---

1. Il me paraît utile de reproduire *in extenso* les observations de M. PERRIER DE LA BATHIE, qui ont été les premières en date publiées sur *Pectinophora gossypiella* :

« Lépidoptère n° 1. — Ver rose des capsules adultes. Tinéides du groupe des Gelechiidés probablement nouvelles et encore non décrites.

La chenille rose, nue, avec quelques poils longs espacés, peu visibles, ne dépasse pas 12 à 15 millimètres de long et est surtout commune dans les capsules adultes. Elle y pénètre toute petite et n'en sort que pour se métamorphoser en chrysalide. Cette chrysalide, non enveloppée dans un cocon, est simplement cachée avec art dans la soie des graines, dans les bractées ou les feuilles recroquevillées et sèches.

Le papillon qui en sort, petite phalène gris noirâtre, recherche les endroits sombres, s'accouple et pond quelques jours plus tard ses œufs innombrables qu'il place un par un près d'une jeune capsule ou d'une jeune fleur. Si la capsule à ce moment est assez développée pour servir d'abri et de nourriture à la jeune chenille pendant toutes ses métamorphoses, elle ne tardera pas à son tour à devenir un des générateurs d'une nouvelle lignée ; au contraire, si la fleur n'est qu'en bouton au moment de l'éclosion des œufs, ou encore si ces boutons mêmes manquent, les jeunes chenilles, ne trouvant pas d'abri protecteur, deviennent rapidement la proie d'une multitude d'ennemis. Ce fait explique comment, faute de capsules, cet insecte devient rare pendant les

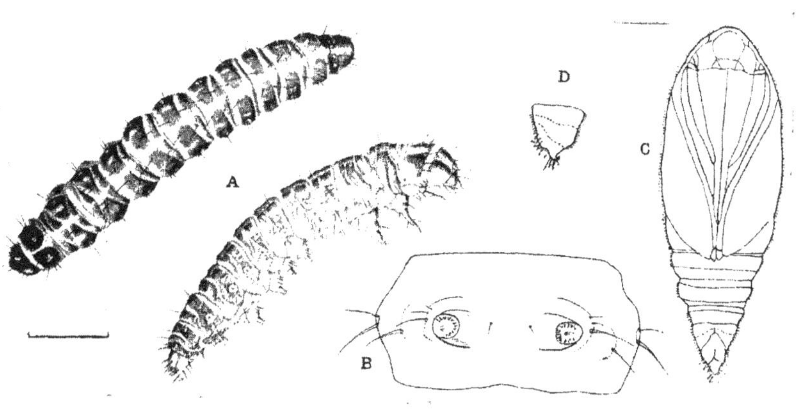

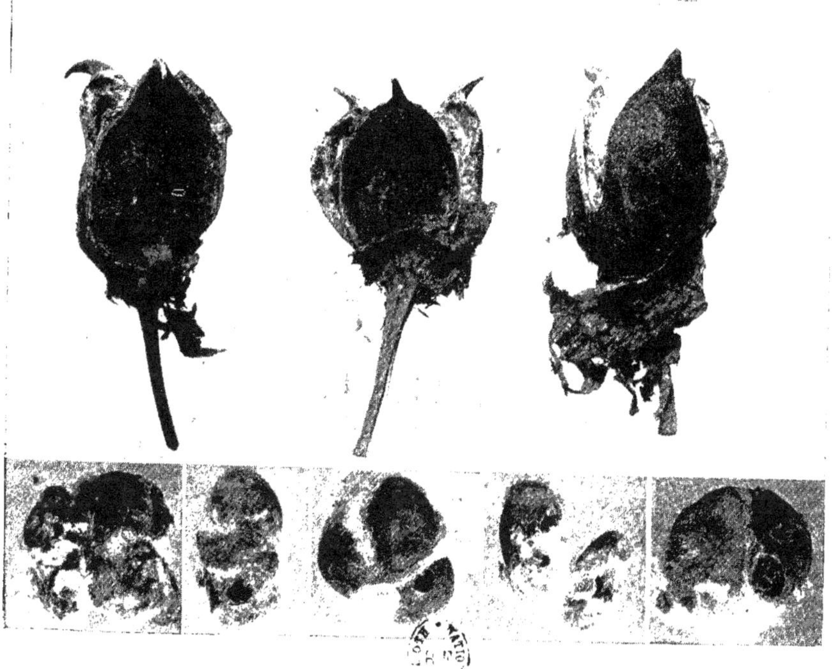

En haut : chenille et chrysalide de *Pectinophora gossypiella* ; A, chenilles vues par la face dorsale et par la face latérale ; B, face ventrale d'un anneau abdominal ; C, chrysalide (face ventrale) et, en D, son extrémité postérieure, vue de profil.

En bas : capsules attaquées par le Ver rose et graines accolées par cette même chenille.

P. gossypiella auraient été signalés dès 1904, comme provoqués déjà les années précédentes sur des cotonniers sauvages. L'auteur conclut que l'insecte existe à Madagascar depuis une époque plus reculée et aurait été introduit de l'Inde.

Quant aux Cotonniers de Nouvelle-Calédonie et sans doute également des Nouvelles Hébrides, on ne peut préciser à quelle époque le Ver rose les a envahis, tant il paraît actuellement être répandu sur tous les points où ces plantes se rencontrent.

Aussi, faut-il prendre en considération sérieuse les observations présentées au Congrès d'Ithaca (1928) par HOLDAWAY sur l'origine de *P. gossypiella*. Cet entomologiste constate que les auteurs ne sont pas d'accord sur ce point essentiel. Pour VOSSELER, le Ver rose est natif de l'Est africain ; BUSCK serait également de cet avis. N'y a-t-il pas en effet, en Afrique, *Pectinophora malvella*, qui était en 1917 la seule espèce connue du genre en dehors de celle qui nous occupe (1) ? WILLCOCKS, FLETCHER, BALLOU, MARLATT, etc. font des Indes ou du sud est de l'Asie la patrie de *gossypiella* et j'ai eu moi-même cette manière de voir en 1921.

HOLDAWAY, constatant dans les régions occidentales et septentrionales de l'Australie la présence de 4 espèces de *Pectinophora*, dont *P. gossypiella* et *P. scutigera* Hold. (Queensland

pluies et qu'il passe difficilement cette saison. La durée de ces métamorphoses est de trois mois, mais l'on trouve toujours sur les cotonniers attaqués des chenilles de différentes tailles. Ce lépidoptère est très commun. Il est signalé de Diego, de Nosy-Bé, d'Analalava, de Maevatanana. Il détruit souvent plus de 80 % des capsules des cotonniers qu'il attaque. En outre, sa chrysalide, restant dans le coton, tache souvent ce dernier à l'égrenage.

Il est relativement facile de préserver les cotonniers de cette chenille ; en effet, cette espèce spéciale au cotonnier, et surtout à la variété subspontanée du *G. herbaceum*, ne peut se perpétuer d'une année à l'autre que lorsque des pieds de coton lui offrent pendant la saison des pluies la nourriture nécessaire au moins à quelques-unes de ses chenilles. Il suffirait donc de détruire soigneusement autour du champ de coton futur, avant la saison des pluies qui précéderait la plantation, tous les pieds de cotonniers sauvages ou échappés des cultures ou restant des anciennes plantations. Ce lépidoptère avait fait de grands ravages à la Station en 1907, tous les cotonniers y compris quelques pieds de la variété subspontanée ayant été brûlés fin 1907, l'espèce n'a pas reparu en 1908. Il y avait pourtant quelques pieds infestés de la variété subspontanée à moins de 2 kilomètres des champs d'expérience ».

1. En 1927, HANCOCK signale *P. erebodoxa* dont la chenille vit sur *Hibiscus diversifolius* à Uganda.

pink Boilworm), en conclut que ces insectes sont également indigènes sur ce continent. Il pense que toutes ces opinions ne s'opposent pas si on les considère à la lumière de la théorie de WEGENER sur l'origine des continents ; le g. *Pectinophora* peut être alors originaire simultanément de l'Afrique, de l'Asie et de l'Australie.

Personnellement je suis très tenté d'adopter ce point de vue qui donne l'explication de la large distribution de *P. gossypiella*. Il est fort vraisemblable, en effet, d'après la documentation que j'ai recueillie, que cet insecte est indigène, si nous considérons seulement les colonies françaises, à Madagascar d'une part, à la Nouvelle-Calédonie et aux Nouvelles Hébrides d'autre part. Il y aurait intérêt, semble-t-il, à faire une prospection de la faune des Malvacées sauvages de toutes les iles ayant appartenu au continent de Gondwana (Voir note p. 306).

Plantes nourricières. — D'après ses observations à Hawaï, BUSCK considère que la chenille de *P. gossypiella* reste absolument cantonnée sur le g. *Gossypium* et ne fait aucun choix entre les diverses espèces cultivées. GOUGH, au contraire, aurait constaté la présence du Ver rose sur plusieurs Malvacées appartenant non seulement au g. *Gossypium*, mais également sur des *Hibiscus* et des *Althoea*.

HUSAIN, dans le Punjab, confirme son existence sur les plantes appartenant à ce dernier genre. KING l'aurait obtenu de diverses espèces du g. *Abutilon*. Nous pouvons donc admettre que *P. gossypiella* vit aux dépens de diverses Malvacées cultivées ou sauvages.

Biologie. — Les œufs sont pondus isolément ou par petits groupes, de préférence vers le sommet de la capsule dans la ligne de déhiscence (BUSCK) (fig. 25 A) ou entre la paroi de la capsule et le calice (OHLENDORF) (1). On en rencontre encore sur les bractées, dans les fleurs et même sur d'autres organes. On compte le plus souvent de 1 à 4 œufs, mais il n'est pas rare d'en trouver sur un même fruit jusqu'à 20,

1. La plupart des détails biologiques ont été empruntés à BUSCK et à OHLENDORF.

probablement déposés par plusieurs femelles. Toutefois celles-ci doivent chacune pondre une centaine d'œufs, ainsi que la dissection a permis de s'en rendre compte. L'incubation dure de 4 à 12 jours. La chenille qui est blanchâtre pénètre immédiatement dans la capsule en général près du point où l'œuf a été déposé et elle se nourrit des parois tendres et des tissus qui séparent les deux parties de la capsule. Dans d'autres cas, elle forme un trou, très petit mais bien distinct,

dans la cuticule de la capsule, et elle peut cheminer sur une certaine longueur dans la paroi interne du carpelle. De toutes façons l'insecte est facilement visible à ce stade, si on ouvre la capsule ; d'ailleurs l'enveloppe vide de l'œuf et un petit amas d'excréments près du trou d'entrée précisent bien l'infection. Les capsules infectées sont souvent très reconnaissables par leur décoloration, suivie d'une teinte rougeâtre ou noire, mais ces variations

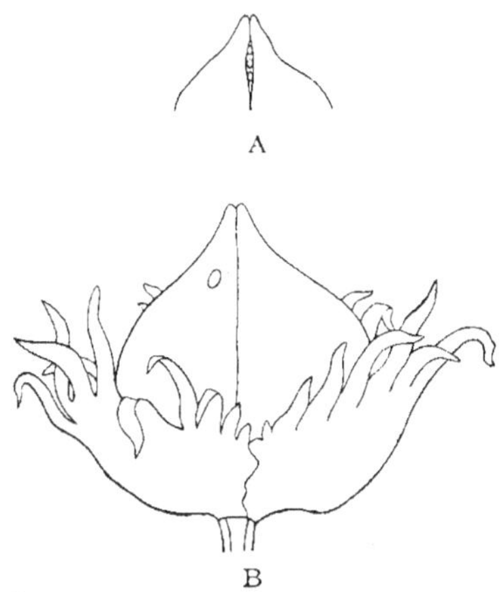

Fig. 25. — En A, trois œufs de *Pectinophora gossypiella* pondus dans la ligne de déhiscence de la capsule ; en B, orifice de sortie du papillon (d'après Busck).

peuvent avoir d'autres causes et ne suffisent pas à caractériser le parasitisme. Il y a une grande diversité dans l'attaque, du fait de la situation de l'œuf, des conditions de la capsule et de la direction suivie par la chenille. Le plus souvent, celle-ci pénètre près du sommet, et perfore les parois afin d'arriver aux graines les plus basses. Elle les mange partiellement une à une en s'élevant progressivement vers le sommet. Quelquefois le mouvement est inverse, mais en général un individu se cantonne dans une seule loge de la capsule. Dans certains cas, la chenille endommage plusieurs loges, la capsule toute entière ou même peut émigrer d'un fruit à l'autre et pénètre alors dans ce dernier par un large trou, mais toujours la chenille se nourrit uniquement dans l'intérieur des capsules. Parfois on trouve de jeunes larves dans l'ovaire de la fleur, dévorant les ovules tendres et empêchant la formation de la bourre, mais elles atteignent rarement leur complet développement dans la fleur, elles émigrent dans une capsule qui leur sert de tardif abri.

Aux trois premiers stades larvaires, les jeunes chenilles sont presque d'un blanc pur et ce n'est qu'au 4e et dernier stade qu'elles acquièrent la couleur rose qui leur a fait donner leur nom populaire.

En été, l'évolution de la chenille, de l'éclosion au filage du cocon, dure de 20 à 30 jours. Mais cette période peut se prolonger pendant les froids ou les excès de sécheresse. Pour WILL-COCKS, le développement larvaire pourrait s'effectuer dans un espace de temps de 9 à 19 jours.

Dans les conditions normales, la chenille tisse son cocon et chrysalide dans une capsule, à l'intérieur de la dernière graine attaquée. Mais avant de terminer son cocon, la chenille découpe dans la paroi ligneuse de la capsule un trou rond qui servira à l'adulte pour s'échapper (fig. 25 B). Le cocon est constitué par une seule épaisseur de soie marron sale assez bien tramée. La durée d'évolution de la chrysalide varie de 10 à 20 jours.

Pour BUSCK, il est exceptionnel que la chenille tombe sur le sol et s'enterre pour se transformer. D'après GOUGH au contraire, les chenilles quittent invariablement les capsules et vont se chrysalider sur le sol, sous les déchets ou sous les feuilles mortes. Enfin OHLENDORF au Mexique constate qu'en été 80 % des chenilles quittent les capsules et se chrysalident à l'intérieur du sol. La majorité d'entre elles se rencontrent dans les cinq premiers centimètres de terre et la plupart immédiatement en dessous des plantes plutôt qu'entre les rangées. Il n'est alors pas rare de trouver 83 chenilles ou chrysalides vivantes dans moins d'1 mètre carré. Mais il y a une mortalité qui peut atteindre jusqu'à 19,7 % dans ces chenilles devant se transformer en été sous terre. Quoi qu'il en soit, dans ce milieu, avant de se chrysalider, l'insecte tisse toujours un cocon allongé et brillant.

Ajoutons en outre qu'un certain nombre de chenilles hivernent également dans le sol des plantations et qu'Ohlendorf en a trouvé jusqu'à 20 vivantes par mètre carré. Elles proviennent des capsules restées à la surface ou sur les arbres.

L'adulte est crépusculaire ou nocturne. Il est rarement aperçu au cours de la journée ; il se cache sous les pierres ou dans les broussailles à la surface du sol. Bien que ses ailes soient bien développées, il vole peu, se portant à la capsule la plus proche pour l'accouplement et la ponte ; il meurt peu de temps après. Dans les conditions les plus favorables, les papillons peuvent vivre environ 32 jours, mais la moyenne ne dépasse pas 14 à 20 jours et la ponte commence 3 ou 4 jours après l'apparition des femelles.

Le cycle complet, au milieu de l'été, s'accomplit souvent en 35 jours et il se prolonge couramment 40 ou 50 jours et peut, lors des jours les plus froids, ne s'effectuer qu'en 3 ou 4 mois. On compte 4, 5 et même 6 générations par an. Sauf au milieu de l'hiver, où l'on rencontre uniquement des chenilles dans les graines, tous les stades d'évolution (œufs, chenilles, chrysalides et papillons) sont observés dans les champs.

Pectinophora gossypiella présente quelques caractéristiques biologiques qu'il importe de ne pas ignorer quand on a à se défendre contre elle. Tout d'abord, tandis qu'en été, la plupart des chenilles, arrivées au terme de leur évolution, se chrysalident, un certain nombre d'individus entrent dans une période de repos, de diapause (resting larvae) qui peut durer six, dix-huit mois et même deux ans et demi. Les chenilles qui présentent ce caractère ont acquis en général leur complet développement en automne ou en hiver. La mortalité dans les champs, au cours de ces mauvaises saisons, est grande parmi les chenilles à long cycle, surtout dans les zones qui sont inondées. Quoi qu'il en soit, on comprend facilement que les survivantes sont les agents les plus importants de la propagation du fléau d'une année aux suivantes ou d'une région à une autre, d'autant plus que la présence de chenilles dans une capsule attaquée en vert n'est décelable qu'en ouvrant cette dernière. En effet l'orifice d'entrée est le plus souvent très petit, comme nous l'avons vu dans les pages précédentes, et n'est pas agrandi ultérieurement comme celui fait par les *Earias*. On ne peut donc envisager la destruction du Ver rose par la récolte des capsules vertes attaquées. Les chenilles se trouvent logées à l'intérieur des graines qu'elles ont creusées et accolées par deux ou trois à l'aide d'un réseau très serré de soie. On a ainsi les « graines doubles », si difficiles à séparer même avec les égreneuses (gins). Selon PAGLIANO *(in litt.)*, en Tunisie, la chenille entre en repos avant l'hiver tantôt dans des graines accolées, tantôt (le plus souvent) dans une seule graine ; l'orifice d'entrée, fermé par un bouchon soyeux, est difficile à découvrir et par cela même les graines parasitées sont presque indéterminables. WILLCOCKS a constaté que ces chenilles à long cycle se rencontrent presque exclusivement dans les graines ou dans les capsules abandonnées dans les champs : elles ne se nourrissent pas et diminuent de poids d'une façon continue de février à juillet. Le maximum des adultes provenant des chenilles présentant la diapause se produit en général en juin-juillet, tandis que celui des adultes issus des chenilles à évolution normale (court cycle) est en automne.

Il est important de savoir quelle est la réaction des papillons de cette espèce vis-à-vis de la lumière artificielle. Pour WILLCOCKS et GOUGH, ces insectes sont attirés par les sources lumineuses pendant la nuit. D'après BALLOU, les prises à l'aide des pièges lumineux seraient considérables (plus de 6.000 en une nuit par un seul piège). Par contre, BUSCK affirme, après VOSSELER et STUHLMANN, qu'il n'y a aucune attraction par la lumière sur *P. gossypiella* et estime qu'il y a eu confusion, dans les déterminations de capture par les pièges, entre cet insecte et des espèces voisines ? Il cite diverses observations parmi lesquelles on doit retenir la suivante : de puissantes lampes à acétylène placées sur une porte et aux fenêtres d'un cottage et surmontant de 20 pieds environ le champ infesté, ont attiré un seul individu pendant plusieurs soirs et matins malgré les efforts tentés pour déloger les papillons en agitant les Cotonniers. Il y a lieu, devant ces observations contradictoires, de reprendre méthodiquement des essais sur l'action de la lumière en faisant varier les conditions des expériences et en particulier en faisant varier l'intensité des sources lumineuses.

Dégâts. — Le Ver rose cause un préjudice considérable aux récoltes des régions où il existe. Il a pu être mis sur le même plan, par l'importance de ses dégâts que le *Phylloxera* et *Euproctis chrysorrhoea* (Gipsy Moth).

En général la chenille, aussitôt après son éclosion, perce une capsule et s'y introduit. A l'intérieur de celle-ci, elle se nourrit d'abord des fibres juteuses non encore mûres, puis elle se fraye assez rapidement un chemin jusqu'aux graines dont le contenu lui sert de nourriture, endommageant deux de ces graines ou davantage (jusqu'à six) pendant son stade larvaire. Elle provoque ainsi l'arrêt de la croissance et l'ouverture im-parfaite ou prématurée de la capsule. Non seulement les graines et les fibres endommagées sont perdues, mais les autres parties non infestées sont retardées dans leur développement et per-dent de leur valeur.

Quand deux, trois chenilles ou plus attaquent une même capsule, les graines et les fibres deviennent complètement inutilisables. Au début du printemps, l'attaque commence sur les boutons précoces par les jeunes chenilles de la première génération issues des insectes qui ont hiverné dans les champs ou dans leur voisinage sous forme de chenilles et dont en général bien peu ont résisté aux intempéries, aux inondations ou aux façons culturales.

Puis le nombre des *Pectinophora* augmente avec régularité jusqu'au point culminant de la saison cotonnière : il n'est pas rare alors de trouver trois, quatre chenilles ou plus par capsule sans compter les autres stades d'évolution et toutes les dernières capsules sont ensuite pratiquement sans valeur.

En Egypte, l'ensemble des dommages causés par cet insecte fut évalué par divers auteurs (WILLCOCKS, GOUGH, BALLOU) de 11 à 16 % pour la première récolte et de 17 à 20 % pour la deuxième. WILLIAMS, en 1927, tout en constatant que l'infesta-tion ne s'est pas accrue au cours des dix dernières années estime

les dégâts de 10 à 30 % de la récolte totale et considère que les
pertes atteignent ainsi plus de 10 millions de L. E.

Au Mexique, selon OHLENDORF, le développement du Ver rose
est à son point maximum et la réduction de récolte s'élève à
20 ou 25 %. Les chiffres de PERRIER DE LA BATHIE pour Madagascar (voir p. 308) doivent correspondre à une diminution
totale de récolte sensiblement équivalente à celles constatées en
Egypte ou au Mexique.

Les pertes portent sur divers facteurs de la production et se
traduisent par :

1) Réduction, dans l'ensemble, du poids des graines saines
dans les capsules attaquées, ce qui entraîne une diminution
dans la germination de ces mêmes graines :

2) Réduction graduelle des graines saines dans une capsule
attaquée à mesure que l'infection du champ augmente et d'autant plus importante que la capsule a été attaquée à un stade
plus jeune ;

3) Variations, dues aux attaques de *Pectinophora*, dans la totalité des fibres produites. On a ainsi pu établir qu'étant donnée
une graine, il peut se produire les trois cas suivants ; si la graine
est attaquée à un stade très jeune, elle est complètement détruite ; si l'attaque se fait un peu plus tard, une partie de la
graine existe à maturité, mais aucune fibre n'est produite ;
enfin, si l'attaque est opérée à maturité complète, le poids de
la graine diminue et, par suite, il y a une augmentation dans
le pourcentage de fibres.

Les dommages causés à la récolte entraînent des diminutions sensibles dans la fabrication de produits secondaires tels
que l'huile de coton. En Angleterre, l'attention a été attirée
sur l'existence du Pink Boll Worm dans les stocks de graines
venant d'Egypte, par le fait qu'un poids donné de celles-ci n'a
fourni que 16 à 17 % d'huile au lieu de 19 à 20 %, comme les
années précédentes.

Enfin, il est intéressant de noter que dans les régions où *Pectinophora* s'est implanté, en Egypte en particulier, elle a peu à peu
supprimé *Earias insulana*, qui était considéré auparavant, comme

un très sérieux ennemi du coton. Ainsi, dans un lot de capsules attaquées, on a pu dénombrer, en 1917, 43 *P. gossypiella* pour 2 *Earias*. Une semblable substitution d'une espèce par une autre, plus récemment introduite ou spécialisée, s'observe assez souvent, et nous assistons, en France, à un fait similaire par l'extension que prend chaque année, dans les vignobles, l'*Eudemis* qui tend à remplacer peu à peu la *Cochylis*.

Ennemis naturels. — Aucun parasite ou prédateur n'a été observé d'une façon utile dans nos colonies. Leur présence n'est pourtant pas à négliger et leur connaissance nous aiderait sans doute beaucoup dans la lutte contre *P. gossypiella*.

Toutefois, dans la plupart des pays (Egypte, Kenya, Indes, Hawaï, etc.), les entomologistes n'attribuent aux parasites qu'une action très faible dans la limitation du Ver rose. Ainsi aux îles Hawaï, on a précisé l'existence de 2 Braconides: *Chelonus blackburni* Cam., *Microbracon mellitor* Saxy ; 2 Ichneumonides : *Pimpla hawaiiensis* Cam., *Pristomerus hawaiiensis* Ashm. ; un Béthylide : *Parisierola emigrata* Rohwar ; deux Chalcidides : *Chalcis obscurata* Walk. et *Stomatoceras pertorous* Girault. Aucun d'eux n'est spécifique de *P. gossypiella* et certains (*Pimpla hawaiiensis* et *Chalcis obscurata* par exemple) ont été obtenus de 10 à 13 hôtes différents. Cette diversité est sans doute la raison de la faible destruction du Ver rose par ces parasites ; en 1918-1919, 12.985 chenilles ont été mises en observation et seulement 8,42 % étaient parasitées. Notons que *Microbracon mellitor* trouve aux îles Hawaï des conditions qui lui sont particulièrement favorables. MYERS, résumant les recherches effectuées dans les diverses régions où existe le Ver rose, conclut que les genres *Microbracon* et *Parisierola* et les formes voisines sont susceptibles d'attaquer cette chenille là où ils sont importés (1).

Un parasite qui joue un rôle très utile dans la plupart des pays est *Pediculoides ventricosus*. Cet Acarien est répandu dans le monde entier et vit aux dépens d'un grand nombre d'insectes. Il me suffira de rappeler l'étude qu'en a faite F. Pi-

---

1. Ch. FERRIÈRE vient de décrire trois nouveaux Chalcidiens parasites de *P. gossypiella* dans *Bull. Entom. Res.*, XX, 3, 1929.

CARD, à l'occasion de ses recherches sur la Teigne de la Pomme de terre. *P. ventricosus* est un auxiliaire important, mais il n'est pas suffisamment abondant en général pour enrayer le développement du Ver rose. D'ailleurs cet Acarien s'attaque également à l'homme ainsi que cela a été constaté bien des fois et en particulier dans les usines où l'on travaille le coton.

Parmi les animaux supérieurs friands de la chenille de *P. gossypiella*, on a observé un petit Lézard (JACKSON, Antilles) et des Oiseaux (Antilles, Brésil).

Lutte. — WILLIAMS, étudiant les variations saisonnières de l'attaque du Ver rose en Egypte de 1916 à 1924, conclut à l'existence d'une corrélation remarquable entre le moment où *P. gossypiella* se développe sur les Cotonniers et les conditions de précocité ou de retard dans lesquelles se trouve la récolte. Il estime qu'actuellement un équilibre stable a été trouvé, le pourcentage des dégâts restant à peu près le même d'une année à l'autre. Cette opinion vient à l'appui des recommandations et suggestions qui ont été exposées, quelques années auparavant, par BALLOU et qui doivent sérieusement être prises en considération. De l'ensemble des recherches faites sur la biologie du Ver rose, il résulte qu'il est essentiel d'encourager la précocité dans la production des récoltes cotonnières et dans l'application des mesures de lutte. Ainsi, en Egypte, suivant que la récolte est mi-octobre ou mi-décembre, on peut prévoir pour l'année suivante, dans le premier cas, une faible attaque, et dans le second, une multiplication intense de l'insecte. La maturité précoce est variable suivant les espèces de Cotonnier, mais elle subit aussi l'influence des conditions climatériques et des irrigations. Parmi les variétés hâtives, « Sakellaridis » mûrit avant tout autre et on espère lui conserver cette propriété par une soigneuse sélection des graines.

L'emploi judicieux des irrigations, ainsi que l'ont montré DUDGEON et CARTWRIGHT, active la maturité sans altérer la quantité ni la qualité de la récolte. Ces auteurs préconisent également dans le même but l'écimage des plants pour la formation de nouvelles fleurs et par suite de capsules supplémentaires.

Cette opération, déjà recommandée pour enrayer la multiplication des *Earias* (voir p. 275), consiste à couper la partie supérieure
des arbustes juste au-dessus de la dernière capsule susceptible de
mûrir. Grâce à ces mesures (irrigation, écimage), non seulement la
maturation est hâtée, mais elle est plus générale ; ce qui permet d'opérer la récolte en une ou deux fois et de ne laisser que
très peu de capsules vertes sur les plantes. Il est recommandé,
immédiatement après la dernière récolte, d'arracher les plants
et de détruire les capsules qui sont restées dans les champs,
ainsi que toutes les Malvacées susceptibles d'héberger l'insecte.
La date de cette opération doit être très précoce ; il y a avantage à sacrifier la 3ᵉ récolte et même la seconde dans le cas
d'une forte infestation des cultures.

En outre de l'action destructive sur *P. gossypiella*, ce nettoyage
immédiat permet aux colons de préparer leurs terres à une
époque favorable pour les cultures d'hiver. Les labours, en vue
de ces dernières, devront être aussi profonds que possible.
Dans certains cas, on pourra envisager, comme le signale OHLEN-
DORF, l'utilisation d'irrigations hivernales pour détruire les
chenilles contenues à l'intérieur des capsules abandonnées sur ou
dans le sol. Le ramassage, sur les plants, des capsules attaquées au début de la saison, comme cela est préconisé aux Indes,
est en général peu pratique à opérer, car il est le plus souvent
bien difficile de distinguer une capsule parasitée d'une capsule
saine. D'autre part, à cette époque, il y a en général très peu
d'organes parasités et la destruction de ceux-ci n'enraye pas
suffisamment l'invasion : il ne faut pas oublier en effet que des
papillons, éclos des chenilles à diapause, apparaissent au cours de
toute la saison.

Des essais de poudrages arsenicaux dans les champs sont
poursuivis depuis plusieurs années au Mexique et il semble
que l'infestation des capsules vertes est réduite d'au moins 60 %,
par des applications répétées d'arséniate de chaux qui parait
toutefois agir surtout comme insectifuge vis-à-vis des femelles
plutôt que comme insecticide pour les chenilles.

Enfin, en dehors de toutes les mesures précédentes, il faut

s'attacher à la désinfection des graines, surtout destinées à la semence. Toutes les graines récoltées seront soigneusement traitées par un procédé physique ou chimique qui détruira les chenilles qu'elles peuvent renfermer sans altérer le pouvoir germinatif. Les usines d'égrenage doivent être munies d'appareils susceptibles de donner une garantie absolue. Il en est ainsi dans la plupart des pays étrangers où en général ces installations sont rendues obligatoires par les lois, ainsi que chez nos voisins du Congo belge. Aux Fidji, on se contenterait, selon ANSON, d'exposer les graines, avant les semis, au soleil sur des plaques de tôle.

Les appareils de désinfection utilisent soit les hautes températures, soit les gaz toxiques dans une atmosphère raréfiée. Une température de 60 à 65°C pendant 5 minutes donne, d'après GOUGH et STOREY, une mortalité complète et un maximum de germination. SCHRIBAUX était arrivé à des conclusions identiques en ce qui concerne la germination. OHLENDORF rappelle que les graines exposées à une chaleur sèche de 63°C pendant 3 minutes et demie sont désinfectées (100 %) mais que ce résultat n'est pas atteint si l'exposition est plus brève. Si les graines sont soumises à la vapeur vive, il faut qu'elles soient déchargées à une température minimum de 63°C et seulement après une exposition d'au moins une minute. De nombreuses machines, mises dans le commerce, permettent d'obtenir maintenant ces résultats tant en France qu'à l'étranger (1). Nous avons eu l'occasion d'en citer quelques-unes en 1925 (MARCHAL et VAYSSIÈRE).

Dans ce travail, nous avons également étudié en détail les appareils à désinfection par les gaz toxiques dans le vide, en signalant qu'on utilisait surtout, dans le cas présent, l'acide cyanhydrique. Les observations que j'ai pu faire aux États-Unis et à la station d'essai qui a été récemment offerte à la Station centrale d'Entomologie (Pl. XVIII) me permettent d'espérer

---

1. Dans un modèle français récent, on utilise la chaleur en cycle fermé afin de pouvoir maintenir une température à peu près constante à l'intérieur de l'appareil.

qu'on pourra généraliser l'emploi de telles opérations dans toutes les colonies françaises où le Ver rose existe. Il y a même lieu d'espérer qu'ainsi, grâce à la présence de Stations officielles de désinfection offrant une garantie absolue, on pourra rendre moins sévère la législation relative à l'importation des graines de Cotonniers de pays infestés par *Pectinophora gossypiella* dans les régions qui en sont considérées comme indemnes.

A l'heure actuelle, dans le cas de l'introduction de petites quantités de semences dans nos colonies, la désinfection s'opère à l'aide de la chloropicrine dont on laisse agir les vapeurs, à la pression atmosphérique, pendant 36 heures sur les graines à raison de 25 à 30 grammes de l'insecticide par mètre cube. L'emploi du vide nous permettra très prochainement d'améliorer la technique tout en offrant les garanties nécessaires.

PLATYEDRA VILELLA Zeller.

Description. — Le papillon, qui mesure de 13 à 17 millimètres d'envergure, a la tête, le thorax et l'abdomen gris brunâtre ; de longs palpes épaissis à la base et recourbés vers le haut ; les ailes supérieures étroites, grises, plus claires sur leur bord antérieur, portent à la base des points brun foncé très visibles et au centre une large trace de ligne brunâtre ; les ailes inférieures très larges, d'un blanc grisâtre brillant, sont frangées de gris clair.

Blanches, à tête brune durant les premiers âges, les chenilles prennent par la suite une coloration blanc jaunâtre, parfois un peu verdâtre, pour devenir d'un rose tirant parfois sur le violine quand elles atteignent 8 à 10 millimètres de longueur ; la plus grande taille enregistrée fut de 13 millimètres. En élevage, la chrysalidation eut lieu dans de légers cocons blancs grisâtres cachés dans les replis de valves de capsules desséchées ; les durées de nymphose varièrent entre 13 et 16 jours.

Distribution géographique. — *Platyedra vilella* Z. (1), décrit par Zeller en 1847, a été signalé depuis dans divers pays d'Europe occidentale, centrale et méridionale, puis en Algérie, Egypte et Asie Mineure.

J. Mimeur l'a observé en 1929 au Maroc et a attiré récemment l'attention sur cet insecte susceptible de vivre aux dépens du Cotonnier.

Plantes nourricières ; *Biologie*. — Ce Gelechiide n'a jamais été considéré comme nuisible, sa chenille n'étant connue comme ne se nourrissant que de Malvacées sauvages : *Lavatera arborea*, *Malva sylvestris*.

Au Maroc, durant la campagne agricole 1929, J. Mimeur a trouvé, à plusieurs. reprises dans diverses cotonneraies de la région du Gharb, des chenilles de *P. vilella* rongeant les ovaires et les pétales des boutons floraux ainsi que les petites capsules de Cotonniers Pima ; les orifices de pénétration à peu près circulaires ressemblent à ceux que font les jeunes larves de *Earias insulana* Bd. Ils étaient toujours situés à la base du calice, près du pédoncule des fleurs et sur la partie conique des capsules près de la pointe.

Peu nombreuses sur les Cotonniers, les chenilles étaient extrêmement abondantes sur les *Lavatera trimestris* L. croissant en bordure ou à proximité des cotonneraies ; elles attaquaient tous les organes aériens de cette plante, boutons, fleurs, fruits et minaient même les tiges déjà fortement lignifiées ; au laboratoire, en juin et juillet, plusieurs d'entre elles ont terminé leur évolution en ne s'alimentant qu'avec des graines sèches de *L. trimestris*.

Bien que n'ayant causé cette année aucun dommage notable, *P. vilella* Z. mérite d'être retenue comme parasite du Cotonnier.

Il est arrivé que *Pectinophora gossypiella* Saunders soit indiqué comme établi dans certains pays cotonniers où en réalité elle n'existait pas, sa chenille rose ayant été confondue avec celles d'autres parasites des *Gossypium*, roses également, mais bien différentes cependant puisque n'appartenant pas à la même famille : *Diparopsis castanea* Hamp. *(Noctuidae)*, *Pyroderces simplex* Wlsm. *(Tineidae)*. Au Maroc, pareille confusion peut se produire : *P. vilella* et *P. gossypiella* sont tous deux des *Gelechiidae* ayant, au stade larvaire, des points communs, dimensions, couleur, plantes hotes ; les papillons, par contre, sont aisément différenciables, *P. gossypiella*, de dimension supérieure (17 à 19 mm. d'envergure), est brun foncé au lieu de gris clair et dépourvu des ponctuations caractéristiques qui marquent les ailes supérieures de *P. vilella* Z.

HÉMIPTÈRES

Les deux grands groupes des Hémiptères sont particulièrement bien représentés dans les Colonies françaises parmi les insectes nuisibles au Cotonnier, mais les Hétéroptères sont les plus importants, tant au point de vue du nombre des espèces qu'au point de vue de leur action nocive.

Une documentation intéressante m'a été fournie sur plusieurs espèces de *Pentatomidae* (*Nezara viridula, Tectocoris lineola*) de *Pyrrhocoridae* (*Dysdercus spp.*), de *Lygeidae* (*Oxycarenus spp.*), etc. Par contre, je n'ai rien obtenu sur les *Capsidae*. Or il me paraît utile de signaler qu'en Egypte, une espèce, *Creontiades pallidus* Ramb., est considérée comme responsable d'une partie des dégâts souvent imputés à *Oxycarenus hyalinipennis* (KIRKPATRICK, 1923). Une autre punaise, (*Locris rubra*, var. *intermedia* Schout.) qui a été récoltée au Sénégal, au Soudan, en Mauritanie, et qui vit normalement sur les Graminées, a été observée, rarement il est vrai, sur Cotonnier (SCHOUTEDEN, 1901).

Enfin, aucun de mes correspondants ne paraît avoir constaté les attaques par les *Helopeltis*, ces Capsides facilement reconnaissables par la présence sur leur écusson d'un appendice, sorte de longue épine dressée et légèrement courbée en arrière. Or, plusieurs espèces de *Helopeltis* comptent parmi les parasites les plus importants des cultures (Cacaoyer, Théier) des régions tropicales, tant en Afrique qu'en Asie. Plusieurs auteurs, LEAN en particulier, ont insisté sur les attaques, par les *Helopeltis*, *H. Bergrothi* Reut. et *H. sanguineus* Popp., des Cotonniers en Nigeria où on les rencontre en compagnie des *Dysdercus, Earias, Syagrus*, etc.

PENTATOMIDAE

De nombreuses espèces de la famille des Pentatomides ont été récoltées dans les cultures cotonnières de nos colonies, mais pour la plupart d'entre elles, les indications biologiques sont peu précises. Il semble bien d'ailleurs que l'espèce la plus répandue est *Nezara viridula* L. et qu'on lui rapporte, étant donné justement sa large distribution géographique, toutes les observations qui sont faites sur les insectes du même genre ou de genres voisins. Toutefois, PERRIER DE LA BATHIE (1909) cite de Madagascar (Marovoay) sur le Cotonnier :

Nezara acuta Dallas.
N. viridula L.
N. victorini Stål.
Aspavia albidomaculata Stål.
Piezadorus pallescens Germar.

Selon cet auteur, tous ces Hémiptères, désignés à Madagascar sous la dénomination de « punaises vertes des jeunes capsules » ont à peu près les mêmes mœurs et attaquent le Cotonnier de la même façon,

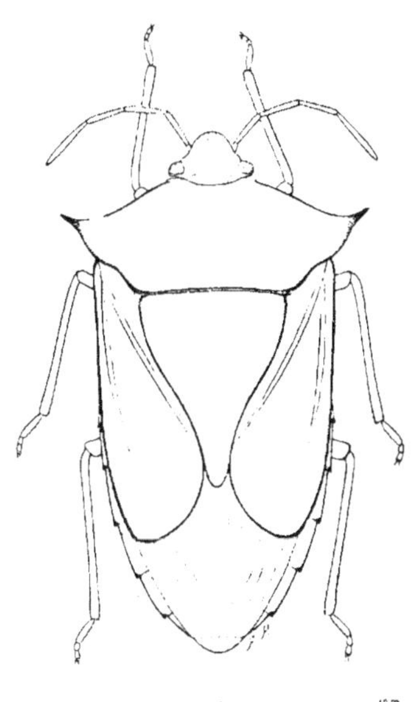

FIG. 26. — *Nezara acuta*.

mais les plus communes seraient les *Nezara* et surtout *N. acuta* « qui est l'ennemi le plus redoutable du coton à Marovoay ».

N. acuta (fig. 26) était auparavant signalé de Guinée et de Zanzibar ; *N. victorini* du Cap de Bonne Espérance ; *Aspavia albidomaculata* (*A. melacantha* Sign.) et *Piezodorus pallescens* étaient déjà connus du continent africain et seule la première est donnée de Madagascar sur le catalogue Lethierry et Severin. Du Dahomey, en dehors de *N. viridula*, j'ai reçu de M. Barthe qui les a récoltés sur Cotonnier :

Nezara acuta qui paraît moins répandu que *viridula* ;

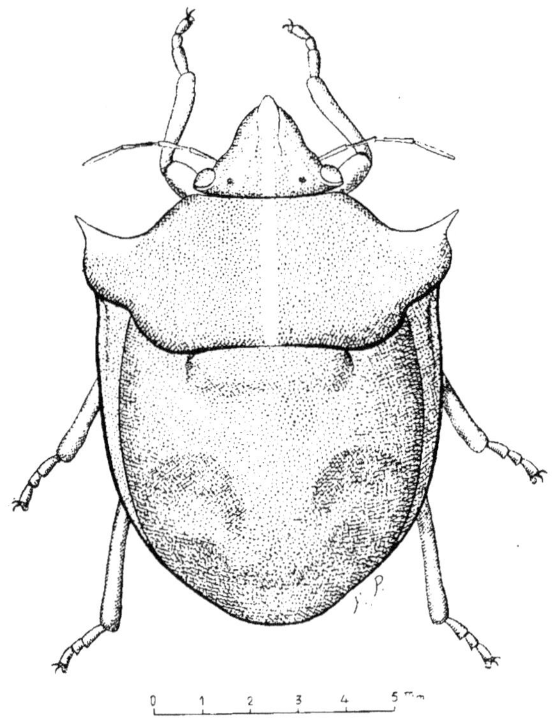

Fig. 27. — *Hotea subfasciata.*

Nezara pallido-conspersa Stål (1) indiqué antérieurement de Madagascar ;

Glypsus conspicuus Westw. dont l'Afrique méridionale était la seule région signalée.

Mormidea armigera L.

---

1. D'autres *Nezara* sont communes sur Cotonniers en Afrique, telles que *N chloris* Westw., *chlorocephala* Westw. et *millieri* Muls. et Rey dont les déprédations ont été constatées ces dernières années au Tanganyka.

Mormidea sp., voisin du précédent mais dont les épines latérales du thorax sont bifides.

Enfin, avec MIMEUR, j'ai rappelé que *Hotea subfasciata*
Westw. avait été trouvé sur les capsules verte du Cotonnier au
Sénégal et au Soudan (fig. 27).

Je ne donnerai ci-dessous qu'une étude détaillée de *Nezara
viridula* L., et de *Tectocoris linolea* F., espèce importante pour
les régions australiennes et asiatiques.

NEZARA VIRIDULA L.

Description. — L'adulte a la forme caractéristique des Pentatomides. De teinte généralement verte, il a parfois la tête
et le corselet totalement ou
partiellement beiges ; l'extrémité des antennes, le rostre et les tarses sont bruns ;
les plus gros individus atteignent 14 millimètres de long
sur 8 à 9 millimètres de largeur (fig. 28).

L'œuf est cylindrique, arrondi à l'extrémité inférieure
et aplati au sommet, qui est
ornementé de vingt-huit à
trente-deux petits processus
boutonneux, disposés en cercle. Sa couleur varie de blanc
crème à la ponte, au rouge
lors de l'éclosion. Cinq stades larvaires dont les colorations sont très variables ont
été observés. Le rouge do-

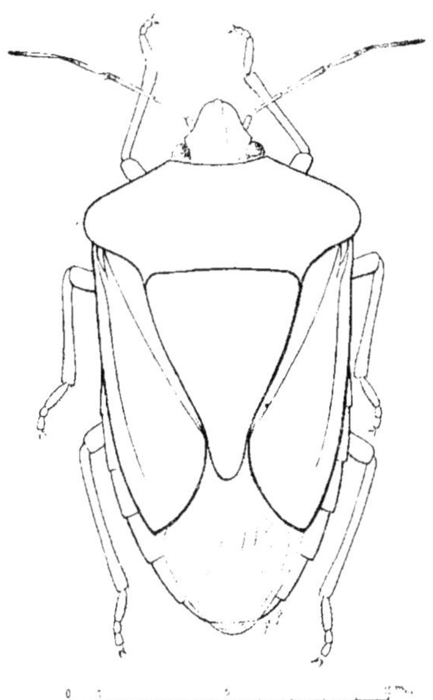

Fig. 28. — *Nezara viridula.*

mine tout d'abord ; il est remplacé par du noir, puis du vert
clair, qui est la couleur définitive. Des aréas ou lignes claires,
blanches ou jaunes, sont disséminées sur le corps.

Distribution géographique. — Cet Hémiptère, ou ses variétés *smaragdula* et *torquata*, est très cosmopolite, étant signalé actuellement de tous les continents, où il s'est fait remarquer par ses déprédations sur un grand nombre de cultures. Morrill, en 1910, l'étudie plus particulièrement en Floride, Louisiane et Texas, comme nuisible au Coton, à la Pomme de terre et au Navet. Jones, en 1918, le considère comme un sérieux ennemi, le « southern green Plant Bug », des plantes cultivées de tous les Etats-Unis qui bordent le golfe du Mexique, où il remplace *Nezara hilaris* des Etats septentrionaux. Puton, dans son catalogue des Hémiptères de France, le signale dans la partie méridionale de notre pays mais, d'après notre collègue M. Royer, il s'agirait seulement de la variété *smaragdula* F. très répandue dans toute la région paléarctique.

Nous connaissons *N. viridula* de plusieurs colonies françaises : Sénégal, Soudan, Madagascar, Guadeloupe, Indochine.

Plantes nourricières. — *N. viridula* est très polyphage. Il a été observé sur un grand nombre de plantes potagères (Pois, Pomme de terre, Artichaut, Patate, etc.), de Graminées (Riz, Sorgho, Canne à sucre, etc), de plantes industrielles (Ricin, Poivrier, Coton, etc.).

Biologie, dégâts. — Au Soudan, on rencontre cette Punaise sur le Cotonnier, surtout à l'état adulte et en fin de saison, lorsque la récolte du Sorgho est terminée et que les nombreuses Graminées de la brousse sur lesquelles elle se reproduit commencent à se dessécher. En effet nous pensons que normalement *N. viridula* ne pond jamais sur le Cotonnier, bien que Willcocks signale en Egypte tous les stades sur cette plante.

L'insecte pique et suce les capsules vertes ; les blessures faites amènent la formation de taches foncées circulaires ou polygonales, parfois la chute de l'organe. Les jeunes pousses sont également attaquées ; elles se dessèchent et meurent.

Dans les petites Antilles britanniques, *N. viridula* est considéré comme agent de propagation de certains champignons parasites du Cotonnier, en particulier de *Nematospora coryli*

Peglion que l'on trouve très souvent associé à la Punaise sur une même plante (ASHBY et NOWELL).

Les attaques ne commencent guère avant le début de la saison sèche. En A. O. F., en 1922 et 1923, les dégâts ont été très importants. *Nezara viridula* a quatre générations annuelles aux Etats-Unis. En Egypte ADAIR aurait vu cet Hémiptère détruire les œufs de *Prodenia litura* F.

Aucun parasite ou prédateur n'a été observé dans les colonies françaises, bien qu'on en connaisse dans diverses contrées : Selon T. H. JONES, les œufs de *N. viridula* comme ceux de *N. hilaris* doivent être, aux Etats-Unis, parasités par un *Trissolcus*. Les larves seraient attaquées par *Trichopoda pennipes* F. et *Podisus maculiventris* Say, les adultes par *Euthyrhynchus floridanus* L. et *Bicytes quadrifasciata* Say. WILSON estime qu'aux îles Virginies, le parasitisme du diptère, T. *pennipes*, peut atteindre 93 %. Il serait donc important dans nos colonies de porter l'attention sur l'existence possible des insectes auxiliaires.

Lutte. — Détruire les herbes sauvages avoisinant les cotonneraies. Le ramassage seul peut donner de bons résultats. L'emploi des plantes-pièges est à recommander en utilisant la prédilection que *N. viridula* paraît avoir pour certaines variétés de Sorgho, ou encore pour la Moutarde et le Navet (JONES).

PERRIER DE LA BATHIE indique comme cultures intercalaires le Manioc et le Bananier qui déroberaient ainsi le Coton aux attaques des divers Pentatomides, signalés sur lui à Madagascar. Le même auteur demande que les Cotonniers soient semés suffisamment précoces afin que les capsules se nouent au moment où les Graminées sont desséchées ou brûlées, soit en mai-juin.

D'après DUTT, des pulvérisations d'une émulsion de pétrole (Kérosène) à 10 %, ont permis de protéger efficacement des cultures de Tomates dans la région de Bagdad ; toutefois, d'après les autres observations, ce traitement est en général peu satisfaisant, de même que les solutions savonneuses de nicotine.

TECTOCORIS LINEOLA F.

Description. — Longueur variant de 17 millimètres pour les
mâles à 22 millimètres pour les femelles. Tête, prothorax et
scutellum jaune orange à sanguin, marqués de taches irrégulières de bleu ou vert
métallique. Face, pro-
thorax et segments ab-
dominaux souvent bor-
dés latéralement de ta-
ches bleu foncé ou vert
émeraude qui existent
aussi sur les sternites
thoraciques et abdomi-
naux. Les taches mé-
talliques sur le fond
jaunâtre ou rougeâtre
de la face dorsales sont
plus ou moins conflu-
entes ce qui donne des
variations considéra-
bles dans l'aspect gé-
néral de l'insecte. L'in-
vasion des areas jaunes
ou rouges par les ta-
ches bleues ou vertes
est beaucoup plus pro-
noncée chez les mâles
que chez les femelles.
Ventralement les

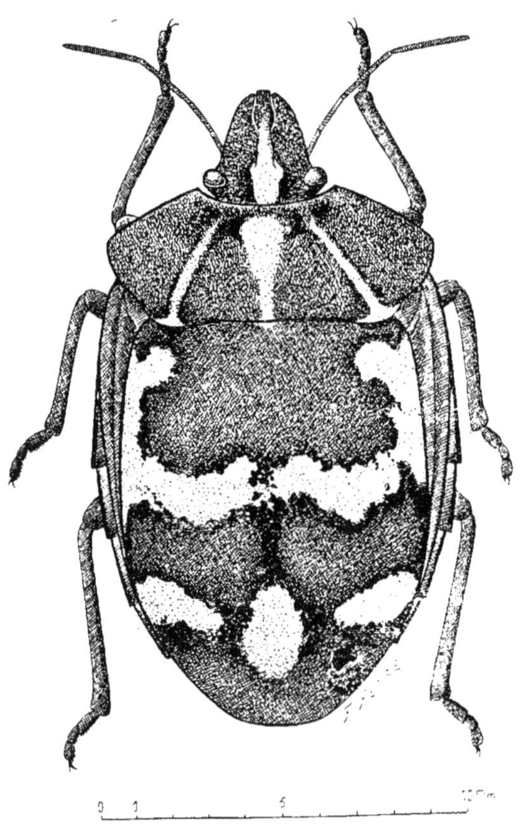

Fig. 29. — *Tectocoris lineola.*

deux sexes auraient, selon BALLARD, une coloration variable
entre le rose fushine et le sanguin ; pour ma part, sur les échantillons reçus de Nouvelle Calédonie, j'ai constaté que les exemplaires dont la face dorsale conserve le fond jaune, présentent
cette coloration sur la plus grande partie de la face ventrale ; au

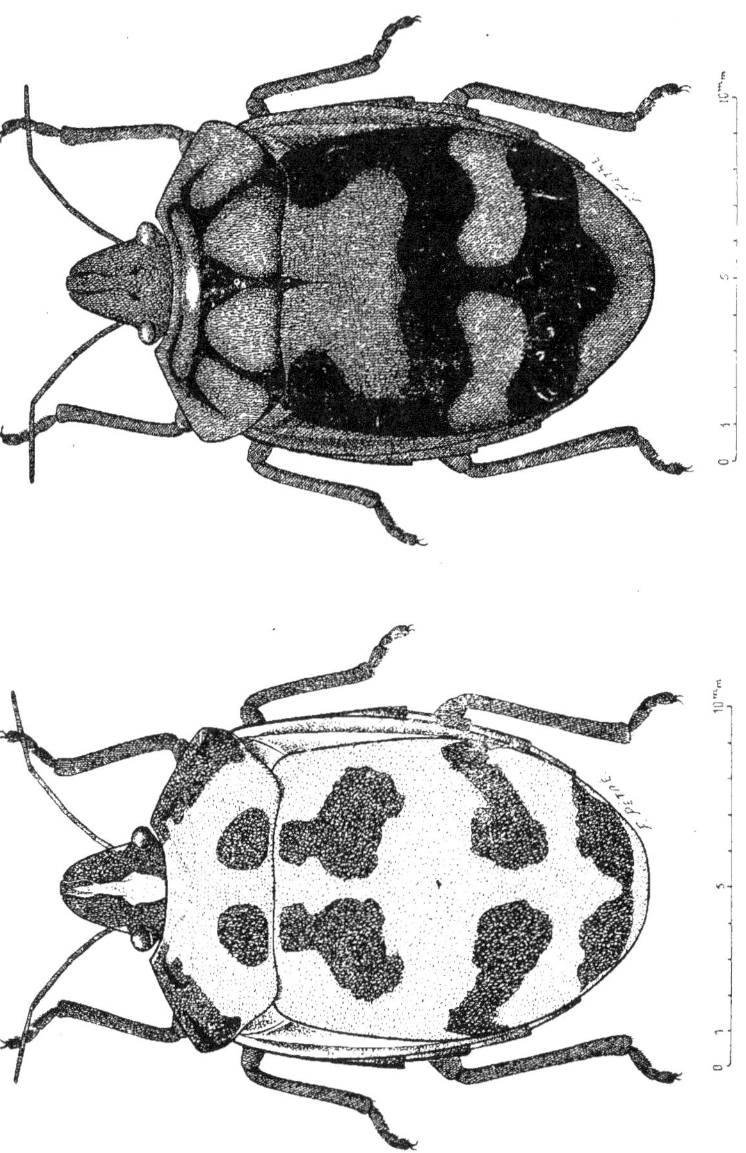

Fig. 30. — *Tectocoris lineola.* Dans la figure 29 et dans celle-ci, les taches métalliques bleues ou vertes sont en noir ou grisé très foncé.

contraire les individus de couleur générale bleu ou vert métallique ont la même teinte ventralement. Chez les mâles, on voit en outre, sur le bord des segments abdominaux (du 3ᵉ au 5ᵉ) sur la face ventrale, des taches brunes foncées qui, d'après BALLARD, correspondent à des zones glandulaires d'où est exsudée une sécrétion cireuse blanche. Les pattes sont noir ou bleu foncé avec les tarses noirs ; les antennes et le rostre sont généralement noirs (fig. 29 et 30).

L'œuf a environ un millimètre de diamètre mais il est légèrement pyriforme. Quand il vient d'être pondu il est jaune saumon ; il ne tarde pas ensuite à passer au pourpre, en conservant une zone translucide à son extrémité apicale où se formera ultérieurement l'orifice de sortie de la larve. En général, au 1ᵉʳ stade larvaire, l'insecte a la tête et le thorax bleu ou vert métallique avec une raie jaune sur la ligne médiane des 3 segments thoraciques. Les antennes sont noires avec les deux extrémités de chaque article rouge. L'abdomen est jaune ou rouge orange. Sur chaque tergite, une tache noire médiane. Sur la face ventrale, les segments thoraciques sont noirs et l'abdomen orange.

Les 2ᵉ et 3ᵉ stades larvaires sont d'une couleur vert olive. Après la 3ᵉ mue jusqu'au stade adulte, l'insecte est vert bleuâtre métallique et ses yeux sont brun rougeâtre. Les pattes et les antennes sont bleu métallique foncé. La coloration des individus est extrêmement variable, même dans une localité donnée ; ce qui a permis aux systématiciens de créer de nombreuses variétés (*tongae* Boisd., *Banski* Don., *cyanipes* F., etc.) mais il est très facile de trouver tous les intermédiaires entre les extrêmes, ainsi que l'a montré MONTROUZIER dans son mémoire sur la faune de l'île de Woodlark.

Distribution géographique. — LETHIERRY et SEVERIN, dans leur catalogue, signalent *Tectocoris lineola* de Java, Cochinchine, Sumatra, îles Moluques, Australie, Nouvelle Calédonie et Polynésie. Les collections du Museum d'Histoire Naturelle renferment un grand nombre de specimens récoltés sur divers points des contrées précédentes, tels que Saïgon, Nouvelle Calédonie,

Nouvelles Hébrides, les Salomon, Nouvelle Guinée, Manille (Philippines). J'ai reçu en 1928 de M. Risbec plusieurs échantillons de Nouvelle Calédonie où l'insecte est connu sous le nom de punaise de Bourao, terme qui désigne une Malvacée arborescente indigène.

Plantes nourricières. — *Tectocoris lineola* semble avoir une préférence très marquée pour les Cotonniers, mais il se rencontre sur d'autres Malvacées (*Hibiscus*, etc.).

Je noterais ici que M. du Pasquier, de la station de Phu-Hô (Tonkin) m'a adressé en 1928 une espèce voisine, *Poecilocoris latus* Dallas, récoltés sur les fruits de Théier.

Biologie. — Les œufs sont pondus en spirale régulière serrés les uns contre les autres, le long d'un pétiole de feuilles (Pl. IV, fig. 14). Rarement on en rencontre sur le limbe. La ponte dure en général deux heures à deux heures et demie : une femelle dépose, selon Dodd, de 60 à 100 œufs. En moyenne l'incubation dure de 16 à 22 jours mais elle peut se prolonger le double de jours si les conditions extérieures ne sont pas favorables. Les jeunes larves après l'éclosion restent groupées autour du pétiole, couvées en quelque sorte par la femelle dont l'instinct maternel a fait l'objet d'observations particulières. « Il est absolument certain que les jeunes restent sans nourriture durant une période de 3 semaines et plus, occupant toujours la même position. Ces larves sont placées en rangées autour d'une brindille et la mère les recouvre complètement. Elle serre la brindille en avant et en arrière des œufs avec ses pattes antérieures et postérieures, les pattes moyennes retenant la couvée vers le centre. Si elle se sent menacée, elle incline son corps à droite ou à gauche pour faire un rempart contre l'agresseur, en particulier contre les parasites » (Dodd). D'après Ballard et Holdaway, la femelle couve seulement les œufs jusqu'à l'éclosion et le grégarisme des larves sur le pétiole ne dure que deux jours, puis les insectes vont se grouper à la face inférieure d'une feuille où ils restent jusqu'à la 1re mue qui s'opère 8 jours après l'éclosion.

Au 2e stade qui dure de 11 à 13 jours, les larves quittent, deux jours après la mue, la feuille pour se disperser sur la plante où elles attaquent de préférence les boutons floraux et les capsules vertes. Elles cessent de s'alimenter deux jours avant la mue suivante et se comportent de même jusqu'à l'état adulte ; les stades intermédiaires paraissent avoir sensiblement la même durée que le précédent. Au 5e stade, les insectes deviennent beaucoup plus actifs et ont une tendance très accentuée à se disperser. Les femelles, après la dernière mue, s'alimentent pendant 15 à 20 jours ; l'accouplement suit cette période et la ponte a lieu 4 jours après ce dernier. Donc le cycle complet d'œuf à œuf dure environ 80 jours et on compte 4 générations annuelles. La longévité des adultes est relativement longue mais ne paraît pas dépasser 74 jours pour la femelle et 46 jours pour le mâle. Les températures extrêmes sont défavorables ; une chaleur excessive, accompagnée d'une basse humidité, affecte l'activité sexuelle ; par contre celle-ci est heureusement influencée par une chaleur et une humidité élevées. Les adultes volent surtout au milieu de la journée et s'alimentent le matin et l'après-midi ; ils se tiennent dans des abris pendant la nuit.

Au point de vue de la répartition des sexes au cours de l'année, il y aurait au printemps et à l'automne surtout des individus, colorés de bleu et de rouge ; ce sont pratiquement toujours des mâles qui paraissent ainsi être plus précoces que les femelles. Avant d'acquérir leur coloration définitive, chaque individu, après les mues successives, passe par une série de colorations que BALLARD et HOLDAWAY ont particulièrement bien suivies.

Dégâts. — L'infestation des cultures se produit environ 8 jours avant la floraison, et les dégâts se font surtout sentir à l'apparition des premières capsules (encore vertes) que *T. lineola* paraît nettement préférer, surtout pendant les derniers jours qui précèdent l'accouplement. Une jeune capsule ainsi piquée devient rougeâtre et en général tombe au bout de peu de temps.

Au fur et à mesure que la saison s'avance, le nombre de *Tectocoris*, très faible au début, s'accroit et devient important surtout lors de l'ouverture des capsules qui, dans cet état, attirent très nettement tant les adultes que les larves. BALLARD et HOLDA-

WAY insistent en outre sur le fait qu'il ne faut pas oublier que la même attraction s'opère sur les *Dysdercus* (*D. sidae*) dont l'action néfaste vient s'ajouter à celle des *Tectocoris*. Les capsules attaquées présentent extérieurement une petite proéminence et dans la paroi, il se forme un callus où l'on retrouve, à son intérieur, les traces, colorées en brun, des stylets. Les insectes sucent les graines dont ils détruisent l'embryon. Aussi par ses attaques *T. lineola*, plus ou moins associée à *D. sidae*, altère les capsules et les fibres (coloration, force); elle détruit le pouvoir germinatif de la graine et abaisse le pourcentage d'huile (15. 4 % au lieu de 18,3 %). Il faut ajouter qu'au Queensland les graines des capsules ouvertes attaquées par *T. lineola, D. sidae* ou *Oxycarenus luctuosus* sont le plus souvent envahies par un champignon, *Fusarium moniliforme*, qui est l'agent d'une rouille se développant à l'intérieur de la capsule. Dans ces conditions, on comprend le rôle économique important que joue *Tectocoris* au Queensland où elle est considérée comme une sérieuse menace pour la culture cotonnière. Il est urgent de préciser son action dans nos cultures coloniales.

Ennemis naturels. — BALLARD et HOLDAWAY signalent l'existence en Australie de 4 parasites des œufs : *Telenomus oecleus* Dodd, *Pachycrepis tectocorisi* Girault, *Eupelmus redini* Girault, *Ericydnus hemipterus* Girault. Deux autres Hyménoptères (Proctotrupides) ont été encore obtenus des œufs de cette punaise, toujours dans la même région : *Hadronotus hirsutioculus* Girault et H. *nigricornis* Dodd. A ma connaissance, aucun de ces auxiliaires n'a encore été observé dans nos colonies.

Comme prédateurs, il faut noter que les larves de *T. lineola*, comme cela est commun pour bien d'autres espèces, sucent les œufs de leur espèce. Enfin RISBEC m'a adressé une curieuse araignée, *Dolophones turrigera* L. Koch (1), qui tisse sa toile entre les bractées des capsules du Cotonnier et protège ainsi

---

1. Aimablement déterminée par L. BERLAND qui a bien voulu me faire remarquer que cette espèce d'Australie n'avait pas encore été signalée de Nouvelle-Calédonie.

ces dernières vis-à-vis de ses ennemis extérieurs. Parmi les proies capturées, j'ai reçu des *Tectocoris* (1).

Moyens de lutte. — On doit préconiser contre les *T. lineola* les mêmes procédés de destruction qui sont recommandés contre les *Dysdercus* en n'oubliant pas que celles-là arrivent dans les champs de Cotonnier plusieurs semaines avant ces derniers.

PYRRHOCORIDAE

Les punaises rouges du coton.

Sous cette dénomination, on comprend les Hémiptères du genre *Dysdercus*, les « Cotton Stainers » ou « red Bug » des pays de langue anglaise, les « Rotwanzen » des Allemands. Ces insectes appartiennent à la famille des *Pyrrhocoridae* qui se distinguent des *Lygeidae* (*Oxycarenus*) seulement par l'absence d'ocelles. Ces deux familles sont séparées des *Coreidae* (*Anoplocnemis*) principalement par le fait que chez ceux-ci les antennes sont insérées au-dessus de la tête, tandis que, chez les *Pyrrhocoridae* et les *Lygeidae*, les antennes sont fixées à la partie inférieure de la tête.

Nombreuses sont les espèces de *Dysdercus* qui ont été observées sur Cotonnier dans les diverses régions où l'on rencontre cette culture. Toutefois il semble bien que, contrairement à ce que nous observons pour le genre *Oxycarenus*, les *Dysdercus* ont une dispersion géographique plus restreinte que leur hôte préféré. Ils nous apparaissent comme cantonnés dans les pays à climats tropicaux et, pour cette raison, leur présence n'a jamais été constatée dans les cultures cotonnières de l'Afrique du Nord, de l'Egypte, de la Mésopotamie et du Turkestan. Par contre deux espèces au moins (*suturellus* et *obscuratus*) sont connues du sud des Etats-Unis bien que MORSTATT signale ce pays comme ne possédant pas de *Dysdercus*.

---

1. BALLARD et HOLDAWAY notent qu'une araignée indéterminée capture les *Tectocoris* sur le Cotonnier au Queensland. Peut-être leur observation se rapporte également à *Dolophones turrigera*.

Le genre *Dysdercus* est surtout bien représenté en Afrique où
Schouteden a pu, en 1912, différencier 14 espèces, dont 7 au
moins ont été récoltées sur des territoires français. Bien que
certaines d'entre elles n'aient pas encore été observées sur
Cotonnier dans nos colonies, il est utile de reproduire le tableau
dichotomique dressé par cet entomologiste :

1. Les orifices des glandes métathoraciques ont leur bord
    noir .... 2.
    Ces orifices ont leur bord pâle, flave ou testacé, jamais
    noir .... 4.

2. La corie n'offre pas de bande noire transversale. Espèce
    de grande taille
    (16,5-20 mm.) .... *D. melanoderes* Karsch.
    Cameroun, Fernando-Po, Congo (1).
    La corie offre une bande transversale noire. Espèces de
    taille plus petite (12-16 mm.) Dans des cas très
    rares, la bande est fort réduite ou fait défaut.... 3.

3. Le pronotum est orné à sa base d'une ligne ou bande
    transversale noire ; en arrière du bord antérieur,
    il est rougeâtre.......... *D. nigrofasciatus* St.
    Congo, Gabon, Transvaal, Afrique orientale jus-
    qu'en Erythrée.
    Le pronotum n'offre aucune bande ni ligne noire à sa
    base ; mais, en arrière du bord antérieur, il pré-
    sente une bande noire lisse se prolongeant vers
    l'arrière de chaque côté du bord laté-
    ral........ *D. orientalis* var. *pulchra* Schout.
    Afrique orientale anglaise et allemande.

4. Les côtés du pronotum sont fortement dilatés, réfléchis
    nettement et ont le bord externe courbé en dehors.
    Le ventre offre une série médiane de taches
    noires .... *D. ruber* Sign.
    Madagascar.

____
1. Il y a lieu d'ajouter la Nigéria (Golding).

> Les côtés du pronotum ne sont pas dilatés et leur bord externe est droit ou même sinué, jamais courbé en dehors. .... 5.

5. Tête noire. En même temps, la corie est ornée d'une bande transversale noire percurrente, s'élargissant même au bord externe de la corie.............. 6.

Tête rarement noire *(Dysdercus superstitiosus* var. *nigriceps* Schout.) La corie n'offre jamais une bande atteignant les bords externe et interne ; si parfois la bande transverse atteint le bord externe, elle y est considérablement rétrécie................ 7.

6. Fémurs antérieurs armés d'épines aiguës et nettes dès la moitié de leur longueur, et même avant. Segments ventraux 4 et 5 à faciès sombres de même coloration que celle des segments 1-3...... *D. pretiosus* Dist. Ruwenzori (Afrique équatoriale).

Fémurs antérieurs n'ayant que les épines apicales habituelles. Segments ventraux 4 et 5 à bande fortement rembrunie .... *D. ugandanus* Schout. Uganda.

7. Premier article des antennes plus court que le deuxième. Disque de la tête rembruni.. *D. migratorius* Dist. Inde anglaise et Afrique orientale anglaise.

Premier article des antennes jamais plus court que le suivant. Disque de la tête rembruni dans certains cas seulement .... 8.

8. La zone lisse antérieure du pronotum divisée en deux par un sillon. Coloration rouge brique, la corie avec une bande transversale noire.. *D. festivus* Gerst. Afrique orientale allemande.

La zone lisse antérieure du pronotum est intacte.... 9.

9. Premier article des antennes aussi long que le deuxième .... 10.

Premier article des antennes plus long que le deuxième. Tête nettement plus courte que le pronotum... 11.

10. Tète à peu près aussi longue que le pronotum. Celui-ci avec une zone noire bien nette à sa base. Coloration rouge, vive.................. *D. fasciatus* Sign.
Guinée, Congo, Zanzibar, Madagascar, Afrique orientale anglaise.

Tète nettement plus courte que le pronotum. Celui-ci sans bande noire, mais avec une ligne basale noire. Coloration bien moins vive, flave sur les exemplaires desséchés .... *D. intermedius* Dist.
Afrique du sud.

11. Fémurs de coloration pâle ou testacée, les tibias par contre noirs, de même que les tarses.......... 12.
Fémurs et tibias de même coloration.......... 14.

12. Pronotum offrant en arrière du bord antérieur une bande transversale noire, lisse, se prolongeant latéralement en arrière. Pas de ligne ni bande basale .... *D. orientalis* Schout.
Afrique orientale anglaise et allemande.

Pronotum n'offrant jamais de bande noire antérieure (cette région habituellement rouge ou testacée), mais offrant, en général, une bande ou une ligne noire transversale basale.................. 13.

13. Pronotum orné à sa base d'une ligne ou d'une bande transversale noire.... *D. superstitiosus* Fabr. et var.
Pronotum sans aucune bande ni ligne basale .... *D. superstitiosus* var. *albicollis* Kl.
Afrique orientale allemande, anglaise, portugaise, Afrique occidentale, Congo.

14. Les segments ventraux 3 et 4 sont ornés d'une grande tache médiane triangulaire rouge, à base située sur la base du segment. Pour le reste, ils sont d'un blanc ivoire .... *D. cardinalis* Gerst.
Afrique orientale anglaise et allemande, Zanzibar, Erythrée, Abyssinie, Somaliland.

Les segments ventraux n'offrent pas cette coloration
caractéristique .... 15.

15. Pattes entièrement testacées. Corie sans bande transversale. .... *D. flavidus* Sign.
Madagascar et îles voisines.

Pattes noirâtres ou d'un testacé sombre. Corie à bande
transversale noire ...... *D. haemorrhoidalis* Sign.
Congo, Guinée.

En ce qui concerne les colonies françaises, j'ai obtenu de nos
correspondants des échantillons de six espèces nettement
observées sur Cotonnier (1) :

D. andreae, Guadeloupe, Martinique.
D. cingulatus, Indochine.
D. delauneyi, Guadeloupe, Martinique.
D. flavidus, Madagascar.
D. sidae, Nouvelle Calédonie, Nouvelles Hébrides.
D. superstitiosus, Afrique occidentale.

Le mode de vie de ces insectes étant identique ainsi que,par
cela même, les moyens de lutte à préconiser : ces questions
seront traitées en détail dans un seul chapitre.

---

1. La mise en pages de cet ouvrage était terminée, lors de la réception du dernier catalogue de Horvath et Parshley (R. F. Hussey, *Pyrrhocoridae*, 1929).
Il me paraît utile de noter les modifications, souvent très importantes, qui sont
apportées dans la synonymie et la distribution des *Dysdercus* connus sur Cotonnier dans les colonies françaises. Pour les espèces africaines, il n'y a pas de
changement notable.

Par contre Hussey signale que le nom de *cingulatus* a été attribué à plusieurs
espèces (3 au moins) et qu'actuellement il doit être conservé pour le *Dysdercus*
qui se rencontre sur Cotonnier dans les régions australiennes : autrement dit,
D. sidae passe en synonymie de *cingulatus* F. Par contre aux Indes et à Ceylan
on aurait confondu sous le nom de *cingulatus*, deux espèces distinctes : *Koenigi* F. et *olivaceus* F., qui semblent avoir la même distribution géographique.
Sur ma demande, R. Commun vient de me communiquer des *Dysdercus*
récoltés sur Cotonnier à Phu-Hô en 1927. Il m'a été facile de les identifier à
Koenigi et je ne doute pas que *olivaceus* existe également dans la même région.
Enfin, selon Hussey, aux Antilles françaises, *D. andreae* n'est connu que de
la Guadeloupe et *D. delauneyi*, de la Guadeloupe et de la Martinique, mais ce
dernier nom entre en synonymie de *D. discolor* Walk.

DYSDERCUS ANDREAE L.

Description. -- Longueur 8 à 12 mm. 1/2; larg. 2,3/4 à 4 mm; tête rouge sang. Antennes et pattes de coloration noire sauf la base des fémurs rouge. Thorax rouge avec quelquefois une ligne noire transversale sur le bord apical. Membrane noire bordée de blanc ; l'insecte paraît ainsi avoir une croix blanche de saint André sur la face dorsale. Souvent le clavus est blanc et sa couleur fait ainsi contraste avec celle du scutellum qui est rouge vif ; parfois il est tigré de noir (fig. 31 et 32).

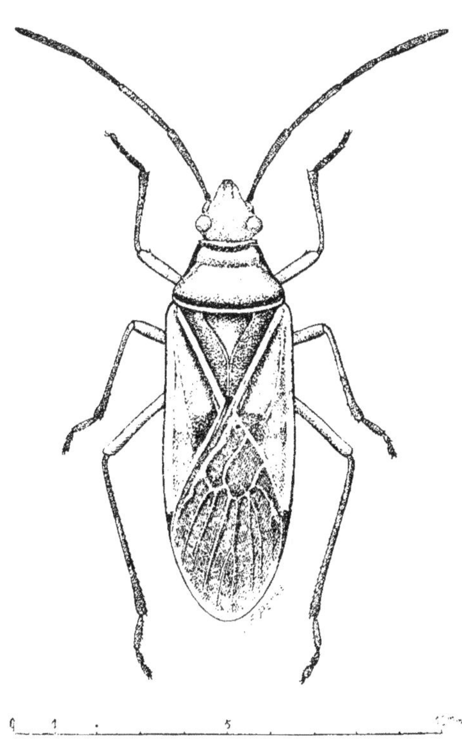

Fig. 31. -- *Dysdercus andreae.*

Distribution. -- Cet insecte parait localisé dans les petites Antilles. BALLOU en 1906 le cite de Cuba, la Jamaïque, les îles de la Vierge et la Guadeloupe. Il note que Sir Hans SLOANE signalait déjà *D. andreae* dans ces îles en 1725. P. LAFFOND, en 1925, précise son existence pour la première fois, je crois, à la Martinique sur les Cotonniers. En 1920-1921, une multiplication sérieuse fut observée aux Barbades où elle fut enrayée par l'emploi de pièges, constitués par des graines de Cotonnier.

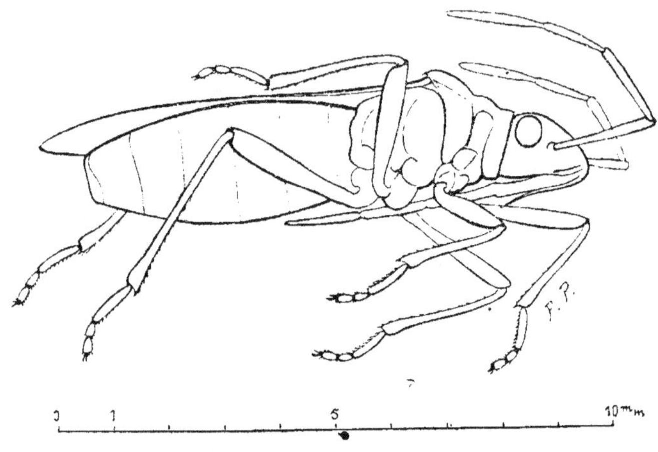

FIG. 32. — *Dysdercus andreae*, vu de profil.

DYSDERCUS CINGULATUS F.

Description. — Longueur variable de 9 à 16 millimètres. Tête rouge brillant. Bord antérieur du prothorax étroitement blanchâtre ; le bourrelet qui le suit est noir brillant, ainsi que l'écusson, une petite tache discoïde sur la corie et la membrane des élytres. La partie postérieure du prothorax et des segments abdominaux et les cories et sont jaune testacé. Ventralement le corps est brun rougeâtre annelé de bandes blanches. Les antennes de 4 articles et les pattes noires avec les fémurs roux.

Distribution. — Indes et Indochine où il fut signalé par DUPORT (1913), VINCENS (1) (1921) et COMMUN (1928, *in litt.*).

DYSDERCUS DELAUNEYI Leth.

Description. — Longueur 10 à 12 millimètres. Rouge sang ;

1. C'est certainement une erreur typographique qui fait donner par VINCENS à cet insecte le nom de *Dysdercus angulatus*. Voir d'autre part la note importante au bas de la page 340, note qui permet de supposer qu'il s'agit ici de *D. Koenigi* F. et peut-être aussi de *D. olivaceus* F.

antennes noires, excepté un petit anneau blanc à la base du
4e segment et la base du 1er article qui est rouge. Les parties
noires du corps sont : le segment apical du rostre, la partie
postérieure du pronotum, les hémiélytres y compris la membrane (moins une fine bordure blanche de celle-ci), les pattes
(excepté la base des fé-
murs), ainsi qu'une bande
transversale à la base de
chacun des segments de
l'abdomen. Comme variations
dans la coloration,
LETHIERRY signale la
base du pronotum et les
hémiélytres plus ou moins
obscurément rougeâtres
ou tachées de rouge som-
bre ; mais la membrane
reste toujours noire, bordée de blanc (fig. 33 et
34).

Distribution. — *D. de-
launeyi* est connu de toutes les Antilles.

BALLOU (19 6) le signale
de Montserrat, Guade-
loupe, Dominique, Marti-
nique, Sainte-Lucie, Bar-

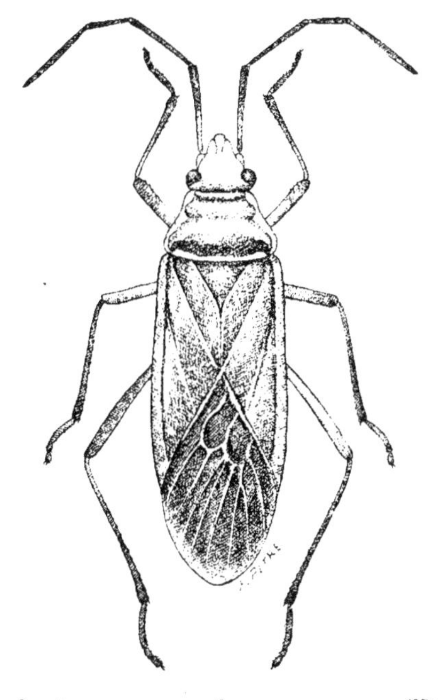

FIG. 33. — *Dysdercus delauneyi.*

bades, Saint-Vincent, Grenadéries (1) ; il ajoute qu'aux îles
Bahamas, les dégâts causés sont énormes, la récolte d'été est
régulièrement détruite et la suivante réduite de moitié. LAFFOND
considère *D. delauneyi* comme l'espèce la plus commune et la
plus dangereuse dans les Antilles méridionales. « Elle se trouve
parfois en si grande abondance sur les Cotonniers à la Martinique que la couleur verte des feuilles en est masquée et que

1. En 1925, BALLOU signale *D. delauneyi* de toutes les Antilles sauf des Barbades.

la plantation en arrive à présenter à l'œil étonné une teinte uniformément rougeâtre ». A la Guadeloupe, Buffon estime que

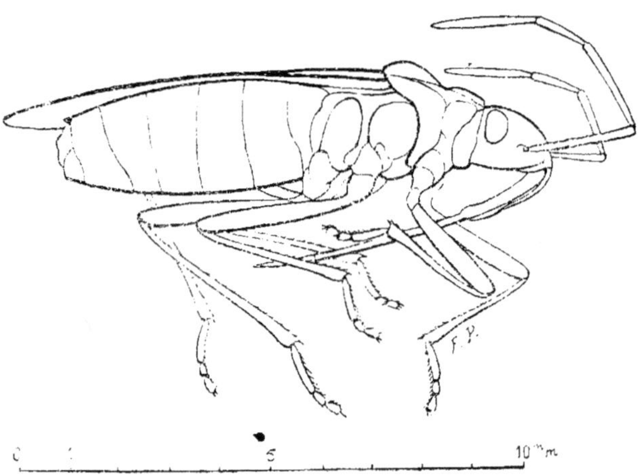

Fig. 34. — *Dysdercus delauneyi*, vu de profil.

D. delauneyi est le pire ennemi du Cotonnier, toutefois, selon un rapport récent, cette punaise n'aurait pas été rencontrée dans les cultures des Saintes et de la Désirade.

DYSDERCUS FLAVIDUS Sign.

Description. — Longueur 15 millimètres environ, « jaune, avec les pattes, le rostre et l'abdomen (moins des taches latérales jaunes) rouges. Tête moins allongée que dans *D. fasciatus* dont la tête est plus longue que large. Antennes noirâtres excepté la base du 1er article. Prothorax avec les côtés relevés, légèrement sinués, le bord antérieur blanchâtre, la tubérosité transverse antérieure rouge. Ecusson jaune. Elytres jaunes, fasciés de noir, cette fascie manquant quelquefois. Membranes noires lisérées de blanc. » (description originale de SIGNORET 1860) (fig. 35).

Distribution. — Cette espèce est localisée dans les îles de Madagascar, Mayotte et Maurice. Je l'ai reçue de la Grande Ile suc-

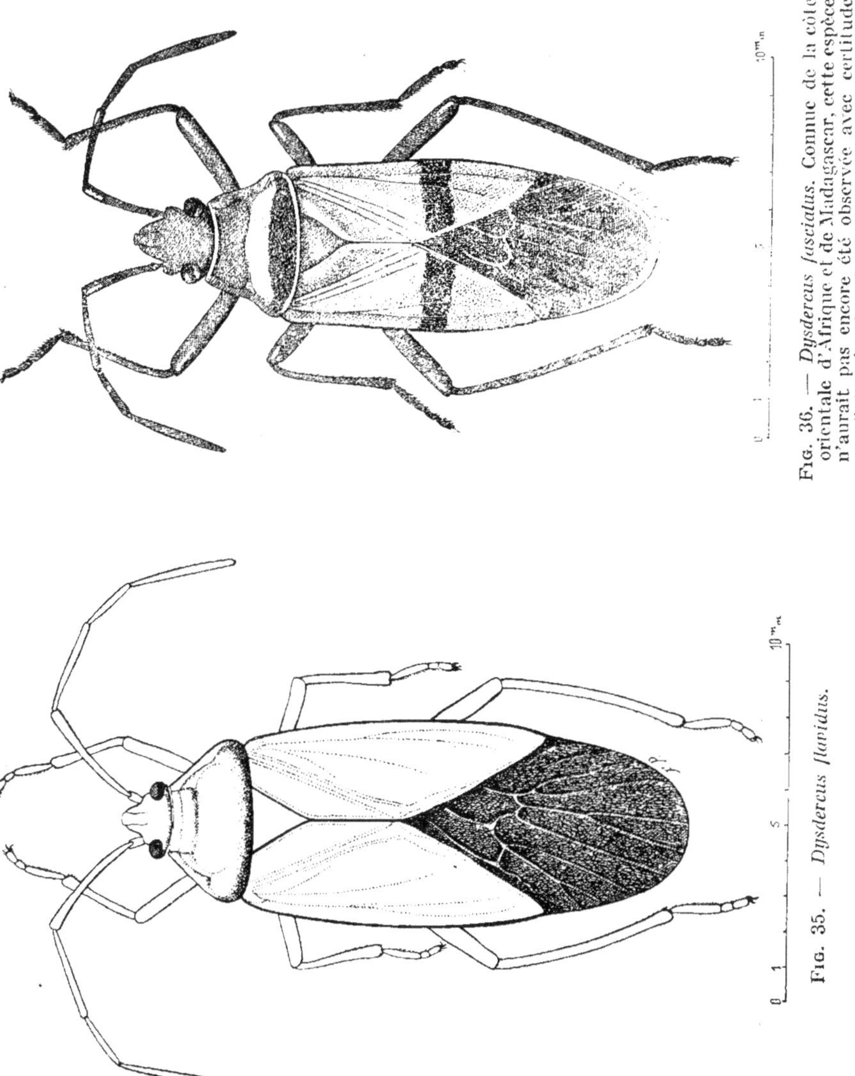

Fig. 36. — *Dysdercus fasciatus.* Connue de la côte orientale d'Afrique et de Madagascar, cette espèce n'aurait pas encore été observée avec certitude sur Cotonnier dans les colonies françaises.

Fig. 35. — *Dysdercus flavidus.*

cessivement de Cayla (1) et de Frappa. Perrier de la Bathie considère, dès 1909, *D. flavidus* comme un parasite très important du Cotonnier, sur lequel doit, fort probablement, se rencon-

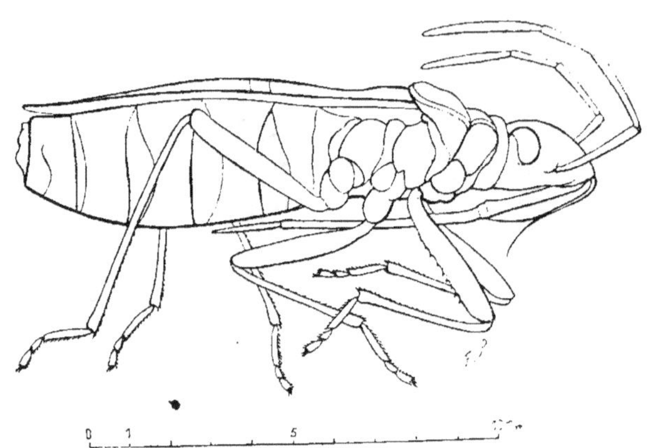

Fig. 37. — *Dysdercus fasciatus*, vu de profil.

trer également *D. fasciatus* Sign. qui existe à Madagascar (ainsi que *D. ruber* Sign.) et qui, sur le continent africain dans les colonies anglaises, est bien connu sur les capsules (fig. 36 et 37).

DYSDERCUS SIDAE Montr.

Description. — Longueur : 9 millimètres. Tête rouge sauf l'origine du rostre, les antennes et une tache derrière chaque œil, qui sont d'un noir profond. Corselet rouge bordé de blanc en avant et orné d'une bande transversale noire derrière la bordure. Ecusson noir ; partie coriace des élytres rouge avec un point noir sur chacune d'elles ; partie membraneuse noire, légèrement bordée de diaphane. Ailes brunes. Dos rouge avec une tache noire, brillant vers l'extrémité. Base des cuisses, rouge. Pieds noirs. Poitrine noire annelée de blanc. Abdomen

---

1. C'est certainement à la suite d'un erreur typographique que cet agronome, comme Perrier de la Bathie, en 1909, signale à Madagascar un *Dysdercus flavescens*.

blanc, annelé de noir » (description originale de Montrouzier 1861) (fig. 38).

Distribution. — *D. sidae* fut décrit de Nouvelle Calédonie. Risbec me l'a communiqué, en 1928, des cultures cotonnières de cette île où il serait très abondant. Sa présence fut également constatée dans la plupart des îles de la Polynésie, et plus particulièrement sur Cotonnier aux Nouvelles Hébrides, à Tonga et Samoa. Mais son étude biologique fut surtout poursuivie par Ballard et Evans au Queensland où on le rencontre le long des côtes de l'Australie jusqu'à une altitude de 1000 pieds au-dessus de la mer.

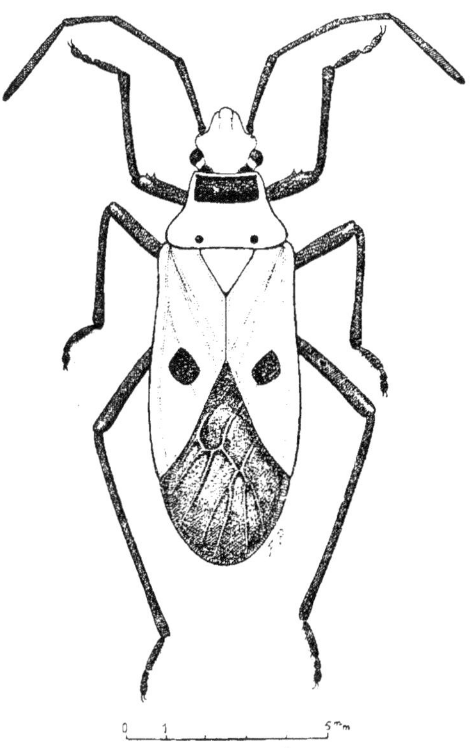

Fig. 38. — *Dysdercus sidae.*

DYSDERCUS SUPERSTITIOSUS F.

Description. — Longueur 11 à 13 millimètres. De teinte rougeâtre ; membrane des élytres noire. Chaque élytre est marquée en son milieu d'une tache ovalaire ou d'une bande noire placée transversalement ; l'abdomen, jaunâtre à sa face inférieure, est cerclé de rouge foncé ; le rostre et les cuisses sont rouges, les antennes, les jambes et les tarses noires (fig. 39, 40 et 41).

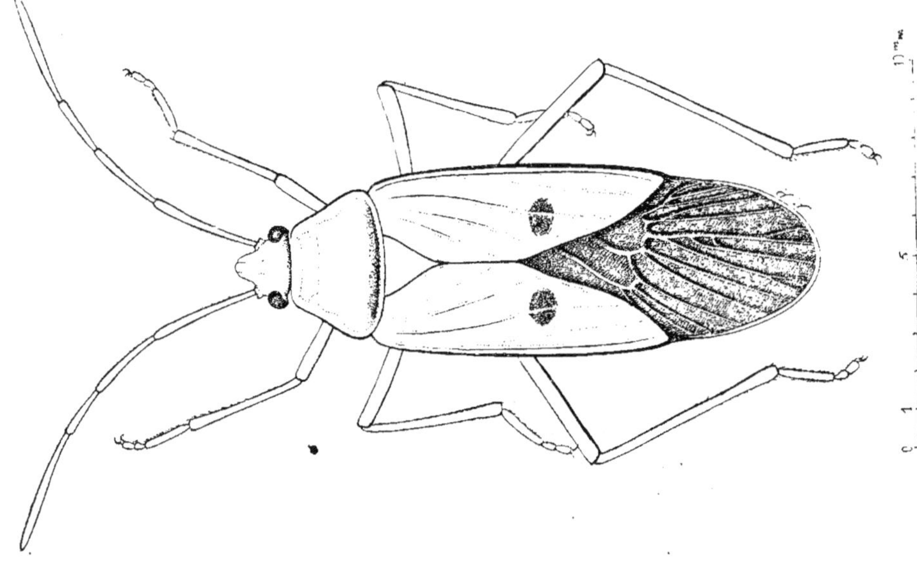

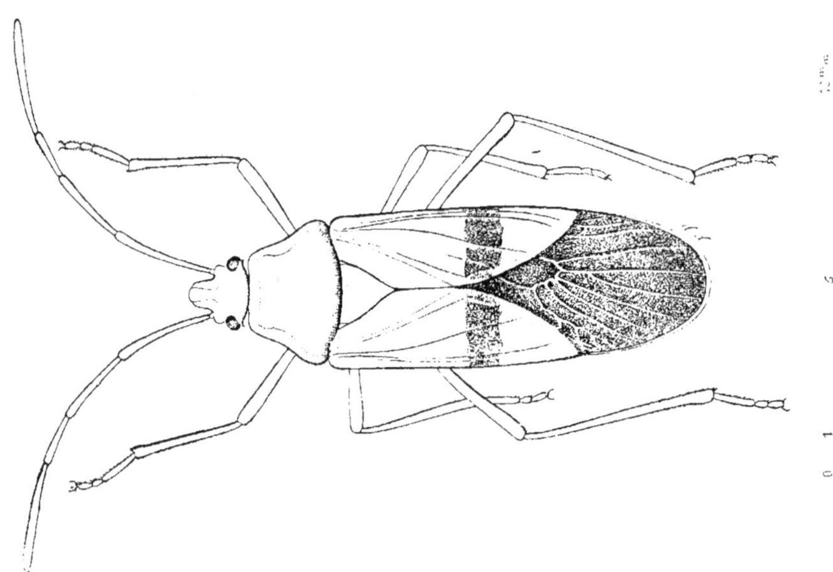

Distribution géographique. — *D. superstitiosus* a une très large distribution géographique en Afrique où il a été observé

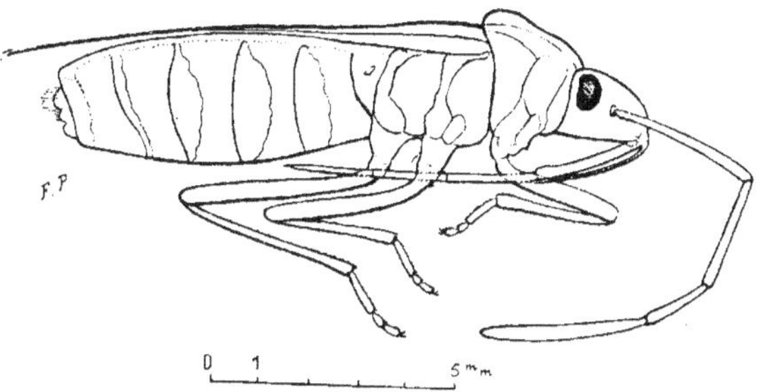

Fig. 40. — *Dysdercus superstitiosus,* vu de profil.

dans toutes les cultures cotonnières continentales sauf celles où le genre *Dysdercus* n'est pas représenté (Egypte par exemple).

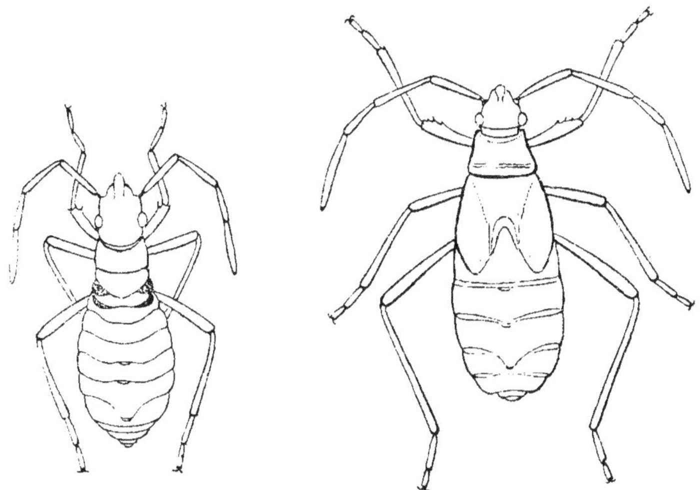

Fig. 41. — *Dysdercus superstitiosus,* 3ᵉ et 4ᵉ stades larvaires
(d'après Schouteden).

Dans les collections du Muséum d'Histoire naturelle de Paris nous l'avons trouvé, pour les possessions françaises, du Gabon, du Haut Dahomey et du Sénégal, d'où il a été signalé également par ROUBAUD en 1913. MIMEUR l'a rencontré non seulement dans cette colonie, mais aussi au Soudan où il est largement répandu. Je l'ai également reçu de Savalou (Dahomey) où BARTHE l'a observé.

Selon toutes probabilités, on doit trouver dans nos cultures cotonnières à certaines époques de l'année, associés à *D. superstitiosus* une série d'espèces du même genre ayant une biologie identique mais une importance moindre. GOLDING, ne signale-t-il pas, en Nigéria, la présence sur les Cotonniers, à côté de *superstitiosus*, de six autres *Dysdercus* (*melanoderes* Karsch., *fasciatus* Sign., *intermedius* Dist., *haemorrhoidalis* Sign., *migratorius* Dist., *nigrofasciatus* Stål) dont la plupart ont été déjà récoltés dans nos colonies, sans qu'on ait encore précisé leur rôle économique.

Généralités sur les *Dysdercus* du Cotonnier.

Plantes nourricières. — D'une façon générale, il semble bien que les diverses espèces de *Dysdercus* vivent surtout aux dépens des Malvacées : *Gossypium, Hibiscus, Eriodendron* (Fromagers), *Bombax* (Kapokiers), *Adamonia digitata* (Baobabs), *Urena lobata, Abutilon, Sida*. On les a signalés également sur Ambrosiacées, *Verbesina, Thespesia* (Catalpa), *Sterculia, Althoea*.

ROUBAUD a observé *D. superstitiosus* sur les meules d'arachides qui sont placées à proximité des Fromagers (*Eriodendron anfractuosum*). Cette punaise s'y installe alors à demeure et s'y reproduit, au même titre que les *Aphanus sordidus* mais sans atteindre jamais l'abondance de ces derniers.

Enfin les observations faites par J. MIMEUR en 1925 permettent d'ajouter à la liste des hôtes de *D. superstitiosus*, le petit Mil : les punaises de tous âges piquent les grains de cette tendre graminée. Les femelles peuvent même pondre entre les épillets et les jeunes larves restent un certain temps groupées. Les *Dysdercus* abandonnent les Mils quand les grains commencent à durcir, en septembre, et se précipitent sur les Cotonniers précoces.

Biologie. — Les adultes de *Dysdercus* apparaissent dans les

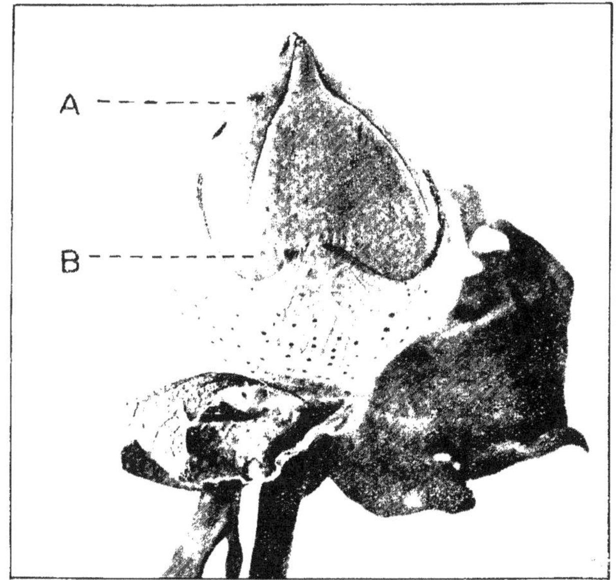

Fig. 1. — Dégât typique sur une jeune capsule produit par
Dysdercus superstitiosus : en A et B, proliférations externes des tissus végétaux, dues aux piqûres (G = 2).

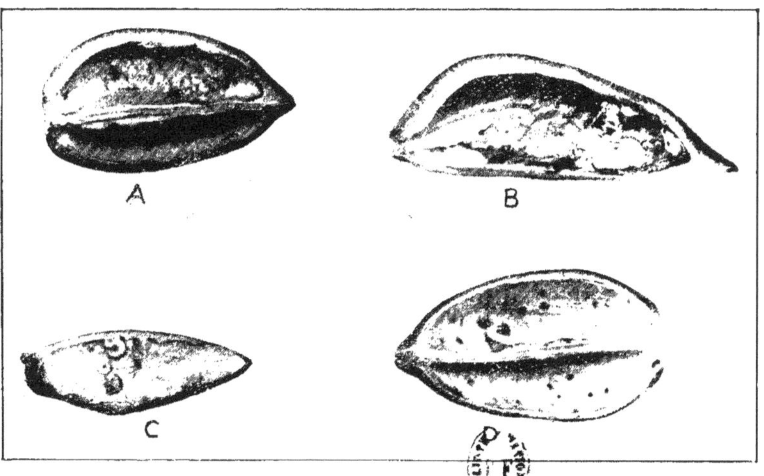

Fig. 2. — Proliférations à l'intérieur des jeunes capsules de coton : A, résultats de plusieurs piqûres du *Dysdercus* ; B, prolifération due à une petite
chenille de *Prodenia litura* et à un *Dysdercus* ; C, dégât caractéristique
du *Dysdercus*, la tache foncée centrale correspond à la piqûre ; D, marques
d'une attaque de *Dysdercus* au début du développement de la capsule ;
elles apparaissent en excroissance d'un vert tranchant.

Clichés aimablement communiqués par l'Imperial Bureau
of Entomology de Londres.

champs de Cotonniers dès que la floraison commence, soit, dans certaines régions tropicales d'Afrique, fin septembre, début octobre. Les adultes sont susceptibles de fournir des vols assez longs mais, aux heures chaudes de la journée, ils restent en général blottis, par groupes sur le sol, sous les feuilles mortes où ils trouvent l'obscurité et la fraîcheur. La ponte s'effectue normalement dans les capsules ouvertes tombées à terre ou à leur voisinage, dans les fissures du sol, ou parmi les graines dans les usines d'égrenage. Selon BALLARD et EVANS, *D. sidae* dépose ses œufs invariablement en amas à une profondeur de plus de 2 cm. 5 dans un sol meuble. Les œufs sont ovoïdes (environ 1 mm. 3 de long sur 0 mm. 8 de plus grande largeur), blanc crème ou jaune clair brillant ; ils sont pondus en groupe et une seule femelle peut en déposer 40 à 60 (*cingulatus, flavidus, obscurantus*) ou plus de 100 (*superstitiosus*).

Les différentes pontes d'une même femelle sont séparées les unes des autres par un intervalle de temps très variable, surtout avec la température : très long en hiver, cet espace devient de plus en plus court jusqu'à un minimum de 3 à 4 jours en plein été (BALLARD et EVANS). L'incubation est de 5 à 7 jours chez *cingulatus* comme chez *superstitiosus* ; l'évolution larvaire (cinq stades) serait, suivant les conditions extérieures, pour *D. superstitiosus* tout au moins (MIMEUR, POMEROY, GOLDING) de 18 à 30 jours. PERRIER DE LA BATHIE écrit que 15 jours après la ponte, la moitié des individus de *flavidus* issus de ces œufs est apte à la reproduction, c'est-à-dire a terminé son évolution. Les larves restent toujours groupées sur des organes dont elles sucent la sève ; ces amas d'insectes d'un rouge vif sont très visibles de loin. Les adultes vivent de 10 à 20 jours, se déplaçant en général par groupes d'un point à un autre. L'évolution complète d'un *Dysdercus*, d'œuf à œuf, est donc normalement d'une durée variant de 40 à 60 jours. POMEROY et GOLDING estiment que *superstitiosus* a 8 à 9 générations par an. Il est probable que *flavidus* à Madagascar en a un nombre supérieur.

Ainsi que ROUBAUD l'a remarqué pour *Aphanus sordidus* qui

s'alimente avec l'huile des graines d'arachide, les *Dysdercus* ont besoin également de trouver à proximité de leur nourriture, une substance aqueuse. Au laboratoire, *D. sidae* par exemple (BALLARD et EVANS) s'abreuve à tous les points d'eau, aux taches humides de papier-buvard ou encore s'attaque à ses congénères. Il a été d'ailleurs souvent remarqué que les adultes de *Dysdercus*, comme d'autres Hémiptères, sucent les œufs fraîchement pondus de même espèce, ou que les larves détruisent de la même façon les individus âgés. Cette nécessité d'avoir un liquide aqueux se manifeste également par la recherche du nectar des fleurs qui a été constatée chez les *Dysdercus* par plusieurs observateurs.

Un autre point très intéressant de la biologie de ces punaises concerne les migrations qui ont attiré l'attention, surtout depuis que UVAROV a donné une explication satisfaisante de ce phénomène chez les Acridiens par sa théorie des phases. WITHYCOMBE étudiant, à la Trinité, la biologie des *Dysdercus* et plus particulièrement de *D. howardi* constate :

1° Que les *Dysdercus* ne sont pas attirés d'une façon appréciable, dans les cultures de Cotonniers, jusqu'au moment où les capsules commencent à s'ouvrir. Il doit alors se dégager des fruits une substance volatile qui constitue l'agent d'attraction pour les insectes cantonnés jusqu'alors sur des Cotonniers sauvages pérennes.

2° Les *Dysdercus* qui font partie de ces migrations correspondent pour 62 % d'entre eux, à un type spécial qui n'est pas la forme typique. Ils déposent leurs œufs dans le sol autour des Cotonniers et la génération suivante a les caractères précis de l'espèce.

BALLARD et EVANS ont étudié *D. sidae*. Ils estiment que la première migration, au début de janvier, a pour but la recherche d'une zone nourricière le long d'un cours d'eau, la distance parcourue pouvant atteindre un mille (1.600 m.). Peu de temps après, une deuxième migration peut avoir lieu mais les individus volent moins bien que les premiers. Les *Dysdercus* se rencontrent tout d'abord, pendant environ 3 se-

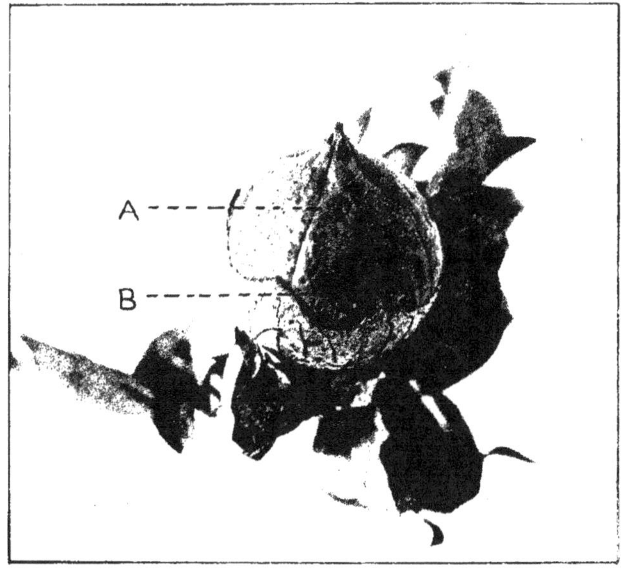

Fig. 1. — Jeune capsule montrant : en A, altérations typiques dues aux piqûres du *Dysdercus superstitiosus* ; en B, morsure d'une jeune chenille de *Prodenia litura*.

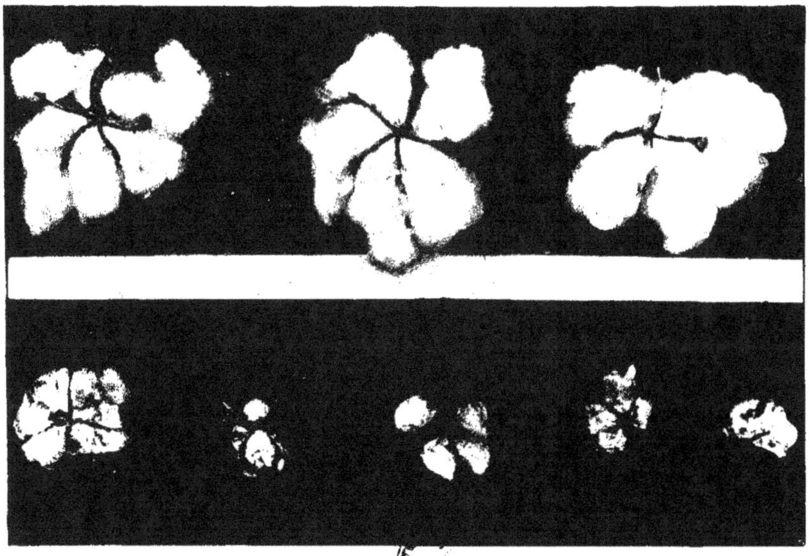

Fig. 2. — En haut : Capsules obtenues après leur avoir évité au cours du développement une attaque quelconque d'insecte ; en bas : types de capsules qui se sont ouvertes prématurément et ont avorté, à la suite d'attaques de *D. superstitiosus*.

Clichés aimablement communiqués par l'Imperial Bureau
of Entomology de Londres.

maines à l'ombre des arbres, la plupart étant accouplés. Puis au cours des 15 jours suivants, ils se portent sur *Abutilon oxycarpum, Sida retusa, S. subspicata, S. malvastrum.* Ils arrivent sur Cotonnier quand cette plante peut les alimenter, mais celle-ci ne paraît pas exercer sur les punaises une attraction particulière.

Selon Cowland et Ruttledge qui ont observé au Soudan anglais les *Dysdercus (fasciatus, nigrofasciatus* et *superstitiosus)*, les migrations auraient également pour but la recherche de nourriture sans que les Cotonniers aient un pouvoir attractif plus grand que les autres plantes nourricières.

Enfin, Golding (1925 et 1928) précise des détails intéressants sur les migrations en Nigéria de *D. superstitiosus*, pour lequel il insiste sur la distinction à faire entre la forme à bande transversale noire sur les élytres et la forme à tache plus ou moins circulaire à la place de la bande. Dans une station donnée au début d'août 1924, l'entomologiste anglais voit arriver sur Cotonnier des *migrantes* au nombre de 157 dont tous, sauf un, étaient du type à bande tandis qu'il n'observait en juillet et août sur *Hibiscus sabdariffa* que des individus à tache. Le 2 septembre, 83% des 1054 adultes récoltés sur Cotonniers étaient avec bande, 13 % à tache et enfin 4 % étaient des *D. melanoderes* Karsch. La semaine suivante, 1249 insectes étaient recueillis et les pourcentages étaient respectivement 32, 56, et 12. Fin septembre, sur 4270 *Dysdercus* récoltés, les pourcentages étaient respectivement 7, 71 et 20. De ces observations et de celles qui ont suivi, on peut conclure, d'après Golding, que *Dysdercus superstitiosus* à deux formes : une forme à tache qui émigre du Cotonnier sur *Sterculia* et *Bombax* en janvier, février et mars, tandis que le type à bande demeure sur le Cotonnier. En avril, les adultes à bandes émigreront à leur tour sur *Sterculia* et *Bombax* et on en trouve beaucoup au voisinage des champs de Cotonnier se nourrissant des graines de toutes les Malvacées. La variété à bande est plus abondante sur tous les hôtes (Graminées exceptées) de mai à septembre. En octobre, un afflux soudain de *migrantes* à tache prend place sur Cotonnier et Maïs. En novembre ce même type apparaît sur Sorgho *Hibiscus esculentus* et *H. sabdariffa*. Enfin il est noté que les individus à bandes sont rarement vus sur Maïs et sur le Sorgho (Guinea corn).

Ainsi, les *Dysdercus* présentent des migrations sur lesquelles il serait indispensable de recueillir une documentation précise dans nos colonies afin de pouvoir préconiser des moyens de lutte rationnels fondés sur leur biologie (1).

Dégâts. — Les altérations de la plante causées par les attaques des *Dysdercus* se manifestent sur les divers organes parasités par ces insectes. Larves et adultes sucent la sève 1° des parties vertes et tendres de la plante qui perd ainsi sa vitalité; ce qui entraine un abaissement de la quantité et de la qualité des fibres ; 2° des jeunes capsules vertes sur lesquelles apparaissent des taches brunes (fausse anthracnose du Cotonnier) et qui ne produisent que des fibres de qualité inférieure. Ces piqûres peuvent également amener la dessiccation et la chute du fruit ; 3° des bractées des jeunes capsules dont la croissance est alors arrêtée.

Au sujet de ces altérations, M. PERRIER DE LA BATHIE écrit, en parlant du *D. flavidus*, « cette espèce suce les capsules non mûres, les dessèche et les force à s'ouvrir avant maturité. Le coton de telles capsules pourrit rapidement dans les capsules mûres et n'a plus par suite aucune valeur industrielle ».

Il y a lieu d'ajouter que les adultes aspirent peut-être de préférence l'huile des graines des fruits déhiscents.

Enfin des dégâts d'autre nature, et non les moins importants, résultent de la souillure des fibres, produite par le liquide qui s'écoule des graines piquées, par les déjections, par le produit des mues et surtout par l'écrasement des larves au cours de la cueillette et de l'égrenage.

Dans certaines régions, la destruction des capsules par la succion des *Dysdercus* est alarmante, et, par exemple aux îles Bahamas, la récolte d'été est complètement supprimée et la

1. P. LESNE (*op. cit.* p. 261) a observé des migrations de *D. superstitiosus* et de *D. fasciatus* en Mozambique mais ne paraît pas avoir remarqué les faits notés par GOLDING.

suivante est réduite de moitié. Ballard (1927) estime à 80 %
les dommages annuels dûs à *D. sidae* au Queensland.

D'une façon générale, il semble bien dans les diverses régions
où il existe des *Gossypium* indigènes que ceux-ci sont peu sensibles aux attaques des *Dysdercus* tandis que les espèces importées le sont au contraire beaucoup.

Une dernière action néfaste des *Dysdercus* pour le Cotonnier
est la propagation par ces insectes de certaines maladies cryptogamiques. Au Congo belge, J. Ghesquière signale que le
développement de certains champignons, notamment de *Neo-
cosmopora vasinfecta* S. M., suit souvent l'attaque de *D. superstitiosus*. Des recherches de Peacock en Nigeria on peut conclure
que les dégâts sur capsules dûs à des champignons se montrent
seulement dans les capsules piquées par les *Dysdercus*. Les
fruits mis à l'abri des insectes restent indemnes de cryptoga-
mes. Les lésions provoquées par ces derniers parasites consistent
en traînées jaune sale, diffusées dans la plus grande partie des
fibres à partir d'un point noirâtre correspondant à la piqûre.

Toutes les expériences ont permis de noter le rôle joué par les
Dysdercus. Ainsi de belles capsules saines mises en présence de
quelques individus pendant 48 heures présentèrent 8 jours après
des taches brunes sur leurs graines et des fibres maculées en
brun. Les spores apparaissent dans les deux jours qui suivent.
Enfin les essais destinés à séparer champignon et insecte ont
échoué. L'antracnose due à *Glomerella gossypii*, ne se produit
qu'après les piqûres de *Dysdercus*. Un *Fusarium* serait également
favorisé par ces dernières (Peacock).

Ennemis naturels. — On ne nous a signalé aucun prédateur
ou parasite des *Dysdercus* dans nos colonies. Toutefois Myers
(1928) en indique plusieurs tant d'Afrique (divers *Phonoctonus*,
des *Tachinides*) que d'autres régions telles que la Trinité (*Trichopoda* sp.) et le Pérou.

Moyens de lutte. — Ghesquière demande la destruction
des gites à *Dysdercus*, la propreté des terrains entourant les
usines d'égrenage, l'enlèvement des tas ou amas de graines et de
fibres dans ou près des exploitations. Il est recommandé essen-

tiellement, au début de la saison des pluies de détruire les plantes hôtes spontanées, c'est-à-dire surtout les Malvacées, Cotonniers vivaces, *Hibiscus* ainsi que les *Eriodendron* (Kapokier), les *Thespesia* (Catalpa) etc. (GHESQUIÈRE, PERRIER DE LA BATHIE, WILLIAMS).

Dans certains cas, on utilise au contraire certains de ces végétaux comme plantes pièges. Selon DUPORT, à Pusa il a été remarqué que *Hibiscus esculentus*, fructifiant plus tôt que le Cotonnier, était d'abord attaqué par *D. cingulatus* et que son utilisation en plante piège permettait de capturer un grand nombre d'insectes : les expériences tentées dans un champ de Cotonniers réussirent parfaitement et ces plantes fructifièrent normalement. Le piégeage peut être entrepris différemment : JHAVERI serait satisfait contre *D. cingulatus* de l'emploi de graines mouillées de Cotonnier, placées sur le sol ou suspendues aux branches dans des sacs en mousseline. Les insectes sont attirés en grand nombre et on les fait tomber dans un seau contenant une émulsion de pétrole. De petits tas de feuilles ou de graines de Cotonnier, des morceaux de Canne à sucre, des fruits de Baobab tombés à terre, etc. sont conseillés pour attirer les *Dysdercus* qui sont ensuite détruits par arrosage d'eau bouillante, d'une eau de chaux ou d'une émulsion savonneuse de pétrole. COWLAND et RUTTLEDGE utilisent la lampe à souder pour tuer sur les pièges les *Dysdercus*. VUILLET signale qu'une variété de Sorgho, le mil maïs, peut également être utilisé pour plante piège : on en plante de loin en loin quelques lignes dans les champs de Cotonnier.

Comme méthode culturale, il est recommandé par EACLE :

1º Ne pas planter le Cotonnier dans les sols où il devient trop luxuriant ;

2º Espacer les plants pour diminuer l'humidité en facilitant l'aération ;

3º Eviter les engrais azotés poussant à la foliaison et utiliser les phosphates poussant à la fructification ;

4º Semer des variétés précoces.

Des indications semblables sont fournies par MUMFORD qui insiste sur les facteurs altérant la vitalité des plantes et favorisant ainsi les attaques des *Dysdercus*, tels que mauvaise aération du sol qui entraîne une réduction de la fonction d'absorption des racines, transpiration excessive, excès de pluie modifiant la concentration des hydrocarbones dans le sol, etc.

La limitation de la saison d'ensemencement a été préconisée (JACKSON), de même l'utilisation de variétés précoces qui servent alors de pièges (HEWISON et SYMOND).

Selon GOLDING et LEAN, la section de botanique du département d'Agriculture de Nigeria a sélectionné une variété *Gossypium vitifolium*, qui paraît très résistante aux attaques de *Dysdercus* et qui donne des fibres supérieures à celles de *G. hirsutum*.

Enfin dans toutes les régions où ces punaises existent, le ramassage est pratiqué d'une façon très active. Aux Indes (JHAVERI), au lever du jour, on récolte les insectes en secouant les branches au-dessus d'un entonnoir auquel est fixé un sac. On peut également employer un panier qui est trempé de temps en temps dans une émulsion de pétrole. De tels procédés auraient permis en Rhodésie, de mars à juin 1928, de récolter plus de 140.000 individus.

LYGEIDAE

Les punaises de la famille des *Lygeidae* se reconnaissent essentiellement parce qu'elles ont des ocelles sur la tête et que la membrane des hémi-élytres a peu de nervures (fig. 42).

M. BARTHE, de Savalou (Dahomey) m'a communiqué, en 1927, des exemplaires d'un Hémiptère récolté sur Cotonnier avec des *Dysdercus superstitiosus* dont il a sensiblement la taille et avec

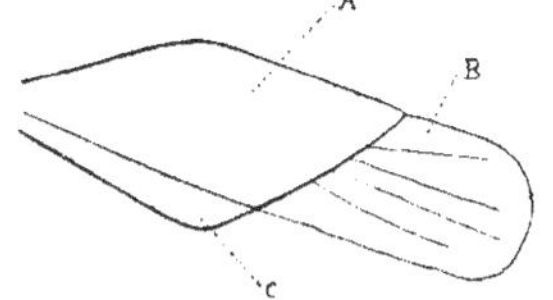

Fig. 42. — Aile de Lygéide (côté droit. A, corium ou corie ; B, membrane ; C, clavus.

lequel il pourrait être confondu par inattention. Après comparaison avec les échantillons de la collection Amyot (Muséum d'Histoire Naturelle), je considère cet insecte (fig. 43) comme appartenant au genre *Intracistes*. Des exemplaires « d'origine africaine » existent déjà dans cette collection, mais sans autre indication. Pour ma part je n'ai obtenu aucun renseigne-

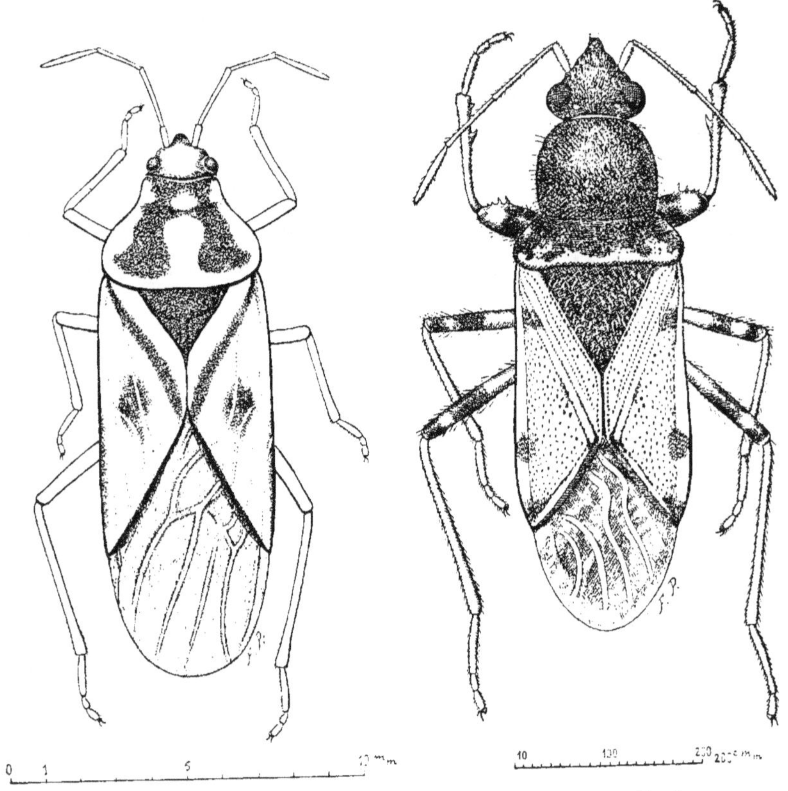

FIG. 43. — *Intracistes* sp.,   FIG. 44. — *Peritrechus* sp.

ment sur le mode de vie de cet *Intracistes* qui doit rappeler probablement celui des *Dysdercus*. Il en est de même d'un *Peritrechus* (fig. 44) que j'ai également reçu du même correspondant dans un lot d'*Oxycarenus* et de *Dysdercus*.

Les Oxycarenus.

Les petites punaises qui appartiennent au genre *Oxycarenus* ont une taille ne dépassant pas quelques millimètres. Elles sont généralement cantonnées sur les plantes de la famille des Malvacées. De nombreuses espèces sont connues sur Cotonnier. Dans un travail récent, HORVARTH n'en donne que six (1). Pour ma part, je peux déjà pour les colonies françaises citer les cinq espèces suivantes :

> *O. bicolor* Fieb. Cochinchine.
> *O. gossypii* Horv. Cochinchine.
> *O. hyalinipennis* Costa, Afrique, Cochinchine.
> *O. lavaterae* Fieb., Maroc.
> *O. luctuosus* Montr., Nouvelle Calédonie.

Il y a lieu d'ajouter qu'en Afrique en particulier, on rencontre plusieurs autres espèces vivant aux dépens du Cotonnier, telles que *exitiosus* Dist. (Uganda), *albidipennis* Stål (Uganda, Zanzibar, Transvaal), *gossypinus* Dist. (Uganda), *dudgeoni* Dist. (2) (Nigeria).

Le g. *Oxycarenus* est représenté dans le sud de l'Europe par *O. lavaterae* et *hyalinipennis*. Par contre il ne semble pas qu'aucune espèce jusqu'à ce jour ait encore été observée sur le continent américain et dans les nombreuses îles voisines. Ainsi les cultures de la Martinique et de la Guadeloupe sont, comme celles de la Guyane, encore exemptes d'*Oxycarenus*. On connaît mal la biologie des espèces autres que *hyalinipennis*, qui a été bien étudié par divers entomologistes et plus particulièrement par KIRKPATRICK en Egypte. Il serait utile maintenant qu'on précise dans chaque région, pour chaque *Oxycarenus*, les différences qui peuvent exister dans son cycle d'évolution et dans son comportement avec l'espèce la plus connue.

OXYCARENUS BICOLOR Fieb.

Description. — Longueur 3 mm. 3 à 3 mm. 5 (fig. 45).
Tête, thorax couvert d'une pubescence blanche, avec antennes

---

1. *Hyalinipennis, exitiosus, saniosus, lugubris, bicolor* et *gossypii*.
2. J. VUILLET donne cette espèce comme très abondante dans le Haut Sénégal-Niger. Je n'ai reçu en abondance de cette région que *O. hyalinipennis*.

et rostre noirs. Clavus brunâtres, corium noir dont la région interne est blanche, la base brunâtre, la pointe triangulaire blanche avec l'extrémité noire. Membrane enfumée, bord interne avec une tache triangulaire blanche et la pointe blanchâtre. Abdomen noir lisse brillant. Thorax noir mat, grossièrement ponctué, bords postérieurs et angles blancs. Cuisses brunes, tibias blanchâtres avec extrémité noirâtres.

Répartition géographique. — Cette espèce a été décrite par FIEBER des Indes. Quelques individus ont été récoltés sur Cotonnier en Cochinchine en 1924 par M. A. CHEVALIER qui les a déposés dans les collections du Muséum d'Histoire Naturelle de Paris où ils furent déterminés spécifiquement par le Dr G. HORVARTH.

OXYCARENUS GOSSYPII HORV.

Description. — Longueur 3 mm. 4 à 4 millimètres (fig. 48).

Tête, pronotum, scutellum, meso, et metasternum noirs, à ponctuation dense et distincte avec un léger duvet gris et court. Antennes noires ; le 2e article double du 1er et plus long de 3/10 que le 3e ; 4e article aussi long que le 2e. Rostre noir n'atteignant pas le milieu de l'abdomen. Pattes noires, tibias antérieurs jaune rougeâtre marqués d'une ligne noire sur leur face supérieure ; tibias postérieurs ornés d'un anneau blanc moyennement large ; tarses d'une couleur bleu sombre ferrugineuse à leur base.

Elytres à clavus brun noirâtre, corium transparent un peu enfumé, le tiers basal et le bord costal blancs sans ponctuation. Membrane enfumée. Abdomen lisse, brillant, entièrement noir ou plus ou moins rouge vers le milieu.

Selon HORVARTH, « cette espèce est voisine de *hyalinipennis* dont elle diffère par les antennes entièrement noires, les élytres pris ensemble à bords latéraux parallèles, non divergents en arrière, les 2/3 apicaux des endocories enfumés, le clavus d'un brun noirâtre et la membrane enfumée, moins large et moins largement arrondie au sommet ».

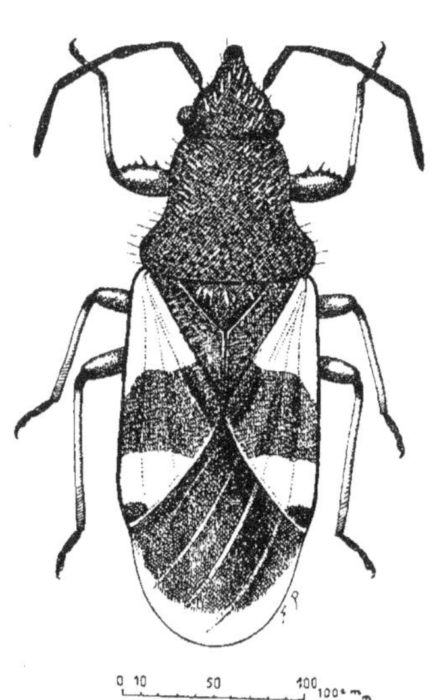

Fig. 45. — *Oxycarenus bicolor.*

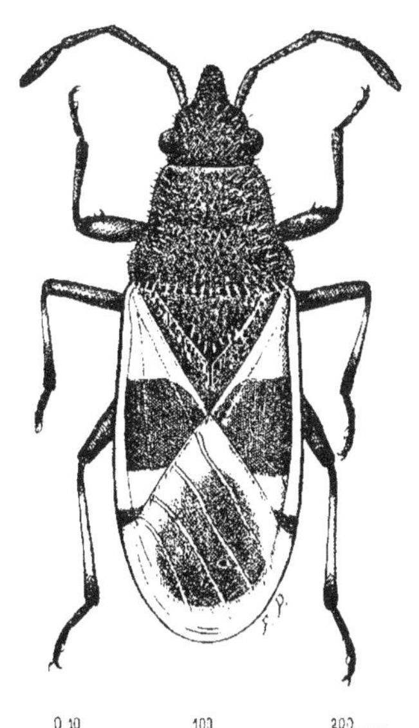

Fig. 47. — *Oxycarenus luctuosus.*

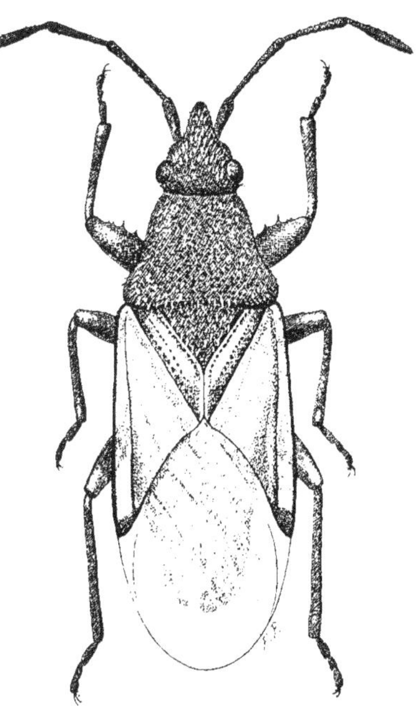

Fig. 46. — *Oxycarenus lavaterae.*

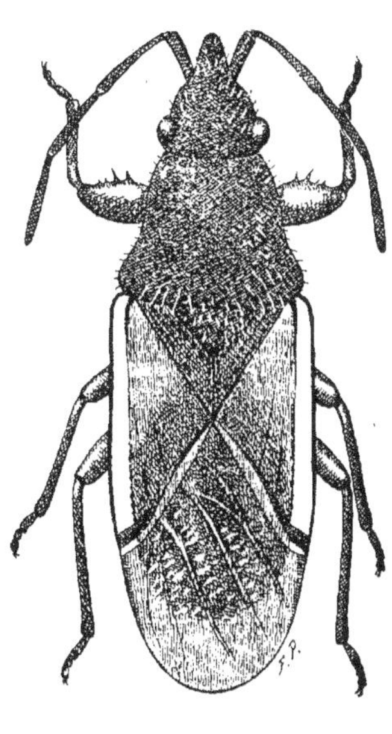

Fig. 48. — *Oxycarenus gossypii.*

Distribution géographique. — *O. gossypii* a été décrit d'après les échantillons qui ont été rapportés au Muséum d'Histoire Naturelle de Paris par M. A. CHEVALIER, et qui avaient été récoltés dans des cultures de Cotonnier en Cochinchine. Malheureusement aucune observation biologique, aussi minime soit-elle, n'a été faite, à ma connaissance, sur cette espèce, ni sur la précédente.

D'après le descripteur, cet *Oxycarenus* existe également à Formose (Takao).

OXYCARENUS LUCTUOSUS Montr.

Description. — Longueur 2 à 4 millimètres (fig. 47).

Couleur générale noire, antennes, tête, prothorax noirs et finement granuleux. Pattes noires sauf les tibias postérieurs qui sont largement blanchâtres en leur partie médiane. Face ventrale noir brillant avec parfois sur l'abdomen des bandes transversales rouges. Clavus et corie blancs avec les angles de celle-ci noirs ainsi qu'une large tache en son milieu. Membrane enfumée en son centre et nettement blanche sur le pourtour.

Distribution géographique. — Cet *Oxycarenus* doit exister dans toute la région australienne. Il a été décrit par MONTROUZIER de la petite île de Lifu. BALLARD le signale du Queensland et enfin j'en ai reçu de plusieurs localités de Nouvelle Calédonie où les échantillons ont été récoltés par J. RISBEC.

OXYCARENUS LAVATERAE Fieb.

Description. — Longueur 4 à 6 millimètres. Se distingue très nettement de toutes les espèces précédentes par la couleur rouge sang de l'abdomen qui n'est noir qu'à son extrémité postérieure. Tête, prothorax, antennes et rostre noir mat. Clavus noir ou rouge noirâtre, densément ponctué. Corium rouge brique. Membrane transparente. Les cuisses sont noires ; les tibias et les tarses brun noirâtre sauf les tibias des pattes postérieures qui sont jaunâtres dans leur partie médiane (fig. 46).

Distribution géographique. — *Oxycarenus lavaterae* est une espèce méditerranéenne connue de France, d'Espagne, d'Italie, de Sardaigne ainsi que d'Afrique du Nord française.

P. MARCHAL a signalé en 1897 les dégâts causés par cet insecte sur des jeunes Pêchers en Tunisie. Selon PAGLIANO *(in litteris)*, *O. lavaterae* attaque particulièrement les Malvacées au printemps et les arbres fruitiers en juin, juillet, époque à laquelle les plantes spontanées que nous venons d'indiquer n'existent plus. Il n'a encore pas été observé sur Cotonnier, cultivé en général loin des fruitiers, tandis qu'il affecte sérieusement les fruits, les pêches notamment, en les suçant jusqu'au noyau.

En Algérie, *O. lavaterae* a été observé sur la Vigne et DELASSUS considère qu'il est, avec *O. hyalinipennis*, un parasite sérieux du Cotonnier. Il note qu'il y eut, en 1920, une invasion importante de ces insectes dans la région d'Orléansville.

Au Maroc, DE LEPINEY et MIMEUR *(in litteris)* ont observé *O. lavaterae* sur les plantes cultivées suivantes :

Abutilon sp., *A. aviennoe*, *Acacia* spp., *Achania mollis*, *Amygdalus communis*, *Bambusa* sp., *Casimiroa edulis*, *Citrus* spp., *Cupressus sempervivens*, *Eucalyptus* sp., *Ficus carica* (1), *F. retusa*, *Gossypium*, *Hibiscus rosa sinensis*, *Ligustrum* sp., *Malus communis*, *Myoporum* sp., *Persica vulgaris*, *Populus nigra*, *P. Hickeliana*, *Punica granatum*, *Rosa* sp., *Salix babylonica*, *Saccharum officinarle*, *Schinus molle*, *S. terebenthifolius*, *Washingtonia* sp.

En outre J. MIMEUR a récolté cet *Oxycarenus* sur les capsules de coton sur lesquelles, certaines années, son action est loin d'être négligeable.

Enfin je dois ajouter que de nombreux échantillons de cette espèce, originaires de l'Afrique orientale anglaise, existent dans les collections du Muséum d'Histoire naturelle.

---

1. Des colonies importantes se fixent sur les feuilles de Figuier ; il s'ensuit souvent la chûte de ces organes et le desséchement des rameaux attaqués.

OXYCARENUS HYALINIPENNIS Costa
Oxycarenus laetus.
Oxycarenus lugubris.

Description. — L'œuf est ovale, environ 0 mm. 95 sur 0 mm. 28. Il a environ trente-cinq stries longitudinales et six petites protubérances à l'extrémité antérieure. De coloration jaune pâle à la ponte, il devient rose quand l'embryon se développe.

O hyalinipennis a cinq stades larvaires. Tous ces stades sont aptères, ont deux articles aux tarses et pas d'ocelles. Les trois premiers sont très semblables, sauf en longueur, qui est respectivement, en millimètres, de 1,2, 1,53 et 2,25. La tête et le thorax sont brunâtre olivâtre et l'abdomen rosé. Le quatrième stade est plutôt brun, plus foncé sur la tête et le thorax, et les moignons alaires visibles sur chaque côté du métathorax, blancs. Le dernier stade larvaire a les ailes qui commencent à couvrir nettement l'abdomen (fig. 49).

L'adulte, à la sortie de la cinquième mue, est rose pâle, mais devient rapidement presque noir ; le mâle (3 mm. 8) est quelque peu plus petit que la femelle (4 mm. 3 et même 4 mm. 8) ; son abdomen est terminé par un lobe arrondi, tandis que celui de la femelle est tronqué. Ces insectes adultes ont trois articles aux tarses et une paire d'ocelles présente. Les articles des antennes sont dans leur ensemble de coloration noire : une tache jaune se trouve à la face externe de l'apex du 5e article ; en général les deux extrémités des articles 3 et 4 sont brunâtres et enfin le 2e article est brun clair sauf le tiers apical et l'extrémité basale qui sont noirs. Les demi-élytres sont hyalines. Les poils répartis sur le corps sont de trois types différents (fig. 50 et 51).

Distribution géographique. — *O. hyalinipennis* est l'espèce du genre qui a la plus grande extension. En Afrique nous le connaissons de l'Algérie (P. MARCHAL), de l'Egypte, du Soudan égyptien, de la Somalie italienne, de l'Uganda, du Congo belge, du Nyassaland, de l'Afrique occidentale française, de Madagascar (CAYLA), du Mozambique (LESNE, voir p. 261).

Il existe en Europe sur certains points du bassin méditerranéen : Espagne, France, Italie, Rhodes et enfin on le retrouve,

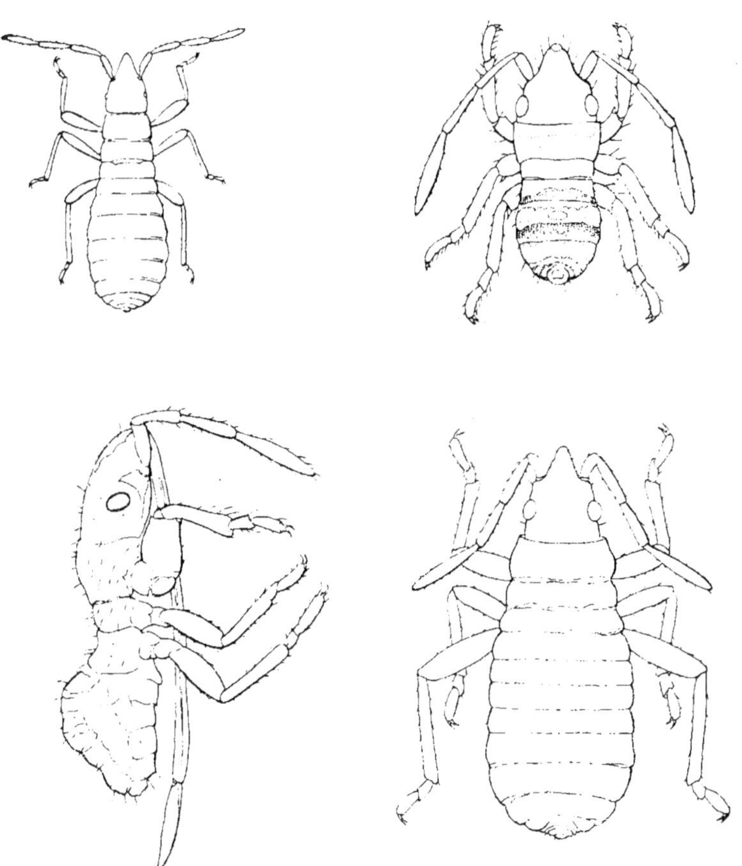

Fig. 49. — *Oxycarenus hyalinipennis* les premiers stades larvaires (d'après Del Guercio).

en Asie, dans les cultures cotonnières des Indes et de l'Indochine (L. Duport).

Plantes nourricières. — Cet Insecte vit sur diverses plantes qui, toutes, à notre connaissance, appartiennent à la famille des Malvacées : *Hibiscus, Paritium, Thiliaceum, Gossypium.* Kirk-

PATRICK signale, en outre, pour l'Egypte, *Sterculia diversifolia*, qui est d'une famille très voisine des Malvacées.

Biologie. Evolution. — Les *Oxycarenus* se rencontrent toute l'année sur les Cotonniers permanents et ils passent sur les plantes annuelles bien avant l'épanouissement des capsules. Toutefois, la période de reproduction débute sur Cotonnier lorsque les premières capsules sont ouvertes et que les graines sont susceptibles de servir à leur nourriture. L'accouplement dure plusieurs heures. Les œufs sont pondus très tôt après le rapprochement des sexes. Ils sont déposés parfois à l'extérieur des capsules, mais le plus généralement, d'après les observations de J. MImeur, dans celles qui ont été percées par les chenilles de *Earias* ou de *Diparopsis*, puis, lorsque la saison est plus avancée, ils sont placés dans les fruits ouverts. Une femelle peut pondre en moyenne une trentaine d'œufs. Les adultes meurent rapidement après la ponte. La période d'incubation varie, avec la température, de quatre jours à 35° C. à quarante-trois jours à 14° C.

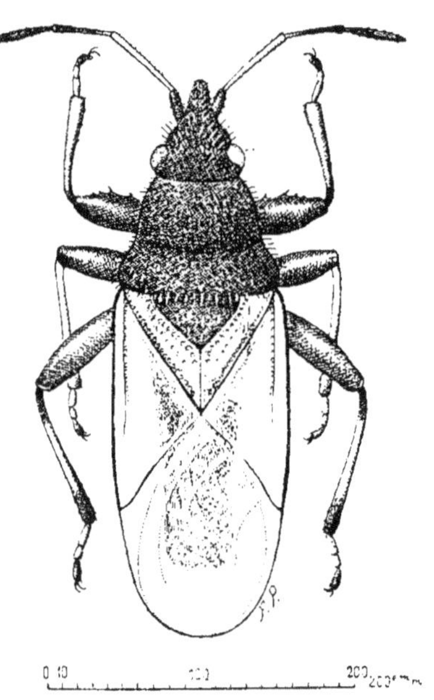

Fig. 50. — *Oxycarenus hyalinipennis.*

Les larves, comme les adultes, vivent en suçant les divers organes de la plante, mais leur nourriture préférée est certainement l'huile des graines. La durée des cinq stades est, en moyenne, d'une quinzaine de jours, bien qu'elle soit très variable, surtout avec la température. Le cycle complet, d'œuf à œuf, est vraisemblablement effectué en une trentaine de jours.

Il y a certainement, en Egypte, au moins trois, peut-être quatre
générations au cours de la belle saison. Ces nombres paraissent
acceptables   pour   nos   colonies   africaines.   En   hiver,   les
adultes passent sur les Malvacées sauvages, les *Hibiscus* et
les Cotonniers vivaces, sur lesquels ils s'alimentent très peu.
D'ailleurs, Kirkpatrick a constaté qu'en Egypte, à l'arrivée
des froids, les *Oxycarenus* émigrent sur divers arbres ou herbes,
autour desquels on les voit voler dès que la température s'élève ;

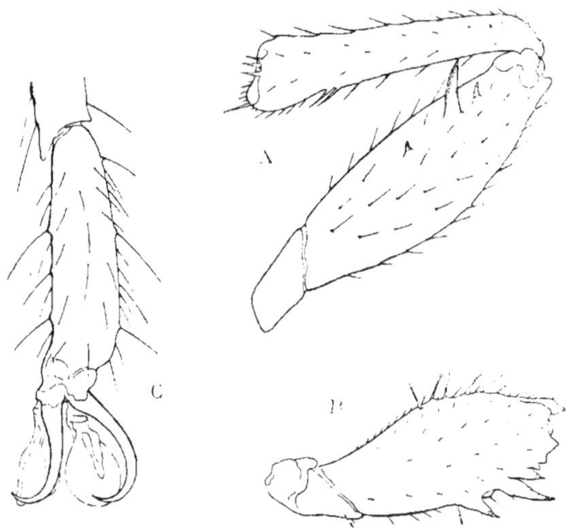

Fig. 51. — *Oxycarenus hyalinipennis* : A, fémur et tibia de la patte antérieure
d'un mâle ; B, fémur antérieur du 4e stade larvaire ; C, tarse et crochets
avec organes adhésifs de la même patte du mâle (d'après Del Guercio).

mais ils ne paraissent pas alors chercher à s'alimenter sur les
hôtes préférés, par exemple sur des graines de Coton.

Au début de la végétation, au printemps, les Insectes se nourrissent surtout aux dépens des glandes des feuilles et il n'est
pas rare, au Soudan français, en mai et juin, de voir à la face
inférieure de celles-ci des groupes de plus de 200 individus
chaque.

Les observations extrêmement intéressantes de Kirkpatrick montrent que toute l'activité des *Oxycarenus*, au cours
de la période de non-reproduction, est sous la dépendance

essentielle des conditions climatériques, probablement un taux élevé de l'évaporation étant l'agent influençant le plus l'activité; et ce serait seulement lors des températures chaudes d'avril, au moment où les Malvacées constituent leurs graines, que la multiplication de l'Insecte reprend. Ces semences ont alors sur ce dernier une action nettement attractive, mais dans un rayon restreint; aussi ne peut-on envisager d'utiliser ces organes comme pièges.

En l'absence de nourriture, l'accouplement a été parfois observé en Égypte, par exemple au début de l'été, mais il est invariablement stérile (1).

Au point de vue de la longévité, à une température de 30° C. et au-dessous, une humidité approchant de la saturation est optimum ; au-dessus de 30°, une température sèche est plus favorable. KIRKPATRICK a, en outre, constaté qu'un même individu est susceptible, au cours de son évolution, de passer sur divers hôtes de l'espèce et, qu'en outre la période de repos ne correspond pas du tout à une hivernation proprement dite, mais qu'elle est provoquée simplement par l'absence, pendant une certaine partie de l'année, des organes (graines) dont les *Oxycarenus* s'alimentent.

Dégâts. — Nous n'avons pu faire aucune évaluation précise sur le rôle néfaste que joue *O. hyalinipennis* dans nos cultures cotonnières coloniales, mais très certainement cette Punaise peut être placée au premier rang des ennemis du Cotonnier, surtout depuis une dizaines d'années. J. VUILLET, qui a longtemps séjourné dans la région de Koulikoro, a souvent signalé, à la Station entomologique de Paris (*in litt.*), les dégâts sérieux causés aux cultures cotonnières de son cercle. D'ailleurs, KIRKPATRICK ne dit-il pas qu'il a pu récolter, dans une seule capsule envahie, 749 *Oxycarenus*, tant adultes que larves !

En Égypte, on estime que le préjudice porté aux récoltes par *O. hyalinipennis* se traduit d'abord par une perte de poids

---

1. Cette observation est à rapprocher de celle, absolument identique, que les Américains ont faite sur la multiplication de l'Anthonome du Cotonnier (*Anthonomus grandis*).

des graines d'au-moins 2, 5 % dans les conditions normales et d'une perte dans la valeur des fibres d'environ 2 % ; ce qui se chiffre annuellement par une perte de 600.000 L. E., dont 100.000 représentent la perte des graines.

Par un examen superficiel, il n'est pas possible de déceler si une graine a été attaquée ou non par les *Oxycarenus*. Mais si la graine est coupée longitudinalement, une décoloration brune caractéristique peut être facilement constatée sur une portion plus ou moins grande de l'embryon. Lorsque l'attaque n'est pas sévère, la décoloration est généralement confinée à la radicule ; ceci n'est toutefois pas absolu. Si une graine a été l'objet, au contraire, d'un parasitisme sérieux, l'embryon entier est décoloré et considérablement recroquevillé.

On comprend alors facilement la diminution considérable de la valeur germinative des graines, consécutive à la présence en abondance des *Oxycarenus* dans les champs. D'après les essais de germination exposés par l'entomologiste égyptien, cette perte peut se porter sur trois quarts des graines de la récolte.

On rencontre souvent un champignon saprophyte sur les graines dont la vitalité a été détruite par *O. hyalinipennis*.

Par contre, il faut reconnaître que l'on a toujours exagéré les inconvénients dus à cette Punaise relativement à la coloration des fibres. Cet inconvénient, si important pour les *Dysdercus*, ne se produit dans le cas des *Oxycarenus* que s'il y a des Insectes vivants au moment de l'égrenage. Or, il suffit de faire cette opération dix jours après la récolte pour éviter la coloration. De même, les excréments n'ont aucun pouvoir colorant et l'odeur des Punaises n'est pas conservée par les fibres. Enfin, KIRKPATRICK démontre que la chute prématurée des boutons ou jeunes capsules ne peut être attribuée à ce même Insecte.

Lutte. — On ne connait, tout d'abord, aucun ennemi sérieux des *Oxycarenus*, qui paraissent ainsi jouir d'une certaine immunité. Pour diminuer, dans la mesure du possible, le nombre de ces Punaises, diverses mesures préventives et curatives doivent être appliquées :

Détruire les plantes sur lesquelles l'espèce peut passer la

mauvaise saison. Ne pas conserver en particulier de Cotonniers bisannuels. Piéger, avant la récolte, avec des *Hibiscus esculentus, H. solda,* etc. Un autre piège consiste à distribuer autour des plantations des perches auxquelles sont attachés des morceaux de vieux sacs où viennent se réfugier les Punaises. On peut encore, dans le même but, disposer dans les cultures, au début de l'été, de petits tas de graines de Coton

Cueillir et détruire les premières capsules attaquées : exercer des enfants à récolter les *Oxycarenus* en même temps que les *Dysdercus,* et de la même manière : secouer les branches portant des parasites au-dessus d'un bidon contenant une émulsion de pétrole et d'eau.

Une brève exposition à la grande lumière fait fuir ou détruire les Punaises. Donc, lorsqu'elles sont nombreuses lors de la récolte, étendre celle-ci sur des nattes au soleil : on évitera ainsi les souillures qui se produiraient durant le stockage et l'égrenage. Cette pratique égyptienne est également en usage dans certains villages bambaras et marakas du cercle de Ségou.

COREIDAE

ANOPLOCNEMIS CURVIPES Fabricius

Anoplocnemis apicalis Westwood.
—   *fuliginosa* Klug.
—   *libyssa* Dallas.
—   *gracillis* Dallas.
—   *bohemani* Stål.
—   *heteroporus* Latreille.

Description. — Face dorsale du corps noir foncé, dernier article des antennes rouge rouille, l'article basal avec un éclat rougeâtre. La paire de stigmates, comprise entre les deuxième et troisième paires de pattes, est auréolée d'une large tache rouge brique. Les bords de la tête ne sont pas tranchants, aigus comme ceux des autres parties du corps. Le rostre est quadriarticulé, le premier article étant le plus long. Les antennes filiformes ont quatre articles ; elles sont portées, en général, vers l'arrière. Deux yeux nettement globuleux sur les côtés de la tête, avec une ocelle de couleur rouge à leur bord interne. Ecusson n'atteignant pas le milieu de l'abdomen.

Pattes postérieures assez longues, cuisses postérieures renflées. Ecusson se terminant postérieurement sur le bord par une pointe dirigée vers l'avant. Il est finement ponctué et partiellement garni de fins petits poils jaunâtres (Pl. VII, fig. 2)..

Longueur du corps : 27 millimètres.

Longueur des antennes : 18 mm. 5.

Longueur du rostre : 5 mm. 5.

Distribution géographique. — Cette grosse Punaise est signalée de presque toute l'Afrique tropicale et équatoriale : Sénégal, Soudan, Guinée, Congo belge, Togo, Nyassaland, Abyssinie, Madagascar, etc.

A Madagascar, une espèce très voisine : *Anoplocnemis madagascariensis*, vivant sur *Cajanus indicus*, *Albizzia lebbeck* et certaines Légumineuses sauvages, s'est parfois montrée nuisible aux jeunes Cotonniers.

Plantes nourricières. — *Anoplocnemis curvipes* est polyphage : C. Mason signale qu'au Nyassaland elle se rencontre sur l'Hélianthe, le Dahlia, le Manguier, *Hibiscus* sp., *Ficus* sp., *Brachystegia* et diverses Légumineuses sauvages. F. Zacher la dit très friande des Légumineuses sauvages et de certaines Fèves. R. Mayné a fort bien observé *A. curvipes* sur diverses Légumineuses et, en particulier, sur *Inga Saman* ; il la cite également ment sur *Hevea*.

Au Soudan français, elle suce les extrémités vertes des tiges (occasionnellement les jeunes capsules) des Cotonniers, des Tomates, des Aubergines, du Gombo (*Hibiscus esculentus*).

Biologie. Dégâts. — Dans le cercle de Ségou, des pontes et des larves ont été trouvées, sur les Cotonniers, en août et septembre. D'autre part voici ce qu'écrit R. Mayné, qui a pu étudier A. *curvipes* au Congo belge, sur *Inga Saman* : « La Punaise « exerce ses ravages à l'état larvaire ainsi qu'à l'état adulte ;

« mais tandis qu'à l'état larvaire. l'Insecte, ne possédant
« que des ailes rudimentaires et se déplaçant par conséquent
« lentement, se laisse facilement capturer à la main, à l'état
« adulte, au contraire, il vole très facilement et sa capture
« nécessite l'emploi de filets.

« On rencontre l'*Anoplocnemis curvipes* sur tous les organes
« aériens de l'*Inga Saman* ; mais ses ravages se limitent aux
« toutes jeunes pousses, parfois au pétiole des feuilles, parfois,
« mais plus rarement, au limbe même de celles-ci. Ces Insectes
« piquent généralement les jeunes tiges à quelques centimètres
« sous le bourgeon terminal, là où les tissus sont tendres et
« abondent en sève. Immédiatement après la piqûre, l'extrémité
« lésionnée s'étiole, devient d'un vert sombre, puis noircit et
« meurt. Si la piqûre est produite sur le pétiole, elle entraine la
« mort de la feuille tout entière. » Ainsi que le fait remarquer
MAYNÉ, les dégâts sont graves sur les Légumineuses ; cet
Insecte, quoique non spécifique aux *Gossypium*, est susceptible
de causer des lésions sérieuses, parfois mortelles, aux jeunes
plants de Cotonnier ; le danger est d'autant plus grand que
l'*Anoplocnemis* est abondamment dispersé dans toute la région.

Ennemis naturels. — Les parasites et prédateurs de *A. curvipes*, dans les colonies françaises, nous sont inconnus. J. GHES-
QUIÈRE a fait, par contre, de très intéressantes observations à
Eala (Congo belge) sur un Proctotrupide, endoparasite des œufs
de l'Hémiptère. D'après cet entomologiste, les Proctotrupides
volent surtout autour des plantes activement visitées par les
Anoplocnemis, et, dès qu'une femelle de Proctotrupide en a
l'occasion, elle se pose sur le pronotum ou sur la partie supérieure de la tête d'*A. curvipes*.

« Le Proctotrupide recherche surtout les femelles et, à défaut
« de femelles, les mâles, mais jamais il ne se rencontre sur les
« larves ou les nymphes d'*A. curvipes*. Le Proctotrupide passe
« du mâle sur la femelle au moment de l'accouplement. La
« ponte de l'*A. curvipes* ayant lieu quelques minutes après
« l'accouplement, le Proctotrupide quitte alors son hôte pour
« aller pondre dans les œufs qui viennent d'être déposés ; sa

« ponte terminée, il va réoccuper sa position primitive sur la
« tête de la femelle d'*Anoplocnemis*. »

Moyens de lutte. — MAYNÉ préconise la récolte des Punaises
à l'aide de filets, les Insectes capturés étant, au fur et à mesure,
plongés dans un récipient contenant de l'eau, sur laquelle sur-
nage une couche de pétrole. Ainsi les Hémiptères sont tués et
le contrôle du travail est assuré. M. C. MASON conseille l'emploi
de l'Hélianthe comme plante-piège.

JASSIDAE

Les Cicadelles du Cotonnier.

Ces petits Hémiptères sont certainement, dans les colonies
françaises parmi les parasites les moins bien observés au point
de vue économique et les moins bien connus au point de vue
systématique. Je n'ai obtenu des échantillons que de l'Afrique
occidentale française grâce aux récoltes de J. MIMEUR. Aucun
fait nouveau n'est malheureusement venu compléter notre
documentation. Je rappelle donc que cinq Cicadelles furent
observées soit au Sénégal, soit au Soudan français. L'une d'elles
a été rapportée avec quelque doute à *Chlorita facialis* Jac.,
déjà étudiée sur Cotonnier au Togo en particulier. Les quatre
autres espèces avaient été soumises à MELICHAR qui me commu-
niqua *in litteris* les noms qu'il leur donnait : *Cicadula scutellata*,
n. sp., *Agallia quatrepunctata* n. sp., *Molopopterus velox* n. sp.
et *M. binotatula* n. sp. Les descriptions n'ont, à ma connaissance, jamais été publiées (1) (fig. 52).

1. Je compte fournir ultérieurement des descriptions de ces Cicadelles dont
je donne aujourd'hui des dessins qui sont rapportés avec doute aux noms (*sine
desc.*) de MELICHAR. Du matériel récolté par J. MIMEUR, j'ai pu séparer déjà
six espèces différentes dont les individus ont été capturés ensemble sur les
mêmes organes attaqués.

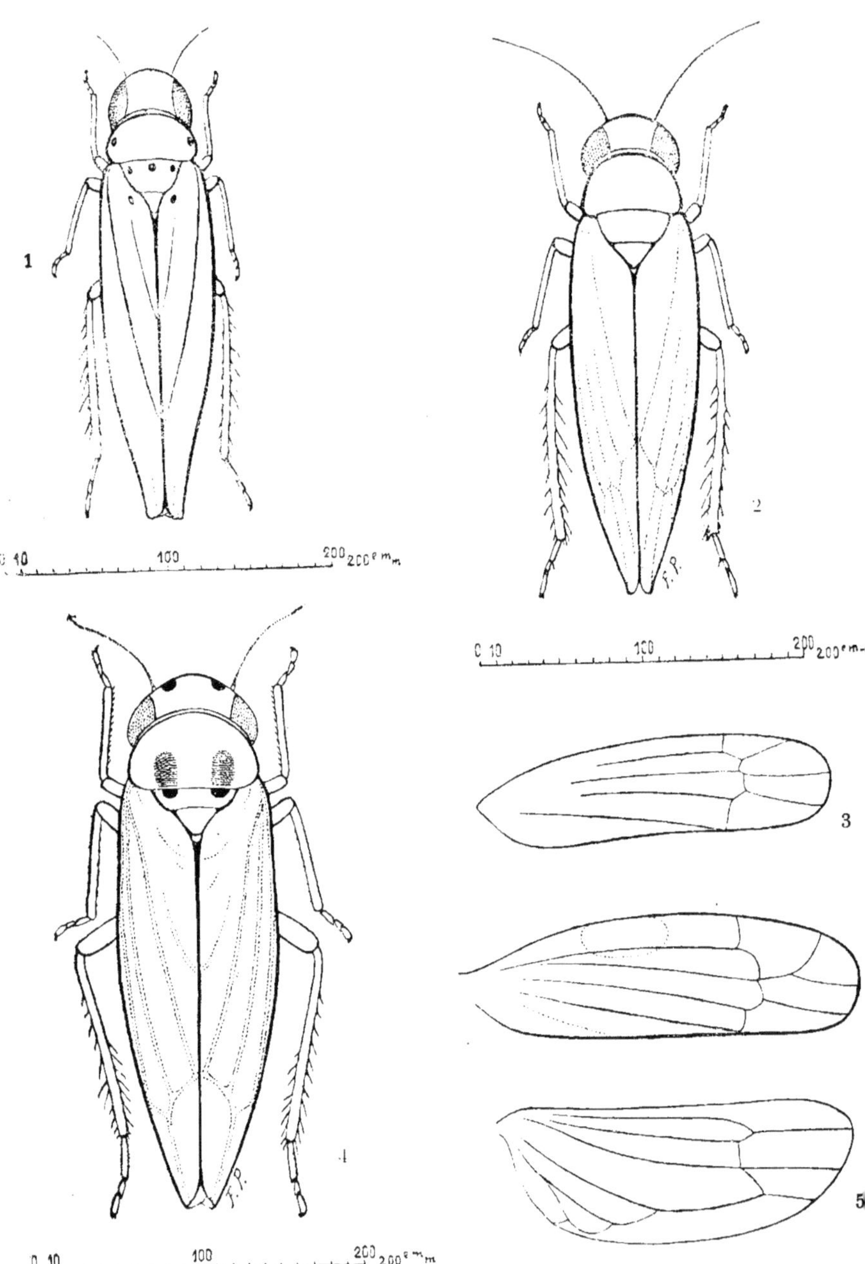

FIG. 52. — Trois Cicadelles parasites du Cotonnier en Afrique occidentale :
1, *Cicadula scutellata* Mel. (?) ; 2, 3, *Melopopterus velox* Mel. (?) ; 4, 5, *Melopopterus binotatula* Mel. (?).

CHLORITA FACIALIS J.ᴀᴄ.

Description. — Tête, pronotum, bouclier varient du jaune à
l'orange et portent des dessins de couleur ivoire et, de plus, une
rayure médiane allant depuis le sommet de la tête jusqu'à la
pointe du front, deux courtes lignes partant du sommet de la
tête et parallèles aux marges intérieures des yeux, deux taches
sur le sommet du front et de chaque côté de la rayure médiane
et deux traits obliques qui vont vers la base des antennes ; cinq
taches le long de la marge antérieure du pronotum ; sur le bouclier, deux traits médians réunis vers l'arrière, deux traits le
long de la bordure et une bande dentelée derrière.

Ces dessins du bouclier se confondent plus ou moins entre
eux dans le milieu. Le clypeus, les joues, la poitrine, les jambes
et l'abdomen sont jaune pâle. La pointe du rostre est rouge
orange, les pointes des tarses sont brun noir. La pointe des ailes
antérieures est enfumée. Longueur : 3 mm. 1/2.

Distribution. — La présence de cette Cicadelle a été reconnue
au Togo, dans l'ex-Est Africain allemand, en Afrique du sud,
au Soudan français, dans le Haut-Sénégal et la Basse-Mauri-
tanie.

Plantes nourricières. — *C. facialis* vit sur Cotonniers, *Hibiscus
esculentus*, *Abelmoschus moschatus* et, d'une façon incertaine,
sur *Ricinus communis* et diverses Cucurbitacées.

Biologie. Evolution. — L'incubation dure de six à neuf jours.
Les jeunes larves mesurent moins de 1/2 millimètre à leur naissance ; elles subissent quatre mues, les embryons d'ailes apparaissent après leur deuxième mue, alors qu'elles ont 2 millimètres
de longueur. L'évolution larvaire s'accomplit en dix ou douze
jours.

En août, dans la région de Ségou, le cycle se termine en trois
semaines environ.

Dégâts. — Les aptères et les ailés se tiennent de préférence
à la face inférieure des feuilles, dont ils sucent la sève ;
les limbes attaqués sont tachés par le produit des mues et les

excrétions ; ils se gaufrent lorsque les *Chlorita* sont nombreuses. Les dégâts peuvent parfois être comparés à ceux des Pucerons. Cet Hémiptère est accusé de transmettre d'une plante à l'autre certaines maladies microbiennes ou cryptogamiques (rouille bactérienne, mosaïque, maladie du durcissement, etc.). Ce rôle est fort vraisemblable, mais il serait nécessaire de le mettre bien en évidence pour le Cotonnier (1).

Ennemis naturels. —En Afrique occidentale, la larve d'un Hémérobe, prédateur des Pucerons du Coton et du Mil, détruit les *Chlorita* sous leur forme aptère, mais ce parasite est rare.

Lutte. — Il est recommandé de pulvériser des solutions savonneuses ou des émulsions de nicotine et de savon. On peut encore utiliser des poudrages d'un mélange de deux parties de pyrèthre et d'une partie de fleur de soufre.

Les frères PENTZEL ont remarqué, dans l'ex-Est Africain allemand, que les petites Cicadelles n'aimaient pas les plantes fréquentées par les Fourmis ; ils conseillent de laisser, près des champs de Cotonnier, des bandes de terre en jachère, afin de conserver volontairement des Fourmis. D'après les cultivateurs bambaras, les *Chlorita* n'infestent jamais les Cotonniers croissant dans les champs de Mil, ni dans les plantations mal entretenues, envahies par la végétation adventive. Les mesures qui pourraient être la conséquence de ces observations sont en général incompatibles avec le bon état sanitaire des cultures.

Enfin PARNELL serait très satisfait, en Afrique du sud, de l'emploi de plants sélectionnés : certaines variétés du Cambodge montreraient une immunité complète ; des hybrides du Zoulouland et de Bancroft seraient également très résistants.

---

1. Le D' STANER, mycologiste du Congo belge, est très affirmatif sur ce point et considère que *Chlorita facialis* fait s'étioler les feuilles après leur avoir inoculé la maladie bactérienne ou le *Cercosporella* (*Bull. agric. Congo belge*, XIX, n° 4, p. 529, 1928).

APHIDIDAE

Les Pucerons du Cotonnier.

Il est curieux de constater que la famille des *Aphididae* ou Pucerons est très pauvrement représentée sur le Cotonnier. Des colonies françaises, jusqu'à ce jour, on ne connaît qu'une seule espèce, *Aphis gossypii* Glov., qui est susceptible, certaines années, de se multiplier en quantité suffisante pour affaiblir sérieusement les jeunes plants. Des autres pays producteurs de coton on ne signale en général que ce même insecte. THEOBALD a déterminé en outre, d'Egypte et du Soudan anglais, *Aphis sorghi* Theob, qui n'a jamais été observé par MIMEUR sur Cotonnier en Afrique occidentale (1). Aussi dans ce qui suit, *A. gossypii* sera seul étudié en insistant sur les insectes auxiliaires qui limitent son extension ainsi que sur les produits insecticides susceptibles d'être utilisés contre cette espèce comme contre la plupart de ses congénères.

APHIS GOSSYPII Glov.

Synonymie (2) : *Aphis bauhiniae* Theob.

      — *citrulli* Ashm.

      — *cucumeris* Forbes.

      — *cucurbiti* Buckt.

      — *malvae* Koch.

      — *malvearum* v. de Goot.

      — *malvoides* Das.

      — *parvus* Theob.

      — *shiraki* Takah.

      — *tectonae* v. de Goot.

  Toxoptera leonuri Takah.

---

1. Les essais de passage de *A. sorghi* (Puceron blanc du Sorgho) des Graminées sur Cotonnier ont échoué (Voir P. VAYSSIÈRE et J. MIMEUR, p. 111).
2. D'après THEOBALD : The Plant Lice or *Aphididae* of great Britain, II,1927.

Description. — Plusieurs auteurs ont donné des descriptions très complètes de ce Puceron (PERGANDE, THEOBALD, GILETTE, VAN DER GOOT). En voici une, d'après nos divers documents ; toutefois elle ne peut avoir qu'une valeur relative : la détermination définitive de cette espèce, comme des espèces voisines, nécessite l'examen approfondi par un spécialiste de certains organes : sensorias des antennes et région caudale des migratrices en particulier.

Femelle vivipare aptère : Sa longueur est 1 mm. 6 à 1 mm. 8, plus grand diamètre autour de l'abdomen 0 mm.6, abdomen pyriforme, antennes grêles, atteignant ou dépassant le milieu de l'abdomen. Les nectaires ou siphons au moins deux fois aussi longs que les tarses postérieurs et les cornicules cylindriques ; rostres fort atteignant le troisième coxa. Un tubercule proéminent, latéral, conique et charnu existe parfois de chaque côté du prothorax et derrière les nectaires. Les couleurs sont très variables, même entre les individus d'une colonie donnée : les vieilles femelles sont de teinte jaune ou verte allant du très clair au très foncé, parfois presque noir, elles sont fréquemment marquées d'ombres noires ; cette variation de teinte est quelquefois aussi très prononcée chez les jeunes. Yeux bruns ; antennes blanchâtres ou jaune pâle avec l'extrémité du sixième et dernier article noire ; le coxa, l'apex du tibia et le tarse sont foncés ou noirs, les nectaires sont noirs, la partie caudale verdâtre sombre. Le tout est couvert d'une délicate excrétion plus ou moins apparente pruineuse.

Larve : Couleur très variable suivant les individus, allant du vert sombre à l'orange ou au rouge brun; certaines larves sont gris bleu ; tête et premier segment thoracique sombres ; les méso et métathorax sont blanchâtres, jaunâtres ou vert glauque, marqués chacun de deux faibles raies médio-dorsales sombres. Ailes embryonnaires et nectaires foncés ; les autres organes sont identiques à ceux de la femelle aptère. Le corps est couvert d'une pruine et généralement marqué de quatre raies longitudinales blanches qui en font le tour avec des taches pulvérulentes.

Femelle ailée : Envergure de 4 mm. 6 à 6 mm., longueur de 1 mm. 2 à 1 mm. 8 ; forme plus élancée que la femelle aptère. Tibias plus larges et plus minces, nectaires et queue plus courtes que dans cette dernière. Couleur générale jaune, jaune verdâtre ou vert foncé, avec, chez les individus foncés, la base de l'abdomen plus ou moins distinctement orange. Yeux bruns foncés ; antennes, tête, une large bande à travers le prothorax, lobes mesothoraciques et plaques sternales, quatre taches abdominales latérales et nectaires, le tout noir. Partie restante du thorax plus ou moins orange, jambes jaunâtres. Le coxa et la portion terminale du fémur, le tibia et le tarse noirâtres. Rostre jaunâtre, base et extrémité noirâtres. Queue verdâtre ou sombre ; ailes délicates incolores, irisées, nervures noires et très minces, stigmates verdâtres pâles ou gris jaunâtres. Articles des antennes, sauf les deux basilaires distinctement dentelés ou imbriqués, l'article 7 est quelquefois le plus long, le troisième se place immédiatement après comme longueur, les articles 4 et 5 sont égaux en longueur, souvent plus courts que le troisième. L'article 3 possède de cinq à sept sensorias disposées sur une ligne régulière et une sensoria se rencontre près de l'apex des cinquième et sixième articles.

Plantes nourricières. — La plupart des Cucurbitacées ; les divers *Gossypium* (Cotonnier) ; *Solanum* spp. ; *Portulaca oleracea* ; *Lycospermum* ; *Capsella bursa-pastoris* ; *Lepidium virginicum* ; *Rumex* spp. ; *Lappa major* ; *Taraxacum dens-leonis* ; *Chenopodium album* ; *Plantago virginica* ; *Stellaria media* ; *Convolvulus* ; *Acalypha virginica* ; *Diodiatera* ; *Nepeta glechoma* ; *Trifolium pratense*, *Malva rotundifolia* ; *Phaseolus nanus* ; *Spinacia oleracea* ; *Humulus lupulinus* ; *Pyrus communis* ; *Cornus mas* ; *Datura stramonium* ; *Cosmia* sp. ; *Begonia* sp. ; *Hydrangea* sp. ; *Hibiscus* spp. et Avoine (*Avena fatua*) dans les serres ; *Tectona grandis*, *Casuarina equisetifolia* et *Melastoma*.

Distribution géographique. — Angleterre, Russie, Amérique du Nord, Mexique, Brésil, Antilles (Montserrat, Barbades), Jamaïque, Australie, Afrique du Nord, Afrique orientale anglaise, Uganda, Nigeria, Cameroun, Afrique occidentale française, Guinée anglaise, Soudan anglais, Egypte, Chypre, Indes, Chine, Sumatra, Formose, Fidji, Queensland.

Bien que la plupart des colonies françaises ne figurent pas dans cette énumération, il est fort vraisemblable que *A. gossypii* se rencontre sur leur territoire.

Biologie. Evolution (sur le Cotonnier). — *Aphis gossypii* forme sous les feuilles, sur les pétioles, les bourgeons, les bractées, des colonies parfois très importantes composées de femelles ailées et aptères, et de formes larvaires.

Les colonies ont pour origine une femelle ailée qui apparaît avec les premières feuilles. Dans les districts de Koulikoro et de Ségou, de juillet à octobre, une femelle aptère vit de vingt-cinq à trente jours, elle mue trois fois au cours des cinq ou sept premiers jours d'existence, puis donne naissance, généralement à partir du lendemain de la dernière mue, à deux ou trois jeunes par vingt-quatre heures pendant quelques jours, cette quantité s'élève à quatre ou cinq par la suite ; elle peut atteindre huit. Après dix-sept ou vingt jours, la reproduction décroît pour s'éteindre complètement environ quarante-huit heures avant la mort. En octobre, la vie est plus courte et la reproduction moindre.

Ces Pucerons passent la saison sèche, en très petits groupes (on les rencontre parfois isolés), sous les feuilles de Cotonniers et des *Hibiscus* persistants. J. Mimeur n'a pas eu l'occasion d'observer la forme sexuée et l'œuf, ce qui correspond bien à l'opinion de Gillette et de Theobald que *A. gossypii* est un Puceron se reproduisant indéfiniment par voie parthénogénétique. La reproduction, bien qu'atténuée, se poursuit durant toute la mauvaise saison. Dès que les conditions extérieures deviennent favorables, la pullulation se fait activement en raison du grand pouvoir prolifique de chaque sujet et de la vitesse de succession des générations.

Au cours de cette période défavorable, non seulement la reproduction est atténuée, mais il y a aussi nanisme, c'est-à-dire que les individus restent relativement longtemps au premier stade larvaire. Ce phénomène n'est pas rare dans la famille des Aphidides et on l'observe particulièrement bien, en France, chez les Pucerons de l'Orme.

Dégâts. — Lorsque les Pucerons sont nombreux, leurs piqûres provoquent le gonflement des limbes et aussi leur décoloration, parfois la chute des feuilles, en particulier sur les jeunes Cotonniers importés, et même l'arrêt du développement de la plante ; les capsules ont tendance à s'ouvrir prématurément.

Au Texas, F. D. Sanderson a fait des observations comparables et estime que les Pucerons du coton causent de graves dommages ; il ajoute que ces insectes disparaissent avec la venue des chaleurs.

Aphis gossypii amène, en outre, la formation d'un enduit mielleux plus ou moins intense sur les organes verts, et les observations de J. Mimeur en Afrique occidentale donnent à penser que l'Asal (1) du Soudan Égyptien est identique au N'Dioumane (2) de la vallée du Sénégal ; ce revêtement obstrue les stomates et les pores servant aux échanges entre le végétal et l'extérieur : de plus il constitue un milieu favorable au développement d'un champignon noir, *Capnodium* sp., qui donne très vilain aspect à la plante. Il s'ensuit toujours un affaiblissement plus ou moins considérable du sujet parasité.

D'après H. W. Bedford, *A. gossypii,* comme *Heliothrips indicus* et les *Aleurodes*, amène la production de l'Asal qui, toutefois, pourrait avoir une cause physiologique et apparaître sans la provocation d'un insecte, mais ce cas serait rare. Cette affection est particulièrement grave pour le Sorgho et le Mil, nous en avons fait une étude spéciale sur ces Graminées, d'après des observations particulièrement précises de J. Mimeur en Afrique occidentale.

Lutte. — Les insecticides de contact sont évidemment à conseiller pour lutter contre ce Puceron. Les solutions

---

1. Asal = miel en dialecte du Soudan égyptien.
2. N'Dioumane = miel en dialecte sénégalais (Toucouleur).

à base de nicotine en particulier sont recommandables.

Nous rappelons que la nicotine est un alcaloïde très toxique pour la plupart des insectes. Elle agit à la fois comme poison interne et comme poison externe. Voici une formule qui a donné d'excellents résultats contre les Pucerons des Arbres fruitiers en France (A. PAILLOT) :

Extrait nicotiné (à 500 gr. de nico-
tine par litre).................... 2 à 300 gr.
Savon blanc .... 1 kilog.
Eau .... 100 litres.

Le savon blanc rend, en général, la bouillie plus mouillante que le savon noir et favorise une meilleure répartition de la nicotine sur le feuillage.

Pour dissoudre le savon, employer de préférence l'eau de pluie ; l'eau ordinaire est, en effet, plus ou moins calcaire et immobilise une certaine quantité de savon ; pour éviter cet inconvénient, on peut ajouter à l'eau une poignée de cristaux de soude.

II. D. SANDERSON indique également une émulsion d'huile de baleine et de savon. Les solutions de Pyrèthre, telles que les préconisent PAILLOT et FAURE, sont certainement efficaces.

Nous avons déjà eu l'occasion d'insister sur l'intérêt que présente, pour nos colonies, la culture sur place du Pyrèthre en adaptant les données fournies par l'expérience dans la Métropole aux conditions particulières de chaque région. On sait que le principe actif du Pyrèthre (*Pyrethrum cinerariæ folium*) ne représente qu'une infime partie de la plante, il est concentré surtout dans la fleur *non complètement ouverte*. En faisant sécher les fleurs, puis les broyant finement, on obtient la *poudre de pyrèthre* que l'on trouve dans le commerce.

Ces fleurs peuvent même servir à préparer directement des bouillies. Il convient alors d'opérer comme suit :

1° Récolter les fleurs de préférence au moment où la majorité d'entre elles ne sont pas encore complètement ouvertes ;

2° Couper à la faucille, les pédoncules floraux au niveau supérieur des feuilles de la base du pied ;

3° Sécher le tout sous abri et à l'ombre ;

4° Lorsque la dessication est complète, broyer la récolte entière à la meule ; on obtient ainsi une poudre plus ou moins grossière que l'on emmagasine dans des récipients clos ;

5° On peut préparer directement, avec cette poudre, une macération efficace contre la plupart des insectes. Il suffit de la mélanger, à la dose de 5 %, avec une solution de savon blanc à 2 % dans l'eau ordinaire ou mieux dans l'eau de pluie. Au bout de trois jours, la macération est prête pour l'emploi. *On la dilue dans son poids d'eau ordinaire.* Elle peut être conservée plusieurs jours et même plusieurs semaines sans précautions spéciales. L'opération peut être effectuée dans une grande cuve ou même dans un tonneau de grandes dimensions dont on siphonne le contenu clair au moment du remplissage des appareils.

Le principal inconvénient de la méthode d'utilisation directe proposée ici, réside dans la nécessité de broyer la récolte de Pyrèthre. Mais des solutions techniques pourront être trouvées qui rendront cette transformation facile pour tous.

Enfin, il est de toute première importance de nettoyer les cultures, de les labourer, de les débarrasser, au cours de l'hiver, de toutes les mauvaises herbes susceptibles d'héberger *A. gossypii*, en particulier des Cotonniers et des *Hibiscus* perennants qui constituent les hôtes préférés pendant la mauvaise saison.

Ennemis naturels. — Le Puceron du coton a, en Afrique occidentale, de nombreux ennemis naturels qui, dans les conditions normales, semblent aptes à l'empêcher de se montrer trop nuisible. Ces insectes auxiliaires vivent pour la plupart également aux dépens du Puceron blanc du Sorgho (*Aphis sorghi* Theob.) et du Puceron vert (*A. maidis* Fitch) ; leur étude biologique présente donc un grand intérêt économique pour les cultures de Cotonnier et de Céréales dans nos colonies. Bien que J. MIMEUR ait pu déjà apporter une contribution importante à ce point de vue, il y a lieu de poursuivre ces études d'une façon aussi complète que possible. La présence simultanée de la plupart de ces insectes utiles sur des plantes cultivées et sur des plantes sauvages peut permettre d'établir une ligne de conduite destinée à protéger de leurs ennemis les premières, en utilisant judicieusement les secondes. J. et A. VUILLET ont d'ailleurs préconisé, dans ce but, la conservation, autour des cultures de Sorgho ou de Mil, d'une plante spontanée, *Leptadenia lancifolia* Decaisne, qui est l'hôte d'un Puceron, *Siphonophora leptadeniae* Vuil., recherché par les divers prédateurs de *A. sorghi* et *A. maidis*.

Toutefois, il y a lieu, pour le moment tout au moins, de ne pas perdre de vue les méthodes de lutte directe (insecticides et suppression d'abri et nourriture), car si nos auxiliaires sont nombreux en certains points et à certaines époques, ils sont très rares ailleurs ou à d'autres périodes. En particulier, les Coccinelles, les Syrphes et les Chrysopes sont très rares ou inexistants en janvier et en février, mois pendant lesquels les femelles ailées de Pucerons sont en grand nombre, les jeunes générations aptères sont les plus actives et les jeunes plantes sont les plus sensibles aux attaques de leurs ennemis. Si on ajoute que la multiplication des auxiliaires, surtout dans le Haut-Sénégal et le Bas-Soudan, est sérieusement ralentie par la présence de nombreux hyperparasites, il est facile d'expliquer les rapides progrès du N'Dioumane chaque année.

Il y aurait malgré tout intérêt à envisager l'installation d'Insectariums qui lâcheraient en temps voulu les insectes auxiliaires en grand nombre après avoir éliminé leurs ennemis.

Etude spéciale des prédateurs de *A. gossypii*.

NÉVROPTÈRES

J. MIMEUR a pu observer dans les cultures riveraines du fleuve Sénégal, la larve d'une Chrysope qui est un ennemi redoutable des Aphidiens. Cet insecte s'attaque également aux stades immatures des Cicadelles du Cotonnier et aux Aleurodes parasites du *Salix triandra.*

Nous n'avons pu avoir une détermination spécifique de ce Névroptère qui correspond, sans doute, à l'une des trois espèces qui ont été soumises, par A. VUILLET, en 1914, au Professeur L. NAVAS, *Chrysopa incongrua, Ch. oralis* ou *Vuilleti.*

Les œufs, longs de 1 mm., sont plantés au bout d'un pédicelle de 2 à 3 mm, fixé sur les feuilles. D'abord verts, ils deviennent gris violet après deux ou trois jours ; les larves éclosent environ cinq jours plus tard, elles sont très carnassières et, si la nourriture fait défaut, elles se dévorent entre elles, ou bien mangent les œufs restants.

La phase larvaire dure 9 ou 10 jours.

La phase nymphale dure 9 jours.

En élevage, une femelle pond de 20 à 30 œufs.

COCCINELLIDES

CYDONIA LUNATA Fabr.

Synonymie : *Coccinella sulphurea* Oliv.
            —   *vulpina* Fabr.
            —   *lunata* Syst. ?
            --   *rivosa* Castroen.
      Cheilomenes lunata Dep.
      Selenites lunata Hope.

Description. — Adulte sub-hémisphérique, prothorax noir avec, aux angles antérieurs, une tache quadrangulaire d'un blanc flavescent et une bordure antérieure de même couleur (Pl. II en coul., fig. 4). Les élytres sont, en général, jaunes, ornés d'une bordure suturale, d'une bordure externe et d'un réseau noir ; ce dernier divise la surface de chacun des élytres en quatre ou cinq taches subarrondies (dont trois le long de la suture) ; enfin, on trouve une bande rougeâtre à chaque extrémité, antérieure et postérieure, des élytres, l'une humérale,

l'autre postérieure ; longueur. 5 mm. 2 à 7 millimètres : largeur,
4 mm. 5 à 5 mm.

Les œufs sont jaune or ou rougeâtre, ovales en fuseau allongé ;
ils sont toujours en groupe, accolés entre eux latéralement et
adhérents aux feuilles par une de leur extrémité, longs de
1 millimètre à 1 mm. 2.

Distribution. — Cette Coccinelle est très répandue dans toute
la zone intertropicale, particulièrement en Afrique, où elle est
commune au sud du Sahara, jusqu'au Cap. Elle est signalée
de Madagascar et des îles voisines, des Indes et des îles de la
Sonde. Elle est très abondante au Soudan français où Mimeur
l'a rencontrée vivant aux dépens de *Aphis gossypii, A. sorghi*
et *A. maidis.* Chambon nous l'a envoyée également de Savalou
(Dahomey) où il l'a observée sur Cotonnier.

Le nymphe a une longueur de 2 millimètres à l'éclosion, gris
noir marqué de jaune, six rangées longitudinales de tubercules
épineux sur lesquels sont plantées quelques soies; elle atteint
8 à 9 millimètres à sa plus grande taille.

La nymphe a 5 millimètres de long, sur 3 millimètres de large;
du type général des Coccinellides.

Biologie. Evolution. — L'accouplement commence trois à
quatre jours après la sortie des adultes et se renouvelle au cours
de la ponte qui débute deux à trois jours après le premier contact ; les œufs, toujours en paquets de trois à quinze, sont
déposés sur ou sous les feuilles, à proximité des colonies de
Pucerons. En captivité, une femelle ne pond guère plus de
100 œufs.

Les larves sont très actives dès leur éclosion et effectuent
trois mues au cours de leur développement. La nymphose se
fait sur place, en général à la face inférieure des feuilles. Les
adultes, de couleur jaune uniforme à leur sortie de la pupe, ne
prennent leur couleur définitive que vingt-quatre ou quarante-
huit heures plus tard. S'ils ne trouvent pas de nourriture suffisante, ils peuvent dévorer leurs œufs ou des insectes autres
que les Pucerons. Sicard a signalé, d'ailleurs, que les larves
de *C. lunata* dévorent, à Madagascar, celles de *Epilachna medica-*

gris Klug., Coccinellide nuisible dans notre grande île aux Solanées, aux Aubergines en particulier.

D'après les observations de Mimeur, les durées des divers stades seraient, pendant la saison cotonnière :

Incubation, 2 à 4 jours ;

Stade larvaire, 12 à 14 jours.

Stade nymphal, 4 à 5 jours.

Longévité des adultes, 39 à 58 jours.

Donc, la durée moyenne du cycle, d'œuf à œuf, serait de 22 à 27 jours au Soudan nigérien. Ce qui correspond bien aux chiffres donnés (20 à 25 jours) par Peacock pour la Nigéria.

Aucun parasite de cette Coccinelle n'a été observé dans les colonies françaises, tandis que Peacock signale dans sa région trois Chalcidiens et un Braconide qui vivent aux dépens de la larve de *C. lunata*.

Cydonia vicina Muls.

Description. — Couleur générale jaune, avec une grosse tache noire sur le prothorax, bordé postérieurement par une ligne de cette même couleur. Les élytres sont finement limités par une bordure noire et sont ornés, chacun, d'une bande longitudinale noire, naissant au milieu de la base, parallèle au bord externe et n'atteignant pas postérieurement la ligne de suture des élytres. Longueur 4 mm. 5, largeur 3 mm. 3 (Pl. II en coul., fig. 1).

Distribution géographique. — Cette Coccinelle est très répandue dans toute l'Afrique moyenne, au sud du Sahara et en Egypte. Elle a été trouvée très abondante dans la vallée du Niger où elle vit aux dépens de *Aphis gossypii*, et, dans la vallée du Sénégal, où elle attaque les Pucerons du Mil et du Sorgho. Elle avait déjà été observée dans cette dernière région par J. Vuillet, avant 1914. Peacock l'a étudiée en Nigéria du Sud, vers la même époque. Une variété claire est signalée d'Algérie.

Evolution. Biologie. — L'accouplement commence le lende-

main ou le surlendemain de la sortie des adultes et se renouvelle
pendant presque toute la période de ponte qui débute généralement un à trois jours après le premier contact. Les œufs sont
plus petits que ceux de *C. lunata*, mais ont la même forme, la
même couleur et sont également déposés par groupe de 3 à 12,
accolés les uns aux autres sur les feuilles. En un mois, une seule
femelle en captivité sur Cotonnier a pondu 321 œufs qui, tous,
ont éclos. Sur Mil et Sorgho, MIMEUR a couramment obtenu,
pendant le même temps, de 300 à 550 œufs (une fois 561).

La durée de chaque stade (1), en Afrique occidentale française, serait :

Incubation, 2 à 3 jours.

Larve, 7 à 10 jours.

Nymphe, 3 à 4 jours.

Longévité de l'adulte, 30 à 36 jours.

Donc, un cycle complet d'œuf à œuf peut s'effectuer en une
quinzaine de jours dont dix pendant lesquels l'insecte joue un
rôle utile.

On voit ainsi facilement que *C. vicina* est un ennemi important
des Aphidiens du Cotonnier, du Maïs et du Sorgho : nous avons
pu la considérer pour l'Afrique occidentale française, comme
le principal agent de destruction de ces insectes, en particulier
de *Aphis gossypii*.

ADONIA VARIEGATA GOZ.

Description. — Comme son nom spécifique l'indique, *A. variegata* est susceptible de grandes variations dans sa coloration
générale et dans les taches qui l'ornementent. D'après nos échantillons, la tête et le prothorax sont de couleur noire, bordés tous
deux antérieurement par une ligne jaune qui émet des diver-
ticules de même couleur vers l'arrière (Pl. II en coul., fig. 2).

Les élytres sont jaunes ou jaune rougeâtre plus ou moins

---

1. Les chiffres qui proviennent des élevages de J. MIMEUR correspondent
exactement à ceux obtenus par J. VUILLET dans ses intéressantes observations
déjà citées.

foncé ; sur chacun, six taches noires dont certaines peuvent fusionner et, au repos, une septième tache à cheval sur les deux élytres, dans la région antérieure de la suture. Longueur, 5 millimètres ; largeur, 3 mm. 5.

Distribution géographique. — Cette espèce est répandue en Europe, en Asie, et on la connaît dans toute la moitié septentrionale du continent africain. Pour notre part, nous ne l'avons signalée qu'au Sénégal, en particulier dans la vallée du fleuve de même nom, en aval de la Falème jusqu'à Boghé. Elle est, dans cette région, l'ennemi le plus redoutable des Pucerons du Mil et du Sorgho.

Evolution. Biologie. — L'accouplement s'opère, en général, dans les quarante-huit heures qui suivent la sortie des adultes, et la ponte commence environ deux jours après le début de la fécondation. Les œufs, jaune-rougeâtre, sont déposés sur les feuilles par groupes de 3 à 32. Ils sont accolés entre eux et placés perpendiculairement au limbe auquel ils adhèrent par une de leurs extrémités.

Une femelle peut pondre jusqu'à 350 œufs. En février et mars, l'éclosion se produit quarante-six à cinquante heures après la ponte.

Les larves sont très agiles, très voraces. Elles se fixent sur une feuille pour se nymphoser après huit à onze jours de vie active, en général : neuf jours.

Durée des divers stades :

Incubation, 2 jours.

Stade larvaire, 8 à 11 jours.

Stade nymphal, 3 à 4 jours.

Longévité de l'adulte, 33 jours en captivité.

Donc, le cycle complet peut s'effectuer en 17 à 18 jours, à condition que les insectes trouvent en quantité suffisante des Pucerons. MIMEUR les a observés se nourrissant de *Aphis gossypii*, de *A. maidis* et de *A. sorghi.* En l'absence de leurs victimes ordinaires, les larves se mangent entre elles ou les adultes détruisent leurs œufs.

HYPERASPIS SENEGALENSIS Muls.

Description. — Convexe. Couleur générale noir luisant avec, de chaque côté, deux taches jaunes plus ou moins orbiculaires sensiblement de même diamètre, l'une sur le corselet, entre le bord antérieur de l'élytre et la suture oculaire, l'autre dans le dernier tiers de l'élytre, atteignant presque le bord externe (Pl. II, fig. 7).

Distribution. — N'a été signalé qu'en Afrique occidentale française, où MIMEUR l'a trouvé dans les districts de Kayes (janvier), Matam et Kaedi (février à avril) faisant la chasse à *Aphis gossypii, maidis* et *sorghi.*

Evolution. — Cette Coccinelle doit être difficile à élever en captivité car il n'a pas été possible d'obtenir de ponte ni de suivre son évolution. Ce doit être assez général dans le genre *Hyperaspis* dont on ne connait que la biologie de *H. concolor* étudiée par GIARD.

EXOCHOMUS FLAVIPES Thunb., Subsp. TROBERTI Muls.

Description. — Forme générale du corps très brièvement ovale, convexe. Prothorax noir, au moins en partie, souvent brun ou roux jaunâtre dans sa partie antérieure et médiane. Elytres noir brillant sans taches. Dessous du corps et pattes roux jaune ou jaunâtre (Pl. II en coul., fig. 3).

Longueur, 3 mm. 5 à 4 mm. 5, et largeur, 2 mm. 9 à 3 mm. 4.

Distribution géographique. — Si *E. flavipes* parait avoir une assez large distribution en Afrique où elle est représentée à l'Est et au Nord, surtout pour la variété *nigripennis* à corselet entièrement rouge, la sous-espèce *Troberti* semble localisée dans la région du Sénégal, du Soudan et même de l'Abyssinie. Elle a été rencontrée dans la vallée du Sénégal depuis Kayes jusqu'à Kaedi, où elle vit aux dépens des Pucerons du Cotonnier, du Mil et du Sorgho.

Evolution. Biologie. — Les œufs sont déposés sur les feuilles où ils ont une position oblique par rapport au limbe. Ils sont parfois en amas, les uns sur les autres. Leur longueur est de 1 mm. et leur coloration est jaune pâle.

Les larves sont moins agiles et moins carnassières que celles de *Cydonia vicina* ou de *Adonia variegata*, mais leur rôle n'est pas à dédaigner.

Cet insecte fut observé surtout de janvier à avril ; il s'attaquait indistinctement à *Aphis gossypii* et *A. sorghi*, préférant nettement ce dernier à *A. maidis*.

Durée des divers stades :

Œuf, 5 à 6 jours.

Larve, 11 à 16 jours.

Nymphe, 5 à 10 jours.

Longévité de l'adulte, jusqu'à 38 à 40 jours.

Observation. — Nous avons déjà rappelé qu'en général les *Exochomus* vivent sur les Conifères ; toutefois en France on peut les rencontrer sur d'autres essences. L'habitat que nous signalons pour l'Afrique occidentale française est donc intéressant à divers points de vue.

Scymnus (Nephus) ornatus Sicard.

Description. — En ovale court, presque arrondi, d'un noir brunâtre ou moins foncé, couvert d'une pubescence grisâtre courte et assez dense. Tête rousse ainsi que les palpes et les antennes. Corselet brun, plus clair sur les côtés et le bord antérieur à ponctuation très fine, presque obsolète. Écusson brun. Elytres de couleur plus foncée que celle du prothorax, régulièrement arrondis marqués chacun de quatre taches et d'une bordure apicale d'un jaune rougeâtre (plus pâle sur les taches, plus rouge à l'extrémité), tache 1 en forme de ligne courte, commençant en arrière du calus et prolongée jusqu'à la moitié de la longueur, parallèlement au bord latéral ; 2 en dedans de 1 et un peu en arrière, en ovale un peu allongé, couvrant à peu près le quart de la longueur et le cinquième de la largeur ; 3 au niveau de la courbure postérieure des élytres, en forme de triangle à pointe dirigée en dedans, la base tournée vers le bord latéral qu'elle n'atteint pas, plus courte que la tache 1 qu'elle atteint presque par sa partie antérieure ; 4 en croissant à concavité antéro-externe, en dedans de 3 dont sa corne postérieure atteint presque l'extrémité interne, la corne antérieure étant à peine plus éloignée de la partie postérieure de la tache 2. Dessins brunâtres avec l'extrémité de l'abdomen, le prosternum et les épipleures roux. Pieds d'un roux clair. Plaques abdominales entières, prolongées presque aux deux tiers de l'anneau en arc de cercle convexe. Prosternum avec deux fines carènes convergeant en avant à angles aigus.

V. *oculatus* Sic. Taches élytrales réunies en long et en large formant une grosse macule jaune qui renferme une tache noire arrondie. Ce dessin rappelle un peu celui de *Sc. syrinus* Mais., Kaedi (Mauritanie), vit aux dépens de *Aphis gossypii*.

Distribution. — Cet insecte a été décrit par notre collègue, d'après les échantillons récoltés dans la vallée du Sénégal, région de Kaedi, sur Cotonnier sur lequel ils se nourrissent de *A. gossypii*. Il fut ensuite observé en grand nombre, vivant aux dépens de *Pseudococcus filamentosus* sur Cotonnier à Diafarabé (Soudan).

Biologie. — Les adultes se tenaient de préférence entre les capsules et les bractées. Il y avait peu de Pucerons lors du séjour (mars et avril) de J. MIMEUR et ce dernier échoua dans ses tentatives d'élevage aux dépens d'Aphidiens autres que ceux du Cotonnier.

SCYMNUS (SIDIS) SOUDANENSIS Sicard.

Description. — En ovale oblong, forme et couleur de *Sc. pallidivestis*, mais deux fois plus grand. D'un jaune roux luisant, couvert de pubescence roussâtre très fine et peu dense. Tête d'un noir clair avec les palpes et les antennes de même couleur. Corselet roux, à disque rembruni, cette tache brune laissant de la couleur foncière une bande latérale mal limitée en dedans (étendue à sa partie antérieure jusqu'au bord externe de l'œil et couvrant en arrière un sixième de la base environ) et une bordure antérieure étroite. Ecusson brun. Elytres régulièrement ovalaires, peu convexes, arrondis ensemble à l'extrémité, à ponctuation très fine et superficielle, à pubescence rousse courte et peu dense, d'un roux luisant avec la suture rembrunie. Cette bordure suturale brune est un peu plus large en avant que la base de l'écusson qu'elle entoure et se prolonge en se rétrécissant graduellement jusqu'à l'extrémité des élytres. Epipleures rousses.

Dessous d'un jaune roux avec le méso et le métasternum rembruni. Ventre brun avec les deux derniers arceaux et les bords latéraux du précédent roussâtres. Plaques abdominales grandes, atteignant presque le bord postérieur de l'arceau, se dirigeant en dehors vers son angle antéro-externe. Fossette pour loger les fémurs postérieurs étroite et transversale, limitée en avant par un fin rebord, brunâtre avec la partie externe plus claire, métasternum à ponctuation très grosse, assez profonde et serrée. Prosternum aplati sans carène. Pieds entièrement roux.

Longueur, 2 millimètres.

Distribution et hôtes. — Cette petite Coccinelle, décrite par M. SICARD d'après nos échantillons, paraît très répandue en Afrique Occidentale Française où, étant très polyphage, elle vit aux dépens de nombreux insectes. Elle a été observée au Sénégal, sur Mil et Cotonnier dans les colonies de Pucerons, sur *Salix triandra* avec des Aleurodes et un Hémiptère. En Mauritanie, elle a été récoltée sur *Bauhinia reticulata*, se nourrissant de *Chionaspis* sp., très abondant. Enfin, au Soudan, *S. soudanensis* détruit non seulement les mêmes insectes que dans les autres régions citées, mais encore un *Aphis* sp. sur Arachide, et même des œufs et des jeunes Araignées vivant dans les panicules de Sorgho ou entre les capsules de Cotonnier.

Evolution. — La ponte commence quatre à cinq jours après l'éclosion des adultes. Les œufs jaune-or allongés, mesurent 1/2 millimètre environ. Les larves naissent au quatrième jour d'incubation et se nymphosent huit à neuf jours plus tard, pour donner les adultes quatre à cinq jours après.

Parasites des Coccinellides précédents.

Les larves et nymphes des Coccinelles prédatrices hébergent souvent des Hyménoptères parasites, parmi lesquels J. Mimeur a obtenu, par élevage, trois espèces bien différentes : un *Tetrastichus*, un *Pachyneuron*, tous deux restés indéterminés et enfin surtout *Homalotylus flaminius* Dalm., parasite cosmopolite, introduit dans divers pays avec les larves de Coccinelles prédatrices de Pucerons. D'après Timberlake (Revision of the Chalcidoid flies of the genera *Homalotylus* Mayr and *Isodromus* How., Proc. U. S. Nat. Museum, vol. 56, 1919, pp. 133-194), cette espèce a été trouvée en Europe, aux Etats-Unis, à Hawaï, en Australie, en Chine, à Java (décrite sous le nom de *H. orci* Girault) et dans l'Afrique du Sud. Partout, elle a été obtenue de larves de Coccinelles des genres *Exochomus*, *Coccinella*, *Orcus*, *Verania*, etc. Sa présence dans l'Afrique tropicale n'avait pas été signalée avant les observations de J. Mimeur.

Ce dernier a pu obtenir le cycle complet de l'Hyménoptère en février, aux dépens des larves de Coccinelles, en douze à quinze jours, dont six à sept jours pour le stade de repos.

Diptères parasites de *Aphis gossypii*.

Paragus borbonicus Macq.

Cette espèce atteint à peine 5 millimètres. La face est jaune. Le corps est noir, sauf l'abdomen qui tantôt est noir avec une bande rousse, tantôt en grande partie roux ou testacé, la base demeurant en noir (fig. 53). Les antennes sont brunes, les pattes testacées sauf la base des cuisses qui est noire. Le tégument est recouvert d'une fine pubescence dorée (Pl. II en coul., fig. 9).

Enfin il est bon de remarquer que le segment abdominal II parait formé de deux segments fusionnés.

Ce Syrphe a une large répartition géographique et on le connaît dans un grand nombre de contrées africaines. Peacock a, en particulier, étudié en Nigéria du Sud son rôle dans la destruction de *Aphis gossypii*.

Biologie. Evolution. — Les œufs, blancs, allongés, sont déposés isolément sous les feuilles à proximité des colonies de Pucerons. A leur naissance, les larves blanches, de 1 millimètre environ, paraissent très voraces et augmentent rapidement

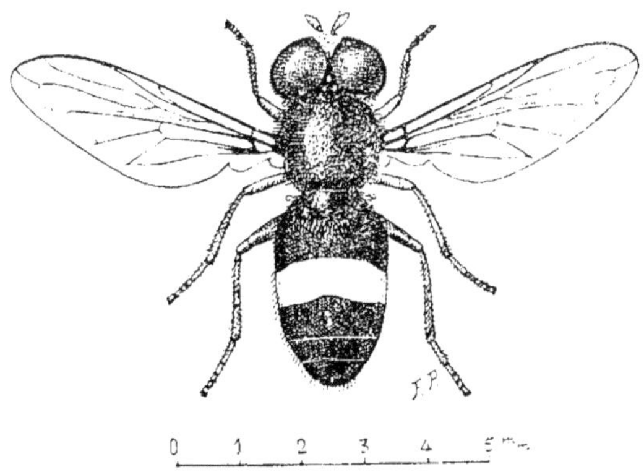

Fig. 53. — *Paragus borbonicus*.

de taille en changeant progressivement de coloration ; devenant gris verdâtre, puis vert avec une ligne longitudinale blanche, elles atteignent 10 millimètres lors de la pupation, stade qui a la même durée que le stade larvaire, soit environ sept jours.

Les quantités de Pucerons consommés par un *P. borbonicus*, au cours de la vie larvaire, oscillent entre 400 et 450.

XANTHOGRAMMA AEGYPTIUM Wied.

En Afrique Occidentale Française, ce Syrphide se rencontre constamment en compagnie du *P. borbonicus* et les larves de ces deux espèces sont des ennemis sérieux des trois Aphidiens, *Aphis gossypii, maidis et sorghi*).

L'évolution et la biologie de *X. aegyptium* sont très sensiblement identiques à celles du *Paragus* et les observations de J. et A. VUILLET correspondent à celles de J. MIMEUR.

« *X. aegyptium* mesure, à l'état adulte, 9 millimètres de lon-
« gueur. La face est jaune avec des antennes brunes, le thorax
« est brun sur le disque et jaune latéralement, le scutellum
« est jaune. L'abdomen est brun avec trois bandes transver-
« sales jaunes qui peuvent être plus ou moins envahissantes.
« Les pattes sont d'un testacé pâle. » (fig. 54) (Pl. II en coul.,
fig. 8).

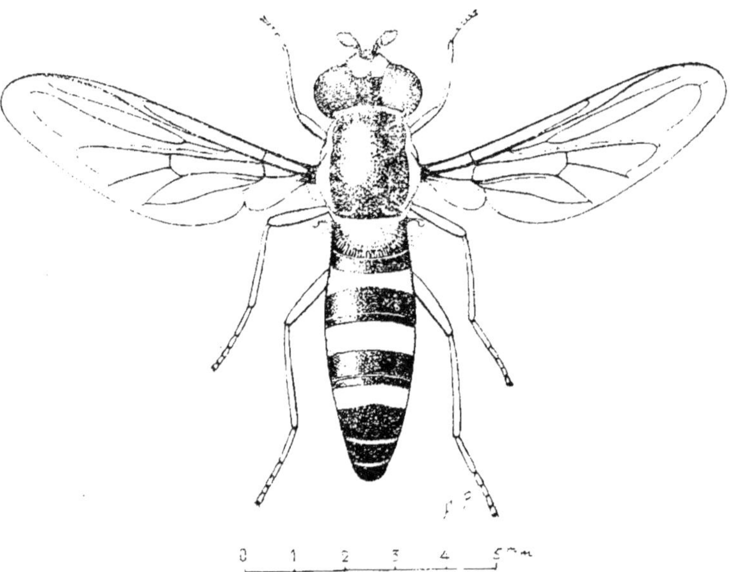

Fig. 54. — *Xanthogramma aegyptium*.

En outre, cette espèce est caractérisée, chez le mâle, par un
long appendice des trochanters postérieurs et une griffe interne
des tibias antérieurs anormale en ce qu'elle est épaissie et
bifide, alors que l'externe est normale (J. VILLENEUVE).

« Les œufs sont blancs et mesurent environ 1 millimètre. Ils
« sont disséminés sur les feuilles, couchés sur les limbes au milieu
« des colonies de Pucerons. La durée du développement lar-
« vaire de l'insecte (de l'éclosion à la nymphose) est de six à
« sept jours et celle de la vie nymphale de six et demi à sept
« jours.

« C'est encore une espèce très répandue en Afrique. Sa colo-
« ration est très variable, aussi a-t-elle été décrite à différentes
« reprises par divers auteurs, par exemple sous les noms de
« *natale* Macquart, *senegalense* Guérin, etc. »

J. et A. Vuillet signalent, en outre, dans la même région,
comme parasites des *Aphis maidis* et *sorghi*, deux autres Syrphides, *Paragus serratus* F. et *P. longiventris* Lœw., qui sont,
tous deux, très répandus en Afrique ; *P. serratus* est indiqué
comme originaire de l'Asie méridionale. Ces auxiliaires n'ont
pas été, à ma connaissance, rencontrés dans les colonies de *A. gossypii*.

Parasites des Syrphides.

Malheureusement, le rôle des deux Syrphides observés en
Afrique occidentale est considérablement atténué par l'existence d'Hyménoptères dont les larves vivent en parasites de
celles des Diptères. Il est utile de rappeler les renseignements
que Ferrière nous a communiqués en 1926 sur les hyperparasites de *A. gossypii* qui m'avaient été adressés par J. Mimeur.

1. Bassus laetatorius F. var. senegalensis Ferr.
(Ichneum. Bassini).

Cette espèce, facilement reconnaissable et très répandue
en Europe, est actuellement cosmopolite. Comme le dit Morley
(Revision of the *Ichneumonidae*, III, British Museum, 1914),
sa distribution dans le monde a probablement été artificielle,
par les larves de Syrphides prédatrices des Pucerons qui pou-
vaient se trouver sur toutes sortes de plantes exportées. L'espèce a été trouvée dans toute la région paléarctique, l'Amérique
du Nord et du Sud, Hawaï, l'Australie, la Nouvelle-Zélande, les
Indes et l'Afrique. *Bassus venustulus* de Madagascar, d'après
Morley, et *Bassus cinctipes* Holmg. du Cap, dont j'ai pu
comparer la description, sont synonymes de *B. laetatorius* F.

Les individus de l'Afrique occidentale présentent cependant, avec les descriptions et avec les autres individus que j'ai pu examiner, quelques petites différences de colorations que je voudrais signaler. Ces variations, assez fixes semble-t-il, sont les suivantes : le premier segment de l'abdomen est entièrement rouge comme les trois segments suivants, le segment médian est lui-même en partie rougeâtre et, au milieu de la face, se voit une tache arrondie blanche qui ne se trouve pas chez les individus d'Europe.

2. Callaspidia ligurica Giraud.

(Cynipidae, Aspicerini).

C'est sous ce nom que Giraud a décrit un Cynipide parasite de larves de *Syrphus*, obtenu par Perris dans le sud de la France. Plus tard, ce genre a été connu sous le nom de *Onychia* Hal. Mais Kieffer rétablit le genre *Callaspidia* Dahlb., le nom de *Onychia* étant déjà préoccupé.

Le *C. ligurica* n'avait été trouvé, jusqu'ici, que dans la région méditerranéenne, à Nice, à Tunis et au Maroc. C'est la première fois qu'il est signalé de l'Afrique tropicale. L'individu obtenu de larves de Syrphides au Sénégal ne diffère en rien de l'espèce type de Giraud.

3. Pachyneuron longiradius Silv.

(Chalcididae, Pteromalinae).

Nous n'avons qu'un seul mâle de ce *Pachyneuron*, que nous identifions avec quelque doute à l'espèce de Silvestri. Notre individu ressemble beaucoup au *P. longiradius* Silv., principalement par la couleur vert noirâtre du corps, par la longueur du radius par rapport à la nervure marginale et par la partie basale des ailes qui est dépourvue de cils. Il en diffère cependant par les caractères suivants : nervure marginale un peu plus épaisse par rapport à sa longueur, articles du funicule des antennes plus longs que larges et pattes entièrement jaunes, excepté les hanches (fig. 55).

L'espèce de Silvestri est parasite dans l'Erythrée de *Leucopis* sp. dont les larves sont prédatrices des œufs de la Cochenille *Philippia chrysophyllae*. Notre *Pachyneuron* est, au contraire, indiqué comme parasite de larves de Syrphes. Mais il n'est pas impossible qu'il soit, en réalité, éclos des *Leucopis* sp., qui parasitaient les Pucerons (*Aphis gossypii, A, sorghi, A. maidis*), au milieu desquels vivaient les larves de Syrphes. Rappelons cependant qu'il existe, en Europe et en Amérique, toute une

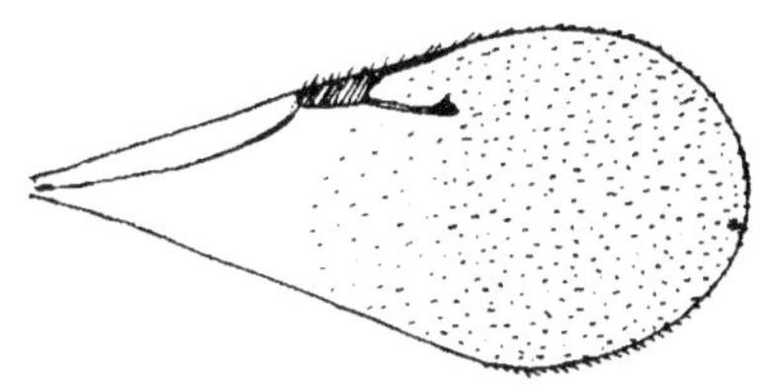
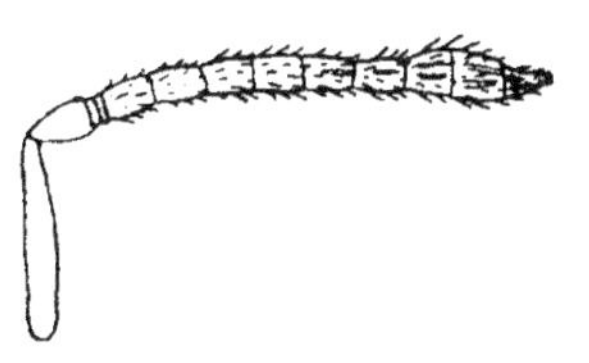

FIG. 55. — *Pachyneuron longiredius*, ♂; aile antérieure et antenne.

série de *Pachyneuron* parasites soit de Pucerons ou de Cochenilles, soit des *Leucopis*, soit des larves de Syrphes, sans qu'il soit possible souvent de dire si les différences biologiques sont en rapport avec des différences spécifiques. Comme tous ces insectes vivent en commun, de simples élevages ne suffisent pas pour connaître l'hôte véritable des *Pachyneuron*.

4. Tetrastichus sp.

(Chalcididae, Eulophinae).

Dans le même tube que le *Pachyneuron* se trouvaient plusieurs *Tetrastichus* ♂ et ♀, qu'il ne nous a pas été possible d'identifier à une espèce déjà connue. Nous préférons pourtant ne pas la nommer vu la difficulté de connaître les nombreuses espèces de ce genre répandu dans le monde entier, et nous nous

contentons d'en donner une courte description et des croquis
de l'aile et des antennes.

Corps vert, avec des reflets bleuâtres sur les côtés du thorax
chez le ♂, vert foncé, presque noir chez la ♀. Antennes brunes,

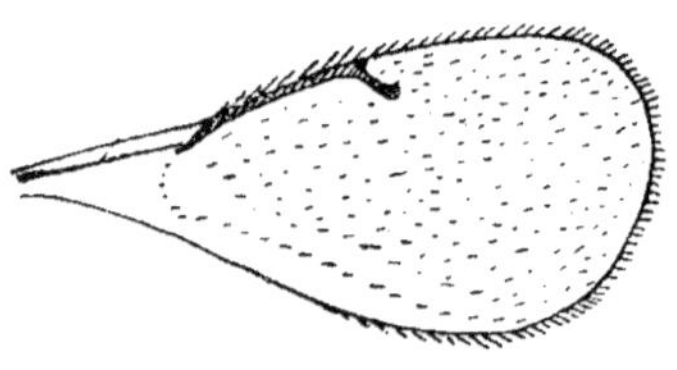

nervures des ailes jaunes,
pattes avec hanches et fémurs bruns ,le bout des fémurs, les tibias et les tarses
jaunes. Nervure marginale
des ailes environ de même
longueur que la nervure submarginale ; celle-ci avec un
seul cil sur sa partie basale ;
radius mince et assez long.
Antennes chez les deux sexes
avec des cils courts et avec
le scape allongé ; les articles
du funicule et de la massue
plus allongés chez le ♂ que
chez la ♀ (fig. 56).

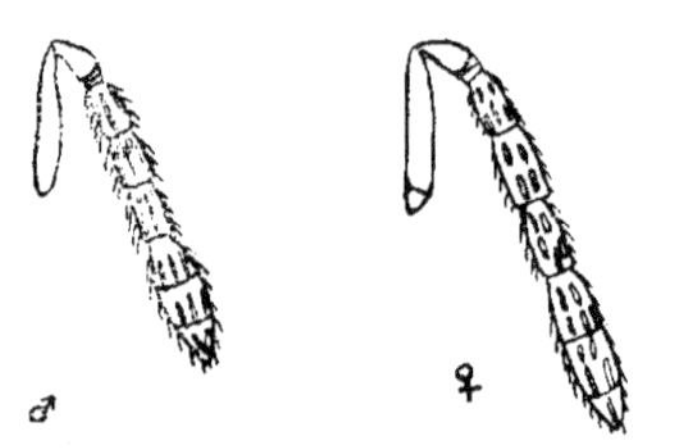

Fig. 56. — *Tetrastichus* sp. Aile antérieure
et antenne mâle et femelle.

Avec ces *Tetrastichus* se
trouvaient le *Pachyneuron* dont nous avons parlé et des *Homalotylus flaminius* Dalm., parasite de Coccinelles. Nous ne savons
donc pas si les *Tetrastichus* sont parasites ou hyperparasites des
larves de Syrphes ou de celles des Coccinelles.

5. RHOGAS MIMEURI Ferr.
(Braconidae, Rhogadinae)

♀ (fig. 57). Tête ponctuée, mat, peu rétrécie derrière les yeux ;
joues larges ; palpes allongés ; antennes longues, minces, de la
longueur du corps, d'env. 45-50 articles. Thorax entièrement
ponctué-rugueux, mais plus ou moins brillant ; sillons parapsidaux
complets, mais presque effacés vers leur extrémité postérieure ;
scutellum large, convexe, non marginé ; segment médian grand,
ponctué, sans carène, sauf une courte longitudinale à la base.

Ailes atteignant au repos l'extrémité de l'abdomen ; stigma étroit, cellule radiale fermée ; deuxième cellule cubitale un peu plus longue que large, rectangulaire ; nervulus postfurcal ; nervure parallèle insérée vers le bas de la cellule brachiale. Ailes postérieures avec le nervellus non brisé. Pattes longues,

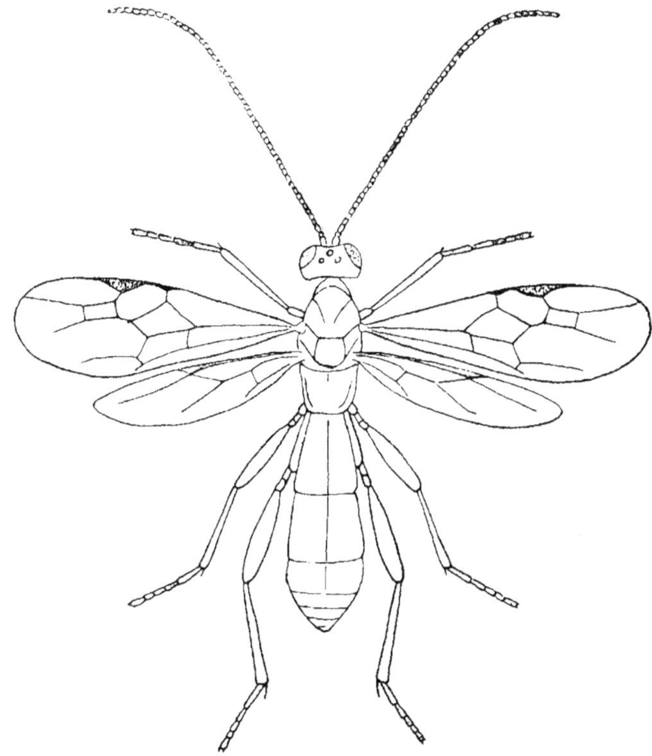

Fig. 57. — *Rhogas Mimeuri.*

les postérieures presque aussi longues que le corps, les hanches atteignant les trois quarts du premier segment ; métatarses minces, de la longueur environ des deux articles suivants ; tarses antérieurs plus longs que les postérieurs.

Abdomen ponctué, avec une carène médiane sur les trois premiers segments ; le premier plus long que large, le deuxième presque carré, le troisième beaucoup plus court, transverse. Tarière cachée.

Couleur rouge ; tête et antennes noires, avec la région buccale et les scapes rougeâtres ; palpes clairs. Noirs sont encore : les derniers segments de l'abdomen à partir du quatrième, en partie l'extrémité du troisième segment, les tarses postérieurs et le bout des autres tarses. Le bout des fémurs et des tibias postérieurs brunâtres.

Longueur, 6 mm. 1/2.

Obtenue par M. MIMEUR d'un élevage de Syrphes à Matam (Sénégal), cette espèce, par sa teinte rougeâtre avec la tête et le bout de l'abdomen noirs, est très voisine du *Rhogas nigronotatus* Szepl. de l'Afrique Orientale (Somalie). D'après la description de SZEPLIGETI (1), ces deux espèces se distinguent par les caractères suivants :

Rh. nigronotatus Szepl. Nervulus légèrement postfurcal ; hanches postérieures courtes ; éperons des tibias postérieurs aussi longs que le tiers du métatarse ; premier et deuxième segments abdominaux avec une carène médiane ; deuxième segment transversal, plus court que sa largeur antérieure et un peu plus long que le troisième. Abdomen noir depuis le troisième segment ; bouts des fémurs médians et postérieurs noirs. Longueur, 8 millimètres.

Rh. Mimeuri Ferr. Nervulus nettement postfurcal, la distance qui le sépare de la nervure basale aussi longue que sa propre longueur ; hanches postérieures aussi longues que les trois quarts du premier segment abdominal ; éperons des tibias postérieurs atteignant le milieu des métatarses ; carène médiane aussi visible sur la moitié basale du troisième segment ; deuxième segment presque carré, aussi long que sa largeur antérieure et nettement plus long que le troisième. Abdomen noir depuis le quatrième segment ; le troisième entièrement rougeâtre avec seulement quelques taches et lignes noires vers l'extrémité ; fémurs tout rouges, les postérieurs légèrement brunis au bout.

---

1. Voir *Mitt. Zool. Mus.* Berlin, VII, 1914, p. 236.

Longueur, 6 mm. 1/2.

L'indication que ce Rhogas serait parasite de larves de Syrphes repose probablement sur une erreur d'élevage, tous les Rhogas connus étant parasites de chenilles de Lépidoptères. Il est possible que, sur les plantes hébergeant les colonies de Pucerons et les larves de Syrphes, une petite chenille, hôte de ce **parasite**, ait échappé aux observations.

COCCIDAE

En ce qui concerne les Cochenilles, on peut faire la même remarque que pour les Pucerons. Il n'est connu actuellement qu'un nombre très restreint d'espèces vivant aux dépens du Cotonnier. De plus, la plupart d'entre elles sont polyphages et ne paraissent pas jusqu'à maintenant avoir spécialement attiré l'attention des planteurs, surtout dans les colonies françaises. Toutefois, il ne faut pas se désintéresser de ces parasites qui, lorsqu'ils trouvent des conditions favorables à leur multiplication, deviennent des fléaux très importants des cultures.

Les espèces de Coccides qui ont été observées sur Cotonnier, appartiennent à 4 sous-familles.

Asterolecaniinae. En Egypte, WILLCOCKS et HALL ont observé *Asterolecanium pustulans* Ckll, var. *sambuci.*

Lecaniinae. — Dans ce groupe, la cochenille la plus importante dont je n'ai toutefois encore pas reçu d'exemplaires des colonies françaises est le *Lecanium (Saissetia) nigrum* Nich. Sur l'hôte qui nous intéresse, cet insecte est connu des Indes, des Antilles et de la Guyane anglaises. Selon FLETCHER (1917) aux Indes, des tiges et des branches sont parfois couvertes de « Black Scale » mais l'attaque en général est très localisée et il est facile de détruire les plantes contaminées. Par contre, BALLOU (1925) accuse le *L. nigrum* de détruire aux Antilles des champs entiers de Cotonniers. Il préconise, après la récolte, le nettoyage méthodique des cultures qui paraît être efficace.

En Egypte, WILLCOCKS cite *Lecanium hesperidum* et *L. (Saissetia) oleae* Bern.

Deux *Pulvinaria* sont connus : *Pulvinaria jacksoni* Newst. qui nous a été adressé de l'Afrique occidentale et *P. maxima* Green, qui a été décrit de Java ; il a été observé sur Cotonnier à Madras, où il attaque surtout *Melia azedarach*.

Enfin, nous avons *Inglisia malvacearum* Ckll., intéressante espèce qui a été décrite du Mexique où elle vit aux dépens de *Malva, Hibiscus* et cotonnier.

Pseudococcinae. Les représentants de cette sous-famille observés sur Cotonnier sont tout d'abord les deux espèces les plus cosmopolites et les plus polyphages : *Pseudococcus adonidum* et *Ps. citri*, cette dernière notée par GREEN de Zanzibar ainsi que *Ps. virgatus* Ckll (= *Ps. marchali* Vayss.).

Le même auteur signale également *Ps. corymbatus* Gr. observé aux Indes par MISHRA. J'ai moi-même reçu à plusieurs reprises de l'Afrique occidentale française *Ps. filamentosus* sur Cotonnier tandis que *Ps. obtusus* Newst. aurait été observé en Afrique orientale.

Deux espèces du genre *Phenacoccus* sont connues sur Cotonnier, *Ph. gossypii* Gr. et *Ph. hirsutus* Gr., en Egypte et aux Indes. Enfin, selon les procès-verbaux des Congrès entomologiques des Indes, *Cerococcus hibisci* Gr. se rencontre sur Cotonnier tant à Pusa qu'à Madras (1).

Diaspinae. — Si, jusqu'à maintenant, on ne connaît aucun *Aspidiotus, Diaspis* ou *Mytilaspis* sur Cotonnier, il faut noter que HALL a observé *Chrysomphalus aonidum* en Egypte et que 3 *Hemichionaspis* sont également parasites de cette plante : *H. aspidistrae*, var. *gossypii* Newst. à Java, *H. townsendi* Ckll. aux Philippines et enfin *H. minor* Mask. connu depuis longtemps comme un sérieux ennemi du Cotonnier aux Etats-Unis.

---

1. Au IIIe Congrès entomologique des Indes (1919), MISHRA, étudiant les insectes parasites du Cotonnier dans le Bihar septentrional, donne des détails sur plusieurs cochenilles importantes : *Pseudococcus corymbatus* Gr., *Phenacoccus hirsutus* Gr., *Ps. virgatus* Ckll. et *Saissetia nigra*.

PSEUDOCCOCUS FILAMENTOSUS Ckll.

Synonymie. — *Ps. castator* Newst.
Ps. perniciosus News.

Description. — La femelle adulte est enfermée dans un sac cotonneux globulaire, blanc et jaune. Il y a ordinairement de nombreux sacs agglomérés en larges masses sur les rameaux hôtes (Pl. XVII, fig. 1).

La femelle est rouge sombre ou lilas, légèrement elliptique ou subglobulaire. Elle a bien l'aspect de toutes les Cochenilles blanches, des « Mealy bug ». La segmentation est visible.

Longueur : 3 mm. 5.

Largeur : 1 mm. 8 à 2 millimètres.

Traitée par la potasse à froid (1), la femelle apparaît tout d'abord brune et donne cette coloration à la potasse qui la conserve si on chauffe, tandis que l'Insecte acquiert une teinte verte très caractéristique qui se retrouve également chez les œufs et les larves, soumis au même traitement.

Les caractères microscopiques qui permettent de différencier le *Ps. filamentosus* des espèces voisines ne peuvent être exposés en détail ici. Nous noterons seulement quelques points particuliers :

Antennes de sept articles dont les mensurations, sur de nombreux exemplaires, nous ont donné, en μ :

1 (30-43), 2 (27-38), 3 (25-32), 4 (20-27), 5 (14-22), 6 (21-27), 7 (63-71).

Les pattes sont robustes, les tarses étant presque aussi larges et aussi longs que les tibias. Il n'y a de groupes glandulo-spinuleux latéraux que sur les sept premiers segments abdominaux, donc quatorze au total ; ces groupes sont formés par deux épines accompagnées par trois ou quatre orifices glandulaires. Les épines sont très robustes dans les groupes des lobes pré-

---

1. La coloration des Coccides, au cours du traitement par la potasse, a une grande importance pratique ; elle permet souvent de préciser la détermination spécifique, confirmée ensuite par l'étude des caractères microscopiques.

anaux et leur taille décroît progressivement d'un groupe à l'autre jusqu'au premier segment abdominal, où elles sont de même taille que celles rencontrées sur toute la face dorsale.

Il n'y a pas de soies dans ces groupes glandulo-spinuleux ; seuls, les préanaux en ont dans leur voisinage immédiat ; sur chaque lobe préanal, une soie plus longue que les soies anales.

Chez la larve, nous n'avons pu desceller, sur le tégument, d'orifices glandulaires.

Distribution. — Cette Cochenille paraît avoir une **répartition géographique assez étendue**, ayant été observée en divers points éloignés : en **Afrique**, en **Asie** et dans de **nombreuses îles** (Hawaï, Jamaïque, Maurice), où elle s'est révélée comme **un véritable fléau**.

Nous l'avons déjà étudiée, en 1918, d'Afrique occidentale, d'où ce parasite avait été envoyé par M. J. Vuillet (Koulikoro).

Plantes nourricières.—Au Soudan, *Ps. filamentosus* a été récolté sur *Ximenia americana* (Koulikoro, 1913), ou N'Tongué des Bambaras. En 1922, nous l'avons signalé sur les Cotonniers, pour lesquels cet Insecte est susceptible de devenir un danger sérieux, d'autant plus que, grâce à sa polyphagie bien connue dans d'autres régions, il peut se répandre dans toute la colonie.

Rappelons à ce sujet qu'en 1899, d'Emmerez de Charmoy observa le *Ps. filamentosus* (= *Ps. vastator*), à l'île Maurice, sur quelques Euphorbiacées et sur les Aurantiacées. En 1906, le parasite est recueilli, au Caire, sur des Cotonniers et des *Albizzia lebbek*, mais on ne recommence à se préoccuper sérieusement de son existence qu'en 1909, au moment où, se multipliant avec une incroyable rapidité, il devient un réel fléau pour les arbres (*A. lebbek*) qui garnissent les boulevards et les places de la ville. C'est à cette époque que MM. le Dr P. Marchal et R. Newstead sont appelés à l'étudier, chacun de son coté (1).

---

1. A ce sujet, je crois utile de signaler que j'ai pu comparer attentivement, d'abord en 1913, puis ces derniers mois, les échantillons de *Ps. filamentosus* qui font partie de la collection de la Station entomologique de Paris, en particulier ceux qui proviennent de Honolulu (déterminés comme *filamentosus* à Washington en 1893), du Caire (1909) et de l'A. O. F. (1913 et 1922). La conclusion de mes

Cliché du Bureau d'Entomologie des Etats-Unis.

Poudreuses fixées à la ceinture et destinées à opérer des traitements à l'arséniate de chaux dans les cultures cotonnières.

Au Daressalam, le Dr KRANZLIN, en 1913, a pu constater la présence du *Ps. filamentosus* sur des hôtes très variés. Les végétaux les plus recherchés par l'Insecte sont *Albizzia lebbek, Pongamia glabra, Pithecolobium saman*, le Kapok (*Eriodendron anfractuosum*), les différents *Citrus, Acacia arabica* et enfin les *Loranthus* qui, grâce à leur grande facilité d'adaptation sur différents arbres, en affaiblissant ces derniers, les rendent plus vulnérables aux attaques de la Cochenille. Toutefois, les nombreux *Terminalia* qui, à Daressalam, étaient parasités par diverses espèces de *Loranthus*, n'ont pas été attaqués (sauf un ou deux) par le Mealy-Bug. Parmi les végétaux présentant le même comportement que les *Terminalia*, vis-à-vis du *Ps. filamentosus*, on cite tous les *Eucalyptus*, les *Pandanus, Plumeria, Bauhinia, Bougainvillea, Pithecolobium dulce, Syzygium guineense, Baringtonia racemosa, Anacardium occidentale*, plusieurs espèces de *Sterculia*, etc. Enfin, un certain nombre de végétaux sont considérés comme des hôtes facultatifs, notons *Sapindus saponaria, Chrysophyllum cainito, Landolphia* sp., divers *Ficus* et *Bambusa, Khaya senegalensis*, les Cotonniers, les Palmiers, *Meliaazedarach*, divers *Agave, Albizzia, Ximenia americana*, etc. Enfin le Manguier (*Mangifera indica*), qui a eu beaucoup à souffrir de l'attaque du *Ps. filamentosus*, en 1912, à Daressalam, doit entrer aussi dans cette catégorie. HALL signale *Ps. filamentosus* (*perniciosus*) en Egypte, sur *Nerium oleander, Jacaranda mimosaefolia, Ficus carica, Psidium guajava, Zizyphus spinachristi, Solanum tuberosum* et *Vitis vinifera*.

Biologie. — Une plante envahie par le *P. filamentosus* présente des masses cireuses et filamenteuses abondantes, qui enveloppent les branches et les feuilles de flocons blancs et forment, de place en place, des sortes de toiles réunissant les rameaux entre eux. A l'intérieur de ces flocons, plus ou moins globuleux, légèrement feutrés (ovisac), se trouvent les femelles

observations est qu'on ne peut pas différencier suffisamment ces insectes pour faire deux espèces, comme le pense R. NEWSTEAD. Il y a donc lieu de confirmer, pour l'espèce du Caire, la détermination faite en 1909 par P. MARCHAL et confirmée, depuis, par BRAIN, LINDINGER et moi-même, c'est-à-dire que *Ps. perniciosus* est synonyme de *Ps. filamentosus*.

adultes, des œufs et des larves. Pendant toute l'année, ce fait est constaté ; toutefois, la période la plus favorable pour la multiplication de l'espèce est de mai à juillet-août. Après l'éclosion, les larves vont en grand nombre sur les jeunes rameaux et sur les feuilles ; de là, elles sont facilement transportées par le vent, les oiseaux et les insectes et peuvent ainsi contaminer des régions assez éloignées de leur lieu de naissance.

Dégâts. — Les plantes peuvent souffrir très sérieusement lors d'une multiplication intense du *P. filamentosus.* D'une façon générale, l'attaque commence presque toujours par les cimes ; les feuilles deviennent brunes, meurent et tombent les premières, puis les rameaux, les branches se dessèchent et meurent à leur tour. C'est ainsi que, par centaines, les arbres furent détruits, il y a quelques années, au Caire, et auparavant à Honolulu, en 1891, lors de la terrible invasion du *P. filamentosus* aux îles Hawaï, où vraisemblablement il aurait été introduit du Japon. J. Mimeur n'a pu suivre suffisamment longtemps l'action néfaste du *Ps. filamentosus* sur le Cotonnier en Afrique Occidentale ; mais il n'y a aucun doute que, certaines années, ce parasite est un agent important des diminutions de récolte constatées.

Ennemis naturels. — Les ennemis naturels du *P. filamentosus* sont peu nombreux, ou plutôt un petit nombre seulement est connu. En tant que parasites internes, trois Hyménoptères, encore non déterminés, de la famille des Chalcidides, ont été observés en Egypte. Willcocks attribue à l'un d'entre eux la destruction complète de certains foyers. Comme prédateurs, on connaît, au Caire, une larve d'Hémérobe et trois Coccinelles, dont *Exochomus nigromaculatus* (peu abondants), et *Scymnus includens*, qui peut rendre les plus grands services.

Nous avons, de notre côté, signalé, dans la région de Diafarabé (Soudan), l'action bienfaisante d'une petite Coccinelle, *Scymnus* (*Nephus*) *ornatus* Sicard, dont Mimeur avait observé le rôle dans la destruction du Puceron du Cotonnier (*Aphis gossypii*) dans la vallée du Sénégal (Voir p. 391).

Enfin il nous paraît intéressant d'insister, ainsi que l'a fait

Cliché du Bureau d'Entomologie des États-Unis.

Poudreuse à main portée à dos de mulet et munie de deux tubes pour la distribution de l'arséniate de chaux.

M. le Dr P. Marchal, en 1910, sur le rôle important qu'a joué
le *Cryptolaemus Montrouzieri*, aux îles Hawaï, dans la lutte
contre le *P... filamentosus*. En effet, c'est à partir du moment où
Kœbele introduisit d'Australie cette Coccinelle, que le fléau
rétrograda rapidement ; à l'heure actuelle, ce n'est que de temps
à autre et d'une façon toute transitoire que ce dernier occa-
sionne quelques dégâts. Le *C. Montrouzieri* existe déjà au Cap,
et il serait de toute première importance d'essayer son acclimatation dans les régions africaines, où il pourrait rendre des services considérables, en détruisant des « Mealy-Bugs », quelle que
soit l'espèce de ces derniers. Il est très friand, en effet, de toutes
les Cochenilles enveloppées d'une abondante sécrétion coton-
neuse, et particulièrement des *Pseudococcus*.

C'est pourquoi l'Institut des Recherches agronomiques s'est
efforcé d'acclimater cette précieuse Coccinelle en France, dans
la région méditerranéenne, pour tenir en échec les Cochenilles
blanches (*Pseudococcus citri* en particulier). L'opération a parfaitement bien réussi et l'Insectarium de Menton, — actuellement transféré à Antibes —, a dû, depuis 1920, fournir des
colonies de *Cryptolaemus* à l'Algérie et à l'Italie. La technique
de l'acclimentation a été particulièrement bien exposée dans les
Annales des Epiphyties (Marchal ; R. Poutiers, 1922).

Moyens de lutte. — La lutte, à l'aide des ennemis naturels,
ne doit pas faire abandonner, surtout pour les nouveaux foyers
d'infection, l'emploi de mesures énergiques culturales ou insecticides. Il faut espacer, le plus possible, les essences recherchées
par la Cochenille, les remplacer, dans les avenues et les parcs,
par les plus résistantes, détruire les agents de propagation de
la maladie, tels que les *Loranthus* et les plantes n'ayant aucun
intérêt économique, etc. Comme procédés insecticides, ce sont
les émulsions de pétrole de 6 à 15 %, les mélanges de pétrole,
savon et chaux, qui, après des brossages énergiques des arbres, en
hiver, paraissent donner les meilleurs résultats ; mais, évidemment, ces dernières recommandations ne peuvent être, en général, appliquées aux cultures de Cotonnier, dont il faudra surtout
surveiller la propreté, tout en exécutant les méthodes culturales.

PULVINARIA JACKSONI Newst.

Description. — Ovisac de couleur blanchâtre et très allongé : sa longueur égale jusqu'à 7 fois celle de la femelle et peut facilement atteindre 40 millimètres. Sa texture est feutrée, très serrée.

Le corps de la femelle (long. 6 à 7 mm., larg. 4 à 4 mm. 75) dégagé de l'ovisac est, à l'état sec, d'une coloration brune ou ocre foncé ; sur certains exemplaires plus pâles, des taches jaunâtres indiquent la position des cellules dermiques. Antennes de 8 articles dont le 3e très long ; les 4 derniers sont subégaux et une très longue soie existe sur le 5e. Les pattes sont robustes ; le trochanter ayant environ 1/3 de la longueur du fémur.

Le puparium ou bouclier mâle qui atteint à peine 2 mm. 25 de long est blanc teint de brun ; il a la forme normale d'une petite barque carénée renversée, mais il est épais et d'apparence cireuse. Plaque dorsale avec un grosse tache blanche centrale et 3-4 petits tubercules brunâtres.

Distribution géographique. — Cet insecte a été décrit de la Nigéria (Calabar) et d'Afrique Occidentale française (Dakar).

Depuis lors il fut signalé de l'Uganda, du Nyassaland et je l'ai reçu du Dahomey.

Plantes nourricières. Biologie. — *P. Jacksoni* a été récolté successivement sur Cacaoyers, Ficus sp. et surtout sur Cotonnier. C'est donc une Cochenille polyphage qui est susceptible d'étendre son aire d'habitat dans nos colonies. Les femelles avec leur long ovisac sont fixées surtout sur les grosses branches du Cotonnier qui paraissent ainsi couvertes par le feutrage d'un champignon. Quant aux purparia mâles, on les voit seulement sur les petites branches. Il y a lieu de ne pas laisser les plantations être envahies par ce *Pulvinaria* qui, comme toutes les espèces voisines, est très prolifique. Il faut donc, avant qu'il soit trop abondant, opérer une taille énergique des organes attaqués, puis effectuer une pulvérisation à l'aide d'un

Photo VAYSSIÈRE.

Poudreuse dont le mécanisme est actionné par la traction
animale et qui répand l'insecticide au moyen de trois
manches terminées par un bec aplati.

Photo VAYSSIÈRE.

Poudreuse également mue par la traction animale mais munie
d'une seule manche d'épandage à fort débit.

insecticide de contact que l'on répétera une seconde fois à 15 jours d'intervalle.

Dans les colonies anglaises d'Afrique, on a expérimenté avec succès contre *P. jacksoni* des pulvérisations d'une émulsion d'un savon résine d'huile de poisson à raison de 1.000 à 1.300 gr. pour 100 litres d'eau.

MYRIAPODES ET ACARIENS

I. *Myriapodes.* — Souvent les semis de Cotonnier ont à souffrir de dégâts causés par des Myriapodes. J. MIMEUR en a observé en Afrique occidentale française plusieurs espèces qui, toutes, appartiennent à l'ordre des Diplopodes ou Chilognathes, caractérisés par des antennes de 7 articles et par la présence à partir du 4e anneau, de deux paires de pattes sur chaque anneau. Dans le matériel récolté au Soudan, il a été déterminé *Peridontopyge spinosissima* Silv., *Ophistreptus contortus* Bröl. et *Syndesmogenus Mimeuri* Bröl. La première de ces espèces est la plus importante au point de vue économique surtout pendant la saison des pluies. Elle déterre les graines de Cotonnier et les creuse, coupe les radicelles ou les ronge partiellement. Les dégâts sont généralement nocturnes.

Pour lutter contre les Myriapodes, il est recommandé de tremper les graines avant le semis, pendant une heure au moins, dans une solution toxique, telle que du sublimé à 1 pour mille, du formol à 40 %, ou encore une solution phéniquée de sulfate de magnésie. SESTINI préconise l'aspersion des semences avec un mélange de sulfo-carbonate de potassium et de chaux préparé suivant la formule :

> 20 kilogr. de carbonate de potasse brut,
> 20 kilogr. de sulfure de carbone,
> 20 kilogr. de chaux vive,
> 40 litres d'eau.

Etendre le mélange jusqu'à obtention de 800 kilogrammes de liquide.

Cliché du Bureau d'Entomologie des Etats-Unis.

Traitement d'un champ de Cotonnier contre les chenilles de *Alabama argillacea* par poudrage d'arséniate de chaux à l'aide d'un avion.

Il y aurait intérêt de semer avant l'apparition des Myriapodes, c'est-à-dire avant la saison des pluies. On peut enfin conseiller l'emploi d'appâts empoisonnés, d'après les formules indiquées pour les Insectes du sol.

Le paradichlorobenzène, convenablement disposé entre les
poquets, est préconisé pour détruire les Myriapodes ; ses vapeurs, en pénétrant dans le sol, asphyxient les Arthropodes qui
s'y trouvent. F.-H. WYMORE a expérimenté cet intéressant
produit, pendant plus de deux ans, contre des Myriapodes
(*Scutigerella immaculata* Newp.) nuisibles aux États-Unis. Il
indique, pour protéger un champ d'Asperges, environ 100 grammes par mètre (linéaire), répartis entre les deux rangées de plants.

II. *Acariens*. — Les Acariens, dont le Cotonnier a le plus à
souffrir quand les conditions leur sont favorables, sont les
Tétranyques. Ces petits animaux, facilement reconnaissables à
la loupe par la présence de leurs 8 pattes se tiennent de préférence à la face inférieure des feuilles sur laquelle ils tissent une
toile. Les organes attaqués prennent une coloration grisâtre
due tant aux altérations des tissus consécutives aux morsures
des Acariens qu'à l'existence de la toile qui les abrite. Ils se
dessèchent et tombent, laissant le végétal sous l'aspect hivernal
à l'époque où il aurait au contraire besoin de tout son feuillage
pour assimiler les matières nutritives nécessaires à la production des capsules et des fibres.

L'action néfaste des Tétranyques a été souvent observée
dans les pays producteurs de Cotonnier tels que les Etats-Unis,
l'Egypte, les Indes. Par contre, dans nos colonies, on ne
paraît pas en tenir compte suffisamment, bien qu'en période
de sécheresse les Acariens s'y multiplient en abondance et con-
tribuent à affaiblir la plante, déjà placée dans de mauvaises
conditions.

Pour remédier à cet état de choses, les violents bassinages
des Cotonniers sont indiqués, soit avec de l'eau, soit de préférence avec des solutions acaricides parmi lesquelles celle de
sulfure de potassium a donné d'excellents résultats en Oré-
gon :

Sulfure de potassium (= foie de soufre).... 360 gr.

Eau .... 100 lit.

On dissout le sulfure dans une petite quantité d'eau, puis on complète à 100. La solution ne restant pas stable, il est nécessaire de la fabriquer au fur et à mesure des besoins.

On peut encore utiliser la formule suivante :

Sulfure de potassium.. .... 0 k. 500

Savon noir .... 3 kgr.

Eau .... 100 lit.

Enfin, dans certains cas, les simples poudrages de **soufre** donneront de bons résultats.

Quel que soit le traitement adopté, il faut s'attacher à ce que l'insecticide atteigne la face inférieure des feuilles.

BIBLIOGRAPHIE

1º *Périodiques généraux.*

(Importants à consulter pour l'étude des insectes nuisibles
aux cultures coloniales).

L'AGRICULTURE PRATIQUE DES PAYS CHAUDS, Paris.
L'AGRONOMIE COLONIALE, Paris.
LE JOURNAL D'AGRICULTURE TROPICALE, Paris. .
LE BULLETIN AGRICOLE DU CONGO BELGE, Bruxelles.
THE REVIEW OF APPLIED ENTOMOLOGY, Londres.
THE BULLETIN OF ENTOMOLOGICAL RESEARCH, Londres.
THE JOURNAL OF ECONOMIC ENTOMOLOGY, Concord.
THE EMPIRE COTTON GROWING REVIEW, Londres.
DER PFLANZER, Daressalam.

2º *Ouvrages spéciaux.*

(Consultés pour la rédaction du travail précédent.)

1919-1920. ANDERS (W. M.). — Insects injurious to economic crops
in the Zanzibar Protectorate. *Bull. of entom. Res.*, X.Londres

1912-1913. ANDERSON (T. S.). — Report of the Entomologist. *Ann.
Rgt. Dept. Agric., Brit. east Afric.*

1912. ANDRIEU (A.) et VUILLET (A.). — Notes sur le *Sphenoptera
gossypii*, Buprestide nuisible au Cotonnier au Soudan français. *Insecta*, II, Rennes.

1927. *a)* ANSON (R. R.). — Cotton growing in Fiji. First progress
report, season 1925-1926. *Emp. Cotton grow. Rev.* Avril.
Londres.

1927 *b)*. ANSON (R. R.). — Report by Cotton specialist. *Rept Dept.
Agric. Fiji*, 1926, pp. 11-16, Suva.

1927. ARCHIBALD (R. G.). — Sulphuric acid treatment of Cotton seed
(Soil science XXIII, I). *Emp. Cotton grow. Rev.*, nº 3,
p. 267, Londres.

1926. ASHBY (S. F.) and NOWELL (W.). — The Fungi of Stigmato-
mycosis *Ann. Bot.* XI, pp. 69-83, Londres.

1914. AULMANN (G.). — Die angewandte Entomologie in den deutschen Kolonien. *Verh. d. Gesellsch. f. Entom.*, vol. I, p. 1, Berlin.

1927. Azevedo Marques (L. A. de). — Pragas do Algodoeiro (Lagarta rosea dos capulhos). *Bol. minist. Agric. Ind. e Comm.*, XVI, n° 4, Avril, Rio de Janeiro.

1913. Ballard (E). — List of the more important Insects Pests in the Nyasaland Protectorate. *Bull. of entom. Res.*, IV, Londres.

1921. Ballard (E.). — A Preliminary note on *Triphleps tautilus* Motsch. An Ennemy of the Pink Bollworm. *Agric. Journ. India*, n° 5, septembre, Calcutta.

1923. Ballard (E.). — The Pink Bollworn in South India, 1920-1921 *Mem. Dept. Agric. Ind. Ent.*, vii, n° 10, mars, Pusa.

1927 *a*). Ballard (E.). — The entomological Problems of Queensland Cotton Growing. *Emp. Cotton Grow. Rev.*, IV, n° 3, Londres.

1927 *b*). Ballard (E.). — Some insects associated with Cotton in Papua and the mandated Territory of new Guinea. *Bull. of entom. Res.*, XVII, pp. 295-300, Londres.

1927. Ballard (E.). et Evans (G.). — *Dysdercus sidœ* (Montr.) in Queensland, p. 415, *Ibid.*, XVIII, Londres.

1926. Ballard (E.) et Holdaway (F. G.). — The life history of *Tectocoris lineola* (F.) and its connection with Internal Boll Rots in Queensland. *Ibid.*, xvi, n° 4, p. 329, mars, Londres.

1906. Ballou (H. A.). — Cotton Stainers. *West Indian Bull.*, VII, n° 1.

1912. Ballou (H. A.). — Insect Pests of the lesser Antilles. Barbades

1918. Ballou (H. A.). — Report on the prevalence of some Pests and diseases in the West Indies during, 1917. *West Indian. Bull.*, XIII, 4, Barbades.

1919. Ballou (H. A.). Cotton and the Pink Boll Worm in Egypt. *Ibid.*, XVII, 4. Barbades.

1920. Ballou (H. A.). — The Pink Bollworm in Egypt in 1916-1917. *Government Publications Office*, Le Caire.

1925. Ballou (H. A.). — Insects pests and Cotton developpment. *Emp. Cotton grow. Rev.*, octobre, Londres.

1925. Barber (T. C.). — Preliminary observations on an insect of the cotton stainer group new to the United States. *Journ. agric. Res.*, XXXI, n° 12, Washington.

1921. Bedford (H. W.). — The Asal of Cotton and its causes in the Sudan, *Wellc. tropic. Rec. Labo.*, entomo. sect., n° 7, Kartoum.

1923. Bedford (H. W.). — The Pests of Cotton in the anglo-egyptian Sudan *Ibid.*, n° 19, Kartoum.

1913. Berthault (P.) et Vuillet (A.). — Les études phytopathologiques au Jardin colonial. *Agr. Colon.* Paris.

1924. Bishara (I.). — A preliminary Note on the estimation of loss by Bollworms. *Min. Agric.*, Techn. a. Scient. Serv. Bull. n° 39, Entom. Sect., Le Caire.

1929. Bishopp (F. C.). — The Bollworm or corn ear Worm as a Cotton Pest. *U. S. Dpt. Agric. car ord. Farm.* Bull, n° 1595, Washington.

1927. Blake (A. E.). — Pest Destruction by Aeroplane. *Science Progress*, XXI, n° 84, Londres.

1833. Boisduval. — Faune entomologique de Madagascar, Bourbon, Maurice.

1915. Brain (C. K.). — The Coccidae of South Africa, I, *Trans. Royal Soc. South Africa*, V, 2, Pretoria.

1918. Brain (C. K.). — A preliminary report on the Cotton Pests of South Africa. *Loc. ser.* 59 *Un. South. Africa*, Pretoria.

1924. Brolemann (H. W.). — Myriapodes recueillis au Soudan par M. Mimeur, chargé d'études entomologiques en A. O. F., *Bull. Soc. Zool. Fr.*, XLIX. n°s 3 à 5, Paris.

1927. Buffon (A.). — Guadeloupe, Crop Pests and Diseases. *Int. Bull. Pl. Prot.*, i, n° 8, p. 123, septembre, Rome.

1917. Busck (A.). — The Pink Bollworm, *Pectinophora gossypiella. Journ. Agric. Res.*, IX, n° 10, juin, Washington, D. C.

1926. Cayla (V.). — Le Coton à Madagascar ; rapport de mission 1924-1925. *Assoc. cotonn. coloniale*, p. 48. Paris.

1925. Chevalier (A.). — Une variété améliorée du Cotonnier du Cambodge non attaquée par les Jassides. *Rev. bot. appl. et Agric. colon.* V, bull. 50, Paris.

1925. China (W. E.). — A new species of *Triphleps* preying on the eggs of *Heliothis obsoleta* in Queensland. *Bull. of Entom. Res.*, XVI, p. 361, Londres.

1916. Chittenden (F. H.). — The Rice Worm. U. *S. Dept. Agric.* Bull. 783., Washington.

1917. Chopard (L.). — Etude des Gryllides du Museo civico di Storia naturale di Genova. *Ann. Soc. entom. Fr.*, LXXXVI, Paris.

1917. Chrétien (P.). — Contribution à la connaissance des Lepidoptères du nord de l'Afrique. Notes biologiques et critiques. *Ann. Soc. entom. Fr.*, LXXXVI, Paris.

1905. Clark (A. H.). — Notes on West Indian Insects. *West Indian Bull.*, p. 40, Barbades.

1906. CLARK (A. H.). — Notes on West Indian Insects. *Ibid.*, vol.VII, n° 1, Barbades.

1923. CLAYTON (E. S.). — To control the *Monolepta* beetle on Cotton. *Agric. Gaz. N. S. W.*, xxxiv, pt. 4, p. 280, Sydney.

1911. COLEMAN and KUNHI-KANNAN. — The Rice Grasshopper. *Dpt. Agric. Mysore, Entom, Ser.*, Bull. n° 1, Bangalore.

1927. COWLAND (J. W.) et RUTTLEDGE (W.). — Notes on Cotton stainers (*Dysdercus*) in the Sudan. *Bull. of entom. Res.*, t. XVIII, p. 159, Londres.

1928. DELASSUS (M.). — Les Insectes nuisibles du Coton dans l'Afrique du Nord. *Rev. agric. Afr. du Nord*, n° 457, p. 278, Alger.

1918 *a*). DEL GUERCIO (G.). — Il Ligeide del Cotone di Somalia (*Oxycarenus hyalinipennis* C.) ed i suoi Sporozoari. *Agric. colon.*, XII, 3, Florence.

1918 *b*). DEL GUERCIO (G). — La Tignola del Cotone ed i suoi nemici endofagi, *Ibid.*, XII, 5, Florence.

1899. DESBROCHERS DES LOGES. — Description of three new species of Indian Coleoptera of the family *Curculionidae*. *Indian Mus. Notes*, IV, p. 3, pl. VIII.

1904. DODD (F.). — Notes on Maternal Instinct in *Lagochota*. *Transact. of Entom. Soc.*, Londres.

1916. DUDGEON (G. C.). — The Bollworm in Egypt.

1913. DUPORT (L.). — Notes sur quelques maladies et ennemis des plantes cultivées en Extrème-Orient. *Bull. écon. Indo-Chine.*

1912-1913. DURRANT (J. H.). — Notes on Tineina Bred from Cotton Bolls. *Bull. of entom. Res.*, III, Londres.

1921-1922. D'EMMEREZ DE CHARMOY. — Insects Pests of various minor crops a. fruit trees in Mauritius. *Ibid.*, XII, Londres.

1926. EHRHORN (M.) et WHITNEY (L.). — Report of the Division of Plant Inspection, May, August 1926. *Hawaiian Forester and Agric.*, XXIII, n° 3. Honolulu.

1923. Entomological Section. — Statistics of Pink Bollworm occurence from 1916 to 1922. *Min. Agric., Techn. a. Scient. Serv. Bull.*, n° 27, Entom. Sect., Le Caire.

1913 à 1919. FLETCHER (T. B.). — Report of the Imperial Entomologist. *Agric. Res. Inst. Pusa.*, Calcutta

1919. FLETCHER (T. B.). — Life histories of indian Insects Microlepidoptera. *Mem. Dep. Agric. India*, VI, Calcutta.

1921 *a*). FLETCHER (T. B.). — Annotated list of Indian Crop Pests. *Agric. Res. Inst. Pusa.*, Bull. n° 100, Calcutta.

1921 *b*). FLETCHER (T. B.). — Cotton Bollworms in India. *Ibid.*, Calcutta.

1921 c). Fletcher (T. B.) and Misra (C. S.). — Cotton Bollworms in Indian. *Agric. Res. Inst. Pusa*, Pull. 105, Calcutta.

1902-1903 a). Fleutiaux (E.). — Remarques et observations sur quelques habitats de Coléoptères de la Guadeloupe. *Agric. prat. Pays chauds.*, Paris.

1902-1903 b). Fleutiaux (E.). — Le Papillon des graines de Sésame. *Ibid.*, Paris.

1902-1903 c). Fleutiaux (E.). — Insectes rapportés de Guinée par M. L. Henry, *Ibid.*, Paris.

1902-1903 d). Fleutiaux (E.). — Le Grillon du Caféier à Madagascar. *Ibid.*, Paris.

1903-1904. Fleutiaux (E.). — Note complémentaire sur le Sahobaka (*Brachytrypes membranaceus*, var. *colossea*). *Ibid.*

1905. Fleutiaux (E.). — Insectes envoyés par M. Vuillet. *Ibid.*, Paris.

1922. Frogatt (W. W.). — Insect Pests of the cultivated Cotton Plant nº 1. The noctuid moths belonging to the genus *Earias*. *Agric. Gaz. N. S. W.*, xxxiii, nº 12. Sydney.

1923. Froggatt (W. W.). — Insect Pests of the cultivated Cotton Plant, nº 4. Cutworms and leaf eating Beetles. *Ibid.*, xxxiii, pt 5, Sydney.

1909. Fullaway (D. T.). — Insects of Cotton in Hawaï. *Hawaï Agric. Exper. St.*, Bull. nº 18.

1913. Gaumont (L.). — Myriapodes nuisibles aux plantes cultivées. *Rev. Phytop. appl.*, I, nᵒˢ 6-7.

1915. Gerould (J. H.). — The Cotton worm moth in 1912. *Science*, N. S., vol. XLI, nº 1056, 26 mars.

1921. Ghesquière (J.). — Fausse anthracnose du Coton provoquée par les piqûres des *Dysdercus*. *Bull. Agric. Congo belge*, XII, Bruxelles.

1923 a). Ghesquière (J.). — Le Ver rose au Congo belge. Sa répartition géographique et son importance économique en Afrique. *Ibid.*, XIV, Bruxelles.

1923 b). Ghesquière (J.). — Note au sujet des moyens de lutte à employer contre la chenille des capsules (*Heliothis obsoleta*) et les chenilles épineuses (*Earias biplaga* et *E. insulana*). *Ibid.*, XIV, 1, pp. 119-124, Bruxelles.

1923 c). Ghesquière (J.). — La lutte contre les parasites du Cotonnier au Congo belge. *Rev. de bot. appliquée*, t. III, Paris.

1925. Girault (A. A.). — A new parasite of Bug eggs (*Proctotrypidae*). *Bull. of entom. Res.*, XVI, p. 183, Londres.

1925. Golding (F. D.). — A statistical survey of the Infestation of

Dysdercus spp. on Cotton in Nigeria. *Ann. bull. Agric. Dept.* pp. 64-81. Lagos.

1927. Golding (F. D.). — Notes on the bionomics of Cotton stainers (*Dysdercus*) in Nigeria. *Bull. of entom. Res.*, vol. XVIII, p. 319, Londres.

1927. Golding (F. D.) et Lean (O. B.). — Nigerian Insect pest of of Cotton. *Proc.* 1st W. *Afr. Conf. Idaban*, Nigéria, mars 1927, Lagos.

1916. Gough (L. H.). — Note on a machine to Kill *Gelechia* larvae by hot air, and the effects of Heat on *Gelechia* larvae and cotton seed. *Min. Agric.*, Techn. a. Scient. Service, Bull. n° 6, Entom. sect. Le Caire.

1916. Gough (L. H.). — The life history of *Gelechia gossypiella* from the time of the cotton harvest to the time of cotton sowing. *Min. Agric.*, Techn. a Scient. Service, Bull. n° 4, Entom. Sect., Le Caire.

1920. Gough (L.H.). — On the effects produced by the attacks of the Pink Boll Worm on the Field of cotton seed and Lind in Egypt, Le Caire.

1922. Gough (L. H.). — On the dispersion of the Pink Boll Worm in Egypt. *Min. Agric.*, Techn. a. Scient. Serv. Bull. n° 24, Le Caire.

1910-1911. Gowdey (C. C.). — A Milliped injurious to Cotton. *Bull. of entom. Res.*, I, p. 226, Londres.

1914. Gowdey (C. C.). — Annual Report of the Entomologist. *Uganda Dept. Agric. Ann. Rept.* Entebbe.

1922. Green (E. E.). — The Coccidae of Ceylon (V) Dulau, Londres.

1915. Grossman (S. S.) et Wolcott (G. N.). — Control of the Changa. *Board of Commissioners of Agriculture.* Insular experiment station, Porto-Rico.

1923. Hall (W. S.). — Further observations on the Coccidae of Egypt. *Min. Agric.*, Techn. a. Scient. Serv., Bull. n° 36. Entom. Sect., Le Caire.

1928. Hammer (A. L.). — Predicting serious Cotton Aphis Infestations. *Journ. Econ. Entom.*, xxi, n° 5. Geneva, N. Y.

1926. Hancock (G.). — Annual report of the assistant entomologist. *Ann. Rept. Dept. Agric., Uganda*, 1925, p. 25-28, Entebbe·

1921. Hargreaves (H.). — Annual Reports of the Government Entomologist. *Uganda Dept. Agric. Ann. Rept*, Entebbe.

1928. Hewison (H. K.). — Observations on a Fungus Disease and an Insect Pest of Cotton. *Emp. Cotton Grow. Rev.*, V, n° 1, janvier, Londres.

1926. HILL (G. F.). — Insects affecting Cotton in Australia. *Proc. Pan. Pacipe Sci. Congress, Australia* 1923, Melbourne.

1926. HINDS (W. E.). — Informe sobre la produccion de algodon en el valle de Canête. *Soc. nac. agrar.* 20 pp. ,Lima.

1927. HIRSCH (II.). —Sur la production du coton dans nos Colonies, et les possibilités d'avenir. *Bull. de la réunion d'études algériennes*, XXIX, p. 1.

1926. HOLDAWAY (F. G.). — The Pink Bollworm of Queensland. *Bull. of entom. Res.*, xvii, pt. I, p. 67, juillet, Londres.

1929. HOLDAWAY (F. G.). — Pink Bollworm Situation in Australia. *Trans. of IV Intern. Congress of Entom.*, Ithaca, II, p. 73, Naumburg a. Saate.

1926. HOLDAWAY (F. G.) et BALLARD (E.). — The life history of *Tectocoris lineola* (F.) and its Connection with Internal Boll Rots in Queensland. *Bull. of entom. Res.*, xvi, pt. 4, p. 329, mars, Londres.

1927. HOPKINS (G. H.). — Pests of economic Plants in Samoa and other Island groups. *Bull. of entom. Res.*, vol. XVIII, pp. 23-32, septembre, Londres.

1926. HORVATH (Dr G.). — Sur les *Oxycarenus* nuisibles aux cotonniers avec la description d'une espèce nouvelle. *Bull. Soc. Ent. Fr.*, nos 11-12, p. 135, Paris.

1927. HOWELL (W.) et SHEPHERD (F. R.). — Work in connection with Insect and Fungus Pests and their control. *Rept. Agric. Dept.*, St. Kitts-Nevis, 1925-1926, Trinidad.

1912. HUNTER (W. D.). — The cotton worm or cotton caterpillar (*Alabama argillacea* Hubn.). *U. S. Dept. Agric. Bur. of Entom.*, n° 153. Washington.

1914. HUNTER (W. D.). — The Pink Boll Worm. *U. S. Dep. Agric., Bureau of Entom.* Washington.

1925. HUSAIN ,M. A.). — Annual report of the Entomologist to government Punjab, Lyallpur, for the year ending 30 th, june, 1924, *Rept. Dept. Agric. Punjab*, 19.3,1924, Part II, vol. i, p. 55, Lahore.

1929. HUSAIN (M. A.). — Annual Report of the Entomologist to the government, Punjab, for 1927-1928. *Rept. Dept. Agric. Punjab* 1927-1928, II. p. 55. Lahore.

1921. HUSAIN (M. A.) et MATHUR (C. B.). — Preliminary observations on the exposition and life-history of *Microbracon Lefroyi*, a braconid parasite of *Earias insulana. Rept. Proc. Entom. Meeting*, pp. 298-311, Calcutta.

1924. HUSAIN (M. A.) et MATHUR (V. B.). — Some parasites of the

Cotton Bollworms (*Earias insulana* and *E. fabia*) in the
Punjab. *Rept. Proc.* Vth entom. *Meeting* (Pusa 1923),
pp. 34-52. Calcutta.

1919. HUSTACHE (A.). — Curculionides nouveaux de l'Afrique tropicale. *Ann. Soc. Linn.*, Lyon.

1922. HUSTACHE (A.). — Nouveaux *Alcides* du Congo français.
Bull. Soc. Entom. Fr., p. 150, Paris.

1919. HUSTON (J. C.). — Some minor insects Pests in Ceylon in
1919. *Tropic. Agric.*, Peradeniya.

1920. HUSTON (J. C.). — Crop Pests in Ceylon. *Tropic. Agric.*, Peradeniya.

1926. ISELY (D.). — Protecting Cotton from injury by the Bollworm. *Univ. Arkansas Coll. Agric.*, Circ. 218, Little Rock.

1915. JACK (R. W.). — Some injurious Caterpillars. *Rhodesia Agric.
Journ.*, Salisbury.

1925. JACKSON (T. P.). — Work connected with Insect and Fungus
Pests and their control. *Rept. Agric. Dept.*, Trinidad.

1921. JHAVERI (T. N.). — Notes on Cotton boll. worms *(Earias
fabia* and *E. insulana)*. *Rept. Proc.* IV th *Entom. Meeting*.
Pusa, février 1921. Calcutta.

1929. JOANNIS DE (J.). — Lépidoptères hétérocères du Tonkin.
Ann. Soc. entom. Fr., XCVIII, 4, p. 361-552, Paris.

1929. JOHNSTON (H. B.). — Pink Bollworm (*Platyedra gossypiella*,
Saunders) in the Gezira District of the Sudan in 1927 et
1928. *Welc. tropic. Res. Labor. entomo. Sect.* Bull. n° 26,
Kartoum.

1918. JONES (T. H.). — The Southern green plant bug. *U. S. Dept.
Agric.*, bull. 689, 30 juillet, Washington.

1893. KARSCH (F.). — Die Insecten der Berglandschaft Adeli im
Hinterlande von Togo. *Berlin. entomol. Zeischr.* XXXVIII,
Berlin.

1909. KING (H.H .). — A Stem boring Beetle attacking Cotton
in the Sudan. *The Journ. Econ. Biology*. IV, 2, Londres.

1917 *a*). KING (H. H.). — The Sudan Cotton Bollworm. *Entom. bull.*,
n° 6. *Welc. trop. Res. Inst.*, octobre. Khartoum.

1917 *b*) KING (H. H.). — The weed hanbuk and its relation to the
cotton growing industry. *Entom. bull.*, n° 7. *Ibidem.*,
octobre, Khartoum.

1917 *c*). KING (H. H.). — The control of Insects Pests of Cotton. *Entom. Bull.*, n° 6. *Ibidem.*, Karthoum.

1917 *d*). KING (H. H.). — The Pink Bollworm (*Gelechia gossypiella*)
in the Anglo-Egyptian Sudan. *Ibid.*, n° 4, Karthoum.

1918 *a*). King (H. H.). — Clean cultivation in its Relation to the control of Insect Pests. *Ibid.*, n° 8, Karthoum.

1918 *b*). King (H. H.). — The Pink Bollworm *(Pectinophora gossypiella)* at Tokar, during the season 1917-1918. *Ibid.*, n° 10, Karthoum.

1918 *c*). King (H. H.). — The Sudan Cotton Bollworm, *Diparopsis castanea* Hamps. *Ibid.*, Karthoum.

1929. King (C. B. R.). — Nyasaland Report of Entomological Work on Cotton. Season 1927-1928. *Rep. Expt. Sta. Emp. Cotton Grow. Corp.*, Londres.

1923. Kirkpatrick (T. W.). — Preliminary Notes on two minor Pests of the egyptian Cotton Crop. (*Creontiades pallidus* and *Nezara viridula*). *Min. Agric.*, Techn. a. scient. Serv., Bull. n° 33. Entom. Sect., Le Caire.

1923. Kirkpatrick (T. W.). — The Egyptian Cotton Seed Bug *(Oxycarenus hyalinipennis* Costa). *Min. Agric.*, Techn. a. Scient. Serv. Bull. n° 35, Entom. Sect., Le Caire.

1927. Kirkpatrick (T. W.). — Notes on a Braconid, Parasite of the Pink Boll worm (*Platyedra gossypiella* Saund.) in Kenya Colony. *Bull. of entom. Res.*, xviii, pt. 1, p. 47, septembre, Londres.

1929. Kunhikannan (K.). — Administration Report of the entomological Section for 1927-1928. *Rpt. Dept. Agric. Mysore 1927-1928*, Bangalore.

1925. Laffond (P. L.). — Les ennemis du Cotonnier à la Martinique. *Agr. Colon.*, n° 96, p. 296, décembre, Paris.

1917. Lal (M. M.). — *Rept Proc. 2th Entom. meeting*, février 1917, p. 104, Pusa.

1914. Lamborn (W. A.). — The agricultural Pests of the southern provinces Nigeria. *Bull. of entom. Res.*, V, Londres.

1924. Lean (B. O.). — The Treatment of small batches of cotton seed against Pink Bollworm. *Bull. of entom. Res.* XV, part. 1, p. 37, Londres.

1926. Lean (O. B.). — Observations on the life-history of *Helopeltis* on Cotton in Southern Nigeria. *Bull. of. entom. Res.*, XVI, p. 4, Londres.

1907. Lefroy (H. M.). — The more important Insects injurious to Indian Agriculture. *Mem. Dept. Agric. India*, I, 2.

1908. Lefroy (H. M.). — The Cotton Leaf-Roller (*Sylepta derogata*) *Mem. Dept. Agric. India*, II, n° 6.

1908. Lefroy (H. M.). — The red Cotton Bug (*Dysdercus cingulatus* F.). *Mem. Dept. Agric. India*, II, 3.

1908. Lefroy (H. M.) et Misra (C. S.). — Treatment a. observation of crop Pests on the Pusa Ferm. *Agric. Res. Inst. Pusa,* Bull. n° 10, Calcutta.

1928. Lépiney (J. de). et Mimeur (J.). — L'*Earias insulana* et son parasite *Microbracon brevicornis* au Maroc. *Agr. colon.,* XVIII n° 131, p. 133, Paris.

1926. Lounsbury (C. P.). — *Rept. of the Chief Division of Entomology,* 1925-1926., Pretoria.

1928. Mac Donald (D.). — Swaziland Report on the Work of the Cotton Experiment Station Bremersdorp, for the season 1927-1928. *Reps. Expt. stat. Emp. Cotton. grow. Corp.* 1927-1928, Londres.

1926. Mac Donald (R. E.). — Division of Entomology. *19* th *Ann. Rept. Commiss. Agric. Texas,* 1925-1926, Austin.

1927. Mac Gregor (E. A.). — *Lygus elisus* : A pest of the cotton regions in Arizona and California. *U. S. Dept. Agric.* Bull. n° 4, Washington.

1929. Mac Gregor (E. A.). — The true cricket. A serious Cotton pest in California. *U. S. Dept. Agric.,* Circulaire 95, Washington.

1922. Marchal (P.). — Utilisation d'une Coccinelle australienne (*Cryptolaemus montrouzieri*) dans la lutte contre les Cochenilles blanches et son introduction en France. *Ann. Epiphyties,* VIII, Paris.

1925. Marchal (P.). et Vayssière (P.). — Etude sur la désinfection des produits végétaux et des denrées agricoles. *Ibid.,* XI, 3, Paris.

1927. Marshall (G. A. K.). — New injurious *Curculionidae. Bull. of entom. Res.,* XVII, pp. 199-218, Londres.

1915. Mason (C.). — Report of the Entomologist for the Year, *Dept. Agric. Nyasaland Protectorate,* Zomba.

1925. Mason (T. G.) et Wright (C. H.). — A survey of factors affecting the Development of the Cotton plant in the Oyo and Abeokuta provinces of the Southers Nigeria. *Nigeria,* 4th *Ann. bull. Agric. Dept.,* Lagos.

1928. Masquelier (G.). — Le problème du coton et nos colonies. *Ass. cot. colon.,* n° 82, p. 160. Paris.

1924. Mathur (U. B.). — Colour variations in *Earias insulana* in the Punjab. *Rept. Proc. 5* th *Entom. Meeting,* Pusa. fev. 1923, Calcutta.

1927. Milne (D.). — Entomology. *Rept. Dept. Agric. Punjab.* 1925-1926, Lahore.

1930. Mimeur (J.). — Un nouveau parasite du Cotonnier au Maroc (*Platyedra vilella* Z.). *Rev. Path. vég. et Entom. agric.*, XVII, 1, p. 4. Paris.

1926. Mimeur (J.) et Vayssière (P.). — Les Insectes nuisibles au Cotonnier en A. O. F., Larose, Paris.

1918. Mohan (L. M.). — Preliminary Report on Cotton Bollworm in the Punjab. *Rept. Dept. Agric. Punjab.*, Lahore.

1857. Montrouzier. — Essai sur la faune de l'Ile de Woodlark, p. 92, Lyon.

1861. Montrouzier. — Essai sur la faune entomologique de la Nouvelle-Calédonie. *Ann. Soc. entom. Fr.*, IV, 1. p. 60, Paris.

1926. Moreira (C). — Combatendo os insectos inimigos. *Chacaras e Quinteas*, XXXIV, n° 6, pp. 541-542, Sao-Paulo.

1927. Morrill (A. W.). — Observations on *Bucculatrix gossypiella*, a new and important Cotton Pest. *Journ. Econ. Entom.* XX, n° 3, Geneva, N. Y.

1914. Morstatt (H.). — Die Schädlinge der Baumwolle in Deutsch-Ostafrika. *Der Pflanzer*, X, 1, Daressalam.

1912. Mosseri (C. G.). — Commission du Ver du Coton et du Ver de la Capsule. Egypte. Circ. n° 1.

1850. Mulsant (M. E.). — Species des Coleoptères trimères sécuripalpes. Paris.

1926. Mumford (E. P.). — Cotton stainers and certain other Sapfeeding Insect Pests of the Cotton. Plant. — A preliminary Enquiry into the effect of climatic and soil conditions upon of the incidence of these Pests. *Emp. Cotton Grow. Corp.* Londres.

1928. Myers (J. G.). — The biological control of cotton pests. *Emp. Cotton grow. Rev.*, V, n° 2, avril, Londres.

1926. Ohlendorf (W.). — Studies of the Pink Boll Worm in Mexico *U. S. Dept. Agr.* Bull. 1374. mars. Washington.

1924. Paillot (A.) et Chabrolin (C.). — Quelques conseils pratiques sur le Traitement des Maladies et Insectes les plus communs des Arbres fruitiers. *Public. agric. P. L. M.*, n° 24.

1929. Paoli (G.). — Alcune applicazioni delle soluzioni di cianuro di sodio nella lotta contro gl'insetti. *Bol. Staz. Pat. vég.*, IX, n° 3, p. 273, Florence.

1925. Parnell (F. R.) .— The breeding of Jassid resistant cottons. *Emp. Cotton grow. Rev.*, Londres.

1927. Parrott (P. J.). — A Survey of important Insects and Spray developments. *Proc. 72e Ann. Metting., N. Y. State Hortic. Soc.*, pp. 4-13, Rochester.

1929. Parsons (F. S.). — Report on the Work of the Cotton Experiment Station, Candover, Magut, Natal, for the season 1927-1928. *Rept. Expt. Stat. ; Emp. Cotton Grow. Corp.* 1927-1928, Londres.

1914. Peacock (A. D.). — Entomological Pests and Problems of South Nigeria. *Bull. of entom. Res.*, II, Londres.

1929. Peat (J. E.). — Southern Rhodesia, cotton breeding station, Gatooma : Report for the season 1927-1928. *Rept. Expt. Stat., Emp. Cotton grow. Corp.*, Londres.

1909. Perrier de la Bathie et Duchène. — Les ennemis du Coton à Marovoay. *Bull. écon.* 2e sem. Madagascar.

1926. Pettit (R. H.). — The Cotton-worm en 1926. *Tropic. agric.*, iii, n° 12, décembre, Trinidad.

1917. Pierce (D. W.). — How Insects affect the Cotton Plant and means of combatting them. *Farmers' Bull.*, n° 890. Washington.

1924. Pomeroy (A. W. I). — Further Observations on *Dysdercus superstitiosus* F., and other Insects affecting Cotton in Southern Nigeria. *Bull. of entom. Res.*, XV, 2, Londres.

1923. Pomeroy (A. W. I.) et Golding (F. D.). — Observations on the life histories of the Cotton stainer Bugs of the genus *Dysdercus*, and on their economic importance in the Soüthern Provinces of Nigeria. *Bull. Nigeria Agric. Dept.*, 2e année, Lagos.

1925. Pomeroy (A. W. J.) et Lean (O. B.). — Observations on the Extent of the Damage caused by Bollworms and Stainers to the Cotton Crop in Southern Nigeria. *Ibid.*, 4e année. Lagos.

1922. Poutiers (R.). — L'acclimatation de *Cryptolaemus montrouzieri* dans le Midi de la France, *Ann. Epiphyties*, VIII, Paris.

1922. Pruthi (H. S.). — Morphology and biology of the red Cotton Bug. (*Dysdercus cingulatus*). *Journ. a. Proc. Asiatic Soc. Bengal*, XVII (1921), n° 4, Calcutta.

1924. Ramachandra Rao (R. S. T.). — A note on a new cotton Bollworm *Rabilia frontalis*. *Proc. Vth Entom. Meeting.* (Pusa 1923). p. 56, Calcutta.

1927. Reinhard (H. J.). — The influence of parentage, nutrition temperature and crowding on Wing Production in *Aphis gossypii. Texas Agric. Exp. Stat.*, bull. 353, College Station (Tex.).

1928. Risbec (J.). — Rapport sur l'étude des parasites du Cotonnier en Nouvelle-Calédonie. décembre, Nouméa.

1913. Rutherford. — *Zeuzera coffeae* (Red borer). *Tropic. Agric.*, XLI, décembre, Trinidad.

1905. Sanderson (E. D.). — Miscellaneous Cotton Insects in Texas. *Farmers' Bull.*, n° 223, Washington.

1906. Sanderson (E. D.). — Report on Miscellaneous Cotton Insects in Texas. *U. S. Dept. Agric. Bur. of. Entom.* Bull. 57, Washington.

1919. Sattib (R.) et Rao (Ramachanda). — Lantana insecti in India (Report on a Inquiry into the efficienty of indigenous Insects Pests as a check an the spread of Lantana in India). *Mem. Deo. Agric. India,* Calcutta.

1924. Saunion (E. L.). — Notice sur les Acridiens migrateurs au Sénégal pour servir à leur étude, et des moyens propres à les combattre. *Bull. Et. hist. et scient. A. O. F.*, VIII, 2, p. 189, Gorée (Sénégal).

1920. Schribaux. — Désinfection des graines de coton par la chaleur sèche. *Agr. colon.*, n° 34, oct. Paris.

1919. Seabra (A. F. de). — Etudos sobre as doenças e parasitas de cacaneiro e de autras cultivados em san Thomé, Lisboa.

1921. Sen (P. C.). — The large brown cricket, *Brachytrypes portentosus Bengal Agr. Jouvn.*, 1, 4, p. III, Dacca.

1927. Shepherd (F. R.) et Howell (W.). — Work in connection with Insect and Fungus Pests and their Control. *Rept. Agric. Dept.* St. Kitts-Nevis, 1925-1926, Trinidad.

1875. Signoret (V.). — Essai sur les Cochenilles. *Ann. Soc. Entom. Fr.*, V, Paris.

1924. Simmonds (H. W.). — Report on Mission to New Guinea. Bismarcks, Salomons and New Hebrides. *Legislative Council, Fiji, Council Paper.*, février, Suva.

1926. Simmonds (H. W.). — Report by the acting government Entomologist. *Fiji Dept. Agric. Ann. Rept.* 1925, pp. 7-9, Suva.

1926. Sjöstedt (Y.). — Revision der Termiten Afrikas 3. Monographie. *Kungl. Svenska Vetens. Kapsakad. Handlingar*, 419 pp. 16 pl., 83 fig., Stockholm.

1926. Snapp (O. I.). — Airplane dusting of Peach Orchards. *Journ. Econ. Entom.*, XIX, n° 3, Geneva, N. Y.

1916. Storey (G.). — Simon's hot-air machine for the treatement of cotton seed against Pink Boll Worm. *Min. Agric.*, Techn. a. Scient. Serv., Bull. n° 11, Entom. Sect., Le Caire.

1916. Storey (G.). — List of egyptian Ivsects in the collection of the Ministry of Agriculture. *Min. Agric.*, Techn. a. Scient. Serv. Bull. n° 5, Entom. Sect., Le Caire.

1921. Subramania Iyer (T. V.). — Notes on the more important Insect Pests of Crops in the Mysore state. II. Lepidoptera. *Journ. Mysore Agric. et Expt. Union*, n° 3. Bangalore.

1919. Swinhoe (C.). — On the geographical distribution of the genus *Cosmophila. Ann. Magaz. Nat. Hist.*, Londres.

1928. Symond (J. E.). et Hewison (H. K.). — Observations on a Fungus Disease and an Insect Pest of Cotton. *Emp. Cotton grow. Rev.*, V. n° 1. janvier, Londres.

1924. Tams (W. H. T.). — Notes on some species of the genus *Cosmophila* Boisd. *Transact. of. Entom. Soc.*, I et II, Londres.

1926. Taylor (J. S.). — A note on the cotton Boll. worms of South Africa. *Entom. Rec. and. Journ. car.*, XXXVIII, 11, Londres.

1927. Taylor (J. S.). — A note on some South African Lepidoptera of economic importance with pecial reference to the Eastern Transvaal. *Entom. Rec. and Journ. car.*, XXXIX, n° 10, p. 141, Londres.

1913-1914. Theobald (V.). — African Aphididae. *Bull. of entom. Res.*, IV, Londres.

1922. Theobald (V.). — New Aphididae found in Egypt. *Bull. Soc. roy. entom. d'Egypte*, Le Caire.

1922. Theobald (V.). —

1927. Théry (A.). — Un nouvel ennemi du Cotonnier dans l'Afrique tropicale. *Bull. Soc. Sci. nat. Maroc.*, vii, n°s 1-3, p. 8. mars, Rabat.

1928. Théry (A.). — Une nouvelle *Sphenoptera* parasite du Cotonnier dans la Somalie italienne. *Ann. Mus. Stor. nat.*, ii, pp. 290-292, Gênes.

1928. Thomas (W. A.). — The Porto Rican mole cricket. *U. S. Dept. Agric. Farmer bull.* n° 1561, Washington.

1928. Thompson (W. R.). — On the effect of methods of mechanical control on the progress of iotroduced parasites of insect pests. *Bull. of entom. Res.*, XVIII. p. 13. Londres.

1926. Trabut (L.). — A propos de la désinfection des graines du Cotonnier. *Bull. agric. Alg. Tun. Maroc*, xxxiii, n° 1. janvier, Alger.

1923 a) Tryon (H.). — A destructive Beetle. *Queensland Agric. Journ.*, XIX, pt. 2. Brisbane.

1923 b). Tryon (H.). — Cotton Pests, Entomologist's Report. *Ibid.*, XIX. pt. 2, Brisbane.

1926. Tryon (H.). — The genus *Platyedra* (Cotton Pink Boll Worms genus) in Australia. *Proc. Pan. Pacific Sci. Congress. Australia*, 1923, Melbourne.

1922. Uvarov (B. P.). — Rice Grasshoppers of the genus *Hiero-glyphus* and their nearest Allies. *Bull. of entom. Res.*, XIII, 2, Londres.

1923 *a*). — Uvarov (B. P.). — Notes on Locusts of economic impor-tance with some new data on the periodicity of Locust invasion, *Ibid.*, XIV, I, Londres.

1923 *b*) Uvarov (B. P.). — Quelques problèmes de la Biologie des Sauterelles. *Ann. des. Epiphyties*, IX, 2, Paris.

1923-1924. — Uvarov (B. P.). — A Revision of the old World *Cyr-tacanthacrini (Orthoptera, Acrididae)*. *Ann. Magaz. Nat Hist.*, ser. 9, XI à XIV, Londres.

1912. Vayssière (P.). — Deux Coccides nouveaux de l'Afrique Occidentale. *Bull. Soc. entom. Fr.*, Paris.

1913. Vayssière (P.). — Notes sur les Coccides de l'Afrique Occi-dentale. *Ann. Epiphyties*, I, Paris.

1914, *a*) Vayssière (P.). — Un fléau des arbres tropicaux, le *Pseu-coccus filamentosus. J. d'Agric. tropic.*, XIV, n° 150, Paris.

1914 *b*) Vayssière (P.). — Notes sur quelques Coccides reçues à la Station entomologique de Paris en 1913. *Ann. des Epi-phyties*, II, Paris.

1921. Vayssière (P.). — La lutte contre le Criquet marocain en Crau, en 1920. *Ibid.*, VII, 2, Paris.

1922. *a*) Vayssière (P.). — Propriétés insecticides de la Chloropi-crine ; leur utilisation dans la désinfection des semences de Coton. *Agr. Colon.*, août, Paris.

1922. *b*) Vayssière (P.). — L'Anthonòme du Cotonnier (*Anthonomus grandis* Boh.). *L'Agronomie coloniale*, n°s 52 et 53, Paris.

1923. Vayssière (P.). — Le Pyrèthre ; sa culture ; ses propriétés insecticides. *Agr. Colon.*, avril, Paris.

1924 *a*). Vayssière (P.). — Le problème acridien et sa solution internationale. *Matériaux p. l'ét. des calamités*, n° 2, Genève.

1924 *b*). Vayssière (P.). — Trois nouveaux Coccides de l'Afrique française. *Bull. Soc. entom. Fr.*, Paris.

1925. Vayssière (P.). — Les propriétés antiparasitaires du para-dichlorobenzène. *C. R. Ac. Agric. Fr.*, juillet. Paris.

1928. Vayssière (P.). — Sur un insecte d'origine exotique *(Popil-lia japonica* Newm.) menaçant les cultures européennes. *C. R. Ac. Agric. Fr.*, novembre, Paris.

1929. Vayssière (P.). — La lutte contre les Insectes nuisibles au Cotonnier et à la Canne à sucre aux Etats-Unis. *Actes et C. R. Colonies Sciences*, n° 48, juin, Paris.

1924. Vayssière (P.) et Mimeur (J). — Insectes et Myriapodes récoltés sur les plantes cultivées en A. O. F. *Bull. Soc. entom. Fr.*, Paris.

1926. VAYSSIÈRE (P.) et MIMEUR (J.). — Les Insectes nuisibles au Cotonnier en A. O. F., Larose, Paris.

1921. VINCENS (F.). — La chenille rose des capsules du coton. *Bull. agric. Inst. Sci.*, n° 4, avril, Saïgon.

1912. VUILLET (A.). — La chenille du Cotonnier au Texas (*Alabama argillacea*, Hubn.). *Agric. tropic.*, n° 138, p. 382, Paris.

1920. VUILLET (J.). — La larve de la tige du Cotonnier (*Sphenoptera gossypii* Cotes). *Bull. Et. hist. et scient. A. O. F.*, n° 3, Paris.

1914. VUILLET (J.). — Utilisation du Sorgho comme plante-piège pour la destruction des *Dysdercus*. *Rev. bot. appl.* T. V, Paris

1927. WALKED (H. W.) et MILLS (J. E.). — Progress report of Work of the chemical Warfare Service on the Boll Weevil (*Anthonomus grandis*). *Emp. cotton grow. Rev.*, n° 3, p. 262., Londres.

1927. WALLACE (F. N.). — Rept. of the Division of Entomology. 8e *Ann. Rpt. Dept. Conservat. Indiana*, pp. 32-62, 1925-1926, Indianapolis.

1925. WATERSTON (J.). — On a new Trichogrammatid parasite of the Cotton Stemborer (*Sphenoptera* sp.). *Bull. of entom. Res.*, XVI, Londres.

1929. WELLS (G. W.). — Queensland Report on the Work of the Callide Cotton Research Station, Biloela, for the year ending june 30, 1928. *Rept. Expt. Stat., Emp. Cotton, Grow. Corp.* 1927-1928, Londres.

1926. WHITNEY (L.) et EHRHORN (M.). — Report of the Division of Plant Inspection. May, august 1926, *Hawaiian Forester and Agric.*, n° 3, XXIII, Honolulu.

1906. WILLCOCKS (F. C.). — Insects injurious to the Cotton Plant in Egypt, Le Caire.

1916. WILLCOCKS. — The insect and related Pests of Egypt, vol. I. The insects and related Pests injurious to the cotton Plant. Part. 1. : The Pink Boll Worm., Le Caire.

1922. WILLCOCKS (F. C.). — A Survey of the more important economic Insects and Mites of Egypt., Le Caire.

1926. WILLIAMS (C. B.). — Seasonal variation in Pink Boll worm Attack on cotton in Egypt in the years 1916-1924. *Min. Agric.*, Techn. a. Scient. Serv., Bull. n° 67, Entom. Sect., Le Caire.

1927. WILLIAMS (C. B.). — Destruction du Ver rose dans les graines de Coton en Egypte. *Bull. Union. Agric. Egypte.* XXV, n° 178, pp. 51-56, février, Le Caire.

1926. WILLIAMS (H). — Note sur la culture du coton. *Jour. Stat. agronom. Guadeloupe,* VI, I, p. 30. Pointe à Pitre.

1923. WILSON (C. E.). — Insect Pests of Cotton in St Croix and Means of combating them. *Virgin islands Agric. Exp. Sta.,* St-Croix. Bull. n° 3, 20 pp., Washington.

1924. WITHYCOMBE (C. L.). — Factors influencing the Control of Cotton Stainers *(Dysdercus* spp.) *Bull. of entom. Res.,* XV, 2, Londres.

1927. WITHYCOMBE (C. L.). — The south american Bollworm of Cotton *Bull. of entom. Res.,* XVIII, 3, pp. 265-272, Londres.

1926. WOLCOTT (G. N.). — Insect Pests in Haïti. *Intern. Rev. Sci. et Pract. Agric.* N. S. IV, n° 1, janvier-mars, Rome.

1927. WOLCOTT (G. N.). — Haïtian cotton and the Pink Bollworm. *Bull. of entom. Res.,* vol. XVIII, p. 78, Londres.

1929. WOLCOTT (G. N.). — The Mystery of *Alabama argillacea Amer. Nat.,* LXIII, n° 684, New-York.

1924. WYMORE (F. H.). — The Garden centipede *(Scutigerella immaculata),* a Pest of economic importance in the West. *Journ. of econ. Entom.,* XVII, p. 520, Concord.

1913. ZACHER (F.). — Die afrikanischen Baumwollschädlinge, *Arb. K. biolog. Aust. f. Land. u. Forstw.* IX, 1, Berlin.

1929 *a).* ZOLOTAREVSKY (B. N.). — La lutte anti-acridienne à Madagascar. *L'Agronomie coloniale,* XVIII, pp. 193 et 230, Paris.

1929 *b).* ZOLOTAREVSKY (B. N.). — Sur le comportement de *Locusta migratoria, migratorioides transiens C. R. Ac. Sc.,* t. 189, p. 131, Paris.

1929 *c).* ZOLOTAREVSKY (B. N.). — Le Criquet migrateur *(Locusta migratoria capito)* à Madagascar. *Ann. des Epiphyties,* XV, p. 185-236, Paris.

TABLE ALPHABÉTIQUE DES MATIÈRES

TABLE DES MATIÈRES

538. — Imp. Jouve et Cie, 15, rue Racine, Paris. — 8-1930

FAUNE DES COLONIES FRANÇAISES

Tome IV 1930 — Fascicule 4.

ÉTUDE D'UN MAMMIFÈRE INSECTIVORE MALGACHE
le *GEOGALE AURITA* A. M.-E. et A. G.

par

G. GRANDIDIER et G. PETIT

INTRODUCTION.

En 1872, dans le Tome XV des *Annales des Sciences Naturelles (Zoologie)*, Alph. Milne-Edwards et Alf. Grandidier publiaient la description d'un nouveau Mammifère insectivore de Madagascar, auquel ils donnaient le nom générique de *Geogale*, en raison de ses habitudes supposées fouisseuses (1) et le nom spécifique d'*aurita*, en raison de la dimension remarquable de ses oreilles, Or, depuis la date de la publication de cette note, aucun naturaliste n'a repris, pour l'étendre, la description des deux savants français. Dobson (1882), par exemple, n'ajoute que quelques détails sur l'ostéologie du crâne et la forme des dents, après l'étude du type (crâne et peau montée) conservé au Muséum de Paris. W. Leche (1907) n'a pu donner au *Geogale*, la place qu'il aurait souhaité dans son beau travail sur les familles des *Centetidae*, *Solenodontidae* et *Chrysochloridae* ; son mémoire était à l'impression lorsqu'il a eu l'occasion trop tardive d'examiner au Laboratoire de Mammalogie du Muséum, la denture de deux exemplaires conservés en alcool.

1. Les spécimens ayant servi à la description de ces auteurs avaient été pris dans des trous que l'on avait découvert en arrachant les pieux d'une palissade. Trois exemplaires venaient de Morondava, un quatrième de Tulear, localités situées sur la côte occidentale de Madagascar, la seconde à environ 350 km. au Sud de la première.

Ainsi donc, pénurie de documents sur le *Geogale aurita*, et du même coup, incertitude sur la place qu'il doit occuper dans la classification.

A. MILNE-EDWARDS et A. GRANDIDIER rangent l'animal en question parmi les *Centetinae*. Ils l'écartent toutefois des représentants de la famille dont le corps est recouvert de piquants (*Centetes, Ericulus, Echinops...*), pour le rapprocher du *Solenodon* et du *Potamogale*.

G. E. DOBSON maintient le rapprochement entre le *Geogale* et le *Potamogale*, plaçant notre insectivore dans une sous-famille spéciale, celle des *Geogalinae*, incorporée avec celle des *Potamogalinae*, dans la famille des *Potamogalidae (Centetoidea)*. Mais dans l'appendice de son ouvrage, en présence de la découverte des *Microgale* et après les observations que lui avait permis l'examen du type du *Geogale*, il ne peut maintenir sa manière de voir antérieure et réserve son opinion sur la position naturelle de l'Insectivore en question.

E. L. TROUESSART, cependant, dans le Supplément de son *Catalogus mammalium* (1904) supprime les deux sous-familles indiquées par DOBSON, pour conserver, dans la famille des *Potamogalidae*, les deux genres *Potamogale* et *Geogale*. Le genre *Microgale* est incorporé avec les genres *Oryzoryctes* et *Limnogale*, dans la sous-famille des *Oryzoryctinae (Centetidae)*.

Par contre, W. LECHE, considère le *Potamogale*, comme représentant à lui seul une sous-famille de *Centetidae*, et le *Geogale*, constitue selon lui un quatrième genre dans la sous-famille des *Oryzoryctinae*, admise par Trouessart.

En présence de ces faits, il nous a paru utile, à l'aide des matériaux heureusement conservés dans les collections personnelles de l'un de nous, de reprendre l'étude du *Geogale aurita*. Si l'intérêt qu'il a pu susciter est très grand, il n'en est pas moins vrai qu'il tient encore fort peu de place dans la littérature zoologique.

L'état de nos specimens, disons le tout de suite, ne nous a malheureusement pas permis d'approfondir, comme nous l'avions souhaité, l'anatomie de ce petit animal. D'autre part, cependant, un grand nombre de faits mis en évidence, nous ont mis sur la voie de recherches comparatives s'étendant à d'autres représentants de la famille des *Centetidae*. Nous n'aurions pu développer les considérations qu'entraînent de telles recherches sans sortir du cadre de cet essai monographique et aussi du caractère de la publication qui a bien voulu accueillir ce travail. Nous reprendrons ces vues générales et nous compléterons avec un matériel plus frais l'anatomie du *Geogale aurita*, dans un travail d'ensemble, actuellement en cours, sur les Insectivores malgaches.

* * *

Nous avons utilisé pour notre étude, les matériaux dont voici le détail (1) :

A. — *Exemplaires conservés à sec.*

1. N⁰ 1901-*a*. Tulear.
2. N⁰ 1914-*b*. Lamboharana (prov. de Tulear).

B. — *Exemplaires conservés en alcool.*

1. N⁰ 1928-1. Fénérive (R. Decary *legit*).
2. N⁰ 1914-1. Tulear.
3. N⁰ 1914-2.   —
4. N⁰ 1914-3.   —
5. N⁰ 1914-4.   —
6. N⁰ 1914-5.   —
7. N⁰ 1914-6.   —

Nous avons pu, en outre, examiner, grâce à l'amabilité de M. le Professeur Bourdelle, le type du *Geogale aurita*, conservé dans les collections du Muséum sous le N⁰ 1887-875 et le crâne de ce type.

---

1. Tous les exemplaires groupés sous les rubriques A et B sont conservés dans les collections personnelles de G. GRANDIDIER.

I. — Morphologie externe.

1. Coloration. — Si l'on examine avec quelque attention la série des individus précédemment énumérés, on s'aperçoit que la coloration générale présente des variations assez sensibles d'un exemplaire à l'autre.

Chez un individu conservé à sec (N° 1914-*b*), la coloration des parties supérieures est d'un gris assez brillant tirant légèrement sur le beige foncé. Les parties inférieures sont d'un blanc grisâtre. Le dessus des pattes est d'un blanc presque argenté. Cette coloration est en somme celle indiquée par A. Milne-Edwards et A. Grandidier et on peut la retrouver sur le type de l'espèce, conservé dans les collections du Muséum.

Un autre exemplaire à sec (N° 1901-*a*) offrait, par contre, une coloration des parties dorsales beaucoup plus foncée et brune, s'éclaircissant seulement à la limite des régions latérales et ventrales. Le ventre, de même, est nettement plus gris, apparaissant par conséquent plus foncé que chez l'exemplaire examiné en premier lieu.

En outre, les poils de cet individu de couleur sombre, sont dans l'ensemble, sensiblement plus longs que ceux de notre individu plus clair (n° 1914-*b*).

La comparaison des sept individus conservés en alcool, dont six (N°s 1914-1 à 6) proviennent de la même région est intéressante.

Tout d'abord, un de ces exemplaires (N° 1914-2) présente les parties supérieures d'un brun foncé et les parties inférieures grises, tout comme un des individus ci-dessus décrits (N° 1901-*a*).

L'exemplaire (N° 1914-6) est déjà plus clair dans ses parties dorsales bien que gardant une couleur générale brune. Les parties ventrales sont d'un blanc sale, en avant, tirant sur le gris plus en arrière. Il paraît être intermédiaire entre les individus foncés (N° 1914-*b* et surtout 1901-*a* ; N° 1914-2) et les individus plus clairs que nous allons examiner maintenant. Ces individus (N°s 1914-3 à 5) se caractérisent, en effet, par une teinte générale nettement moins sombre sur le dos. Le brun se rapproche d'un gris beige foncé qui s'éclaircit encore quand on examine le dessus des membres, le dessus de la tête et du museau.

Sur un autre exemplaire (N° 1914-1) l'éclaircissement de la coloration s'accentue encore vers le beige, coloration en même temps plus uniforme par élimination plus complète des poils foncés.

L'individu recueilli par R. DECARY sur la côte Est (N° 1928-1) se caractérise lui aussi par une coloration à nouveau plus claire, mais aussi plus brillante et qui perd l'uniformité que permet de constater l'étude des exemplaires de la série claire. Le beige tire ici sur le roux ou le fauve, tandis que quelques rangées de poils plus foncés, mettent une nuance brune. Les parties ventrales sont blanc sale.

Ce travail de comparaison — bien qu'il reste assez spécieux et subjectif — nous indique cependant que l'étude d'une grande série d'individus révélerait, entre les individus de coloration nettement sombre et ceux de coloration nettement claire, des liens étroits de transition.

Sans doute ces différences de coloration sont-elles en relation — et nous en avons des exemples typiques chez les *Centetidae* à piquants (*Ericulus* et *Echinops*) — avec les caractéristiques générales de l'habitat de ces petits mammifères (végétation basse, débris végétaux qui couvrent le sol, nature du sol), leur teinte générale ayant tendance à s'harmoniser avec le milieu.

Il n'en est pas moins vrai que l'individu de Fénerive s'écarte nettement de la série claire des individus examinés par nous, laquelle aboutit au beige uniforme qui est la couleur de l'exemplaire N° 1914-1. Il s'en distingue aussi par sa taille plus grande et quelques caractères, de faible valeur du reste, notés par nous au cours de ce travail. Il a été capturé enfin, dans une région extrêmement éloignée de celle qui a fourni aux zoologistes tous les exemplaires jusqu'ici connus de *Geogale aurita*, région, d'autre part, entièrement différente par tout ce qui constitue un ensemble biogéographique, des régions sud-occidentales de la grande-Ile. Aussi proposons-nous de considérer le *Geogale aurita* découvert sur la côte Est, comme une sous-espèce inédite. Nous lui donnons le nom de *Geogale aurita orientalis* subsp. nov. Tout ce qui précède révèle assez l'importance relative que nous attribuons à cette dénomination nouvelle. Peut-être fixera-t-elle cependant, pour l'avenir, une étape dans l'histoire de nos connaissances sur le *Geogale aurita*.

2. La tête (museau, narines, lèvre, œil, oreilles). — Le museau fait modérément saillie en avant de la mâchoire infé-

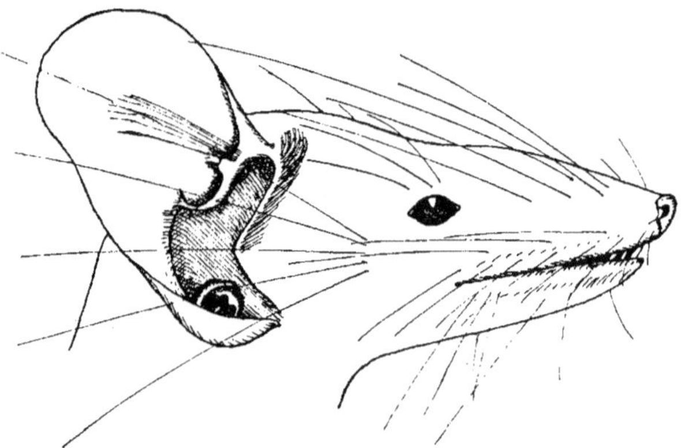

Fig. 1. — Tête de *Geogale aurita*, pour montrer l'emplacement des vibrisses. (Gr. 3 fois et demie).

rieure. Il est couvert de vibrisses de couleur brune, les unes longues, dressées presque verticalement en avant, plus obliques en arrière. Les plus longues parmi ces dernières atteignent le sommet du crâne. Ces vibrisses s'élèvent parmi des poils de même couleur, assez longs, mais clairsemés (fig. 1).

Un peu au-dessus de la lèvre supérieure, s'implantent d'autres vibrisses, de couleur argentée surmontant une rangée de poils, de coloration identique. Vibrisses et poils, dirigés vers le bas, dépassent largement le bord de la lèvre.

En dehors des longues vibrisses qui émergent de follicules saillant en mamelons, en dehors des poils qui s'insèrent dans les vallées qui séparent ces follicules, les parties latérales du museau sont nues. C'est seulement vers la moitié postérieure de ce museau que les poils bruns mélangés aux vibrisses passent progressivement à un revêtement de poils beiges, plus denses à mesure qu'on s'achemine vers l'arrière.

Par contre, le dessus du museau est couvert de poils beiges, qui deviennent cependant de plus en plus clairsemés et de plus en plus courts, de la ligne qui rejoint le canthus interne des yeux jusqu'aux narines.

D'autres vibrisses, sur deux rangées, s'insèrent en dedans du bord interne de la mâchoire inférieure. Elles sont peu nombreuses (4 paires) et espacées ; tandis que sur la ligne médiane, en arrière de la symphyse, se détache une paire de vibrisses *(vibrisses interramales* de POCOCK) (1).

Les narines s'ouvrent latéralement, par rapport à un mufle très court et glabre, et sensiblement en avant des incisives supérieures contrairement à ce qu'avaient noté A. MILNE-EDWARDS et A. GRANDIDIER.

Les lèvres sont assez longuement fendues. Leur commissure dépasse légèrement, en arrière, le milieu de l'œil chez les animaux bien adultes.

Chez les exemplaires en alcool les yeux apparaissent protégés par des paupières épaisses, sur le bord inférieur et interne desquelles s'implantent des poils bruns, assez nombreux et un petit groupe de vibrisses dont une ou deux sont presque aussi longues que les vibrisses du museau.

Les oreilles sont membraneuses, grandes, dirigées en dehors, en haut et en arrière. Leur couleur est brunâtre. Elles apparaissent glabres à l'œil nu. En réalité, elles sont parsemées, sur leurs deux faces, de poils gris, très fins et courts, qui, à la périphérie du pavillon, forment une bordure de duvet.

Au-dessus de la commissure labiale, et entre l'œil et l'oreille, mais plus près de l'œil que de l'oreille, se voit une touffe de soies blanches, longues et divergentes, tandis qu'en avant de l'entrée

1. Pocock. On the facial vibrissae of Mammalia. *Proc. Zool. Soc. London*, 1914, 2, p. 889.

de l'atrium glabre que délimite l'insertion du pavillon, se voit une herse de vibrisses, implantées perpendiculairement par rapport aux joues de l'animal, beaucoup plus courtes que les soies précédentes, mais de même couleur *(vibrisses génales de Pocock).*

Les replis du pavillon de l'oreille sont assez particuliers et intéressants à décrire, bien qu'assez comparable à ceux de l'oreille des Microgale (fig. 2).

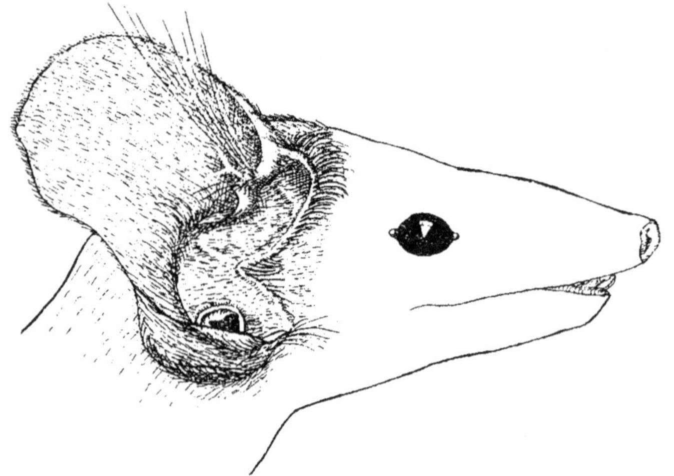

Fig. 2. — Détail de l'oreille externe du *Geogale aurita.*
(Gr. 3 fois 1/2 environ).

Vers son milieu, l'*hélix ascendant* forme un ourlet rabattu contre la face antérieure du pavillon, ourlet de forme générale triangulaire, dont le bord libre s'incline obliquement de haut en bas et de dedans en dehors, puis, dirigé vers l'arrière, se fixe au-dessous d'un repli peu marqué, qui représente l'*anthélix.*

Si l'on écarte cet ourlet, on voit qu'il délimite une cavité, en forme de cornet, laquelle est séparée en deux parties distinctes, l'une grande, externe, l'autre petite, interne, par un repli qui s'attache, d'une part, à l'anthélix, d'autre part, à l'ourlet de l'hélix ascendant lui-même, au moment où il s'infléchit vers l'arrière. Au point où ce repli rencontre la paroi de l'ourlet, s'insère, extérieurement, une touffe très fournie de poils assez longs. L'*hélix descendant* n'offre pas, à l'inverse de l'hélix opposé, un repli, dont la soudure au bord inférieur de l'anthélix, réalise la complexité ci-dessus décrite. Néanmoins, ce repli existe, mais entièrement libre et plus ample que celui de l'hélix ascendant. Il

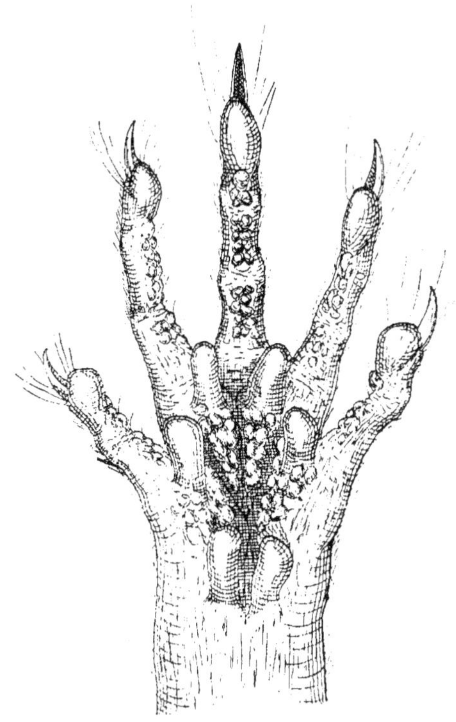

Fig. 3. — Patte antérieure, vue ventrale.
(Gr. 10 fois).

apparaît comme une expansion de l'hélix entre le niveau de l'anthélix et le point où cet hélix descendant, lui-même, se fixe sur la face latérale de la tête. Sa face interne est couverte de poils assez longs aux reflets d'un blanc argent. Si l'on rabat cette expansion vers le dedans, on voit qu'elle couvre exactement l'entrée du conduit auditif externe.

Cette entrée, se situe, en effet, exactement en dedans du repli libre de l'hélix descendant, dont la face interne le borde ventralement, et directement, sur un court espace. En réalité, sur la presque totalité de son pourtour, l'orifice auditif est limité par un repli, d'abord légèrement saillant qui, à l'origine, se soude à la face interne de l'hélix. Dorsalement, puis antérieurement, il s'élève davantage et de nombreux poils blancs, très fins, s'y insèrent. Le repli en question est, enfin, doublé, dans sa partie dorsale, par une frange muqueuse festonnée, de direction dorso-ventrale, qui masque la moitié supérieure de l'entrée de l'orifice.

Entre le bord antérieur de l'anthélix et l'insertion, sur les parois latérales de la tête, de la base du pavillon, existe un cul-de-sac profond. Le cul-de-sac se continue, vers l'avant par l'infundibulum étroit qui résulte de la soudure de la partie postérieure et postéro-ventrale du repli qui borde l'orifice auditif externe, avec la paroi de l'hélix descendant. Des glandes doivent déboucher dans cet infundibulum, si l'on en juge par les produits de secrétion dont il était rempli.

3. LES PATTES. — Les pattes sont grêles ; les doigts, allongés et fins, se terminent par de petites griffes, aussi développées aux pattes antérieures qu'aux pattes postérieures.

On distingue dans la région proximale des métacarpes deux pelotes ovoïdes, l'interne un peu moins allongée que l'externe (fig. 3). Une autre se situe à la base de l'interdigital 5-4, une autre entre le 4e et le 3e doigt, tandis qu'une troisième occupe plus nettement la base du doigt 2.

La pelote de la base du doigt 1, empiète, du côté externe, dans l'espace interdigital 1-2. Outre ces pelotes interdigitales, signalons que sur la face inférieure des doigts et la face palmaire, entre les principales pelotes indiquées ci-dessus, se voit un amas de petites saillies arrondies, dont l'ensemble donne à la masse une apparence granulaire.

Aux pattes postérieures (fig. 4), on trouve une pelote située vers le tiers postérieur des métatarses et qui occupe une position variable, tantôt médiane, tantôt latérale. En avant, et à une dis-

tance encore très variable de la pelote postérieure, se voit une
autre pelote encore latérale ou médiane, plus petite, et, de plus,
souvent oblique de dehors en dedans. Cette dernière pelote
n'est pas absolument constante. Nous l'avons constatée, cependant, chez six exemplaires de *Geogale aurita*, sur les huit qu'il
nous a été possible d'examiner à ce point de vue. C'est ainsi

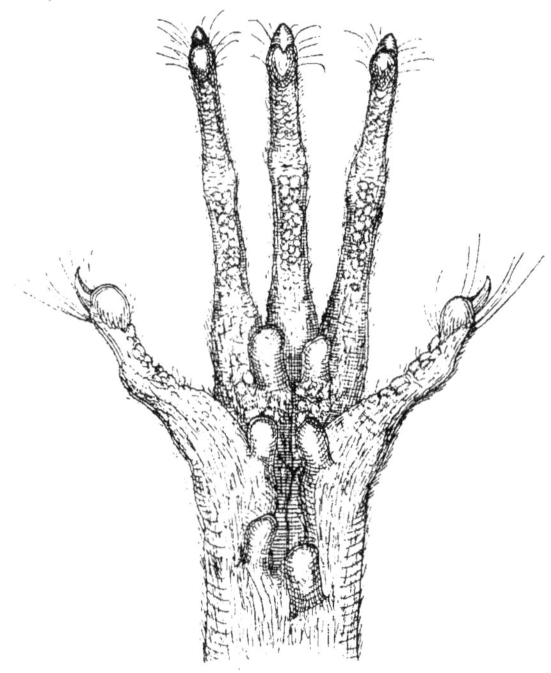

FIG. 4. — Patte postérieure, vue ventrale.
(Gr. 10 fois).

qu'elle existe à la patte gauche de l'individu N° 1914-1, et non
à la patte droite. Chez *Geogale aurita orientalis*, elle manque
aux deux pattes postérieures.

Outre ces pelotes métatarsiennes, signalons deux pelotes qui
se font face, l'une à la base du doigt 1, l'autre à la base du doigt 5
et deux pelotes interdigitales (2-3 et 3-4).

D'une manière générale, ces pelotes, notamment les interdi-

gitales, sont très saillantes et leur partie antérieure, complètement détachée de la face palmaire ou plantaire, reste libre.

4. LA QUEUE. — La queue, assez forte à sa base, s'atténue
rapidement ; dans son tiers postérieur elle a quelque tendance
à se comprimer latéralement. Sa peau est de couleur brune et
apparaît finement annelée. Elle est recouverte de poils assez
longs, de couleur claire, inclinés vers l'arrière, et qui dépassent
légèrement l'extrémité terminale, obtuse, de l'organe, en un
petit pinceau.

Sur plusieurs exemplaires, la queue est parsemée de petites
saillies arrondies, au pourtour desquelles les poils se redressent,
d'où sort parfois un poil unique, et qui paraissent être des kystes
d'origine parasitaire.

5. LES MAMELLES. — La répartition des mamelles mérite
d'être signalée (fig. 5).

La paire la plus postérieure se trouve très latéralement
située, aux deux extrémités d'une ligne transversale qui passe
à 1 mm. 5 environ, en avant de la fente cloacale. Si l'on rabat
vers le dedans les pattes postérieures repliées, ces mamelles se
placent vers le milieu de la jambe.

La deuxième paire sensiblement plus externe, se situe un peu
en arrière et en dedans de l'articulation fémoro-tibiale.

Une troisième paire, plus antérieure, se trouve très latéralement placée, située, par rapport au plan latéral, à la limite
de la moitié dorsale et de la moitié ventrale du corps. Elle se
place donc sur les parois de la cage thoracique, à 3 mm. 5 environ, en arrière de l'articulation du coude.

Une quatrième paire, enfin, se situe en dedans de la partie
proximale de l'avant-bras. Elle serait donc presque axillaire si
l'on pouvait réserver ce nom au creux qui marque le point
d'attache de l'avant-bras au corps, le bras restant tout entier
à l'intérieur des téguments.

Notons, du reste, que l'emplacement exact de ces deux dernières paires varie légèrement, non seulement chez les différents

individus, mais encore d'un côté à l'autre chez le même animal. Ainsi, chez l'exemplaire Nº 1918-1, la paire latérale ett horacique est plus proche de l'extrémité du coude que chez l'exemplaire Nº 1914-1.

Nous avons constaté la présence, chez les deux femelles de *Geogale aurita* examinées par nous (Nᵒˢ 1914-1 et 1928-1), de quatre paires de mamelles.

Il est assez singulier de constater que A. MILNE-EDWARDS 'et A. GRANDIDIER en signalent neuf paires chez notre Insectivore malgache.

En outre, les deux naturalistes ajoutent que ces mamelles se situent « en deux groupes vers le pli des aines », s'étendant « en arrière au-dessous des cuisses jusqu'auprès du jarret ».

En dehors de la différence numérique sur laquelle nous venons d'attirer l'attention, la topographie des mamelles telle que nous l'avons décrite, s'écarte considérablement de celle signalée dans la description de 1872. Celle-ci représente les mamelles

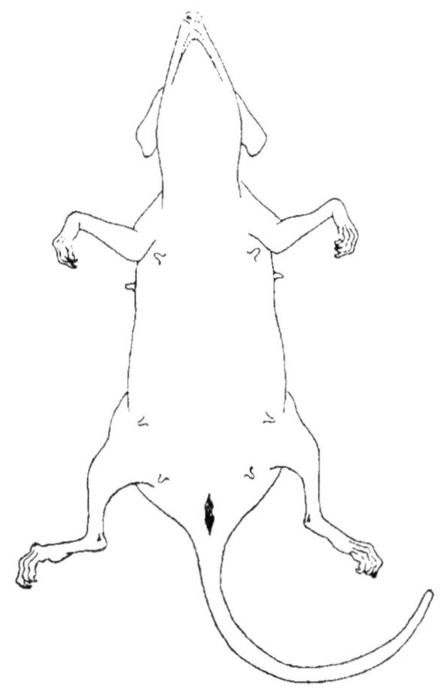

Fig. 5. — Schéma indiquant l'emplacement des mamelles chez une femelle de *Geogale aurita* (Grand. nat.).

réparties en deux groupes dans la partie postérieure du corps, tandis que les deux groupes pairs qu'elles forment, se répartissent l'un dans la région ischiatique, ou para-ischiatique, l'autre dans la région thoraco-axillaire.

6. ORGANES GÉNITAUX EXTERNES. — La partie postérieure de l'abdomen apparaît, dans la généralité des cas, couverte de poils plus courts que tout le reste de la région ventrale. Chez

le *Geogale aurita* recueilli à Fénerive, elle est même presque
complètement glabre.

Dans cette région postérieure se voit, sur la ligne médiane,
un orifice, en forme de fente allongée, continue, d'une longueur
de 2 mm. 5, environ (fig. 6). Son extrémité postérieure s'arrête
à 1 mm. 5 de la racine de la queue. Les lèvres de cette fente

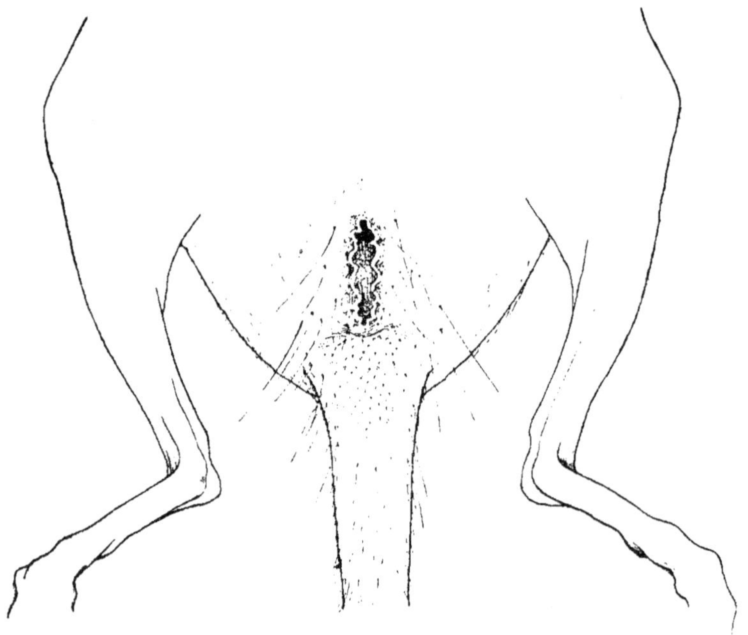

FIG. 6. — Emplacement et aspect extérieur du cloaque
chez un *Geogale aurita*, mâle (Gr. 5 fois env.).[1]

sont légèrement frangées de replis sinueux. Des poils longs ou
même très longs, mais épars, s'élèvent dans la zone immédiate
de son pourtour. Si l'on écarte les bords de cet orifice, on pénètre dans un atrium en arrière duquel aboutit le rectum, séparé
par une cloison d'un orifice antérieur, point d'arrivée de l'étui
pénien ou du vagin, selon les sexes.

Nous avons donc ici un véritable cloaque, caractère commun

à tous les Centetidés, et les Chrysochloridés et qu'il faut considérer comme un caractère primitif des plus remarquables.

* * *

MORPHOLOGIE EXTERNE

TABLEAU DES MENSURATIONS (1)

Indivi-dus exami-nés	Provenance	Longueur vertex-naissance queue	Longueur vertex-bout du museau	Longueur queue	Distance œil-bout du museau	Longueur du pied
1914-1	Tuléar	49	21	34	9	12
1914-2	—		19,5	33	9	11,5
1914-3	—	44,5		32,5	9	11
1914-4	—	34	17	23,5	7,5	11
1914-5	—	33	17,5	23,5	8	10,5
1914-6	—	40,5	20	29	8,5	
1928-1	Fenerive (2)	50,5		31	7,5 environ	12
1914-b	Lamboharana					11

II. — Ostéologie.

1. CRANE. — Le crâne du *Geogale aurita* est allongé, comprimé latéralement, s'élargissant seulement en arrière de la suture fronto-pariétale. De plus sa surface supérieure, d'avant en arrière, est horizontale. Vu en *norma lateralis* il ne montre, dans sa ligne générale, aucune obliquité ni bombement à l'encontre de ce qui se passe chez les espèces du genre *Microgale* (fig. 8).

Les os nasaux sont relativement assez larges, embrassés latéralement par des apophyses du frontal, accentuées (fig. 7).

Les frontaux ont respectivement une face supérieure convexe, le milieu du crâne, sur toute la longueur du frontal, offrant une dépression très nette, au fond de laquelle se voit la suture unissant les deux moitiés de l'os. Notons toutefois que ce sillon est beaucoup plus accentué sur le crâne d'un exemplaire de Lam-

1. Les mensurations sont exprimées en millimètres.
2. Exemplaire desséché sur lequel les mensurations sont impossibles.

boharana (N° 1914-*b*) que sur le crâne de notre sous-espèce *orientalis* (N° 1928-1).

La suture pariéto-frontale, denticulée et comme persillée, notamment chez le premier de ces deux individus, se fait suivant le pourtour de deux saillies antérieures, bien marquées, des pariétaux.

Les parois de la partie postérieure des frontaux et des pariétaux sont minces et translucides. Les pariétaux sont latéralement perforés, comme l'a bien noté Dobson. Les vaisseaux qui traversent ces orifices passent dans l'épaisseur de l'os, qui offre, sur leur trajet, une légère saillie superficielle.

Nous avons constaté la présence de ces trous pariétaux chez les *Microgale*, chez *Limnogale mergulus* F. Major. Ils sont plus latéraux, à la limite des pariétaux et des temporaux, chez *Echinops* et chez l'*Oryzoryctes tetradactylus* F. Major ; ils sont temporaux chez le *Potamogale velox*. Il n'y a pas de crête sagittale. A peine s'indique-t-elle par une ligne

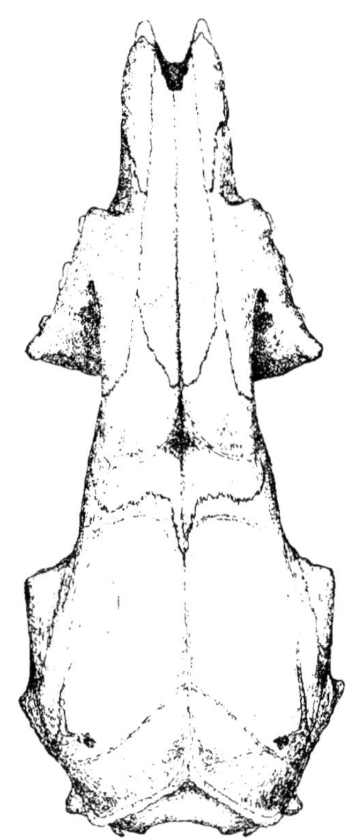

Fig. 7. — Crâne du *Geogale aurita* ; *norma verticalis* (Gr. 5 fois).

extrêmement fugace. La crête occipitale dessine une convexité beaucoup plus accusée vers l'avant, chez l'exemplaire de Lamboharana que chez le type de la sous-espèce *orientalis*. Corrélativement, la convexité du supra-occipital est plus nette chez le premier que chez le second. Chez les spécimens dont nous avons examiné le crâne, l'os interpariétal, si net chez certains *Centetinae* à piquants (*Echinops*, par exemple), n'est pas visible.

Geogale aurita A. Milne-Edwards et A. Grandidier.

Le *foramen magnum*, très large, présente un bord dorsal
arrondi, tandis que sa limite ventrale échancre, en son milieu,
le bord postérieur du basi-occipital. Les condyles ne débordent
pas la moitié ventrale du trou occipital. Ils présentent, comme
chez divers *Centetidae* examinés par nous, une partie supérieure
formant une convexité très saillante en arrière et une partie
inférieure dont le bord postérieur se confond avec celui du *foramen magnum* et se continue ventralement. Cette partie ventrale
apparaît en un léger relief sur le basi-occipital. Un vallonnement
sépare la partie supérieure, saillante, de la partie inférieure.

Le *basi-occipital* présente, entre les bulles tympaniques et la
limite postérieure du *foramen magnum*, immédiatement en

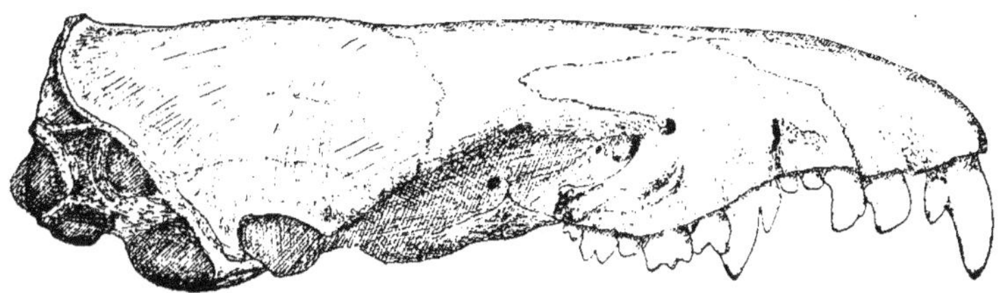

Fig. 8. — Crâne du *Geogale aurita* : *norma lateralis* droit.
(Gr. 5 fois.)

avant et en contre-bas de la saillie ventrale des condyles, deux
orifices arrondis et symétriques (*foramen ante-condylien*).
Notons que le crâne du type du *Geogale aurita* offre, de chaque
côté, non plus un, mais deux orifices placés côte à côte.

Ces orifices existent chez les *Centetidae* étudiés par nous à ce
point de vue, appartenant aux genres *Limnogale*, *Echinops*,
Ericulus, *Microgale*. On les trouve aussi chez les espèces du
genre *Oryzoryctes*, mais ici les bulles tympaniques empiètent sur
le basi-occipital ; l'os pétreux est très rapproché du bord antérieur, ventral, des condyles et les foramini anté-condyliens se
dissimulent sous la bordure même de ces condyles.

Le *processus para-occipital*, d'aspect massif, à extrémité
arrondie, offre un versant dorsal convexe et un versant inférieur
concave. Il est dirigé en arrière, mais son sommet s'infléchit
vers le bas.

L'apophyse zygomatique du squamosal est très courte, plus nette cependant chez le Geogale que chez les Microgale. Le processus post-glénoïdien est, de même, peu marqué.

L'apophyse mastoïde est peu développée ; sa forme varie légèrement avec les individus. Elle se trouve en arrière d'une crête ventrale du squamosal, qui nous allons le voir, contribue à circonscrire la caisse tympanique, et tout contre le bord antérieur du pétreux. Sa base est perforée sur la face externe (trou mastoïdien), tandis qu'immédiatement en arrière de l'apophyse, entre elle et le processus para-occipital, s'ouvre un gros foramen ovalaire.

La région tympanique est intéressante (fig. 9). La caisse tympanique est limitée en arrière par l'os pétreux, qui en dedans et en avant s'abaisse pour se continuer par le bord ventral, redressé et arciforme, du basi-sphénoïde. Chez le *Geogale aurita*, la limite du basi-occipital et du basi-sphénoïde, s'établit précisément un peu en arrière du point de

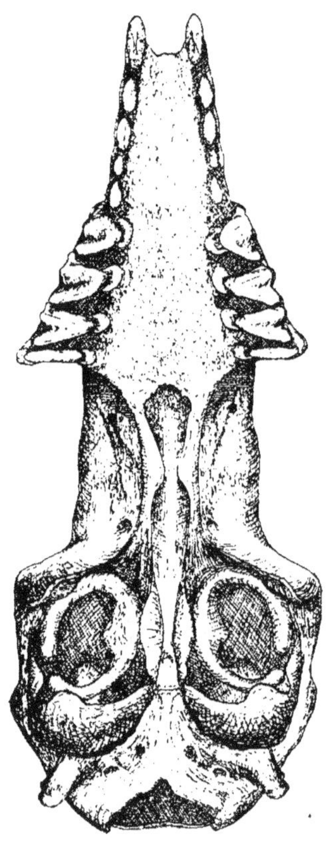

Fig. 9. — Crâne du *Geogale aurita* (face ventrale). avec le détail de la région tympanique (Gr. 5 fois).

rencontre entre le pétreux et l'aile du basi-sphénoïde. En avant, la limite de la caisse tympanique est représentée par le processus post-glénoïdien, déjà noté, de forme variable selon les individus et creusé d'une cavité assez profonde sur sa face postérieure. Extérieurement nous retrouvons la légère bordure, saillante verticalement, du squamosal, qui aboutit, nous l'avons

vu, à l'apophyse mastoïde. Dans ce cadre osseux est tendu
l'anneau tympanique. En arrière, il pénètre légèrement sous une
saillie antérieure en forme de bec, du pétreux ; il entre en
contact, du côté interne, avec la partie aliforme, légèrement
arquée vers le dedans, du basi-sphénoïde ; en avant et en dehors,
il touche la face postérieure du processus post-glénoïdien ;
enfin il adhère extérieurement à la crête du squamosal. Une
membrane relie l'anneau tympanique aux formations osseuses
qui circonscrivent la caisse du tympan, partout où l'anneau
n'entre pas directement en contact avec elles. Signalons notamment la membrane qui relie la face dorsale de l'anneau à
la vallée qui s'infléchit entre le bord descendant, vers l'avant,
du pétreux, et le bord remontant de l'aile du basi-sphénoïde.

Il est superflu d'insister sur la disposition très primitive et
très remarquable de la caisse tympanique chez le *Geogale aurita*.

Ajoutons qu'on ne trouve pas chez notre Insectivore cette
fosse sphénoïdale située en avant du basisphénoïde et en
arrière du présphénoïde, si bien marquée chez *Ericulus* et *Centetes*. Elle manque chez les *Oryzoryctinae*, mais aussi chez l'*Hemicentetes*, le *Limnogale* ; elle s'indique chez *Microgale longicaudata*, tandis qu'elle nous a paru absente chez *M. pusilla*.

Le *foramen ovale* est très gros. Il existe un *foramen opticum*.

Comme chez tous les *Centetidae*, il n'y a pas d'apophyse post-
orbitaire du frontal.

La dernière molaire s'implante tout en bordure du maxillaire
et l'apophyse externe de cet os où se fixe le tendon, très court
du masséter, est petite, arrondie, ne dépassant pas vers l'arrière
la molaire 3, comme cela a lieu généralement chez les *Centetidae*,
les *Microgale* y compris.

Le trou sous-orbitaire, on le sait, passe sous un pont osseux
détaché du maxillaire supérieur. La largeur, si l'on veut l'étendue, de ce pont osseux est variable ; c'est-à-dire qu'il intéresse
une portion plus ou moins grande du maxillaire supérieur.

Si l'on fixe sa largeur relative en prenant les molaires comme
point de repère, on la voit comprise entre les bords antérieurs
de la 3ᵉ et de la 2ᵉ molaire chez le *Potamogale*. Occupant la

même région, il apparaît plus étroit chez le *Limnogale*. Il reste très postérieur chez l'*Oryzoryctes tetradactylus* où son rebord arrière correspond à la limite de la 3e molaire, son rebord avant atteignant à peine le versant antérieur de la molaire 2.

Chez un *Microgale* (*Microgale longicaudata*), il s'étend environ de la moitié de la molaire 2 au bord antérieur de la molaire 1.

Ce pont osseux se situe plus antérieurement chez *Echinops* où sa largeur et ses limites correspondent, à peine, à la largeur de la 2e prémolaire.

C'est chez notre *Geogale aurita* — et il n'était pas inutile, semble-t-il, de le faire ressortir — que l'élément osseux du maxillaire, qui ferme extérieurement le trou sous-orbitaire, est de beaucoup le plus massif et le plus large. Il s'étend du bord postérieur de la 2e prémolaire au milieu de la 2e molaire. Et ce « trou sous-orbitaire » devient un véritable canal. Dans la partie dorsale du pont osseux, en avant et au dessus de l'orifice postérieur du canal sous-orbitaire, est percé un petit orifice correspondant au canal lacrymal.

Nous avons groupé dans le tableau suivant, les mensurations des crânes étudiés par nous. Notons qu'un examen attentif, révèle des différences individuelles portant sur des détails morphologiques, et que ne permettent pas d'apprécier les dimensions générales indiquées ci-dessous :

CRANE

MENSURATIONS

Crânes examinés	Provenance des individus	Diamètre antéro-postérieur maximum	Diamètre transversal antérieur (1)	Diamètre transversal minimum (2)	Diamètre transversal postérieur (3)
Nº 1928-I.	Fenerive.	20	7,5	4,5	8
Nº 1914-b.	Tulear.	19	7	4.5	8
Nº 1914-4.	Tulear.	19,5	7,5	4,5	8
Nº 1887-875.					
Type	Tulear.	20	7	4	7,5

(Voir notes page suivante).

2. Mandibule. — La branche inférieure de la mandibule est légèrement convexe ventralement, étranglée en arrière où elle se recourbe vers le haut (fig. 10). Le rameau ascendant offre un bord antérieur abrupt. L'apophyse coronoïde présente un sommet arrondi. L'échancrure sigmoïde est à peine indiquée, le versant postérieur de cette apophyse étant lui-même abrupt et à peine excavé. Toutefois chez un exemplaire de *Geogale aurita*, l'échancrure était plus marquée.

Le condyle, de forme cylindrique, est nettement détaché, mais porté par une apophyse de direction horizontale. L'échancrure

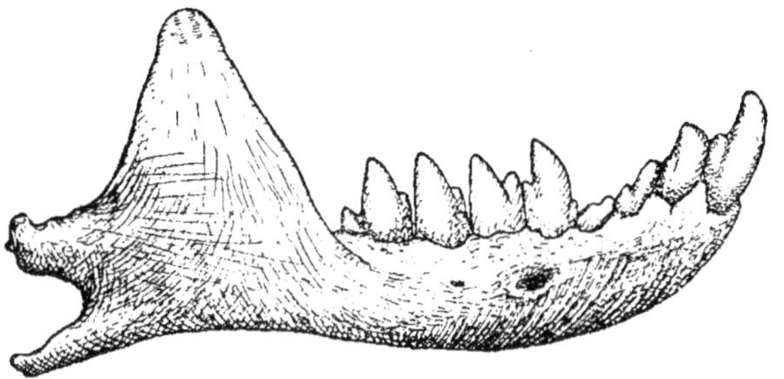

Fig. 10. — Moitié droite de la mandibule de *Geogale aurita* (Gr. 5 fois).

ventrale est semi-lunaire. Le processus angulaire, oblique de haut en bas, dans l'ensemble, se redresse légèrement vers le haut à son extrémité distale. Dans deux cas, il atteignait à peine le niveau du bord postérieur du condyle ; dans un cas (N° 1914-3) il le dépassait légèrement par une extrémité aiguë, au lieu d'être arrondie.

A la face interne de la mandibule, la crête qui relie le bord alvéolaire à la base du condyle, et, en arrière et au dessous de laquelle aboutit le canal dentaire, est particulièrement accusée

1. Le diamètre transversal antérieur est mesuré entre les deux processus zygomatiques, très réduits, du maxillaire supérieur.

2. Le point où est prise la mesure permettant d'obtenir le diamètre transversal minimum est légèrement variable. Il correspond cependant à peu près à la base des apophyses antérieures du frontal.

3. Le diamètre transversal postérieur est mesuré au niveau du processus zygomatique du squamosal (limite extérieure de la cavité glénoïde).

chez le *Geogale aurita*. Elle est de plus de direction rigoureusement horizontale, comme le condyle, au lieu d'être oblique de bas en haut chez les espèces où le condyle est redressé dorsalement (*Microgale longicaudata*, par exemple).

Sur la face externe de la branche horizontale, les trous mentonniers s'ouvrent environ au niveau de la deuxième prémolaire et de la première molaire.

3. VERTÈBRES CERVICALES : *Atlas*. — L'atlas offre un arc dorsal aplati, assez large, un arc ventral présentant sur la ligne médiane une saillie osseuse aiguë, de direction ventrale. Les condyles, en vue orale, ont leur bordure antéro-externe très saillante et coupante. Les diapophyses sont courtes, irrégulièrement mamelonnées ; elles se détachent à angle droit par rapport à l'orientation des condyles et entre la saillie de ces deux éléments se trouve une dépression osseuse très marquée au fond de laquelle débouche une ramification du canal transversaire qui, chez le *Geogale aurita*, perfore dans plusieurs sens les diapophyses. Le canal aboutit en effet au milieu de la bordure postéro-interne des condyles. Mais une branche s'ouvre sur la face postérieure de l'atlas, en avant et au-dessous de la saillie des condyles axoïdiens, cependant qu'un orifice, plus petit, se voit sur la face dorsale des diapophyses.

Les condyles correspondant aux facettes articulaires latérales de l'axis sont assez nettement réniformes, très épais et à bordure dorsale saillante, échancrant le trou vertébral.

Axis. — L'axis est remarquable, notamment, par l'apophyse odontoïde recourbée dorsalement, par la minceur d'un centrum allongé d'avant en arrière, par la présence d'un éperon osseux très coupant, qui se détache de la partie postérieure du corps vertébral (figs. 11 et 12). L'apophyse épineuse apparait comme un cimier élevé et tranchant qui surmonte en arrière le sommet des neurapophyses de la vertèbre 3, de même qu'il déborde, en avant, la limite antérieure des neurapophyses de l'axis (1).

1. Notons du reste, qu'une telle disposition de l'apophyse odontoïde de l'axis, se retrouve chez un grand nombre de Mammifères, d'ordres

La facette articulaire médiane de l'apophyse odontoïde n'est
pas discernable, tandis que
les facettes latérales, allongées, dont la face antérieure
est très convexe, se continuent d'un côté à l'autre
sans interruption, ventralement à l'apophyse odon-
toïde déjetée dorsalement.
Cette disposition est nettement visible du moins, chez
l'exemplaire N° 1914-2.

Séparée de l'extrémité
postérieure des facettes la-

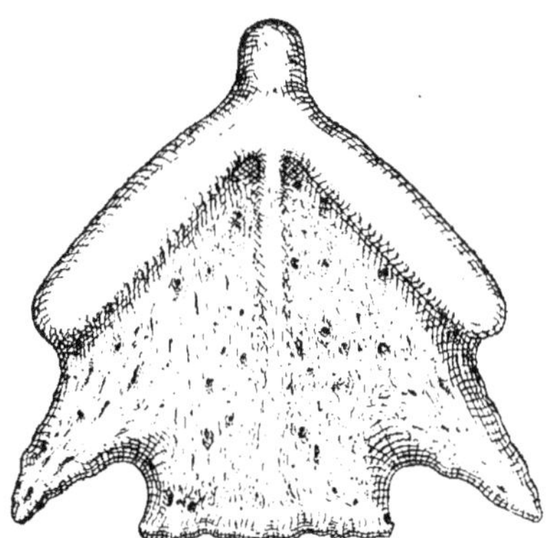

Fig. 11. — Axis, vue ventrale.
(Gr. 20 fois).

térales par une petite gorge, se détache, de chaque côté, une
diapophyse très nette, percée à sa base d'un trou transversaire complet (N° 1914-3).

Les zygapophyses sont
très courtes. Leur carac-
tère le plus saillant est
qu'elles s'orientent presque
dans le prolongement des
facettes articulaires latérales, de l'axis. Très peu re-
dressées dorsalement, leurs
facettes articulaires regardent, nettement, ventralement.

Fig. 12. — Axis, vu de trois quarts, pour
montrer les caractéristiques essentielles
de la vertèbre (Gr. 20 fois).

Les troisième, quatrième
et cinquième vertèbres cervicales se caractérisent par

la présence d'un petit renflement médian de l'arc dorsal figurant le neurépine, par la présence des zygapophyses horizon-

divers. Elle est fréquente chez les Insectivores et constante, en tout cas,
chez les Centetidae.

tales, dont les facettes regardent en dedans pour les prézy-
gapophyses, en dehors pour les postzygapophyses. Mais la caractéristique essentielle, c'est la présence d'une expansion latérale, aliforme, d'un centrum très étroit dans le sens dorso-
ventral, expansion qui occupe toute la longueur de ce corps
vertébral et qui se continue en avant et en arrière par un prolongement à extrémité arrondie. La partie postérieure est généralement oblique de dedans en dehors et d'avant en arrière. La

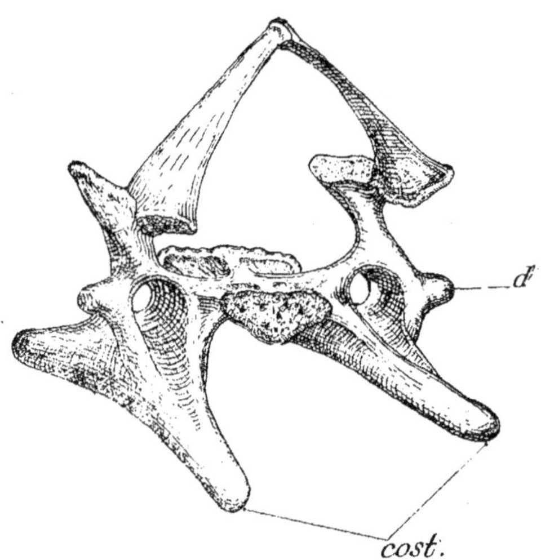

Fig. 13. — Sixième vertèbre cervicale du *Geogale aurita*. *d*, diapophyse; *cost.*,
prolongement latéro-ventral du centrum (costoïde).
(Gr. 20 fois).

partie antérieure est plus courte et parfois (vertèbre 5), oblique
dorso-ventralement. Ainsi ce prolongement oral peut-il apparaître comme surajouté à l'élément aboral, n'étant pas situé
dans son prolongement même. Ajoutons que la face ventrale
du centrum de la troisième cervicale porte, en arrière, l'éperon
osseux déjà signalé sur l'axis. Cet élément n'existe sur aucune
des deux vertèbres suivantes, mais une crête médiane s'indique
sur toute la longueur du centrum.

La sixième vertèbre cervicale (fig. 13), est remarquable par le
développement considérable que prend l'élément osseux ap-

pendu latéralement et en même temps ventralement à la vertèbre (1). Ses prolongements antérieurs et postérieurs, cette fois exactement dans le prolongement l'un de l'autre, sont encore arrondis. Son bord ventral est légèrement concave.

Un fait nouveau apparaît ici. C'est la présence, détachée de la base des pédicules, d'une apophyse de direction transversale, légèrement rabattue vers le dedans, par dessus l'expansion latérale du centrum.

Cette apophyse, à extrémité distale arrondie, est plus ou moins marquée selon les individus. Le trou transversaire est encore ici complet. Il serait plus juste de parler de canal transversaire pour chacune des vertèbres considérées étant donné que les trous transversaires des vertèbres cervicales (3 à 6) de notre *Geogale*, ont pour plafond le pont osseux reliant le centrum à la base des pédicules, pour plancher l'expansion latérale et ventrale de ce centrum, lui-même, nous l'avons vu, très comprimé dorso-ventralement, mais très allongé.

La double orientation visible sur les vertèbres 3, 4 5, des prolongements antérieur et postérieur de l'expansion latérale du centrum et dans tous les cas, la présence de ces prolongements eux-mêmes, sont d'une interprétation fort difficile du point de vue de ceux qui considèrent le *complexe transversaire* des vertèbres cervicales comme des costoïdes dégénérés. Dans ce cas particulier, encore, l'embryologie seule, permettra d'éclairer la question avec précision.

Morphologiquement, on pourrait considérer que ces appendices du centrum représentent des éléments pleurapophysaires déviés dans le sens longitudinal, et soudés à l'expansion latérale du corps vertébral. On peut aussi remarquer l'analogie frappante entre ces éléments osseux et les costoïdes cervicaux de certains Reptiles. Enfin, il est net que ces expansions latérales disparaissent complètement, dès que la vertèbre qui devait les porter entre en relation avec une côte. Et c'est le cas, comme

1. Il est intéressant de noter la présence d'un élément osseux tout à fait comparable sur la 6e vertèbre de tous les Centetidae examinés par nous, mais aussi chez d'autres Insectivores : Erinaceidae, Talpidae...

nous allons le voir, de la vertèbre 7 des *Geogale*. Bien plus, dès la vertèbre 6 apparaît un élément nouveau intéressant dont la signification est démontrée par la morphologie de la vertèbre 8. C'est cette apophyse transverse détachée de la base des pédicules de la vertèbre.

La septième vertèbre du *Geogale* montre l'épaississement de son corps vertébral, la disparition totale de l'élément costoïdal appendu au centrum, l'absence du trou transversaire, la présence d'une apophyse transverse détachée des pédicules. Cette vertèbre acquiert donc, morphologiquement, des caractères de vertèbre dorsale. En outre, la première côte sternale s'articule, par sa tête, avec, à la fois le bord postérieur du centrum de la vertèbre 7 et le bord antérieur du centrum de la vertèbre 8. Cette côte s'applique étroitement contre le long prolongement osseux qui relie les parties latérales du centrum à la base des pédicules de la vertèbre 8, cependant que la tubérosité, très courte, s'attache à l'apophyse transverse (diapophyse) de la même vertèbre.

Nous ne pouvons entamer ici une discussion pour savoir si l'on doit considérer la vertèbre 7 des *Geogale* comme la dernière cervicale ou la première vertèbre dorsale, ce qui poserait la question pour un grand nombre de mammifères. Contentons-nous d'indiquer les caractères morphologiques généraux de cette vertèbre, que nous retrouvons sensiblement comparables chez tous les Centetidae, et qui sont, en tout cas, des caractères nets de transition.

* * *

Nous ne décrirons pas les vertèbres des autres régions de la colonne vertébrale.

Notons seulement que le *Geogale aurita* présente 15 vertèbres dorsales, 7 vertèbres lombaires, 2 sacrées et 19 caudales.

4. STERNUM ET CEINTURE PECTORALE. — Le sternum est allongé mince et étroit. Le *manubrium*, s'évase en avant en une

manière de croissant à convexité antérieure, dont les cornes
sont peu accusées et peu recourbées: Au bord externe de ce
croissant aboutit la première paire de côtes (fig. 14).

Ce manubrium est surmonté par un *épisternum*, dont la forme
assez particulière, peut varier
légèrement d'un individu à
l'autre. D'une manière générale, il se présente comme
deux pièces cartilagineuses,
enrobées de tissu conjonctif,
qui s'attachent d'autre part,
respectivement, à la face ventrale de chaque moitié du
manubrium et jusqu'à son extrémité latérale. Ces deux pièces ne sont pas contiguës l'une
à l'autre sur la ligne médiane,
mais chevauchantes, l'une, la
droite, située ventralement par
rapport à l'autre. Chaque clavicule se trouve enveloppée
comme dans une capsule par
chaque élément de cet épisternum. Leur extrémité épister-
nale débordant chacune la
ligne médiane, il se trouve
qu'elles chevauchent, à leur
tour, l'une sur l'autre.

En arrière du manubrium,
le mésosternum se compose de
quatre sternèbres portant des

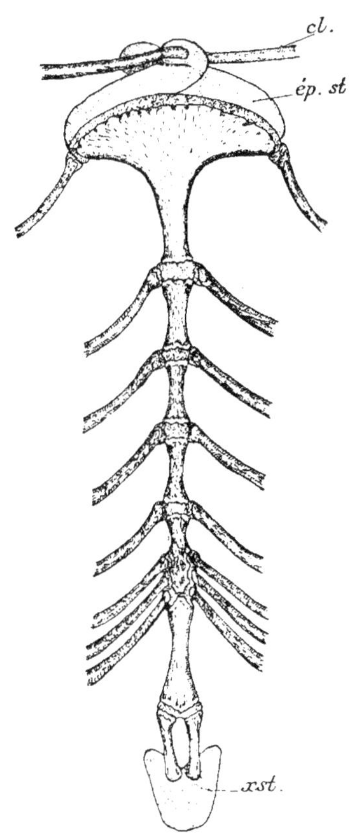

Fig. 14. — Sternum de *Geogale aurita* :
cl., clavicule ; *épst.*, épisternum ;
xst., xiphisternum (Gr. 10 fois).

côtes dont les trois dernières s'insèrent, très rapprochées l'une
de l'autre, à la partie postérieure de la quatrième sternèbre.
A cette pièce du mésosternum fait suite un élément osseux
allongé, élargi à son extrémité distale taillée en biseau. Sur
cette extrémité se fixent, par l'intermédiaire d'un disque carti-

lagineux, deux baguettes osseuses, parallèles, légèrement arci-
formes, plus renflées en avant qu'en arrière et séparées l'une
de l'autre par une lumière occupée par du tissu conjonctif.
Ce n'est qu'au bout de ces deux pièces que se fixe une languette cartilagineuse les embrassant latéralement et dépassant
largement leur extrémité, mais laissant sur la ligne médiane,
entre la légère convergence de ces éléments osseux, un hiatus
triangulaire de tissu conjonctif.

La pièce impaire et les deux éléments osseux qui lui font suite
proximalement, repose sur une lame aponévrotique qui se relie
d'autre part au bord postérieur de la dernière côte sternale et
qui, à son tour, donne appui à un muscle aplati, dont les fibres,
obliques de dehors en dedans et légèrement d'avant en arrière,
disparaissent sous la huitième côte sternale, s'insèrent au bord
externe de l'élément osseux impair et sur le bord externe de
chacune des deux baguettes osseuses qui lui font suite. En
arrière, le rebord de ce muscle, arciforme, se confond avec la
bordure des faisceaux costaux, les plus internes, du diaphragme,
dont il paraît constituer comme un ourlet. Nous avons probablement affaire ici, au transverse de l'abdomen.

Quant aux faisceaux sternaux du diaphragme ils se fixent largement à l'extrémité distale de l'élément osseux impair, à la
face inférieure des éléments pairs et jusque sur la partie proximale de la languette cartilagineuse.

Ce qui caractérise la disposition de l'extrémité postérieure
du sternum du *Geogale*, c'est donc l'interposition entre l'élément osseux impair, et la languette xiphoïdienne, d'un autre
élément pair, dont l'interprétation peut prêter à discussion et
dont la présence, en tout cas, ne cadre pas avec le schéma
habituel du xiphisternum.

Cette disposition paraît exceptionnelle chez les Mammifères
et loin d'être constante chez les *Centetidae*. Nous l'avons retrou-
vée chez *Limnogale mergulus*, dans le genre *Microgale*, dans le
genre *Hemicentetes*, alors qu'elle n'existe ni chez l'*Ericulus*, ni
chez l'*Oryzoryctes*. Il est bien évident qu'on doit considérer
l'élément impair comme une 5e sternèbre et on peut penser

que l'élément pair, dont l'ossification reste toujours moins avancée, en est une, également. Plus exactement, ces éléments préxiphoïdiens représenteraient deux hémisternèbres, c'est-à-dire l'incomplète cartilaginisation ou ossification de l'ébauche mésenchymateuse du sternum.

Quoi qu'il en soit, cette disposition invite à réaliser des recherches embryologiques sur le sternum du *Geogale*. Elle paraît

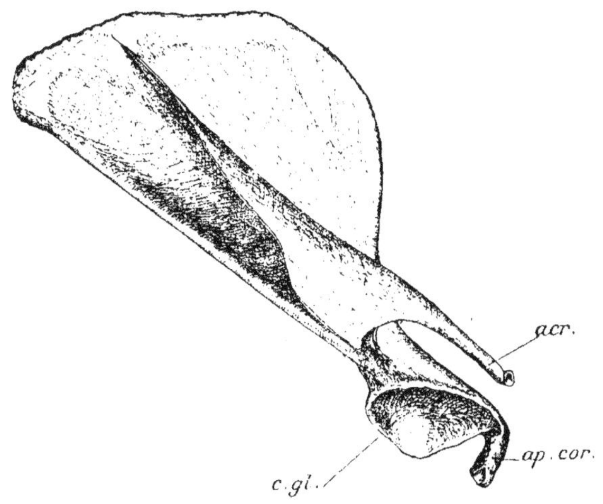

Fig. 15. — Omoplate droite de *Geogale aurita* : *acr.*, acromion ; *ap. cor.* apophyse coracoïde ; *c. gl.*, cavité glénoïde (Gr. 10 fois).

être une étape intéressante de la régression du sternum par sa partie postérieure (1).

Le scapulum est mince. L'épine, proche de son bord postérieur, est très saillante, très coupante, oblique dorso-ventralement et légèrement d'avant en arrière (fig. 15). Comme le bord postérieur du scapulum est lui-même nettement relevé, il se trouve que cette épine délimite une *fosse post-épineuse* (= *sous-épi-*

---

1. Voir : Paterson. The sternum, its early development and ossification in Man and Animals. *Journ. anat. and Physiol.*, 1901. — R. Anthony. Notes sur la morphogénie du sternum chez les Mammifères à propos de l'étude de Paterson sur le développement de cet os. *Bull. et mém. soc. Anthrop. Paris*, t. II (N° 5), 1901.

neuse) en forme de canelure profonde, plus large dorsalement que ventralement. Ventralement, cette canelure est recouverte par une expansion latérale, large, de l'épine, laquelle se poursuit vers le bas en se rétrécissant, pour constituer un *acromion* allongé, arrondi à son extrémité distale. La partie latérale de l'expansion parait devoir être homologuée à un *métacromion*. La face interne ou viscérale du scapulum est aplatie dans sa partie *pré-épineuse* (*sus-épineuse*). La convexité de sa partie post-épineuse correspond à la profonde canelure signalée tout à l'heure.

La cavité glénoïde occupe toute la surface de l'extrémité ventrale de la tige de l'omoplate. Elle est arrondie en arrière, légèrement rétrécie en avant, vers la partie proximale de l'apophyse coracoïde, ce qui lui donne une forme ovalaire dans le sens de sa plus grande largeur. L'apophyse coracoïde est très développée, arquée et recourbée à la fois du côté interne et postérieur. Son extrémité proximale, élargie et à surface mamelonnée, sur laquelle empiète la cavité glénoïde, parait devoir représenter un *procoracoïde*, la partie libre et recourbée constituant le coracoïde.

La clavicule est assez allongée, cylindrique, plus comprimée, cependant, vers son extrémité acromiale, tordue sur elle-même.

5. MEMBRE ANTÉRIEUR. — L'humérus mesure 10 mm. de longueur. Il offre une torsion assez peu accusée. La crête delto-pectorale, qui continue un grand trochanter peu détaché de la crête humérale, est très fugace. L'*entepicondyle* est bien développé.

Le radius surmonte le cubitus sur presque toute sa longueur et se place en dedans de lui dans la partie distale de l'avant-bras.

La tête radiale est nettement détachée de la diaphyse et portée comme par un col. L'apophyse coronoïde radiale est assez bien marquée.

L'apophyse coronoïde du cubitus est à peine visible, tandis que l'échancrure sigmoïde est dominée par un puissant olécrane, tordu vers l'intérieur, à sommet arrondi et irrégulier et dont la face interne est profondément évidée pour l'insertion du cubital antérieur. L'échancrure sigmoïde est très rétrécie dans sa partie moyenne.

La face externe du cubitus est creusée en gouttière. L'apophyse styloïde de l'extrémité distale est nette.

A la première rangée du carpe, le scaphoïde n'est pas soudé au semi-lunaire. La deuxième rangée se compose du trapèze, du trapézoïde, du grand os et de l'unciforme. Il n'y a donc pas de central libre, contrairement à ce qui se passe chez *Microgale Dobsoni*, *M. longicaudata*, le *Centetes*, les *Ericulus*, selon Leche.

6. Ceinture pelvienne et membre postérieur. — L'ilion est assez allongé, de section cylindrique dans son tiers moyen et postérieur, c'est-à-dire que la *crête iliaque latérale* est peu indiquée, comme est peu marquée l'épine iliaque extérieure et postérieure, immédiatement située en avant de l'acétabulum. La partie antérieure de l'os, où la crête iliaque latérale s'accuse, est de section prismatique. L'*incisure cotyloïdienne* est large. Il existe un ligament rond ; le trou obturateur, grand, est de forme ovalaire.

La tubérosité ischiatique est nette. Les pubis sont à 1 mm. 5 l'un de l'autre, réunis comme nous le verrons, par un arc ligamenteux. Le fémur mesure comme l'humérus, 10 mm. de long. La tête articulaire, portée par un col élargi, est nettement déjetée vers le dedans par rapport à l'axe de la diaphyse. Les deux trochanters sont nets, l'externe, comme à l'habitude, particulièrement bien détaché. Mais, de même que la crête delto-pectorale était à peine indiquée sur l'humérus, ici il n'y a pas trace de crête longeant le bord externe de l'os pour continuer le trochanter externe. Et il n'y a pas de troisième trochanter, comme chez l'*Hemicentetes semispinosus*, alors que nous avons constaté sa présence chez le *Limnogale mergulus*, le *Microgale pusilla* F. Maior et l'*Oryzoryctes tetradactylus* (1).

« La rotule des Insectivores est toujours un élément squelettique important ; les auteurs n'en parlent pas », a pu écrire

1. Leche a signalé l'absence du troisième trochanter dans le genre Centetes. Il s'ébauchait cependant chez un spécimen examiné par nous.

avec quelques raisons BERTHA DE VRIESE dans une des publications qu'elle a consacré à la rotule (1). Chez le *Geogale aurita* la rotule est un os, de forme grossièrement ovalaire, incurvé, à surface légèrement rugueuse, mesurant 1 mm. 5 de long et à peine 1 mm. de large. Il se continue, en arrière, par une partie cartilagineuse, de même forme, articulée avec l'os. Cette disposition pourrait être rapprochée de celle que l'auteur précité a constatée sur les rotules de jeunes Echidnés (*loc. cit.*, p. 7), qui se trouvaient constituées de trois pièces distinctes.

La *fossa patellaris* du fémur se présente sous la forme d'un sillon très marqué.

Chez le *Geogale aurita*, le péroné n'est soudé au tibia à aucun moment de son trajet. C'est là un fait qui paraît exceptionnel chez les *Centetidae*, chez lesquels cette soudure se manifeste à des degrés variables, intéressants à préciser.

Pour le moment, signalons seulement que cette soudure n'a lieu que dans le quart postérieur des os de la jambe chez les *Centetes* et les *Hemicentetes*. Elle n'existe pas chez *Echinops*, ni chez *Dasogale* (2). Par contre, nous l'avons vue très accusée chez *Microgale pusilla* F. Major et *Oryzoryctes tetradactylus*, où le péroné se réduit à un stylet osseux qui atteint à peine la moitié du fémur. Corrélativement à ce degré de soudure et de réduction, le péroné a tendance à quitter son emplacement latéral pour se placer en arrière du fémur.

Le distum fémoral et péronéal s'articulent seulement avec l'astragale chez le *Geogale aurita*. Il va sans dire que chez les espèces à péroné régressé, la partie distale du fémur se modifie selon des détails que nous n'avons pas à examiner ici. De même dans ce cas, l'astragale se place tout à fait dorsalement par rapport au calcanéum.

Rien de bien particulier à signaler dans les régions tarsiennes et métatarsiennes.

---

1. BERTHA DE VRIESE. Recherches sur l'anatomie comparée de la rotule *Bull. Acad. Roy. de Médecine de Belgique*, 25 mars 1909.
2. G. GRANDIDIER. Description d'un nouvel Insectivore (*Dasogale Fontoynonti*). *Bull. Acad. malgache*. Tananarive, 1928.

Le calcanéum offre un *sustentaculum tali* bien développé
et une apophyse interne recourbée vers la face dorsale du pied
et où s'attache le ligament tarso-métatarsien. Le cubital est
séparé presque complètement du naviculaire par le troisième
cunéiforme, lequel distalement a son bord externe qui s'appuie
contre la saillie du proximum du deuxième métatarsien.

III. — Notes sur la myologie du Geogale aurita.

1. MUSCLES MASTICATEURS. — Le *masseter* présente une
masse arrondie, condensée, en avant, en un tendon large et
court qui s'insère sur la face externe et le bord postérieur d'un
processus maxillaire extrêmement court. Ce muscle est absolument indivis. Comme l'un de nous l'a indiqué ailleurs (G. PETIT,
1927), ce caractère, qui se retrouve chez d'autres Insectivores
malgaches (*Hemicentetes, Centetes, Limnogale, Echinops*), paraît
être une conséquence de l'absence d'arcade zygomatique. L'insertion postérieure du masséter a lieu sur la face externe de la
branche horizontale de la mandibule, au-dessous de l'échancrure inférieure. Quelques fibres s'insinuent, en arrière, sur un
court espace, entre le conduit auditif externe et l'extrémité
distale du processus angulaire, ventralement entre le digastrique
et le bord inférieur de la mandibule.

Au-dessus du masséter, dont elle épouse le bord supérieur,
se voit une forte bande musculaire horizontale ou légèrement
arciforme. Moulée exactement selon la forme du masséter, elle
s'applique, de même, contre le crotaphyte, faisant, en apparence, corps avec lui. En arrière, cette bandelette musculaire
se fixe par une aponévrose, à la base de la crête latérale de
l'occipital et sur le processus para-occipital ; en avant, elle
s'incurve, en s'appliquant contre le bord antérieur de la branche
montante de la mandibule et se fixe par un tendon sur son
bord antérieur et en dehors de ce bord antérieur lui-même, en
arrière, et légèrement en dehors, de la dernière molaire.

HARRISON ALLEN (1880) a signalé ce muscle chez d'autres

mammifères que les Insectivores et lui a donné le nom de *supra-zygomatic slip*.

Dobson (1882) l'a mentionné et figuré dans sa description du genre *Gymnura*, comme une des trois parties qu'il reconnaît au crotaphyte. Il le note également dans son étude générale des *Centetidae*.

W. Leche (1907), à l'imitation de Dobson, a décrit ce muscle comme une portion de temporal. J. Dubecq (1923) l'indique, chez le Hérisson, sous le nom de *faisceau-zygomatique* ou encore de *faisceau supra zygomatique*. L'un de nous lui a reconnu une grande puissance relative chez divers *Centetidae* (*Centetes, Echinops, Hemicentetes, Limnogale*) et a donné à cette bande musculaire le nom de muscle *sus-massétérien*. En effet, la dénomination antérieure de certains auteurs faisant allusion aux relations du muscle avec l'arcade zygomatique, ne peut être maintenue chez les animaux qui sont totalement dépourvus de cette formation osseuse.

Quoi qu'il en soit, le muscle sus-massétérien apparaît chez le *Geogale aurita*, comme chez les représentants des Insectivores malgaches ci-dessus indiqués, comme un muscle bien distinct des masses musculaires environnantes (1).

Dans la masse du crotaphyte, en apparence unique, on peut distinguer un feuillet antérieur et superficiel, qui prend au niveau de la suture sagittale, s'élargit d'arrière en avant et plonge, en arrière de l'œil, en dedans de l'apophyse coronoïde à laquelle il s'attache.

Dans le reste du crotaphyte, on ne peut distinguer aucun clivage. Le muscle se fixe médialement dans la partie postérieure de la suture sagittale, en arrière sur la crête latérale de l'occipital et s'applique ventralement contre le pariétal. Mais les

---

1. Certains auteurs rattachent au masseter le muscle sus-massétérien. D'autres, au temporal et il semble bien que certaines dispositions révélant une tendance du sus-massétérien à s'incorporer au crotaphyte, chez *Crocidura albicauda* Peters, par exemple, soient en faveur de cette manière de voir.

Quoi qu'il en soit ce muscle se différencie assez nettement chez nos Insectivores et par ses insertions et par son trajet, pour qu'il soit distingué du crotaphyte, et décrit à part sous un nom spécial.

fibres qui constituent cette masse ont une insertion antérieure différente, selon le niveau auquel on considère le muscle.

Dorsalement, les fibres qui se trouvent en dehors et légèrement au dessous du feuillet superficiel, plongent en arrière de l'œil et en dedans de l'apophyse coronoïde.

Plus ventralement, les fibres s'appliquent contre le temporal et s'insèrent à la fois sur le sommet de l'apophyse coronoïde qu'elles coiffent et dans l'échancrure sigmoïde.

La partie plus inférieure de cette portion du crotaphyte recouvre ce qui représente la cavité glénoïde, entourant le condyle qui s'y place et le dépassant, en avant, pour s'accoler sur la face externe de la branche montante du maxillaire.

2. DIGASTRIQUE. — Le digastrique s'insère en avant, sur la face ventrale de la branche horizontale de la mandibule, au point de départ de la branche montante, c'est-à-dire assez en arrière. Il passe au-dessous du processus angulaire, à partir duquel il se relève dorsalement, contourne l'orifice auditif externe, l'apophyse mastoïde et va se fixer sur le bord ventral et la face externe du processus para-occipital.

3. DIAPHRAGME. — Le diaphragme est nettement transversal. Il est de plus presque tout entier musculaire, le centre phrénique n'étant représenté que par une étroite ligne aponévrotique médiane et deux lignes latérales très divergentes, isolant les faisceaux costaux, des parties aliformes des piliers.

Les orifices œsophagiens et aortiques sont simplement formés par les lèvres accolées des piliers, sans entrecroisement des fibres. Ces piliers médians sont très minces. En arrière, leur masse droite et gauche, se délite en faisceaux élégants, espacés, qui convergent en un faisceau commun très court et étroit qui se fixe sur la colonne vertébrale par une faible terminaison tendineuse.

4. APPAREIL SUSPENSEUR DE LA VERGE. — L'appareil suspenseur de la verge mérite une description un peu détaillée.

Les *bulbo-caverneux* forment une épaisse masse musculaire, en apparence indivise, épousant exactement le vallonnement compris entre les deux racines du pénis, se moulant contre leur bordure postérieure et se condensant à leur extrémité antérieure pour s'attacher sur la base de la partie sagittale de la verge.

Si l'on enlève les *bulbo-caverneux*, on tombe sur une nappe musculaire, aplatie dans sa région médiane, latéralement plus renflée et charnue. Ainsi elle enveloppe les *crura penis*, les débordant pour s'insérer latéralement et en arrière sur la face ventrale et le rebord de l'ischion. Les limites de cette nappe se manifestent, en arrière, sous forme d'une arche à convextié antérieure, laissant déborder le rebord postérieur des racines du pénis. Nous homologuons ce muscle aux *ischio-caverneux*.

Si, d'autre part, on examine la partie latérale des ischio-caverneux, on voit, dans la région postérieure de leur portion charnue, se détacher un faisceau musculaire assez épais, qui se dirige obliquement de dehors en dedans, s'augmente de quelques fibres et s'insère sur la face ventrale et latérale de la verge, immédiatement en avant des *crura penis*.

Sur le bord antérieur et la face externe de l'ischion, naissant par une insertion peu distincte de celle des ischio-caverneux, se détache une bandelette musculaire, bientôt dissimulée par le renflement de l'ischio-caverneux, mais qui se condense rapidement en un tendon de forme aplatie, lequel, après un parcours sinueux le long de la face dorsale de la partie sagittale de la verge faisant suite à la convergence des *crura penis*, pénètre enfin dans l'albuginée au niveau de la première courbure de l'organe mâle. Nous avons affaire ici au *levator penis*.

IV. — Appareil digestif.

1. Dents. — La formule dentaire du *Geogale aurita* s'établit comme suit :

$$\text{I } \frac{2\text{-}2}{2\text{-}2} \qquad \text{C } \frac{1\text{-}1}{1\text{-}1} \qquad \text{PM } \frac{3\text{-}3}{2\text{-}2} \qquad \text{M } \frac{3\text{-}3}{3\text{-}3}$$

A la mâchoire supérieure, les incisives sont particulièrement longues, arquées vers le bas, séparées par un espace égal à environ une fois et demi leur largeur. Cependant, chez un exemplaire de Lamboharana (N° 1914-*b*), ces incisives étaient anormalement déviées vers l'intérieur et rapprochées l'une de l'autre. Elles offrent à leur base, et en arrière, une cuspide très nette, assez aiguë (*métacone*). Sur leur bord antérieur on ne voit aucune trace de cuspide basale.

L'espace entre la première et la seconde incisive offre une largeur à peu près égale à la largeur du métacone de l'incisive 1. Notons toutefois que chez le type de notre sous-espèce *orientalis*, il est près de deux fois plus large que chez l'exemplaire N° 1901-*a*.

Le seconde incisive présente une cuspide principale (*protocone*) dont la hauteur peut dépasser, mais à peine, celle du métacone de la dent précédente. Le protocone présente des variations individuelles sensibles, dues à l'âge de l'animal. Il peut offrir un bord antérieur régulièrement bombé en avant ou un versant antérieur formant un angle aigu, le sommet de cet angle représentant une cuspide antérieure, encore mal esquissée (*paracone*). Cette deuxième incisive porte une cuspide basale postérieure (*métacone*) assez surbaissée et presque entièrement masquée, du côté extérieur, par la canine.

Cette canine reproduit à peu près la forme de l'I 2 ; mais chez les exemplaires où cette dernière dent offre un bord antérieur convexe, un paracone s'amorce, qui s'accentue chez les exemplaires dont la dent, seconde incisive et canine, présente un rebord angulaire. Le métacone est nettement détaché de la base de la cuspide principale.

Les deux premières prémolaires sont courtes. Le paracone est plus ou moins indiqué. Chez un exemplaire (N° 1914-3) il chevauche sur le métacone de la canine, alors qu'il est nettement séparé chez deux autres (N°ˢ 1928-1 et 1914-2).

Le protocone est bas. Chez l'exemplaire N° 1901-*a*, la deuxième prémolaire est presque toute entière placée au dedans de la troisième.

Cette troisième prémolaire offre un protocone élevé, déjeté

du côté interne : le bord antérieur de la dent fournit un paracone nettement détaché, auquel fait suite une cuspide et le vallonnement du cingulum *(labiale cingulum spitze* de LECHE) aboutissant, en arrière, à un métacone peu marqué. Du côté interne, la base de la dent présente un talon très net (hypocone).

L'âge et l'usure apportent des modifications importantes dans l'aspect de cette dent. Chez un individu jeune la cuspide antérieure du cingulum, notamment, apparaît de forme oblongue et seul un sillon la sépare d'une autre cuspide surbaissée en contact avec le métacone. La première molaire diffère peu de la troisième prémolaire. D'une manière générale, le protocone, encore mieux détaché de la dent, s'unit à la cuspide du cingulum par un bord convexe du côté labial, concave du côté lingual, ce qui lui donne l'aspect d'un crochet antérieur. La dent se rétrécit dans le sens antéro-postérieur et prend davantage la forme d'un V.

Chez un individu jeune la différence s'accentue en ce que dans la troisième prémolaire le protocone antérieur est très nettement séparé de la cuspide du cingulum qui occupe le milieu de la dent, tandis que dans la première molaire du même individu, ces deux cuspides sont rapprochées, leurs deux pointes restant séparées par un sillon angulaire, tandis qu'un bord convexe les confond du côté labial.

Chez les deux premières molaires le paracone vient en contact étroit avec le métacone de la dent qui précède. La troisième molaire est très étroite, et réduite à trois cuspides. Une cuspide externe *(paracone)*, une cuspide interne *(protocone)* et le talon *(hypocone)*.

* * *

Le première incisive de la mâchoire inférieure est longue et recourbée vers le haut. De son bord postérieur, vers la moitié de sa longueur, se détache, assez net, un métaconide.

La seconde incisive est plus courte. Sa hauteur atteint environ le sommet de la cuspide postérieure de l'I. 1. Insérée très obliquement, la moitié de son bord antérieur est placée contre le bord postérieur du métaconide de la dent précédente. Sa cuspide postérieure est beaucoup moins nette que celle de l'I. 1.

La canine garde l'obliquité de la dent précédente. Elle est aussi nettement moins haute. La cuspide postérieure est courte et bien détachée. La première prémolaire dont la hauteur n'atteint pas le sommet du métaconide de la canine, apparaît, en somme comme une réduction de cette dent.

La deuxième prémolaire présente une haute cuspide interne (*protoconide*) dominant légèrement une cuspide externe (*métaconide*). A la base du bord antérieur du protoconide s'esquisse une cuspide (*paraconide*) et en arrière de la dent se détache un talon très surbaissé, dont le versant principal est oblique de dedans en dehors.

Les trois molaires se caractérisent par le développement de deux cuspides puissantes, l'une antérieure (*paraconide*), l'autre exactement en dedans du protoconide (*metaconide*). La cuspide principale les domine l'une et l'autre. Le talon des molaires reste écrasé contre le bord antérieur des dents suivantes, sauf en ce qui concerne la dernière molaire dont le talon, libre, se détache de la base de la dent, s'étire en arrière et se relève en une saillie mousse.

2. LANGUE. — Chez un grand nombre de Reptiles, chez divers Mammifères, notamment les Insectivores et les Chiroptères, les papilles linguales sont pénétrées par des fibres musculaires striées qui s'insèrent, selon des modalités différentes, soit sur le tissu conjonctif de l'intérieur des papilles, soit directement sur la membrane basale de l'épithélium. W. BESNARD et G. PETIT ont analysé ce fait anatomique et l'ont constaté, notamment, chez le *Limnogale mergulus*, l'*Oryzoryctes talpoides* (1), l'*Hemicentetes semispinosus*, parmi les Centetidae (2).

<hr>

1 G. GRANDIDIER et G. PETIT. Description d'une espèce nouvelle d'insectivore malgache suivie de remarques critiques sur le genre *Oryzoryctes* A l'impression in : *Bull. Muséum*, 1930.

2. W. BESNARD et G. PETIT. Sur une structure particulière des papilles linguales et son interprétation fonctionnelle. *Comptes rendus Soc. Biol. Paris*, 16 février 1929, t. C, p. 475. Les mêmes auteurs ont consacré à cette question, un mémoire plus important actuellement à l'impression.

.La langue du *Geogale* n'est pas une exception à ce point de
vue. Les papilles sont, sur la surface dorsale de la langue, des
papilles du type conique et toutes des papilles cornées. Une
mince couche de tissu conjonctif s'étale entre l'épithélium et
les muscles. Des faisceaux redressés du *transversalis linguae*
y aboutissent. En de rares endroits et seulement en arrière de
la langue des fibres traversent la nappe conjonctive et se fixent
à la base des papilles. C'est encore seulement en arrière et non
plus dorsalement, mais latéralement, que la pénétration de fibres
musculaires striées dans les papilles est la plus nette. Ici se sont
les papilles du type fongiforme qui contiennent les fibres striées
venues du système musculaire transversal, à travers l'épaisse
couche du système musculaire longitudinal.

3. ESTOMAC. — L'estomac est normalement allongé, étroit,
tout entier situé dans la moitié gauche de la cavité abdominale.
Son extrémité antérieure se place environ à la limite des faisceaux costaux de diaphragme et de l'expansion latérale des
piliers.

L'œsophage est enserré sur presque tout son trajet par les
lèvres des piliers, dont quelques fibres se dispersent dans le
manchon conjonctif qui entoure complètement ce conduit.
L'estomac offre un bord externe, qui représente la grande courbure, presque rectiligne, s'infléchissant seulement tout en arrière. La petite courbure offre les mêmes caractères. Il repose
exactement sur la rate qui garde l'empreinte de la grande courbure, mais cet organe, très allongé, se continue plus en arrière.

Nous avons trouvé chez un individu femelle, un estomac
bourré d'aliments et si distendu et déformé qu'au premier abord
on hésitait à considérer cette énorme poche, aux parois amincies,
comme un estomac.

4. FOIE. — Le foie occupe, dans toute sa largeur, toute la
concavité du diaphragme. Sa face antérieure est presque plane,
en relation avec une voussure diaphragmatique très transversale. Le lobe médian se continue en arrière et latéralement par

le lobe gauche dont la face antéro-interne s'applique contre la moitié gauche de la face postéro-externe du lobe médian.

Ce lobe repose, à droite, par sa face postérieure, sur la face antérieure du lobe droit qui lui fait suite, du reste, latéralement. Contre l'extrémité dorsale du lobe droit s'applique, en arrière, le pôle antérieur du rein.

Un lobe postérieur médian (lobe de Spiegel), complètement dominé par la masse du lobe médian et la pointe du lobe gauche, présente sur son bord externe, une loge qu'épouse la petite courbure de l'estomac.

Ajoutons que ventralement, le lobe droit et le lobe gauche, viennent en contact au dessous du lobe médian, le lobe droit bordant la veine porte, dont le passage correspond à une échancrure du lobe médian.

La scissure entre les lobes droit et gauche, s'arrête au niveau du sillon ventral de l'organe où se logent les lèvres des piliers diaphragmatiques et la courte portion de l'œsophage qui les traverse.

V. — Organes thoraciques.

1. Cœur. — Le cœur, gros, allongé, occupe une position très oblique de droite à gauche. Il est presque tout entier situé dans la moitié gauche de la cage thoracique. Seules la partie antérieure du ventricule droit et l'oreillette droite, débordent, du même côté, la ligne médiane.

Une zone, de forme ovalaire, de la base des ventricules, et que les lobes pulmonaires laissent libres, repose directement sur la convexité du diaphragme (fig. 16).

2. Poumons. — Les poumons ont leurs deux sommets à peu près à la même hauteur. Sur le poumon droit il faut distinguer un lobe, dont la face externe est moulée contre la cage thoracique, dont la face postérieure s'applique sur la convexité d'un diaphragme très transversal, réduisant à peu de chose le sinus costo-diaphragmatique.

En avant, ce poumon se rétrécit en un lobule antérieur, peu nettement détaché, qui, à son extrémité antérieure atteint le bord antérieur de l'oreillette droite et la recouvre sur sa face externe.

Un lobe plus gros (lobe moyen), côtoie le bord dorsal de l'oreillette et s'insinue, sur la moitié antérieure de la face droite du cœur, assez gros, entre cet organe et le diaphragme sur lequel sa face postérieure s'applique.

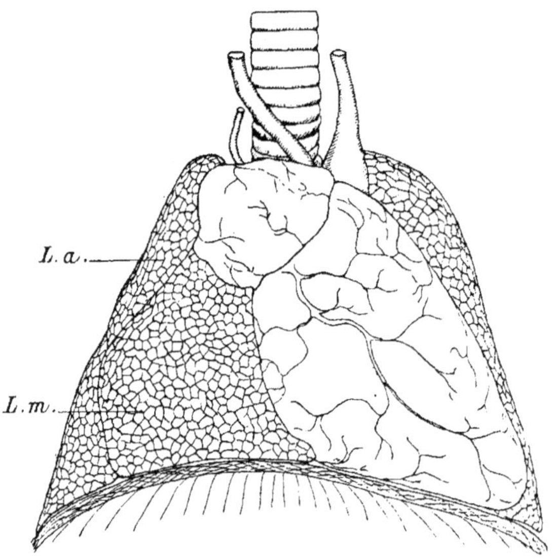

Fig. 16. — Emplacement du cœur vis-à-vis des poumons. Vue ventrale. (Gr. 6 fois).

Enfin, un troisième lobe, invisible lorsque les organes sont en place, a sa face ventrale qui se moule contre le bord droit du cœur, qu'elle épouse jusqu'à la pointe, contournée par une languette, dépendance de ce lobule. Sa face postérieure est aplatie contre le diaphragme et son bord droit s'indente profondément pour le passage de la veine cave postérieure. C'est le lobule azygos, bien développé ici.

Le poumon gauche a la partie antérieure de sa face interne plaquée contre le cœur. Au niveau de la pointe de cet organe, une scissure du poumon peut exister, indiquant l'annonce d'un lobule qui ne se différencie pas. La base du poumon gauche, un peu moins large que celle de l'organe opposé, s'applique contre la voussure diaphragmatique. Elle s'étend un peu moins loin en arrière que celle du poumon droit.

VI. — Appareil génito-urinaire.

1. REINS. — Le rein droit est placé sensiblement en avant du rein gauche. Il est, de plus, de direction longitudinale, tandis que le rein gauche est oblique de dedans en dehors. Celui-ci parait plus comprimé latéralement que le rein droit et sa surface ventrale, moins régulière, est moins bombée.

Le hile occupe le bord interne des reins, sur lequel il ne met aucune échancrure. C'est un hile de type ramassé où l'uretère et les vaisseaux se groupent dans un espace nettement délimité. La surface des reins est absolument lisse et la substance médullaire est enveloppée d'un manchon continu, et assez large, par la substance corticale.

2. VESSIE. — La vessie de l'exemplaire mâle disséqué par nous, n'était pas étudiable. Les observations qui suivent ont été faites sur la vessie d'un individu femelle, dont nous examinerons ci-dessous l'appareil génital.

Cette vessie apparaissait de forme oblongue, à surface extérieure comme gaufrée par la fine striation des parois.

Les uretères après avoir suivi le bord d'un grand repli dont nous parlerons tout à l'heure, aboutissent à la vessie dorsalement et assez près de la ligne médiane. Les replis de la muqueuse vésicale sont très marqués.

L'urèthre urinaire débouche par un méat bien visible ventralement et immédiatement en arrière du clitoris.

2. APPAREIL MALE. — Chez l'individu examiné par nous (N° 1914-3), le testicule gauche était complètement aplati, en forme de galette, tandis que le droit était gros et arrondi. L'un

et l'autre se situent immédiatement en arrière du pôle postérieur des reins, auxquels les testicules sont reliés par un grand repli péritonéal. Il se fixe sur l'épididyme et le prolonge même, en avant, par delà le rein, jusque sur les ailes des piliers du diaphragme. C'est le *repli diaphragmatique (plica diaphragmatica* de Klaatsch et de Max Weber). Immédiatement en arrière des testicules, sur le trajet des canaux déférents, impliquée dans le repli péritonéal qui relie les conduits aux testicules (*ligamentum testis*), se trouve une glande aplatie, de couleur brune.

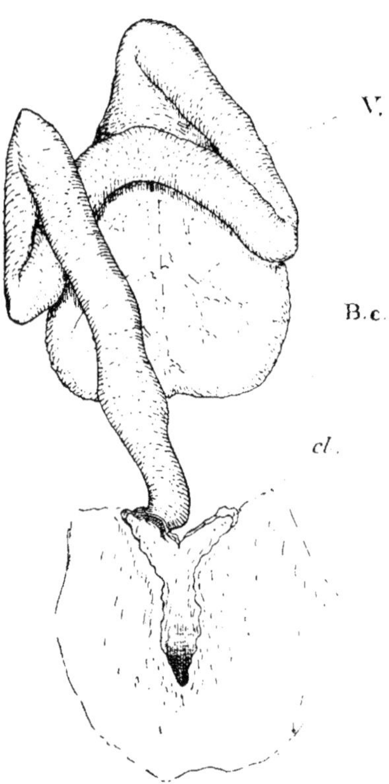

Fig. 17. — Aspect général des courbures de la verge. V., verge ; *cl*, cloaque ; B. c., masse des bulbo caverneux (Gr. 6 fois).

L'état de notre spécimen ne nous a pas permis d'observations plus complètes Notons toutefois que les uretères croisent les canaux déférents avant d'aboutir à la vessie.

Les testicules occupent donc, chez le Geogale, une situation très primitive et il ne paraît pas y avoir descente de ces organes dans la région inguinale.

Immédiatement sous la peau et reposant immédiatement sur les muscles droits de l'abdomen, se trouve la verge, fortement repliée, dans son ensemble, en forme de 8 (fig. 17).

C'est tout d'abord une partie oblique de dedans en dehors, du point où elle aboutit dans le cloaque, légèrement à droite de la ligne médiane, jusqu'au point où elle se coude pour donner une partie transversale, qui épouse caudalement, le bord oral de la masse musculaire des bulbo-caverneux (1).

A cette portion transversale en fait suite une autre, plus antérieure, qui, au niveau de la ligne médiane du corps, se contourne à son tour pour se continuer par une partie sagittale, qui se divise distalement en deux *racines* (*crura penis*). Ces racines se fixent sur le bord postérieur et la face ventrale du pubis, enrobées par les ischio- et les bulbo-caverneux, précédemment décrits. Elles paraissent être unies l'une à l'autre par un fascia horizontal, représentant en quelque sorte une *aponévrose pelvienne*, débordant en arrière le tubercule pubien et le ligament qui relie les deux tubercules, écartés, ligament avec lequel elle adhère intimement par sa face dorsale.

La verge se présente dans sa partie distale sous un aspect filiforme, tirebouchonné ; son extrémité est régulièrement arrondie et comme légèrement déprimée en sa partie médiane. Toute cette partie filiforme, longue d'environ 3 mm. 5, paraît représenter le gland.

Sur nos specimens jeunes et médiocrement conservés, il nous a été impossible de pousser plus avant l'étude de l'appareil genito-urinaire mâle du *Geogale*.

3. Appareil femelle. — Si l'on ouvre la cavité abdominale d'une femelle de *Geogale aurita*, on voit, en arrière, la vessie·

---

1. Notre travail était à l'impression lorsque nous avons eu l'occasion de disséquer l'appareil génital mâle d'un très jeune *Geogale aurita* de notre collection. Nous avons constaté, non sans surprise, que, chez cet exemplaire, l'étui pénien aboutissait à gauche dans le cloaque et non à droite comme nous l'avions précédemment constaté. La verge offrait une disposition différente de celle que nous avons décrite ci-dessus et figurée. Elle comprend une portion courte, oblique de dedans en dehors, à laquelle fait suite une partie, également courte, retournant obliquement et d'arrière en avant vers la ligne médiane. Avant de l'atteindre elle se coude en une partie plongeante ventro-dorsalement, et plus longue, qui se tord sur elle-même pour donner une partie remontante, légèrement oblique. C'est elle qui se continue par la portion sagittale de la verge qui se divise en deux racines (*crura penis*). La partie plongeante se loge ici profondément entre la masse des bulbo-caverneux et la partie remontante de la verge, ci-dessus indiquée.

L'absence d'un troisième exemplaire mâle ne nous permet pas de savoir, quelle est l'anomalie parmi les deux dispositions offertes par l'un et par l'autre de nos spécimens.

Ventralement et vers le milieu de l'organe s'attache le bord
libre d'un vaste repli péritonéal qui, d'autre part, se fixe à la
face interne de la paroi abdominale.

Dorsalement à elle se voit un organe allongé, étroit, circulaire, dont le sommet rétréci et ventralement recourbé, se trouve obliquement barré dans le sens transversal par deux prolongements latéraux que nous suivrons tout à l'heure. Cet organe est à la fois, le vagin, en arrière et l'utérus, en avant (fig. 18).

Mais reprenons au cloaque, l'étude de l'appareil génital femelle. Immédiatement en avant des lèvres saillantes et sinueuses que nous signalions dans la première partie de ce travail au sujet de l'orifice cloacal, se trouve le clitoris. Il se compose d'une partie antérieure assez large et à peu près cylindrique qui se continue, en arrière, par une partie plus courte, plus étroite, à extrémité arrondie.

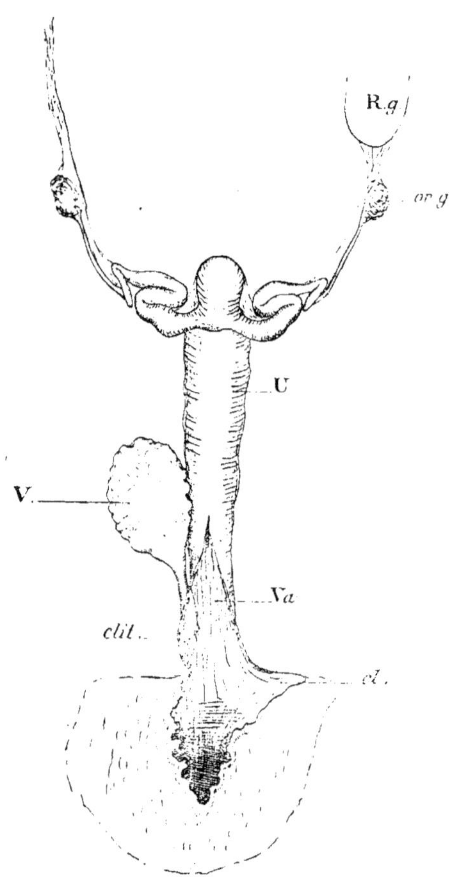

Fig. 18. — Appareil génital femelle. V., vessie réclinée : cl., cloaque ouvert : Va, vagin : clit., clitoris : U., utérus : R. g.. rein gauche, ov. g., ovaire gauche (Gr. 5 fois).

rondie. La face dorsale de l'organe est légèrement déprimée
en gouttière, et à sa base et sur la face ventrale s'ouvre le
méat urinaire, sous la forme d'un orifice assez gros, arrondi.

Le vagin est un canal assez long (5 mm. 5, environ), strié de

replis larges et peu nombreux. Le sommet rétréci et arrondi de
l'utérus se recourbe ventralement comme pour amorcer une
volute et se continue par deux cornes. L'ovaire gauche est
appendu dans un méso, immédiatement en arrière du rein. Le
droit est un peu plus en arrière. Le méso qui soutient les ovi-
ductes est le même que celui qu'empruntent, plus dorsalement,
les uretères. Ce méso, latéral au vagin et à l'utérus, se confond
en arrière, avec le grand
repli transversal, fixé sur
la vessie, déjà mentionné.

4. Glandes mammai-
res.— Les glandes mam-
maires méritent une des-
cription assez détaillée,
d'autant que la plupart
des auteurs qui se sont
occupés de l'anatomie des
Insectivores ont peu in-
sisté sur leur topographie.

Examinons tout d'a-
bord les glandes en rela-
tion avec la paire anté-
rieure des mamelles, dont
nous avons déjà fixé la
position au cours de ce
travail (fig. 19).

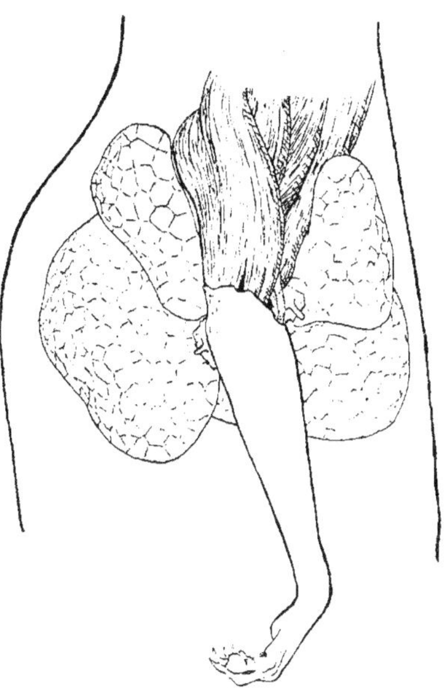

Fig. 19. — Situation des glandes
mammaires du groupe antérieur.
(Gr. 5 fois).

Nous trouvons une première glande placée dans une loge
limitée ventralement par le bord postéro-dorsal du triceps,
contre lequel elle se moule ; son extrémité antérieure bute contre
le delto-spinal ; son bord dorsal est convexe. C'est par son
extrémité postérieure, de direction ventrale, que cette glande
entre en relation avec la mamelle thoracique, latérale. Sa face
interne repose partiellement sur le grand dorsal.

Cette première glande recouvre, sur un court espace, la face
externe et le bord antérieur d'une autre glande beaucoup plus

grande, très étalée et très aplatie. Son bord dorsal, convexe, dépasse vers le haut la limite inférieure de la première glande, atteignant la partie inférieure du trapèze. Son bord postérieur s'indente et esquisse, vers son milieu, l'indication d'un lobule, puis on le voit descendre en direction ventrale, se continuant par le bord interne de la glande de direction antérieure, placé contre un faisceau du pectoral. C'est à peu près au niveau de l'échancrure, mais en avant, que cette seconde glande communique à son tour avec la mamelle latérale thoracique.

Si l'on soulève le bras du *Geogale aurita*, en dégageant cette grande glande de ses attaches conjonctives, on voit qu'elle se poursuit sous le coude et que son bord antérieur offre une incisure médiane dans laquelle s'encastre l'extrémité postérieure d'une petite glande ovoïde, occupant le creux axillaire, localisée entre le relief du grand dorsal et le relief du faisceau pectoral ci-dessus indiqué.

Cette glande ne paraît communiquer qu'indirectement avec la mamelle thoraco-latérale, par l'intermédiaire de cette deuxième glande dont nous avons précisé l'étendue.

C'est une quatrième glande, qui entre, seule, directement en rapport avec la mamelle axillaire. Son bord interne et ventral est libre. Son bord antéro-dorsal se moule contre le biceps ; elle s'insinue sous le bras et, superficiellement placée par rapport à la deuxième glande et à la glande axillaire dépendant de la mamelle latérale thoracique, elle s'enfonce jusque sous le coude, pour aboutir à la mamelle axillaire.

Les glandes mammaires en relation avec le groupe postérieur des mamelles sont moins complexes. Nous n'avons ici, du moins chez l'exemplaire étudié (N° 1914-1), qu'un champ glandulaire où s'esquissent des séparations, mais qui reste indivis (fig. 20). Cette glande atteint la ligne médiane du corps, donne, en avant et vers le dehors, un lobe arciforme, assez étroit, qui contourne la face antérieure de la cuisse. Sa moitié postérieure s'applique contre les muscles de la face interne de la cuisse et donne un lobule postérieur qui remonte, en arrière, entre la racine de la queue et les muscles fessiers.

En somme les champs mamellaires antérieurs et postérieurs, occupent une surface à peu près égale. Mais le second, de par sa topographie, laisse plus de liberté au mouvement du membre postérieur. Au contraire, les glandes mammaires du groupe antérieur, entourent complètement le bras dorsalement par des glandes correspondant à la mamelle thoraco-latérale, ventralement par l'unique glande aboutissant à la mamelle axillaire.

En arrière, la grande glande de la mamelle thoracique déborde largement le membre, s'avançant d'autre part sous le coude, tandis que le creux axillaire est occupé lui-même par une autre glande.

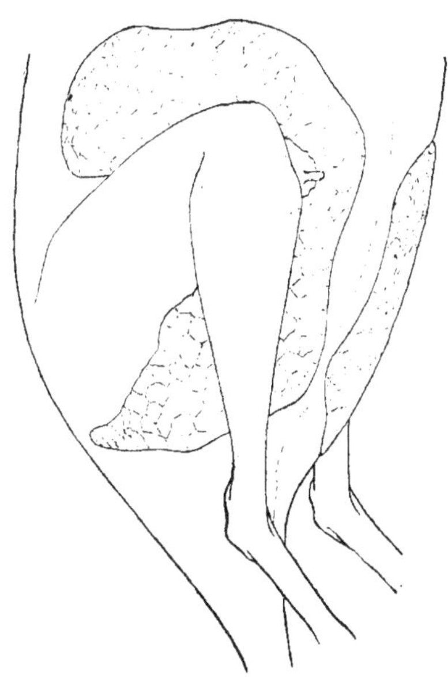

Fig. 20. — Situation des glandes mammaires du groupe postérieur (Gr. 5 fois).

Un tel développement ayant été constaté chez une femelle non gravide et vraisemblablement en dehors de la période d'allaitement, on peut imaginer qu'à l'époque de lactation, ces petits animaux sont voués à une impotence presque complète des membres antérieurs.

VII. — Répartition géographique. — Biologie.

A l'exception de l'exemplaire unique, capturé par M. l'Administrateur des Colonies R. Decary, aux environs de Fénérive, petite ville située sur la côte orientale, à une centaine de kilomètres au Nord de Tamatave, tous les autres proviennent de l'Ouest et du Sud-Ouest de l'île.

Nous avons, en effet, indiqué (voir p. 441 note 1, du présent travail) que les specimens ayant servi à A. Milne-Edwards et A. Grandidier pour la description du type, avaient été recueillis à Morondava et à Tuléar. Ceux qui ont permis notre étude viennent soit de Lamboharana, village situé à 150 kilomètres environ, au Nord de Tulear, soit des abords mêmes de cette ville.

Nous avons également indiqué (p. 445), l'antinomie biogéographique qui existe entre les deux régions de l'île, d'où sont jusqu'ici connus les *Geogale*. Du point de vue climatique, l'Est se caractérise par sa très grande humidité et une température moyenne presque égale au cours des deux saisons, qui sont peu tranchées.

Morondava a le climat de la région occidentale, avec deux saisons bien nettes, un hivernage avec pluies orageuses et fortes chaleurs, et une saison strictement sèche.

Lamboharana et Tuléar appartiennent à la région méridionale où les pluies deviennent rares.

L'avenir nous permettra sans doute de savoir si le *Geogale aurita* se trouve uniformément réparti dans toutes les régions de l'île, ou au contraire s'il faut considérer l'habitat de ce petit Insectivore comme formant, çà et là, des taches éparses strictement localisées.

Nous ne savons rien, de même, de sa biologie. Rappelons que c'est dans les trous faits en arrachant les pieux d'une palissade que A. Grandidier découvrit l'animal; l'exemplaire de R. Decary, dont nous avons fait la sous-espèce *orientalis*, fut capturé de jour, dans un bois. Morphologiquement, l'animal est plutôt coureur que fouisseur. Il doit pouvoir même grimper avec aisance sur les troncs pour explorer les anfractuosités où se dissimulent les insectes dont il se nourrit.

Sans doute, niche-t-il lui-même dans les souches, sous les racines, dans les petites cavités naturelles du sol ou des arbres.

Son régime est essentiellement carnivore. L'estomac et le rectum de trois individus disséqués étaient bourrés de débris chitineux ayant appartenu à des insectes indéterminables, probablement des Orthoptères.

* * *

Nous voici donc au terme de cette étude que nous considérions dès le début, étant donné l'état de nos matériaux et les conditions mêmes du travail, comme un essai monographique.

Du moins apporte-t-elle une contribution effective à la connaissance de ce représentant, si mal connu et si remarquable, des *Centetidae* qu'est le *Geogale aurita*. Il appartient, en effet, sans conteste à cette famille presque essentiellement malgache, si hautement différenciée dans la grande Ile, qui groupe des animaux morphologiquement et éthologiquement si divers : animaux à piquants (*Centetes*, *Ericulus*, *Echinops*, *Dasogale*), qui, par convergence, rappellent nos Hérissons, dont ils ont les mœurs, mais qui ne peuvent se mettre aussi complètement en boule, type fouisseur avec les *Oxyzoryctes*, type remarquablement adapté à la vie dans les eaux, avec le *Limnogale* aux pattes palmées et à la queue comprimée en palette, dans le sens latéral. Les *Geogale* et les *Microgale*, du groupe *Cowani*, viennent y rappeler par leur allure et sans doute aussi, leurs mœurs, les Soricides, qui du reste, à divers titres, se rapprochent des *Centetidae*.

On sera peut-être surpris de ne pas trouver ici une conclusion précise sur la place que doit occuper le *Geogale* à l'intérieur de la famille à laquelle il appartient.

Quand on ne fait pas de la systématique pour la systématique, mais qu'on est conduit vers elle par le détour de l'anatomie comparée, l'esprit acquiert des préoccupations — ou des exigences — que ne satisfont pas toujours les rapprochements et les coupures établies selon d'autres méthodes.

C'est une étude complète et comparée des Insectivores malgaches qui seule nous permettra de fixer avec le maximum de certitude, les affinités « centétoïdes » du *Geogale*.

On l'a placé dans la famiiie des *Potamogalidae* (Dobson) ; dans la sous-famille des *Potamogalinae* (Trouessart). A l'imitation de Leche, nous pensons qu'il ne peut y être maintenu.

Ce dernier auteur, nous le savons, l'incorpore dans la sous-famille des *Oryzoryctinae*, avec les genres *Oryzoryctes*, *Microgale* et *Limnogale*, qui n'est pas beaucoup mieux connu que ne l'était le *Geogale* et dont l'étude complète réservera sans doute des surprises.

Certes, par certains caractères de son anatomie, par sa morphologie externe surtout, c'est des *Microgale*, et des *Microgale* du type *Cowani*, que le *Geogale* se rapproche le plus. Et nous adopterons, pour le moment, la place que Leche lui attribue.

Mais il n'en est pas moins vrai qu'il se rapproche également, par un ensemble de caractères des représentants de la sous-famille des *Centetidae* : forme générale du crâne, au profil droit et non oblique ou bombé (*Oryzoryctes*, *Microgale*), absence de soudure entre le tibia et le péroné, laquelle, quand elle existe chez les *Centetinae*, est beaucoup moins importante que chez les *Oryzoryctinae*, absence de troisième trochanter, etc...

S'il en est ainsi, peut-être, après une étude comparée des Centetidés malgaches, faudra-t-il revenir partiellement (1) à l'idée de Dobson et considérer le *Geogale* comme constituant à lui seul une sous-famille, qui établirait le passage entre les *Centetinae* et les *Oryzoryctinae*.

---

1. Partiellement, car il n'est pas question de laisser le *Geogale* ou la sous-famille qu'il représenterait dans la famille des *Potamogalidae*.

BIBLIOGRAPHIE

1872. — Milne Edwards (Alph.) et Grandidier (Alf.). — Description
d'un nouveau Mammifère insectivore de Madagascar (*Geogale
aurita*). *Ann. Sc. Nat.* (Zoologie), t. XV, article 19.
1882. — Dobson (G. E.). — A Monograph of the Insectivora. Part. I,
London.
1883. — Leche (W.). — Zur Anatomie der Beckenregion bei Insectivora. *Kongl. Svenska Vetenskaps-Akad. Handl.*, Bd. 20, n° 4.
1907. — Leche (W.). — Zur Entvicklungsgeschichte des Zahnsystems
der Säugetiere. Teil 2, Heft 2. *Zoologia*, Stuttgart.
1910. — Kaudern (W.). — Studien über die männlichen Geschlechtsor-
gane von Insectivoren uond Lemuriden. *Zool. Jahrb.* Bd. 31,
Heft 1, 106 p.

859. — Imp. Jouve et Cie. 15. rue Racine, Paris. — 7-30

CONTRIBUTION A L'ÉTUDE

DE LA

FAUNE DE MADAGASCAR

—

TROISIÈME PARTIE

REPTILIA ET BATRACHIA

par F. ANGEL,

Assistant au Muséum, Paris.

Les Reptiles et les Batraciens faisant l'objet du présent travail ont été récoltés au cours de deux Missions d'étude, effectuées par M. G. Petit ; les itinéraires en sont tracés sur la carte ci-contre :

1ʳᵉ Mission — (juin 1920 à avril 1922).

Région de Tamatave, étude de la côte de Tamatave à Fénérive ; séjour dans la région de Nossi-Bé. Descendant ensuite vers le Sud, M. Petit se rendait à Tuléar.

Récoltant des animaux autour de cette ville, il capturait, à Tsivono, un Scincidé nouveau du genre *Grandidierina*, puis explorait ensuite, tantôt la région côtière, tantôt la basse vallée de l'Onilahy où il récoltait un genre nouveau de Gecko, une espèce nouvelle de Batracien de la famille des Brévicipitidés et faisait des observations très intéressantes sur les mœurs de *Chalarodon madagascariensis*.

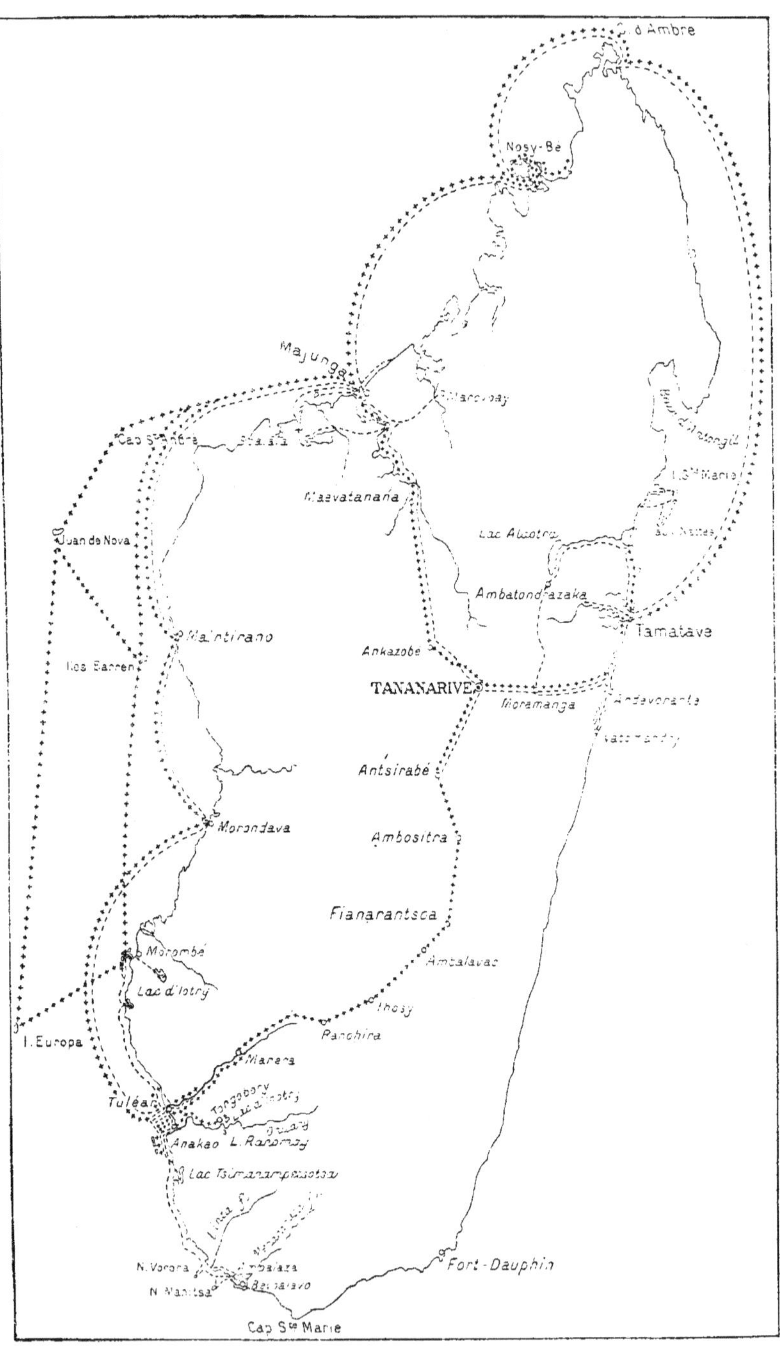

Fig. 1. — Itinéraires des missions G. Petit

Pénétrant à l'intérieur des terres, le voyageur remontait vers Tananarive par Fianarantsoa, Ambositra, Antsirabé.

Au cours de cette Mission, les ilots de la côte Ouest : Juan de Nova, Iles Barren, Ile Europa, furent aussi visités et des récoltes faites.

2ᵉ Mission — (mai 1925 à mai 1927).

Dans ce second voyage, la côte Ouest de l'Ile fut d'abord et à nouveau explorée. Commençant au Nord par la région de Majunga, Soalala et l'Ambongo où il récolte un batracien nouveau, M. Petit redescendait ensuite sur Maintirano, Morondava, explorant particulièrement la côte Sud-Ouest entre Morombé et la baie d'Ampalaza. visitant ensuite les iles madréporiques des eaux territoriales de la province de Tuléar ainsi que les lacs d'Ihotry et de Maroamalona et la basse vallée du Fiherenana. Dans cette dernière *Brookesia Stumpffi* y fut trouvée pour la première fois.

Ayant ainsi, à deux reprises, effectué ses recherches sur la côte Ouest, le voyageur se rendait sur la côte Est. la parcourant dans toute la région située au Nord de Vatomandry ; il séjourna à l'ile Sainte-Marie, fit des recherches dans la région du lac Alaotra où il recueillait un Batracien nouveau du genre *Gephyromantis* et enfin traversa la contrée située entre ce lac et Fénérive.

L'exploration des environs de Tananarive fut aussi des plus fructueuses car deux nouveaux Ranides et un Brévicipitide y furent découverts et recueillis.

Parmi les observations, récoltes et recherches de toutes natures auxquelles se livra M. Petit, celles qui concernent les Reptiles et les Batraciens tiennent une place importante. Les matériaux appartenant à ces deux classes de Vertébrés, donnés par le voyageur au Muséum d'Histoire naturelle de Paris, ne comportent pas moins de 437 exemplaires répartis en 13 familles, 44 genres et 83 espèces ou sous-espèces. Parmi ces dernières, huit sont nouvelles pour la Science ; le nom d'un genre nouveau a été proposé pour un Lézard.

La collection comporte, en outre, un certain nombre de formes rares ou mal connues dont l'examen a permis de compléter ce qui en était publié.

Quelques notes préliminaires et descriptions ayant été données à différentes dates dans diverses publications, nous croyons utile, de les mentionner à nouveau dans ce travail d'ensemble (1), en les accompagnant de dessins relatifs à chacune d'elles.

Avant d'aborder l'étude de chacune des espèces, nous résumons ici brièvement, par Ordre, par Famille et par Genre, les principales remarques faites sur un certain nombre d'entre elles, relatives aux questions de variations, coloration, habitat, affinités, etc.

Ordre LACERTILIA

De ce groupe ont été capturés 276 ex., répartis en 6 familles, 21 genres et 49 espèces.

Chamaeleontidés. — (2 genres : *Chamaeleon* et *Brookesia*). Notes sur : écaillure des jeunes *Chameleon Oustaleti* ; affinités de *Chamaeleon semi-cristatus* ; les œufs et la coloration de *Chamaeleon lateralis* ; affinités et aire de distribution de *Brookesia Stumpffi*.

Uroplatidés. — (1 genre : *Uroplatus*.)

Geckonidés. — (8 genres : *Phyllodactylus, Ebenavia, Lygodactylus, Paragehyra, Blaesodactylus, Hemidactylus, Geckolepis, Phelsuma*). — Remarques sur : coloration de *Phyllodactylus pictus* adultes et jeunes ; coloration de *Phyllodactylus Bastardi* et régénération de la queue ; variations d'écaillure de *Geckolepis polylepis* ; complément aux descriptions originales de *Phelsuma mutabilis* et *micropholis* ; description et figuration du genre Paragehyra et d'une espèce nouvelle : *Paragehyra Petiti*.

Iguanidés. — 2 genres : *Hoplurus, Chalarodon*). — Étude sur la coloration d'*Hoplurus cyclurus* et *Hoplurus Sebae*.

Gerrhosauridés. — 2 genres : *Zonosaurus* et *Tracheloptychus*). —

1. Quelques descriptions originales ont reçu ici de légères modifications, par suite d'un nouvel examen des exemplaires ou de l'étude de nouveaux matériaux.

— Observations sur l'écaillure et la coloration des *Zonosaurus laticaudatus* et *quadrilineatus* et de *Tracheloptychus madagascariensis*.

Scincidés. — 6 genres : (*Mabuia, Scelotes, Ablepharus, Pygomeles, Acontias, Grandidierina*). — Remarques sur la coloration de *Mabuia aureopunctata* ; description d'une espèce nouvelle : *Grandidierina Petiti* ; variations de couleurs chez *Grandidierina fierinensis* ; établissement d'un tableau synoptique des espèces du genre *Grandidierina*.

Dans cet Ordre, les captures les plus intéressantes sont celles des *Paragehyra, Geckolepis, Tracheloptychus, Pygomeles, Grandidierina*.

Ordre OPHIDIA

A cet Ordre, se rapportent 42 exemplaires, appartenant à 3 familles, 8 genres, 11 espèces.

Typhlopidés. — (1 genre : *Typhlops*).

Boidés. — (1 genre : *Boa*).

Colubridés. — (6 genres : *Dromicodryas, Natrix, Lioheterodon, Stenophis, Mimophis, Eteirodipsas*). — Notes sur : variations d'écaillure chez *Dromicodryas Bernieri* ; dimensions des œufs de *Natrix lateralis* ; rectifications et complément de la description originale de *Lioheterodon Geayi* Mocquard, avec renseignements sur l'écaillure, la coloration et la limite de répartition de l'espèce ; anomalie dans l'écaillure de *Mimophis mahafalensis*.

Ordre BATRACHIA

Les représentants de cet Ordre, au nombre de 117, appartenant à 3 familles, 13 genres et 21 espèces, constituent la partie la plus intéressante de la Collection.

Ranidés. — (7 genres : *Rana, Aglyptodactylus, Mantidactylus, Gephyromantis, Rhacophorus, Rappia, Megalixalus*). Concernant les genres *Mantidactylus* et *Gephyromantis*, 3 formes sont nouvelles : *Mantidactylus Mocquardi, Mant. laevis, Gephyro-*

mantis Methueni ont été décrits et leurs affinités examinées ; dans le genre *Rhacophorus*, les espèces *Crossleyi* et *luteus longicrus* ont donné lieu à des observations sur la coloration.

Dendrobatidés. — (2 genres : *Mantella* et *Stumpffia*). — Remarques sur *Stumpffia*.

Brévicipitidés. — (4 genres : *Platyhyla*, *Plethodonthyla*, *Anodonthyla*, *Pseudohemisus*). — Remarques sur les mensurations et la coloration de *Platyhyla grandis* ; complément de description de *Plethodonthyla ocellata* et examen de ses affinités avec *Plethod. brevipes* et *notosticta* ; description d'*Anodonthyla montana*, la seconde espèce connue du genre ; description de 2 nouvelles espèces du genre *Pseudohemisus* : *Pseud. verrucosus* et de ses têtards ; *Pseud. longimanus* et de têtards rapportés dubitativement à cette forme.

Ordre CHELONIA

Pelomedusidés (2 genres : *Pelomedusa* et *Sternothaerus*).

PARTIE DESCRIPTIVE

Reptiles.

Famille des CHAMAELEONTIDÉS

Genre CHAMAELEON Laurenti.
Chamaeleon verrucosus Cuvier.

1 ex. très jeune. — Tsivono. Identification probable.
5 ex. (3 ♂, 2 ♀). — Androka, pays Mahafaly, 1926.
4 ex. (3 ♂, 1 ♀). — Tuléar.
3 ex. ♂. — Lavenombato.
2 ex. — Vallée du Fiheranana, près de Tuléar.
10 ex. (4 ♂, 6 ♀). — Région du lac d'Ihotry ; Prov. de Tuléar
1 ex. jeune. — Ampalaza ; Province de Tuléar.
3 ex. — Anakao ; Province de Tuléar.

L'espèce est répandue à peu près partout dans l'île. Aux localités ci-dessus, on peut ajouter les suivantes, qui ont été signalées : Morondava, vallée du fleuve Saint-Augustin, Belo, pays Androy (Nord), Majunga, Diégo Suarez, Mahazamba, Isaka (N. de Fort-Dauphin), Nossi-Faly, Kanatzi, Menabe.

Chamaeleon Oustaleti Mocquard.

3 ex. — Vallée du Fiherenana, près de Tuléar. 1926.
22 ex. — Majunga.

Ces derniers, de tous âges, mesurant de 160 à 350 millimètres de longueur totale. Sur les plus jeunes, les tubercules formant la crête dorsale ne sont pas encore bien constitués à la partie postérieure du tronc. Chez les adultes, les scutelles agrandies de la région temporale sont de 3 à 5 fois plus grandes que les petites écailles qui les entourent.

Habite les régions Nord et Ouest de Madagascar.

Principales localités signalées : Betsileo, Diégo-Suarez, Tuléar
Vallée du Saint-Augustin, Marambitsy, Ménabé.

Chamaeleon semi-cristatus Boettger.

4 ex. — Région du Lac d'Ihotry, prov. de Tuléar.

1 ex. — Tuléar.

1 ex. — Lavenombato, près de Tuléar.

2 ex. — Environs d'Ianzamaly, vall. du Fihérénana ;
prov. de Tuléar.

1 ex. — Beheloka ; prov. de Tuléar.

1 ex. — Anakao ; prov. de Tuléar.

Le nombre et la disposition des tubercules agrandis sur la
partie antérieure de la crête vertébrale sont variables ; on en
compte de 4 à 10, plus ou moins régulièrement espacés. Les deux
individus de la vallée du Fihérénana présentent une crête ventrale. La bande latérale jaune n'est pas toujours présente ; lorsqu'elle existe, elle peut être peu ou très distincte ou marquée
par des taches isolées. La pholidose du tronc est plus ou moins
hétérogène.

Cette espèce est extrèmement voisine de *Chamaeleon verru-*
cosus dont elle ne représente peut-être qu'une variété localisée
dans le Sud-Ouest de Madagascar.

Chamaeleon lateralis Gray

1 ex. jeune. — Tsivono (rég. Nord de Tuléar).

— 9 ex. (3 ♂ et 6 ♀). — Androka, pays Mahafaly, 1926
Les individus mâles, qui sont un peu plus grands que les femelles, montrent une crête ventrale formée de granules coniques
agrandis ; leur casque est plus relevé que celui des femelles ; le
gonflement de la portion basilaire de la queue est fort marqué.
Parmi les femelles, un exemplaire mesurant 75 millimètres du
museau à l'anus contient 13 œufs mesurant, chacun, en moyenne
14 millimètres de longueur sur 6 millimètres d'épaisseur.

— 1 ex. ♀. — Beheloka, prov. de Tuléar.

— 4 ex. ♂. — Anakao.

— 1 ex. ♀. — Ampalaza, prov. de Tuléar.

— 4 ex. (2 ♂, 2 ♀). — Environs d'Ianzamaly, vallée du Filherenana.

Les 2 femelles ne présentent pas de bande longitudinale claire, sur les côtés du corps ; la plus jeune est de teinte complètement noirâtre ; bien que ne mesurant que 56 millimètres du museau à l'anus, son ventre est gonflé d'œufs ce qui indique une grande précocité de l'état adulte. La même particularité a été signalée, par Mocquard (1) en ce qui concerne *Chamaelon verrucosus*.

L'espèce est rencontrée à peu près partout, à Madagascar sauf dans la région Nord.

Localités signalées : pays Betsileo, Tananarive, Isaka, Fort-Dauphin, Mahabo (environs de Fort-Dauphin), forêt d'Ikongo, Ménabé, Andranohinaly, Nord-Mahafaly, Tuléar, Fiana-rantsoa, Ankarimbela, lac Alaotra.

Chamaeleon Parsoni Cuvier.

3 ex. (2 ♂ et 1 ♀). — Sahatavy (forêts de l'Est).

Les 2 mâles sont plus grands que la femelle ; ils mesurent respectivement 415 et 385 millimètres de longueur totale, celle-ci ne mesure que 300 millimètres.

Cette espèce qui peut atteindre une longueur totale de 570 mil-limètres dont 310 pour la queue est une des plus grandes du groupe ; elle est rencontrée à l'Est de la partie centrale aussi bien au Nord qu'au Sud ; on l'a signalée aussi à Sainte-Marie et à Nossi-Bé.

Chamaeleon Campani Grandidier.

1 ex. — Tananarive, 1926.

Habite la région centrale de Madagascar. Localités signalées : Ankaratra, Pointe de Tsiafakafo, Iritriva, Forêts d'Ambohimi-tombo, Tananarive.

---

1. *Bull. Soc. Philom.*, 1900, p. 95.

Chamaeleon pardalis Cuvier.

1 ex. ♀. — Ile Sainte-Marie.

La teinte générale de l'individu est brun noirâtre uniforme ; il n'existe aucune trace de bande blanchâtre le long des flancs mais deux ou trois taches noires se trouvent de chaque côté du tiers antérieur du tronc.

Habite l'Est, le Nord et le Nord-Ouest de Madagascar, Nossi-Bé, Nossi-Faly.

Principales localités signalées : Antsirana, Tamatave, Baie d'Antongil, Vohima, Montagne d'Ambre, Fohizana.

Chamaeleon brevicornis Günther.

1 ex. ♂. — Analamazotra (Ankaratra), 1926 ; mesurant 370 millimètres de longueur totale dont 210 pour la queue.

Habitat. Centre et Centre sud de Madagascar.

Principales localités signalées : Forêt d'Ikongo, Betsileo, Tananarive, Est de l'Imerina, Fianarantsoa, Ambohimitombo (forêts), Ivohimanitra.

Chamaeleon bifidus Brongniard

1 ex. — jeune ♂ — Région de Rogez.

Habitat. — Est et Sud central.

Les tubercules coniques de la partie antérieure du dos sont déjà bien visibles chez ce jeune exemplaire. La bande blanche qui, de chaque côté du ventre, va de l'aisselle à l'aine, est assez marquée ; les écailles aplaties qu'elle recouvre sont différenciées de celles des régions voisines : elles sont groupées par petites zones rondes ou ovalaires, isolées les unes des autres par de très fins granules. Ce caractère, joint à l'absence de la bande médio-ventrale blanche nous paraît le plus marquant pour distinguer rapidement les représentants de cette espèce de ceux de *Ch. minor* et *Ch. Willsii*, qui, comme eux, possèdent un appendice rostral double (mâles) et une crête latérale entourant le bord postérieur du casque qui est peu élevé, large, aplati, arrondi ou

obtusangulé postérieurement. A cette taille, ce jeune mâle ne
montre, sur le rostre, que deux pointes très courtes, molles,
écartées à la base et dirigées obliquement en haut et en avant.

Longueur totale : 177 mm. ; queue 94 ; longueur d'un appendice rostral : 2 mm.

Chamaeleon Willsii Günther.

1 ex. ♂. — Région de Rogez.

Habitat : Est, Centre, Centre-Sud (Ikongo).

Les 6 ou 7 tubercules de la partie antérieure de la crête vertébrale, sont petits mais cependant bien distincts. Les granules
de la bande médio-ventrale sont plus grands que ceux qui les
environnent, formant ainsi une crête ventrale faible, mais distincte ; la même particularité se retrouve sur un exemplaire ♂
de la même espèce, des Collections du Muséum. En comptant les
granules sur une ligne transversale, vers le milieu du corps, on
trouve sur un côté, 40 granules entre le milieu du ventre et l'a-
rête dorsale (Chez *Ch. minor*, nous comptons de 50 à 57 granules
sur une même ligne). La bague jaunâtre, sur le milieu du pied,
et les taches claires sur la main, n'existent pas dans notre exemplaire mais la bande blanche médio-ventrale est présente.

Dimensions en millimètres :

Longueur totale (sans les cornes rostrales)	140
Longueur de la queue	77
Longueur du membre antérieu	30
Longueur du membre postérieur	30
Longueur de la tête (du museau au bord posté-rieur du masque)	19
Longueur d'une corne rostrale (mesurée entre les deux)	8.5
Plus grande largeur du casque	11
Hauteur du corps	19

Chamaeleon gallus Günther.

1 ex. ♂.— Région de Rogez.

Habitat : Est et Sud central de Madagascar.

Le membre antérieur allongé en avant, dépasse, de la longueur des doigts, le bout du museau ; le membre postérieur placé de même n'atteint pas le coude.

Mensurations (en millimètres) :

Longueur totale.........................	113
Longueur de la queue.....................	53
Longueur de l'appendice rostral.............	9
Hauteur du corps.........................	11
Longueur du membre antérieur	20
Longueur du membre postérieur.............	17

Chamaeleon nasutus Duméril et Bibron.

1 ex. jeune ♀ de la région de Rogez.

Habitat : Est et Centre de Madagascar ; Nossi-Bé.

Longueur totale : 68 mm., queue : 30 mm. ; longueur de l'appendice rostral : 3,2 mm.

Genre BROOKESIA Gray.
Brookesia Stumpffi Boettger.

1 ex. — Vallée de l'Onilahy.

1 ex. ♀. — du Ravin d'Ianzamaly, vallée du Fiherenana, prov. de Tuléar, 1926.

Cette espèce voisine de *Brookesia Ebenaui* Boettg., s'en distingue, au premier coup d'œil, par la série des saillies spiniformes de la région dorsale qui se termine à l'écusson losangique de la région sacrée, au lieu de continuer au delà de cette région sur la partie antérieure de la queue.

Les captures de ces exemplaires dans les localités ci-dessus apportent une donnée intéressante quant à la répartition de cette espèce qui n'était connue que du Nord et du Nord-Ouest de Madagascar ainsi que de Nossi-Bé, où de nombreux exemplaires ont été capturés. Dans le Nord, les localités de Diégo-Suarez et Montagne-d'Ambre, dans le Nord-Ouest, Soalala près de la Baie de Baly, Katsepé, au-dessus de la Baie de Bombétoka, ont été signalées. Ces deux captures dans le Sud-Ouest étendent considérablement l'aire de répartition connue jusqu'alors.

La coloration générale d'un des individus est brun foncé, avec une grande tache blanche sur le quart postérieur du dos et sur le bouclier de la région sacrée.

Famille des UROPLATIDÉS

Genre UROPLATUS Duméril.
Uroplatus fimbriatus Schneider.

1 ex. — Environs de la gare de Rogez, entre Tamatave et Tananarive.

Famille des GECKONIDÉS

Genre PHYLLODACTYLUS Gray.
Phyllodactylus pictus Peters.

1 ex. adulte. — Anakao, prov. de Tuléar.
1 ex. adulte. — Tsivono, prov. de Tuléar.
1 ex. adulte. — Beheloka, prov. de Tuléar.
1 ex. jeune. — Saint-Augustin.

L'ex. d'Anakao est de teinte gris ardoisé, au-dessus et au-dessous. Sur cette teinte, les bandes transversales ne sont visibles que par le serti noir qui les borde ; pas de bande longitudinale dorsale. Différent de cet individu, celui de Tsivonoy est de teinte claire jaune rosé, sur laquelle se détachent distinctement les bandes transversales en chevrons à bord plus foncé que le reste ; celles du cou et du milieu du dos sont séparées sur la ligne médiane.

Le jeune individu montre, très accusées en brun foncé sur

fond blanc, les bandes transversales du tronc et de la queue ainsi
que les taches symétriques des côtés et du derrière de la tête. Le
petit tubercule central de chaque labiale inférieure n'existe pas
peut-être en raison du jeune âge du sujet.

Habitat : Ouest, Sud-Ouest, Sud-Est de Madagascar.

Principales localités signalées : Environs de Tuléar, Tsatsa-
kola (Ménabé), Lovokampy (pays Mahafaly), Andrahomana,
Andranohinaly.

Phyllodactylus Bastardi Mocquard.

5 ex. dont 2 jeunes provenant du ravin d'Ianzamaly, vallée
du Fiherenana, prov. de Tuléar. Endroit encaissé, humide,
obscur.

Comme chez l'espèce précédente, celle-ci présente une coloration très caractéristique chez le jeune, beaucoup moins marquée chez l'adulte. La longueur de la queue est variable, sa forme
aussi, suivant que la queue est intacte ou régénérée. Deux
exemplaires seulement sur les cinq sont pourvus de leur queue.
Chez celui de taille moyenne (40 millimètres du museau à l'anus)
la longueur de la queue est égale à celle de la tête et du tronc
réunis ; elle est formée de légers verticilles marqués chacun
par une série transversale de 6 ou 8 grands tubercules triédriques
situés au-dessus et sur les côtés ; la face inférieure est couverte
d'écailles de grandeur modérée, plates et régulières. C'est la
même que celle qui a été figurée par Mocquard (1). Il n'en est
plus de même chez le plus grand exemplaire mesurant 63 millimètres du museau à l'anus, chez lequel, la queue, très renflée
à la base, non verticillée, beaucoup plus courte que le corps, est
couverte au-dessus d'écailles irrégulières, plates ou coniques,
plus ou moins carénées, mais sans tubercules triédriques, arran-
gés en ordre ; au-dessous, les écailles sont beaucoup plus grandes
et plus irrégulières que celles de l'exemplaire précédent. Dans
ce dernier cas, il s'agit d'une queue régénérée.

1. *Bull. de la Soc. Philom.*, 9e sér., t. II, 1899-1900, n° 4, p. 101, pl. II,
fig. 6.

Habitat : Ouest, Sud-Ouest, Sud-Est de Madagascar.

Principales localités signalées : Androhamana, environs de Tuléar, Fort-Dauphin, pays Mahafaly.

Genre **EBENAVIA** Bœttger.
Ebenavia inunguis Boettger.

2 ex. — Ambila, 1926.

Habitat : Nossi-Bé : Sud-Ouest : Sud-Est, Est, Sainte-Marie.

Un exemplaire des Collections du Muséum a été rapporté de l'île Mayotte (Comores) par M. Humblot.

Genre **LYGODACTYLUS** Gray.
Lygodactylus madagascariensis Boettger.

6 ex. — Ravin d'Ianzamaly, vallée du Fiherenana, prov. de Tuléar.

1 ex. — Environs d'Ianzamaly.

2 ex. — Ambongo.

1 ex. — Tuléar.

3 ex. — Nosy Trozona et vallée de l'Onilahy.

Habitat : A été rencontré partout à Madagascar sauf dans l'Ouest, le Centre et une partie de l'Est.

Lygodactylus verticillatus Mocquard.

1 ex. Tuléar.

Habitat : N'est connu que du Sud-Ouest.

Genre **PARAGEHYRA** Angel.
Paragehyra Petiti Angel; pl. VIII, fig. 1.

Bullet. Soc. zool. de France, 1929, tome LIV, p. 489.

Cet exemplaire appartient au groupe des Geckos dont les doigts ne sont pas dilatés à la base mais seulement dans la seconde moitié de leur longueur ; la phalange distale, libre, étroite, comprimée, s'insère en-dedans de l'extrémité digitale. Deux genres seulement appartenant à ce groupe sont connus jusqu'à présent à Madagascar : *Hemidactylus* et *Gehyra*. Chez le premier, les lamelles sous-digitales forment une double série, chez le second, les lamelles sont disposées. tantôt en double. tantôt en simple série.

L'exemplaire récolté par M. G. Petit montre des lamelles sous-digitales en simple série et, par conséquent, se rapproche du genre *Gehyra*, mais la pholidose du tronc, des membres et de la queue, et les proportions des membres sont tellement différentes qu'elles permettent de considérer cet exemplaire comme le représentant d'un nouveau genre. pour lequel nous proposons le nom de *Paragehyra*.

Paragehyra nov. gen.

Doigts plutôt longs, pourvus de griffes de dilatation moyenne à leur extrémité, libres à leur base. pourvus inférieurement de lamelles transversales non divisées longitudinalement ; phalange distale comprimée, libre, allongée, naissant en dedans de l'extrémité de l'expansion digitale. Doigt et orteil internes, sans phalange distale libre, portant une très petite griffe rétractile. Dessus du corps couvert de fines écailles granuleuses mélangées avec des tubercules coniques ou trièdriques. Ventre aplati. couvert d'écailles cycloïdes, imbriquées. Pupille verticale. Queue (peut-être régénérée ?) plate au-dessous, longue. se terminant en pointe fine, formée dans son tiers antérieur de verticilles portant chacun de forts tubercules. Un pli dermique longitudinal sur les côtés du corps.

Paragehyra Petiti nov. sp.

Tête, une fois et demie plus longue que large. Museau, une fois et demie plus long que la distance comprise entre l'œil et l'ouverture de l'oreille (celle-ci égalant le diamètre de l'œil). Dessus de la tête légèrement concave. Diamètre vertical de l'oreille représentant les deux cinquièmes de celui de l'orbite. Membres bien développés ; l'antérieur, porté en avant, atteint ou dépasse légèrement le bout du museau, le postérieur, placé de même. at teint l'insertion du membre antérieur. Sous le tibia, 5 ou 6 plaques agrandies transversalement. Un pli de peau sépare la région ventrale (qui est aplatie) des côtés du corps ; un pli est aussi visible à la partie interne des cuisses. Doigts longs, non palmés à la base, de dilatation modérée, pourvus. sous la partie dilatée de lamelles simples. Région supérieure couverte de très fins granules sur lesquels des tubercules dorsaux et latéraux forment des séries longitudinales, assez régulières pour indiquer une dizaine de ces séries ; sur le dessus de la tête et du cou, ils sont moins différenciés, mais sur l'avant-bras et les membres postérieurs, ils le sont plus. Ecailles ventrales modérées. Sous la gorge, les écailles sont plus grandes que le. fins granules de la nuque et du dos, mais plus petites que les écailles ventrales. Rostrale quadrangulaire, plus large que haute, avec une fissure à sa partie supérieure. Narine percée entre la rostrale, 3 petites post-nasales et une grande internasale qui forme une suture médiane avec celle de l'autre côté. Labiales : 9 ou 10 en haut, 8 ou 9 en bas : pour ces dernières les quatre antérieures sont très grandes, les autres de plus en plus petites.

Plaque mentonnière antérieure très grande, triangulaire, suivie d'une rangée de 4 plaques dont les deux internes sont au moins le double des deux autres ; du bord postérieur de ces plaques au bout du museau, la distance est la même que celle qui sépare l'œil de l'oreille. Pas de pores fémoraux. Queue beaucoup plus longue que le corps, déprimée et large à la base s'amincissant progressivement en s'arrondissant pour terminer en pointe fine, les côtés formant, à la partie antérieure, une carène qui limite la portion inférieure aplatie. En avant aussi, quelques verticilles, disparaissant peu à peu vers l'arrière ; chacun porte une série transversale de 6 à 8 forts tubercules coniques. En dessous, la queue montre une rangée médiane de plaques transversales.

Coloration. — Au-dessus, gris très légèrement bleuté avec des traces de taches brunes. diffuses, disposées symétriquement de chaque côté de la ligne vertébrale ou marquées par anneaux. sur la queue. Régions inférieures blanc jaunâtre uniforme.

Mensurations (en millimètres) :

Longueur totale..........	135
Longueur de la queue.....	75
Longueur de la tête......	18
Largeur du corps.........	12.5
Largeur de la tête........	11.5
Longueur préorbitaire....	7
Diamètre de l'œil........	4
Long. du membre antér.	22
Long. du membre postér.	28

Localité. — Lavenombato, village de la province de Tuléar, situé un peu en amont de l'embouchure du fleuve Onilahy, sur la terrasse alluvionnaire, au pied des falaises calcaires du pays Mahafaly.

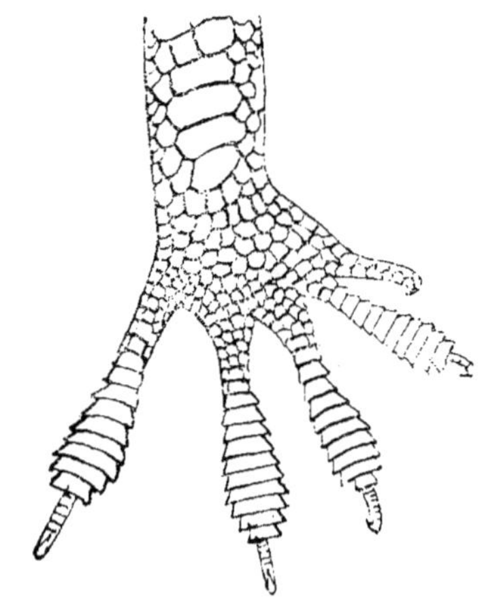

Fig. 2. — *Paragehyra Petiti* Ang. ; patte postérieure gauche. grossie, vue par dessous.

Genre BLAESODACTYLUS Boettger.
Blaesodactylus Boivini A. Duméril.

1 ex. mesurant 90 millimètres du museau à l'anus. capturé aux environs d'Ianzamaly. vallée du Fiherenana.

La queue est régénérée, mais sa partie postérieure manque : la partie antérieure est verticillée, chaque largeur des anneaux comportant de 8 à 12 rangs d'écailles. 6 tubercules agrandis disposés sur une ligne transversale à la partie postérieure de chacun des anneaux antérieurs ; ces tubercules diminuent progressivement, en nombre et en grosseur, vers l'arrière.

Habitat. — Madagascar : Nord-Ouest, Est, Ouest, Sud-Ouest, île Sainte-Marie.

Genre HEMIDACTYLUS Cuvier.
Hemidactylus mabouia Moreau de Jonnès.

2 ex. (1 ♂ et 1 ♀). — Antsepoka, district de Morombé, prov. de Tuléar.

1 ex. — Saint-Augustin, près de Tuléar, 1926.

1 ex. — Ravin d'Ianzamaly, vallée du Fiherenana, prov. de Tuléar, 1926.

1 ex. ♂. — Environs du Ravin d'Ianzamaly, vallée du Fiherenana, prov. de Tuléar, 1926.

6 ex. — Ambongo, 1926.

1 ex. — Ambila ,1926.

Habitat .— Cosmopolite : Sud Afrique, Madagascar, Ouest des Indes, Sud Amérique.

Hemidactylus frenatus Duméril et Bibron.

1 ex. ♂. — Beheloka, prov. de Tuléar, 1926.

9 ex. 5 ♂. 4 ♀. — Saint-Augustin, pr. de Tuléar. 1926.

2 ex. (♂ et ♀). — Lavenombato. pr. de Tuléar, 1926.

1 ex. — Ambongo, 1926.

Habitat. — Sud de l'Asie ; Péninsule malaise : Iles de l'océan Indien et du Pacifique (ouest) ; côte orientale de l'Afrique.

Genre GECKOLEPIS Grandidier.
Geckolepis maculata Peters.

1 ex. — capturé entre Manangarivo et Bekomanga.

Longueur totale : 117 millimètres ; queue 66 mm.

11 labiales en haut, 10 en bas. Ecailles sur 24 séries longitudinales. Naso-rostrales séparées par une écaille. Coloration gris jaunâtre uniforme, au-dessus: le dessous un peu plus clair. Pas de taches sur les labiales.

Habitat : Nossi-Bé ; Nord-Ouest de Madagascar, Comores.

Geckolepis polylepis Boettger.

1 ex. — Ambongo.

Longueur totale : 105 millimètres ; queue 5/.

Habitat — Nord-Ouest et Sud-Ouest de Madagascar.

Nous rapportons cet exemplaire à *Geckolepis polylepis* en nous basant sur la grandeur et le nombre des écailles. Il montre 33 séries longitudinales d'écailles autour du milieu du corps.

Entre les post-mentonnières et l'anus, on compte 43 séries transversales. Ces nombres sont un peu inférieurs à ceux que donne Boettger (1) (35-37) et (45-50). La particularité la plus intéressante de cet individu, réside dans sa possession d'une seule écaille entre les naso-rostrales comme cela se trouve chez *Geckolepis maculata* au lieu de 2 à 6 scutelles que présente *Geckolepis polylepis*. Ce caractère n'a donc pas de réelle valeur spécifique. Nous avons constaté des variations de même nature dans les espèces du genre *Lygodactylus*.

Genre PHELSUMA Gray.
Phelsuma madagascariensis Gray.

1 ex. ♂. — Ambongo. 1926.
1 ex. — Majunga.
1 ex. jeune. — Ambila. 1926.
1 ex. jeune. — Environs d'Ianzamaly, vallée du Fiherenara prov. de Tuléar.

Habitat. — Nord, Nord-Ouest, Est de Madagascar ; iles de Nossi-Bé et de Sainte-Marie ; Sud-Ouest.

Phelsuma mutabilis Grandidier.

4 ex. (2 adultes et 2 jeunes) provenant du massif de l'Andringitra (Sud d'Ambalavao). Quelques différences peuvent être relevées entre ce que présentent ces individus et la description donnée par Mocquard en 1902 (2) : la rostrale montre une fissure à son bord supérieur ; les labiales supérieures peuvent atteindre le nombre de huit ; les écailles ventrales présentent une largeur inférieure à celle de 3 granules dorsaux ; enfin, les pores fémoraux et préanaux ne sont qu'au nombre de 24 sur l'exemplaire mâle adulte.

1. Reise in Ostafrika von Voeltzkow. Band III. System., p. 296.
2. *Bull. Soc. Philom. Paris.* 9ᵉ sér., t. IV, nᵒ 1, p. 6 et 7.

Phelsuma micropholis Boettger.

— 1 ex. ♀ de Tsivono, au nord de Tuléar. L'auteur de cette espèce ne mentionne pas dans sa description (1), la situation de la narine par rapport à la rostrale, caractère invoqué en premier lieu par Boulenger et Mocquard dans leur tableau synoptique du genre. La parenté qu'il signale avec *Phelsuma madagascariensis* semble indiquer que la narine est percée, comme chez celui-ci, au-dessous de la première labiale, sans contact avec la rostrale. Or, l'exemplaire que j'ai sous les yeux, et dont les caractères tirés des labiales, de la petitesse des granules dorsaux, etc., s'accordent avec ceux de *Ph. micropholis*, présente une narine en contact avec la rostrale. L'absence de cette indication dans la description originale ne permet de nommer l'animal que sous réserves.

Phelsuma lineatum Gray.

2 ex. — Tamatave.
1 ex. — Analamazotra (Ankaratra).
3 ex. — Ile Sainte-Marie.
1 ex. — Ambila.
2 ex. — Ivoloina, près de Tamatave.
Habitat. — Nord-Ouest, Est, Sainte-Marie.

Phelsuma dubium Boettger

1 ex. ♀ de Saint-Augustin, près de Tuléar.
La capture de cette espèce à Saint-Augustin, c'est-à-dire au Sud-Ouest de Madagascar montre que sa distribution est beaucoup plus étendue qu'on ne le pensait auparavant. Elle n'avait été signalée que de la région Nord-Ouest, de Nossi-Bé et des Comores.

1. *Reise in Ostafrika*, Voeltskow, 1913. Rept. et Amph., Band III, Heft IV, p. 293.

Famille des IGUANIDÉS

Genre HOPLURUS Cuvier.
Hoplurus cyclurus Merr.

3 ex. — Anakao, prov. de Tuléar.
2 ex. — Beheloka, prov. de Tuléar.
1 ex. — Ampalaza, prov. de Tuléar.
1 ex. jeune. — Tuléar.
2 ex. — Ile Nosy Andramona, au Nord de Morombe
1 ex. — Ile Nosy Nasatra, prov. de Tuléar.
1 ex. Ile Nosy Lava, en face de Morombé.

Habitat. — Sud-Ouest, Sud-Est.

Chez ces individus, la coloration est très variable. Les 3 exemplaires capturés à Anakao montrent, pour chacun d'eux, un type différent de coloration : l'un, présente sur le dos (entre l'origine des membres antérieurs et la queue) 7 ou 8 bandes transversales noires, bordées chacune par un large liseré blanc, qui est interrompu sur la ligne médiane. Vers la partie postérieure les bandes blanches se dissocient pour former des taches diminuant d'autant plus d'importance qu'elles se rapprochent de la queue. Entre les liserés blancs antérieurs, la teinte olivâtre du fond forme une bande transversale. Sur le cou, des taches blanches, rondes ou ovalaires. Queue, brun jaunâtre uniforme. Le deuxième sujet ne présente que les 2 bandes transversales noires antérieures ; le reste du dos et des côtés est orné de grosses macules blanches, ovalaires ou rondes qui peuvent être serties de noir. Le troisième individu montre une coloration intermédiaire entre les deux autres.

Chez un des sujets recueillis à Beheloka, les 7 bandes noires transversales et les liserés blancs qui les encadrent, se dissocient vers l'arrière, mais en affectant la forme de chevrons transversaux à pointe dirigée en avant.

Chez un jeune individu de Tuléar, les taches ovalaires blanches remplacent, sur la partie postérieure du dos, les barres transversales noires en dessinant leur place.

Les exemplaires provenant des Iles : Nosy Andramona, Nosy Nasatra, Nosy Lava, sont de teinte plus foncée et plus uniforme que les autres ; seule, une bande transversale noire, peu marquée est visible au niveau de l'insertion des membres antérieurs. Un de ces sujets a une longueur totale de 210 millimètres.

Hoplurus Sebœ Fitzinger.

1 ex. — Ampasimarina, prov. de Majunga.

Habitat : Ouest et Nord-Ouest de Madagascar ; Grande Comore.

La coloration du dos est gris foncé : les bandes transversales noires sont peu distinctes surtout à la partie postérieure du corps. Dessus de la tête de teinte jaunâtre ; cette teinte s'interrompt brusquement en arrière des yeux et de la plaque occipitale. Gorge, gris bleuté.

Hoplurus quadrimaculatus A. Duméril.

1 ex. — Environs d'Ianzamaly, vallée du Fiherenana, prov. de Tuléar.

2 ex. — Anakao, province de Tuléar.

1 ex. Lavenombato. prov. de Tuléar.

Habitat : Sud-Ouest, Sud-Est et Centre sud de Madagascar.

Genre CHALARODON Peters.
Chalarodon madagascariensis Peters

2 ex. — Antsepoka. district de Morombé, province de Tuléar, 1925.

7 ex. — Tuléar, 1925.

7 ex. — Tsivono et de la vallée de l'Onilahy.

La note de M. G. Petit (1) sur l'habitat, la répartition de l'espèce, la coloration à l'état de vie, les mœurs, apporte les

1. *Bulletin de la Soc. Zool. de France*, t. LIII. n° 6, déc. 1928.

renseignements les plus curieux et les plus complets sur cette intéressante forme.

Famille des GERRHOSAURIDÉS

Genre **ZONOSAURUS** Boulenger.
Zonosaurus madagascariensis Gray.

1 ex. — Station d'Ivoloina, prov. de Tamatave, 1926.
1 ex. — Ilot Prune (Au large de Tamatave).
    22 séries d'écailles dorsales longitudinales, assez fortement striées et carénées. 20 pores fémoraux. Labiales supérieures antérieures à la sous oculaire : 5-4.
1 ex. jeune. — Ambila.
Habitat : Nossi-Bé, Ile Sainte-Marie, Sud-Ouest et côte Est.

Zonosaurus laticaudatus Grandidier.

2 ex. — Maroamalona, déc. 1925.
3 ex. — Environs d'Ianzamaly, vallée du Fiherenana, prov. de Tuléar.
Habitat : Ouest et Sud-Ouest.

Sur 4 de ces sujets, les préfrontales sont largement en contact sur la ligne médiane; chez le cinquième, ces plaques ne se touchent que par le sommet de leur angle interne. Les 2 bandes latérodorsales, gris clair ou vert pâle, s'élargissent fortement à la partie antérieure du dos; le dessus de la tête est de teinte uniforme. La suture médiane des deux plaques pariétales est accusée par une étroite bande noirâtre (prolongement de la zone noire dorsale) qui s'arrête au bord postérieur de la frontale. Les labiales supérieures, antérieures à la sous-oculaire donnent, pour chaque sujet, les nombres suivants : 5-5, 4-4, 4-4, 4-5, 4-5.

Les ponctuations claires, qui, chez les adultes, envahissent la teinte sombre de la région dorsale médiane, sont moins nombreuses chez les jeunes sujets, où, parfois, elles peuvent se réunir sous la forme de petites lignes transversales plus ou moins régulières.

Zonosaurus quadrilineatus Grandidier.

1 ex. — Lavenombato, prov. de Tuléar.

5 ex. — Tuléar.

Habitat. — Sud-Ouest. Chez un exemplaire de la région de
Tuléar, les plaques préfrontales sont nettement séparées par
une scutelle sub-triangulaire placée sur la ligne médiane et en
contact, en avant, avec la frontale-nasale, en arrière avec la
frontale. L'interpariétale fait défaut ; ce dernier caractère a
été signalé par O. Boettger (1), qui l'a trouvé aussi sur un grand
exemplaire adulte de Tuléar.

Chez un exemplaire jeune, les deux bandes claires longitudinales situées sur la partie dorsale sont remplacées par des petites
raies transversales s'interrompant avant d'atteindre la bande
dorso-latérale située de chaque côté. De cette dernière, descen-
dent sur les flancs des courtes raies verticales, blanches.

Genre TRACHELOPTYCHUS Peters.
Tracheloptychus madagascariensis Peters

3 ex. — Ile Nosy Nasatra, prov. de Tuléar, 1926.

1 ex. — Tuléar, 1925.

La coloration des 3 indivdus provenant de l'Ile Nosy-Nasatra
est beaucoup plus sombre que celle du sujet recueilli à Tuléar.
Chez celui-ci, le ventre et les flancs sont gris bleuté, les côtés
brun jaunâtre, le dessus du dos, brun sombre ; les 3 bandes longitudinales claires (une médiane et une par côté) bordant la
large bande brune dorsale sont très visibles, tandis que chez
ceux-là, la teinte générale brun foncé laisse à peine deviner
la bande longitudinale médio-dorsale ; la face inférieure est
noirâtre, à l'exception du dessous des membres et de la partie
antérieure de la queue où règne une teinte jaune ocrée.

Le plus grand invididu mesure 250 millimètres de longueur
totale dont 160 pour la queue.

1. *Reise in Ost Afrika* (1903-1905), p. 298 Voeltzkow.

Famille des SCINCIDÉS

Genre MABUIA
Mabuia Gravenhorstii Duméril et Bibron

1 ex. — Tsivono.

11 ex. — Environs d'Ianzamaly, prov. de Tuléar.

1 ex. — Andevoranto.

2 ex. — Environs de Tananarive.

3 ex. — Ile Sainte Marie.

2 ex. — Ilot Prune (au large de Tamatave).

Habitat. — A l'exception des régions Nord et Nord-Est d'où elle n'a jamais été signalée, cette espèce se rencontre à peu près partout à Madagascar, ainsi qu'à Sainte-Marie, Nossi-Bé, Nossi-Ve et petites iles voisines.

Le nombre des carènes sur les écailles peut s'élever à 9 et n'être que de 3 chez les jeunes exemplaires. Deux individus des environs d'Ianzamaly présentent deux fronto-pariétales.

Mabuia elegans Peters.

3 ex. — Antsepoka district de Morombé prov. de Tuléar.

2 ex. — Majunga, 1925.

1 ex. — Beheloka, province de Tuléar.

1 ex. — Lavenombato ; bords de l'Onilahy ; prov. de Tuléar

2 ex. — Ile Nosy-Lava, en face de Morombé.

1 ex. — Vallée de l'Onilahy.

Sur ce dernier échantillon, la bande noire latérale montre une série longitudinale de points blancs. Une bandelette noirâtre sépare la teinte blanche du ventre de la ligne claire des côtés.

1 ex. — Tsivono (rég. Nord de Tuléar).

Habitat. — Presque aussi répandue, à Madagascar, que la précédente espèce, elle ne parait pas avoir été signalée du centre de l'ile, de Nossi-Bé, de Sainte-Marie.

Mabuia aureopunctata Grandidier

1 ex. — Lavenombato, bords de l'Onilahy, prov. de Tuléar.

1 ex. — Environs d'Ianzamaly, vallée du Fiherenana, prov. de Tuléar.

Cet échantillon, dont les caractères d'écaillure concordent avec ceux de l'espèce, montre une coloration à peu près uniforme sur la tête et sur le dos. Cette particularité laisse un doute en ce qui concerne son attribution spécifique.

1 ex. — Tsivono (rég. Nord de Tuléar).

La gorge est blanc jaunâtre, sans trace de bandes longitudinales foncées. 38 écailles autour du milieu du corps.

Habitat : Régions Ouest et Sud de Madagascar.

Mabuia comorensis var. infralineata Boettger.

1 ex. de l'île Europa (centre de l'île), dans le canal de Mozambique à 176 milles de la côte malgache. A l'exception du nombre des plaques supraciliaires (4 au lieu de 5 ou 6), l'exemplaire répond à la description qu'en a faite l'auteur d'après 10 individus venant de la même localité (1), où les genres *Hemidactylus*, *Lygodactylus*, *Ablepharus* sont aussi rencontrés. Serait relativement rare et difficile à capturer dans les régions escarpées et rocheuses où il habite.

Mabuia Sakalava Grandidier.

3 ex. — Ampalaza ; prov. de Tuléar.

Genre SCELOTES Fitzinger.
Scelotes igneocaudatus Grandidier

1 ex. — Beheloka ; prov. de Tuléar.

Cette forme n'est connue que du Sud-Ouest de Madagascar.

---

1. Rept. und Amph. von Madagascar. *Reise in Ost Afrika* (1903-1905). Voeltzkow. Band III, p. 329, 1913.

Genre **ABLEPHARUS** Fitzinger.
Ablepharus Boutoni Desjardins.

1 ex. — Tuléar ; trouvé dans les roches de la jetée (1925), *car. Peronii* Coct.

1 ex. — Nosy Ratafany, près de Morombé, prov. de Tuléar, *forma typica*.

7 ex. — Nosy-Lava, en face de Morombé, prov. de Tuléar, *car. Peronii* Coct.

2 ex. — Nosy Trozona, non loin de la côte, en face de Morombé, *car. quinquetaeniatus* Günth. — Un des individus présente 28 rangs longitudinaux d'écailles, l'autre 26. Cette variété est signalée par Boulenger, à provenance de la côte Ouest de l'Afrique, d'après 2 ex. ayant 22 rangs d'écailles autour du corps.

1 ex. — Nosy Trozona, *car. metallicus* Boulgr. 24 écailles autour du milieu du corps. Signalée par Boulgr. du Nord australien.

Habitat. — Australie, Asie et îles voisines, côtes de l'Amérique du Sud, Iles du Pacifique, Sud-Ouest et Nord-ouest de Madagascar. Comores, Maurice, Nossi-Bé.

Genre **PYGOMELES** Grandidier.
Pygomeles Braconnieri Grandidier.

1 ex. — Sarodrano. Conforme en tous points à la description détaillée qui en a été donnée par Mocquard (1) d'après les exemplaires-types des Collections du Muséum. Ces types proviennent de Tuléar.

Habitat : Sud-Ouest de Madagascar.

Genre **ACONTIAS** Cuvier.
Acontias hildebrandti ? Peters.

1 ex. — Tsivono.

Etat défectueux de conservation : identification douteuse.

1. Comptes rendus Soc. Philom. Paris. n° 17. 25 juin 1894.

Genre GRANDIDIERINA Mocquard.
Grandidierina Petiti Angel.

Bullet. Mus. um Paris ; 1924 p. 452.

Corps vermiforme. Membres antérieurs absents ; membres postérieurs présents. 18 écailles autour du milieu du corps. Queue un peu plus longue que le corps et la tête ensemble.

Museau déprimé débordant notablement la mâchoire inférieure. La longueur de la rostrale représente environ le quart de la longueur de toutes les plaques céphaliques. Narine percée dans une encoche de la rostrale, bordée en arrière par une petite post-nasale séparant la narine de l'angle antérieur et supérieur de la première labiale. Deux internasales, en contact sur la ligne médiane, bordent la rostrale ; elles sont suivies d'une grande frontale présentant 11 pans, à la suite de laquelle vient immédiatement l'interpariétale triangulaire, qui, sur un sujet, est aussi longue que large, et sur un autre, plus longue que large. Œil distinct sous la plaque oculaire, qui est bordée, au-dessous, par les troisième et quatrième labiales supérieures ; en avant, par une frénale ; au-dessus par une sus-oculaire qui s'encastre par son bord interne dans la frontale ; en arrière, par la pariétale et une post-oculaire. Pariétales formant une longue suture en arrière de l'interpariétale. Cinq labiales supérieures, la seconde plus petite que les autres. Plaque mentonnière s'étendant en arrière plus loin que l'aplomb du bord postérieur de la rostrale. Quatre labiales inférieures. Derrière la plaque mentonnière, une plaque gulaire médiane. Deux écailles préanales légèrement agrandies.

Coloration. — Sur un fond jaunâtre, le dessin des écailles est indiqué, dans la région dorsale, par un serti brun qui entoure les bords de chacune d'elles ; sur les côtés, cette bordure foncée, de chaque écaille, s'élargit, envahissant plus fortement la teinte du fond. Sur la région ventrale, c'est plutôt le centre de chaque écaille, ou seulement le bord antérieur, qui est marqué de teinte sombre. La coloration de la queue est semblable à celle du tronc.

Deux exemplaires : l'un, à queue mutilée, mesurant 56 millimètres du museau à l'anus ; l'autre, intact, a une longueur totale

de 102 millimètres, dans lesquels la queue entre pour 54 millimètres.

Provenance : Madagascar, lieu dit Tsivono ; région de Tuléar,
à 24 kilomètres au nord de cette ville. La capture de ces animaux
a été faite dans les dunes littorales boisées.

Cette espèce est voisine de *Grandidierina fierinensis* Gran-

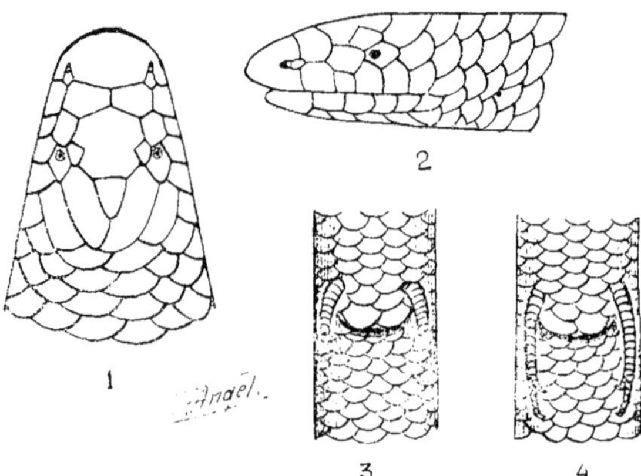

Fig. 3. — 1. Tête de *Grandidierina Petiti* nov. sp. — Vue d'au-dessus, grossissement 6 fois environ.
2. Tête de *Grandidierina Petiti* nov. sp. — Vue latérale, grossissement
6 fois environ.
3. Membres postérieurs de *Grandidierina Petiti* nov. sp. — Grossissement 4 fois environ.
4. Membres postérieurs de *Grandidierina fierinensis* Grandidier. — Grossissement 4 fois environ.

didier ; comme chez celle-ci, les membres postérieurs sont présents, mais leur développement est beaucoup plus réduit (fig. 3),
et, de plus, ils ne présentent pas trace de doigts. Les deux exemplaires sont parfaitement identiques sous ce rapport, tandis que
les cinq individus de *Gr. fierinensis* que j'ai sous les yeux
montrent tous un développement tellement marqué des membres
ayant chacun deux doigts bien constitués, armés de griffe (fig. 4),
qu'on ne peut confondre les deux formes. La coloration en est
aussi très différente. Quant aux deux autres espèces connues du
même genre, l'absence complète des membres les caractérise.

Nous avons dédié avec grand plaisir cette espèce nouvelle au donateur, M. Petit. Nous donnons ci-après, le tableau synoptique des 4 espèces, actuellement connues du genre *Grandidierina*.

TABLEAU SYNOPTIQUE DES ESPÈCES DU GENRE *Grandidierina*.

I. Membres antérieurs absents ; postérieurs présents.

    a) Membres postérieurs, aussi longs ou un peu plus longs que la région écailleuse céphalique, avec deux doigts bien constitués munis chacun d'une griffe : 10 séries longitudinales d'écailles rondes marquées, chacune, d'une tache brunâtre sur fond blanc jaunâtre ; ventre sans tache ; narine séparée de la première labiale supérieure.

        Localité : plaines du Fiherenana et Tuléar.

                    Gr. fierinensis Grandidier.

    b) Membres postérieurs beaucoup moins longs que la portion écailleuse céphalique (environ le tiers seulement) ; pas trace de doigts : écailles dorsales, latérales et ventrales bordées ou marquées chacune de brun : narine séparée de la première labiale supérieure.

        Localité : Tsivono ; région Nord de Tuléar.

                    Gr. Petiti nov. sp.

II. Membres antérieurs absents ; postérieurs absents.

    c) Narine touchant à l'angle antéro-supérieur de la première labiale supérieure ; quatre bandes longitudinales sombres de chaque côté, sur un fond jaunâtre clair. Dos et ventre sans pigmentation.

    Localité : Tuléar, Fierin..   *Gr. rubropunctata* Grandidier.

    d) Narine séparée de la première labiale par la post-nasale ; teinte jaunâtre, avec, sur le dos une ligne ondulée entre chaque rang longitudinal d'écailles : sur les côtés des lignes semblables à celles du dos ou bien encore chaque écaille bordée d'une pigmentation brune.

        Localité : Ambovombé (pays Androy).

                    Gr. lineata Mocquard.

Grandidierina fierinensis Grandidier.

1 exemplaire jeune mesurant 80 millimètres de longueur totale dont 52 pour la queue, capturé à Ampalaza province de Tuléar.

Parmi les 4 espèces, actuellement connues, de ce genre, dont nous avons dressé en 1924 le tableau synoptique rappelé ci-dessus, celle-ci se caractérise par la plus grande longueur des membres postérieurs (didactyles) qui sont aussi longs ou plus longs que la région portant les grandes plaques céphaliques. Le nombre de séries longitudinales d'écailles est de 22. Les écailles dorsales ne montrent pas les lunules brunâtres qui se trouvent sur l'individu-type décrit par Grandidier, puis revu par Mocquard : mais cette absence tient probablement à l'âge moins avancé de l'animal qui, d'ailleurs porte des traces de cette pigmentation sur la région caudale.

Les localités où ont été récoltés les spécimens de cette espèce que possède le Muséum, sont : Tuléar, Ampalaza, plaines du Fiherenana.

Famille des TYPHLOPIDÉS

Genre TYPHLOPS Schneider.
Typhlops Boettgeri Boulgr.

1 ex. — Ravin d'Ianzamaly, vallée du Fiherenana, prov. de Tuléar, 1926.

Exemplaire conforme à la description de Boulenger : 20 éc. autour du milieu du corps, diamètre de celui-ci compris 45 fois dans la longueur totale ; queue terminée par une épine. Longueur totale : 180 millimètres.

Cette espèce se rencontre dans les régions Ouest et Sud de Madagascar ainsi qu'à Nossi-Bé.

Famille des BOIDÉS

Genre BOA Linné.
Boa Dumerilii Ian

1 ex. — Tuléar, 1926.
Habitat : Régions Ouest de Madagascar.

Famille des COLUBRIDÉS

Genre DROMICODRYAS Boulenger.
Dromicodryas Bernieri Dum. Bibr.

2 ex. — Région de Tuléar.
1 ex. Androka, pays Mahafaly, 1926.
   V. 200 ; An. div.; C. 111/2; 1 Pr. oc. ; 2 Pst. oc. ; T. 1 + 2.
   Ec. sur 19 r. ; lab. sup. 8.
La largeur de la frontale prise en son milieu est égale à celle
d'une plaque sus-oculaire ; elle est contenue 3 fois dans sa longueur ; celle-ci est égale à la longueur des pariétales, et elle est
beaucoup plus longue que la distance qui la sépare du bout du
museau. Longu. totale : 570 mm. ; queue : 162.
   1 ex. — jeune, Beheloka, province de Tuléar, 1926.
   2 ex. — Vallée du Fiherenana, prov. de Tuléar.
Habitat. — Cette espèce est rencontrée à Nossi-Bé et presque
partout à Madagascar, sauf dans la région Nord-Est.

Dromicodryas quadrilineatus Duméril et Bibron.

1 ex. — Ambo go.
   V. 204 ; An. div. ; C. 100/2 ; 2 Pr. ocul. ; 3 Post. oc. ;
   T. 1 + 2 ou 2 + 2 ; Ec. 19 r. ; 9 lab. sup.
Se rencontre partout à Madagascar, sauf dans la région Sud.

Genre NATRIX Laurenti.
Natrix lateralis Dum. et Bibr.

1 ex ♀. — Tuléar.

V. 160 ; An. div. ; C. 76/2 ; 1 Pr. oc. ; 2 Post. oc ; T. 1 + 2
Ec. 19 r. ; 8 lab. sup. — Long. totale : 622 mm. ;
queue 164.

Habitat. — A l'exception de Nossi-Bé, cette forme se rencontre à Madagascar, dans les même régions que *Dromicodryas Bernieri*.

Les œufs trouvés dans cette femelle mesurent 27 millimètres sur leur plus grand diamètre et 14 sur le petit.

Genre LIOHETERODON Duméril et Bibron.
Lioheterodon Geayi Mocquard.

7 ex. — Androka ; pays Mahafaly, prov. de Tuléar. 1926.

Ces échantillons en très bon état, permettent de compléter la description originale sur les points suivants :

La portion de la rostrale, vue au-dessus est notablement supérieure ou égale à la distance qui la sépare de la frontale ; les préfrontales sont égales aux internasales ou plus petites qu'elles ; la frontale peut être égale ou beaucoup plus longue que sa distance de l'extrémité du museau ; sa longueur égale celle des pariétales ou est plus grande. Frénale aussi longue ou plus longue que haute ; 2 (rarement 3) préoculaires ; 4 postoculaires, les supérieures beaucoup plus grandes que les autres. Temporales en nombres extrêmement variables : (2 + 5 — 3 — 5), (2 + 3 — 3 + 4), (2 + 4), (3 + 4 — 3 + 3), (3 + 4), (3 — 5 — 3 + 4) ; 8 (rarement 7) labiales supérieures, les quatrième et cinquième ou les troisième et quatrième bordant l'œil ; 4 ou 5 labiales inférieures en contact avec les plaques gulaires antérieures, celles-ci beaucoup plus grandes que les postérieures qui sont séparées par 2 écailles suivies de 2 autres, plus grandes. 23 rangs d'écailles autour du milieu du corps sur tous les échantillons.

Mocquard, dans sa description, mentionne par erreur : anale divisée. Celle-ci est simple, chez le type et sur tous les exemplaires que j'ai sous les yeux. Le nombre des urostèges se tient entre 64 et 68, et celui des ventrales entre 185-195. Une assez grande variation concerne les plaques sous-caudales, quant à leur division : sur un exemplaire, toutes ces plaques sont divisées, sur les autres, la partie antérieure de la queue montre respectivement 7, 10, 20, 22, 30, plaques simples, le reste étant des plaques doubles.

La coloration est conforme à celle de la description de Mocquard ; toutefois les sujets de taille moyenne sont de teinte plus claire que les grands échantillons. Ceux-ci, au nombre de 2 mesurent respectivement 1130 et 990 millimètres de longueur totale dont 230 et 200 pour la queue.

L'exemplaire-type décrit par Mocquard provient de la plaine du Fiherenana ; celui qui fut décrit par Boettger sous le nom de *Lioheterodon Voeltzkowi* a été placé dans la synonymie de *L. Geayi* par Boulenger (1). Il provenait de Tuléar. Les individus ci-dessus ont été capturés à 200 kilomètres environ plus au Sud, un peu au-dessous du Cap Andriamanao. La limite de répartition, connue jusqu'à présent, se trouve donc confinée au Sud-Ouest.

Lioheteron madagascariensis Duméril et Bibron.

2 ex. — Vallée du Fiherenana, prov. de Tuléar.

Habitat. — Se rencontre à peu près partout, sauf dans l'Ouest et le Sud-Est ; on le trouve aussi à Nossi-Bé et dans l'Ile Sainte-Marie.

Lioheterodon modestus Günther.

1 ex. — Vallée du Fiherenana, prov. de Tuléar.

Habitat. — Régions du Sud-central et Ouest, Nord-Ouest.

1. A list of the Snakes of Madagascar, Comores, etc. — *Proc. Zool. Soc.* London, 1915, p. 369.

Genre STENOPHIS Boulenger.
Stenophis granuliceps Boettger.

1 ex. — Vallée du Fiherenana : prov. de Tuléar, 1926.

1 ex. — Maroamalona, 1925.

Cette élégante espèce habite Nossi-Bé ainsi que les régions Ouest et Centrale de Madagascar.

Genre MIMOPHIS Günther.
Mimophis mahfalensis Grandidier.

5 ex. — Androka, pays Mahafaly.

6 ex. — Région du lac d'Ihotry, prov. de Tuléar.

1 ex. — Maroamalona.

2 ex. — Vallée du Fiherenana, prov. de Tuléar.

1 ex. — Lavenombato ; bords de l'Onilahy, prov. de Tuléar, 1925.

1 ex. jeune. — Tsivono (rég. Nord de Tuléar).

1 ex. — Tuléar ,1926.

Cet individu présente une anomalie curieuse. La région loréale porte 2 plaques situées l'une derrière l'autre, entre la plaque nasale et la préoculaire. De ce fait, les préfrontales ne sont pas en contact avec les seconde et troisième labiales supérieures, ou, autrement dit, la loréale antérieure n'est pas séparée de la préoculaire par la plaque préfrontale mais bien par une seconde loréale. Cette anomalie existe sur les 2 côtés. Tous les autres caractères sont ceux du genre et de l'espèce.

Habitat. — A l'exception de la région Est, cet ophidien se rencontre partout à Madagascar : on le trouve aussi à Nossi-Bé.

Sa taille ne parait pas dépasser 75 à 80 centimètres de longueur totale.

Genre ETEIRODIPSAS Schlegel.
Eteirodipsas colubrina Schlegel.

1 ex. — Androka, province de Tuléar, 1926. — Longueur 880 mm. ; queue 140.

1 ex. — Vallée du Fiherenana, province de Tuléar, 1926.

1 ex. — Maroamalona.

Le nombre des séries longitudinales d'écailles, qui, normalement est de 25 à 29, atteint sur cet échantillon celui de 31 ; le
nombre des gastrostèges est de 208. Deux urostèges non divisées
en arrière de la première. Sur l'exemplaire d'Androka, les urostèges sont toutes divisées.

L'espèce est commune à Madagascar où on la rencontre dans
le Nord-Ouest, dans le Sud et l'Est ; elle a été signalée aussi de
Nossi-Bé.

Batraciens
Famille des RANIDÉS

Genre **RANA** Linné.
Rana mascareniensis Duméril et Bibron.

5 ex. — Provenant d'un marais aux environs de To. gobory
et du village d'A. tsiafa-Bositra (Hauts-Plateaux)
entre Mevatanana et Tananarive.

1 ex. — Environs d'Ianzamaly, vallée du Fiherenana, prov.
de Tuléar.

1 ex. — Andevoranto.

18 ex. — Tuléar (canal de Fiherenana), 1926.

3 ex. — Ile aux Nattes (Sainte-Marie).

4 ex. — Ivoloina, prés de Tamatave.

3 ex. — Environs de Tananarive.

3 ex. — Ambila (lagunes).

10 ex. — Lac Alaotra.

Habitat. — Cette espèce est rencontrée sur le continent africain, Seychelles, Ile Maurice, Nossi-Bé, Sainte-Marie et partout
à Madagascar.

Rana (Pyxicephalus) labrosa Cope.

1 ex. — Lavenomba'o, bords de l'Onilahy ; prov. de Tuléar.

1 ex. — Lit de la Linta, au sud d'Androka.

6 ex. dont 1 jeune. — Tuléar 1926.

Habitat. — Nord, Côte Ouest et Sud de Madagascar.

Genre AGLYPTODACTYLUS Boulenger.
Aglyptodactylus madagascariensis A. Dum.

1 ex. — Forêt d'Analamazotra, prov. de Moramanga, 1926.

Habitat. — Est, Ouest et Sud-Ouest de Madagascar.

Individu encore jeune ne mesurant que 32 millimètres du museau à l'anus. De teinte un peu plus sombre et plus maculée que le type de l'espèce, il offre la particularité de ne point présenter la petite tache noire inguinale que nous trouvons, constante, chez celui-ci et chez les autres exemplaires de la même espèce, que le Muséum possède. Chez tous, le premier doigt est plus long que le second.

Genre MANTIDACTYLUS Boulenger.
Mantidactylus guttulatus Boulenger.

2 ex. — Forêt d'Analamazotra, province de Moromanga, 1926.

Mantidactylus Mocquardi, Angel. pl. VIII, fig. 2.
Bulletin du Muséum. Paris, 1929, p. 350.

1 ex. — Région de Rogez (Est de Madagascar).

Dents vomériennes en 2 petits groupes, situés légèrement en arrière du bord postérieur des narines internes et plus écartés entre eux que chacun ne l'est de la narine interne du même côté.

Tête modérément élargie, sa plus grande largeur représente la distance comprise entre le bout du museau et le bord antérieur du tympan. Museau, plus long que le diamètre de l'œil, à extrémité coupée obliquement d'avant en arrière.

Canthus rostralis assez marqué. Région frénale légèrement concave, presque verticale. Narine plus près de l'extrémité du museau que de l'œil. Espace interorbitaire sensiblement de même largeur que la paupière supérieure. Tympan distinct, mesurant les 2/3 du diamètre de l'œil, un peu plus petit que la distance de l'œil à la narine, égal à la largeur de l'espace interorbitaire. Langue large, dont l'échancrure peu profonde est limitée par 2 petits lobes séparés par une distance égalant le diamètre du tympan. Une papille médiane, d'aspect érectile, à l'union du tiers antérieur avec les 2/3 postérieurs de la langue. Doigts modérément allongés, le 1er plus court que le second qui est plus court que le 4e ; la longueur du 3e fait la moitié de la plus grande largeur de la tête. Disques des doigts ne représentant pas le double de la largeur de la dernière phalange.

Orteils aux 3/4 palmés, terminés par des petits disques de même grandeur que ceux des doigts. La palmure laisse 2 phalanges libres au 3e orteil ; aux autres, (au moins sur l'un de leurs côtés) elle commence au-dessous du disque. Tubercules sous-articulaires ovalaires, saillants. Tubercule métatarsien interne, ovalaire, aplati, égal au 1/3 de la longueur totale du 1er orteil. Pas de pli grandulaire dorsal. Articulation tibio-tarsienne atteignant la narine. Tibia 3 fois 1/2 plus long que large, sa longueur contenue 2 fois dans la distance museau-anus.

Peau lisse au-dessus et au-dessous. Un léger pli glanduleux au-dessus du tympan. Face postérieure des cuisses, lisse, sans trace de glande crurale. Pourtour de l'anus granuleux.

Coloration (en alcool). — Au-dessus, brun rougeâtre uniforme ; ventre et gorge blanchâtres avec d'irrégulières et nombreuses petites taches ou réticulations brunes ; face inférieure des membres postérieurs brun-rougeâtre avec des taches ou réticulations blanchâtres. Quelques taches claires sur la lèvre supérieure et des taches foncées sur la lèvre inférieure.

Mensurations (en millimètres)

Longueur museau-anus 64

Largeur de la tête.................... 20

Longueur du tibia.................... 33

Longueur du membre antérieur........ 38

Longueur du membre postérieur....... 97

Longueur du pied (sans le tarse)....... 30
Diamètre de l'œil................... 7
Diamètre du tympan................. 5

Affinités. - - Cette espèce est voisine de *Mantidactylus Bellyi* Mocquard, que nous avons comparé avec elle. Outre sa taille beaucoup plus grande, elle en diffère principalement par la forme de la langue, la longueur du tubercule métatarsien interne, celle des membres inférieurs, l'absence de glande crurale, enfin par la coloration.

Mantidactylus laevis Angel, pl. VIII, fig. 3.
Bullet. du Muséum. Paris, 1929, p. 360.

Dents vomériennes en 2 petits groupes situés en arrière du bord postérieur des narines internes, chaque groupe situé plus près de l'ouverture de la narine interne que du groupe correspondant. La plus grande largeur de la tête est égale à la distance comprise entre le bout du museau et le centre du tympan. Museau sub-arrondi, de même longueur ou un peu plus court que le diamètre de l'œil, surplombant en avant la fente buccale. Région frénale convexe ; *canthus rostralis* arrondi. Narine équidistante de l'œil et du bout du museau. Espace interorbitaire de même largeur que la paupière supérieure. Tympan modérément distinct, mesurant les 2/5 du diamètre de l'œil, distant de celui-ci par sa propre largeur. Langue sans papille médiane.

Doigts de longueur modérée, le premier (1) plus court que le second qui est égal au quatrième ; la longueur du troisième représente celle du museau ; disques digitaux ne faisant pas le double de la largeur de la dernière phalange. Orteils 1/2 palmés, terminés par des petits disques sensiblement de même largeur que ceux des doigts. Tubercules sous-articulaires bien saillants. Tubercule métatarsien interne, ovalaire, égal au tiers de la lon-

---

1. D'un côté, le premier doigt est anormal, très épaissi à sa base et au disque terminal.

gueur totale de l'orteil interne. Pas de tubercule externe. Pas de pli grandulaire dorsal. Articulation tibio-tarsienne atteignant le centre de l'œil. Tibia 2 fois 2/3 (1) plus long que large, sa longueur comprise 2 fois 1/4 dans la distance museau-anus, aussi long que le pied (sans le tarse). Talons ne se recouvrant pas quand les membres postérieurs sont repliés à angle droit sur le corps.

Peau lisse au-dessus et au-dessous ; quelques granulations dans la région anale et au-dessus de l'aine. Pli supratympanique absent. Glande fémorale, petite, déprimée, peu visible, mesurant le même diamètre que le tympan.

Coloration. — Brun taché de sombre sur le dos. Une bande dorso-latérale de teinte plus claire, mais plus marquée est visible de chaque côté, entre le bord postérieur de l'œil et l'aine. Traces de bandes transversales sombres sur les membres. Partie postérieure des cuisses réticulée de brun. Face inférieure blanc jaunâtre uniforme.

1 ex. — Provenant des environs de Tananarive.

Mensurations (en millimètres.)

Longueur (museau-anus)	32
Largeur de la tête.................	10
Longueur du tibia.................	14
Longueur du pied (sans le tarse)......	15
Longueur du membre antérieur......	16
Longueur du membre postérieur......	47
Diamètre de l'œil.................	4
Diamètre du tympan...............	1,7

Affinités. — Voisine de *M. Curtus* Boulgr. et de *M. ambohimi-tombi* Boulgr, cette espèce se différencie surtout de ces dernières par : le premier doigt plus court que le second, les orteils moins palmés et le tympan plus petit.

---

1. C'est par erreur que la description originale porte « Tibia 3 fois 1/3 plus long que large.

Gephyromantis Methueni Angel, pl. IX, fig. 4.
Bullet. du Muséum. Paris, 1929, p. 358.

Dents vomériennes en 2 petits groupes situés en arrière du bord postérieur des narines internes, chaque groupe un peu plus rapproché de l'ouverture de la narine que du groupe correspondant. La largeur de la tête est égale à la distance comprise entre le bout du museau et le bord postérieur de l'œil. Yeux grands, forts saillants.

Museau assez pointu, débordant l'aplomb de l'ouverture buccale. Région frénale légèrement concave, presque verticale.

Canthus rostralis peu marqué, plutôt arrondi. Narine située notablement plus près du bout du museau que de l'œil. Espace interorbitaire beaucoup plus large que la paupière supérieure. Tympan distinct, mesurant à peine un demi-diamètre de l'œil, distant de celui-ci par la moitié ou les 3/5 de son propre diamètre. Langue sans papille médiane.

Doigts plutôt allongés, à disques mesurant au moins 2 fois la largeur de la base de la phalange qui les supporte, le premier plus court que le second, celui-ci aussi long ou plus court que le quatrième ; la longueur de la partie libre du troisième représente le diamètre de l'œil. Orteils (au moins l'extérieur) au 1/4 ou au 1/3 palmés (3 phalanges libres au quatrième), terminés par des disques plus petits que ceux des doigts. Tubercules sous-articulaires, petits aux orteils, plus développés aux doigts. Tubercule métatarsien interne, ovalaire, mesurant les 2/5 ou la moitié de la longueur de l'orteil interne ; un petit tubercule externe. conique, situé vers la base du quatrième orteil. Articulation tibio-tarsienne atteignant le bord antérieur de l'œil, ou un point situé entre celui-ci et la narine ou la narine elle-même. Tibia 4 fois à 4 fois 1/2 plus long que large, sa longueur contenue 2 fois (ou un peu moins ou un peu plus) dans la distance museau-anus, notablement plus long que le pied, (sans le tarse). Talons chevauchant l'un sur l'autre quand les membres postérieurs sont repliés à angle droit sur le corps.

Peau lisse au-dessus, au-dessous et sur les côtés. Un léger bourrelet glandulaire supra-tympanique s'arrêtant avant d'atteindre le membre antérieur. Glande fémorale absente.

Coloration. — Brun jaunâtre clair sur le dos et les membres, uniforme ou avec des ponctuations ou des petites taches claires ou brun foncé. Une bande dorso-latérale plus claire, irrégulière, va de l'œil à l'aine chez les sujets porteurs de petites taches. Une barre noire de la narine à l'œil, se prolongeant sur le léger bourrelet supra-tympanique et parfois sur les flancs. Lèvre supérieure, blanche avec ou sans petites taches brunes. Face inférieure blanc jaunâtre uniforme. Membres avec barres transversales foncées ou avec taches irrégulières.

> 1 ex. — provenant d'Ambila (lagune) ; province de Tamatave.
>
> 2 ex. récoltés au lac Alaotra.

Mensurations (en millimètres) prises sur le plus grand individu (Ambila).

Longueur (museau-anus)	23
Largeur de la tête.................	8
Longueur du tibia.................	12
Longueur du pied (sans le tarse)	10
Longueur du membre antérieur......	13
Longueur du membre postérieur......	34
Diamètre de l'œil.................	1,5
Diamètre du tympan...............	3

Cette forme que nous avons dédiée à l'auteur du genre *Gephyromantis* se distingue de *Gephyromantis Boulengeri* Methuen, par les tibias plus longs, la peau complètement lisse au-dessus et au-dessous et par la coloration.

Genre **RHACOPHORUS** Kuhl.
Rhacophorus luteus longicrus Parker

1 ex. et 2 têtards. — Manjakatompo (Ankaratra), entre Tananarive et Ambositra, 1926.

Habitat connu. — Ankafana (Betsileo) ; Forêt d'Ambohimitombo ; Antsihanaka.

La longueur des membres postérieurs nous permet de rapporter cet échantillon à la variété *longicrus* ; l'articulation tibiotarsienne dépasse notablement le bout du museau et la longueur des tibias représente les deux tiers environ de la distance museau-anus. Les talons se touchent, mais ne se recouvrent pas ; le plus grand exemplaire n'est pas tout à fait adulte car la queue n'est pas complètement résorbée.

La coloration (en alcool) est la suivante : Parties supérieures brun jaunâtre moyen avec de nombreuses petites taches, ponctuations ou réticulations plus foncées. Le dessus des membres présente des bandes transversales sombres bien marquées. La ligne blanche qui court le long de l'avant-bras, du quatrième doigt et sur le bord externe du tarse et du cinquième orteil est bien visible. Les parties inférieures sont brun jaunâtre clair, mais toute la région gulaire est de teinte plus sombre faisant suite à une large bande brune qui couvre le côté de la tête depuis le bout du museau jusqu'à la région tympanique, en passant par l'œil. Une bande verticale blanche sous l'œil se prolongeant en arrière jusqu'à l'insertion du membre antérieur. Quelques ponctuations blanchâtres sur les côtés.

Rhacophorus brachychir Boettger.

1 ex. — Région de Rogez.

La capture de cet échantillon dans la région de Rogez vient confirmer l'hypothèse de Mocquard (1) quant à la distribution de cette espèce, qui, après avoir été trouvée à Nossi-Bé, fut ré-

1. *Bull. Soc. Philom. Paris*, 1902 ; 9ᵉ sér., t. IV, nº 1, p. 16.

coltée à Fort-Dauphin. Mocquard pensait qu'elle existait entre ces points extrêmes ; l'exemplaire récolté par M. G. Petit vient montrer le bien-fondé de cette opinion.

Rhacophorus opisthodon Boulenger.

1 ex. — De l'Ile aux Nattes (Sainte-Marie de Madagascar), 1927.

Rhacophorus Goudoti Tschudi.

1 ex. — Massif de l'Andringitra. Attribution spécifique provisoire.

1 ex. — Forêt d'Analamazotra, Prov. de Moramanga, 1926.

Habitat. — Centre, Sud Central, Est de Madagascar.

Rhacophorus Crossleyi Peters.

2 ex. — Environs d'Ianzamaly, vallée du Fiherenana ; pr. de Tuléar.

Habitat. — Ouest, Sud-Ouest, Est, Sainte-Marie.

Par la dimension du tympan, bien distinct, qui est égal au demi-diamètre de l'œil et par les orteils presque entièrement palmés, ces individus peuvent être rapportés à l'espèce de Peters. La peau est lisse au-dessus, ainsi que sur la gorge, granuleuse sous le ventre et les cuisses. Sur un échantillon, la coloration grise des régions supérieures est presque uniforme. Seuls, les côtés du corps et les faces interne et externe des cuisses sont teintés de brun sur lequel des vermiculations ou ponctuations s'enlèvent en blanc pur. Tympan noirâtre ; trace d'une bande foncée allant de l'œil à l'extrémité du museau en traversant la narine.

L'autre échantillon est de teinte plus claire, à peu près uniforme partout.

1 ex. — Majunga. Sur celui-ci, les membres sont barrés, peu distinctement, de brun.

Genre **RAPPIA** Günther.
Rappia betsileo Grandidier.

1 ex. — Antsirabé.

Rappia sp.

3 ex. jeunes. — Tamatave. Peuvent être rapprochés de
R. Horstocki Schleg. Un des individus montre l'ébauche
d'un disque gulaire adhésif.

Genre **MEGALIXALUS** Günther.
Megalixalus madagascariensis Duméril et Bibron.

1 ex. — Ile aux Nattes (Sainte-Marie de Madagascar).
1 ex. — Lac Alaotra.
6 ex. — Ivoloina, près de Tamatave.
1 ex. — Source de Namoroko (Ambongo).
Habitat. — Nord, Est, Sud-Central, Sainte-Marie.

Megalixalus ?

2 têtards de très petite taille d'une lagune à Ambila.

Famille des DENDROBATIDÉS

Genre **MANTELLA**
Mantella betsileo, Grandidier.

1 ex. — Source de Namoroko (Ambongo).

Genre **STUMPFFIA** Bœttger.
Stumpffia madagascariensis Mocquard.

3 ex. — Ambongo.

Je rapporte, avec doute, ces échantillons à l'espèce de Mocquard. Etant donnée la petite taille du type qui se trouve dans les collections du Muséum, la comparaison en est peu aisée. Chez celui-ci, ainsi que sur nos exemplaires, le caractère générique tiré de la conformation de la langue n'est pas autant accusé que la figure donnée par Boettger l'indique.

Famille des BREVICIPITIDÉS

Genre **PLATYHYLA** Boulenger.
Platyhyla grandis Boulenger.

1 ex. — Région de Rogez.

Habitat : Est et Sud-Est.

La longueur du tibia est égale à la largeur de la tête. Les doigts externes sont légèrement palmés à la base ; les orteils sont palmés au moins au tiers de leur longueur. La peau est presque lisse sur la région médiane dorsale ; par contre, elle montre des petites verrues sur le museau (où elles sont nombreuses) et sur les côtés et les flancs, où elles sont plus clairsemées. A la face inférieure, sur la gorge, le ventre et la partie postérieure des cuisses, la peau est plutôt granuleuse que verruqueuse. Coloration brun-clair à peine taché de foncé sur le dos et les membres ; une teinte jaunâtre uniforme règne en-dessous.

Mensurations (en millimètres)

Longueur du museau à l'anus	68
Largeur de la tête	30
Longueur de la tête	21
Longueur du tibia	30
Largeur de la dilatation du 3e doigt	6
Diamètre de l'œil	7
Espace interorbitaire	10
Largeur de la paupière supérieure	6

Genre **PLETHODONTHYLA** Boulenger.
Plethodonthyla ocellata Noble et Parker, pl. IX, fig. 5.

1 ex. — Région de Rogez (Est de Madagascar).

Cet échantillon donne lieu aux remarques suivantes :

La ceinture pectorale (fig. 4) montre un sternum extrêmement développé, différant, dans sa forme et ses proportions, de celui de *Plethodontohyla notosicta* Boulgr. qui a été figuré par Noble et Parker (1). L'omosternum, bien développé, à extrémité non élargie, n'est pas distinct du précoracoïde.

Les affinités de *Pl. ocellata* Noble et Parker avec *Pl. brevipes* Boulgr. sont des plus marquées et Noble et Parker les ont signalées dans leur travail, en émettant l'opinion que ces deux espèces pourraient peut-être (étant donné l'état défectueux de conservation du jeune individu ♀, type de *Pleth. brevipes*) ne représenter qu'une seule et même forme. L'échantillon présent est conforme, par ses caractères essentiels, à la description de *Pleth. ocellata*. Nous considérons cette forme comme très valide, tant que l'étude de matériaux utérieurs n'aura pas montré des formes de passage entre les membres courts de *Pleth. brevipes* (articulation tarso-métatarsienne atteignant l'œil) et ceux, plus allongés de *Pleth. ocellata* (articulation tarso-métatarsienne atteignant le bout du museau.)

Au point de vue de la coloration, nous retrouvons ici : la même bande foncée couvrant la région loréale et s'étendant, au-dessous de l'œil et du bourrelet supra-tympanique, depuis le bout du museau jusqu'au membre antérieur, la tache inguinale point cerclée de blanc, la ligne longitudinale mal définie située à la partie postérieure des cuisses, ainsi que celle longeant le pli supratympanique.

Nous relevons aussi sur notre échantillon les particularités suivantes : la longueur du museau est à peu près égale au diamètre de l'œil ; la largeur de la paupière supérieure est comprise

1. A synopsis of the Brevicipitid Toads of Madagascar ; *Amer. Mus. Novitates*, n° 232, nov. 1926, New-York.

deux fois dans la largeur interorbitaire ; le tympan est assez
bien distinct, mesurant les 3/5 du diamètre de l'œil. Un pli de
la peau existe sur les côtés du corps entre l'aisselle et l'aine.
Toutes les taches, bandes ou ocelles blancs conservent, par places,
une teinte rougeâtre assez marquée qui semble indiquer que ces
parties étaient d'un beau rouge vermillon à l'état de vie.

Les types et paratypes de l'espèce proviennent de Antsihanaka, Sahambendrana et d'une localité indéterminée.

Mensurations (en millimètres.)

Longueur totale (museau-anus)...... 47
Longueur de la tête................ 17
Longueur du tibia.................. 20
Largeur du tibia................... 6,7
Longueur du membre postérieur..... 62
Diamètre de l'œil.................. 5
Diamètre du tympan................ 3

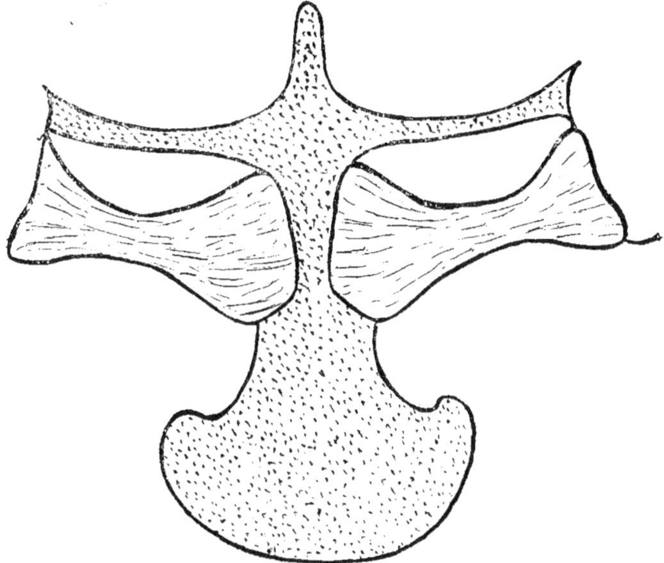

Fig. 4. — Ceinture pectorale de *Plethodonthyla ocellata*,
Noble et Parker, grossie.

Genre ANODONTHYLA F. Müller.
Anodonthyla montana Angel (1). Fig. 5, p. 552.
Bull. Mus. Paris, 1925, p. 60.

Tête aussi longue que large, à museau non proéminent, plutôt arrondi, surtout dans les spécimens adultes. *Canthus rostralis* peu marqué. Région loréale légèrement concave, oblique. Narine située plus près du bout du museau que de l'œil. Espace inter-orbitaire une fois et demie (chez les jeunes) à deux fois (chez les adultes), aussi large que la paupière supérieure. Tympan visible, sa largeur représentant environ les deux tiers du diamètre de l'œil. Doigts libres, leur extrémité bien dilatée, affectant une forme trapézoïde plutôt que circulaire : l'interne, petit, quoique bien constitué, le second un peu plus court que le quatrième ; le troisième, mesurant à peu près la distance comprise entre le bout du museau et le bord antérieur de l'œil. La largeur de la dilatation des doigts est un peu moindre que le diamètre du tympan. Orteils non palmés, leur extrémité présentant une dila-tation peu marquée ; les troisième et cinquième sensiblement égaux ; la longueur du quatrième équivaut à la distance comprise entre le bout du museau et le bord postérieur de l'œil, ou un peu moins. Tubercules sous-articulaires peu marqués. Tubercule métatarsien interne gros, aplati, presque aussi long que l'orteil interne. Tibia deux fois à deux fois et demie aussi long que large ; sa longueur n'est guère comprise que deux fois un tiers à deux fois et demie dans la distance du museau à l'anus. Quand les membres postérieurs sont rabattus en avant, l'articulation tarso-métatarsienne atteint le bord postérieur de l'œil; chez les jeunes, les pattes sont relativement un peu plus longues. Peau lisse au-dessus et au-dessous, ou encore avec quelques granules aplatis dans la région ventrale et sur la face postérieure des cuisses. Un petit bourrelet, au-dessus du tympan, allant du bord posté-rieur de l'œil à l'épaule, est présent sur deux exemplaires.

1. Les figures 1 à 55 sont groupées à la fin du mémoire : pages 553-555.

Coloration. — Au-dessus, brun jaunâtre, taché indistinctement de teinte plus foncée (sur 1 ex.) ou encore noirâtre, vermi-
culé ou marqué de gris verdâtre ; des barres transversales foncées sur les membres postérieurs (sur 3 ex.). Faces inférieures,
blanc jaunâtre ou verdâtre, uniforme ou piqueté, taché de brun.

Provenance. — Massif de l'Andringitra, où on les trouve à une
altitude voisine de 2.600 mètres.

Quatre exemplaires : 2 ♀ adultes ; 2 jeunes, recueillis par
M. Perrier de la Bâthie. Dimensions du plus grand exemplaire :
38 mm. du museau à l'anus ; largeur de la tête : 13 ; longueur
totale des membres postérieurs : 40 ; longueur des membres
antérieurs : 20 ; longueur du tibia : 14 ; longueur du pied : 14.

Cette forme nouvelle diffère d'*Anodonthyla Boulengeri* F. Mül.,
par : son tympan visible, ses membres postérieurs plus courts,
la présence d'un tubercule métatarsien et la coloration.

Genre **PSEUDOHEMISUS** Mocquard.
Pseudohemisus verrucosus Angel., pl. IX, fig. 7.

Bull. Mus. Histoire naturelle, Paris, 1930, p. 70.

Museau court, arrondi, surplombant notablement la fente
buccale, aussi long ou moins long que le diamètre de l'œil.
Narine équidistante de l'œil et du bout du museau ou située plus
près de celui-ci que de l'œil. *Canthus rostralis* arrondi, région
frénale haute et presque verticale. Espace interorbitaire de
même largeur que la paupière supérieure. Tympan caché.
Langue régulièrement ovalaire, allongée, sans encoche postérieure ni papille médiane. Doigts libres, le premier plus court
que le second, le quatrième le plus petit, montrant des tubercules
articulaires très proéminents ; tubercules palmaires existants,
les postérieurs plus grands que les autres. Orteils bien développés, se terminant en pointe, le premier plus court que le second,
la longueur du quatrième égalant celle de l'œil et du museau,
ensemble ; tubercules sous-articulaires proéminents à tous les
doigts (fig. 6, p. 552). Tubercule métatarsien interne, grand et

saillant, notablement plus long que l'orteil interne ; pas de tubercule externe.

Tubercule tarsal aplati, en arrière de l'articulation tibio-tarsienne. Articulation tibio-tarsienne atteignant l'épaule.

Corps assez globuleux, sa plus grande largeur contenue une fois et demie à deux fois dans sa longueur.

La longueur au tibia est contenue 2 fois 1/4 à 2 fois 2/3 dans la distance museau-anus ; leur largeur est comprise 2 fois 2/3 dans la longueur. Peau fortement verruqueuse sur la tête, le dos et les membres postérieurs, les verrues pouvant affecter la forme de tubercules ou de petits cordons glandulaires et longitudinaux, irréguliers, sur le dos. Face postérieure et inférieure des cuisses, granuleuse. Ventre, membres antérieurs et côtés du corps à peau lisse.

Coloration. — Face supérieure brun noirâtre, uniforme ou taché (1), les membres un peu plus clairs, avec barres transversales plus foncées, quoique peu visibles. Au-dessous, les membres et la gorge blanc jaunâtre uniforme ; toute la portion abdominale gris-bleuté.

Quatre spécimens mesurant 15 millimètres du museau à l'anus, récoltés avec 5 t tards à Lavenombato, bords de l'Onilahy, province de Tuléar.

Affinités. — Quatre espèces rapportées au genre *Pseudohemisus* ont été, jusqu'à présent, décrites ; trois d'entre elles : *Pseud. obscurus* Grandidier, *Pseud. calcaratus* Mocquard, *Pseud. brevis* Boulenger, montrent les plus grands rapports dans leurs caractères principaux. Celle qui est décrite ci-dessus, se distingue à première vue des autres par les verrues et petits cordons glandulaires de sa face supérieure et par sa coloration.

L'examen de la ceinture pectorale sur les 4 exemplaires de cette espèce montre des différences notables dans le dévelop-

---

1. Certains exemplaires, vus à la loupe dans le liquide conservateur, montrent, sur le dos, des taches régulières plus foncées et disposées symétriquement. Sur l'un d'eux, une bande interorbitaire se prolonge sur le tiers antérieur du dos où elle s'élargit pour se relever « en crochet ». Au-dessus de la région inguinale, existe une autre tache ; enfin, une bande foncée est visible sur le côté du corps entre l'œil et l'aine.

pement de la clavicule qui peut être présente, bien que réduite, ou rudimentaire, ou même absente. Précoracoïde mince, isolé du coracoïde. Omosternum peu développé (fig. 7, p. 552).

DESCRIPTION DES TÊTARDS.

Ces têtards montrent deux périodes du développement. Quatre d'entre eux peuvent être considérés dans la troisième période ; ils présentent les caractères suivants :

Les deux paires de membres sont présentes ; queue avec ses crêtes membraneuses ; le bec et les dents labiales ont disparu et la fente buccale est en voie d'élargissement. Doigts avec les tubercules sous-articulaires présents ; tubercule métatarsien interne et tubercule tarsal bien visibles. La peau montre l'ébauche des verrues caractéristiques de l'adulte.

Coloration brun foncé, uniforme en-dessus. Blanc jaunâtre, dessous, la région abdominale gris-bleuté.

Longueur totale : 24 millimètres dont 13 pour la queue.

Le cinquième têtard n'est qu'au second stade de son développement. Seuls, les membres postérieurs, encore très courts, sont présents. Corps convexe au-dessus, aplati au-dessous, sa largeur est comprise une fois trois quarts dans sa longueur. Museau arrondi, faisant presque deux fois le diamètre de l'œil. Narine équidistante de l'œil et du bout du museau. Yeux dorso-latéraux, bien visibles ; espace interorbitaire égal au diamètre de l'œil. *Spiraculum* sinistral, deux fois plus près de l'œil que de l'anus (fig. 8 et 9, p. 553).

Queue quatre fois plus longue que haute, se terminant en pointe mousse, les crêtes bien développées. Bouche sur la face ventrale. Bec noir et denticulé finement. Papilles labiales bien développées, arrangées en plusieurs rangs sur les côtés et sur un simple rang à la lèvre inférieure. Lèvre supérieure avec une rangée continue de fines dents noirâtres et, de chaque côté, en-dessous de celle-ci, un petit groupe de 8 à 9 dents. Lèvre inférieure avec 2 rangées de dents, d'égale longueur, non interrompues.

Coloration (en alcool). — Dessus du corps brunâtre plus ou moins marbré de teinte foncée, la queue un peu plus claire. Face inférieure blanc jaunâtre uniforme, sauf la région abdominale qui est gris-bleuté.

Longueur totale : 31 mm. : queue 19.

Pseudohemisus longimanus Angel, pl. IX, fig. 6.

Bull. Mus. d'Hist. Natur. Paris, 1930, p. 72.

Museau court, élevé, ne débordant presque pas la fente buccale en avant, mesurant les trois cinquièmes du diamètre de l'œil. Narine équidistante de l'œil et du bout du museau. *Canthus rostralis* peu marqué, région frénale verticale. Espace inter orbitaire de même largeur que la paupière supérieure. Tympan caché. Langue régulièrement ovalaire, allongée, sans encoche postérieure, ni papille médiane. Doigts allongés, libres ; le premier plus court que le second, le quatrième le plus petit : la longueur du troisième (mesurée de sa jonction avec le second) est égale à la distance comprise entre la narine et l'angle postérieur de l'œil ; tubercules sous-articulaires très proéminents, 2 ou 3 tubercules, un peu aplatis, au poignet. Orteils bien développés, la longueur du quatrième égalant celle du museau et de l'œil, ensemble ; tubercules sous-articulaires bien développés à tous les doigt (fig. 10, p. 553). Tubercule métatarsien interne grand et saillant, une fois et demie plus long que l'orteil interne et séparé du tubercule tarsal par sa propre longueur. Ce dernier est petit, peu proéminent, blanchâtre. Pas de tubercule métatarsien externe. Articulation tibio-tarsienne atteignant le bord postérieur de l'œil.

Corps non globuleux, sa plus grande largeur contenue deux fois 1/2 dans sa longueur. Tibia, trois fois plus long que large, sa longueur est comprise deux fois un tiers dans la distance museau-anus.

Peau presque lisse au-dessus et au-dessous ; quelques granules plats, assez isolés sur la tête et la partie antérieure du dos. Région anale et face postérieure des cuisses assez fortement granuleuses. Un pli transversal de la peau, en arrière des yeux.

Coloration. — Face supérieure, brun foncé uniforme. Côtés de la tête et du corps couverts par une bande brun foncé plus ou moins régulière qui laisse une tache blanchâtre en avant de l'insertion des membres antérieurs. Ceux-ci, ainsi que la partie antérieure des cuisses sont tachetés de brun foncé. En-dessous, teinte brunâtre uniforme, sauf sur la gorge qui est légèrement marbrée de noir. Traces d'un liseré blanc sur le milieu du devant du museau et sur la partie médiane de la gorge.

Un spécimen mesurant 21 millimètres du museau à l'anus, récolté à Ambongo. (avec 9 têtards à différents états de développement).

AFFINITÉS. — Diffère des autres espèces, principalement par la plus grande longueur des membres et des doigts.

Description des têtards, récoltés avec *Pseudohemisus longimanus* et rapportés, avec doute, à cette forme.

Ces échantillons appartiennent à la seconde et à la troisième période de la vie larvaire.

1. Ceux de la deuxième période, au nombre de deux, mesurent 22 millimètres de longueur totale dans lesquels la queue entre pour la moitié.

Membres n'ayant pas encore fait leur apparition. Corps globuleux ; la largeur est comprise une fois et demie environ dans la longueur. Museau arrondi, mesurant deux fois le diamètre de l'œil. Narine équidistante de l'œil et du bout du museau ; yeux situés plutôt sur la face dorsale, séparés l'un de l'autre par une distance égale à leur propre diamètre. *Spiraculum* sinistral, deux fois plus près de l'œil que de l'anus. Intestin enroulé sur lui-même, visible à la partie ventrale. Queue environ quatre fois plus longue que haute en avant, bordée de crêtes membraneuses très minces. Bouche sur la face ventrale ; bec noir ou blanc suivant les individus (fig. 12-14, p. 554).

Coloration. — Gris-noirâtre sur le dos, avec une tache plus claire, diffuse, en arrière des yeux. Queue et face inférieure un peu plus claires que la face supérieure.

2. Les têtards de la troisième période sont au nombre de 7. Sur aucun d'eux, les membres antérieurs n'ont fait leur apparition ; par contre, les membres postérieurs sont très développés.

La longueur moyenne des individus est de 43 millimètres, dont 26 pour la queue.

Corps convexe, un peu aplati au-dessus, sa hauteur fait un peu plus que la moitié de sa longueur. Museau arrondi, un peu déprimé en avant, mesurant deux fois le diamètre orbitaire ; narine située un peu plus près de l'œil que du bout du museau. Yeux dorso-latéraux, bien visibles ; espace interorbitaire un peu plus grand que le diamètre de l'œil. *Spiraculum* petit, non saillant, deux fois plus près de l'œil que de l'anus. Queue longue, mesurant huit fois sa hauteur, en avant, diminuant rapidement de hauteur pour devenir filiforme à son extrémité, pourvue de membranes hautes, très minces, déchiquetées. Bouche sur la partie ventrale, avec bec denticulé finement sur ses bords, noir ou blanc suivant les individus. Pas de rangées de dents labiales perceptibles ; une membrane mince, frangée, libre, encadre les deux tiers postérieurs de l'ouverture buccale (fig. 15, p. 554). Membres postérieurs très développés ; sur certains sujets, leur longueur égale celle du corps. Intestin visible sous la peau transparente.

Coloration (en alcool). — Gris bleuâtre ou brunâtre avec une bande longitudinale, large, un peu plus claire, sur le milieu du dos, depuis les yeux jusqu'à la queue. Celle-ci, ainsi que les membres postérieurs, plus jaunâtre que le reste du corps.

Chéloniens

Famille des PELOMEDUSIDÉS

Genre **STERNOTHAERUS** Bell.
Sternothaerus castaneus Schweig.

1 ex. de la région du Sambirano.
Longueur de la carapace : 83 millimètres.

Habitat : Nord-Ouest, Centre et Est de Madagascar, Ile Pemba (Archipel de Zanzibar).

Genre PELOMEDUSA Wagler.
Pelomedusa galeata Schœpff.

1 ex. jeune de Tuléar.

Cette espèce de petite taille (maxima 270 mm.) se rencontre fréquemment dans l'Ouest de Madagascar ainsi que dans le Sud-Est ; on la rencontre aussi en Afrique et dans la Péninsule du Sinaï. L'échantillon présent pourrait appartenir à la forme *typica* (1) dans laquelle les plaques pectorales sont unies sur la ligne médiane. Les deuxième, troisième, et quatrième plaques vertébrales sont beaucoup plus larges que longues ; elles portent sur leur pourtour,comme toutes les autres plaques de la carapace, une bande de petites stries convergeant de la périphérie vers le centre ; celui-ci est lisse.

1. Vaillant et Grandidier, *Hist. naturelle de Madagascar*. Crocodiles et Tortues.

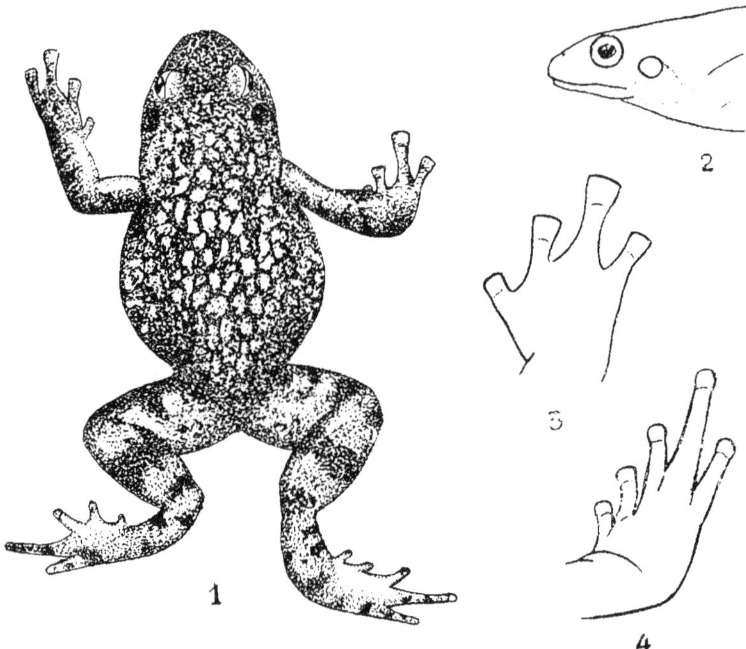

Fig. 5. — 1. *Anodonthyla montana* Angel ; face dorsale, × 1,5 environ.
2. *Anodonthyla montana* Angel ; profil de la tête.
3. *Anodonthyla montana* Angel ; patte antérieure droite.
4. *Anodonthyla montana* Angel ; patte postérieure droite.

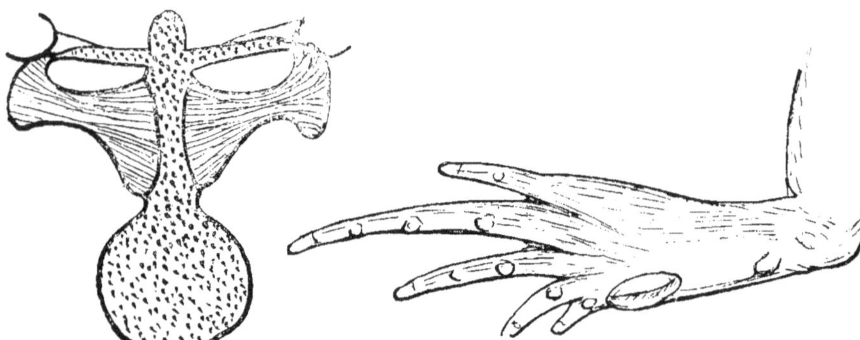

Fig. 7. — Ceinture pectorale, grossie, de *Pseudohemisus verrucosus* Ang.

Fig. 6. — *Pseudohemisus verrucosus* Ang., patte postérieure gauche, × 7.

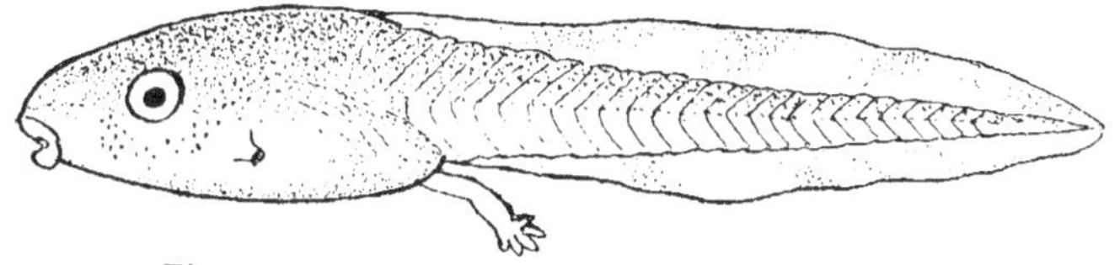

Fig. 8. — Têtard de *Pseudohemisus verrucosus*,
au second stade du développement.

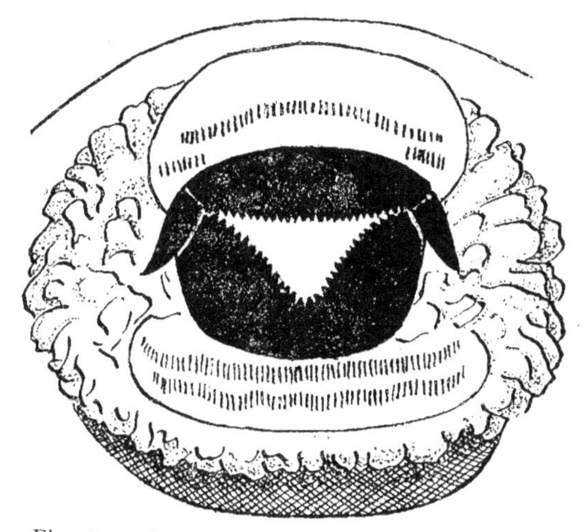

Fig. 9. — Bouche du têtard de *Pseudohemisus
verrucosus* Ang. très grossie.

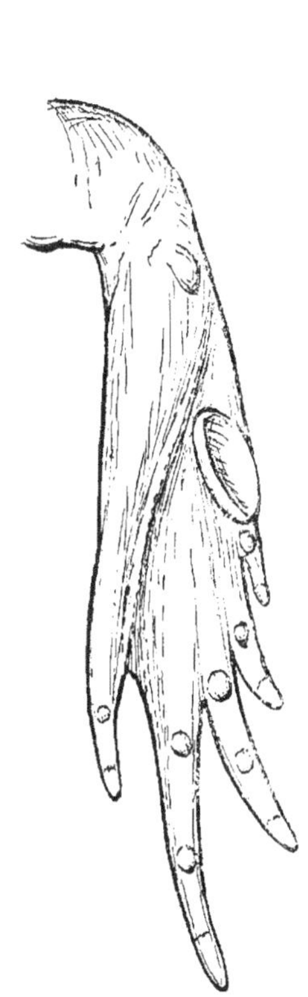

Fig. 10. — *Pseu-
dohemisus longi-
manus* Ang. ;
patte postérieure
gauche, × 7.

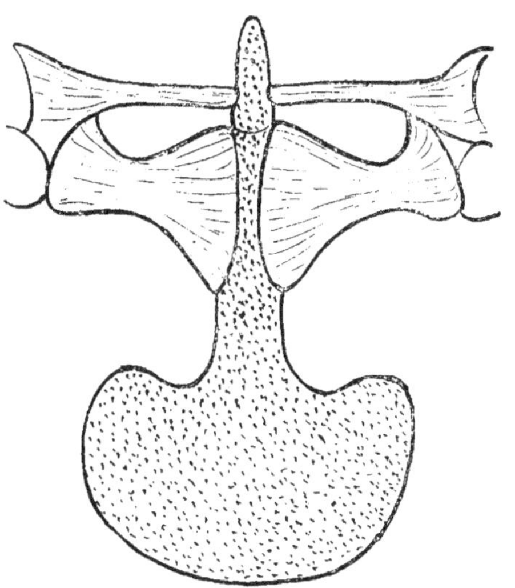

Fig. 11. — Ceinture pectorale grossie de
Pseudohemisus longimanus Ang.

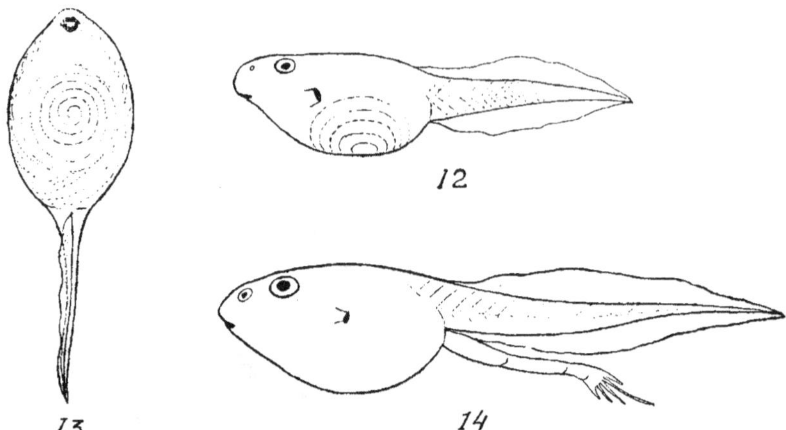

Fig. 12. — Têtard de *Pseudohemisus longimanus* Ang., à la seconde phase du développement ; vue latérale × 4.

Fig. 13. — Têtard de *Pseudohemisus longimanus* Ang., à la seconde phase du développement ; face ventrale.

Fig. 14. — Têtard de *Pseudohemisus longimauus* Ang., à la troisième phase du développement ; vue latérale × 3.

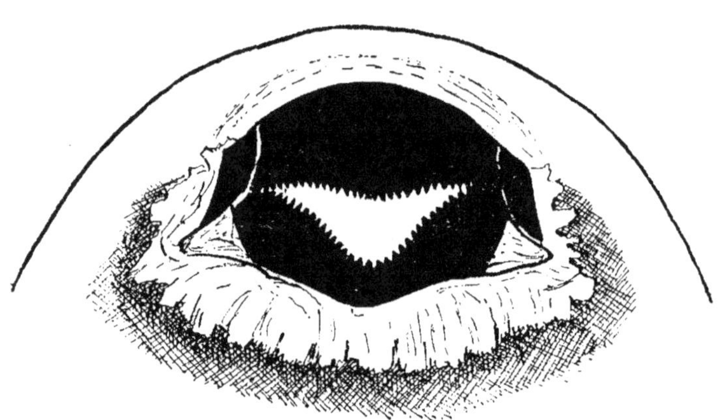

Fig. 15. — Bouche très grossie, du têtard de *Pseudohemisus longimanus* Ang., à la troisième phase de son développement.

LISTE DES ESPÈCES CITÉES

Fam. CHAMAELEONTIDAE

Fam. UROPLATIDAE

Fam. GECKONIDAE

Fam. IGUANIDAE

Fam. GERRHOSAURIDAE

Fam. SCINCIDAE

TABLE DES FIGURES DANS LE TEXTE
OU GROUPÉES EN FIN DU MÉMOIRE

EXPLICATION DES PLANCHES HORS TEXTE

PLANCHE VIII

Fig. 1. — *Paragehyra Petiti* Ang. ; face dorsale ; grandeur naturelle.

Fig. 2. — *Mantidactylus Mocquardi* Ang. ; face dorsale ; grandeur naturelle.

Fig. 3. — *Mantidactylus laevis* Ang. ; face dorsale, × 1,5.

PLANCHE IX

Fig. 4. — *Gephyromantis Methueni* Ang. ; face dorsale, × 2.

Fig. 5. — *Plethodonthyla ocellata* Noble et Parker.; face dorsale ; grandeur naturelle.

Fig. 6. — *Pseudohemisus longimanus* Ang. ; face dorsale, × 2.

Fig. 7. — *Pseudehemisus verrucosus* Ang. ; face dorsale, × 2.

MAMMALIA

par G. Petit.

Bien que nos deux missions à Madagascar aient eu comme programme l'étude de la faune aquatique, nous nous sommes efforcé, chaque fois que nous en avons eu le loisir, de recueillir des spécimens de Mammifères. Ces spécimens ont été rapportés, tantôt en alcool, avec leurs parties molles, tantôt à l'état de squelette. Quelques-uns ont été ramenés vivants pour la Ménagerie du Muséum. C'est à leur détermination et leur étude qu'est consacrée le présent travail.

PRIMATES.
Propithecus verreauxi verreauxi Grand.

1 exemplaire. — Falaises calcaires du pays Mahafale. Région d'Androka, S.-W. de Madagascar.

Nom local. — *Sifaka.*

Coloration. — Face nue et noire. Dessus de la tête d'un noir passant, à la base du crâne, à une couleur brune ou marron. Bande blanche sur le front, limitant, en avant, la calotte sombre. Tour des oreilles blanchâtre. Face interne du pavillon des couleur noire, dépourvue de poils, sauf sur son pourtour. Parties supérieures du corps de couleur blanche en avant, passant au gris en arrière. Face externe des membres antérieurs et mains blanches. Région claviculaire grise, mélangée de brun clair. Parties ventrales couvertes de poils blanchâtres, clairsemés, laissant voir la peau de l'abdomen très noire. Chez notre exemplaire, une tache brûlée sur la gorge, plus longue que large.

Lemur nigrifrons E. Geoffroy.

1 exemplaire, ramené vivant. — Ambongo (pays sakalave).
Nom local. — *Gidro* (Sakalave).
Coloration. — Museau noir. Une bande noire sur le nez, dans l'espace interoculaire et se poursuivant derrière la tête. Oreilles, joues et dessus des yeux, grisâtres.

Lemur catta L.

Un mâle, une femelle et son petit (eau formolée). *Provenance* : Morombé, prov. de Tuléar. — Cinq individus rapportés vivants en 1924 à la Ménagerie du Muséum, où ils ont fait souche. *Provenance* : Falaises calcaires des bords de l'Onilahy, région de la baie de Saint-Augustin (S.-W. de Madagascar).

Coloration. — Espèce très caractérisée par sa longue queue annelée de noir et de blanc. Naseaux noirs, ainsi que le tour des yeux, tandis que l'espace interorbitaire, le dessus des yeux, les oreilles sont d'un beau blanc. Joues grises. Parties supérieures du corps, d'un gris nuancé de brun. Face externe des membres de couleur grise.

Distribution géographique. — Cette jolie espèce, très caractéristique, se trouve localisée dans un vaste territoire. Si elle ne paraît pas dépasser le Mangoky, au Nord, elle vit au delà du Menarandra, au Sud. R. Decary (1) l'a signalée en Androy, le long de toutes les rivières et où il atteint la région de Beloha. H. Perrier de la Bathie (2) a observé des bandes de *Lemur catta*, sur les parties occidentales du massif de l'Andringitra, montant parfois jusqu'aux cimes.

Notes biologiques. — Le *Lemur catta*, habite essentiellement dans les broussailles xérophytes, les rocailles des falaises calcaires, dont il fréquente volontiers les excavations largement ouvertes. Il apparaît ainsi, surtout rupicole et grimpeur, gravis-

---

1. R. Decary, L'Androy. *Essai de monographie régionale*, I. p. 75. Paris, 1930.
2. H. Perrier de la Bâthie, Le Tsaratanana, l'Ankaratra, et l'Andringitra. *Mém. Acad. malgache*, fasc. III, 1929.

sant avec une agilité remarquable les parois abruptes des falaises. Cette espèce se rencontre par bandes de plusieurs individus. Elle a des cris spéciaux et l'appel du mâle en période de rut est très caractéristique.

La nourriture du *Lemur catta* consiste en fruits, en feuilles de plantes grasses (*Aloe*, *Kalanchoe*), jeunes pousses, graines, tubercules. Selon ELLIOT (1) il ferait sa principale nourriture des fruits d'Opuntia. En captivité, on le nourrit de bananes, de mangues. On l'habitue facilement au riz, au sucre, à la confiture, au pain...Les individus que j'ai gardés longtemps captifs, rongeaient avec plaisir les os de poulets. J'ai noté fréquemment chez les mâles un curieux mouvement très spécial, saccadé, répété coup sur coup, par lequel l'animal promène la région carpienne de chacune de ses mains tout le long de sa queue, sur la base de laquelle il est assis et qui se rabat par dessus l'épaule.

R. I. POCOCK (2) a émis l'hypothèse que ce mouvement, noté par lui-même, pouvait avoir pour but de répandre la sécrétion de glandes carpiennes sur les poils de la queue, sécrétion sans doute odorante, qui déclancherait l'irritation des mâles au moment des amours. Seul de tous les représentants du genre *Lemur*, le *L. catta* présente une paire de glandes carpiennes, surtout développées chez les mâles et parfois même absente chez les femelles. Seule encore, cette espèce possède une autre glande sur la face interne du bras, près de l'attache du biceps.

Mensurations. — Crâne (individu adulte) : longueur basale : 81 ; longueur condylo-basale : 85 ; longueur totale : 93. Longueur zygomatique : 53, 5 ; largeur post-orbitaire du frontal : 27,5 ; largeur au niveau des canines : 17 ; moyenne au niveau de la boîte cranienne : 37,5. A noter les grandes dimensions de ce crâne, surtout en ce qui concerne les trois premières mesures, comparées à celles données par W. KAUDERN (3) et ELLIOT (*op. cit.*, p. 159).

<hr>

1. D. G. Elliot, A review of the Primates, vol. I, 1912, p. 160.
2. R. I. Pocock, On the external characters of the Lemurs and of Tarsius. *Proc. Zool. Soc. London*, 1918, p. 19-53.
3. W. Kaudern, Säugetiere aus Madagaskar. *Arkiv för Zoologi*, Bd. 9, n° 18, Stockholm, 1915.

Lemur macaco L.

Deux exemplaires : un ♂, une ♀. Conservés captifs à Nosy-Bé. Expédiés vivants au Muséum où ils ne sont jamais parvenus (1920).

Provenance. — Forêt de Lokobé, île de Nosy-Bé (N.-W. de Madagascar).

Coloration. — On connaît le dimorphisme sexuel remarquable de cette espèce dont le mâle est entièrement noir. La femelle, par contre, est d'un brun ferrugineux sur les parties dorsales, plus foncé sur la ligne médiane. Les parties inférieures sont de couleur gris cendré tirant sur le jaunâtre. Queue blanc jaunâtre. Favoris blancs à extrémité jaunâtre. Pavillon des oreilles orné de touffes blanches. Museau noir.

Répartition géographique. — Spécial au N.-W. : Forêt de Lokobé (Nosy-Bé), Haut Sambirano.

Lepidolemur sp.

Un squelette complet, remis par M. LESCURE, colon à Miary (province de Tuléar). Nous n'avons aucune donnée sur l'animal vivant. Il est probable qu'il doit être rapporté au *Lepidolemur mustelinus* I. Geoffroy.

Mensuration du crâne: longueur condylo-basale : 46 ; longueur basale : 40,5 ; longueur totale (maxima) : 51 ; largeur zygomatique : 33,5 ; largeur maxima de la boîte cranienne 25,5 ; largeur postorbitaire : 18,5 ; largeur interorbitaire : 7,5 ; largeur du maxillaire au niveau de la base des canines : 5.

Microcebus murinus (Miller).

Microcebus minor (Et. Geoffroy) *griseorufus* Kollm. *Mém. Soc. Zool. France*, XXVI, 1913.

Une femelle gravide ; deux mâles, l'un adulte, l'autre jeune.

Trois exemplaires vivants entrés en 1927 à la Ménagerie du Muséum. L'un est mort en captivité. Son squelette est conservé au Laboratiore d'Anatomie comparée, sous le n° 1929-174.

Provenance. — Falaise calcaire de Miary, région de Tuléar (S.-W. de Madagascar).

Autres localités constatées par nous. — Presqu'île de Sarodrano (même région).

Nom sakalave (S.-W.). — *Tily.*

Coloration. — *Femelle gravide* : museau couvert de poils courts, d'un blanc argenté. Entre les yeux, sur la ligne médiane, bande blanche passant progressivement, d'avant en arrière, au beige ou au roux. Autour des yeux, zone de poils roux. A l'analyse, les poils de cette région ont une base d'un blond clair avec une longue zone fumée, jusqu'à la pointe. Bordure des paupières noires et nues, où s'implantent seulement des vibrisses également noires.

Joues blanches, nuancées de jaune.

Oreilles couvertes, sur les deux faces, de poils blancs, courts, surtout abondants sur la partie postérieure du pavillon, lui-même de couleur brune. La base de cette face postérieure est couverte de poils beiges.

Les parties supérieures de la tête et du cou sont d'un gris tirant sur le beige, ce beige passant lui-même au beige plus foncé, puis au roux clair sur le dos. Ces poils, tous longs, sont de deux sortes : poils fins, soyeux, ardoisés sur la plus grande partie de leur étendue et à pointe blonde ; poils plus gros, un peu plus longs que les autres, à base ardoisée, suivie d'une zone plus claire et dont l'extrémité est un long ménisque roux. Parfois il s'éclaircit à la pointe même du poil.

Ventre et parties inférieures blancs. Dessus des avant-bras beige foncé. Dessus des mains blanc argenté. Bras d'un gris nuancé de beige. Face externe des cuisses gris beige, tirant au roux dans la région tibio-tarsienne.

Queue couverte de poils épais assez longs, brillants, d'un beige clair tirant sur le roux surtout dans la partie postérieure. La queue est plus claire que le corps, sa face ventrale étant notamment plus claire que sa face dorsale.

Mâle adulte. — Cercle roux du pourtour des yeux beaucoup plus pâle et moins prononcé au-dessous. Entre les yeux, mélange de poils gris et beige très pâles. Sur le dos, la teinte rousse. beige foncé ou beige, signalée chez la femelle, fait place à un beige très clair ou même grisâtre. La couleur propre du pavillon des oreilles est encore ici beaucoup plus claire que chez la femelle. Il en est de même des poils de la queue. D'une manière générale, la base des poils est moins ardoisée que chez l'exemplaire du sexe femelle et la pointe est blanche ; les poils les plus gros ont, en outre, un disque fumé et une pointe très claire, qui parfois se fonce.

Mâle jeune. — Bande blanche entre les yeux. Dessus de la tête d'un beige foncé tirant sur le roux, qui contraste avec la pâleur des pavillons de l'oreille.

Les parties dorsales sont d'un beige foncé plus uniforme que chez la femelle gravide. La queue est plus claire que le corps ; les parties ventrales sont blanc grisâtre.

TABLEAU I

MORPHOLOGIE EXTERNE. MENSURATIONS.

Exemplaires	Longueur : bout du museau à naissance queue	Longueur queue	Hauteur oreille	Largeur oreille	Longueur main	Doigt le plus long (4e)	Longueur pied	Orteil le plus long (4e)
♀ gravide ...	147	147	21	15.5	18	11	32	12
♂ adulte. ...	137 (env.)	151	22	16.5	20	12	34	13
♂ jeune......	94	110	20	14	17	8	27	10

TABLEAU II

MENSURATIONS CRANIENNES

	Ex. ♂ adulte	No 1929-174
Longueur basale.	26,5	26
Longueur condylo-basale	29.5	29
Longueur **maxima**	33	33
Largeur zygomatique.	20	20
Largeur post-orbitaire des frontaux	13	12
Largeur intra-orbitaire des frontaux.	4	4
Longueur des frontaux.	13.5	13.5
Longueur des os nasaux.	11	10
Largeur des os nasaux.	3	3
Largeur au niveau des canines	6	6
Longueur mandibule.	19.5	19.5
Longueur de la symphyse	4	4

Fœtus. Morphologie externe. — Nous avons rapporté en alcool
une femelle gravide, morte en captivité à Tuléar. Le placenta
contient trois fœtus. En vue de réserver, pour une étude ulté-
rieure de la placentation chez les Microcèbes, un matériel em-
bryologique assez précieux, nous n'avons extrait qu'un fœtus,
dont nous donnons ci-après une description sommaire.

Position. — La tête et le rachis sont ployés, de telle sorte que
le museau est appuyé contre la poitrine, l'extrémité du menton
arrivant au niveau de l'ombilic, tandis que les membres postérieurs, repliés, amènent les pieds en contact avec les narines.
Le museau est placé entre les membres antérieurs ; mais la
paume de la main gauche, tournée vers le dedans, est située au
niveau de l'œil. Le bras droit, moins relevé que le gauche, amène
la face dorsale de la main contre la joue droite.

Les cuisses sont en flexion sur le bassin, les jambes en flexion sur les cuisses, les pieds en flexion sur les jambes. La face plantaire du pied gauche regarde vers le dedans : les doigts sont à demi-fléchis. Le pied droit, dévié vers le dedans, amène la partie postérieure du tarse contre la partie correspondante du tarse du pied gauche. La queue continue la courbe générale du rachis, côtoie la face ventrale du tarse et du pied, puis se coude vers le dedans, en passant un peu au-dessous des yeux et se rabat vers l'arrière.

La bouche laisse sortir la langue, repliée vers la gauche et vers le haut.

Le cordon ombilical pend du côté gauche, dans l'angle de flexion tibio-tarsienne.

L'oreille gauche est étalée et rabattue vers le haut ; l'oreille droite a son pavillon complètement replié sur lui-même. Le côté droit du corps est, d'une manière générale, plus aplati que le gauche.

Coloration. — Joues et côtés de la tête d'un beige tirant au roux autour des yeux. Les poils, sur le dessus de la tête, se mélangent à des poils gris et bruns, qui forment, sur le ventre, une houppe très nette. Sur la ligne médiane du dos, des épaules à la naissance de la queue, rangées de poils bruns entrecoupés de lignes beiges. Ces poils bruns font, en quelque sorte une bande foncée qui se rétrécit progressivement en arrière. Ces poils bruns ont tous une base claire.

Flancs beiges nuancés de roux, comme le dessus des membres. Parties ventrales blanc grisâtre.

La couleur générale de la queue est d'un brun foncé. On y voit un mélange de poils beige-clair et de poils bruns qui prédominent.

L'arrangement des poils sur la ligne médiane dorsale, chez le fœtus, figurant une bande sombre, étroite en arrière, élargie en avant au niveau des épaules, est intéressante à signaler. Cette disposition qui disparaît chez l'adulte, est très voisine de celle qui est le caractère extérieur le plus frappant de l'unique espèce du genre *Phaner* (*Ph. furcifer* Gray), que KOLLMANN, considère d'ailleurs comme synonyme de *Microcebus* : *M. furcifer* (Blainville).

Mensurations du fœtus. — Longueur (suivant la flexion du corps) : 73 ; longueur de la queue : 44 ; hauteur de l'oreille : 8 ; largeur de l'oreille : 6,5 ; pied : 13,5 ; main, 7,5.

La synonymie concernant les *Microcebus* est des plus complexes. Deux auteurs ont tenté d'y introduire quelques clartés : M. KOLLMANN (1910) (1), puis 1913 (2) et D. G. ELLIOT (1912) (3).

Ce dernier auteur maintient seulement deux espèces parmi les Microcèbes de petite taille : *M. murinus* (Miller) et *M. myoxinus* Peters. Mais il reconnait lui-même que ces deux espèces sont extrêmement voisines, qu'il est difficile de les distinguer et qu'on sera amené peut-être à considérer *M. myoxinus* comme une race de l'espèce la plus anciennement connue (*murinus*). M. KOLLMANN se livre à une étude critique de l'espèce *M. minor* (E. Geoffroy) (= *murinus*) basée sur une analyse très poussée des caractères extérieurs et des caractères crâniens. Ainsi il a été conduit à constater que l'espèce en question est très variable et à subdiviser *M. minor* en sous-espèces dans la synonymie desquelles prennent place des formes considérées par les auteurs antérieurs comme des espèces distinctes. Il est très probable que M. KOLLMANN est dans le vrai, dans l'ensemble. Il ne s'agit pas ici, à propos d'une espèce rapportée par nous, de reprendre sa laborieuse étude. Cependant, il semble bien que sa sous-espèce *griseorufus* ne puisse être maintenue, en d'autres termes que la variation de coloration constatée entre *M. minor minor* (E. Geoffroy) et *M. minor griseorufus* Kollmann puisse être systématisée. En effet, les trois *Microcebus* rapportés par nous en alcool

1. M. Kollmann, Note sur les genres *Chirogale* et *Microcebus*. *Bull. Muséum*, n° 6, 1910, p. 301-304.
2. M. Kollmann, Études sur les Lémuriens II. Recherches systématiques sur quelques espèces appartenant aux genres *Chirogale* et *Microcebus*. *Mém. Soc. Zool. France*, t. XXVI, 1913.
3. D.-G. Elliot, A Review of the Primates, vol. I. Lemuroidea, Anthropoidea. *Amer. Mus. of Nat. Hist.*, 1912.
4. M. Kollmann replace dans le genre *Microcebus*, le *M. Samati* (A. Grandidier), Elliot range cette espèce dans le genre *Altililemur*, sous le nom d'*A. medius* (Et. Geoffroy).

avaient été capturés dans le même gite et faisaient vraisemblablement partie de la même famille. Or, chez le mâle adulte, le
gris l'emporte sur le roussâtre ; chez notre jeune mâle, le roux
domine, ce qui tendrait à le rapprocher du *M. minor myoxinus*,
tel que le comprend KOLLMANN. Par contre, notre femelle gravide, toujours du point de vue de la coloration, paraît être intermédiaire, à son tour, entre les deux spécimens précédents. La
coloration semble bien devoir être propre à l'individu et sous la
dépendance du sexe et de l'âge.

Reste la question de l'appellation spécifique.

La dénomination de *minor* a été donnée pour la première fois
par E. GEOFFROY SAINT-HILAIRE (1) pour désigner l'un des trois
petits Lémuriens dont les dessins originaux avaient été trouvés
par lui dans les manuscrits de COMMERSON, Lémuriens qu'il
considère comme des « Cheirogale ».

L'animal ainsi représenté a les oreilles très petites, caractère
qu'ET. GEOFFROY rappelle dans son texte : les Lémuriens dont il
s'agit ont, écrit-il, « les oreilles courtes et ovales ».

Or, il paraît très douteux que l'animal d'ET. GEOFFROY soit le
même que celui auquel MIVART et GRAY ont donné le nom de
M. minor et dont KOLLMANN fait la sous-espèce *minor minor*. En
effet, le *M. minor* MIVART, figuré par FORSYTH MAJOR (2) offre
de grandes oreilles arrondies. D'autre part, dans ses tableaux
comparatifs KOLLMANN indique que sa sous-espèce *minor* minor
a des oreilles seulement un peu plus courtes et aussi larges que la
sous-espèce *griseorufus* (1 mm. de moins en hauteur). Il ne
paraît pas possible de prendre pour type d'une espèce à oreilles
grandes un animal porteur d'oreilles courtes. Dans le cas particulier, si on conserve la dénomination *minor*, c'est le *minor*
de MIVART qui doit prévaloir sur le *minor* d'ETIENNE GEOFFROY.

KOLLMANN a écarté la dénomination *murinus* maintenue par
ELLIOT pour une espèce identique à celle qui nous intéresse,

1. Et. Geoffroy Saint-Hilaire, Note sur trois dessins de Commerçon
représentant des Quadrumanes d'un genre inconnu. *Ann. Mus. Hist.
Nat.* Paris, t. XIX, 1812, p. 171, pl. 10.
2. Forsyth Major, *Novitates Zoologiae*, vol. I, 1894, pl. I, fig. 2.

dénomination due à J. F. MILLER (1777) en raison de l'incertitude qui régnerait concernant l'animal auquel elle s'applique, incertitude déjà indiquée par F. MAJOR (*loc. cit.*, 1894).

Il nous a été impossible de consulter le travail de MILLER et la planche où il a représenté son *Lemur murinus*. Mais SHAW, qui a écrit le texte des *Cimelia physica* de MILLER, qui sont une deuxième édition des *Various subjects of Natural History* du même auteur, doit savoir à quoi s'en tenir sur la valeur attribuée à la représentation de *Lemur murinus*. Et SHAW lui-même dans son *General Zoology* (1) donne une nouvelle figure du *Lemur murinus*, dans laquelle on peut fort bien reconnaître notre espèce. C'est pour cela que nous avons cru devoir rétablir *murinus* (Miller) contre *minor* (Et. Geoffroy), appellation proposée par KOLLMANN.

Notons, enfin, que malgré l'excellent travail de déblaiement de ce dernier auteur, la systématique des *Microcebus* de petite taille reste très complexe. Seule une étude biométrique opérant sur un matériel important permettrait de se prononcer en ce qui concerne les vues nouvelles auxquelles KOLLMANN avait abouti (2).

CHIROPTERA (3).

Pteropus rufus rufus Et. Geoffroy.

Plusieurs exemplaires : Nosy-Bé ; bords de l'Onilahy (province de Tuléar). Aucune de nos observations sur cet animal, très commun, qui n'aient été faites (4).

---

1. G. Shaw, *General Zoology*, vol. I, part. I. *Mammalia*, 1800, p. 106-107, pl. 37.

2. Ce travail était en mise en pages lorsqu'a paru une très importante étude de E. SCHWARZ : A Revision of the Genera and Species of Madagascar Lemuridae. *Proc. Zool. Soc. London*, Part. II, 1931, p. 399-428. — Nous la signalons, sans pouvoir en tenir compte, dans la discussion ci-dessus. SCHWARZ considère du reste, comme nous, la sous-espèce (*griseorufus*) de KOLLMANN comme synonyme de *M. murinus*.

3. Les quelques espèces de *Microchiroptera* rapportées par nous ont été confiées pour détermination à M. G. GRANDIDIER.

4. Voir KNUD ANDERSEN, *Catalogue of the Chiroptera*. London, 1912, p. 202-207 ; W. Kaudern, *op. cit.*, p. 75 (notes biologiques).

INSECTIVORA.

A. — *Centetinae*

Centetes ecaudatus Schreber.

1 femelle : Nosy-Bé. — Un crâne acquis alors qu'il servait d'ornement au collier d'un sorcier.

Mensurations du crâne (en millimètres). — Longueur basale : 100 ; longueur condylo-basale : 101,5 ; longueur totale (du sommet de l'extrémité postérieure de la crête sagittale : 107 ; largeur au niveau processus zygomatique du maxillaire : 40,5 ; largeur au niveau du processus zygomatique du squamosal : 43,5 ; largeur au niveau des canines : 15,5 ; hauteur des canines supérieures : 14 ; longueur nasaux : 38,5 ; largeur des nasaux : 6,5 ; longueur de la table dentaire supérieure : 14.

Ericulus (Echinops) telfairi telfairi Martin.
Ericulus (Echinops) telfairi pallescens Oltield Thomas.
Ericulus (Echinops) telfairi nigrescens Subsp. nov.

Vingt-cinq exemplaires recueillis sur la côte sud-occidentale, de Morombé, au Nord, à Androka, au sud.

Remarques. — Le genre *Ericulus* est dû à E. GEOFFROY SAINT-HILAIRE (1837). En 1838, MARTIN (1) décrivit une espèce très voisine d'*Ericulus setosus*, dont il fit cependant le type d'un genre nouveau, le genre *Echinops*, et qu'il nomma *Ech. telfairi*. La validité du genre *Echinops* fut et reste discutée. Malgré l'excellent travail de THOMAS (1892) (2) qui semble devoir légitimer le genre, l'anatomiste allemand LECHE, considère le genre *Echinops*, comme synonyme d'*Ericulus*. Malgré le travail de M. KOLLMANN (1913) (3), où l'on trouve une analyse très poussée des caractères morphologiques pouvant justifier les deux genres, P. MA-

1. W. Martin, On a new genus of Insectivorous Mammalia. *Proc. Zool. Soc.* London, Part. VI, 1838, p. 17.
2. Olf. Thomas, On the Insectivorous genus *Echinops* Martin, with Note on the Dentition of the allied genera. *Proc. Zool. Soc.* London. 1892, p. 500.
3. M. Kollmann, Remarques sur les genres *Ericulus* Geoffroy et *Echinops* Martin. *Bull. Soc. Zool. France*, mars 1913, p. 86-92 et 98-102.

THIAS et RODE, tout récemment (1930) (1), considèrent également ment *Echinops* comme synonyme d'*Ericulus*. Une étude attentive de la morphologie externe et des caractères craniens, qui doit nécessairement suivre pas à pas le travail précité de KOLLMANN ne nous permet pas de nous prononcer en faveur de cette assimilation.

Il convient de résumer, d'un point de vue tout d'abord analytique, les caractères essentiels des deux genres.

Crâne. — Dimensions constamment plus grandes chez *Ericulus*. Le plus long des crânes d'*Echinops* faisant partie de la série que j'ai pu examiner mesurait 38 mm. 5 (longueur condylobasale = longueur maxima, étant donnée la projection en arrière des condyles). La longueur totale du crâne chez *Ericulus* peut atteindre 55 mm. (KOLLMANN).

Les os nasaux proportionnellement plus courts et beaucoup plus longs chez *Echinops*. Sur la base du crâne, une fosse se trouve entre le basi- et le présphénoïde chez *Ericulus*. MIVART écrit, à tort, qu'on ne la rencontre pas chez *Echinops*. Elle y existe en effet, peut-être moins profonde et moins accusée que chez *Ericulus*, où elle est, à son tour, beaucoup moins marquée que chez *Centetes*.

Apophyse mastoïde rabattue vers le bas chez *Echinops*, beaucoup plus horizontale chez *Ericulus*. Processus para-occipital orienté vers l'arrière, légèrement vers le bas, dans le premier genre et toujours en direction beaucoup moins latérale que chez *Ericulus*.

L'intervalle entre la dernière molaire et la limite postérieure du palais est nettement plus grand chez *Ericulus* que chez *Echinops*.

Le foramen magnum forme, chez *Echinops*, une indentation étroite, ovalaire sur la ligne médiane de son bord antérieur, lequel est largement arrondi chez *Ericulus*.

L'apophyse zygomatique du maxillaire se dirige plus nettement vers le dehors chez *Echinops*, plutôt en arrière chez *Ericulus*.

---

1. P. Mathias et P. Rode, Contribution à l'étude des Insectivores. 1º Les Insectivores à piquants. *Bull. Soc. Zool. France*, t. LV., nº 5, p. 429-437.

Denture. — Formule dentaire :

$$\text{Echinops} : \text{I } \frac{2}{2} \quad \text{C } \frac{1}{1} \quad \text{PM } \frac{3}{3} \quad \text{M } \frac{2}{2}$$

$$\text{Ericulus} : \text{I } \frac{2}{2} \quad \text{C } \frac{1}{1} \quad \text{PM } \frac{3}{3} \quad \text{M } \frac{3}{3}$$

I_1 : cuspide postéro-basale peut-être mieux détachée chez *Echinops* que chez *Ericulus*, son sommet se plaçant sensiblement plus haut. Chez ce premier genre I_1 est proportionnellement plus grande que chez *Ericulus*.

I_2 : nettement plus courte chez *Echinops*, où elle atteint à peine le sommet de la cuspide basale de I_1.

C : cuspide basale un peu mieux indiquée chez *Echinops*.

Le diasthème entre C et PM_1 beaucoup plus large chez *Ericulus* que dans l'autre genre.

PM_1 : talon interne mieux marqué chez *Echinops*.

M_2 : comprimée et réduite chez *Echinops*.

D'une manière générale le genre *Echinops* marque une tendance au raccourcissement des maxillaires.

A la mâchoire inférieure, les deux incivises sont un peu plus obliquement implantées chez *Echinops*.

C : cuspide postéro-basale obsolète chez *Ericulus*, mieux marquée chez *Echinops*. C'est l'inverse qui a lieu pour la cuspide antérieure. Quoi qu'il en soit, la canine inférieure d'*Ericulus* est plus différenciée que celle d'*Echinops*, par sa forme et sa taille.

Chez *Echinops*, PM_1, couchée contre la canine, dont, au contraire, elle est isolée par un diasthème net chez *Ericulus*.

D'une manière générale, le talonide des PM 2 et PM 3 et des molaires est proportionnellement plus large chez *Echinops* que chez *Ericulus*.

Piquants. — KOLLMANN a signalé le premier un caractère différentiel entre *Ericulus* et *Echinops*, tiré de l'ornementation des piquants. CABRERA (1) a mentionné lui-même la disposition sur laquelle KOLLMANN a insisté.

1. A. Cabrera, Genera Mammalium : *Insectivora, Galeopithecia*. Madrid, 1925.

On peut ne pas lui accorder l'importance d'un caractère générique, on peut trouver plus ou moins grande la netteté de ce
caractère représenté comme constant. Mais cette différence, du
point de vue de l'ornementation, entre un piquant d'*Echinops*
et un piquant d'*Ericulus* n'est pas niable. Nous avons personnellement soumis ce caractère à une investigation soigneuse et souvent renouvelée. Il nous est possible, à ce sujet, de préciser les
indications de KOLLMANN. La surface d'un piquant d'*Echinops*
offre un réseau d'alvéoles nettement concaves et de forme irrégulièrement hexagonale dont le contour est à peine saillant. En
coupe sagittale ou seulement en mettant au point sur la périphérie on voit avec netteté une série de concavités bien marquées
(alvéoles) apparaissant comme de petits cratères à bordure
mince et peu flexueuse. Chez *Ericulus*, au contraire, la netteté
du réseau alvéolaire est complètement masquée par l'élévation
et l'empiètement de la bordure. Les alvéoles perdent leur irrégularité plus ou moins hexagonale pour présenter des angles
arrondis et sont moins concaves. Sur les spécimens d'*Ericulus*
examinés par nous, ce n'est pas seulement, comme le dit KOLL-
MANN, les « nœuds du réseau » ou les points où trois des alvéoles
viennent en contact, qui s'épaississent, mais le rebord tout
entier de ces alvéoles.

Un piquant d'*Ericulus*, examiné dans les mêmes conditions
qu'un piquant d'*Echinops*, montre donc toute une série de petites
éminences continues dans le sens longitudinal et qui s'étagent
dans le sens transversal. Le réseau hexagonal au niveau de l'endroit choisi pour l'examen, n'est pas visible.

Ainsi donc, s'il apparaît qu'*Ericulus* et *Echinops* soient des
genres extrêmement voisins, il ne nous a pas semblé cependant
possible d'admettre que le second soit synonyme du premier.
Nous proposons, par contre, de considérer *Echinops* comme un
sous-genre d'*Ericulus*. Du point de vue de la denture, le pre-
genre offre une différenciation plus accusée que le second, comme
en témoigne la perte de M_3, qui, chez *Ericulus*, pousse, du reste,
tardivement, la réduction de M_2, le plus fort développement de
I_1. Corrélativement maxillaire et mandibule sont raccourcis.

L'étude de la sous-famille des *Centetinae* et même des *Cente-tidae* malgaches, en général, doit trouver dans la recherche de la différenciation de la denture une manière de fil conducteur. Il est surprenant que LECHE, qui a si remarquablement déblayé cette question, n'ait pas cru nécessaire de marquer l'écart, inté-ressant à saisir, qui existe, à ce point de vue, entre *Echinops* et *Ericulus*, en créant, au moins, une coupure sous-générique.

La taille toujours plus petite chez les *Echinops*, les caractères du crâne, ceux, bien qu'assez difficiles à apprécier, tirés de l'ornemen-tation des piquants, sont encore des caractères qui renforcent ceux tirés de la denture, en faveur d'une distinction entre les deux formes, indiquent une différenciation certainement plus profonde qu'une différenciation spécifique et qui a sans aucun doute sa valeur dans la phylogénie des *Centetidae*. Du point de vue de la coloration, les *Ericulus* offrent des caractères tout à fait super-posables à ceux que nous allons analyser ci-dessous chez *Echi-nops*. L'un et l'autre genre, anatomiquement différenciés, pré-sentent des séries homologues de vari tions tout à fait re : ar-quables. Mais leur répartition biogéographique réciproque est bien différente. Sur toute la côte sud-occidentale de Madagascar au climat chaud et sec, de Morombé au N., au Menarandra, au sud, nous n'avons capturé que des *Echinops*. Ils vivent dans la région immédiatement littorale, parfois isolés sur des ilots madréporiques plus ou moins proches de la côte (Nosy-Bé, par exemple), dans la zone des dunes récentes ou fixées sur lesquelles croit une végétation épineuse.

Les *Ericulus* sont surtout abondants dans la région orientale au climat chaud et humide et fréquentent même la grande forêt.

En ce qui concerne les espèces et les sous-espèces, l'étude atten-tive des exemplaires rapportés par nous, permet de considérer qu'*Ericulus* (*Echinops*) *telfairi telfairi* présente, du point de vue de la coloration, des variations qui acheminent l'espèce d'une part vers une sous-espèce de coloration franchement sombre et même noire, d'autre part vers une sous-espèce de coloration

franchement claire. Nous avons désigné la seconde sous le nom
de *pallescens*, dû à THOMAS et la seconde sous le nom de *nigres-*
cens, ce qui constitue une sous-espèce nouvelle.

Voici sommairement les caractéristiques externes des formes
en question.

Ericulus (Echinops) telfairi telfairi : parties médianes dorsales, et notamment région postérieure, plus foncées que le reste
du corps. Dans ces régions, piquants à pointe noire, suivie d'une
zone fumée foncée et base des piquants châtain. Parfois la teinte
noire s'étend sur le quart de la longueur du piquant, dont la
base reste châtain. Sur les côtés, dans la région antérieure, la
pointe perd sa teinte noire pour devenir brune. Le disque fumé
s'éclaircit et tout le reste du piquant acquiert la couleur châtain plus ou moins clair ou une couleur d'un brun uniforme.
Parfois, quelques piquants très épars à pointe blanche.

Ericulus (Echinops) telfairi pallescens Thomas : cette sous-
espèce comprend des individus à piquants, dont la pointe est
très blanche et qui sont blancs sur un assez grand espace. Sur la
partie médiane dorsale cependant se voit un disque brun plus
long que la partie blanche. La base du piquant est châtain. Sur
les côtés du corps, le disque brun s'éclaircit et finit par se fondre
avec la couleur châtain clair de la base du piquant.

Ericulus (Echinops) telfairi nigrescens subsp. nov. : partie médiane dorsale et postérieure avec piquants noirs sur la moitié
de leur longueur, le reste étant fumé ou châtain. Sur les côtés,
la partie noire est plus restreinte, et tout le reste du piquant est
fumé. Chez certains spécimens la pointe peut devenir châtain,
mais une large zone fumé-foncé lui fait suite et la base est d'un
châtain plus foncé que la pointe.

B. — *Oryzoryctinae.*

Microgale principula O. Thomas.

Un exemplaire ♂.

Localité précise inconnue. Forêt du versant oriental.

Coloration. — Parties supérieures d'une fauve tirant sur le roux. Poils épais et soyeux, à base gris ardoisé, à pointe fauve. Parties ventrales beige, lavé de fauve à la limite des flancs et du ventre. Face externe des cuisses plus foncées que la face externe des bras. Sur les côtés du museau, vibrisses très longues, implantées sur les côtés du museau et de direction horizontale, ou sur le dessus du museau, et de direction presque verticale. Rabattues en arrière, ces vibrisses dépassent la limite de la base du crâne. Un petit groupe de vibrisses insérées immédiatement en dedans de l'œil. Queue très longue, annelée, couverte de poils raides, inclinés vers l'arrière, à base plus foncée que la pointe. Sur la face ventrale de la queue, à environ 25 mm. en avant de la terminaison, les poils se raréfient pour finir par disparaître complètement.

Longueur du corps : 75,5 ; longueur de la queue : 157 ; longueur du pied 20.

Crâne : longueur basale, 23,5 ; longueur condylo-basale, 25 ; longueur maxima, 25,5 ; largeur au niveau du processus zygomatique du maxillaire, 9,5 ; largeur maxima (cavité cranienne), 10 (= largeur niveau processus zygomatique du squamosal).

Longueur maxillaire inférieur : 17 ; longueur symphyse : 5 ; hauteur du condyle à l'angulaire : 4,5.

Remarques. — En 1882, Olf. Thomas a décrit sous le nom de *Microgale longicaudata* (type du genre) (1), un petit insectivore découvert dans la forêt d'Ankafina (N.-E. du Betsileo). Beaucoup plus tard (1926), le même auteur (2) a créé deux nouvelles espèces du même genre.

L'une, *principula*, vient de Midongy-du-Sud, l'autre *sorella* de la forêt de Beforona. Ces trois espèces à très longue queue (*longicaudata, principula, sorella*) sont extrêmement voisines, morphologiquement, les unes des autres, comme le dit lui-même Olf. Thomas. *Sorella* se justifie comme espèce spéciale, auprès de *principula*, moins par un crâne légèrement plus étroit,

1. Olf. Thomas, *The Journal of the Linnean So*., Zool., vol. XVI, 1883, p. 320.
2. Olf. Thomas, *Ann. a. Mag. Nat. Hist.*, vol. XVII, s. 9, 1926, p. 250-252.

que par sa localité. Son habitat se situe, en effet, beaucoup plus
au Nord. Beforona est, à plus de 500 kilom., à vol d'oiseau, de
Midongy-du-Sud, localité de *principula*.

La localité d'origine du type (*longicaudata*) est intermédiaire
aux deux autres, mais beaucoup plus près de Midongy. Cette
espèce a la queue proportionnellement un peu plus longue que
celle des deux espèces précédentes et des caractères craniens très
voisins. La coloration elle-même ne paraît pas offrir des caractères très tranchés entre les trois formes.

Notre espèce, dont la localité précise n'est malheureusement
pas connue, mais qui vit dans la forêt orientale et par conséquent fait partie de la même région biogéographique, se rapproche
davantage de *principula* que de *sorella* et nous l'identifions
comme telle.

Pour savoir à quoi s'en tenir avec précision sur la valeur taxo-
nomique des formes décrites par THOMAS, il y aurait lieu de se
livrer à une révision complète du genre *Microgale*, ce qui dépasserait le but de ce travail.

** **

OLFIELD THOMAS, au sujet de *M. longicaudata, sorella* et *principula*, parle de la partie préhensile de leur queue. Ce serait là une
disposition bien intéressante et qui demanderait à être contrôlée par des observations directes, qui ne sauraient avoir lieu
qu'à la faveur de circonstances exceptionnelles.

Si c'est seulement la présence d'une région glabre sur la face
ventrale de la queue de ces *Microgale*, région située, chez notre
exemplaire, à environ 25 mm. avant l'extrémité distale, qui a
suggéré au savant mammalogiste l'hypothèse de la préhensibi-
lité de la queue de ces Centetidés, cela est-il bien suffisant ?
On peut aussi supposer, avec quelque vraisemblance, qu'un
animal pourvu d'un appendice caudal, qui excède souvent le
double de la longueur du corps, ne traîne pas cette queue, sur le
sol, sur toute sa longueur, mais qu'il la cambre, au contraire,
dans son tiers antérieur. La partie glabre de la queue de ces

Microgales correspondrait donc à la partie de cet organe qui reste en contact avec le sol lorsque l'animal se déplace.

Oryzoryctes talpoides G. Grand. et G. Petit (1).

Un exemplaire, remis par H. Perrier de la Bâthie.

Provenance : rizières de Marovoay (province de Majunga, 1926).

Parties supérieures gris brun brillant, rappelant, en plus foncé, la couleur « taupe ». Flancs plus clairs.

Parties ventrales gris beige, la teinte beige s'accentuant dans la partie postérieure du corps. Partie antérieure du cou et dessous de la mandibule de couleur grise. Face externe des membres antérieurs d'un brun nuancé de gris. Mains et pieds avec poils peu nombreux, châtain, devenant plus clairs sur les doigts.

Queue courte, cylindrique, annelée, obtuse à son extrémité distale, de teinte gris foncé, parsemée de poils courts, presque invisibles à l'œil nu. A sa base, fourreau de poils assez longs, de la couleur de ceux des parties dorsales.

Museau entièrement nu sur ses parties dorsales, les poils du dessus de la tête s'arrêtant en une bordure légèrement convexe en arrière, à environ 12 mm. 5 de son extrémité. Ses parties latérales sont couvertes de poils châtain clair, diminuant de longueur d'arrière en avant et s'arrêtant un peu en arrière de l'ouverture des cavités nasales.

Yeux très petits, avec paupières en forme de bourrelet relativement épais, de couleur blanche. Pavillon des oreilles très peu élevé, de teinte jaunâtre, d'apparence glabre, en réalité parsemé de poils clairs sur ses deux faces.

Membre antérieur du type fouisseur. Bras complètement inclus dans les téguments. Main assez large, plus large que le pied et pentadactyle. Le pollex, nettement présent, est petit. Griffes de couleur ambrée, à pointe usée, ce qui les fait paraître moins

1. G. Grandidier et G. Petit, Description d'une espèce nouvelle d'Insectivore malgache avec remarques critiques sur le genre *Oryzoryctes Bull. Muséum*, nº 5, 1930, p. 498-505.

arquées que celles des *O. tetradactylus*, par exemple. Elles sont en tout cas plus robustes et plus massives que les griffes d'*O. tetradactylus* et d'*O. hova*. Le doigt trois est le plus long.

Doigts du pied plus courts que ceux de la main. Le troisième est à peine plus long que le doigt 2 et un peu plus long que le doigt 4. Il est plus court que le troisième doigt antérieur.

Le crâne est allongé, mais plus large, dans l'ensemble, que chez l'*O. tetradactylus*, notamment, en avant, au niveau de la base de la canine où le maxillaire forme une saillie très nette, au niveau des os nasaux, enfin dans la partie postérieure de la boîte cranienne. A l'élargissement de ces nasaux correspond un aplatissement de la région qui est, au contraire, légèrement bombée chez *O.* (= *Nesoryctes* Olf. Thomas) *tetradactylus*. Bordure alvéolaire du maxillaire, le crâne étant vu en *norma verticalis*, très accentuée. Processus zygomatique du maxillaire, en forme de lame mince et tranchante, tout à la fois incurvée vers le dehors et relevée vers le haut.

Frontaux latéralement bombés, sur presque toute leur longueur, d'avant en arrière. Très larges trous pariétaux, arrondis, symétriques, à la limite des pariétaux et du squamosal, comme chez la plupart des Oryzorictinés.

Crête sagittale absente. Crête transversale peu saillante, sans indentation médiane, plus marquée latéralement que médialement. Supra-occipital présentant une obliquité dorso-ventrale et antéro-postérieure plus accentuée que chez *O. tetradactylus*. Foramen magnum assez grand, vaguement en forme de trèfle de carte à jouer, par la présence d'une indentation saillante, située un peu au-dessus du grand axe transversal du trou occipital. Outre sa forme très particulière, il est plus élevé et moins large que chez *O. tetradactylus*.

Foramen anté-condylien s'ouvrant sous le rebord antérieur de la partie ventrale des condyles, comme chez les Oryzorictinés, en général.

A la mâchoire supérieure, d'une manière générale, les dents sont séparées les unes des autres, plus nettement que chez l'*O.*

tetradactylus. Cet isolement se manifeste de I_1 jusqu'à M_1, dont le métacône est très rapproché du protocône de M_2.

Canine offrant sur sa face linguale une cannelure très nette, qui s'arrête un peu en avant de la base de la dent.

A la mâchoire inférieure, même caractère touchant l'écartement des dents. Prémolaires et molaires sont nettement séparées les unes des autres chez *O. talpoides.*

Mensurations (en millimètres). — A. *Caractères extérieurs* :

Longueur (du bout du museau à la base de la queue) : 105 (environ).

Longueur de la queue........................ 45

Longueur de la main 16,5

Longueur du premier doigt de la main........ 3,5

Longueur du doigt le plus long (troisième) 10,5

Longueur de la griffe du doigt 2.............. 5,5

Longueur de la griffe du doigt 3.............. 6

Longueur de la griffe du doigt 4.............. 5

Longueur du pied 19,5

Longueur du doigt le plus long (troisième)..... 6,5

Longueur de la griffe du doigt 3.............. 4

B. *Crâne* :

Longueur basale............................ 28,5

Longueur condylo-basale 31

Longueur maxima........................... 31

Longueur au niveau des processus zygomatiques du maxilaire................................ 12

Longueur du milieu de la boîte cranienne (partie postérieure du squamosal)................. 14

Largeur des frontaux....................... 7

Largeur des os nasaux 2,5

Largeur du maxillaire au niveau de la base de la canine (bord externe)................. 5

C. *Mandibule* :

Hauteur condylo-angulaire 4,5

Longueur totale 22

Longueur de la symphyse 7

N.-B. — Pour les remarques concernant le genre *Oryzoryctes*, voir G. Grandidier et G. Petit, *loc. cit*, p. 501-504.

Limnogale mergulus F. Major.

Deux exemplaires.

Provenance. — Rivière Vohitra, près Rogez (versant oriental de la Grande Ile).

Le genre *Limnogale* a été créé en 1896 par Forsyth Major (1) pour un Insectivore de Madagascar adapté à la vie aquatique, le nom du genre et de l'espèce rappelant heureusement les conditions de vie de l'animal.

Depuis lors, rien n'a été publié à notre connaissance concernant le Limnogale, en dehors des observations de Leche (2) sur sa dentition. Il n'est donc pas inutile, semble-t-il, d'étendre et de compléter ici la description de Forsyth Major.

Coloration. — Les deux individus que nous avons rapportés de Madagascar, conservés en alcool, ont le dessus du corps d'une couleur sombre, avec mélange de poils noirs et de poils roux.

A l'analyse, le pelage de notre animal est formé d'un duvet très fin et frisé, d'une belle couleur grise, d'où émergent des poils gros et beaucoup plus longs, mesurant, sur le dos, de 6 à 9 mm. de longueur. Leur base reste d'un gris ardoise. Ces poils se renflent dans le voisinage de la pointe, en un fuseau élargi, de teinte fauve, auquel fait suite une pointe très fine, de couleur claire,

---

1. Forsyth Major, Diagnoses of new Mammals from Madagascar. *Ann. a. Mag. Nat. Hist.*, XVIII, 1896, p. 318.
2. W. Leche, Zur Entwicklungsgeschichte des Zahnsystems der Säugetiere. T. 2. Phylogenie. Heft 2 : Die Familien der Centetidae, Solenodontidae und Chrysochloridae. *Zoologica*. Stuttgart, 1907.

parfois noire. Mais le plus souvent la tache noire de la pointe est très réduite.

A la limite des régions dorsale et ventrale, la base des pointes a tendance à devenir plus foncée, tandis que l'anneau fauve fait place à une couleur générale d'un beige clair, qui est aussi la couleur des longs poils qui se trouvent à la naissance de la queue (15 à 17 mm.). Ces derniers ont également un fuseau, mai moins renflé et plus étendu en longueur que les poils du dos.

Couleur générale des parties ventrales beaucoup plus claire, mélange d'un duvet gris ardoise et de poils beige clair. Dos des pattes antérieures (doigts) d'un gris brillant. Ces pattes sont bordées d'une frange de poils blanc argenté, surtout nette du côté externe. Cette frange existe, plus courte, en bordure des pieds.

Tête. — Museau très large. Les vibrisses qui s'implantent sur le dessus des lèvres sont blanches. Celles qui s'implantent sur le dessus du museau sont brunes sur plus de la moitié de leur longueur. Deux vibrisses blanches entre les oreilles et les moustaches, mais très près de ces dernières.

Oreilles très courtes. Hauteur du pavillon : 5,5. Face externe des pavillons couverte de poils bruns qui dépassent la bordure supérieure. La face interne, chez nos exemplaires, est presque entièrement gl bre. La partie interne du pavillon, plus étroite, paraît pouvoir se rabattre contre la partie externe et au point où le repli se f rme, la bordure supérieure du pavillon est indentée. Nous n'avons pas vu, en arrière des oreilles, la petite touffe de poils gris f ncé signalée par FORSYTH MAJOR.

Yeux très petits, dont la paupière supérieure est bordée de longs poils fauve à base grêle, de couleur grise. Aux pattes antérieures et postérieures, les doigts sont unis par une palmature, qui se fixe à la base des pelotes surmontées par les griffes.

Queue longue, puissante. Chez notre plus petit exemplaire la face supérieure de la queue est arrondie, tandis qu'elle est aplatie chez notre exemplaire plus grand. La face ventrale elle-même, chez nos deux spécimens est plate, comme le sont les faces latérales. Vers la moitié postérieure de la queue, cette compression s'accentue et l'organe se termine en palette, très comprimée latéralement, palette dont l'extrémité se termine en pointe mousse. Cette disposition très remarquable est en relation avec l'adaptation à la vie dans les eaux.

La face dorsale et les côtés de la queue sont couverts de poils courts, raides, gros, avec renflement très marqué, ce qui leur donne un aspect clavelé. Ces poils s'allongent dans la partie comprimée de la queue.

La face ventrale n'est pas plane. Elle présente l'indication d'une gouttière médiane, allant de la racine de la queue jusqu'au niveau de la région comprimée. De longs poils gris beige, très fournis, s'insérant de part et d'autre de la ligne médiane de cet organe, font paraître cette gouttière plus accusée qu'elle ne l'est en réalité.

Les lèvres sont très épaisses. Les orifices nasaux s'ouvrent latéralement. Ils sont protégés par une narine nue, dont le bord externe est légèrement indenté en son milieu. A cette indentation correspond l'ouverture des cavités nasales.

Crâne. — Court, robuste, dilaté dans la région cérébrale. Vu en *norma lateralis*, par sa ligne supérieure aplatie, il se rapproche du crâne des *Centetinae*. Nasaux intimement soudés. Amorce fugace d'une crête pariétale par la présence surtout en avant, d'un épaississement, en relief, de la suture sagittale. Crête latérale mieux marquée, échancrée en son milieu. Trous pariétaux présents, assez latéraux. Chez notre exemplaire, l'os interpariétal, très petit selon FORSYTH MAJOR, n'est pas visible.

Foramen magnum très grand, sans échancrure dorsale bien marquée, avec une échancrure antéro-ventrale plus étroite, mais plus nette.

Basi-occipital large, avec foramen antécondylien.

Région tympanique très particulière, plus proche toutefois, dans l'ensemble, de celle des *Centetinae* que de celle des *Oryzoryctinae*. Pétreux peu saillant. Basi-sphénoïde court, rabattu vers le dehors, séparé, en arrière, du pétreux par une échancrure profonde, demi-circulaire. Processus post-glénoïdien peu élevé, rabattu vers l'avant. Crête inférieure du squamosal courte, peu marquée. Apophyse mastoïde beaucoup moins accusée que chez les *Centetinae*, à face externe concave. Processus para-occipital assez comprimé latéralement, à sommet arrondi, à face interne excavée. Pas de fosse sphénoïdale en avant du basi-sphénoïde, à l'encontre des *Ericulus* et des *Centetes*. Foramen ovale proportionnellement moins gros que chez les *Oryzoryctinae*, en général.

Processus zygomatique du squamosal très court ; processus du maxillaire supérieur bien marqué, élargi en forme de palette.

Trou sous-orbitaire limité par un axe osseux grêle. Apophyse coronoïde de la mâchoire inférieure à sommet nettement obtus, offrant une petite surface supérieure aplatie. Condyle étroit, allongé transversalement en forme de fuseau, à grand axe incliné du côté interne.

Formule dentaire :

$$ I \frac{3}{3} \quad C \frac{1}{1} \quad PM \frac{3}{3} \quad M \frac{3}{3} $$

Mâchoire supérieure. — Première paire d'incisives, caniniformes, divergeant vers le bas, laissant ainsi, entre elles, la place de la première paire d'incisives inférieures. Un espace court, entre la première paire d'incisives supérieures et la 2e paire laisse la place à la deuxième paire inférieure. Il résulte de la disposition de la première paire d'I. supérieures, que leur cuspide basale est plus interne que postérieure. La troisième paire d'incisives est de beaucoup la plus courte. Un court espace sépare cette incisive de la canine, sans trace de cuspide basale antérieure chez nos exemplaires. Un paracône s'esquisse dans Pm 1. L'hypocône se manifeste à partir de Pm 2. M 3, très étroite, présente du côté labial une cuspide unique (paracône).

Mandibule. — I_2 très forte avec une cuspide basale bien développée. A la Pm_3 s'indique un protoconide (côté lingual), dominé par un métaconide (côté labial). Paraconide et hypoconide bien marqués. Ce dernier se relève en une cuspide aiguë et bien détachée sur M_3.

Clavicules fixées à un épisternum cartilagineux dont les deux pièces chevauchent beaucoup moins que chez certains *Centetidae*, notamment le *Geogale aurita* (1).

Manubrium à bord antérieur légèrement concave, à extrémités latérales renflées, non incurvées vers l'arrière. Présence de deux pièces osseuses parallèles, séparées par un intervalle rempli par du muscle, situées en avant de l'appendice cartilagineux du xiphisternum. Cette disposition a déjà été notée par nous chez *Geogale aurita* (G. GRANDIDIER et G. PETIT, *loc. cit.*).

A la première rangée du carpe, le scaphoïde n'est pas soudé au semi-lunaire. A la deuxième rangée, pas de central libre, contrairement à ce qui se passe chez divers représentants du genre *Microgale* et de la sous-famille des *Centetinae*. Le tibia forme une courbure antérieure très marquée. Le péroné, bien développé, se place ventralement par rapport au tibia et se confond complètement avec lui un peu au-dessous du milieu de la jambe.

MENSURATIONS

(d'après nos deux exemplaires)

Longueur totale	Longueur de la queue	Longueur pattes antérieures (griffes comprises)	Longueur pattes postérieures	Hauteur du pavillon des oreilles	Crâne		
					Long. maxima	Largeur maxima	Larg minima
127,5	137,5	19	32,5	8	33	16	7
116	131	19	32,5				

Répartition géographique. — Biologie. — FORSYTH MAJOR a examiné deux exemplaires, l'un venant d'Imasindrary, localité qu'il situe au N.-E. du Betsileo, l'autre des marais voisins du lac d'Andraikiba, près d'Antsirabé. Imasindrary, se trouve proba-

---

1. G. Grandidier et G. Petit, Etude d'un Insectivore malgache (*Geogale aurita* A. Milne Edw. et A. Grandidier). *Faune des Colonies Françaises*, T. IV, Fasc. 4, 1930.

blement entre Ambohimanga du Sud, au Sud, et le Mangoro, au
Nord, et cette localité appartient à la région orientale.

Le laboratoire de Mammalogie du Muséum possède notamment trois exemplaires montés de *Limnogale mergulus*, que
M. le Pr Bourdelle a bien voulu nous permettre d'examiner. Tous
proviennent de la région d'Antsirabé où ils ont été recueillis par
MM. Malvoisin et Talvas. L'un a été capturé au lac d'Andraikiba même. La localité d'où proviennent nos propres spécimens,
comme l'une de celles indiquées par Forsyth Major, se situe
entre l'abrupt qui limite les Hauts-Plateaux vers l'Est et la
côte, mais, pour faire partie de la même région biogéographique,
elle est plus orientale.

Notre espèce, qui, dans le centre paraît fréquenter les marais
et les petits lacs, habite ici le lit d'une rivière aux eaux rapides
(la Vohitra), dont le lit est encombré de rochers et coupé de
cascades.

Nous ne savons encore rien de la biologie du *Limnogale*. Son
gîte paraît être dans les trous des rives, dans les souches affleurant
au ras de l'eau. D'après les renseignements recueillis par nous,
sur place, cet animal se nourrit volontiers de tubercules d'*ovian-
drano* (*Aponogeton fenestrale*) et de plantes aquatiques, mais il
s'introduisait dans les nasses des pêcheurs indigènes pour man-
ger les appâts divers qu'ils y déposent. Nos deux exemplaires
ont été capturés, du reste, dans ces engins. De fait nous avons
trouvé dans leur estomac, malheureusement à peu près vide, des
débris végétaux, mais encore quelques parcelles de chitine, ce
qui indique que le *Limnogale* mange aussi des Insectes.

Cet intéressant Mammifère est devenu extrêmement rare à
Madagascar. On peut se demander quelles sont les causes de cette
raréfaction. L'habitat et les mœurs de cette espèce lui permettent d'échapper aux grandes causes qui mettent en péril ce qui
reste de la faune terrestre de la Grande Île. On peut se demander s'il n'y a pas là une élimination due à la concurrence vitale
et si la raréfaction du *Limnogale* ne serait pas en relation avec la
multiplication dans l'île, d'un Rongeur importé, dont on connaît

les capacités envahissantes et dont les mœurs, dans une certaine mesure, se rapprochent de celles du Limnogale : le *Mus decumanus.*

Dans l'île, le *Limnogale* reçoit des malgaches le même nom que sur les Hauts-Plateaux. On le nomme : *voalavorano* (litt. : rat d'eau).

RODENTIA.
Eliurus tanala F. Major.

1 exemplaire. Région orientale ; au voisinage de Rogez.

Nous rapportons à cette espèce, un exemplaire conservé par nous, qui présente les caractéristiques suivantes : coloration des parties dorsales brun foncé nuancé de beïge. La base du poil est noire ou ardoisée foncé, la pointe est beige. Parties ventrales d'un blanc sale : base des poils gris foncé, ardoisé ; extrémité tirant sur le jaunâtre. Avant-bras et région carpienne, jambes et régions tarsiennes marron clair et blanc.

Queue très longue, forte, circulaire, annelée, nue, en apparence, dans son tiers antérieur. En réalité, à la limite de chaque anneau, poils courts, bruns, fusiformes. Ces poils s'allongent progressivement dans le tiers moyen de la queue, deviennent plus fins et le tiers postérieur est orné d'une manière de pinceau, aux longs poils blancs, très fins, qui dépassent largement en arrière l'extrémité distale de l'organe. Tête longue et forte. Vibrisses labiales très longues, d'un noir brillant, dépassant toutes, très largement, la base du crâne, certaines atteignant même la région moyenne du corps.

Mensurations (en millimètres) :

Longueur du corps (sans la queue)	143
Queue à l'extrémité des poils du pinceau. .	220
Queue à l'extrémité distale (poils du pinceau non compris)	210
Hauteur du pavillon de l'oreille	18

Crâne :

Longueur basale 42
Longueur totale 45
Longueur des nasaux...................... 18,5
Largeur zygomatique 23
Longueur série molaires supérieures...... 6,5
Longueur série molaires inférieures...... 6

Remarques. — L'*Eliurus tanala* a été décrit en 1896, par Forsyth Major (1). Cette espèce, dont la description tient en six lignes, est très voisine de celle qu'Oldfield Thomas avait peu auparavant dédiée au grand mammalogiste anglais : *E. majori* Olf. Thomas.

Notre individu se distingue par des caractères assez frappants du type décrit par Forsyt.ı Major. Notamment par la longueur de la queue (type : 189 mm.), la plus grande longueur du crâne, d'une manière générale la robustesse de l'ensemble du corps. Cependant le pavillon des oreilles est beaucoup plus court que chez le type (24 mm.).

Malgré ces différences assez sensibles, après comparaison de notre spécimen avec divers exemplaires de la collection personnelle de M. G. Grandidier, nous avons rapporté, au moins provisoirement, notre individu à l'*Eliurus tanala*. La localité où cette espèce a été découverte est sensiblement plus méridionale que le lieu de capture de notre exemplaire. Mais celui-ci fait partie de la même région biogéographique.

CARNIVORA.

Cryptoprocta ferox Bennet.

Une femelle et ses trois petits, ramenés vivants en 1922, à la Ménagerie du Muséum. *Provenance* : Région de Tamatave, février 1922. — Deux petits, très jeunes, pris dans la région de Fénérive (côte Est). Gardés captifs pendant un mois, en-

1. *Ann. Nat. Hist.*, 1896, XVIII, p. 462.

viron. Leur corps, conservé, a été perdu au cours du cyclone de mars 1927.

Coloration de l'adulte. — Parties dorsales d'un fauve brunâtre, plus foncé sur la ligne médiane. Ventre d'un roux assez clair, qui s'éclaircit encore dans la région anale et à la face interne des cuisses.

Coloration des jeunes. — Brun foncé assez terne. Ventre d'un brun tirant sur le beige.

Observations.— Nos deux jeunes exemplaires mesuraient 26 cm. de long. La queue était aussi longue que le corps. L'un pesait 390 gr. et l'autre 360. Lors de la capture, le 9 février, ces petits animaux avaient les yeux bleu clair. Du 9 au 17, cette couleur passe progressivement au marron clair. Les canines ont apparu vers le 17 octobre. Aux environs du 21 février, je note que les deux *Fosa* commencent à jouer, comme de jeunes chats. Ils grimpent, grognent et mordent. Nourris au biberon au moyen de lait condensé, ces deux animaux sont morts, l'un le 15 mars, l'autre le 30, après avoir fait des phénomènes de carence alimentaire, sans doute : dépilation, trouble d'équilibration, puis paralysie partielle.

ECHINODERMA

par le D^r Th. Mortensen (Copenhague).

---

1. Eucidaris metularia (Lamk.).

> Th. Mortensen. Monograph of the Echinoidea. I. Cidari-
> dae, 1928. p. 386. Pl. XLI. 1-8.
> 3 échantillons. Tuléar. Grand récif.
>
> Répandu partout dans la région Indo-Pacifique, des
> côtes d'Afrique (Mozambique) jusqu'aux îles Fiji, Hawaii
> et Japon. C'est surtout une forme littorale, commune sur
> les récifs, mais elle peut descendre jusqu'à une profondeur
> d'environ 570 m.

2. Plococidaris verticillata (Lamk.).

> (Syn. *Phyllacanthus verticillata, Prionocidaris verticillata*).
> Th. Mortensen. Monograph of the Echinoidea. I. Cidari-
> dae, 1928, p. 428. Pls. LI, 3-7.
> 1 échantillon. Tuléar. Grand récif.
>
> La même distribution que l'espèce précédente : c'est, de
> même, une forme littorale, se trouvant surtout sur les récifs,
> et connue, avec certitude, seulement jusqu'à une profondeur
> d'environ 50 m.

3. Phyllacanthus imperialis (Lamk.).

> (Syn. *Leiocidaris imperialis, Cidaris justigera* A. Agassiz).
> Th. Mortensen. Monograph of the Echinoidea. I. Cidari-
> dae, 1928, p. 504. Pls. LIV, 4 ; LVII, 3.
> 1 échantillon. Tuléar.

La même distribution que les deux espèces précédentes ; c'est aussi une forme littorale se trouvant surtout sur les récifs. La plus grande profondeur signalée pour cette espèce est de 73 m.

L'échantillon, qui est assez jeune, seulement 20 mm. en diamètre horizontal, est intéressant par la forme des pi-

Fig. 1. — *Phyllacanthus imperialis* (Lamk.)
provenant de Tuléar (Madagascar) pour montrer la forme
particulière des piquants primaires.

quants primaires (fig. 1). Ils sont assez rétrécis dans la partie basale, tandis que généralement ils sont presque tout à fait cylindriques. Aussi la couleur est moins foncée que d'ordinaire. Peut-être nous avons ici une variété locale, mais d'après un seul et jeune échantillon, il est impossible d'arriver à une conclusion définitive. Nous désignerons simplement comme *Phyllacanthus imperialis*.

4. Diadema Savignyi Michelin.

> TH. MORTENSEN. Echinoidea; Danish Exped. to Siam, 1899-
> 1900. *Mém. Ac. R. Sc.* Copenhague, 7ᵉ sér., I, 1904,
> p. 16.
>
> H. L. CLARK. Catalogue Rec. Sea-Urchins British Museum,
> 1925, p. 43.
>
> 1 petit échantillon. Tuléar. Grand récif.

Distribué probablement partout dans la région tropicale de l'Indo-Pacifique, même jusqu'à l'île de Pâques. C'est une forme littorale ; la plus grande profondeur, d'où elle est connue avec certitude étant environ 70 mètres.

5. Echinothrix diadema (Linné).

> H. L. CLARK. Catalogue Rec. Sea-Urchins Brit. Museum,
> 1925, p. 45.
>
> 2 échantillons. Tuléar. Grand récif.

Même distribution que celle de l'espèce précédente (sauf l'île de Pâques) ; connue seulement de la zone littorale.

6. Stomopneustes variolaris (Lamk.).

> H. L. CLARK. Catalogue Rec. Sea-Urchins Brit. Museum,
> 1925, p. 68.
>
> 2 échantillons. Tuléar. Grand récif.

Même répartition que les espèces précédentes ; connue seulement de la zone littorale.

7. Tripneustes gratilla (Linné).

> H. L. CLARK. Catalogue Rec. Sea-Urchins Brit. Museum,
> 1925, p. 124.
>
> 1 échantillon. Tuléar.

Même répartition que les espèces précédentes. Littoral. Cette espèce a beaucoup d'importance comme aliment.

8. Echinometra Mathæi (Blv.).

> H. L. CLARK. Catalogue Rec. Sea-Urchins Brit. Museum,
> 1925, p. 143.

2 échantillons. Tamatave. Récif.

Même répartition que les espèces précédentes ; espèce strictement littorale, vivant sur les récifs et sur des côtes rocheuses.

9. Heterocentrotus mammillatus (Klein).

H. L. CLARK. Catalogue Rec. Sea-Urchins Brit. Museum, 1925, p. 147.

5 échantillons. Tuléar.

Même répartition que les espèces précédentes. Littoral ; surtout sur les récifs.

10. Colobocentrotus atratus (Linné).

A. AGASSIZ. The genus *Colobocentrotus*. *Mem. Mus. Comp. Zool.*, XXXIX, 1908.

H. L. CLARK. Catalogue Rec. Sea-Urchins. Brit. Mus., 1925, p. 145.

12 échantillons. Vatomandry.

Même répartition que les espèces précédentes. Vit seulement sur des côtes rocheuses, dans les parties les plus exposées à la lame.

11. Echinoneus cyclostomus (Leske).

H. L. CLARK. Catalogue Rec. Sea-Urchins Brit. Museum, 1925, p. 177.

1 échantillon. Tuléar. Grand récif.

Espèce cosmopolite dans la région tropicale. Vit surtout sur les récifs, enfoncée dans le sable jusqu'à plusieurs décimètres. Connue des profondeurs jusqu'à 120 mètres.

12. Echinodiscus auritus (Leske).

H. L. CLARK. Catalogue Rec. Sea-Urchins Brit. Mus., 1925, p. 169.

2 échantillons (fragments).

Répandue dans l'Océan Indien et l'Archipel Malais. Vit

surtout dans la zone littorale, sur des fonds sableux. Connue des profondeurs jusqu'à 50 mètres.

13. Culcita schmideliana (Retz.).

P. DE LORIOL. Catalogue raisonné des Echinodermes rec. à l'île Maurice. II. Stellérides. 1885, p. 52, pl. XVI, 1 (*Pentagonaster spinulosus* Gray).

Espèce littorale de la région occidentale de l'Océan Indien.

14. Nardoa variolata Gray.

P. de LORIOL. Catalogue rais. Echinod. ile Maurice. II. Stellérides, 1885, p. 43 (*Scytaster variolatus*).

W. K. FISHER. Starfishes of the Philippine Seas. *Bul'. U. S. Nat. Mus.*, 100, III, 1919, p. 379.

3 échantillons. Baie Nosy Marirana (Tuléar).

Répandue dans l'Océan Indien ; zone littorale.

15. Oreaster Linckii (Blv.).

F. JEFFR. BELL. The species of Oreaster. *Proc. Zool. Soc.*, 1884, p. 72.

2 échantillons. Tuléar.

L'Océan Indien. Zone littorale.

16. Linckia lævigata (Linné).

(*Linckia miliaris* Auct.).

H. L. CLARK. The Echinoderm Fauna of Torres Strait, 1921, p. 64, Pl. 9.

3 échantillons. Baie Nosy Marirana.

Répandue partout dans la région tropicale Indo-Pacifique. Zone littorale.

17. Linckia multifora (Lamk.).

P. DE LORIOL. Catalogue rais. Echinodermes ile Maurice. II. Stellérides, 1885, p. 27, Pl. IX, 1-12.

1 échantillon. Tamatave ; récif.

Comme l'espèce précédente, répandue dans la région tropicale Indo-Pacifique. Zone littorale ; surtout sur les récifs.

18. **Asterina cephea** (Val.).

P. DE LORIOL. Catalogue rais. Echinod. île Maurice. II. Stellérides, 1885, p. 69, Pl. XXI, 1-5.

W. K. FISHER. Starfishes of the Philippine Seas. *Bull. U. S. Nat. Mus.*, 100, III, 1919, p. 411.

6 échantillons. Tuléar. Grand récif.

Même répartition que les deux espèces précédentes. Zone littorale.

19. **Echinaster purpureus** (Gray).

H. L. CLARK. The Echinoderm Fauna of Torres Strait, 1921, p. 100.

2 échantillons. Tuléar. Grand récif.

Répandue dans la région occidentale de l'Océan Indien ; zone littorale.

(Selon H. L. CLARK, *op. cit.*, cette espèce est distincte de l'*Echinaster luzonicus* de l'Indo-Pacifique).

20. **Acanthaster planci** (Linné).

Syn. *Acanthaster echinites* (Ell. et Sol.).

W. K. FISHER. Starfishes of the Philippine Seas. Bull. U. S. Nat. Mus., 100, III, 1919, p. 441.

H. L. CLARK. The Echinoderm Fauna of Torres Strait, 1921, p. 101.

1 échantillon. Tuléar.

Répandue dans la région tropicale de l'Indo-Pacifique. Zone littorale.

21. **Ophiocoma erinaceus** Müll. et Troschel.

P. DE LORIOL. Catalogue rais. Echinod. île Maurice. III. Ophiurides et Astrophytides, 1893, p. 21.

H. L. Clark. Catalogue of recent Ophiurans. 1915. p. 291.
 3 échantillons. Tuléar Grand récif.
 Répandue dans la région tropicale Indo-Pacifique. Zone littorale, jusqu'à environ 50 mètres.

22. **Ophiomastix venosa** Peters.

R. Koehler. Ophiures nouvelles ou peu connues. *Mém. Soc. Zool. Fr.*, 1904, p. 73.
H. L. Clark. Catalogue of Recent Ophiurans, 1915. p. 296.
 2 échantillons. Tuléar. Grand récif.
 Connue avec certitude seulement de Zanzibar, Mossambique et Madagascar. Zone littorale.

La liste ci-dessus ne renferme que des espèces déjà connues de Madagascar. D'autre part elle est loin de représenter la faune complète d'Echinodermes de la Grand Ile, et ne peut donc servir de base à une étude zoogéographique plus approfondie de la faune d'Echinodermes de Madagascar.

1297 — Imp. Jouve et Cie, 15, rue Racine, Paris. — 10-1931

Étude sur les Lagunes de la Côte occidentale du Maroc

Par A. GRUVEL.

Professeur au Muséum national d'Histoire naturelle
Conseiller technique du Gouvernement Chérifien

Déjà, en 1925, lors d'un voyage d'études au Maroc, le regretté Directeur Général des Travaux Publics, M. Delpit, m'avait demandé, non pas une étude approfondie, mais un examen rapide des Lagunes de la côte occidentale du Maroc, dont certaines personnes avaient demandé la concession, pour l'exploitation de la pêche.

Je m'étais donc rendu à Moulay bou Selham, puis à Sidi Moussa et à Oualidia, en mai 1925 et j'avais, à mon retour, adressé un rapport sommaire sur ces formations.

Depuis cette époque et pour diverses raisons, cette question était restée en suspens ; mais en présence de nouvelles demandes de concession, qui se sont récemment manifestées, M. le Résident Général au Maroc, M. le Directeur Général des Travaux Publics Joyant et M. Antraygues, chef du Service de la Marine Marchande et des Pêches Maritimes, m'ont demandé, cette fois, une étude complète, aussi bien au point de vue scientifique que technique et, même social, de ces trois lagunes, plus spécialement de celle de Moulay bou Selham, de beaucoup la plus importante et, aussi, la plus intéressante au point de vue de la population indigène qui vit sur ses bords.

Ces recherches ont été assez longues et minutieuses, étant
donné que les plans qui nous avaient été fournis par le Cadastre
se sont montrés complètement erronés, soit que la forme et la
disposition de cette lagune se soient sérieusement modifiées depuis l'époque où les plans ont été dressés, soit que ces plans eux-
mêmes aient été établis un peu hâtivement.

Avant d'étudier l'intérieur même des lagunes, il a donc fallu
en fixer les cadres respectifs, travail long et délicat, surtout
lorsqu'il vous est peu familier et qu'on n'a à sa disposition que
des instruments de fortune. Tel était le cas pour mes deux
collaborateurs : MM. Besnard, Préparateur à l'Ecole des Hautes
Etudes, près le Muséum, et Perrier, Capitaine au long cours, qui
se sont efforcés de mettre en place le cadre, indispensable à
l'étude intérieure de ces lagunes, ce dont il faut leur être très
reconnaissant.

Sans être d'une précision absolument rigoureuse, ce cadre
peut être considéré, pour le moment tout au moins, comme parfaitement exact et l'on peut s'y appuyer sans crainte pour
l'étude des fonds et de la faune, questions qui nous intéressent
plus particulièrement ici.

I. — Lagune de Moulay Bou Selham.

Cette lagune, située près de la côte atlantique, au nord-ouest de Souk el Arba du Gharb, et dont la superficie moyenne couverte est d'environ 18 kilomètres carrés en pleine eau et 12 kilomètres carrés à peu près en eaux moyennes, est formée, en réalité, de deux zones : l'une, de beaucoup la plus vaste, relativement plate, c'est la « Merdja » en partie marécageuse, et l'autre, située au Nord-Est de la première, beaucoup plus réduite et plus profonde également, c'est la « zerga » ou « lac bleu ». D'où le nom de « Merdja ez zerga » que l'on donne normalement à l'ensemble de cette formation.

Elle est constituée par une dépression formée par la dune littorale fixée qui, d'abord assez élevée vers le Nord et le Nord-Est, va en s'abaissant progressivement, à mesure que l'on se dirige vers le Sud, pour rejoindre de nouveau le littoral après avoir décrit une courbe prononcée vers l'Est

Cette cuvette reçoit, dans sa partie orientale, les eaux d'un cours d'eau assez important, à certains moments, l'Oued Drader. C'est un ruisseau de 7 à 8 mètres de largeur, en moyenne, à rives assez encaissées, ayant creusé son lit assez profondément. Il se dirige d'abord vers l'Ouest-Nord-Ouest, fait une boucle, reprend la direction presque franchement occidentale, refait une boucle très accentuée vers le Nord, puis vers le sud-ouest et arrive ainsi à l'embouchure dans la lagune.

Dans la première partie de son cours, l'Oued Drader détache une branche qui va se perdre, par plusieurs chenaux, dans la « zerga » et, plus loin, va se grossir d'un certain nombre d'autres chenaux, plus ou moins profonds qui, après avoir serpenté assez irrégulièrement dans la « merdja » viennent former un chenal important, se jetant dans le courant principal de l'Oued Drader.

Tous ces chenaux, que l'on aperçoit très bien aux basses
mers, sont complètement masqués lorsque l'eau de la lagune
atteint, même, son niveau moyen. Aux basses eaux, partant de
l'Est, les profondeurs augmentent peu à peu, atteignant 30,
50, 90 cm., puis 1 m., 1 m. 90, 2 m. et, dans le grand chenal de
l'Oued Drader, 2 m. 60 à 2 m. 70, 4 mètres même dans la dépression placée aux pieds de la « kouba » de Moulay bou Selham,
pour diminuer ensuite et n'être plus que de 1 m. 60, puis 2 mètres et 2 m, 10 à la hauteur du déversoir de la lagune. Naturellement, la profondeur de ces chenaux augmente à mesure que
l'eau s'accumule dans la lagune par les apports de l'Oued Drader et du ruissellement des pluies tout autour de la cuvette.

Il faut savoir, en effet, que cette énorme lagune ne communique pas d'une façon *permanente*, avec la mer, mais seulement, d'une façon *intermittente*.

Quand le déversoir de la lagune à la mer se trouve, parfois,
en un jour de tempête, complètement obstrué par le sable, l'eau
amenée dans la cuvette par l'Oued Drader, gonflé par les pluies
d'hiver et les ruissellements de ces pluies tout autour de la lagune, élève peu à peu le niveau général, pendant deux ans,
en général, parfois même un peu plus.

Les Indigènes qui habitent tout autour et qui voient les pâturages de leurs troupeaux et les champs de joncs submergés se
réunissent alors, à un moment déterminé, au nombre de plusieurs centaines et commencent à enlever le sable obstruant
le chenal lagunaire et qui représente des centaines de mètres
cubes. Ils ouvrent ainsi, peu à peu ce chenal, jusqu'au moment
où la pression de l'eau est suffisante pour nettoyer, d'un seul
coup tout, le chenal, entrainer le sable à la mer et créer, alors,
une communication permanente provisoire entre la lagune et la
mer.

Cet état dure, en général, pendant deux ans, parfois trois, mais
rarement. Puis, rapidement, au moment où le courant s'affaiblit
dans le chenal, un ou plusieurs coups de mer amènent une masse
énorme de sable. Cette masse ferme, une fois de plus, le chenal

et la même série de phénomènes que précédemment, recommence.

Cette intermittence dans la communication entre la lagune et la mer est infiniment regrettable car, pendant tout le temps où existe la fermeture, les espèces animales ne peuvent pas se renouveler ; le développement économique de la lagune, dans ces conditions, est donc impossible. Si l'on voulait améliorer considérablement le rendement en poisson de cette formation, il serait indispensable de maintenir *à l'état permanent*, la communication entre la mer et la lagune. Il pourrait se produire, ainsi, un échange constant entre elles, et la lagune ne pourrait, évidemment, qu'en bénéficier biologiquement.

Mais il faut convenir qu'un semblable travail serait considérable et exigerait, pour le réaliser, une mise de fonds que ne saurait justifier l'intérêt présenté par le développement des espèces dans la lagune, si grand que soit cet intérêt pour les indigènes.

Il faut donc se contenter de ce qui existe, en tâchant de faire réduire au minimum, par les indigènes, qui en bénéficieront, le temps de fermeture à la mer. Au moment où la poussée des eaux se fait sérieusement sentir, ils pourraient, sans trop de peine, faciliter l'ouverture, comme ils le font déjà, mais sans attendre peut-être, aussi longtemps.

Fonds. — On peut dire que le fond général de la lagune est formé de vase, tantôt molle, tantôt, au contraire, très dure. Dans la zone périphérique et dans la partie située au Sud-ouest du cours de l'Oued Drader, on trouve, en allant de terre vers le centre de la lagune : d'abord, *tout à fait au bord*, des fonds herbeux, humides, mais durs et couverts de joncs ; on peut y circuler sans difficulté ; puis, à *mesure que l'on se rapproche du centre*, la vase devient plus molle, avec beaucoup de débris végétaux et environ 3 à 4 centimètres d'eau seulement, à marée basse (quand la lagune est ouverte). Dans cette région, on trouve beaucoup d'oiseaux de marais et, en particulier, d'énormes vols de flamands roses ; *plus au centre encore*, la vase devient liquide et son épaisseur augmente sensiblement ; elle se couvre

d'algues : ulves, fucus de petites espèces, algues brunes surtout. *En approchant la dune littorale*, la vase durcit beaucoup,
tout en restant couverte d'algues.

Dans l'épaisseur de cette vase, courent des chenaux plus ou
moins anastomosés, et dont la position doit se modifier plus ou
moins. à chaque grande marée. Tous ces canaux. assez profonds.
viennent se jeter, à l'Est, dans l'Oued Drader, un peu au delà
du point où ce dernier se jette dans la lagune et. à l'Ouest, dans
un chenal principal qui suit le bord de la lagune et vient se déverser lui-même dans le grand chenal qui fait suite au cours de
l'Oued Drader.

A partir de ce point, la vase s'atténue peu à peu pour faire
place à des fonds de sable, vaseux d'abord, puis de sable presque
pur, qui se continuent ainsi jusqu'à l'ouverture de la lagune
dans la mer.

Dans ce grand chenal, par des fonds de 2 m. 60 à 2 m. 70, on
trouve quelques roches isolées ; il en est de même au pied du
marabout de Moulay bou Selham, situé, comme l'on sait, sur une
falaise assez élevée et par des fonds de 4 mètres environ.

Enfin, tout autour de la lagune et dans les parties humides.
mais encore assez dures, se développe une flore de joncs considérable. Ces joncs sont coupés régulièrement par les indigènes riverains qui les font sécher et en fabriquent des nattes
un peu analogues aux nattes de Salé, quoique de moins belle qualité : mais un certain nombre de douars vivent, en partie tout
au moins, de la fabrication de ces nattes en joncs.

Douars. — Les douars sont installés tout autour de la lagune.
sur les parties suffisamment élevées pour que, au moment où
le chenal est obstrué et où l'eau s'élève assez fortement sur les
bords, les villages ne soient pas submergés. Il est vrai qu'ils se
déplacent assez facilement, puisque la plupart sont installés
sous la tente.

Les principaux douars que l'on trouve autour de la lagune,
en partant de la région littorale, au Sud du chenal d'évacuation
et faisant le tour par le Sud, l'Est et le Nord sont les suivants :

D'abord, le groupe des *Oulad Mosba* du Nord, comprenant :

le douar des *Oulad Rouïssia*, qui compte, actuellement, 12 tentes et 23 familles. Ce douar vit à peu près exclusivement de la
pêche dans la lagune et aussi un peu, en mer, car il est placé
au pied de la dune littorale, mais du côté de la Merdja. Un peu
au Sud, toujours sur le bord de la piste qui suit le rivage de la
lagune, se trouve le douar « *El Kébir* » avec 50 tentes, 60 familles et une vingtaine de pêcheurs qui travaillent exclusivement
sur la Merdja. Enfin, au Sud encore, se trouve le Douar des
O. Rouïff, qui comporte 43 tentes et 50 familles avec seulement
trois pêcheurs. C'est un douar plutôt agricole, un peu éloigné
de la lagune et qui se livre aux travaux d'agriculture, à la fabrication des nattes et à l'élevage des troupeaux.

Ces trois douars importants : *O. Rouïssia, O. Kébir* et *O.
Rouïff*, constituent le groupe des *Oulad Mosba du Nord*.

En faisant, maintenant, le tour de la lagune vers l'Ouest, nous
rencontrerons les deux douars des *O. Mégaïten*, comprenant, ensemble, 60 tentes, avec 70 familles et 15 ou 16 pêcheurs ; ce
douar comprend, en outre quelques pasteurs et des fabricants de
nattes. Puis, en remontant vers le Nord-Est, nous rencontrons
le grand douar des *Oulad Guénafda*, composé de 80 tentes, avec
130 familles.

Sur les bords de l'Oued Drader, se sont installés les quatre
douars des *Oulad Dellalha*, avec 130 tentes ou « noellas » (huttes
en joncs et paille) et 200 familles. Ce village comprend une quarantaine de pêcheurs. Beaucoup, aussi, fabriquent des nattes de
joncs.

Tout près de là, dans la direction de la lagune, se trouve, près
de la ferme Maldonado, le douar *Azib Maldonado*, où logent les
ouvriers attachés à la ferme de ce nom.

En remontant vers le Nord et sur la rive droite de l'Oued
Drader, on trouve le douar des *Oulad qça-qça* ou *O. Djellal*, formé
de 28 tentes avec 45 familles et qui ne renferme pas de pêcheurs.
On y fabrique, cependant, des filets, mais, surtout, des nattes
de joncs.

Un peu plus haut, on rencontre le douar des *Oulad Ziane*,
avec seulement 9 tentes et une quinzaine de familles. Il ne con-

tient pas non plus de pêcheurs, mais des cultivateurs possédant des troupeaux et des fabricants de nattes.

A côté de la ferme François, se trouve le douar abritant ses travailleurs : douar « *Azib François* ».

Tout près de là, vers le Nord-Ouest, à la limite de la zone marécageuse, se trouve le douar des *Oulad Ceïbarra*, composé, actuellement, de 24 tentes, avec 30 familles. Il n'y a aucun pêcheur dans ce douar ; tous les habitants sont cultivateurs ou fabricants de nattes.

Les *Oulad Zaouïa*, dont le douar est situé à l'Ouest du précédent, sur le flanc de la dune littorale fixée, représentent 70 familles, toutes de pêcheurs, vivant sous 40 tentes ; c'est donc un village entier qui ne vit que de la pêche, ce qui s'explique par sa proximité de la partie la plus intéressante, à ce point de vue, de la lagune.

Enfin, au Sud-ouest de ce douar, se trouve celui des *Oulad Riah*, formé de 40 tentes, avec une soixantaine de familles et autant de pêcheurs.

En résumé, on voit que les alentours de la Merdja ez Zerga sont relativement très peuplés, puisqu'on y rencontre : 17 douars, avec 536 tentes, abritant 792 familles, avec 254 pêcheurs (1), les autres vivant, soit de la culture et de l'élevage, pour une petite partie, soit, pour la majorité, de la fabrication et de la vente de nattes confectionnées de joncs recueillis *uniquement* dans la partie marécageuse de la lagune.

On peut donc dire que la presque totalité des indigènes de cette région vit, *exclusivement*, des produits tirés de la Merdja ez Zerga.

Aussi, ne faut-il pas s'étonner de voir ces populations s'agiter, toutes les fois qu'il est question de demandes de concession de la part d'Européens, pour l'exploitation de cette lagune, qui constitue leur unique moyen d'existence.

---

1. Ces chiffres nous ont été fournis sur place, en présence de l'un des Contrôleurs civils de Souk el Arba, par les Cheik des différents douars.

Fig. 1. — Une « mahadia » dans la lagune de Moulay bou Selham.

La Pêche. — La pêche à laquelle se livrent les Indigènes de la région de Moulay bou Selham se pratique, un peu en mer, pour les douars les plus rapprochés de la zone littorale, mais, surtout, dans la lagune.

Pêche en mer. — Elle se pratique exclusivement à l'aide d'une ligne à mains, à un ou deux hameçons, montée à l'extrémité d'une gaule de 3 à 4 mètres de long. Cette pêche est très peu développée et ne compte pour ainsi dire pas, à côté de celle qui se pratique dans la Merdja.

Pêche dans la lagune. — En général, les douars se partagent, en ce qui concerne l'exploitation de l'eau, la surface de la lagune, mais, à certains moments, ils peuvent unir leurs efforts pour organiser des pêches plus importantes et, partant, plus rémunératrices.

On ne pratique pas, en général, la *pêche à pied* dans la lagune, mais on utilise, non pas une embarcation en bois — il n'en existe pas une seule — mais bien une sorte de flotteur désigné sous le nom de « *mahadia* » et qui nous a beaucoup rappelé certains flotteurs, de fabrication à peu près identique, que l'on peut observer en Afrique centrale (Région du Logone) et que nous avons vus, personnellement, dans l'Angola portugais. On peut dire que dans ces trois régions, cependant si éloignées l'une de l'autre, les mêmes besoins et des ressources locales à peu près identiques, ont créé les mêmes appareils de navigation.

Les « mahadia » dont nous parlons ici sont de frêles esquifs pour la fabrication desquels on utilise, uniquement, les joncs qui poussent à profusion dans les parties humides. Les Indigènes fabriquent d'abord des faisceaux de joncs ayant 10 à 12 centimètres de diamètre et environ 1 m. à 1 m. 20 de long ; tous ces faisceaux sont alors solidement réunis entre eux, par d'autres joncs, des cordes ou des fibres de graminées, de façon à constituer, dans l'ensemble, une sorte de plateforme épaisse, surmontée latéralement et antérieurement d'un bord vertical, formant comme une sorte de bordage d'embarcation, pour éviter que l'eau n'en souille l'intérieur pendant la marche de l'esquif.

Ces sortes d'embarcations, très légères et qui, fabriquées de toutes pièces par les Indigènes leur reviennent à un prix très peu élevé, portent, généralement deux hommes debout : l'un en arrière, qui pousse l'embarcation avec une longue perche, l'autre en avant qui jette l'épervier ou manœuvre les différents engins. de pêche. Malheureusement, les joncs qui servent à la fabrication de ces embarcations sont d'une résistance toute relative et pourrissent très vite dans l'eau, en sorte qu'il faut les renouveler tous les deux ou trois mois. Mais le temps ne compte guère pour les Indigènes et ce qui importe surtout, c'est le prix de revient ; comme celui-ci, nous l'avons dit, est très faible, ils se montrent satisfaits de ces embarcations avec lesquelles ils peuvent circuler, à peu près en tout temps, sur toute la surface de la lagune et se livrer à la pêche à l'aide des engins primitifs dont nous allons parler maintenant.

Engins. — Nous avons dit plus haut que chaque « mahadia » est montée par deux hommes, l'un qui la pousse et la dirige, l'autre qui pêche. Tous deux restent debout pendant l'action et, souvent, un certain nombre de « mahadia » se réunissent pour couvrir un plus grand espace de 'eurs filets.

Le nombre de ces embarcations est donc, en moyenne, égal à la moitié de celui des pêcheurs ; comme ces derniers sont environ 254, celui des « mahadia » devrait être de 125 à 130, mais, en réalité, d'après les renseignements qui nous ont été fournis sur place, ce nombre ne dépasserait pas 95 à 100, au maximum.

Lignes à mains. — Nous avons vu plus haut que les pêcheurs des douars les plus rapprochés du littoral maritime pêchaient à la ligne à mains montée sur une gaule de 3 à 4 mètres. Ce sont les seuls qui utilisent cet engin.

Harpon. — Le harpon est employé exclusivement par les pêcheurs de la lagune ; c'est un trident, avec manche de 2 à 3 mètres de long ; il est utilisé seul, surtout pendant les nuits très obscures, en éclairant les petits fonds sur lesquels le poisson est endormi, à l'aide de torches. On ne peut guère capturer ainsi que de grosses pièces et, surtout, des anguilles.

Epervier. — C'est le filet le plus répandu sur tous les bords

de la lagune et l'on peut dire qu'il y a presque autant d'éperviers que de « mahadia ».

Souvent, les pêcheurs jettent l'épervier isolément, de leur
embarcation en joncs, mais souvent aussi, une dizaine de mahadia se réunissent sur un rang ou même en cercle et tous les
pêcheurs jettent leur filet à l'eau en même temps, en sorte que
le poisson se trouve couvert sur une trop grande surface pour
pouvoir s'échapper facilement. Les Indigènes capturent ainsi
toutes sortes de poissons, mais, en particulier, des mulets et
des anguilles, ces dernières avec des éperviers à mailles fines.

Ces engins ne présentent rien de spécial ; ils sont à peu près
exactement semblables aux nôtres, mais en général. assez grands,

Trémails. — Les trémails, assez mal fabriqués, du reste, pour
la plupart, mesurent le plus souvent, à peu près 150 m. de long,
avec une hauteur de nappe de 1 m. 20 à 1 m. 50. Ils sont divisés
en deux parties égales, roulées dans une « mahadia ». Quand les
pêcheurs qui composent l'équipe et qui sont généralement une
vingtaine, sont arrivés à pied d'œuvre, ils se partagent en deux
groupes et, partant d'un point déterminé, ils vont, chaque
groupe en sens inverse et en faisant un cercle qui leur permet
de se rejoindre au point opposé. Les filets sont étendus et forment une circonférence, ou, plutôt, une sorte de cylindre qui
enferme une certaine quantité de poissons. On resserre alors le
filet dans les « mahadia » avec le poisson qu'il emprisonne dans
ses mailles ; on l'enlève et on recommence l'opération un peu
plus loin.

Les barrages. — Les pêcheurs utilisent, également, les barrages, surtout dans la région de l'Oued Drader. Ils emploient, pour
cela, un filet, placé verticalement dans le cours d'eau, *lequel est
barré dans sa totalité.* Ce filet est une sorte de trémail, généralement, dans lequel les poissons peuvent se mailler quand ils sont
effrayés. Les pêcheurs placent le long de la ralingue supérieure
de cette sorte de trémail, une véritable natte épaisse en roseau de
0 m. 60 à 0 m. 80 de large, qui flotte à plat sur l'eau. Quand les
muges ou mulets sont effrayés par le bruit que font les pêcheurs
avec leurs bâtons, rames, etc... quelques-uns d'entre eux cher-

chent à traverser le trémail et se maillent. D'autres sautent par
dessus, mais tombent sur la natte en roseau et sont rapidement
capturés. Comme ces poissons ne peuvent passer ni à droite, ni
à gauche du filet, puisque le chenal tout entier est fermé, ils
doivent fatalement tomber entre les mains des pêcheurs et,
rapidement, le cours d'eau est débarrassé ou presque, de tous
les poissons qu'il contient. C'est là un procédé de pêche tout à
fait destructeur et qu'il convient de réglementer sévèrement.

Tels sont les procédés de pêche employés par les Indigènes
dans la Merdja ; ils sont, comme on le voit, très primitifs, mais
très destructeurs en même temps, et c'est la raison pour laquelle
la richesse ichthyologique de la lagune est beaucoup moins considérable qu'elle ne devait l'être.

Faune générale de la lagune. — Cette faune est, en effet, relativement restreinte, tout au moins en ce qui concerne le nombre
des espèces. Certaines d'entre elles sont, parfois, abondamment
développées, comme les Anguilles, par exemple, mais, d'une
façon générale, on ne peut pas dire que cette faune soit riche
et si l'on cherchait à l'exploiter par des moyens modernes, c'est-
à-dire coûteux, on éprouverait certainement de graves mé-
comptes.

Parmi les espèces, qui représentent, évidemment, le fonds
même de la pêche dans la lagune, on ne trouve que des poissons
de mer, qui y pénètrent pendant les deux ans, environ, que le
chenal d'accès reste ouvert.

Ce sont, d'abord, des Muges ou Mulets de diverses espèces,
que l'on voit entrer, parfois, par bandes plus ou moins com-
pactes, dans le chenal de la lagune. Leur pénétration dans cette
formation est surtout importante du 15 août vers la fin de septembre, comme l'ont observé les pêcheurs ; ils ont remarqué,
également, que les femelles retournent à la mer, très amaigries.
Elles ont pénétré, suivies des mâles, au moment où leurs ovaires
étaient en complet développement, sont allées pondre dans
les régions plus profondes de la lagune et repartent après la
ponte.

Les principales espèces de la côte marocaine qui peuvent, à un moment donné, pénétrer dans la Merdja sont, surtout : le Muge cephale (*Mugil cephalus* L.), le Muge capiton (*Mugil capito* Cuv.) et, surtout, le Muge doré (*Mugil auratus* Risso) et le Muge sauteur (*Mugil saliens* Risso), etc... Les ovaires de ces muges ne sont pas utilisés au Maroc pour la préparation des poutargues, et cela est dommage ; mais les Indigènes sont parfaitement incapables de cette fabrication un peu compliquée.

A certains moments, les bars sont aussi assez abondants dans la lagune. Il en existe deux espèces : le bar commun, ou Loup (*Labrax lupus* C. V. ou *Morone labrax* L.) excellent poisson qui ne redoute pas les eaux saumâtres et même presque douces, et le Bar tacheté (*Morone punctata* Bloch) plus petit et avec les flancs couverts de taches noires.

Les Ombrines, que l'on rencontre assez fréquemment sur la côte, pénètrent aussi dans la lagune ; l'espèce la plus commune, mais qui n'y atteint jamais une bien grande taille est l'Ombrine commune (*Ombrina cirrosa* L.).

Mais Bars et Ombrines ne viennent là qu'à l'état sporadique et ne s'y rencontrent pas en permanence.

Les Soles y sont assez abondantes, en particulier une forme assez curieuse, avec sa surface dorsale toute couverte de petites écailles bleues. Nous pensons que c'est là une variété locale, tout au plus, de la Sole vulgaire (*Solea solea* L.). On la trouve également dans la région de Casablanca, mais avec des ocelles de couleur plus atténuée.

Les Soles sont à l'état permanent dans la lagune, tout comme une espèce qui y est toujours abondante, l'Anguille (*Anguilla anguilla*, Turton). Ces poissons sont très nombreux et se tiennent cachés pendant le jour, sous les joncs et les plantes aquatiques. Ce sont de très beaux poissons qui, pour la plupart, mesurent 50 à 60 centimètres et atteignent un poids de 3 à 400 grammes. Mais il y en a de beaucoup plus grosses et qui peuvent, même, dépasser le kilogramme.

Là comme ailleurs (quand la lagune est ouverte à la mer, bien entendu) les Anguilles profitent d'une nuit de tempête et sans lune pour se réunir en masses nombreuses et rouler vers l'Océan où elles vont accomplir l'aller du voyage nuptial si curieux, découvert et si bien décrit par le Dr Schmidt, de Copenhague. Plus les tempêtes sont fréquentes pendant l'hiver, plus les pelotons d'anguilles sortent et plus, par conséquent, la pêche est abondante, car les indigènes qui ont observé ces départs nocturnes, en profitent pour capturer le plus grand nombre d'individus possibles.

La sortie, de l'Oued Drader et de la lagune, de 60 à 70.000 kilos d'anguilles chaque hiver, ne parait pas invraisemblable. Il est, au contraire, infiniment probable que cette quantité pourrait être dépassée si la pêche était conduite plus rationnellement et avec des méthodes appropriées, et cela sans léser personne, puisque les civelles remonteraient annuellement en grande quantité dans la lagune et l'Oued Drader pour les réensemencer, en quelque sorte.

Enfin, on y trouve, également, des bancs de Sars ou Sargues (*Sargus vulgaris* Geoffroy), de petite taille, mais assez abondants.

En somme, au point de vue ichthyologique, la lagune est très pauvre en espèces, mais plus riche, heureusement, en individus.

Parmi les *Crustacés*, nous n'avons guère à signaler que quelques crevettes, en particulier le *Palæmon (Leander) adspersus*, Rath., espèce de petite taille, mais excellente, et quelques crabes d'espèces variées.

Les Mollusques sont représentés par des huîtres, assez nombreuses, fixées sur les rares rochers que l'on rencontre dans la lagune, en particulier ceux placés aux pieds de la kouba de Moulay bou Selham, appartenant à l'espèce *Ostrea stentina*, Payr. On trouve ces mollusques jusqu'à la hauteur que doit atteindre l'eau lorsque la lagune est fermée et chose curieuse, toutes les huîtres que nous avons trouvées étaient mortes, aussi bien celles du niveau supérieur, ce qui se comprend, que celles du niveau inférieur plongeant dans l'eau. Nous ne savons véritablement pas à quoi attribuer cette mortalité et cela, en tous cas nous confirme dans l'idée que l'ostréiculture est impossible dans cette lagune.

Les moules africaines, au contraire (*Mytilus africanus* L. = *M. pictus*, Born.) sont abondantes et de bonne qualité. On pourrait établir là des moulières tout à fait intéressantes.

Enfin, aussi bien du côté de la lagune que du côté de la côte atlantique, mais plus spécialement sur cette dernière, on trouve de très nombreux Cardium (*Cardium edule* L.) et des Haricots de mer (*Donax trunculus* L.), quelques patelles sur les rochers, ainsi que des littorines et c'est là à peu près toute la faune malacologique de la lagune, intéressante à nos yeux.

De quelques particularités océanographiques, dans la lagune. — Nous avons fait, avec mes collaborateurs et, surtout M. Besnard quelques observations océanographiques générales qui nous paraissent intéressantes à signaler, en passant.

Marées. — A ce point de vue, il a été constaté un décalage important (de 40 à 60 minutes environ) entre les heures indiquées par l'Annuaire des marées et celles qui ont été constatées sur place.

Il aurait fallu pour faire un travail sérieux sur cette question, avoir beaucoup plus de temps que celui dont nous disposions, mais nous tenons à signaler le fait pour qu'on songe à y remédier un jour si cela parait nécessaire.

La marée et la pêche. — Nous avons observé également que, par les grandes marées, on ne trouve de poissons ni dans la merdja ni dans le déversoir, en sorte que les Indigènes n'y pêchent pas. Mais tout le poisson s'est réfugié dans la zerga. qui est la partie la plus profonde. Par marées ordinaires, au contraire, la pêche peut s'exercer partout et le poisson se trouve répandu dans l'ensemble de la formation lagunaire. Evidemment, ces phénomènes très curieux doivent être expliqués et nous pensons, M. Besnard et nous, qu'ils peuvent l'être assez facilement quand on étudie avec soin la constitution du sol de la lagune et ses mouvements.

Dans le fond de cette formation, c'est-à-dire, particulièrement vers le Sud et l'Est, la vase qui forme la surface du sol sous-marin est extrêmement fluide sur, à peu près, les deux tiers de la Merdja.

Quand l'eau envahit cette partie, sous une faible épaisseur, cette boue liquide et noire se mêle à l'eau, la remue considéra-blement et il se dégage une forte odeur d'hydrogène sulfuré, dont la formation est dû à la décomposition des matières orga-niques. L'odeur, assez prononcée, chasse naturellement, tous les êtres vivants un peu sensibles et ceux-ci, ou bien vont se réfugier dans la Zerga où la vase est relativement dure et non sulfureuse, ou bien, traversent le déversoir pour s'échap-per à la mer, fuyant des lieux où la vie est devenue impos-sible. Dans les marées moyennes et, à plus forte raison, les fai-bles dénivellations, la mer n'atteint que faiblement ces vases liquides qui ne sont ni remuées par les vents, ni entraînées par les courants et, tout se passant normalement, le poisson se répand uniformément dans toute l'étendue de la Merdja ez zerga ; la pêche est alors bonne aussi bien vers le fond que du côté du déversoir.

Salinité et densité. — La salinité des eaux de la lagune est variable, normalement, suivant les régions considérées. Il est bien évident que dans les parties les moins profondes, où la couche d'eau ne mesure que quelques centimètres d'épaisseur, l'évaporation est beaucoup plus rapide et plus intense que dans celles où la couche d'eau est plus considérable.

Dans ces conditions, il faut s'attendre à trouver, dans le pre-mier cas, une salinité et, par conséquent, une densité supérieures à celle qui se remarque dans les parties plus profondes. C'est ainsi, par exemple, que dans les régions les plus extrêmes de la lagune, donc les plus plates, la densité s'élève jusqu'à 1.031 et que, à mesure que l'on se dirige vers les chenaux principaux, elle diminue, graduellement, pour atteindre 1.029 dans le chenal principal ; côté Sud, elle est encore de 1.029 à 1.030 tandis que, sur la rive opposée du chenal principal, où le courant de l'Oued Drader se fait le plus sentir, la densité tombe à 1.026-1.027.

C'est à partir de la partie du chenal où se trouvent des roches

Fig. 2. — Groupe de « mahadia » pêchant, de concert, à l'épervier.

Fig. 3. — Barrage avec herbes flottantes pour la pêche des mulets.

immergées, au point où le mélange des eaux est complet et où se fait entièrement sentir l'influence de la marée (quand la lagune est ouverte) que la densité redevient normale et égale à celle de la mer ambiante, soit 1.028.

Quand le chenal d'accès de la mer à la lagune est obstrué par les sables, il est bien évident que la salinité doit diminuer sensiblement dans l'eau lagunaire et descendre, au fur et à mesure que le niveau de cette eau s'élève. Seules alors, les espèces rustiques, qu'un peu de douçain ne trouble pas biologiquement, sont susceptibles de résister à cet excès d'eau douce et, par conséquent, à une diminution sensible de salinité et de densité.

C'est pour cette raison, évidemment, que le nombre des espèces que l'on rencontre dans la lagune est si limité et seulement à des espèces (comme les muges, les bars, les ombrines, les anguilles et, même, les soles) qui sont bien connues comme pouvant vivre dans une eau de mer légèrement douce et, même, pour certaines d'entre ces espèces, saumâtre ou complètement privé de sel.

Exploitation industrielle de la lagune. — A diverses reprises, des demandes de concession pour l'exploitation de la lagune de Moulay bou Selham ont été adressées à l'administration locale.

En 1925, M. Brunswig, qui possédait une assez importante propriété aux environs de la Lagune avait, d'abord, obtenu cette concession et sollicité du Résident général, l'autorisation de faire installer dans cette lagune, une bordigue destinée à la capture des espèces qui y pénétrent. M. Brunswig avait même, sur nos conseils, fait venir de Tunis, un spécialiste des installations de bordigues lequel, après un examen attentif et un séjour d'environ deux mois, déposa un rapport assez intéressant, avec les plans d'installation. Nous avons eu ce rapport et ces plans entre les mains et nous pouvons affirmer que M. Delpit, alors Directeur Général des Travaux Publics du Maroc, s'intéressait à cette question pour deux raisons : la première, parce qu'une exploitation industrielle nouvelle et d'une certaine importance est toujours intéressante pour un pays

neuf comme le Maroc ; la seconde, parce que M. Delpit pensait
que l'exploitation de la lagune, par des procédés modernes et
intensifs, fournirait un appoint d'une certaine importance au
trafic du chemin de fer de Tanger à Fez.

Le rapport de M. Seuve était assez nettement favorable à
une exploitation industrielle avec établissement d'une bordigue fermant toute l'entrée de la lagune, mais à la condition
que cette entrée fût libre, c'est-à-dire que la communication
de la lagune avec la mer fût *permanente*. Cela se comprend facilement, du reste : une bordigue ne peut donner des résultats
intéressants que si elle est située sur le passage des poissons
entrant dans la lagune et en sortant. Or, de l'avis des Services
compétents, les travaux nécessaires pour le maintien de l'ouverture du chenal, étant donné la barre énorme qui se manifeste,
à certains moments, sur cette côte, seraient d'un ordre de grandeur incomparablement trop élevé pour le résultat pratique à
réaliser et jamais, probablement, le Protectorat marocain n'en-
visagera l'exécution de semblables travaux pour un si maigre
résultat.

Or, l'exploitation industrielle de cette lagune, sans intervention de bordigues bien étudiées, ne se comprend pas et une exploitation à forme européenne serait loin de donner des résultats financiers intéressants, étant donné la situation même de
la lagune et les difficultés de la vente et de la préparation des
produits de la pêche, dans un pays où la température est relativement élevée pendant une bonne partie de l'année.

D'autres demandes de concession de la lagune s'étant produites récemment, M. le Résident général de France au Maroc
et M. le Directeur général des Travaux publics, ont bien voulu
me demander d'examiner très attentivement cette question
d'exploitation de la lagune et ce sont les conclusions de mon
travail et de celui de mes deux collaborateurs, MM. Besnard
et Perrier, que je vais, maintenant, exposer ici.

Conclusions. — Elles sont faciles à tirer, après la lecture de
ce travail. Nous venons de voir que l'exploitation industrielle
à forme européenne de cette lagune ne peut être rémunéra-

trice que par l'installation d'une bordigue, qu'une semblable bordigue ne peut être, elle-même, productive que si la lagune est constamment ouverte à la mer, et enfin, que les travaux nécessités par le maintien de la permanence de cette ouverture seraient beaucoup trop onéreux pour le résultat à obtenir.

Dans ces conditions, la conclusion s'impose d'elle-même : *La lagune de Moulay bou Selham ne peut être exploitée avantageusement par une organisation à forme européenne.*

Il est donc inutile, industriellement parlant, d'accorder la concession de son exploitation à un groupement européen. Mais nous allons plus loin : non seulement l'octroi d'une semblable concession serait inutile, mais il serait malhabile, peut-être, même, dangereux au point de vue de la politique indigène.

Rappelons-nous, en effet, que nous avons constaté, après une étude approfondie des douars situés autour de la Merdja ez zerga, que *tous* ces douars, *sauf deux*, vivent *directement* ou *indirectement* de l'exploitation même de cette lagune. Il y a là près de 800 familles indigènes qui, soit par la pêche, soit par la fabrication des filets ou celle des nattes de joncs, en tirent le plus clair de leur subsistance. Comment peut-on admettre que l'Administration puisse, d'un trait de plume, priver tout ou même partie de cette population de son gagne-pain ? L'exploitation de la lagune doit donc, sans aucune hésitation être laissée à ses riverains ; mais cela ne veut pas dire qu'elle ne doive pas être sérieusement réglementée, car les indigènes, par leurs méthodes de pêche, sont de grands destructeurs de poissons. Il importe donc que leurs errements cessent ou, tout au moins, s'atténuent, dans l'intérêt même des exploitants. Il n'est pas admissible, en effet, que sous prétexte qu'ils sont chez eux, les riverains détruisent le poisson, sans grand profit, du reste, pour eux-mêmes. Une exploitation plus méthodiquement organisée permettrait d'obtenir de bien meilleurs résultats tout en étant moins destructive ; les indigènes auront donc tout intérêt à se plier à la réglementation qui va être ordonnée prochainement, par un arrêté dont nous donnons ci-dessous le projet.

Nous restons persuadé que si le Contrôle civil de Souk el Arba, dont dépend la lagune de Moulay bou Selham, tient la main à la stricte exécution de cet arrêté, les indigènes, au bout de quelques années, s'apercevront qu'ils ont tout à gagner à suivre les instructions qui leur sont paternellement données, dans leur propre intérêt.

PROJET D'ARRÊTÉ VIZIRIEL

RÉGLEMENTANT L'EXERCICE DE LA PÊCHE DANS LA LAGUNE DE MOULAY BOU SELHAM (MERDJA EZ ZERGA).

Le grand vizir,

Vu les articles 1er et 19 de l'Annexe 3 du Dahir du 31 mars 1929 (28 joumada II 1337) portant règlement sur la pêche maritime ;

Sur la proposition du Directeur Général des Travaux Publics et après avis du Secrétaire Général du Protectorat :

Arrête :

ARTICLE PREMIER. — A l'exception de la pêche à la ligne, qui pourra être librement pratiquée par tous, l'exercice de la pêche dans la lagune de Moulay bou Selham est réservé aux Indigènes riverains de la Merdja.

ARTICLE 2. — Les dits Indigènes pourront se livrer pendant toute l'année, de jour comme de nuit, à la capture de toutes espèces de poisson et coquillages dans la lagune : ils seront dispensés, suivant le cas, de la possession de la licence prévue à l'article 6 de l'annexe III du Dahir du 31 mars 1919 (28 joumada II 1337) ou de la délivrance du permis prévue par l'article 31 du même dahir.

ARTICLE 3. — La pêche pourra être pratiquée avec des filets fixes, tels que trémails, araignées, verveux, etc... aussi bien qu'avec des filets mobiles, tels que sennes, éperviers, carrelets ou troubles, sous réserve, en ce qui concerne l'emploi des filets fixes ; de ce qui est dit à l'article 7 ci-après au sujet de l'installation des barrages.

ARTICLE 4. — Par dérogation aux dispositions de l'article 17 de l'annexe 3 du dahir du 31 mars 1919 (28 joumada II 1337) : les mailles des filets, mesurées de chaque côté après leur séjour dans l'eau devront avoir les dimensions suivantes :

Pour les filets fixes et pour la senne : 40 millimètres au moins ;

Pour les filets mobiles autres que la senne, 30 millimètres au moins.

ARTICLE 5. — Les dimensions au-dessous desquelles les poissons ne pourront être pêchés et devront être rejetés à l'eau sont celles fixées par l'article 22 de l'annexe 3 du dahir du 31 mars 1919 (28 joumada II 1337).

Article 6. — Les dispositions des articles 20 et 21 de l'annexe 3 du dahir du 31 mars 1919 (28 joumada II 1337) concernant les appâts et procédés de pêche défendus seront applicables à la pêche dans la lagune.

Article 7. — Des barrages temporaires pourront être établis dans la lagune, mais l'installation de ces barrages devra être conçue de telle sorte qu'ils n'aient pas pour effet d'empêcher complètement le passage du poisson ou de le rassembler dans des eaux closes ou stagnantes dont il ne pourrait plus sortir, ou de le contraindre à passer par une issue garnie de pièges ; en principe, le passage à réserver au poisson devra être aménagé, ainsi qu'il est indiqué au deuxième alinéa de l'article 8, en ce qui concerne les bordigues.

Les filets ou engins utilisés devront avoir les dimensions réglementaires.

Article 8. — Il ne pourra être établi dans la lagune de pêcherie permanente et, notamment, des bordigues, qu'avec l'assentiment de l'administration ; l'autorisation qui aura toujours un caractère précaire et révocable ne pourra être donnée qu'à titre collectif.

Les bordigues, ainsi d'ailleurs que toutes autres pêcheries de même nature, devront être installées de telle sorte qu'il existe toujours entre le barrage et le rivage un passage de 0 m. 50 de chaque côté. Dans le cas où plusieurs bras mettraient en communication les mêmes parties de la lagune, l'un de ces bras, toujours le même, devra rester ouvert d'une manière permanente, mais les barrages établis pourront alors occuper la totalité de la largeur des chenaux où ils sont installés.

Article 9. — Au point de vue de l'application des dispositions qui précédent, on considérera que la lagune s'étend jusqu'au pont de Mecha-el-Hader.

Article 10. — La surveillance et le contrôle de l'observation des dispositions du présent arrêté seront assurés, sous l'autorité du Contrôleur civil de Souk-el-Arba et du chef du Service de la Marine marchande, par les cheiks des tribus riveraines.

Article 11. — Au point de vue de la répression des infractions les dispositions des articles 24 et 34 à 44 de l'annexe 3 du Dahir du 31 mars 1919 (20 joumada II 1337) seront applicables.

Article 12. — A titre transitoire et pendant une durée maximum de deux années, comptées à partir de la publication du présent arrêté, les individus non indigènes qui pratiquent en fait, régulièrement, la pêche dans la lagune pourront être autorisés à continuer l'exercice de cette industrie, mais seulement avec les engins précédemment utilisés par eux.

En attendant, les Indigènes travaillent dans la lagune avec les engins que nous avons mentionnés plus haut et leurs captures ne sont pas très considérables.

Le poisson non utilisé sur place est envoyé à dos de mulets, ou de chevaux, dans des « chouaris » sur les lieux de consommation, en particulier dans la zone espagnole, à El ksar et Larache, puis sur Ouezzan et, en petite quantité sur Souk el Arba qui se plaint de ne pas en recevoir suffisamment ; mais les Indigènes prétendent, à leur décharge, que les habitants de Souk el Arba ne leur achètent qu'une très faible quantité de poisson, qui ne vaut pas leur dérangement, tandis que dans la zone espagnole ils vendent tout ce qu'ils pêchent au prix de 2 francs en argent hassani dont le cours est variable. Dans la zone française, le prix est, à peu près uniformément, de 5 fr. le kilo.

Le meilleur temps pour la pêche est celui pendant lequel la lagune est fermée et c'est surtout au printemps que se font les plus belles captures. Quand le chenal est ouvert, la pêche est pratiquée à la montée du flot, car c'est le moment où elle donne les résultats les plus satisfaisants.

II. — **Lagune de Sidi-Moussa.**

La lagune de Sidi Moussa se trouve placée à près de 40 kilomètres de Mazagan. Située entre la dune fixée sub-littorale et
la dune mouvante littorale, cette formation constitue une
sorte de cuvette, très allongée vers le Nord, sur une longueur
d'environ 8 kilomètres, et d'une profondeur irrégulière. Elle
est formée par une sorte de chenal plus large et plus profond que
le reste, d'où partent des canaux secondaires, tout à fait irréguliers et plus ou moins anastomosés.

Aux grandes marées, la cuvette toute entière est inondée,
mais aux marées moyennes et surtout aux basses eaux, une
grande partie de cette cuvette se trouve émergée et recouverte de salicornes.

Les fonds généraux sont de vase, mais dans le milieu du
chenal principal on trouve du sable jusque un peu au delà
de la maison. Soulier. Ce chenal principal, dont la profondeur
diminue d'une façon à peu près régulière du Sud au Nord, présente, à certains endroits, des fonds de 3 mètres. Il vient se
déverser dans une sorte d'estuaire, arrondi et peu profond dont,
à marée basse, la majeure partie, tournée vers le Nord, est
formée par un vaste banc de sable qui émerge complètement,
ne laissant, dans le Sud, qu'un chenal vaseux, lui-même en communication avec une série de canaux anastomosés se dirigeant
vers le côté opposé.

La large cuvette centrale est mise en communication permanente avec la mer par un chenal unique qui se creuse dans le
sable, presque parallèlement au rivage, à l'abri d'un système
de roches calcaires limitant le rivage du côté du large. Ce chenal
d'accès mesure environ 50 mètres de largeur, avec une profond
deur de 1 m. à 1 m. 50 à marée basse. La mer vient, dès qu'il y
a un peu de houle, briser fortement sur la barre, ce qui fait que

l'accès, par mer, de cette lagune, n'est possible qu'aux très petites embarcations et n'est même pas sans danger, sauf par temps très calme.

Le bassin, à peu près rond, dans lequel s'ouvre cette lagune présente quelques fonds de 1 m. à 1 m. 50 à marée basse, plus spécialement le long du chenal Sud, qui contourne, en parties le banc de sable par son bord méridional et, par union avec le chenal Nord, va former la passe de sortie.

Enfin, au pied même de la falaise, à l'endroit où le chenal principal pénètre dans le bassin d'arrivée, on trouve quelques rochers naturels et des pierres assez nombreuses qui ont été portées là pour établir un parc à huîtres, aujourd'hui abandonné.

M. Paradis, qui avait été déclaré concessionnaire de cette lagune avait, en effet, organisé là une sorte de parc, avec des murs en pierre sèche et y avait fait apporter quelques tonnes d'huîtres d'Arcachon de 3, 2 et un an. Ces mollusques furent versés un peu au hasard et leur vitalité s'en ressentit beaucoup. Il en resta cependant une certaine quantité de vivantes, pendant près de deux ans, mais qui ne se développèrent pas. Finalement, elles moururent les unes après les autres, faute de soins appropriés, disent les uns, enlevées par une maladie inconnnue disent les autres. Quoiqu'il en soit, toutes ces huîtres ont disparu et il ne reste plus... que les coquilles.

La tentative faite à Sidi-Moussa ne prouve absolument rien, ni pour, ni contre la possibilité de développer l'Ostréiculture dans la lagune. Ces essais sont, simplement, à reprendre, sur des bases scientifiques et avec l'aide d'un ostréiculteur de métier qui, seul, sera capable de tirer parti de l'admirable situation de cette lagune, ainsi que de celle de Oualidia, plus méridionale.

C'est qu'en effet, les conditions d'irrigation de cette formation sont très différentes de celles que nous avons décrites pour Moulay bou Selham : celle-là communique. en effet, d'une façon *permanente*, avec la mer, par un chenal de 50 mètres de large environ, ainsi que nous l'avons indiqué plus haut.

Fig. 4. — Bord oriental de la Lagune de Moulay bou Selham.

Fig. 5. — La « Koubba » de Moulay bou Selham et la lagune.

La mer brise plus ou moins fortement sur la partie littorale qui
.orme le chenal, suivant le temps qui règne au large.

Nous avons vu que la lagune se rétrécit, en allant vers le
Nord ; le chenal principal forme de nombreux bras qui s'anas-
tomosent plus ou moins jusqu'à l'extrémité de la formation lagunaire. A chaque marée, la mer, pénétrant plus ou moins violemment par la passe, s'avance plus ou moins loin dans la lagune, suivant l'ampleur même de la marée. Cette pénétration
du flot est assez lente pour retarder, d'environ une heure, le moment du jusant sur l'heure observée dans l'Océan et le jusant
lui-même accentue sa vitesse jusqu'au moment où tout le banc
de sable de l'entrée est à découvert. Puis, le phénomène recommence.

Par les grandes marées, non seulement la lagune normale est
envahie, mais, une partie des terrains environnants, couverts,
aussi, en grande majorité, de salicornes. C'est à ce moment
surtout que les espèces ichthyologiques pénètrent dans la
lagune en plus grande quantité, principalement si ces grandes
marées coïncident avec une tempête sur l'Océan ; les poissons
viennent alors chercher un abri. Les espèces adultes y séjour-
nent plus ou moins longtemps, entrant et ressortant tour à
tour, suivant le jeu des marées, mais les jeunes, les immatures, en font leur habitat normal et on les y rencontre en
quantités parfois énormes. La nourriture est abondante dans
ces formations lagunaires, aussi bien pour les adultes que
pour les jeunes et les frayères naturelles y sont nombreuses
et très développées, en sorte qu'elles constituent des réserves
de premier ordre, qu'il faudrait bien se garder de détruire, soit
en draguant trop fortement les fonds, soit en exploitant la
lagune par des méthode interdites, les explosifs en particulier.

III. — **Lagune de Oualidia.**

La lagune de Oualidia est située à environ 40 kilomètres au
Sud de celle de Sidi-Moussa, soit à près de 80 kilomètres de
Mazagan. Elle communique directement avec l'Océan, non par
une seule passe comme cette dernière, mais par deux, placées
entre des rochers littoraux assez déchiquetés par les flots. La
lagune est, en effet, séparée de la mer non plus par une simple
bande de sable, mais par une véritable falaise calcaire qui se
prolonge un peu au Nord et assez loin au Sud des passes.

Au Nord, la falaise cesse très rapidement, pour faire place à la
dune littorale.

A marée basse, on trouve un minimum de 1 m. 20 d'eau, de
sorte que les embaractions de petit tonnage peuvent, par beau
temps, la franchir ; quant à la passe Nord, elle est à peu près à
sec à marée basse, à plus forte raison aux grandes marées. La
première mesure à peu près 80 m. de largeur, la seconde à peine
20 mètres. Par gros temps, la mer brise fortement sur la falaise
extérieure, s'engouffre violemment dans la lagune et y produit
un ressac et un courant extrêmement violents qui modifient
presque à chaque marée le banc de sable qui se trouve au milieu
de l'entrée de la lagune. Dans cette sorte de vaste atrium, en
effet, qui couvre une très large surface, le centre est occupé
par un banc de sable presque pur à la périphérie, vaseux vers
le centre, avec une langue qui émerge aux marées ordinaires,
mais se trouve, elle aussi, recouverte par les marées à fort coef-
ficient. Tout autour de ce bassin, un chenal qui va en s'appro-
fondissant de l'Ouest à l'Est, pour arriver vers la falaise sublittorale, à des fonds de 2 m. 20, se continue vers le Nord, sur une
dizaine de kilomètres à peu près, se poursuivant entre la falaise
fixée, sublittorale et la dune littorale. Ce bras principal, qui va
en se rétrécissant progressivement, du Sud du Nord, forme,

comme à Sidi-Moussa, des anastomoses variées et extrêmement irrégulières, se modifiant assez souvent et entre lesquelles des terrains un peu surélevés sont remplis de salicornes. Le fond de ces chenaux, d'abord sablo-vaseux à l'entrée, devient nettement vaseux, sur tout le reste de leurs trajets vers le Nord et atteint, en certains points, des profondeurs de 7 à 8 mètres. En réalité, la lagune de Oualidia reproduit, dans ses grands traits, mais avec une importance un peu plus grande, les caractères essentiels de celle de Sidi-Moussa.

Il est donc inutile, pour tous les caractères communs, d'étudier ces deux lagunes séparément et nous ferons connaître maintenant la valeur économique de ces formations, leur exploitation actuelle et la manière dont, à notre avis, cette exploitation industrielle pourrait être conçue pour l'avenir.

Faune des Lagunes. — La faune de ces lagunes, beaucoup plus intéressante, du reste, dans celle de Oualidia que dans celle de Sidi-Moussa, est variable suivant les saisons.

En été, on y trouve peu de poissons ; les Roussettes ou Chiens de mer s'y rencontrent en très grandes quantités et ce sont ces espèces voraces qui, probablement, chassent les autres plus fines et plus intéressantes.

En hiver, et, surtout, de novembre à février, les Chiens de mer ont disparu et on rencontre en revanche des espèces particulièrement appréciées pour la consommation locale : les bars (*Labrax lupus* L.) y abondent en général, surtout à Oualidia ; les *Muges* de différentes espèces (*Mugil*) remontent très haut dans ces lagunes ; les *Soles* s'y rencontrent en assez grande quantité et certaines sont de fort belle taille : puis on trouve des Rougets barbets (*Mullus surmuletus*) des Sars ou Sargues (*Sargus vulgaris*) quelques Dorades (*Chrysophrys auratus*) de belle taille et d'excellente qualité, des Congres, des Murènes et, aussi, beaucoup d'Anguilles, etc...

Comme on le voit, les espèces adultes ne sont pas très variées, mais elles sont, à certains moments, représentées par de très nombreux individus. Au contraire, les alevins d'espèces de toutes sortes forment des bancs considérables et se rencontrent dans toute l'étendue des lagunes et, plus particulièrement. dans leurs parties moyenne et profonde. Ces jeunes trouvent là une nourriture planktonique abondante et un refuge relatif contre la voracité des adultes qui en vivent, en partie tout au moins.

On trouve dans la vase de la lagune une certaine quantité de Palourdes (*Tapes decussatus*) et sur le bord océanique, des quantités assez considérables de Moules, les unes très de belle taille, les autres petites et en voie de développement, et que les indigènes consomment comme les Européens.

Les plantes diverses que l'on rencontre dans ces lagunes : algues, joncs, salicornes, etc… constituent, en outre, des frayères naturelles particulièrement importantes et qu'il y a lieu de protéger de la façon la plus absolue.

La pêche indigène. — Les douars qui se trouvent placés dans le voisinage plus ou moins immédiat de ces lagunes les exploitent d'une façon grossière et souvent désastreuse, bien qu'avec des moyens extrêmement primitifs.

La pêche à la ligne, avec gaule de 4 à 5 mètres, est assez répandue ; mais elle est surtout utilisée par les amateurs. Les quasi-professionnels (car il n'y a guère de vrais professionnels) utilisent des trémails de 50 à 60 mètres, mal fabriqués, à mailles assez irrégulières et souvent trop petites, avec lesquels ils entourent les bancs de poissons qui pénètrent dans les lagunes et qui sont signalés par des guetteurs spéciaux placés sur le haut de la falaise sub-littorale.

L'épervier ne peut guère être utilisé à cause des fonds vaseux et surtout des plantes qui se trouvent dans les fonds lagunaires.

L'hiver, les indigènes pêchent à l'aide de palangres fabriqués avec des fibres de « doum » (*Chamaerops humilis*) et capturent. plus spécialement, des Sars.

Les Anguilles ne sont, pour ainsi dire, pas pêchées, bien qu'elles se rencontrent en assez grande abondance, surtout à Oualidia.

Mais l'engin le plus désastreux et qui cause des dégâts considérables dans la lagune est la « pique ». C'est tout simplement un fil de fer, assez fort, de 80 à 90 centimètres de longueur, avec une partie retournée à une extrémité pour former une sorte de poignée et l'autre extrémité effilée. Les adultes comme les enfants, se promènent sur la vase et, au hasard, enfoncent leur pique de très nombreuses fois et des heures durant, sans arrêt. Bien des fois, ils ne piquent rien, mais souvent, par contre, ils piquent des poissons plus ou moins gros et comme le nombre des piqueurs est considérable et que cette pêche est très répandue, les quantités de poissons capturés et ainsi transpercés et condamnés à mort sont considérables. Cette pratique néfaste devrait être sévèrement réprimée.

La consommation des poissons est en partie locale ; mais quand la pêche donne des poissons fins : soles, rougets, bars, etc... en assez grande quantité, les Indigènes les apportent à Mazagan, d'où ils sont expédiés sur Casablanca, seul marché important le plus rapproché et où des prix suffisamment rémunérateurs puissent être obtenus.

En réalité, ces deux lagunes sont fort mal exploitées par les Indigènes. Sur les bords de la lagune de Oualidia et vers le Sud, se sont édifiés quelques chalets, peu importants, pour la plupart, et appartenant à certains habitants de Safi, Marrakech, etc... qui viennent passer là une partie de la saison estivale. Aussi, l'exploitation en est faite par quelques Européens, qui apportent là certains engins spéciaux, surtout des sennes.

Mais tout cela ne constitue pas une exploitation sérieuse et la pêche organisée industriellement pourrait donner, surtout à Oualidia, des résultats beaucoup plus intéressants.

Organisation rationnelle de la pêche dans les lagunes. — Remarquons, tout d'abord, qu'au point de vue social indigène et contrairement à ce que nous avons dit pour la lagune de Moulay bou Selham, la concession d'une ou même des deux lagunes à un particulier européen ou à une Société d'exploitation, ne semble présenter aucune espèce d'inconvénient. Tandis

que pour la première, les Indigènes vivent à peu près exclusivement des produits de la zerga, pour les secondes, au contraire, la participation indigène à l'exploitation est à peu près
insignifiante et une organisation moderne ne pourrait que leur
donner certains avantages, puisqu'elle exigerait une certaine
quantité de main-d'œuvre, qui serait, naturellement, recrutée,
sinon en totalité, du moins en grande partie, sur place.

Ceci dit, comment pouvons-nous comprendre l'exploitation
moderne de ces lagunes, surtout de celle de Oualidia, la plus
intéressante des deux, à coup sûr.

Etant donné les mouvements d'eau qui se produisent dans ces
formati ns, mouvements accompagnés, régulièrement d'entrées,
et de sorties de poissons, le seul procédé de capture industriellement intéressant est la construction de bordigues pouvant
pêcher dans les deux sens, à l'entrée comme à la sortie du
poisson.

L'installation de barrages avec bordigues ne peut se concevoir du côté des passes faisant communiquer les lagunes avec
l'Océan. Pendant l'hiver, surtout, les coups de mer sont,
parfois, tellement violents qu'un barrage avec bordigues serait
certainement enlevé rapidement. Dans ces conditions, l'emplacement de ce barrage devrait être situé vers le point où le
chenal principal, qui s'avance vers le Nord, pénètre dans l'atrium
marin des lagunes.

Il se trouverait là complètement à l'abri des coups de mer,
en dehors de la trop grande violence des courants et pourrait
être installé sans trop grands frais, à cause de la largeur assez
faible du chenal, en cet endroit.

On pourrait, évidemment, comprendre l'installation d'un
barrage avec bordigues en treillis de fil de fer, avec armature
en fer, porte en métal, etc... mais ainsi comprise, une semblable installation coûterait fort cher et le rendement des lagunes,
même de celle de Oualidia, ne répondrait probablement pas à
une aussi forte mise de fonds.

Nous pensons qu'un simple barrage ou palissade en roseaux
ou en branchages réunis par des fascines de joncs ou autre

substance souple et placés en chicane, dans le genre des
« cherfias » tunisiennes, donnerait d'excellents résultats et coûterait à peine un quart de ce que vaudrait une installation
métallique. Des nasses placées aux angles des chicanes permettraient de récolter le poisson qui se serait engagé dans
les ouvertures angulaires des palissades.

Ces palissades devraient être disposées de telle façon qu'elles

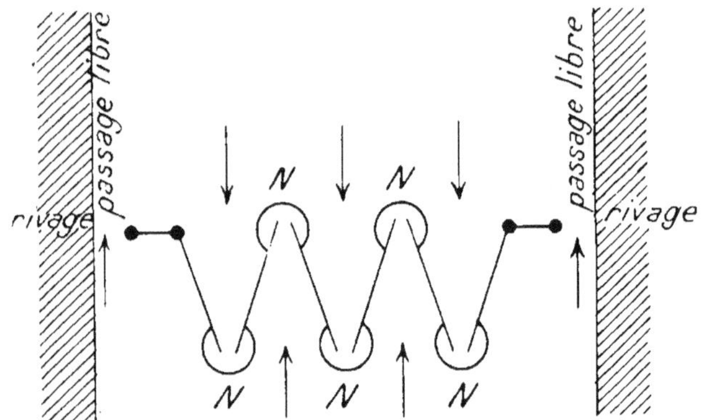

Type de barrage à établir dans les chenaux des lagunes.
N = nasses de capture.

laissent des intervalles suffisants pour permettre au petit poisson de passer sans pénétrer dans les nasses. Ces dernières, du
reste, doivent présenter une construction identique, ou à peu
près. Il importe, en effet, pour le repeuplement des fonds, de ne
capturer que des espèces, sinon tout à fait adultes, tout au moins
de taille suffisante pour pouvoir être livrées à la consommation.
C'est dans ces conditions seulement que des installations comme
les bordigues ou les « cherfias » sont inoffensives pour le développement des poissons.

Malgré tout et quelques précautions que l'on prenne, il reste
dans les nasses de petits poissons dont la taille est encore trop
faible pour être livrés régulièrement à la consommation, puisqu'on sait que pour pouvoir être présentés sur les marchés, ils
doivent atteindre une taille déterminée. Au lieu de rejeter

Fig. 6. — Aspect de la lagune de Sidi-Moussa.

Fig. 7. — Un des passages entre la mer et la lagune de Sidi-Moussa.

ces individus de trop petite taille, il serait possible d'en faire l'élevage en construisant à quelques centaines de mètres au Nord des « cherfias » deux barrages complets, séparés par une distance de 150 ou 200 mètres. Tous les petits poissons, non vendables, seraient jetés bien vivants dans cette sorte de réserve où ils se développeraient ; lorsqu'ils auraient atteint une taille suffisante, on les capturerait de diverses façons, mais surtout en plaçant des nasses dans les barrages, de façon à ce qu'ils pénètrent à l'intérieur, soit au moment du flot, soit au moment du jusant.

Enfin, pour augmenter le rendement général de la pêche, on pourrait également pêcher au trémail ou aux nasses dans l'intérieur des lagunes.

De la façon que nous venons d'indiquer, rien n'est perdu et on ne porterait aucun préjudice au repeuplement de la lagune, qui se ferait d'une manière continue par la pénétration des petits poissons par les interstices des palissades et des nasses spéciales.

Avant l'installation de bordigues ou de cherfias, il serait nécessaire de faire des sondages suffisants pour avoir une connaissance précise des profondeurs et de la nature des fonds et de connaître le niveau maximum des grandes marées pour que le sommet des palissades dépasse ce niveau à ces époques où, précisément, le poisson pénètre, en plus grande abondance, dans les lagunes.

Vente et consommation du poisson. — La vente locale des produits de la pêche devrait être considérée comme nulle. Mais nous avons vu que les lagunes sont à 40 et 80 kilomètres respectivement de Mazagan, lui-même à 96 kilomètres environ de Casablanca, le centre de consommation le plus important de tout le Maroc. Marrakech, qui est devenu un autre centre de consommation assez important, est à 210 kilomètres environ.

Les espèces communes trouveraient, sur les marchés de Mazagan, de Safi et de Marrakech, un écoulement certain, car ces villes sont encore assez mal ravitaillées ; quant aux poissons fins : Muges, Soles, Rougets barbets, etc... ils trouveraient sur le marché de Casablanca de nombreux amateurs .

Enfin, il faut penser que les plus beaux de ces poissons pourraient, dans certaines conditions, aujourd'hui déjà réalisées en partie, être exportés sur Marseille et la côte d'Azur qui en sont assez privées.

La vente des Anguilles qui, certainement, représenterait, annuellement, une quantité assez considérable, serait extrêmement facile, car les demandes de ces poissons sont nombreuses, pour la France et, surtout, l'Allemagne et la Hollande où l'on prépare beaucoup d'Anguilles fumées.

Précautions à prendre vis-à-vis des Indigènes et des Concessionnaires possibles. — Comme on vient de le voir, aucune raison politique ou économique ne s'oppose à la concession, entre les mains de particuliers ou de Sociétés, de l'exploitation de l'une de ces lagunes ou, même, de toutes les deux à la fois, à la condition, bien entendu, que les particuliers ou les Sociétés ayant sollicité ces concessions remplissent, aux points de vue administratif et financier, *toutes les conditions nécessaires*.

Il ne faudrait pas retomber dans les errements passés et accorder une concession pour un trop long temps. Nous estimons qu'une durée de 10 *ans* serait suffisante, avec cette restriction que, si au bout de deux ans, aucun effort *sérieux* n'avait été tenté pour la mise en valeur de ces lagunes, la concession deviendrait caduque de plein droit et après une simple notification *officielle* de la Résidence générale.

Mais si, au bout de 10 ans, on constatait que l'effort réalisé est méritant et intéressant, la concession pourrait être renouvelée pour une nouvelle période de 10 années.

Comme, à notre avis, il ne faut pas grever les exploitations tant que celles-ci n'ont pas donné de résultats positifs, nous proposerions que les concessions soient accordées moyennant une redevance très légère (quelques centaines de francs), pendant deux ans ; de deux à cinq ans, cette redevance serait doublée au moins ; de cinq à dix ans, elle serait quadruplée, avec une taxe de tant pour cent sur le produit de la vente du poisson ou par kilo de poisson pêché.

Les Indigènes ne pourraient pêcher qu'à la ligne dans l'*intérieur* de la lagune, mais pourraient récolter les moules adultes
sur le littoral atlantique seulement, c'est-à-dire à l'extérieur des
lagunes.

Les moules jeunes ne pourraient, sous aucun prétexte, être
utilisées et, seuls, les mollusques ayant atteint 35 millimètres
de longueur pourraient être livrés à la vente et à la consommation.

La pêche au « piquant » devrait être rigoureusement interdite,
car cet instrument blesse à mort des quantités de poissons, sans
qu'on s'en aperçoive. Peut-être pourrait-on autoriser, à la place,
le « trident » avec arrêts en crochet sur les branches, qui a
l'avantage de maintenir solidement le poisson qui a été harponné ; mais, nous pensons qu'il existe assez de moyens de
destruction autres pour que le trident, même, reste interdit.

Bien entendu, il faudrait proscrire de la façon la plus absolue
les explosifs et les stupéfiants de toutes sortes et prévoir des
peines sévères contre les délinquants. Jusqu'ici, nous ne
pensons pas que ces procédés meurtriers soient utilisés dans
ces lagunes, mais... cela pourrait venir, et... gouverner c'est
prévoir.

Ostréiculture et Mytiliculture.— En ce qui concerne l'Ostréiculture, nous avons dit que les tentatives qui pourraient être
faites dans la lagune de Moulay bou Selham paraissent vouées
à un échec certain, à cause de l'intermittence d'ouverture de
cette formation à la mer.

Les essais malheureux tentés dans la lagune de Sidi-Moussa
par M. Paradis ne signifient nullement que l'ostréiculture ne
peut pas être pratiquée dans cette lagune et, aussi bien et même
mieux, dans celle de Oualidia. Mais ces tentatives devraient
être faites sous la direction d'un ostréiculteur compétent, après
examen attentif des lieux.

Quant à la Mytiliculture, elle donnerait, certainement, des

résultats intéressants, dans les trois lagunes, car on y rencontre des Moules indigènes qui se développent dans d'excellentes conditions. Mais, pour cet élevage, comme pour l'Ostréiculture, il ne faudrait pas que ces essais soient faits empiriquement : ils devraient être placés sous la direction d'un homme du métier, connaissant à fond l'industrie mytilicole. A ces conditions, mais à ces conditions seulement, nous pensons que ces tentatives devraient être suivies d'un succès complet.

Conclusions générales.

Après l'étude assez complète, à tous les points de vue, que nous venons de faire des trois lagunes que l'on rencontre sur la côte occidentale du Maroc, nous pouvons conclure d'une façon générale :

1º que ces lagunes sont, par ordre d'importance économique : celle de Moulay bou Selham, celle de Oualidia et, en dernier lieu, celle de Sidi-Moussa.

2º que la première, qui fait vivre toute une population indigène doit lui être exclusivement réservée pour l'exploitation, tandis que les deux autres peuvent, sans inconvénient, être concédées, soit à des particuliers, soit à des sociétés européennes, remplissant les conditions nécessaires vis-à-vis de l'Administration locale ;

3º que l'exploitation industrielle de la lagune de Sidi-Moussa, toute seule, ne semble pas devoir être rémunératrice pour une exploitation moderne, tandis qu'au contraire, celle de Oualidia pourrait l'être, à la condition d'être bien et économiquement conduite.

4º que nous conseillons vivement à l'Administration du Protectorat marocain de lier l'exploitation des deux lagunes méridionales, cela dans l'intérêt même de l'Administration et dans celui du Concessionnaire ;

5º enfin, que la concession de ces lagunes ne devrait pas dépasser 10 ans, avec les restrictions que nous avons indiquées plus haut, tant au point de vue des installations techniques que du règlement de la pêche à adopter.

Sous ces réserves, nous pensons que l'exploitation industrielle de ces formations lagunaires pourra procurer au pays tout entier un supplément très appréciable de matière alimentaire de premier ordre et au Concessionnaire, une juste récompense de l'effort qu'il aura accompli pour mettre en valeur ces deux lagunes.

Sous ces réserves, nous pensons que l'exploitation industrielle de ces formations lagunaires pourra procurer au pays tout entier un supplément très appréciable de matière alimentaire de premier ordre et au Concessionnaire, une juste récompense de l'effort qu'il aura accompli pour mettre en valeur ces deux lagunes.

1426. — Imp. Jouve et Cie, 15, rue Racine, Paris. — 10-1931

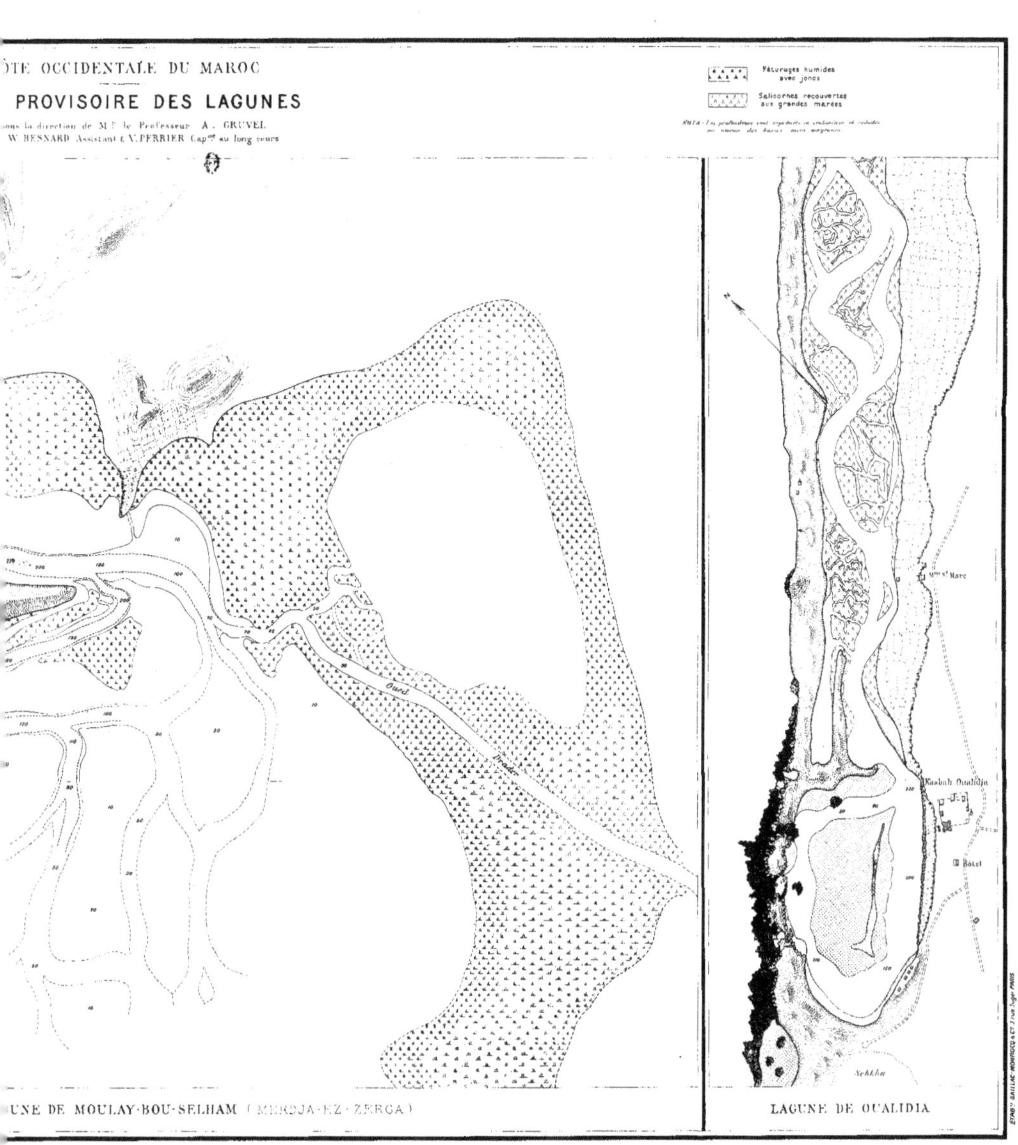
ÔTE OCCIDENTALE DU MAROC
PROVISOIRE DES LAGUNES
sous la direction de M. le Professeur A. GRUVEL
W. BESNARD Assistant & V. PERRIER Cap.ne au long cours
Pâturages humides avec joncs
Salicornes recouvertes aux grandes marées
Ouad
Kasbah Oualidia
Hôtel
M. S.t Marc
Sebkha
UNE DE MOULAY-BOU-SELHAM (MERDJA-EZ-ZERGA)
LAGUNE DE OUALIDIA
Echelle : 1/10.000
C.P.M. a

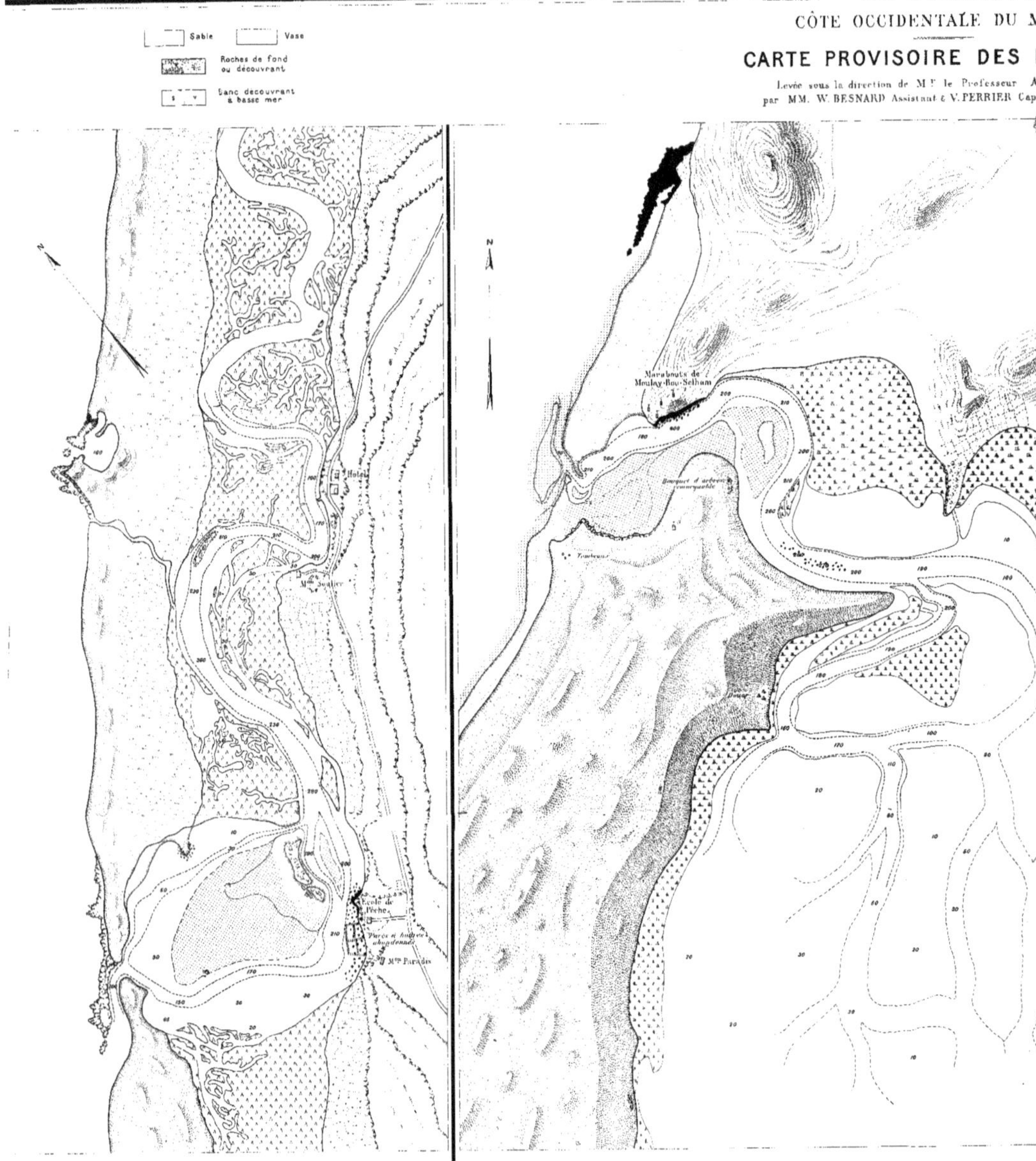

LAGUNE DE SIDI-MOUSSA

LAGUNE DE MOULAY-BOU-SEL

L'Elevage au Maroc

par Th. Monod
Vétérinaire-colonel

L'élevage constitue une des princ'pales ressources et une des principales richesses du Maroc. Il est favorisé par la nature du sol et la grande étendue des terrains de parcours qui représentent près de 18.'00.000 hectares.

Il comporte en fait d'animaux domestiques des bœufs, des moutons, des chèvres, des ânes, des mulets, des chameaux dont l'importance respective figure au dernier recensement de 1929 avec les chiffres suivants :

Bœufs, taureaux, vaches, veaux, génisses.	2.016.823
Moutons	8.847.930
Chèvres	3.395.772
Porcs	44.912
Chevaux, juments	197.023
Anes	540.984
Mulets	92.231
Chameaux, jeunes et adultes	124.171

Il est probable qu'en réalité le nombre des animaux domestiques vivant au Maroc est sensiblement plus élevé, car le recensement ne peut être fait avec toute la rigueur nécessaire. Ces chiffres marquent, par rapport à ceux qui étaient e registrés il y a une dizaine d'années un accroissement notable. Il est cependant possible d'affirmer qu'avec une meilleure utilisation des ressources naturelles et une hygiène mieux comprise, le troupeau marocain est encore susceptible de s'accroître.

Avant l'instauration du Protectorat de la République française au Maroc, l'élevage était limité dans son développement par de nombreux facteurs, parmi lesquels il y a lieu de retenir principalement :

1º L'interdiction d'exportation décrétée par les sultans dans le but de conserver dans le pays, au cours des années de disette, une alimentation suffisante pour subvenir aux besoins des populations, ainsi que les animaux de trait nécessaires aux travaux agricoles.

2º Le régime d'insécurité qui obligeait les propriétaires à n'avoir que de petits troupeaux très mobiles pour pouvoir les soustraire, par des déplacements rapides, aux razzias des gens de la montagne.

3º L'imprévoyance des indigènes qui, ne faisant pas de réserves fourragères, voyaient pendant les années de sécheresse leurs troupeaux décimés par les privations au cours de l'été.

4º Les maladies contagieuses, infectieuses et parasitaires contre lesquelles aucune mesure ne pouvait être prise.

Des mesures administratives ont autorisé l'exportation du bétail dans la plus large mesure possible, encourageant ainsi l'élevage et favorisant le commerce. Les quelques restrictions qui y ont été apportées n'ont d'autre but que d'assurer l'approvisionnement des troupes et de permettre par l'interdiction d'exportation des jeunes femelles le développement du cheptel. Ces restrictions, d'ailleurs temporaires, sont appelées à disparaître, l'expérience ayant démontré que la meilleure façon d'encourager l'élevage était de n'apporter aucune entrave au libre commerce des animaux.

Dans les régions pacifiées et même dans les zones d'influence où la sécurité est aujourd'hui acquise, le nombre et l'importance des troupeaux sont allés régulièrement en augmentant, la richesse des indigènes se traduisant surtout par le nombre de plus en plus élevé de leurs animaux.

En ce qui concerne la constitution des réserves fourragères, l'imprévoyance des indigènes n'a pas changé et la propagande la plus active est restée presque inopérante.

Quant à la lutte contre les maladies contagieuses le succès a été complet et l'efficacité des vaccinations pratiquées par les Inspecteurs du Service de l'Élevage permet de ne plus tenir compte des pertes énormes qu'elles occasionnaient autrefois.

Quelques facteurs nouveaux sont cependant intervenus depuis 2 ou 3 ans pour entraver le développement du troupeau marocain.

L'indigène protégé ayant acquis plus de richesse et de bien-être est devenu un mangeur de viande alors qu'autrefois il était surtout un végétarien. Sa consommation carnée est certainement de 5 à 6 fois supérieure à ce qu'elle était il y a 10 ans. La population européenne a de son côté, augmenté dans des proportions sensibles.

Qu'en est-il résulté ? C'est que le Maroc qui exportait il y a une dizaine d'années un nombre relativement élevé de bœufs et de moutons, ne fournit plus suffisamment de viande pour la consommation de ses habitants. Il importe des animaux de boucherie pour la consommation de choix des villes. l'armée est obligée d'avoir recours pendant une partie de l'année à la viande congelée importée d'Amérique.

De ce fait le prix du bétail a augmenté dans de fortes proportions et a atteint la parité, à qualité égale, des prix de France.

Cette situation pouvant être considérée comme définitivement acquise, l'élevage devient ainsi une source de bénéfices appréciables et certains, et l'éleveur a tout intérêt à accroître son bétail, aussi bien en qualité qu'en quantité. Il est vrai que l'importance des terres livrées à la colonisation et l'emprise exercée par le Service des Forêts sur de nombreux terrains de parcours ont déterminé en maintes régions la diminution sensible des troupeaux ; mais à de nouveaux besoins il faut de nouveaux moyens parmi lesquels l'alimentation occupe la première place.

Alimentation du bétail.

Les pâturages du Maroc sont riches au printemps ; l'arrivée des pluies a ramené le réveil de la végétation et pour peu que ces pluies aient été abondantes et heureusement réparties, la végétation pousse rapidement en quelques semaines et monte bientôt en certains endroits à hauteur d'homme. Elle n'est nulle part très dense, ne forme jamais comme en France un tapis continu.

Les animaux trouvent à cette saison, en abondance, une nourriture alibile et aqueuse ainsi que de l'eau dans les sources et les dayas. Ils augmentent rapidement d'état : en un mois et demi ils sont en chair et commencent à engraisser. Le maximum d'embonpoint est obtenu à une époque généralement comprise entre la fin mars et la fin mai. Le rendement en viande, pour le bœuf dépasse alors couramment 50 %.

Dès la fin de la saison des pluies la dessiccation s'accentue rapidement et la végétation n'offre bientôt plus aux animaux qu'une nourriture très dure, semi-ligneuse et sans valeur nutritive. Sauf dans les dayas et les parties marécageuses qui conservent un peu de verdure, toute trace de végétation disparaît. Le bétail souffre et dépérit : les animaux anémiés, cachectiques, déprimés n'offrent plus de résistance aux maladies et deviennent un terrain merveilleux pour la pullulation des parasites les plus divers, internes et externes.

Les vaches suitées sont les plus touchées par ce régime de misère qui retentit sur les veaux. Ceux-ci, ralentis dans leur développement du fait qu'une partie du lait de leur mère, médiocre laitière, leur est soustrait pour la consommation des indigènes, sont sevrés trop jeunes et ne tardent pas à être privés de l'herbe tendre indispensable à leur accroissement.

En dehors de ces variations annuelles régulières, il en est d'autres qui tiennent aux irrégularités locales du régime pluviométrique. Il y a arrêt dans le développement et l'engraissement dès que la pâture fait défaut.

Le bétail se développe ainsi par à-coups, par bonds successifs, ce qui retarde d'autant le moment de son développement complet, et c'est la raison pour laquelle les races marocaines sont excessivement tardives.

Il est donc indispensable de modifier complètement les conditions actuelles de l'alimentation du bétail et de leur substituer une alimentation rationnelle seule capable de pourvoir l'organisme des éléments indispensables à son entretien et à sa production, de lui fournir l'azote, les matières minérales, les vitamines nécessaires à sa vie économique.

L'herbe verte constitue à cet égard l'aliment de choix autant pour les femelles laitières que pour les animaux en période de croissance.

C'est dans l'herbe verte, dans les fourrages verts que les animaux trouvent en proportions convenables les principes qui font défaut ou qui n'existent qu'en quantité insuffisante dans les fourrages secs : les acides aminés, la chaux, les phosphates et surtout les vitamines, facteurs de croissance.

Il est donc indispensable de compléter l'alimentation en sec des animaux pendant l'été par l'adjonction d'une certaine quantité d'aliments verts ou de succédanés possédant les mêmes propriétés au point de vue assimilation des éléments azotés et féculents et contenant les vitamines indispensables.

Les fourrages ensilés sont, à ce point de vue, extrêmement recommandables et leur emploi ne saurait être trop préconisé.

Une meilleure utilisation des terrains de parcours doit être également envisagée. La vaine pâture, telle qu'elle est pratiquée amène l'appauvrissement et la destruction des pâturages, comme conséquence du surpeuplement.

La restauration des pâturages s'impose, elle implique une végétation plus fournie, plus abondante, plus riche et un moindre ruissellement. Elle ne peut être obtenue que par la suppression de la vaine pâture, nécessitant la mise en interdit périodique de certaines étendues de parcours pour leur régénération et partant la nécessité de la clôture.

La clôture et le paddock ont été réalisés en Afrique du Sud, en Australie, en Amérique et y ont permis la création des plus importants et des premiers troupeaux du monde. Elles peuvent et elles doivent l'être au Maroc.

La principale objection à l'établissement de la clôture est son prix de revient assez élevé, mais les bénéfices qui en résulteront compenseront très largement les frais des premières dépenses. Rien n'empêche d'ailleurs de sérier les efforts et de clôturer les terrains de parcours progressivement et méthodiquement. La clôture permet de réduire le nombre des gardiens, de parquer les animaux par catégories, de mieux utiliser les parcours, de favoriser la production des graines dans les compartiments interdits, de réduire les déplacements inutiles, de réaliser le pacage de nuit, de mieux dépister et isoler les sujets atteints de maladies contagieuses, de lutter efficacement contre les parasites internes en coupant leur cercle évolutif.

Elle a pour conséquence la possibilité d'augmenter très sensiblement le cheptel, en nombre et en qualité, d'y produire des toisons plus lourdes, des cuirs de plus grosse valeur, des animaux de boucherie plus fins.

La clôture est évidemment l'apanage des grandes propriétés. Sur les propriétés plus petites elle permettra avec des ressources en eau suffisantes la création de prairies permanentes constituées avec des plantes thermophiles à très gros rendements.

Les enclos doivent comporter des abris pour protéger les animaux contre les intempéries : bouquets d'arbres, refuges, murettes, hangars. Ils doivent bien entendu être en plus pourvus d'abreuvoirs.

L'amélioration des terrains de parcours se complétera par la destruction des mauvaises espèces fourragères et la multiplication des bonnes espèces autochtones et des espèces exotiques, appropriées. Parmi celles-ci il convient de citer particulièrement celles qui ont déjà fait leurs preuves : les pennisetum, les paspales, les panicum, les chloridées, les avénées, les agrostidées, les festucées, la pimprenelle.

Les prairies artificielles à très gros rendements sont l'apanage des terres irrigables en eaux abondantes et pauvres en sels. La luzerne et ses diverses variétés y sont particulièrement recommandées.

La culture des fourrages annuels, à utiliser surtout comme ensilage, peut être considérée comme une des nécessités de l'élevage sur les terrains non irrigués et à pluviométrie restreinte.

Elle peut être réalisée avec les légumineuses : Trèfle d'Alexandrie, lotier corniculé, soja, sulla, gesses, etc., les graminées : maïs, eragrostis, tricholène, seigle, sorghos et enfin les mélanges fourragers : vesce, avoine, Soudan grass et cow pea, pois fourrager et avoine ou seigle, etc.

Comme autres plantes annuelles il y a lieu de citer la moutarde blanche, la betterave. Dans les régions à pluviométrie très restreinte où il n'est pas possible de compter sur une production fourragère régulière, l'élevage peut encore subsister en y multipliant les plantes arbustives comestibles, certains fourrages occasionnels et enfin certains succédanés.

Les salsolacées fourragères, chenopodium et atriplex particulièrement, très résistants à la sécheresse, le cactus inerme, le mûrier, l'olivier, l'acacia arabica, etc., peuvent constituer des prairies aériennes et faire vivre des troupeaux pendant plusieurs mois, leur permettant ainsi de traverser les périodes si meurtrières de disette fourragère.

Abreuvement des troupeaux.

Les ressources en eau varient comme les ressources en pâturages. De décembre à mai les aliments suffisamment aqueux peuvent suppléer à leur insuffisance. En été les troupeaux boivent plus ou moins suivant leur éloignement des cours d'eau et des sources, mais trop nombreux sont encore ceux qui sont dans l'obligation de parcourir des distances considérables pour aller s'abreuver.

Trop souvent aussi l'abreuvoir se fait dans des mares, des flaques de boue ne contenant que de l'eau croupie, parfois saumâtre infectée d'embryons et de larves de parasites qui trouvent chez les animaux affaiblis un terrain de développement excessivement proprice.

Et comme conséquence ne voit-on pas dans les abattoirs et

les tueries des souks, les 8/10 des animaux qui y sont sacrifiés avoir les poumons et le foie envahis par les douves, les échinocoques et autres parasites, la broncho-pneumonie et la gastroentérite vermineuses, faire dans les troupeaux des ravages considérables.

L'aménagement des points d'eau, des sources, des puits en abreuvoirs est une nécessité de premier ordre. Chaque exploitation doit avoir le sien et ils doivent être en pays indigène suffisamment nombreux et rapprochés pour que jamais les animaux n'aient à souffrir de la soif. La meilleure formule de construction consiste en l'aménagement de deux abreuvoirs se faisant suite, l'un pour les grands animaux, l'autre pour les moutons, les chèvres et les porcs, l'eau non utilisée s'écoulant par une rigole pour l'irrigation.

Le pourtour des abreuvoirs doit être pavé, dallé ou cimenté, sur une largeur de 2 m. 50 à 3 m., pour que l'accès en soit toujours sec.

LES BOVINS

La population bovine du Maroc manque, à première vue, d'homogénéité. Les différents types qu'on y rencontre se rapportent cependant tous à une race unique :

La Race brune de l'Atlas.

Ses caractères ethniques se sont étroitement adaptés à un milieu rude et non amélioré.

Le climat chaud pendant l'été, rigoureux pendant l'hiver, l'inégale répartition des pluies, l'irrégularité de l'alimentation, ont fait du bœuf marocain un animal de format réduit, peu précoce, mais d'une rusticité et d'une endurance remarquables.

Le modèle le plus habituel est un type à profil concave, de proportions trapues, de poids inférieur à la moyenne, sous poil fauve plus ou moins foncé, à extrémités noires.

C'est, pour employer le langage concis du Professeur BARON, une race brune, du type concave, bréviligne, ellipométrique.

Fig. 1. — Race brune de l'Atlas.

Fig. 2. — 75 % zébu marocain.

A côté de ce type le plus commun, il en existe deux autres beaucoup moins répandus. C'est d'abord une sous-race blonde, à profil concave, bréviligne, à extrémités peu ou pas pigmentées, puis une sous-race pie ne se différenciant que par la robe.

Caractères ethniques.

1° *Le poids, la taille.* — D'une façon générale le poids et la taille varient énormément suivant les régions. Le bétail de la montagne est beaucoup plus petit et moins lourd que celui des plaines et des plateaux. Les plus beaux spécimens du Gharb, des Beni-Ahsen, des Zaers, des Zemmours, des Doukkala peuvent dépasser 500 kilos, bien qu'il soit difficile de constituer un troupeau homogène d'une moyenne supérieure à 400 kilos. Par contre le bétail de la montagne dépasse rarement 250 kilos et peut même descendre à 150 kilos les années de disette. Le dimorphisme sexuel est très accusé et le poids des vaches notablement inférieur à celui des taureaux.

La taille varie également dans de fortes proportions. Elle dépasse rarement 1 m. 35 chez les mâles et 1 m. 27 chez les vaches avec des moyennes de 1 m. 20 et 1 m. 15.

2° *Le Profil.* — Le profil est concave.

Le front est creux, enfoncé entre les orbites saillantes qui accusent encore plus la dépression des frontaux. La concavité du profil est quelquefois atténuée par un léger relief ou point de soudure des sus-naseaux et du frontal, mais l'élargissement et le retroussement de l'extrémité du mufle viennent lui rendre son allure généralement déprimée.

Le chignon n'est pas saillant et sa ligne médiane est légèrement excavée en son milieu.

Les cornes sont insérées en avant de cette ligne médiane (type proceros) : elles sont assez fines, courtes, aplaties légèrement d'avant en arrière et enroulées dans le sens du petit axe de l'ellipse de section. C'est ce qui donne au cornage les lignes rencontrées chez toutes les races concavilignes.

La forme en couronne produite par l'enroulement en avant

du front, dans un seul plan, passant par le petit axe de l'ellipse
de section et perpendiculaire au grand axe est rare. La disposition la plus fréquente est celle dite « en crochet » où l'enroulement se fait en avant du front : mais il y a en même temps une
torsion qui relève la pointe. On arrive quelquefois par l'exagé-
ration de cette torsion à la forme « en lyre basse » des races rectilignes.

3° *Les proportions*. — Le bétail est du type trapu et ce caractère se retrouve dans toutes les parties du corps. La race est
bréviligne dans tous ses éléments.

Le front est large, la face courte, le mufle épais, élargi, relevé.
Mais comme les cornes sont courtes et la face resserrée au niveau du chanfrein, la tête, dans son ensemble, paraît assez fine.
Il arrive fréquemment de rencontrer des vaches et surtout des
génisses qui par cette finesse de tête, la concavité de leur profil, la forme de leurs cornes, font penser aux jerseyaises et aux
bretonnes.

L'encolure est forte, courte, massive, épaisse. Le fanon est
lâche, épais, plissé.

Le tronc est ample, court, développé en avant. La poitrine est
profonde, haute, descendue, très épaisse entre les deux palerons.

Les côtes sont cintrées, arrondies, longues.

Le ventre est peu volumineux.

Comme chez toutes les races anciennes et incultes, la ligne
médiane est saillante, le rein n'est pas très large.

Le train postérieur est étriqué. La croupe est étroite, courte,
non musclée, la queue est noyée entre les ischions, longue, développée.

La cuisse est plate ; la fesse mince, tranchante, courte, fuyante,
même chez le taureau.

Les mamelles sont bien placées, hémisphériques, à trayons
petits.

Les membres sont courts mais fins. Il est difficile d'apprécier
cette réduction chez les animaux qui ont été entravés, mais les
jeunes montrent des canons minces, secs, trempés comme ceux
du cheval arabe. Cette finesse des extrémités et de l'ossature

s'explique très bien par l'influence du terrain sec et perméable.

La peau est épaisse et rude. Les poils sont courts, fins, brillants, serrés et pigmentés pendant l'été. L'hiver ils sont longs, ternes et bourrus.

Les onglons sont forts, solides.

4° *Le pelage.* — C'est une race brune, à extrémités plus foncées que le reste de la robe, à muqueuses noires ou marquées de noir, pigmentées autour des orifices naturels.

Le fond de la robe est fauve jaunâtre ou rougeâtre plus ou moins foncé, avec des variations très accusées comportant toute la gamme des teintes.

Sauf autour des yeux, la partie pigmentée excentrique est toujours séparée du fond de la robe par une zone gris argenté ou gris perle, particulièrement accusée au niveau du mufle. Les oreilles sont foncées, mais le bord libre et l'intérieur sont toujours recouverts de poils plus clairs qui ressortent nettement.

Les cornes sont blanches à la base, vert glauque au milieu, noires à l'extrémité.

Le chignon est toujours plus clair que le cou et la tête. La queue est le plus souvent noire à l'extrémité, ainsi que le bouquet de poils du fourreau.

La corne des onglons est gris foncé ou noire.

La pigmentation est centripète, limitée chez quelques individus aux muqueuses, au pourtour des orifices naturels, aux extrémités. Elle devient envahissante chez d'autres, surtout l'été chez les mâles. Elle gagne la tête, les membres, l'encolure, puis le tronc. A un degré plus accusé elle donne la robe brune, mais il persiste toujours quelques traces du type ordinaire.

Le pelage comporte parfois des bringeures.

Origines.

Tout porte à croire que l'ancêtre paléontologique de la race brune marocaine est le *Bos primigenius mauritanicus*, découvert par le vétérinaire militaire Philippe Thomas, dans le quaternaire de l'Afrique du Nord.

L'existence d'un bétail pie et la présence de bringcures semblent être le fait de croisements anciens.

Les aptitudes.

La race bovine marocaine est résistante, rustique, adaptée aux conditions défavorables du milieu, mais sans spécialisation.

Elle a cependant des qualités appréciables.

Le bœuf est un bon animal de travail, d'un caractère très doux, suffisant pour la boucherie.

La vache marocaine, médiocre laitière, est par contre très bonne beurrière.

Production de la viande. — Sans être un animal d'engrais le bœuf marocain est un bon bœuf de viande, faisant comme tous les animaux soumis à un engraissement rapide avec une alimentation alibile mais aqueuse, de la graisse en paquets.

La chair en est assez fine, peu colorée, même chez les taureaux, et rarement persillée sauf cependant chez certains sujets spécialement préparés pour la boucherie et engraissés avec des grains.

Le rendement moyen varie de 40 à 50 %.

Production du travail. — Le bœuf marocain est employé aux travaux du sol. Sans avoir une force extraordinaire ni un pas rapide, il suffit pour les labours superficiels effectués par les indigènes au Maroc, soit à cause de la fertilité du sol, soit en raison du peu d'épaisseur de la couche végétale.

Production du lait. — La vache marocaine, sans soins exceptionnels, sans régime spécial, donne environ de 4 à 6 litres de lait par jour.

Si elle est l'objet d'une certaine sélection et qu'elle reçoive, à l'étable, un supplément de nourriture, elle peut produire jusqu'à 10 et 11 litres de lait par jour.

Le lait de vaches marocaines est dans l'ensemble un lait très riche en beurre, très riche en caséine, assez pauvre en sucre. Si la teneur moyenne des laits français en principes butyreux est de 37, celle du lait marocain est supérieure à 45. Il est de ce fait comparable à celui de la vache bretonne.

La traite exige cependant la présence du veau.

Amélioration.

Après avoir été partisans de la supériorité du croisement sur les autres méthodes, les éleveurs semblent s'orienter vers la sélection.

Aucune des races importées n'a manifesté de réelle supériorité. Les meilleurs résultats ont été obtenus.

1º Par la sélection de la race marocaine et croisement avec les 50 et 25 % zébus de l'Inde.

2º Par le croisement des métis 25 % zébus marocains avec des taureaux importés : charolais, tarentais, montbéliard, etc.

La plupart des échecs proviennent de la difficulté d'assurer l'alimentation rationnelle et l'hygiène des importés et des métis.

LES OVINS

La population ovine du Maroc, assez hétérogène, peut être considérée comme dérivée de trois types primitifs :

1º *La race berbère* qui constitue l'élément autochtone par excellence. Elle occupe toutes les régions accidentées et les contreforts de l'Atlas.

Le cou est court, la côte ronde, la croupe horizontale, la cuisse brève et large, les membres grêles et courts.

La face et les extrémités sont ordinairement rousses mais on peut y trouver des sujets à laine noire, notamment dans les troupeaux de l'Atlas, de la région de Marrakech.

La toison en est courte, jarreuse. composée de brins grossiers, ne formant pour ainsi dire pas de mèche (laine beldia).

C'est un petit mouton dont la taille maximum ne dépasse pas 0 m. 55 et le poids vif 20 à 30 kilos, mais très apprécié pour la boucherie pour la finesse de sa viande.

2⁰ *La race barbarine* ? dépourvue d'une de ses caractéristiques principales, la queue chargée de graisse. Le cou en est long et mince, le garrot saillant, la poitrine plate, la croupe complètement abattue.

La laine souvent jarreuse constitue une toison semi-ouverte, à mèches pointues mais assez longues. Le manteau en est peu étendu, de couleur blanche, avec tête rousse ou jaunâtre. C'est le type le plus répandu dans toute la zone du littoral. Grand mouton plat atteignant 0 m. 60 à 0 m. 70 et pouvant dépasser 60 kilos à l'âge adulte. Sa mauvaise conformation et sa chair filandreuse en font un mouton peu apprécié pour la boucherie.

3⁰ *La race arabe.* — Type à tête blanche, plus ou moins envahie, ainsi que le cou, par une coloration rougeâtre ou noire dans certaines variétés. L'encolure est courte, le dos droit, la poitrine ouverte, la côte ronde, le rein large et la croupe un peu abattue. Le gigot en est musclé sans être rond comme dans les races plus améliorées.

La laine fine, soyeuse, grasse, donne chez les beaux sujets des toisons tassées, fermées, à mèches carrées, comme chez les mérinos. Elle descend chez ces sujets jusque sur les onglons aux membres postérieurs et jusqu'aux canons aux membres antérieurs. C'est le type des laines Aboudia et Ourdighia. Ce mouton, plutôt grand, peut atteindre 55 à 65 cm.

Son poids varie entre 40 ou 60 kilos et le rendement à la boucherie est de 40 à 50 kilos. Il est prisé sur les marchés surtout à cause de la qualité de sa laine. Bien conformé pour la boucherie, sa viande est cependant un peu inférieure comme qualité, à celle du mouton berbère.

Ces différentes races se sont plus ou moins mélangées et ont donné naissance à plusieurs variétés intermédiaires.

Au point de vue de la qualité lainière il est possible de les classer par ordre de mérite de la façon suivante :

1⁰ Le mouton du Gharb et des Beni Ahsen donnant la laine Aboudia.

2⁰ Le mouton du Tadla. donnant la laine Ourdighia.

3º Le mouton berbère, mouton de l'Atlas, et celui du littoral donnant la laine beldia.

Au point de vue de la qualité de la viande, le petit mouton berbère tient le premier rang avec le mouton de Berguent. Son poids peu élevé rend malheureusement son transport par voie ferrée et par bateau très onéreux, le frêt étant payé à la tête.

Le mouton du Tadla et des Beni Meskine vient ensuite : c'est avec ce type de mouton que se sont faites presque toutes les transactions avec la métropole.

Vient enfin le mouton du Gharb, très osseux, très peu précoce, dur à l'engraissement, à chair peu appréciée, et les moutons du littoral qui sont réservés pour la consommation locale.

D'une manière générale, le mouton marocain n'est pas précoce et les brebis sont peu laitières. Une partie de leur production journalière est fréquemment prélevée par le propriétaire du troupeau. La traite s'effectue une ou deux fois par jour et donne de 0 l. 100 à 0 l. 300 par brebis et par traite. Les indigènes emploient ce lait pour la fabrication du beurre.

L'aptitude à la production de la laine change d'une variété à l'autre. Le poids moyen de la toison d'un mouton tondu par les procédés rudimentaires dont disposent les indigènes varie de 1 kgr. à 1 kgr. 700.

Le mouton marocain est sobre et rustique. En dehors de la ration qu'il trouve lui-même sur les terrains de parcours, il ne reçoit jamais de supplément de nourriture. Aussi les années de disette fourragère, voit-on les troupeaux fondre à vue d'œil, la mortalité pouvant s'élever à 80 et 90 %.

Amélioration.

Les meilleurs croisements obtenus paraissent être les Rambouillet-Crau Marocains. Les produits s'acclimatent facilement, sont rustiques et plus développés que ceux des Crau purs. La laine est de qualité supérieure et les toisons notablement plus lourdes que les plus belles des marocaines.

Résultats également très encourageants avec les mérinos australiens. Toisons fermées, pesantes et brins d'une finesse remarquable. Produits rustiques et bien conformés.

Les Chatillonnais et les Champenois sont surtout recommandables pour la production des agneaux de lait, le Champenois restant d'une rusticité et d'une acclimatation plus facile que le Chatillonnais.

LES CAPRINS

La population caprine marocaine peut être considérée comme le complément naturel et indispensable de la population ovine. Les chèvres méritent de prendre place de suite après les moutons tant par leur nombre que par les services importants qu'elles rendent aux indigènes.

Dans les troupeaux elles accompagnent les moutons auxquels elles servent de guide. Leur proportion, variable suivant les régions, est généralement d'une chèvre pour trois moutons.

C'est surtout le relief du sol qui règle la répartition de ces animaux. On réserve plutôt les plateaux aux moutons, tandis que dans les terrains accidentés on ne rencontre guère que des chèvres.

La chèvre du Maroc est de couleur brun très foncé ou noire. Les animaux à robe pie noire sont cependant assez nombreux.

La longueur du poil varie d'un animal à l'autre : il n'est pas rare de rencontrer, dans un même troupeau des chèvres dont les poils mesurent une dizaine de centimètres et d'autres à pelage presque ras.

Le poids vif moyen d'une chèvre est d'environ 20 kilos et sa taille de 0 m. 50.

Cette chèvre est rustique. Son agilité lui permet de gravir les pentes les plus abruptes, elle trouve partout sa nourriture.

Dans quelques régions la castration des boucs est assez répandue et atteint 30 à 40 % de l'effectif.

Au point de vue indigène leur élevage facile et leur très grande rusticité en font des animaux de première utilité.

Fig. 3. — Un 50 % zébu-marocain.

Fig. 4. — Un troupeau de croisés zébus-marocains.

Leur chair est estimée et entre dans la consommation des Marocains pour une proportion dépassant sensiblement celle de la viande de mouton. Elle est dépourvue de l'odeur de bouc qui rend si souvent la viande des chèvres des races européennes inconsommable.

Au point de vue laitier, les chèvres marocaines fournissent une moyenne de 1 litre à 1 l. 1/2 de lait par jour.

Leur poil, après la tonte, est mêlé à la laine grossière et aux poils de chameaux pour la fabrication des cordes et des tentes.

La peau, laissée en manchon et enduite de goudron, sert de récipient pour transporter l'eau.

Ces « guerbas » sont utilisées pour baratter le beurre.

Les poils de chèvre donnent lieu à une exportation de peu d'importance. Par contre, les peaux de chèvres marocaines jouissent d'une réputation méritée : elles sont exportées salées.

Amélioration.

Au point de vue de la production du lait, les croisements avec les chèvres pyrénéennes et les chèvres d'Espagne donnent de très bons résultats.

Les essais de croisements tentés avec la chèvre d'Angora au point de vue de la production du poil sont des plus encourageants.

PORCINS

Les porcs du Maroc appartiennent au type ibérique et sont vraisemblablement originaires d'Espagne.

D'un tempérament vigoureux et robuste, ils sont très rustiques, agiles et bons marcheurs, doués d'un excellent appétit. Leur poids vif moyen de 15 à 18 mois varie de 60 à 80 kilos. suivant la richesse des terrains sur lesquels ils pâturent. Ces animaux sont peu précoces et ne dépassent guère un état de mi-engraissement.

Au début du Protectorat, les troupeaux vivaient presque à l'état sauvage, trouvant dans les parcours de quoi subvenir largement à leur entretien et se nourrissaient de fourrages, d'insectes, d'escargots, de lézards, de serpents et surtout d'un très grand nombre de bulbes et de rhizomes comestibles.

L'épuisement des terrains de parcours, leur limitation a mis les éleveurs de porcs dans l'obligation de substituer à l'élevage en liberté, l'élevage en demi-stabulation et l'engraissement à l'étable avec des aliments cuits (maïs, orge, fèves, farines, de viande et de poisson).

Amélioration.

Les Yorkshire, les Craonnais ou les dérivés de ces deux races sont des améliorateurs très appréciables des races locales auxquelles ils donnent plus de précocité, plus de poids, une meilleure conformation, plus d'aptitude à l'engraissement. Ils ont de plus, l'avantage de substituer à la robe noire une robe plus claire, d'un commerce plus facile et plus rémunérateur.

ESPÈCE CHEVALINE

Le cheval marocain peut être considéré comme une variété du cheval barbe de l'Afrique du Nord.

Bâti en cheval de selle, il est généralement dépourvu d'élégance.

De petite taille, mais d'une grande résistance, quand il est né en pays montagneux, il est plus important et d'une ossature accusée quand il a vu le jour dans les contrées fertiles, riches en calcaire et en phosphate.

Qu'il soit de la plaine ou de la montagne, le cheval marocain a presque toujours une attache de tête grossière et empâtée, une encolure courte et massive, une croupe avalée suivie d'une cuisse maigre et étriquée, des aplombs irréguliers.

Loin de racheter ces défauts de conformation par un excédent d'influx nerveux, il est au contraire d'un tempérament lymphatique, d'allures peu brillantes et rasant le sol. Seules sa rusticité et sa résistance font de lui un animal précieux dans un pays où la variété des régions et la modicité des ressources ne permettraient pas l'élevage d'un cheval trop affiné et trop exigeant.

L'indigène marocain n'a pas, au même titre que l'Arabe nomade, ancien guerrier passant sa vie à cheval, le culte de sa monture. Il est, lui, un berbère et un sédentaire. Cependant les chefs et les riches propriétaires mettent leur fierté à avoir un animal de grande taille, gros et gras, qui, bien pansé et richement harnaché, leur fera honneur les jours de « fantasias ».

Amélioration.

Le service des remontes et haras poursuit avec méthode et plein succès l'amélioration de la race chevaline. C'est surtout au pur sang arabe qu'il est fait appel pour corriger les défauts de conformation du cheval marocain, lui donner plus d'élégance, plus de densité et surtout plus d'influx nerveux.

Des résultats considérables ont déjà été obtenus et dans certaines régions particulièrement propices à l'élevage du cheval, les Doukkala, les Zemmours par exemple, le modèle du cheval courant s'est complètement transformé et les nombreux produits obtenus retiennent l'attention par leur élégance, leur finesse, leur sang et la bonne direction de leurs rayons.

Pour obtenir le cheval de trait léger, utile à l'agriculture, c'est au croisement breton marocain qu'ont recours les éleveurs. Le breton très rustique, peu exigeant, s'adapte facilement au climat : croisé avec de fortes juments marocaines, il donne des produits très réussis et répondant bien à leur destination.

LE MULET

Le mulet est un animal aussi précieux qu'utile, d'un prix élevé et dont le besoin se fait constamment sentir. Plus rustique, plus solide, plus résistant à la fatigue que le cheval, il se contente de soins sommaires.

Il est indispensable à l'Indigène, à l'Agriculteur, au Colon, à l'armée, aux Entrepreneurs, etc. Toutes les régions du Maroc conviennent à son élevage. Celui-ci n'est soumis à aucune règle spéciale. A peine l'éleveur indigène fait-il attention au choix de l'âne étalon, toujours de petite taille, à qui il donne des juments quelconques, le produit à venir étant toujours susceptible de lui rendre des services.

Il en résulte une production de mulets extrèmement disparates, peu développés et dont bien peu sont d'un format et d'un poids suffisants pour les besoins de l'armée, de la colonisation et de l'exportation. Et c'est la rareté des beaux sujets qui leur fait attribuer des prix très élevés.

Amélioration.

C'est pour remédier à cette insuffisance des reproducteurs locaux qu'il a été fait appel, depuis plusieurs années, aux baudets pyrénéens et catalans. Ils se sont affirmés dès le premier jour comme des reproducteurs de premier ordre. Ils donnent avec les juments marocaines des produits remarquables qui font prime sur les marchés.

Les baudets espagnols reviennent malheureusement au Maroc à des prix très élevés : aussi y a-t-il tout intérêt à faire naître ces reproducteurs au Maroc en important des ânesses catalanes.

Anes et ânesses importés gagnent du reste largement leur vie, car ils sont employés aux labours, aux travaux de la ferme et ils remplacent avantageusement les petits mulets marocains. Il y a là une indication précieuse et il est à souhaiter que les éleveurs entreprennent eux-mêmes l'élevage des baudets catalans et soient à même de fournir d'ici quelques années le nombre suffisant de ces reproducteurs pour pouvoir faire face à tous les besoins.

Le choix de la jument pour la production du mulet est loin d'être indifférent. Il convient de donner à un reproducteur d'élite des juments dignes de lui.

Pour cela deux formules sont à retenir :

1° L'emploi de la jument bretonne, non pas de la postière, trop lourde, trop massive et qui ne convient pas aux possibilités de l'élevage marocain, mais de la bidette bretonne, très rustique, vigoureuse, d'un format s'harmonisant parfaitement avec celui du baudet et susceptible de donner des sujets de 1er choix.

2° L'emploi de la jument marocaine à condition de la choisir d'un format en rapport avec celui désiré pour le produit, avec une poitrine large et profonde, un dessus rectiligne, une bonne attache de reins et un bassin très développé.

C'est en suivant ces directives que l'éleveur pourra doter son exploitation d'un cheptel de travail des plus intéressants ayant en même temps une haute valeur commerciale.

ESPÈCE ASINE

L'âne marocain est un élégant petit animal de couleur cendrée, sobre, rustique, très maniable, rendant des services inappréciables.

Malgré sa petite taille qui atteint à peine 80 cm. ; il est la monture, la bête de somme et de bât du marocain. Il est attelé à la charrue à côté d'une vache, d'un chameau, d'une femme parfois ; il n'est pas rare de voir ces courageux petits ânes porter des fardeaux de 50 à 60 kilos sur lesquels viennent encore se jucher les conducteurs.

Il est l'élément indispensable du fellah et on ne conçoit guère le Maroc sans ces bourriquots.

Exceptionnellement, dans quelques régions du Maroc on trouve quelques ânes sélectionnés, réservés pour la saillie et dont la taille peut atteindre 1 m. 25 à 1 m. 30. Ils sont l'objet de soins particuliers et jalousement conservés par leurs propriétaires. Leur nombre est cependant trop restreint pour suppléer à l'importation des baudets étalons catalans et pyrénéens.

DES CHAMEAUX

C'est improprement que le qualificatif de chameaux est appliqué aux camélidés de l'Afrique du Nord.

On n'y rencontre en effet que des dromadaires, chameaux à une bosse, vraisemblablement originaires de l'Arabie d'où ils se sont répandus en Egypte et en Afrique du Nord avec les invasions arabes. Remarquablement adaptés aux conditions du milieu, ils ne sont guère employés que par les indigènes qui les utilisent comme animaux de bât. Ils leur sont excessivement précieux car ils sont à peu près les seuls à faire les transports de grains vers les marchés centraux et ils seront longtemps encore irremplaçables dans les régions où les communications ne peuvent se faire que par des pistes très accidentées, inaccessibles aux véhicules modernes.

Leur poil laineux est très employé dans l'industrie indigène ainsi que leurs peaux, et leur viande, quoique inférieure comme qualité à celle des bœufs et des moutons, est cependant régulièrement consommée par les Marocains, surtout en période de disette.

DU SERVICE DE L'ÉLEVAGE

BUT. ORGANISATION.

Conserver, améliorer, développer le troupeau marocain, tel est le but du Service de l'Elevage. Il a la charge de la surveillance sanitaire du bétail, de l'application des mesures de préservation et de lutte contre les maladies contagieuses, de l'étude de tous les moyens tendant à la plus grande prospérité des races d'animaux domestiques du Maroc.

Personnel.

Il comprend, sous l'autorité technique d'un Chef de Service :

1º Un Laboratoire de recherches et de déterminations.

2º Des Vétérinaires Inspecteurs de l'Élevage chargés d'une circonscription déterminée où ils sont tenus d'assurer le service sanitaire, de surveiller les marchés et d'effectuer des tournées chez les Colons et dans les tribus.

A chacun d'eux sont adjoints un ou deux aides-vétérinaires indigènes chargés de les accompagner dans leurs tournées, de leur servir au besoin d'interprètes, de mettre en confiance les indigènes, leur expliquer les buts poursuivis et les persuader du bénéfice qu'ils auraient à appliquer les méthodes rationnelles de l'élevage. Ces aides sont choisis parmi les jeunes gens intelligents de la région, connaissant bien le pays et initiés aux petites opérations économiques courantes, telles que les vaccinations et les castrations.

3º Des Vétérinaires de Consultations Indigènes, opèrent dans le même sens que les Vétérinaires Inspecteurs de l'Élevage, mais dans leur infirmerie ou dans un rayon limité.

Ce sont les Vétérinaires militaires de l'avant, assurant à la fois le Service des Troupes et le Service de l'Élevage, leur répartition étant faite de façon à assurer le mieux possible le bon fonctionnement des deux services.

Fonctionnement.

Les interventions des Inspecteurs du Service de l'Élevage sont gratuites en milieu indigène.

Cette gratuité s'étend aux consultations, pansements, opérations diverses, castrations ; elle comprend aussi la fourniture des médicaments, objets de pansements, vaccins et sérums.

L'hospitalisation dans les infirmeries des Inspections de l'Elevage est également gratuite, à charge par les propriétaires d'assurer la nourriture et les soins des animaux traités.

Chez les colons les interventions ne sont gratuites que lorsqu'elles sont provoquées par l'Autorité administrative, dans le cas d'épidémie par exemple.

Les sérums et les vaccins leur sont délivrés au prix de revient par le Service.

Dans les grandes villes les Vétérinaires municipaux assurent les Service des Abattoirs et des marchés.

Inspection des abattoirs.

Dans les villes de moindre importance et dans les tueries des souks, les animaux abattus pour la boucherie sont surveillés et inspectés par les Inspecteurs de l'Elevage et les Vétérinaires des Consultations indigènes.

Pour obtenir leur maximum de rendement, il est indispensable que les Inspecteurs du Service de l'Elevage soient aidés par les autorités régionales des Contrôles ou des Affaires Indigènes et marchent tout à fait d'accord avec elles.

C'est seulement par la collaboration étroite et continue de ces deux services, par la coordination de leurs efforts que des résultats matériels peuvent être obtenus, tant il est vrai que l'indigène, même travaillant dans son propre intérêt, ne réalisera d'amélioration dans l'élevage que si une douce pression administrative l'y incite.

Consultations indigènes.

Les consultations vétérinaires indigènes gratuites sont données de trois manières différentes:

1º *Dans les infirmeries vétérinaires.* Ce sont les plus efficaces et les plus nombreuses. Les indigènes y amènent de plus en plus leurs animaux malades ou blessés. De nombreuses infirmeries existent déjà, d'autres sont en voie de construction ou proje-

Fig. 5. — Le marché des moutons aux Abattoirs de Casablanca.

Fig. 6. — Un concours de primes aux Ovins dans la région de Marrakech.

tées. Elles sont pourvues du personnel, du matériel, des médicaments et objets de pansements nécessaires, d'un microscope pour les déterminations. Les interventions y sont faciles et les malades peuvent y être suivis régulièrement. Les résultats y sont beaucoup plus certains que lorsqu'il s'agit de consultations accidentelles opérées en cours de tournées.

Dans les cas graves, nécessitant des soins minutieux, une surveillance attentive, lors d'interventions chirurgicales sérieuses, les malades sont hospitalisés.

2° *Sur les Souks*. Il est naturel, au point de vue des guérisons, que les consultations sur les souks soient moins fructueuses que celles des infirmeries, les indigènes ne venant guère aux souks qu'avec des animaux valides. On y traite surtout les malades légèrement blessés ou atteints de tumeurs chroniques compatibles avec leur utilisation.

Ces consultations offrent cependant un très grand intérêt, car elles permettent aux vétérinaires de se faire connaître des indigènes. Les quelques opérations qui y sont pratiquées, l'emploi de nos instruments, de l'auto-cautère surtout, frappent leur imagination, leur inspirent confiance et les incitent à avoir recours à nous.

Ces visites, malheureusement trop peu nombreuses par suite de l'insuffisance du personnel, ne peuvent avoir lieu qu'irrégulièrement.

Telles qu'elles sont pratiquées, elles permettent cependant la surveillance de l'état sanitaire et l'inspection des viandes.

3° *Lors de tournées en tribus*. — Aussi fréquentes que possible, ces tournées sont surtout fructueuses lorsqu'elles comprennent avec le Vétérinaire de l'Elevage, un Contrôleur ou un Officier du Service des Renseignements et un Inspecteur de l'Agriculture. L'indigène aime causer ; il est curieux et assiste avec plaisir aux palabres. C'est dans ces conversations à domicile, autour d'une tasse de thé, qu'on arrive à le persuader, à exciter sa convoitise, en lui démontrant les bénéfices qu'il pourrait réaliser d'une meilleure utilisation du cheptel.

Toutes les questions y sont successivement traitées : consultation, désignation des juments à présenter aux étalons des haras, choix des reproducteurs, visite sanitaire des troupeaux, castration, cultures, prairies, abris, points d'eau, abreuvoirs, réserves fourragères, etc.

Les indigènes se rendent tellement compte de l'intérêt de ces tournées qu'ils sont les premiers à les réclamer aussi fréquentes que possible.

Le nombre des consultations indigènes gratuites données par les Inspecteurs du Service de l'Elevage, dépasse annuellement le chiffre de 40.000 et celui des hospitalisations le chiffre de 3.000.

Castration.

La castration de tous les mâles inaptes à faire de bons reproducteurs est un des moyens les plus efficaces pour arriver à faire de la sélection dans la race.

Très peu répandue autrefois, la pratique de la castration pour laquelle les indigènes manifestaient une véritable répugnance semble se répandre de plus en plus, encouragée par les tournées de propagande, les conférences et la création des équipes de castreurs indigènes.

Les conditions déplorables dans lesquelles les indigènes pratiquaient la castration, entraînant une forte mortalité, étaient certainement une des causes principales de son peu de succès.

L'emploi si sûr et si commode de la pince Burdizzio, seule appliquée aujourd'hui, permettant la castration sans mutilation et sans effusion de sang a largement contribué à rendre cette opération courante.

Plus de 100.000 castrations sont ainsi pratiquées chaque année par les soins du Service de l'Elevage et sous sa surveillance.

LES MALADIES DU BÉTAIL AU MAROC

Elles sont nombreuses et variées et peuvent être classées en plusieurs catégories comprenant :

1° *Les Maladies infectieuses* contre lesquelles nous sommes suffisamment armés pour lutter efficacement à l'aide des vaccins et sérums spécifiques, la plupart d'entre eux étant préparés au Laboratoire de Recherches du Service de l'Elevage.

Dans cette catégorie sont compris :

Le Charbon bactéridien (vaccination intradermique en un temps de VELU).

Le Charbon symptomatique de CHAUVEAU et d'autres affections voisines à anaérobies.

Les Pasteurelloses (vaccins formolés et vivants du Laboratoires de Casablanca).

La Fièvre aphteuse.

La Tuberculose.

Les affections à Preisz-Nocard.

Certaines paratyphoses des porcelets.

La Clavelée (vaccin algérien).

La Variole des porcelets.

La Rage (vaccin REMLINGER et BAILLY de Tanger).

La Peste porcine (sérum).

L'Agalaxie contagieuse (stovarsol).

La Lymphangite épizootique (biiodure de mercure).

La Blastomycose des voies lacrymales.

Le Choléra aviaire, la Diphtérie aviaire.

2° *Les Maladies parasitaires du sang*, Trypanosomiases et Piroplasmoses.

Les trypanosomiases, dourine et debab sont traitées efficacement par le 309 Fourneau.

Le vaccin algérien contre la Piroplasmose est d'un emploi trop restreint et trop limité pour qu'il puisse être généralisé.

3° *Les Maladies parasitaires.* — Ce sont les plus dangereuses

et les plus redoutables, celles qui occasionnent chaque année
les pertes les plus élevées.

La lutte contre les parasites externes ne peut être efficace
que par l'emploi des bains préventifs parasiticides, à base
d'arséniate de soude.

Contre les parasitaires internes, le bon entretien constant de
l'animal doit être considéré comme la meilleure prévention ;
mais la destruction des parasites doit être en même temps poursuivie, en coupant leur cycle évolutif par la rotation des pâturages, en détruisant directement les larves à l'aide de produits
chimiques.

A cet effet le sulfate de cuivre, la chaux, le sel peuvent être
épandus sur les parcours, le sel et le sulfate de cuivre distribués
individuellement pour détruire les larves lors de la pénétration
dans l'organisme.

La destruction des strongles devra être plus spécialement
poursuivie par les arsenicaux, celle des douves par le tétrachlo-
rure de carbone.

4° *Les Maladies de la nutrition*, encore peu connues, maladies
par carence ou précarence auxquelles doivent être rapportés
« les troubles pathologiques résultant de l'insuffisance ou du
manque dans l'alimentation d'un ou de plusieurs éléments
indispensables à la ration normale ».

C'est aux disettes fourragères et aux maladies de la nutrition
que doivent être rapportées les véritables hécatombes auxquelles
sont soumis périodiquement les troupeaux marocains. C'est aux
moyens de les combattre que doivent s'atteler résolument les
praticiens avec l'aide indispensable des Laboratoires.

LABORATOIRE DE RECHERCHES

Les acquisitions faites dans le domaine de la pathologie vétérinaire marocaine et même de l'hygiène publique au Maroc, sont
le résultat d'une collaboration étroite entre les Vétérinaires pra-

ticiens (militaires et civils) et le Laboratoire ; d'abord l'humble Laboratoire de Bactériologie Vétérinaire Militaire, le premier, et alors le seul de l'Armée française ; ensuite, le Laboratoire de Recherches du Service de l'Elevage, mieux installé, plus richement doté.

Un double but fut poursuivi :

a) Fournir au Maroc des vaccins et sérums bien adaptés aux nécessités locales ;

b) Entreprendre des recherches sur les maladies épizootiques, et l'hygiène.

a) Vaccins et sérums.

Le Laboratoire de Casablanca prépare :

Un vaccin intradermique *unique* contre le Charbon bactéridien, *standardisé*, et pouvant être employé en toute sécurité chez toutes les espèces.

Des vaccins contre le Charbon symptomatique.

Des vaccins contre les Pasteurelloses, le Choléra des poules.

Des vaccins contre les Salmonelloses, la typhose aviaire.

Un vaccin contre la Lymphangite épizootique.

Un vaccin pour le traitement des affections pyogènes.

b) Recherches sur la pathologie.

La simple énumération des travaux effectués au Laboratoire demanderait plusieurs pages. Il suffira ici d'énumérer les affections sur lesquelles ils ont porté pour montrer l'importance et la variété de l'œuvre accomplie. Ce sont :

1° *Les affections parasitaires du sang* (Trypanosomiase des chevaux du Maroc, piroplasmoses équines, spirillose équine, filariose équine) ;

2° *Les affections à virus filtrants* les plus répandues au Maroc : l'Anémie pernicieuse des équidés, la variole des porcelets, la rage et sa vaccination ;

3° *Les affections microbiennes* les plus communes : les Pasteu-

relloses, les affections pyogènes, et la pyothérapie si utile en
médecine vétérinaire et si peu employée, le Charbon bactéridien
et la vaccination intradermique en un temps mise au point,
et défendue âprement contre ses détracteurs par le Laboratoire de Casablanca :

4° *Les affections mycosiques* spéciales à l'Afrique du Nord, la
Lymphangite épizootique et sa bactériothérapie non spécifique,
la blastomycose oculaire de l'âne due à Cryptococcus Mirandei.
VELU 1925.

5° *Les affections parasitaires banales* au Maroc, comme dans
tous les pays tropicaux (Strongyloses, Bunostomiase, Echinococ-
coses, etc).

6° *Les intoxications alimentaires* en particulier le Férulisme,
si longtemps méconnu.

7° *Les maladies de la nutrition* et les déséquilibres alimentaires
comme par exemple le Darmous, cette si curieuse dystrophie
dentaire des animaux domestiques des zones phosphatières.

8° *La thérapeutique* (Traitement des trypanosomiases par les
arsenicaux, le 309 Fourneau, des suppurations par la pyothérapie et la bactériothérapie non spécifique, etc).

c) Recherches sur l'hygiène vétérinaire.

L'Hygiène vétérinaire offre également au Laboratoire un
très vaste champ de travail : Des études déjà réalisées, il convient
de citer celles sur :

L'Alimentation du bétail et les Bains parasiticides.

d) Recherches de Zootechnie.

La Zootechnie devient de plus en plus scientifique. Elle
utilise aujourd'hui les mème méthodes que les autres sciences
biologiques ; ainsi s'expliquent les travaux entrepris sur

l'emploi de la biométrie et de la classification décimale en
zootechnie,

les laines au point de vue micrographique et leur expertise,

la greffe testiculaire et l'amélioration des races.

Toutes ces recherches réalisées grâce à la collaboration étroite du Laboratoire et des vétérinaires praticiens, militaires et civils, ont souvent abouti à la découverte de choses tout à fait intéressantes touchant à l'étiologie, à la symptomatologie, à la thérapeutique, à la prophylaxie des affections, à l'étude expérimentale des agents pathogènes. Elles ont fait l'objet de communications aux Sociétés Savantes (Académie Vétérinaire, Académie d'Agriculture, Société de Biologie, Société de Pathologie Exotique, Société de Pathologie comparée, Société de Médecine et d'Hygiène du Maroc) et ont valu aux auteurs de nombreuses récompenses des Académies de Médecine, d'Agriculture et Vétérinaire.

Ajoutons que presque toutes les questions de Pathologie et d'Hygiène Vétérinaires offrant des contacts avec la Pathologie et l'Hygiène Humaines ont été abordées. Citons au hasard, l'étude de la prophylaxie de la Fièvre de Malte, le contrôle bactériologique des laits, le diagnostic biologique des viandes et leurs altérations, l'échinococcose bovine, etc.

Aussi le corps médical marocain n'a-t-il pas hésité à ouvrir largement aux vétérinaires les portes de la Société de Médecine et d'Hygiène du Maroc, et à les appeler à diverses reprises à la Présidence de cette Société.

Enfin le Laboratoire de Casablanca ne s'est pas contenté d'étudier les nombreux problèmes soulevés et de publier les résultats de ses recherches, il s'est efforcé de répandre les connaissances acquises, les méthodes éprouvées par la publication de livres, de brochures, de tracts de propagande, ainsi que par des conférences, des démonstrations pratiques faites aux vétérinaires militaires, aux vétérinaires civils, aux vétérinaires de complément.

Pour conclure nous n'exagérerons rien en disant que le travail accompli au Maroc dans le domaine de la Zootechnie, de l'Hygiène et de la Pathologie Vétérinaires est considérable et qu'il fait honneur à tous ceux qui en ont été les bons ouvriers.

Fig. 7. — Croisés Tadla mérinos.

Fig. 8. — Mulet catalan-marocain.

FAUNE DES COLONIES FRANÇAISES

Tome quatrième (1930)

TABLE DES MATIÈRES

1530. — Imprimerie Jouve et Cie, 15, rue Racine, Paris.   10-31

9 782329 566511